Génétique

Illustrations de couverture : Fotolia © Danielle Bonardelle

ISBN 978-2-10-057428-5

À Georges Prévost
1927-1970
Professeur de génétique
à la faculté d'Orsay

TABLE DES MATIÈRES

AVANT-PROPOS

La place de la génétique dans la biologie rend son enseignement incontournable dès le secondaire. Cependant cet enseignement est confronté à de nombreuses difficultés pédagogiques, dont la simple définition du gène n'est pas la moindre !

Cependant, pour bien comprendre (et enseigner) la génétique, il importe de bien faire la distinction entre la génétique en tant que science et la génétique en tant qu'outil d'investigation, ce que les généticiens appellent l'*analyse génétique*.

Comme toute science, la génétique est un ensemble de représentations mentales d'objets et de phénomènes de la Nature, représentations mentales qui résultent de l'imagination de l'homme contrainte par la raison appliquée à l'analyse des observations ou des résultats expérimentaux. Ces représentations mentales évoluent avec le temps et l'accumulation des connaissances, se précisant ou étant parfois complètement bouleversées. Les objets qui concernent la génétique, en tant que science sont, au centre, le gène, sa structure, sa fonction, ses mécanismes d'expression, de régulation, d'action concertée ou en cascade, et permettent d'expliquer comment toutes les structures cellulaires et les organismes se construisent et fonctionnent.

Pour étudier les objets et les phénomènes qui l'intéressent, la génétique a développé un outil, l'analyse génétique, c'est-à-dire un ensemble de protocoles par lesquels elle se pose des questions simples, relatives aux gènes impliqués dans un phénomène biologique quelqu'il soit, et par lesquels elle obtient des réponses. L'analyse génétique qui a été fondée par Mendel (plus que la génétique proprement dite) est *l'analyse génétique par croisements* de toutes sortes qui seront décrits et mis en pratique dans cet ouvrage, dont c'est le but principal. Avec le développement de la biologie moléculaire dans les années 1970 est apparue *l'analyse génétique par transformation ou construction*. Il s'agit là de protocoles visant à étudier la fonction des gènes et leur fonctionnement plus directement, souvent à l'échelle moléculaire, en les mettant, par construction, au sein d'un contexte adapté à cette analyse, dans des organismes unicellulaires, ou des cellules, ou des organismes qui sont ainsi génétiquement transformés ou modifiés.

L'importance de la génétique provient de sa capacité à unifier des domaines de la biologie apparemment éloignés comme l'embryologie et la cancérologie, ou de permettre une dissection causale, cellulaire, voire moléculaire, de phénomènes globaux comme une pathologie ou tout autre phénomène biologique. Cette capacité vient de la méthode même de l'analyse génétique qui permet d'isoler puis d'étudier des mutants chez lesquels un seul des gènes impliqués dans ce phénomène est muté, ce qui conduit à l'identification progressive de tous ces gènes, puis de leur fonction.

De l'efficacité de la génétique dans la recherche fondamentale, il résulte obligatoirement des applications dans l'agronomie, l'environnement, la médecine, bientôt l'industrie, dont le retentissement économique, culturel et éthique est considérable. On comprend aisément, dans ces conditions, la médiatisation qui entoure la génétique et ses résultats.

Apprendre la génétique est, comme pour tout, une démarche qui associe la compréhension de concepts théoriques à la pratique expérimentale de leur mise en œuvre, au moins à travers des exercices.

Le but de cet ouvrage n'est pas d'offrir un cours complet de génétique alors que d'autres ouvrages s'y sont parfois très bien employés et que le cours de l'enseignant s'avère toujours irremplaçable, mais d'offrir aux étudiants déjà à l'aise avec les rudiments de la génétique (prépa, PCEM, licence, Capes, agrégation...) ou aux enseignants de Sciences de la Vie et de la Terre du second degré, le moyen de parfaire leur compréhension.

Le but de cet ouvrage est donc de proposer un véritable outil d'apprentissage de l'analyse génétique, celle qu'on apprend en TD, celle qu'on exige à l'examen et qu'on pratique au laboratoire.

Dans une première partie, un rappel des concepts fondamentaux est associé à des exercices dont la solution tente d'illustrer les pièges dans lesquels conduit l'application de « recettes », et d'insister sur la rigueur nécessaire et les difficultés de la démarche analytique.

Dans une deuxième partie, l'ouvrage propose des problèmes corrigés plus longs (issus de TD ou de problèmes d'examen, dont le niveau de difficulté est indiqué) dans lesquels il est fait appel, simultanément ou consécutivement, à plusieurs des concepts rappelés dans la partie 1.

La troisième édition différait des précédentes par un renouvellement important des problèmes, mais aussi par des compléments théoriques et expérimentaux, notamment sur la dominance et la récessivité (chapitre 5) et sur les suppresseurs chez les révertants, dans un chapitre 7 complètement réécrit.

Cette quatrième édition approfondit l'analyse génétique fonctionnelle en détaillant l'approche expérimentale de la régulation transcriptionnelle par l'analyse des mutants de régulation (chapitre 9) ou la construction de mutants (cellules *in vitro* génétiquement modifiées ou souris KO dans une extension importante du chapitre 8).

Introduction

L'OUVERTURE PROGRESSIVE DE LA BOÎTE NOIRE

La pensée scientifique est causale et factorielle, elle part du principe que tout phénomène résulte de l'action d'un ensemble de causes ou facteurs constituant, quand ils sont inconnus, ce qu'on appelle une boîte noire.

Le but de toute recherche est de dénombrer et d'identifier chacune de ces causes (en génétique, les gènes) et de leurs mécanismes d'action (en biologie cellulaire, l'action du produit des gènes) dans la réalisation du phénomène étudié.

Le principe expérimental de la recherche consiste à perturber le phénomène étudié en touchant sa causalité, c'est-à-dire en modifiant le contenu de la boîte noire, afin qu'à des facteurs modifiés (en génétique, des allèles mutés des gènes) corresponde une variation observable de leurs effets (en génétique, des variants phénotypiques). Evidemment, la démarche réductionniste tend à privilégier, du moins dans un premier temps, les expérimentations où un seul des facteurs constituant la boîte noire est touché (mutants simples ou monohybridisme).

Au commencement, avec Gregor Mendel, en 1865, la boîte est vraiment noire car les facteurs dont il a postulé l'existence n'avaient qu'une réalité théorique et abstraite. Ils constituaient un formalisme permettant simplement de rendre compte des modalités statistiques de la transmission héréditaire de caractères morphologiques chez le pois (chap. 1). C'est d'ailleurs le caractère *ad hoc* de ce formalisme qui fut à l'origine de la méconnaissance relative des travaux de Mendel (voir l'ouvrage de J.-L. Serre, *Génétique des populations*, Dunod, Paris, 2006).

Au début du siècle Carl Correns, Hugo de Vries et Eric von Tshermak « redécouvrent » les résultats de Mendel, puis les travaux de William Bateson, Wilheim Johanssen, R.C. Punnet ou Lucien Cuénot montrent que le mendélisme a une portée universelle puisque ses principes semblent s'appliquer, au-delà du pois, à l'étude de l'hérédité chez toutes les espèces végétales ou animales où ils sont testés. Dès lors, la boîte noire prend véritablement corps en fondant une nouvelle discipline, la *génétique*, avec ses objets, les gènes et les allèles, les génotypes, homozygotes ou hétérozygotes, et les phénotypes.

Toutefois, cette génétique demeure toujours aussi « formelle » puisque rien ne permet de préciser la nature des objets, les gènes ou les allèles, contenus dans la boîte noire, ni leur mode d'action dans la réalisation des phénotypes.

La boîte noire de la génétique va s'entrouvrir, entre 1902 et 1922, avec l'établissement de la théorie chromosomique de l'hérédité (chap. 2). En montrant que les gènes postulés par la génétique formelle sont portés par les chromosomes, les généticiens trouvent dans la ségrégation des chromosomes à la méiose et la formation de gamètes haploïdes, suivi de l'union aléatoire des gamètes à la fécondation, les mécanismes concrets, objectifs, cytologiques qui permettent d'expliquer la loi de pureté des gamètes (un chromosome donc un seul allèle de chaque gène par gamète) et les fréquences des divers types de descendants d'un croisement (en phénotype et en génotype) résultant de l'union aléatoire des gamètes à la fécondation.

La théorie chromosomique de l'hérédité assoit donc définitivement la réalité des gènes en montrant que leur comportement résulte de celui des objets, les chromosomes, où ils sont physiquement localisés. En outre, elle permet d'expliquer la plupart des « exceptions » au mendélisme observées depuis le début du siècle, par l'introduction du concept de liaison génétique et de recombinaison génétique par *crossing-over* qui vient compléter le concept de recombinaison génétique par réassortiment aléatoire des chromosomes (chap. 3).

Mais la génétique chromosomique demeure toujours aussi formelle tant qu'elle rend compte du comportement des gènes dans la transmission des caractères (phénotypes) qu'ils gouvernent d'une génération à l'autre, mais que demeurent inconnus le mode d'action des gènes (par quel type de molécule s'exerce leur action dans la cellule ou l'organisme ?) ainsi que leur structure et leur fonctionnement à l'échelle moléculaire.

Le choix de certains organismes comme la levure n'est pas un hasard; il allie la facilité et l'économie de culture d'un microorganisme au nombre très important de cellules permettant des cribles efficaces de mutants (chap. 8), notamment des révertants qui permettront la mise en évidence des suppresseurs (chap. 7). L'analyse génétique chez la levure présente une particularité, le maintien des quatre cellules issues de la méiose au sein d'une poche, l'asque, ce qui a permis, par l'analyse de ces tétrades (chap. 4), de confirmer ou d'affiner les concepts définis à l'origine de la théorie chromosomique de l'hérédité puis d'introduire plus facilement l'analyse fonctionnelle des gènes (chap. 5) et de leur régulation (chap. 7).

Il faut attendre le milieu du siècle, entre 1942 et 1950, pour que la boîte noire de la génétique s'ouvre enfin à la connaissance du mode d'action des gènes, quand la collaboration entre généticiens et biochimistes aboutit au dogme « un gène-une chaîne peptidique » (chap. 4).

Dans la très grande majorité des cas, le gène étudié code pour une chaîne peptidique dont l'effet au sein de la cellule, du tissu ou de l'organisme est impliqué dans le phénotype observé. C'est aussi à ce stade de la connaissance qu'il devient possible de comprendre l'effet de la mutation d'un gène sur le phénotype; l'allèle muté, soit parce qu'il code pour une chaîne peptidique modifiée, plus active ou moins active, voire inactive ou absente, n'aura évidemment pas le même effet que l'allèle de référence, encore appelé allèle sauvage.

La définition fonctionnelle du gène permet à la génétique de devenir un outil d'analyse d'une précision et d'une finesse décuplée grâce au « test de complémentation fonctionnelle » (chap. 5) qui, utilisé comme test d'allélisme, permet expérimentalement de savoir si deux mutations gouvernant un même phénotype mutant affectent le même gène (sont alléliques), ou des gènes différents (ne sont pas alléliques).

Parallèlement, à la même période, des années 1940 aux années 1960, les biologistes moléculaires établissent que l'information génétique est chimiquement codée par l'ADN, puis mettent progressivement en lumière les modalités de la traduction des gènes en chaînes peptidiques, détaillant les étapes de la transcription et de la traduction, les modalités de la régulation de l'expression des gènes dans l'espace et dans le temps. Dans les années 1970, on découvre l'organisation structurale des gènes eucaryotes en exons et en introns.

En devenant moléculaire, la génétique ouvre enfin toute grande sa boîte noire, et découvre en même temps l'ampleur et la complexité de son contenu. Mais elle dispose à présent d'un corps de concepts et de méthodes d'analyses qui peuvent lui permettre de progresser avec efficacité.

La cartographie des gènes a commencé au début du siècle avec la théorie chromosomique de l'hérédité et l'étude de la liaison génétique associée à la définition d'une distance entre gènes liés. Puis de nombreuses autres méthodes ont été développées afin de cartographier les gènes, d'établir leurs cartes fines (cartographie des mutations d'un même gène); des méthodes générales ou spécifiques à certaines espèces, associant, depuis quelques temps, des marqueurs moléculaires de l'ADN (chap. 6); méthodes qui donnent au contenu de la boîte noire, les gènes et le génome, une structure et une organisation spatiale de plus en plus précise.

Il faut enfin rappeler que toute analyse génétique d'un phénomène suppose d'avoir, au départ, des phénotypes distincts résultant de génotypes distincts, donc de mutants.

Mendel et les premiers généticiens disposaient de variétés naturelles, c'est-à-dire de mutants établis par la nature, ou de mutants spontanément apparus dans les élevages, puis les drosophilistes, les levuristes ou les bactériologistes définirent des protocoles de mutagenèse et de sélection de mutants, parmi lesquels des mutants particuliers, les révertants, permirent d'améliorer considérablement les protocoles d'analyse ou de « dissection » génétique des phénomènes (chap. 7).

La précision et l'efficacité des cribles de sélection illustrent l'intelligence des généticiens dans ce qui est sans doute l'opération la plus importante et parfois la plus difficile de la génétique, la sélection de mutants (chap. 8).

Les organismes vivants se divisent pour le généticien en deux groupes, les eucaryotes, aux cellules nucléées, contenant des chromosomes, et les procaryotes, aux cellules anucléées, sans chromosomes, mais avec une molécule d'ADN.

La continuité biologique des eucaryotes passe par l'alternance méiose/fécondation, soit l'alternance de deux états cellulaires diploïde/haploïde. La continuité biologique des procaryotes est assurée par une simple division cellulaire qui multiplie, de façon strictement clonale, des organismes strictement haploïdes.

Il apparaît donc évident que la génétique, née chez les eucaryotes, à travers l'étude des produits de la méiose, notamment de ceux qui résultent de la recombinaison génétique ou de la confrontation dans une même cellule diploïde de deux apports haploïdes différents (croisements entre mutants), devait trouver des voies d'approche spécifiques (chap. 9) pour entreprendre l'étude des gènes et des génomes bactériens (ou viraux), organismes où il n'y a ni méiose, ni fécondation.

Avec la biologie moléculaire du gène, les généticiens arrivent désormais à cibler la modification génétique d'un organisme en intégrant dans son génome un « transgène ». Ce transgène peut être un gène modifié de l'espèce, ce qui revient à fabriquer un mutant sur mesure, ou mutant ciblé (chap. 8); il peut être un gène venant d'une autre espèce et conférant alors à l'organisme génétiquement modifié (OGM) une propriété biologique jusque-là absente de l'espèce. La fabrication d'organismes transgéniques ou OGM peut être d'une grande utilité, autant dans la recherche fondamentale que dans leurs applications industrielles, agronomiques ou écologiques.

Partie 1

Concepts de base et exercices corrigés

1

L'APPROCHE FACTORIELLE ET FORMELLE DU MENDÉLISME

1.1 INTRODUCTION

Ce chapitre a une valeur historique et pédagogique, il est destiné à montrer :

- la progressivité de l'émergence des concepts fondamentaux de la génétique, même formelle;
- l'importance de la démarche *a priori* de Mendel qui forge, même imparfaitement, les principaux concepts de l'analyse génétique;
- le caractère *ad hoc* de sa théorie, et, par là même, sa faible valeur explicative, en l'absence d'une base matérielle, la ploïdie et la méiose, qui viendra seulement à la fin du siècle;
- l'ambiguïté de certains termes de la génétique formelle, comme « caractère », en montrant l'articulation entre les concepts introduits par Mendel et l'évolution plus ou moins importante de ces concepts, lors du développement de la génétique au début du siècle (passage de caractère à gène et allèles ou relation génotype/ phénotype).

1.2 LA LOI DE PURETÉ DES GAMÈTES

Les travaux de Mendel sont caractérisés par le fait qu'ils constituent une réinterprétation théorique de faits antérieurement connus, pour ce qui concerne le pois *Pisum sativum,* décrits notamment par les hybrideurs anglais Seton et Goss (encart 1.1, *A*). Ils avaient observé la dominance du caractère jaune sur le vert chez les « hybrides » issus de croisements entre souches pures jaunes et vertes, puis l'hétérogénéité des descendants, issus par autofécondation des hybrides, avec des graines jaunes « pures » donnant des plantes exclusivement à pois jaunes, ou des graines vertes « pures » donnant des plantes exclusivement à pois verts, ou des graines jaunes encore « hybrides » puisqu'elles donnaient des plantes présentant de nouveau un mélange de pois jaunes et verts.

L'approche « phénoménologique » de Seton et Goss est réinterprétée par Mendel (encart 1.1, B), sur la base d'une conception factorielle et combinatoire de l'hérédité et d'un principe, la « loi de pureté des gamètes », fondé sur l'interprétation quantitative des observations, à travers une combinatoire simple dans le croisement des gamètes.

Pour Mendel un pois est jaune parce qu'un facteur *J* en est la cause ; de la même façon, un pois est vert parce qu'un facteur *v* en est la cause. Il ne s'occupe nullement de savoir ce que sont ces facteurs ni quel est leur mode d'action, il ne s'intéresse qu'à leur comportement au cours des générations.

Il constate simplement, sans l'expliquer, que les pois hybrides sont jaunes, que le « caractère » jaune est donc « dominant » et que le « caractère » vert est dit « récessif » (chez Mendel, le terme de caractère est ambigu parce qu'il recouvre tantôt ce qui sera plus tard appelé allèle, comme dans les tableaux de croisement des gamètes, tantôt ce qui sera appelé phénotype, le résultat observable de l'effet joint de deux allèles pour chaque gène considéré).

Il constate aussi que l'hybride, bien que jaune comme l'un des deux parents, doit contenir les deux facteurs parentaux *J* et *v*, puisque des pois verts réapparaissent dans la descendance.

C'est parce qu'*a priori* Mendel conçoit l'hérédité comme factorielle, et le comportement de ces facteurs comme le résultat d'une combinatoire, qu'il émet la loi de pureté des gamètes qui rend si bien compte, et des fréquences des caractères chez les descendants F2 de l'hybride F1 (3/4 de pois jaunes et 1/4 de pois verts), et des fréquences relatives de 1/3 de pois jaunes purs ou 2/3 de pois jaunes encore hybrides (encart 1.1, B).

Il est intéressant de noter que Mendel, après avoir noté les descendants F2 comme dans notre tableau, c'est-à-dire 1/4 de J/J + 1/2 de J/v + 1/4 de v/v, simplifie immédiatement cette notation en écrivant 1/4 de J + 1/2 de J/v + 1/4 de v, montrant bien l'absence totale, à l'époque, du concept de ploïdie (gamètes haploïdes et zygotes diploïdes).

C'est pourquoi la loi de pureté des gamètes de Mendel semble si « gratuite », si peu réelle aux biologistes de l'époque, alors qu'elle prendra toute sa signification quand la découverte de la mitose et de la méiose lui donneront une base cytologique objective, expliquant le comportement des facteurs héréditaires par celui des chromosomes qui leur servent de support.

Encart 1.1

A

Le phénomène observé par Mendel et ses précursseurs

... et ...

B

Son interprétation factorielle par Mendel

Pollen de souche pure à pois jaune × Stigmate de souche pure à pois vert

↓

Hybride F1 à pois jaunes

↓

Plantes F1 donnant par autofécondation des pois jaunes et des pois verts

↓

Certains pois jaunes (1/3)* donnent des plantes à pois jaunes

Les pois verts donnent des plantes à pois vert

Certains pois jaunes (2/3)* donnent des plantes avec un mélange de pois jaunes et verts

* 1/3 et 2/3 ont été exclusivement prévus et observés par Mendel

Le pollen contient *J* × L'ovule contient *v*

↓

L'hybride F1 contient *J* et *v*

↓

	Pollen pur	
Ovule pur	***J* (1/2)**	***v* (1/2)**
J (1/2)	*J*/*J*	*J*/*v*
v (1/2)	*J*/*v*	*v*/*v*

La loi de pureté des gamètes stipule que chaque gamète ne peut renfermer qu'un facteur de chaque type.
La fécondation au hasard permet alors de prévoir 3/4 de pois jaunes et 1/4 de pois verts, puisque la moitié des pois encore « hybrides » sont jaunes par dominance.
Parmi les pois jaunes, 1/3 sont « purs » et donneront des descendants à pois jaunes exclusivement, et 2/3 sont encore hybrides et donneront des descendants présentant, dans leurs gousses, 3/4 de pois jaunes et 1/4 de pois verts.

1.3 La combinatoire régissant la transmission de plusieurs caractères

Pour valider sa théorie factorielle et combinatoire, Mendel a conçu des expériences de dihybridisme ou de trihybridisme, où était suivie la transmission héréditaire de deux ou trois « paires de caractères », chacune se comportant selon le modèle développé plus haut [NB : le terme caractère a un autre sens aujourd'hui].

Il montre ainsi que l'étude de la descendance d'hybrides différant pour deux couples de « caractères » jaune/vert et lisse/ridé, donne bien, pour chacun d'entre eux, à l'issue de la F1, 3/4 de jaunes et 1/4 de verts, et 3/4 de lisses et 1/4 de ridés; mais que partant de souches parentales pures jaunes et lisses d'une part, et vertes et ridées d'autre part, il obtient, sous l'hypothèse d'un assortiment indépendant de chacun des facteurs dans les gamètes, des descendants « recombinés » jaunes et ridés ou verts et lisses, dont certains sont purs. Le tableau dit de « croisement des gamètes » (tabl. 1.1) montre comment l'assortiment aléatoire des « facteurs » (les allèles) dans les gamètes rend compte des proportions 9-3-3-1, parmi les phénotypes de la F2.

Tableau 1.1 Croisement des gamètes.

Une souche pure à pois lisses et jaunes, contenant les facteurs *L* et *J*, est croisée avec une souche pure à pois ridés et verts, contenant les facteurs *r* et *v* : l'hybride F1 contient les couples de facteurs *J/v* et *L/r*, ce qui permet la formation de quatre types différents de gamètes.

	Types de pollen obtenu sur la base d'un assortiment indépendant des facteurs de chaque paire			
Types d'ovules	***J, L* (1/4)**	***J, r* (1/4)**	***v, L* (1/4)**	***v, r* (1/4)**
J, L (1/4)	[jaune et lisse]	[jaune et lisse]	[jaune et lisse]	[jaune et lisse]
J, r (1/4)	[jaune et lisse]	[jaune et ridé]	[jaune et lisse]	[jaune et ridé]
v, L (1/4)	[jaune et lisse]	[jaune et lisse]	[vert et lisse]	[vert et lisse]
v, r (1/4)	[jaune et lisse]	[jaune et ridé]	[vert et lisse]	[vert et ridé]
Bilan	Fréquences attendues :	[jaune et lisse] : 9/16, dont 1/9 « pur »; [jaune et ridé] : 3/16, dont 1/3 « pur »; [vert et lisse] : 3/16, dont 1/3 « pur »; [vert et ridé] : 1/16, « pur ».		

Observant les fréquences attendues de phénotypes, et les fréquences relatives de « purs » parmi chacun d'entre eux, observant la répétabilité de ces fréquences sur plusieurs expériences parallèles et indépendantes, portant sur des couples de caractères différents, Mendel pouvait considérer légitimement avoir mis en évidence la manifestation de « lois ». Celles-ci n'en demeuraient pas moins formelles et Mendel n'en concevait même pas l'universalité, pensant qu'elles relevaient du comportement des hybrides, et non, comme on le découvrira par la suite, d'un mécanisme général de l'hérédité.

Toutefois, Mendel, en tant qu'hybrideur, avait remarquablement atteint son objectif scientifique qui n'était pas la découverte des lois de l'hérédité mais simplement la mise en évidence des causes de l'instabilité connue des hybrides et aussi le moyen, malgré cette instabilité, de jouer avec la combinatoire des « caractères » à l'issue de croisements judicieux pour créer de nouvelles souches pures stables mais combinant des caractères auparavant dispersés entre plusieurs variétés. (Découvrez-les dans deux cases du tableau 1.1.)

À retenir

- Les travaux de **Mendel** ont été déterminants dans l'émergence de la **génétique** en tant que **théorie scientifique** autonome au sein de la biologie.
- Cependant Mendel n'est pas au sens strict le fondateur de cette théorie : la génétique a été fondée par des cytologistes comme **Suton** et **Boveri** quand ils ont rapproché les connaissances acquises, après la mort de Mendel, sur les chromosomes, la mitose et la méiose, des travaux de Mendel pour formuler leur « **théorie chromosomique de l'hérédité** ».
- Par ses travaux, Mendel apparaît comme le fondateur de **l'analyse génétique par croisement**, procédure par laquelle il va s'avérer possible d'étudier des caractères, non plus d'un point de vue physiologique, biochimique, cytologique mais d'un point de vue génétique, par l'obtention puis l'analyse de mutants phénotypiques de ces caractères.
- La signification ambiguë du terme caractère chez Mendel et l'absence de toute notion de ploïdie sont là pour attester de la validité des conclusions précédentes.

Exercices

1.1 Définition des objectifs.

- Résoudre un problème simple de génétique dans le cadre strict de Mendel, sans recours à la théorie chromosomique ou à la méiose, mais à la simple loi de pureté des gamètes.
- Montrer que les observations en F3 diffèrent dans la descendance des F2, selon que l'espèce est à sexe séparé, comme ici, ou autofécondе, comme chez le pois de Mendel, mais conduisent à la même interprétation.

On croise entre elles deux souches pures de souris, l'une de robe grise et l'autre, albinos, de robe blanche. On fait les observations suivantes.

a. Tous les descendants F1 sont de robe grise.

b. Vingt croisements entre individus F1 donnent 145 descendants F2 gris et 55 blancs.

c. Les descendants F2 blancs, croisés entre eux, donnent 100 % des descendants F3 blancs.

1. Interprétez ces résultats en restant le plus près possible de l'interprétation originelle de Mendel.

2. On laisse les souris F2 de couleur grise se reproduire librement et on observe, en F3, 89 % de souriceaux gris et 11 % de souriceaux blancs; ces observations sont-elles conformes aux conclusions de la question précédente ?

1.2 **Définition des objectifs.**

- Résoudre un problème simple de génétique dans le cadre strict de Mendel, sans recours à la théorie chromosomique ou à la méiose, mais à la simple loi de pureté des gamètes.
- Mise en évidence des fréquences spécifiques aux phénotypes codominants.

Mendel était passionné d'horticulture et s'est beaucoup intéressé à l'hérédité de la couleur des fleurs, toujours dans la perspective de créer de nouvelles variétés stables, notamment chez le fuschia. Une souche pure aux fleurs roses est croisée avec une souche pure aux fleurs blanches dépourvues de pigment, les descendants F1 (« hybrides » chez Mendel) sont rose pâle. Croisés entre eux, ils donnent 1/4 de rose + 1/2 de rose pâle + 1/4 de blanc. Interprétez.

1.3 **Définition des objectifs.**

- Montrer que la combinatoire de facteurs (gènes) différents mais responsables, à parts égales, du même phénotype permet, déjà chez Mendel, de poser les bases de la génétique quantitative.
- S'entraîner avec les combinaisons et les puissances de 1/2.

Ses expérimentations ont également conduit Mendel à l'étude de la fleur du haricot (*Phaseolus nanus* et *Phaseolus multiflorus*) dont il publia les résultats, très difficiles à interpréter en raison des petits nombres de descendants, comme une généralisation audacieuse de ceux obtenus chez *Pisum sativum*, faisant aussi de lui, un précurseur de la génétique quantitative.

Pour ne pas buter sur les mêmes obstacles que Mendel, l'exercice suivant porte sur des effectifs théoriques ne correspondant pas à l'étude de Mendel.

On croise deux souches pures de haricot, l'une à fleurs blanches (sans pigments), l'autre à fleurs pourpres.

1. Tous les descendants F1 ont des fleurs d'un rouge nettement différent du pourpre parental. Que peut-on en déduire ?

2. Les croisements F1 × F1 donnent des descendants F2 présentant une multitude de coloris allant du pourpre au blanc en passant par toutes les gradations entre le rouge déjà observé chez la F1 et le blanc ou le pourpre. Que peut-on en déduire ? Que peut-on prévoir dans l'hypothèse la plus simple ?

3. En essayant de mettre un peu d'ordre dans le degré de coloration, on peut classer les descendants F2 en sept classes allant du pourpre au blanc en passant par cinq intermédiaires, notés rouge foncé, rouge soutenu, rouge (type F1), rouge clair, rouge pâle, avec des fréquences respectives égales à 1/64, 6/64, 15/64, 20/64, 15/64, 6/64, 1/64.

Solutions

1.1 **1.a.** Le fait que la F1 soit de phénotype gris permet de conclure que ce phénotype (appelé caractère, chez Mendel) gris est dominant sur le phénotype albinos qui est dit récessif.

1.b. Les souches sont pures; si elles ne diffèrent que pour un seul type de facteur (gène) impliqué dans la couleur de la robe, que l'on pourra appeler *G* pour la souche grise et *A* pour la souche albinos, on peut attendre, en vertu de la loi de pureté des gamètes chez l'hybride *G*/*A* que les croisements entre F1 donnent, aux variations d'échantillonnage près, 3/4 de phénotype dominant et 1/4 de phénotype récessif; ce qui est le cas et permet donc de valider l'hypothèse que les deux souches parentales ne diffèrent que pour un couple de « caractères différentiels » (un couple d'allèles d'un seul gène en langage moderne).

> ***Remarque.*** Afin de ne pas confondre phénotype, génotype, gène et allèle, il n'est pas recommandé de nommer les différents facteurs, ou allèles, du nom du phénotype dont ils sont responsables dans la souche pure, comme on l'a fait ici.

1.c. Sous cette hypothèse que les deux souches ne diffèrent que pour un couple de « caractères » ou de « facteurs », la pureté des gamètes des F1, leur équifréquence et leur union aléatoire permettent d'obtenir en F2 le résultat classique : 1/4 de *GG* + 1/2 de *GA* + 1/4 de *AA*, soit 3/4 de phénotype gris et 1/4 de phénotype albinos.

On sait que les phénotypes albinos récessifs réapparus en F2 doivent, selon le modèle mendélien, être purs, ce qui est vérifié par l'observation **c**, tous les descendants des croisements entre F2 albinos sont eux-mêmes albinos.

2. Les croisements entre F2 de phénotype gris peuvent être de plusieurs types selon que les parents impliqués sont « purs » (homozygotes) ou « hybrides » (hétérozygotes). En supposant que les couples sont formés au hasard, on aura alors 3 sortes de couples (tabl. 1.2), dont les fréquences dépendront de la fréquence des différents types d'individus purs (1/3) ou hybrides (2/3).

TABLEAU 1.2 FRÉQUENCES DES DIFFÉRENTS COUPLES FORMÉS AU HASARD.

Types de couples	*GG* (1/3)	*GA* (2/3)
GG (1/3)	1/9	2/9
GA (2/3)	2/9	4/9

Le tableau 1.3 donne les différents types de couples, leurs fréquences respectives et leurs types de descendances possibles, compte tenu des conclusions de la question précédente (un seul couple de « caractères », c'est-à-dire d'allèles, un seul gène impliqué dans la différence phénotypique entre souches étudiées).

TABLEAU 1.3.

Types de couples	Fréquence de ces couples	Descendants en %		
		GG	*GA*	*AA*
GG × *GG*	1/9	100 %	0	0
GG × *GA*	4/9	50 %	50 %	0
GA × *GA*	4/9	25 %	50 %	25 %
Total	1	44,44 %	44,44 %	11,12 %

On s'attend donc bien à observer 88,88 % de descendants F3 gris et 11,12 % d'albinos.

Remarque. Chez le pois l'autofécondation des plantes F2 revient à considérer qu'on a toujours soit un croisement entre homozygotes (ici le premier type de croisement où les deux parents sont « purs »), soit un croisement entre hétérozygotes (ici le troisième type de couples, où les deux parents sont « hybrides »); chez le pois, la situation du deuxième type de couple observé chez la souris est impossible.

1.2 Les croisements entre les deux souches pures donnent des descendants F1 de phénotype différents des phénotypes parentaux : il n'y a donc dominance d'aucun des deux phénotypes parentaux; le phénotype de « l'hybride » étant intermédiaire, on dit qu'il y a semi-dominance ou codominance.

Si les souches pures parentales ne diffèrent que pour un couple de facteurs *A* et *a*, réunis chez les F1, la pureté des gamètes F1, leur équifréquence et leur union aléatoire permettent de prévoir, selon le tableau classique de la ségrégation mendélienne pour un couple de facteurs : 1/4 de *AA* + 1/2 de *Aa* + 1/4 de *aa*, soit 1/4 de rose + 1/2 de rose pâle + 1/4 de blanc, ce qui est observé. L'hypothèse d'un couple de facteur (un couple d'allèles d'un seul gène, en langage moderne) impliqué dans la différence entre les deux souches est acceptable.

1.3 **1.** Les croisements entre les deux souches pures donnent des descendants F1 de phénotypes différents des phénotypes parentaux. Il n'y a donc dominance d'aucun des deux phénotypes parentaux; le phénotype de « l'hybride » étant intermédiaire, on dit qu'il y a semi-dominance ou codominance.

2. Si les souches pures parentales ne différaient que pour un couple de facteurs *A* et *a*, réunis chez les F1, la pureté des gamètes F1, leur équifréquence et leur union aléatoire conduiraient, selon le tableau classique de la ségrégation mendélienne pour un couple de facteurs à 1/4 de *AA* + 1/2 de *Aa* + 1/4 de *aa*, soit 1/4 de pourpre + 1/2 de rouge + 1/4 de blanc.

Or, on observe beaucoup plus que trois classes de descendants, ce qui peut s'interpréter, comme le fit Mendel, par le fait que les souches parentales diffèrent pour plusieurs couples de facteurs (gènes !) chacun étant impliqué dans la pigmentation de la fleur (contrairement aux expériences de dihybridisme chez le pois, où chaque couple de facteur « gouvernait » un caractère morphologique différent).

Si l'on considère, comme Mendel, que les effets de ces facteurs sont égaux et additifs, les diverses combinaisons obtenues en F2 rendront compte de la gradation des coloris.

L'hypothèse la plus simple est alors celle de deux couples de facteurs (deux gènes tous les deux impliqués à parts égales dans la pigmentation), ce qui permet de prévoir les observations en F2, sous cette hypothèse.

Supposons que le pourpre résulte de l'effet additif de deux facteurs *A1* et *A2*, la souche blanche ne possédant que les « facteurs différentiels » (allèles) *a1* et *a2*, la rendant dépourvue de pigments, l'« hybride » F1 s'écrit (*A1/a1* ; *A2/a2*), et la couleur rouge, intermédiaire entre le pourpre et le blanc, s'explique alors par un effet de dilution de *A1* et *A2* face à *a1* et *a2*.

La méiose chez la F1 doit produire, selon l'hypothèse mendélienne de répartition aléatoire de deux couples de facteurs différentiels, quatre types de gamètes (tabl. 1.1), et six types de descendants F2.

Si on considère que l'intensité de la couleur est fonction du nombre de facteurs *A* réunis chez la F2, par la fécondation des gamètes F1, on s'attend à cinq coloris (tabl. 1.4) allant du pourpre (pour 1/16) au blanc (1/16) en passant par le rouge intermédiaire (6/16) et deux autres coloris intermédiaires entre le pourpre et le rouge (rouge foncé pour 4/16) d'une part, entre le rouge et le blanc (rouge clair pour 4/16) d'autre part.

TABLEAU 1.4 PHÉNOTYPES ATTENDUS EN F2 SOUS UNE HYPOTHÈSE ADDITIVE POUR DEUX COUPLES DE FACTEURS.

Gamètes	***A1, A2* (1/4)**	***A1, a2* (1/4)**	***a1, A2* (1/4)**	***a1, a2* (1/4)**
A1, A2 (1/4)	[pourpre]	[rouge foncé]	[rouge foncé]	[rouge]
A1, a2 (1/4)	[rouge foncé]	[rouge]	[rouge]	[rouge clair]
a1, A2 (1/4)	[rouge foncé]	[rouge]	[rouge]	[rouge clair]
a1, a2 (1/4)	[rouge]	[rouge clair]	[rouge clair]	[blanc]

3. Le fait d'observer sept classes de coloris chez la F2 n'est pas explicable par deux couples de facteurs, et on doit donc passer à une hypothèse plus large, celle de trois couples de facteurs, la F1 étant (*A1/a1* ; *A2/a2* ; *A3/a3*). Dans ce cas, la méiose chez la F1 donne huit types de gamètes, équifréquents dans le modèle mendélien d'origine qui méconnaît le linkage éventuel (tabl. 1.5).

TABLEAU 1.5 TYPES DE GAMÈTES.

« + » désigne la présence du facteur *A*, et donc l'absence du facteur *a* correspondant (homologue); inversement « – » désigne l'absence de *A* et donc la présence de *a*.

Types de gamètes	1/8	1/8	1/8	1/8	1/8	1/8	1/8	1/8
A1	+	+	+	+	–	–	–	–
A2	+	+	–	–	+	+	–	–
A3	+	–	+	–	+	–	+	–

Si on réunit ensemble les gamètes en fonction du nombre de facteurs *A* qu'ils contiennent, dans la mesure où l'effet de chaque facteur *A* est de même nature et additif, on obtient quatre types de gamètes avec 3*A* (1/8), 2*A* (3/8), 1*A* (3/8) et 0*A* (1/8), et par croisement (tabl. 1.6) sept phénotypes différents, selon le nombre de *A* réunis au sein des gamètes de la F2, dont les fréquences attendues correspondent à celles observées.

Tableau 1.6 Phénotypes attendus en F2 sous une hypothèse additive pour trois couples de facteurs.

	3*A* (1/8)	**2*A* (3/8)**	**1*A* (3/8)**	**0*A* (1/8)**
3*A* (1/8)	[pourpre]	[rouge foncé]	[rouge soutenu]	[rouge]
2*A* (3/8)	[rouge foncé]	[rouge soutenu]	[rouge]	[rouge clair]
1*A* (3/8)	[rouge soutenu]	[rouge]	[rouge clair]	[rouge pale]
0*A* (1/8)	[rouge]	[rouge clair]	[rouge pale]	[blanc]

Remarque pédagogique. Les trois exemples ci-dessus n'ont que l'intérêt de montrer qu'on peut aller assez loin dans l'analyse génétique sans même avoir recours à la théorie chromosomique de l'hérédité ou à la méiose, bien que leur connaissance permette, en réalité, d'éclaircir grandement l'analyse des données par la compréhension des mécanismes sous-jacents à la séparation des allèles de chacun des gènes et à leur distribution dans les gamètes.

C'est pourquoi il semble utile, du point de vue pédagogique, de montrer immédiatement en quoi la connaissance de la méiose et du fait que les gènes sont portés par les chromosomes donnent une base objective à la théorie mendélienne de l'hérédité, de sorte que sa mise en œuvre, à travers des exercices, doit être dès le départ envisagée dans ce cadre et non dans le cadre trop formel, abstrait et ambigu du mendélisme originel.

Les deux variétés « Hybrides stables » (tableau 1.1) sont [vert, lisse] : *v*/*v L*/*L*
[jaune, ridé] : *J*/*J r*/*r*

2 La ségrégation 2/2 et la théorie chromosomique de l'hérédité

2.1 Introduction : la théorie chromosomique de l'hérédité

W. Flemming observe, en 1879, un composant nucléaire fortement colorable qu'il nomme *chromatine*. En 1882, Flemming, chez la salamandre, E. Strasburger, chez plusieurs plantes, et E. van Beneden, chez *Parascaris*, décrivent la mitose, au cours de laquelle la chromatine se condense en un certain nombre de blocs que W. Waldeyer nomme *chromosomes* en 1888.

Les différents stades de la méiose sont progressivement mis en évidence entre 1883 et 1905. Mais dès 1883, van Beneden établit la réduction chromatique, en montrant que les gamètes de *Parascaris* n'ont que deux chromosomes quand les autres cellules de l'organisme en ont quatre. En 1887, Flemming, travaillant sur le pollen, met lui aussi en évidence la succession rapide de deux divisions à la suite desquelles le nombre de chromosomes est réduit de moitié.

Parallèlement, Theodor Boveri montre, en 1889, par des expériences de suppression ou d'échange de noyau chez l'oursin, l'importance capitale du noyau, non seulement dans le développement de l'œuf, mais aussi dans le déterminisme des caractéristiques du test.

La cytologie a donc préparé les esprits à l'idée que le noyau renferme la substance qui gouverne l'hérédité, ce germ-plasm dont August Weissman postule le caractère inaltérable et dont il a fait le centre de sa théorie.

Et quels meilleurs candidats pour ce germ-plasm que ces chromosomes dont le nombre est réduit de moitié chez les gamètes, mais rétabli lors de la fécondation ? Cette alternance bien ordonnée de la méiose et de la fécondation maintient la ploïdie spécifique à chaque espèce, exactement la propriété que Weissman attend du support matériel au germ-plasm.

Enfin, T.H. Montgomery, en 1901 et Walter Sutton, en 1902 montrent, chez les insectes, que les deux chromosomes appariés à la méiose sont l'un d'origine paternelle et l'autre d'origine maternelle.

Dès lors il n'est pas étonnant qu'en 1902, au moment où l'universalité des lois de Mendel devient évidente, les deux cytologistes Sutton et Boveri soient frappés par l'identité de comportement à la méiose, des chromosomes qu'ils connaissent bien, et des facteurs mendéliens, désormais appelés *gènes*, au point qu'ils supposent que les premiers constituent le support des seconds.

L'hypothèse de Sutton-Boveri donne enfin une base objective, cytologique, aux lois de Mendel qui semblent devoir être aussi universelles que la méiose et la fécondation. Toutefois, la théorie chromosomique de l'hérédité ne sera définitivement admise par tous les biologistes qu'après plusieurs observations ou expérimentations décisives, notamment celles de Elinor Carothers (1913), puis Thomas Hunt Morgan et Calvin Bridges (1916).

2.2 La ségrégation 2/2

2.2.1 La théorie du principe de ségrégation 2-2

L'analyse génétique reprise dans le cadre de la théorie chromosomique de l'hérédité s'appuie sur les mêmes protocoles expérimentaux que ceux définis par Mendel, mais interprète la causalité génétique sur la base de la réduction de ploïdie à la méiose qui sépare dans des gamètes haploïdes différents, chacun des deux exemplaires, donc des deux allèles, de chacun des gènes.

Afin de bien comprendre les conséquences génétiques de la méiose d'un point de vue théorique (ségrégation 2-2 d'un couple d'allèles) et l'utilisation pratique de ce principe comme outil d'analyse génétique, il est utile de revenir sur le mécanisme cytogénétique de la méiose en le comparant au mécanisme cytogénétique de la mitose.

- Dans la mitose (figure 2.1) les chromosomes sont dupliqués en paires de chromatides homologues qui se comportent indépendamment l'une de l'autre ; par ailleurs les centromères unissant les chromatides sœurs sont liés aux deux centrosomes.
- Dans la méiose (figure 2.2) les chromosomes sont dupliqués en paires de chromatides homologues, mais contrairement à la mitose, ces paires de chromatides homologues sont appariées et ne se comportent pas indépendamment l'une de l'autre ; par ailleurs les centromères unissant les chromatides sœurs ne sont liés qu'à un seul des deux centrosomes.

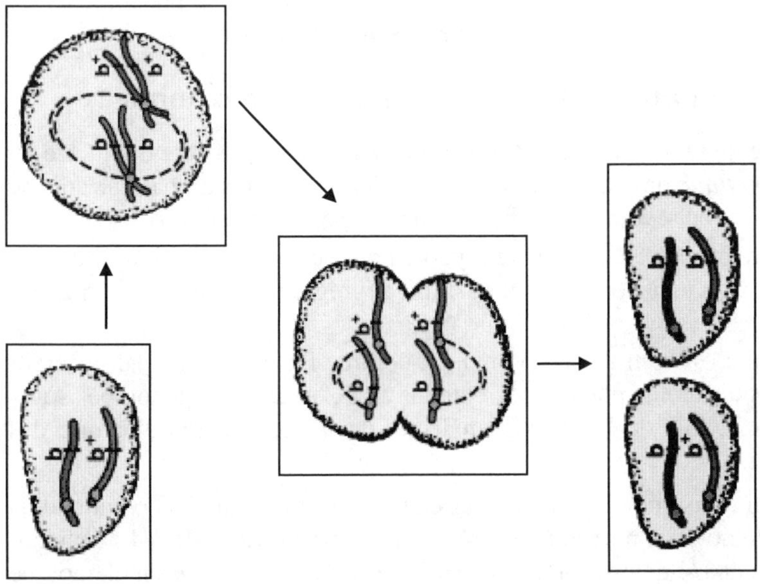

Figure 2.1 Mécanisme cytogénétique de la mitose.

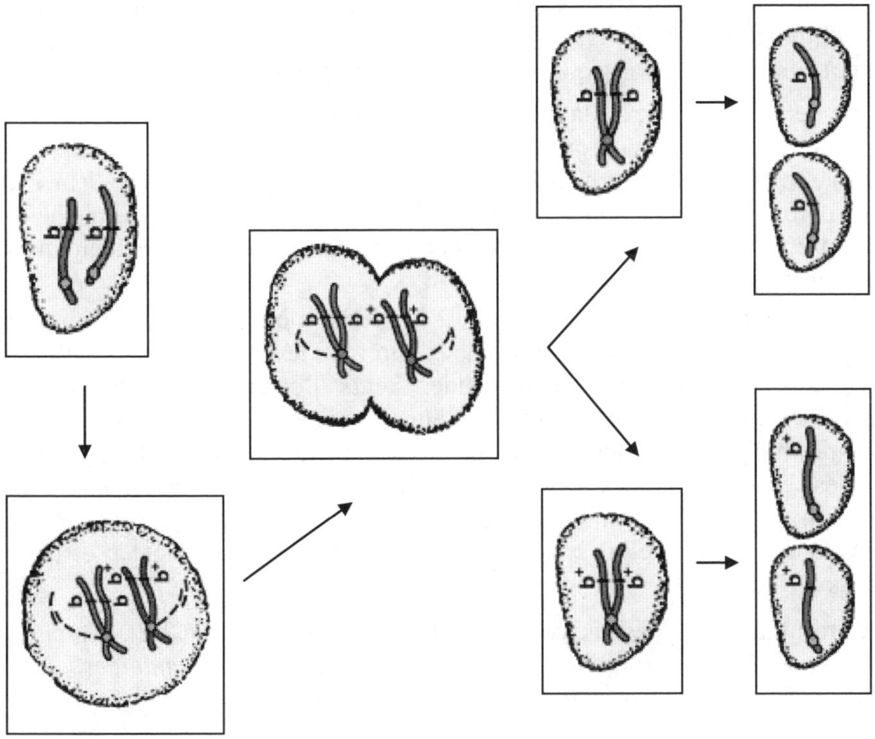

Figure 2.2 Mécanisme cytogénétique de la méiose.

Ces deux différences entre mitose et méiose (indépendance ou appariement des paires de chromatides homologues, liaison des centromères à deux ou un seul centrosome) conduit à des conséquences génétiques totalement différentes.

- À l'issue de la métaphase de la mitose, les centromères se clivent et libèrent les chromatides devenues des chromosomes fils dont la migration vers un pôle pour l'un et l'autre pôle pour l'autre conduit à deux cellules filles pourvues de la même dotation chromosomique et donc génétiquement identiques : pour la cellule hétérozygote $b//b^+$ de la figure 2.1, la mitose conduit donc à deux cellules identiques de même génotype $b//b^+$.
- À l'issue de la métaphase de la méiose 1, les centromères ne se clivent pas et migrent vers les pôles en entraînant les deux chromatides sœurs, ce qui conduit à deux cellules pourvues soit de chromatides sœurs d'origine paternelle soit de chromatides sœurs d'origine maternelle. Cette première division est suivie d'une seconde destinée à séparer les chromatides sœurs en chromosomes fils et conduit alors à des cellules haploïdes pourvues soit d'un chromosome paternel, soit d'un chromosome maternel : pour la cellule hétérozygote de la figure 2.2, la méiose conduit donc à quatre cellules haploïdes, deux porteuses de l'allèle *b* et deux porteuses de l'allèle b^+.

C'est ce résultat qui est désigné comme principe de la ségrégation 2-2 : *la méiose pour un couple d'allèles d'un gène conduit à quatre gamètes haploïdes, deux porteurs d'un des deux allèles et deux porteurs de l'autre allèle.*

Remarque. En cas de crossing-over certaines chromatides sont remaniées et ne sont plus strictement paternelles ou maternelles, mais cela ne change rien au principe de la ségrégation 2-2 pour un couple d'allèles (les allèles *b* et b^+ sont séparés dès la première division si le CO a lieu en aval de leur locus ou bien à l'issue de la seconde division si le CO a lieu en amont, phénomènes de pré ou de post-réduction qui seront détaillés au chapitre 4).

2.2.2 L'application pratique du principe de ségrégation 2-2

Partant du principe de ségrégation 2-2 énoncé plus haut, il est possible d'en faire un *outil d'analyse génétique* de tout nouveau mutant afin, en le croisant par une souche sauvage de référence, de savoir s'il en diffère pour un seul gène ou plus.

En effet, dans un tel cas, la F1 est hétérozygote pour ce seul gène qui diffère entre mutant et sauvage, et la méiose sera le siège d'une ségrégation 2-2 dans la formation des gamètes.

Afin de savoir si c'est bien ainsi, il convient, comme l'a fait Mendel, d'observer les proportions des différents phénotypes obtenus en F2 et dont les génotypes sous-jacents résultent à la fois de la méiose en F1 et de la fécondation aléatoire des gamètes formant la F2 :

- Dans le cas d'un croisement F1 × F1 (voir chapitre 1 et tableau 2.1) on attend, si l'un des deux phénotypes parentaux est récessif, les proportions de 3/4 de phénotypes dominants et 1/4 de phénotypes récessifs et si la F1 présente un phénotype différent des phénotypes parentaux, 1/4 de chacun des phénotypes parentaux et 1/2 de phénotype F1.

TABLEAU 2.1 SÉGRÉGATION 2/2 PAR CROISEMENT ENTRE F1.

Parent pur *A*//*A* de phénotype [A] × Parent pur *a*//*a* de phénotype [a]		
F1 hétérozygotes *A*//*a* croisés entre eux		
La ségrégation 2/2 pour un seul couple d'allèles à la méiose chez F1 donne deux types de gamètes chez les deux parents		
	A (1/2)	*a* (1/2)
A (1/2)	*A*//*A*	*A*//*a*
a (1/2)	*A*//*a*	*a*//*a*
Fréquences des phénotypes F2	3/4 de [A] + 1/4 de [a]	

– Dans le cas d'un test-cross (tableau 2.2), on attend 1/2 de phénotype dominant et 1/2 de phénotype récessif.

TABLEAU 2.2 SÉGRÉGATION 2/2 PAR LE TEST CROSS.

Parent pur *A*//*A* de phénotype [A] × Parent pur *a*//*a* de phénotype [a]		
F1 hétérozygote *A*//*a* croisé avec un parent *a*//*a*		
La ségrégation 2/2 pour un seul couple d'allèles à la méiose donne deux types de gamètes chez le seul parent F1, le parent pur ne donne qu'un seul type de gamètes		
	A (1/2)	a (1/2)
a (100 %)	*A*//*a*	*a*//*a*
Fréquences des phénotypes F2	1/2 de [A] + 1/2 de [a]	

On peut noter que la ségrégation 2/2 d'un couple d'allèles à la méiose est directement observée dans la descendance d'un test-cross avec les proportions 50 %'50% alors qu'elle n'est qu'une déduction indirecte des fréquences phénotypiques de la F2 dans un croisement F1 × F1.

Remarque. Le fait que la différence phénotypique entre deux souches pures ne dépende que d'un seul gène ne signifie pas que le caractère étudié à travers cette différence phénotypique ne dépende que d'un seul gène; bien évidemment plusieurs gènes peuvent être impliqués dans la réalisation du caractère, mais les deux souches pures ne diffèrent entre elles que pour un seul des gènes impliqués dans le déterminisme du caractère étudié.

Si l'analyse de la F2 issue du croisement F1 × F1 exclue la ségrégation 2/2, on conclut alors que les deux souches diffèrent pour plus d'un gène. L'hypothèse minimaliste étant qu'elles diffèrent pour au moins deux gènes. Il convient de tester la validité de cette hypothèse avant d'envisager une hypothèse plus complexe.

2.3 Quelques définitions

2.3.1 Ambiguïté du terme *caractère*

Le terme *caractère* est ambigu car il recouvre chez Mendel trois concepts différents mais interdépendants, aujourd'hui précisés par trois termes différents, le *caractère* proprement dit, le *phénotype* et l'*allèle*.

- *Le caractère* est un aspect ou une propriété biologique, un phénomène dont on peut étudier le déterminisme génétique à travers les modalités de sa transmission héréditaire, par exemple le groupe sanguin ABO ou la couleur de la fleur dans l'exemple précédent; c'est le seul usage encore admissible du terme caractère.
- *Le phénotype* est l'une des formes possibles du caractère puisque l'analyse génétique d'un caractère suppose qu'il se présente au moins sous deux formes ou phénotypes possibles, par exemple le phénotype pourpre et le phénotype blanc (on ne devrait donc plus dire le caractère pourpre ou le caractère blanc).
- *L'allèle* est une des formes possibles d'un gène impliqué dans le déterminisme du caractère étudié (c'est le facteur causal mendélien, aussi appelé caractère par Mendel).
- Le génotype, pour un gène, est constitué de l'ensemble des allèles de ce gène présents dans la cellule (ou l'organisme), un chez les haploïdes, deux chez les diploïdes, etc.

Selon la nature du message qu'ils contiennent, les différents allèles d'un gène sont responsables, en fonction de leurs combinaisons génotypiques, des différents phénotypes observables du caractère étudié (on ne doit donc plus utiliser le terme de caractère dans le sens mendélien de facteur déterministe puisque le terme précis d'allèle a été défini).

2.3.2 Le phénotype sauvage et la souche sauvage de référence

Dans la plupart des cas l'analyse génétique d'un caractère ou d'un phénomène débute par l'obtention de variants phénotypiques, de « mutants », qui diffèrent d'un phénotype de référence appelé « phénotype sauvage » (traduction de *wild type*).

Cette appellation a été introduite par les généticiens drosophilistes au début du siècle, car chez *drosophila*, les organismes des populations naturelles semblaient identiques, au moins pour leurs caractères morphologiques, ce qui permettait de définir une norme « sauvage » de référence.

Mais en génétique expérimentale, la souche sauvage correspond rarement à ce qu'on pourrait trouver à l'état sauvage dans des populations naturelles, constituées d'organismes génétiquement différents, hétérozygotes pour un grand nombre de gènes (même pour la drosophile). C'est une souche pure, obtenue au laboratoire, constituée d'individus homozygotes tous identiques entre eux, pour un certain nombre de gènes, ou pour tout le génome, et servant simplement de référentiel pour situer les mutants dans l'analyse génétique.

C'est d'ailleurs pourquoi de nombreux généticiens utilisent le terme de *souche de référence* (SR) qui a l'avantage pédagogique de préciser son utilité et de dissiper l'ambiguïté du terme sauvage, et parfois encore le terme de « souche sauvage de référence » (SSR).

2.3.3 Quelle est la définition du gène à ce stade ?

a) *L'unité de ségrégation*

C'est une première définition du gène. Le gène est défini par un couple de facteurs déterministes, appelés *allèles*, qui ségrègent à la méiose et rendent compte des modalités de la transmission des différentes formes du caractère étudié (par exemple la couleur de la fleur dans l'encart 2.1), appelées *phénotypes*.

Les souches pures sont homozygotes pour chacun des deux allèles du gène impliqué dans le déterminisme du caractère étudié et présentent deux phénotypes différents pour ce caractère.

Après croisement de ces souches pures, l'hybride obtenu est hétérozygote pour ce gène, et l'on obtient alors, parmi les produits des croisements entre hybrides, des fréquences conformes aux fréquences attendues sous le modèle de la ségrégation 2/2 à la méiose.

b) *La polyallélie*

L'assimilation du concept de gène à celui de caractère mendélien alternatif était simpliste car elle supposait qu'un gène ne pouvait n'exister que sous deux états alléliques. La difficulté d'interprétation de certains résultats a vite conduit les généticiens au concept de polyallélie : un gène peut exister sous plus de deux versions alléliques possibles (le groupe ABO).

Cependant, comme les organismes (pour la plupart) sont diploïdes, seuls deux allèles différents d'un même gène sont présents chez un hétérozygote, de sorte qu'il y a toujours ségrégation 2/2 à la méiose pour ce gène.

c) *Le gène ne peut être défini par son support*

Nombreux sont ceux qui définissent le gène comme une séquence d'ADN ou un locus chromosomique, ce qui n'a pas grand sens !

D'abord parce que le concept de gène est bien antérieur, de près de 50 ans, à la mise en évidence que l'information génétique est constituée d'ADN, ensuite parce qu'on ne saurait définir le gène par son support, qu'il s'agisse de l'ADN ou du chromosome. C'est aussi contestable que de dire qu'une symphonie de Beethoven est un fragment de cédérom ou de bande magnétique.

Pour s'affranchir de cette confusion entre le gène et son support, il faut définir le gène par ce qu'il est, une information ou un message.

Bien sûr, comme tout message, le gène a un support, l'ADN lui-même dans le chromosome ; c'est le comportement de ce support qui permet de définir le gène comme une unité de ségrégation permettant d'interpréter, selon la théorie mendélienne, les fréquences des phénotypes à l'issue d'une série de croisements.

On a précisé seulement au début du siècle la nature du support cytologique, le chromosome, puis au milieu du siècle, la nature chimique du message, l'ADN contenu dans les chromosomes.

Puis on a identifié le contenu du message d'un gène (un gène/une chaîne peptidique) ce qui a alors permis une autre définition du gène, *fonctionnelle* (chap. 5). Le gène est alors conçu comme une unité fonctionnelle définie par la fonction biochimique de la chaîne peptidique pour laquelle il code, dont la présence active ou l'absence retentit en aval sur les phénotypes associés à l'expression du gène, à l'échelle moléculaire, de la cellule, du tissu, de l'organisme, de la population.

La biologie moléculaire a depuis montré les limites d'une telle définition puisqu'une même séquence d'ADN peut renfermer plusieurs messages différents dont l'expression dépend du sens de transcription (gènes emboîtés) ou des modalités de la transcription (épissage différentiel). Par ailleurs des séquences d'ADN ne sont pas exprimées mais constituent un message puisqu'elles sont signifiantes, ayant un rôle biologique.

La complexité du concept de gène ne sera pas développée dans cet ouvrage (pour cela voir entre autre l'ouvrage de Rossignol *et al.*, Génétique : gènes et génomes, Dunod, Paris, 2000).

d) L'expression du message d'un gène

L'expression du message d'un gène est dépendante de celle des autres gènes et aussi de l'environnement. L'expression d'un gène s'inscrit dans un ensemble d'opérations qui assurent le cycle vital d'un organisme, embryogenèse et croissance, comportement alimentaire et reproductif…

L'expression de la plupart des gènes est donc régulée afin d'être intégrée dans une expression concertée de l'ensemble des messages constituant le génome d'un organisme. Cette régulation est une réponse par activation ou répression de l'expression du gène, en fonction non seulement de l'expression d'autres gènes mais aussi, dans certains cas, du milieu puisque des organismes génétiquement identiques peuvent présenter des phénotypes très différents pour certains de leurs traits ou de leurs propriétés.

Pour reprendre la métaphore de la symphonie de Beethoven, il serait surprenant qu'une même partition (un même message) soit traduite de la même façon par des orchestres différents, voire par le même orchestre, mais à des moments différents.

2.3.4 La dominance et la récessivité

Lorsque deux souches pures parentales sont croisées entre elles et que le descendant F1 (appelé hybride chez Mendel) présente un des deux phénotypes parentaux, on énonce que ce phénotype est dominant (pourpre dans l'exemple) et que l'autre phénotype (blanc) est récessif. Un test de dominance consiste à croiser, entre elles, deux souches pures afin d'observer le phénotype de la F1 hétérozygote pour statuer sur la dominance d'un des deux phénotype parentaux ou sur leur codominance.

> ***Remarque.*** Il est très important de comprendre que la dominance est une propriété du phénotype et non de l'allèle. Le fait de définir des *allèles dominants* ou des *allèles récessifs* est une dérive sémantique que s'autorisent les généticiens entre eux, mais qui est source d'une confusion conceptuelle quand on maîtrise encore imparfaitement la génétique.
>
> On peut éventuellement dire qu'un allèle *a* un effet dominant sur le phénotype vis-à-vis de l'effet d'un autre allèle du même gène; comme de nombreux exercices l'illustreront, un allèle *A1* peut avoir un effet dominant vis-à-vis d'un allèle *A2* pour un premier phénotype, alors qu'il a un effet récessif vis-à-vis d'un autre allèle *A3* pour le même phénotype ou qu'il a un effet récessif vis-à-vis de l'allèle *A2* pour un autre phénotype (voir interprétation en 5.5).

2.4 L'HÉRÉDITÉ LIÉE À L'X

Chez de nombreuses espèces animales ou végétales unisexuées (dioïques), le caryotype diffère d'un sexe à l'autre pour une paire de chromosomes, appelés hétérosomes ou chromosomes sexuels. L'un des sexes est *homogamétique*, il ne produit qu'un seul type de gamètes parce que son caryotype présente deux chromosomes identiques, habituellement dénommés X (c'est le cas chez l'homme ou la drosophile, dans le sexe femelle). L'autre sexe est *hétérogamétique*, il produit deux types de gamètes parce que son caryotype présente deux chromosomes différents par la taille et/ou la structure et s'appariant partiellement à la méiose; l'un de ces chromosomes est du type X, l'autre est habituellement dénommé Y (c'est le cas du sexe mâle chez l'homme ou la drosophile).

Chez l'homme, le sexe de l'organisme est déterminé à la fécondation par le type d'hétérosome transmis par le sexe hétérogamétique, le chromosome Y détermine le sexe mâle; le sexe féminin des individus XO (monosomie X, syndrome de Turner) vérifie cette conclusion.

Chez la drosophile, le déterminisme du sexe mâle par le chromosome Y n'est qu'une apparence puisque les organismes XO sont mâles; le sexe est en réalité déterminé par la valeur du rapport entre la quantité d'autosomes et de chromosomes X qui est la même chez X/Y ou X/O.

D'ailleurs, chez d'autres organismes comme certains amphibiens ou insectes, il n'existe qu'un type de chromosome sexuel, l'un des sexes étant X/X et l'autre étant X/O.

Chez les oiseaux et des insectes comme les papillons, le sexe mâle est homogamétique (noté Z/Z) et le sexe femelle est hétérogamétique (noté Z/W).

Les caractères dépendant de gènes localisés sur les hétérosomes présentent un mode de transmission héréditaire tout à fait spécifique appelé « hérédité liée au sexe », par opposition à « l'hérédité autosomique » de tous les caractères gouvernés par des gènes localisés sur un autosome.

L'hérédité liée au sexe est caractérisée par le fait que les croisements réciproques entre souche pure et souche sauvage donnent des résultats différents : l'un des deux croisements donnent des descendants F1, chez lesquels chacun des deux sexes présente un phénotype différent du caractère (tabl. 2.3). En effet, il ne peut y avoir de ségrégation 2/2 dans le sexe hétérogamétique qui est « haploïde » (on dit hémizygote) pour les gènes du chromosome X (exceptés les éventuels gènes de la partie commune entre X et Y, pour lesquels il y aura une hérédité appelée pseudo-autosomique, mais celle-ci est identifiable en F2, voir l'un des exercices).

C'est d'ailleurs cette particularité de l'hérédité liée au sexe, observée chez la drosophile par Morgan et Bridges, qui les a convaincus de la validité de la théorie chromosomique de l'hérédité.

> ***Remarque.*** Il convient de noter que très souvent la dénomination du phénotype sauvage est associée par le signe « + » à celle du phénotype mutant. Celui-ci est noté par sa particularité, ici [w] pour *white*, le phénotype sauvage est noté [w^+].
>
> Mais cette correspondance est souvent poursuivie dans l'écriture allélique, où l'on distinguera les allèles *w* et w^+.
>
> Cela dit, cette écriture perpétue l'ambiguïté entre caractère, phénotype et allèle dont nous avions décrit les dangers au paragraphe précédent. C'est pourquoi il serait préférable, sur le plan pédagogique, de choisir des notations totalement non chevauchantes entre l'univers des phénotypes qu'on observe et l'univers des allèles qui en sont la cause.

TABLEAU 2.3 HÉRÉDITÉ LIÉE AU SEXE.

Résultats observés pour chacun des croisements réciproques entre une souche de drosophile mutante de phénotype [œil blanc], parfois noté [w], et la souche SSR, dont l'œil est de phénotype [rouge brique], parfois noté [w^+]. La souche [w] est mutée dans un gène du chromosome X; le phénotype mutant étant récessif.

mâle $w^+//Y$ de phénotype [œil brique] × femelle $w//w$ de phénotype [œil blanc]	mâle $w//Y$ de phénotype [œil blanc] × femelle $w^+//w^+$ de phénotype [œil brique]
Chez la F1 tous les mâles sont $w//Y$ [œil blanc] et toutes les femelles sont $w//w^+$ [œil brique]	**Chez la F1** tous les mâles sont $w^+//Y$ [œil brique] et toutes les femelles sont $w//w^+$ [œil brique]

2.5 DYSFONCTIONNEMENTS DE LA MÉIOSE

Contrairement à ce qu'on pourrait imaginer, le processus cytogénétique de réduction de la ploïdie à la méiose s'accompagne d'un grand nombre d'erreurs. De ce fait la gamétogenèse fournit une fraction assez conséquente de gamètes dont la dotation est anormale. Un gamète normal est porteur d'un seul représentant de chaque chromosome de l'espèce, il est dit *monosomique* (à l'exception des chromosomes sexuels ou hétérosomes) ; ainsi chez l'homme un gamète normal est porteur d'un exemplaire de chacun des 22 autosomes et d'un hétérosome, soit X, soit Y.

Les différents types de dysfonctionnement de la méiose peuvent conduire à divers types de gamètes anormaux et par suite, en cas d'implication dans une fécondation, d'embryons ou d'organismes porteurs d'une anomalie du nombre de chromosomes.

– Un gamète est dit *disomique* s'il est porteur de deux exemplaires d'un chromosome particulier et son implication dans une fécondation conduira à un organisme trisomique puisque l'autre gamète *a priori* monosomique apporte un troisième exemplaire de ce chromosome. Ainsi les enfants porteurs d'une trisomie 21 ont été conçus avec un gamète normal et un gamète disomique pour le chromosome 21 (voir exercice 2.10)
– Il arrive parfois qu'un gamète soit disomique pour tous les chromosomes, ce qui conduit alors, en cas d'implication dans une fécondation, à un organisme triploïde.
– Un gamète est dit *nullomique* s'il n'est porteur d'aucun exemplaire d'un chromosome particulier et son implication dans une fécondation conduira à un organisme monosomique puisque l'autre gamète *a priori* monosomique apporte un exemplaire de ce chromosome. Ainsi les filles atteintes du syndrome de Turner sont porteuse d'une monosomie X et ont été conçues avec un gamète normal et un gamète nullosomique pour le chromosome X.

Comme le développement embryonnaire est excessivement sensible au dosage génique dont dépend le dosage des protéines assurant le schéma de développement, il est facile de comprendre que la très grande majorité des embryons conçus avec une anomalie du nombre des chromosomes ne peuvent se développer et sont éliminés. On a ainsi montré, dans l'espèce humaine que 75 % des conceptions étaient éliminées très précocement et que seulement 25 % des conceptus arrivaient à terme, ce qui conduit à remarquer que, d'un strict point de vue biologique, les trisomies 13, 18 et 21 sont sans doute moins graves puisque ce sont les seuls types de trisomie observables à terme.

Trois types de dysfonctionnements peuvent conduire à des gamètes disomiques et nullosomiques (exercice 2.9) :

– Une non-disjonction à la méiose 1, les deux paires de chromatides appariées migrant vers un même pôle (environ 25 % des cas de dysfonctionnement).
– Une disjonction prématurée d'une paire de chromatide à la méiose 1, avec liaison du centromère aux deux pôles de sorte que les deux chromosomes fils se répartissent dans les deux cellules filles, l'une des deux recevant l'autre paire de chromatides (environ 50 % des cas de dysfonctionnement).
– Une non-disjonction à la méiose 2, une paire de chromatides sœurs restant appariée et migrant vers un même pôle et se disjoignant ensuite au sein du gamète (environ 25 % des cas de dysfonctionnement).

À retenir

- Un **phénotype** est défini comme une des formes possibles d'un caractère quand celui-ci présente une variation.
- Un **allèle** est défini comme une des formes possibles d'un gène quand celui-ci présente des variations de sa séquence nucléotidique. La variation allélique d'un ou des gène(s) impliqué(s) dans le déterminisme d'un caractère participe à la variation phénotypique de ce caractère ; l'analyse génétique d'un caractère consiste à établir et préciser cette relation en dénombrant ces gènes, en identifiant leurs mutations, les génotypes associés aux phénotypes, la fonction des gènes et les conséquences fonctionnelles des mutations.
- Le **principe de la ségrégation 2-2** est un principe ou loi théorique qui stipule que la méiose d'un couple d'allèles d'un gène dans une cellule germinale diploïde d'un hétérozygote *A//a* conduit à deux gamètes haploïdes *A* et deux gamètes haploïdes *a*. Cette loi est une conséquence génétique directe du mécanisme chromosomique de la méiose
- Cette loi, appliquée de manière réciproque dans l'analyse d'un mutant croisé par une souche sauvage de référence, permet de déterminer si la variation génétique entre le mutant et le sauvage, pour le caractère étudié, porte sur un seul gène ou plus (**test de ségrégation 2-2**)
- Chez la levure, on détermine les proportions observées des différents phénotypes chez les spores issues de la méiose du diploïde et on teste la **signification statistique** de leur écart aux fréquences attendues, 1/2 et 1/2, sous l'hypothèse que le mutant ne diffère de sauvage que pour un seul gène, dans la variation du caractère étudié.
- Chez les organismes diplobiontiques, l'analyse de la méiose chez les individus F1 issus du croisement mutant x sauvage, est faite à partir de l'observation des fréquences des phénotypes d'une génération F2 issue d'un **croisement F1 × F1** ou F1 × parent récessif (**test-cross**) et on teste la signification statistique de leur écart aux fréquences attendues dans le type de croisement sous l'hypothèse que le mutant ne diffère de sauvage que pour un seul gène, dans la variation du caractère étudié (à noter les cas particuliers de l'analyse des gènes portés par des hétérosomes).
- L'observation du phénotype de la F1 permet de statuer sur la **dominance** ou la **récessivité** du phénotype mutant par rapport au phénotype sauvage ; chez la levure il est nécessaire de faire une réplique pour avoir cette information.
- Les dysfonctionnements de la méiose, **non-disjonction** des paires de chromatides homologues à la méiose 1 ou sœurs à la méiose 2 et la **disjonction prématurée** d'une paire de chromatides sœurs à la méiose 1, sont les causes principales des anomalies du nombre de chromosomes à la gamétogenèse et par suite à la fécondation.

Exercices

2.1 Niveau Bac/Définition des objectifs

- Vérifier la bonne compréhension de la terminologie.
- Tester la dominance et la ségrégation 2/2.
- Test statistique de conformité d'une hypothèse.
- Ne pas confondre le nombre de gènes impliqués dans un phénotype et un caractère.

Chez *Drosophila melanogaster*, la souche sauvage, pure, de référence (SSR) présente un corps de couleur grise ; elle est croisée avec une souche pure mutante dont le corps est noir. En F1, tous les individus sont [gris].

Les croisements F1 × F1 donne 768 [gris] et 232 [noir] ; les croisements F1 × parent [noir] donnent 482 [gris] et 518 [noir].

1. Quel est le caractère étudié ?

2. À quelle conclusion conduit l'observation du phénotype en F1 ?

3. Montrez par l'analyse génétique, que ces deux résultats sont la conséquence d'un même phénomène à la méiose et conduisent à une même conclusion sur les souches parentales. Validez l'analyse F1 × F1 par un test statistique.

4. Pourquoi est-il inexact de dire que la pigmentation du corps ne dépend que d'un seul gène ?

2.2 Niveau Bac/Définition des objectifs

- Tester la dominance et la ségrégation 2/2.
- Vérifier la bonne compréhension de la terminologie.

Il existe une variété pure de maïs à grains violets. Son croisement avec une variété pure à grains jaunes donne une F1 à grains violets. La F1, croisée avec une lignée pure à grains jaunes donne des plants sur lesquels on analyse un épi porteur des graines F2 : on compte 535 graines de phénotype [violet] et 465 de phénotype [jaune].

1. Quel est le caractère étudié ?

2. À quelle conclusion conduit l'observation du phénotype en F1 ? Cela permet-il de désigner un phénotype sauvage ?

3. Développez l'analyse génétique et concluez.

4. Précisez sur quoi porte la différence génétique entre les deux souches parentales.

2.3 Niveau Licence (L1, L2) / Définition des objectifs

- Vérifier la bonne compréhension de la terminologie.
- Analyse génétique chez un organisme au sexe hétérogamétique.
- Liaison au sexe et test de la ségrégation 2/2 par divers types de croisements.

On dispose de deux souches pures de souris, la souche A au pelage de phénotype [blanc, poil ras], la souche B au pelage de phénotype [brun, poil long]. On croise, d'une part des mâles A par des femelles B, d'autre part des mâles B par des femelles A.

Le premier croisement conduit à une F1 où tous les individus sont de phénotype [brun, poil long]; le second croisement conduit à une F1 où les mâles sont de phénotype [blanc, poil long] et les femelles de phénotype [brun, poil long].

1. Quels sont les caractères étudiés ?

2. Le fait d'étudier deux caractères signifie-t-il obligatoirement que les deux souches diffèrent pour au moins deux gènes ?

3. En quoi les observations faites en F1 permettent-elles d'affirmer que les deux souches diffèrent obligatoirement pour au moins deux gènes ?

4. Précisez par l'analyse génétique pour chaque caractère pris isolément, autant que faire se peut, le nombre et la localisation des gènes.

2.4 **Niveau bac-Licence (L1, L2)/ Définition des objectifs**

- Introduction aux particularités de l'analyse génétique chez la levure.
- Définir un milieu de test d'un phénotype pour en déduire un génotype.
- Tester la dominance, et la ségrégation 2/2 pour un phénotype.
- Discuter l'observation de spores recombinées et anticiper sur l'analyse fonctionnelle du gène.

Remarques préliminaires.

a) L'analyse génétique chez la levure suppose d'avoir lu l'introduction du chapitre 10 où on explique de quelle manière on entretient les souches haploïdes ou diploïdes et comment on croise entre elles deux souches haploïdes pour obtenir un diploïde, puis comment on stimule la méiose pour récupérer des spores haploïdes en vrac ou en tétrades.

b) L'analyse génétique consiste à étudier les produits de la méiose chez un hétérozygote issu d'un croisement; chez la drosophile ou la souris, les produits de la méiose d'une F1 ne peuvent être étudiés qu'à travers l'analyse d'une F2 obtenue par croisement de la F1 avec elle-même ou avec un parent récessif (test-cross). Au contraire, chez la levure, les cellules diploïdes vont donner, par méiose, des spores haploïdes qu'on peut recueillir et étudier directement.

c) Le milieu de culture minimum est noté Mo et contient du glucose (source de carbone et d'énergie), un sel d'ammonium (source d'azote) et des oligo-éléments. Quand la source de carbone n'est pas du glucose, elle est notée entre parenthèses, par exemple Mo(gal) : milieu minimum où la source de carbone est du galactose (et non du glucose). Quand un milieu est supplémenté en un élément dont la souche a besoin pour se développer, cela est indiqué par un signe +, par exemple Mo + val : milieu minimum additionné de valine, dans le cas où la souche ne peut la synthétiser ou la produire (mutant de production ou de synthèse).

d) Il est possible de tester le phénotype d'une souche en la transplantant sur un autre milieu par la technique de réplique : on prend des cellules dans la boîte mère et on les transplante dans la boîte test afin de voir si elles s'y multiplient et donnent des colonies. Une technique particulière est la réplique sur velours, par laquelle on procède à une empreinte de la boîte mère sur un velours, puis on applique ce velours sur la boîte test vierge de sorte que les cellules de la boîte mère seront déposées selon leur topographie originelle dans la boîte mère, ce qui permet d'identifier, dans celle-ci, les colonies qui ne poussent pas sur la réplique. Cette technique est très rentable quand la boîte mère contient plusieurs centaines de colonies.

Dans ce problème, on ne se préoccupe pas du signe sexuel des souches ni des marqueurs de sélection des diploïdes sur les boîtes de croisement. On suppose donc, quand on fait un croisement sur une boîte, que les diploïdes peuvent se former et qu'eux seuls peuvent pousser sur la boîte, à condition cependant que le milieu soit adéquat compte tenu de leur génotype.

Question 1.

On croise entre elles des souches haploïdes de levure, l'une de phénotype [his^+], l'autre de phénotype [his^-], incapable d'assurer la synthèse de l'histidine; les colonies diploïdes sont de phénotype [his^+]. Après méiose, on isole 400 spores à l'origine de 400 colonies testées par réplique sur un milieu adéquat : 400 poussent sur milieu minimal additionné d'histidine, 182 poussent sur milieu minimum.

1. Sur quel milieu la souche [his^-] est-elle entretenue ? Justifier la réponse.

2. Faut-il rajouter de l'histidine dans le tube de croisement, puis dans la boîte de sélection des diploïdes ? Justifier votre réponse.

3. Comment répondre à cette question relative à l'histidine ?

4. À quelle conclusion conduit l'analyse génétique ?

5. Pourquoi est-il inexact de dire que la capacité de synthétiser l'histidine ne dépend que d'un seul gène ?

Question 2.

Deux souches haploïdes de levure, l'une [ura^-], l'autre [ura^+] sont croisées entre elles et donne un diploïde [ura^+], capable d'assurer la biosynthèse de l'uracile. Des cellules qui entrent en méiose, on isole 400 spores mises en culture sur un milieu minimum, dénommé Mo additionné d'uracile. Les 400 colonies sont testées par la méthode des repiquages et on dénombre 295 colonies [ura^-] et 105 colonies [ura^+].

1. Sur quel milieu la souche [ura^-] est-elle entretenue ? Justifier la réponse.

2. Sur quel milieu fait-on le croisement ? Justifier la réponse.

3. Sur quel milieu a-t-on répliqué les colonies obtenues sur la boîte de croisement pour conclure que le phénotype du diploïde est [ura^+] ?

4. À quelle conclusion conduit l'analyse génétique ?

Question 3.

La souche haploïde de levure A, de phénotype [met⁻, gal⁻], incapable de synthétiser la méthionine et d'utiliser ou métaboliser le galactose, est croisée avec la souche haploïde B de phénotype [met⁺, gal⁺] ; on obtient un diploïde [met⁺, gal⁺], capable d'assurer la biosynthèse de la méthionine et d'utiliser le galactose comme source de carbone et d'énergie. Des cellules qui entrent en méiose, on isole 136 spores mises en culture sur un milieu minimum, dénommé Mo (où la source de carbone est du glucose) additionné de méthionine. Des 136 colonies qui y ont poussé on effectue des prélèvements qu'on repique sur 3 boîtes, différentes, Mo où 70 colonies se développent, Mo(gal) où 37 colonies se développent, Mo(gal) + met où 71 colonies se développent.

1. Sur quel milieu la souche [met⁻; gal⁻] est-elle entretenue ? Justifier la réponse.

2. Sur quel(s) milieu(x) fait-on le croisement ? Justifier la réponse.

3. Sur quel milieu a-t-on répliqué les colonies obtenues sur la boîte de croisement pour conclure que le phénotype du diploïde est [met⁺; gal⁺] ?

4. Compte tenu des résultats obtenus sur les différentes répliques, identifiez et dénombrez les phénotypes des différents types de spores obtenues.

5. Déterminez, par l'analyse génétique, le nombre de gènes impliqué dans la variation de chaque caractère et pour combien de gènes les deux souches diffèrent. Écrivez leurs génotypes.

2.5 **Niveau Licence (L1, L2)/Définition des objectifs.**

- Mettre en évidence la pléiotropie.
- Discuter de la relativité de la dominance et de la récessivité.
- Mettre en évidence un effet particulier de certaines mutations sur les fréquences issues d'une ségrégation.

On trouve sur l'île de Man des chats dépourvus de queue.

1. Lorsqu'on croise un chat sans queue avec un chat pourvu d'une queue, de l'île de Man ou d'ailleurs, on observe que la moitié des chatons sont dépourvus de queue. Qu'en concluez-vous ?

2. Lorsqu'on croise entre eux deux chats sans queue, on observe que deux tiers des chatons sont dépourvus de queue. Qu'en concluez-vous ?

3. Vous montrerez en quoi la mutation affectant les chats de l'île de Man est *pléiotrope* et que son effet est dominant ou récessif selon les cas.

2.6 **Niveau Licence (L1, L2)/Définition des objectifs.**

- Test de la ségrégation 2/2.
- Transmission autosomique et/ou liaison au sexe.
- Anticiper sur la localisation chromosomique, l'indépendance génétique et l'indépendance physique (la question 2.*b* suppose la maîtrise du chap. 3).

La souche pure sauvage de référence (SSR) de *Drophila melanogaster* a des yeux rouge brique. On dispose d'une souche pure mutante *A* aux yeux blancs.

1. Le croisement d'un mâle *A* par une femelle SSR donne des descendants F1 de phénotype sauvage; le croisement d'un mâle SSR par une femelle *A* donne en F1 des femelles de phénotype sauvage et des mâles aux yeux blancs. Quelle est l'interprétation d'un tel résultat ?

2. On croise des femelles F1 de chacun des deux croisements réciproques précédents par un mâle *A*; on obtient en F2 des résultats statistiquement identiques pour les deux croisements (tabl. 2.8).

a. Quel est le nombre minimal de gènes mutés entre les souches A et SSR ?

b. Proposez un croisement dont les résultats permettraient de le(s) localiser.

Tableau 2.8.

	Femelles F2	Mâles F2
Yeux rouge brique	55	60
Yeux blancs	170	175

2.7 Niveau Licence-Master (L3, M1)/Définition des objectifs.

- Test de la ségrégation 2/2 chez l'homme, mise en évidence d'un trait « monofactoriel ».
- Mise en évidence et prise en compte du biais de détection.
- Mise en évidence du biais de recensement, sans prise en compte.

La mucoviscidose est une maladie génétique résultant de l'absence ou du dysfonctionnement d'un canal chlorure, ce qui entraîne un déficit de fluidité des sécrétions, notamment celles des épithéliums pulmonaire et pancréatique. La stagnation des sécrétions provoque des lésions irréversibles de ces deux tissus. Aucune thérapie n'étant possible pour l'instant dans l'atteinte pulmonaire (l'atteinte pancréatique étant compensée par une substitution artificielle associée à la prise alimentaire), la fonction pulmonaire décroît irréversiblement jusqu'à mettre en jeu la fonction cardiaque et la vie de l'individu.

La mucoviscidose est donc une maladie létale; elle est récessive car les enfants atteints sont porteurs de deux exemplaires mutés, non fonctionnels, du gène codant pour le canal chlorure, alors que leurs parents, porteurs sains, sont hétérozygotes, avec un exemplaire muté du gène, celui qui a été transmis à l'enfant atteint, et un exemplaire non muté et fonctionnel dont l'expression compense totalement l'absence d'expression de l'allèle muté.

1. Quelles sont les génotypes des membres d'un « couple à risque », sachant que la mucoviscidose est létale avant l'âge fécond ?

2. Quelles sont les probabilités, ou les fréquences des enfants atteints ou non atteints chez ces couples à risque ? Ces fréquences sont-elles bien la conséquence de la ségrégation 2/2 ?

3. On dispose d'un échantillon de 140 familles de deux enfants ayant au moins un enfant atteint de mucoviscidose, parmi lesquelles 21 ont leurs deux enfants atteints. Calculez la fréquence des enfants atteints ou non atteints dans cet échantillon.

4. Comparez la fréquence des enfants atteints calculée à la question **2** et celle observée à la question **3** et dites pourquoi les fréquences observées à la question **3** sont bien les fréquences attendues sous l'hypothèse d'une ségrégation 2/2, alors que les fréquences de la question **2** ne sont précisément pas celles qu'on peut attendre, dans le cadre des observations réalisées ? Justifiez votre réponse par un test statistique.

5. Quelles seraient les fréquences des enfants atteints dans un échantillon de familles de trois enfants, avec au moins un enfant atteint de mucoviscidose ?

6. Voyez-vous un moyen de tester la ségrégation 2/2 pour la mucoviscidose, ou pour toute autre maladie récessive létale dans l'enfance, quand vous disposez d'un ensemble de familles de tailles variables ?

2.8 Niveau Licence-Master (L3, M1)/Définition des objectifs.

Mise en évidence et spécificité de la pseudoautosomie.

Chez le poisson du genre *Aplocheilus*, le sexe a un déterminisme hétérochromosomique du type mâle X/Y et femelle X/X. On y a isolé quatre souches pures de couleur brune, bleue, rouge et blanche, et on peut admettre que les phénotypes bruns et blancs résultent, respectivement, de la présence ou de l'absence simultanée des pigments rouges et bleus.

Pour étudier le déterminisme génétique de la pigmentation, on réalise plusieurs croisements.

1. Croisements entre souches pures rouges et blanches.

• *Croisement 1* : femelle blanche × mâle rouge.

– F1 entièrement rouge ;

– F2 issue du croisement F1 × F1, constituée de 41 femelles rouges, 43 femelles blanches et 77 mâles rouges.

• *Croisement 2* : backcross femelle blanche × mâle F1 rouge du croisement précédent.

Descendance constituée de 197 femelles blanches et 201 mâles rouges.

• *Croisement 3* : femelle rouge × mâle blanc.

– F1 entièrement rouge ;

– F2 issue du croisement F1 × F1, constituée de 87 femelles rouges, 42 mâles blancs et 38 mâles rouges.

Quelle hypothèse peut-on faire sur le déterminisme génétique de ces phénotypes, en accord avec les résultats observés (qualitatifs et quantitatifs) ? Justifiez votre interprétation en écrivant les génotypes et les phénotypes associés ainsi que les gamètes impliqués.

NB : cette question étant assez difficile, vous pouvez, en cas d'échec, trouver en tête du corrigé une série de questions précises dont les réponses doivent vous mettre sur la voie.

2. Cette question suppose acquises les notions abordées au chapitre 3 sur la recombinaison génétique.

On étudie le croisement femelle race blanche × mâle race brune, la F1 est entièrement brune, la F2 issue du croisement F1 × F1 est répartie en quatre phénotypes :

[brun] : 77 femelles et 147 mâles; [bleu] : 55 femelles;

[rouge] : 20 femelles et 47 mâles; [blanc] : 25 femelles.

Quelle hypothèse peut-on faire sur le déterminisme génétique des quatre phénotypes de pigmentation, en accord avec les résultats observés (qualitatifs et quantitatifs) ? Justifiez votre interprétation en écrivant les génotypes et les phénotypes associés ainsi que les tableaux de croisement des gamètes permettant de rendre compte des fréquences attendues.

Pour ceux qui ont besoin d'un coup de pouce, répondez successivement aux questions suivantes :

a. Que devrait permettre de conclure l'homogénéité de la F1 dans les deux croisements réciproques ?

b. Si l'on fait abstraction du sexe dans l'analyse des deux F2 des croisements 1 et 2, quelles sont les fréquences des phénotypes rouges et blancs ? que devrait-on en conclure ?

c. Comment concilier les conclusions des deux points précédents avec l'observation des F2, lorsqu'on distingue les sexes ?

À partir du moment où un gène ne peut être sur tel ou tel chromosome ou partie de chromosome, il ne reste plus beaucoup de solutions possibles…

2.9 Objectifs.

- Vérifier, sur l'ensemble de l'exercice, la bonne maîtrise des processus en cours lors de la méiose.
- Utiliser cette maîtrise pour visualiser les dysfonctionnements cytogénétiques de la méiose et leurs conséquences génétiques.

Faire les différents schémas représentant le mécanisme cytogénétique de la méiose, pour une paire de chromosomes homologues, dans les trois cas de dysfonctionnements de la méiose (NDJ1 = non-disjonction des deux paires de chromatides appariées en méiose 1, disjonction prématurée d'une des paires de chromatides en méiose 1 et NDJ2 = non-disjonction d'une paire de chromatides en méiose 2). Supposer dans un premier temps l'absence de crossing-over et refaire les schémas avec un crossing-over.

2.10 **Objectifs.**

- Savoir utiliser des polymorphismes moléculaires de l'ADN pour identifier l'origine parentale des chromosomes.
- Vérifier, sur l'ensemble de l'exercice, la bonne maîtrise des processus en cours lors de la méiose et préciser les conséquences génétiques des dysfonctionnements.

La mise en évidence de séquences microsatellites (polymorphisme moléculaire de l'ADN), constituées par des répétitions en tandem de dinucléotides ou de trinucléotides (par exemple TA_n ou CGG_n), sur l'ensemble des chromosomes humains, et sur le 21 en particulier, a permis de confirmer de manière définitive les statistiques sur l'origine paternelle ou maternelle du dysfonctionnement méiotique conduisant à une trisomie, de même que la localisation, en méiose 1 ou en méiose 2, de celui-ci.

En effet, il est toujours facile de trouver un marqueur microsatellite pour lequel les deux conjoints sont porteurs d'allèles tous différents de sorte qu'on peut, formellement, écrire les génotypes du couple, pour le marqueur considéré, de la manière suivante :

Homme (A1, A2) × Femme (A3, A4)

Il est alors possible, en appliquant une variante de la technologie de PCR quantitative à l'ADN génomique d'un enfant trisomique, d'amplifier les séquences d'ADN porteuse du polymorphisme, ce qui permet, soit d'identifier la présence de trois allèles différents, soit la présence de deux allèles différents, dont un en double dose (tableau 2.12).

On a étudié, par cette technologie de PCR quantitative, un grand nombre d'enfants atteints du syndrome de Down par trisomie 21 libre, pour un marqueur du chromosome 21, assez près du centromère pour que la probabilité de crossing-over entre le locus du marqueur et le centromère soit nulle (tableau 2.12).

TABLEAU 2.12

Génotypes des enfants trisomiques issus d'un couple homme (a, b) x femme (c, d)	Fréquences de ces différentes catégories
enfants (A1, A3, A4) ou (A2, A3, A4)	71,25 %
enfants (A1, A2, A3) ou (A1, A2, A4)	3,75 %
(A1, A3, A3) ou (A2, A3, A3) ou (A1, A4, A4) ou (A2, A4, A4)	23,75 %
(A1, A1, A3) ou (A1, A1, A4) ou (A2, A2, A3) ou (A2, A2, A4)	1,25 %
TOTAL	100 %

a. Avec quelles fréquences les trisomies sont-elles d'origine paternelle ou maternelle ? Il est utile de s'aider des schémas de l'exercice précédent 2.9.

b. Commentez les résultats de votre analyse.

c. À partir des schémas précédents, montrez qu'il n'est pas possible de distinguer une trisomie issue d'un gamète disomique du à une NDJ1 ou à une disjonction prématurée et calculez les fréquences respectives des accidents de méiose 1 et de méiose 2.

d. Pourquoi est-il nécessaire de faire cette analyse avec des polymorphismes proches du centromère ?

Solutions

2.1 **1.** Le caractère étudié est la « couleur du corps ». Sa variabilité permet de définir deux phénotypes, deux formes possibles de ce caractère, le phénotype [gris], désigné comme phénotype sauvage de référence, et le phénotype [noir] qui est un variant ou un mutant.

2. On constate, en F1, que tous les individus présentent le phénotype [gris] du parent sauvage et que le phénotype mutant [noir] a disparu : on peut conclure que le phénotype [gris] est dominant vis-à-vis du phénotype [noir] ou, symétriquement le phénotype [noir] est récessif vis-à-vis du phénotype sauvage [gris].

> ***Remarque 1.*** Comme on entreprend l'analyse génétique d'un mutant, il est plus judicieux de caractériser le mutant et donc de conclure que le phénotype [noir] est récessif vis-à-vis du phénotype sauvage [gris].
>
> ***Remarque 2.*** Comme les deux souches sont pures, c'est-à-dire homozygotes pour tous leurs gènes, et qu'elles diffèrent pour un caractère, on peut conclure qu'elles diffèrent génétiquement, au moins pour un gène (peut être plus, seule l'analyse génétique pourra le dire). En conséquence la F1 est hétérozygote pour ce gène (ou ces gènes).

On peut aussi conclure que, pour ce (ou ces) gène(s), l'effet de l'allèle muté est récessif vis-à-vis de l'effet de l'allèle sauvage.

Attention : la récessivité d'un phénotype ou d'un allèle n'a de sens que par rapport à un autre phénotype (dans le croisement entre deux souches pures) ou par rapport à un autre allèle (dans un génotype hétérozygote); ce point sera détaillé plus tard dans l'ouvrage.

3. ***Analyse génétique.***

Dans un croisement F1 × F1, la question posée est de savoir si le résultat en F2 correspond à ce qu'on attend sous l'hypothèse que les souches parentales ne diffèrent que pour un seul gène (l'une est *A//A* et l'autre *a//a*) et, qu'en conséquence, la F1 est hétérozygote *A//a* pour ce seul gène. Dans ces conditions, la méiose, en F1, pour ce gène, est le siège d'une ségrégation 2-2 avec deux types de gamètes (*A*) et (*a*) de fréquence 1/2 – 1/2, ce qui conduit à un tableau de croisement des gamètes à quatre cases (tableau 2.4) avec en F2 1/4 de (*A//A*) + 1/2 de (*A//a*) + 1/2 de (*a//a*), soit 3/4 de phénotypes dominants et 1/4 de phénotypes récessifs.

Tableau 2.4.

	***A* (1/2)**	***a* (1/2)**
***A* (1/2)**	*A//A* [gris]	*A/a* [gris]
***a* (1/2)**	*a//A* [gris]	*a/a* [noir]

Les effectifs observés de 768 et 232 ne sont pas significativement différents des effectifs attendus sous l'hypothèse 3/4 – 1/4, soit 750 et 250 (voir ci dessous) et on peut donc conclure que les résultats sont conformes à ce qu'on attend si la méiose en F1 implique un seul couple d'allèles parce que les parents ne diffèrent que pour un seul gène, concernant ce caractère.

Dans un test cross F1 × parent récessif, la question posée est de savoir si le résultat en F2 correspond à ce qu'on attend sous l'hypothèse que les souches parentales ne diffèrent que pour un seul gène (l'une est *A//A* et l'autre *a//a*) et, qu'en conséquence, la F1 est hétérozygote *A//a* pour ce seul gène. Dans ces conditions, la méiose, en F1, pour ce gène, est le siège d'une ségrégation 2-2 avec deux types de gamètes (*A*) et (*a*) de fréquence 1/2 – 1/2, ce qui conduit à un tableau de croisement des gamètes à deux cases (tableau 2.5), car le parent récessif ne donne qu'un seul type de gamètes (*a*) avec en F2 1/2 de (*A//a*) + 1/2 de (*a//a*), soit 1/2 de phénotypes dominants et 1/4 de phénotypes récessifs.

TABLEAU 2.5.

	a
***A* (1/2)**	*A//a* [gris]
***a* (1/2)**	*a//a* [noir]

Les effectifs observés de 482 et 518 ne sont pas significativement différents des effectifs attendus sous l'hypothèse 1/2 – 1/2, soit 500 et 500 (la valeur observée du χ^2 est égale à 1,29, non significative au seuil de 5 %) et on peut donc conclure que les résultats sont conformes à ce qu'on attend si la méiose en F1 implique un seul couple d'allèles parce que les parents ne diffèrent que pour un seul gène, concernant ce caractère.

Développement du raisonnement statistique.

La valeur observée du χ^2 dans le test des écarts entre effectifs observés (768 et 232) et attendus (750 et 250) sous l'hypothèse « nulle » de ségrégation 2-2, est égale à 1,73; cette valeur est inférieure à la valeur seuil de 3,84 pour un χ^2 à un degré de liberté et un risque d'erreur de 5 %, ce qui reviendrait à dire qu'on prendrait un risque supérieur à 5 % en rejetant l'hypothèse nulle de ségrégation 2-2; on l'accepte donc.

4. Conclure de l'analyse précédente que la pigmentation du corps ne dépend que d'un seul gène montre qu'on n'a pas compris le sens de l'analyse génétique entreprise et l'interprétation des résultats.

En effet, l'analyse porte sur la variation de la pigmentation et montre que les deux souches diffèrent l'une de l'autre pour un seul gène, c'est-à-dire un seul des gènes impliqués dans la pigmentation du corps. Il est donc inexact de dire que la pigmentation du corps ne dépend que d'un gène : c'est la différence de phénotype pour la pigmentation du corps, chez les souches étudiées, qui ne dépend que d'un gène, pas la pigmentation.

2.2 **1.** Le caractère étudié est la « couleur du grain ». Sa variabilité permet de définir deux phénotypes, deux formes possibles de ce caractère, le phénotype [jaune] et le phénotype [violet].

2. Le phénotype [grains violets] est dominant vis-à-vis du phénotype [grains jaunes], celui ci est récessif vis-à-vis du premier. Cette observation ne justifie pas de considérer le phénotype [violet] dominant comme le phénotype sauvage, car il peut y avoir des mutants dont le phénotype est dominant sur celui du sauvage. Il n'y a pas, dans le cadre de cet exercice de désignation d'un phénotype sauvage.

3. Dans un test cross F1 × parent récessif, la question posée est de savoir si le résultat en F2 correspond à ce qu'on attend sous l'hypothèse que les souches parentales ne diffèrent que pour un seul gène (l'une est *A//A* et l'autre *a//a*) et, qu'en conséquence, la F1 est hétérozygote *A//a* pour ce seul gène. Dans ces conditions, la méiose, en F1, pour ce gène, est le siège d'une ségrégation 2-2 avec deux types de gamètes (*A*) et (*a*) de fréquence 1/2 – 1/2, ce qui conduit à un tableau de croisement des gamètes à deux cases (tableau 2.5), car le parent récessif ne donne qu'un seul type de gamètes (*a*) avec en F2 1/2 de (*A//a*) + 1/2 de (*a*/*a*), soit 1/2 de phénotypes dominants et 1/2 de phénotypes récessifs. Les effectifs observés de 535 et 465 sont significativement différents des effectifs attendus sous l'hypothèse 1/2 – 1/2, soit 500 et 500 (la valeur observée du χ^2 est égale à 4,90, significative au seuil de 5 %) et on doit donc rejeter l'hypothèse et conclure que les résultats ne sont pas conformes à ce qu'on attend si la méiose en F1 implique un seul couple d'allèles, les parents ne différant que pour un seul gène, concernant ce caractère.

4. Les deux souches parentales ne diffèrent pas pour un seul gène et diffèrent donc pour au moins deux gènes, il convient alors de reprendre l'analyse génétique sous cette hypothèse afin de voir si les résultats peuvent trouver une interprétation cohérente dans ce cadre (ceci relève du chapitre suivant). Il est possible que les deux souches diffèrent pour plus de deux gènes, mais la démarche scientifique applique toujours le « principe de parcimonie » qui considère qu'une hypothèse ou un modèle plus simple est toujours préféré à une hypothèse ou un modèle plus complexe tant qu'il est suffisant pour expliquer les observations.

2.3 **1.** Les caractères étudiés sont la « couleur du pelage » et la « longueur des poils ».

2. Le fait d'étudier deux caractères ne signifie absolument pas que les deux souches diffèrent pour au moins deux gènes : on peut parfaitement avoir un gène dont une mutation retentit sur plusieurs caractères simultanément en conduisant pour chacun d'eux à une variation phénotypique (la mutation est alors dite « pléiotrope »).

3. Si un seul gène était impliqué dans les deux caractères, cela signifierait, les souches étant pures, que le phénotype [blanc, poil ras] est associé à un allèle de ce gène et que le phénotype [brun, poil long] est associé à un autre allèle du même gène : il serait donc impossible d'observer des individus de phénotype recombiné comme ceux du deuxième croisement [blanc, poil long]. Les deux souches diffèrent donc pour au moins deux gènes, l'un impliqué dans la pigmentation du poil et l'autre dans sa longueur.

4. Quand on considère les deux croisements pour chacun des deux caractères, on observe que les F1 sont homogènes pour le caractère de longueur des poils, soit [poil long], alors que les F1 diffèrent pour le caractère de pigmentation, la F1 du premier croisement étant homogène [brun] alors que la seconde ne l'est pas, en effet tous les mâles sont [blanc] alors que les femelles sont de phénotype [brun].

Cette différence de résultats entre croisements réciproques est le résultat attendu quand la variation phénotypique du caractère dépend d'un gène localisé sur un hétérosome, en l'occurrence le chromosome X, chez la souris comme chez l'homme.

Le fait que les femelles F1 soient de phénotype [brun] dans les deux croisements permet de conclure qu'il est dominant vis-à-vis du phénotype [blanc] et que les mâles F1 [blanc] présentent le phénotype récessif en raison de leur hémizygotie. En effet, dans ces conditions, on peut écrire les croisements ainsi :

Croisements	femelles B × mâles A	femelles A × mâles B
Génotypes parentaux	(*A*//*A*) × (*a*/Y)	(*a*//*a*) × (*A*/Y)
Génotype & phénotype F1 mâle	(*A*/Y) [brun]	(*a*/Y) [blanc]
Génotype & phénotype F1 femelle	(*A*//*a*) [brun]	(*A*//*a*) [brun]

Remarque. Quand un gène est localisé sur le chromosome X, le croisement entre femelle de phénotype récessif et mâle de phénotype dominant est informatif dès la F1 et permet de conclure à cette localisation du gène sur le X.

L'autre croisement (femelle de phénotype dominant par mâle de phénotype récessif) n'est pas informatif en F1, mais il est informatif en F2 issu du croisement F1 × F1 (vérifier que toutes les femelles sont de phénotype [brun] alors que la moitié des mâles sont de phénotype [blanc]).

Pour le caractère de longueur des poils, le fait d'avoir des F1 homogènes dans les deux croisements réciproques permet de conclure qu'aucun gène du X n'est impliqué dans cette variation phénotypique qui dépend donc d'un ou plusieurs gène(s) autosomique(s).

Il n'est évidemment pas possible, en F1, de pouvoir dire si, pour chaque caractère, les deux souches diffèrent pour un seul gène ou plus; il faut poursuivre l'analyse en F2 pour le savoir. On peut simplement dire, après cette analyse, qu'elles diffèrent pour au moins deux gènes, un sur le X impliqué dans la coloration du pelage, l'autre, autosomal, impliqué dans la longueur des poils.

2.4

Question 1.

1. La souche [his$^-$] ne peut synthétiser l'histidine qui doit donc lui être fournie, cet acide aminé pouvant entrer sans problème à partir du milieu extérieur : celui-ci est donc Mo + his.

2. Il faut rajouter de l'histidine dans le tube de croisement afin que le mutant puisse pousser et se croiser avec l'autre parent ; il faut aussi rajouter de l'histidine dans la boîte d'étalement et de sélection des diploïdes car on ne sait pas a priori si le phénotype mutant d'auxotrophie pour l'histidine est dominant ou récessif et on ne connaît donc pas à l'avance le phénotype des diploïdes pour ce caractère.

3. Pour savoir si les colonies diploïdes obtenues sont [his$^+$] ou [his$^-$], c'est-à-dire si le mutant est récessif ou dominant vis-à-vis du sauvage, il suffit de faire une réplique sur un milieu Mo et de voir si on obtient ou non des colonies.

4. Les 400 spores poussent sur Mo + his et seules 182 sont capables de pousser sur Mo, ce qui signifie que parmi les 400 spores, 182 sont [his$^+$] et, par différence, 218 sont [his$^-$], ce qui n'est pas significativement différent de 200-200 (on peut faire un test de χ^2, voir exercice 2.1). Ce résultat est celui qui est attendu si les souches parentales ne diffèrent que pour un seul gène (attention, elles sont haploïdes : l'une est *A* et l'autre *a*) et, qu'en conséquence, le diploïde issu du croisement (on ne dit pas F1 chez la levure) est hétérozygote *A*//*a* pour ce seul gène.

Dans ces conditions, la méiose, chez ce diploïde, pour ce gène, est le siège d'une ségrégation 2-2 avec deux types de spores (*A*) et (*a*) de fréquence 1/2 – 1/2, selon le schéma suivant :

Souches croisées [phénotypes]	[his⁻] ×	[his⁺]
Souches croisées (génotypes)	(a) ×	(a^+)
Génotype du diploïde	$a^+//a$	
Génotypes des spores	(a)	(a^+)
Fréquences des spores	1/2	1/2
Phénotypes des spores	[his⁻]	[his⁺]

5. Il serait inexact de dire que la biosynthèse de l'histidine, le caractère étudié, ne dépend que d'un gène dans la mesure où on a seulement montré que la variation de ce caractère chez les deux souches étudiées ne dépendait que de la variation d'un seul gène, c'est-à-dire un seul des gènes impliqués dans la biosynthèse de l'histidine; car il est évident que cette biosynthèse, ce caractère, dépend de plusieurs gènes.

Question 2.

1. Le milieu est Mo + ura (justifications, voir question 1)

2. Le milieu est Mo + ura (justifications, voir question 1).

3. Le milieu est Mo (justifications, voir question 1).

4. Si les deux souches différaient pour un seul gène, un seul des gènes impliqués dans la biosynthèse de l'uracile, la ségrégation 2-2 chez le diploïde conduirait à 50 % de spores [ura$^+$] et 50 % de spores [ura$^-$], ce qui n'est pas le cas. Il n'y a donc pas de ségrégation 2-2 et les souches diffèrent obligatoirement pour plus d'un gène, donc au moins deux. La suite de cette question relève du chapitre 4.

Question 3.

1. Le milieu est Mo + met, car la souche ne peut produire de méthionine. Il ne faut surtout pas lui fournir du galactose qu'elle est incapable de consommer, de métaboliser.

2. Le milieu est Mo + met, car on ne sait pas si le phénotype [met$^-$] d'auxotrophie pour la méthionine est récessif ou dominant.

3. On a fait une réplique sur un milieu Mo pour savoir si le diploïde est [met$^+$], et on y a obtenu des colonies, et on a fait une autre réplique sur milieu Mo(gal) + met, afin de savoir si le diploïde est [gal$^+$] et on y a obtenu des colonies.

NB : on teste chaque phénotype séparément car si l'un des deux phénotypes mutés était dominant, on aurait aucune colonie sur un milieu de réplique Mo(gal).

4. Sur la boîte Mo(gal) on dénombre les 37 colonies qui sont [met$^+$; gal$^+$] parmi les 136.

Sur le milieu Mo, on dénombre les 70 colonies qui sont [met$^+$; gal$^{+ \text{ ou } -}$], ce qui, par différence permet de dénombrer 33 colonies [met$^+$; gal$^-$].

Sur le milieu Mo(gal) + met, on dénombre les 71 colonies qui sont [met$^{+ \text{ ou } -}$; gal$^+$], ce qui, par différence, permet de dénombrer 34 colonies [met$^-$; gal$^+$].

Les colonies [met$^-$; gal$^-$] sont incapables de pousser sur les trois boîtes de répliques et sont au nombre de (136 – 37 – 34 – 33) = 32.

5. Si on s'intéresse au caractère méthionine, on dénombre 70 colonies [met$^+$] pour 66 colonies [met$^-$] ce qui est conforme à l'hypothèse d'une ségrégation 2-2 chez le diploïde pour un couple d'allèles a^+ et a d'un gène impliqué dans la biosynthèse de la méthionine et pour lequel les deux souches parentales diffèrent.

De même, avec 71 colonies [gal^+] et 65 colonies [gal^-], on peut conclure que les deux souches diffèrent l'une de l'autre pour un seul des gènes impliqués dans l'utilisation du galactose.

Enfin, on peut affirmer qu'il ne s'agit pas des mêmes gènes puisqu'il y a des phénotypes recombinés [met^+; gal^-] et [met^-; gal^+] qui n'existeraient pas en cas de mutation pléiotrope.

Le génotype de A peut être écrit ainsi (a; b) et celui de B ainsi (a^+; b^+).

2.5 **1.** Le phénotype observé sur l'île de Man est mutant, la question est de savoir si ces chats diffèrent du reste de leurs congénères pour un seul gène ou non, mais aussi de savoir si l'effet de l'allèle muté est ou n'est pas dominant (récessif), vis-à-vis de celui de l'allèle sauvage.

Dans la mesure où le phénotype sans queue n'apparaît jamais hors de l'île de Man on peut considérer que pour le ou les gène(s) concerné(s) les chats, hors de cette île, ne sont jamais porteurs de cette (ou de ces) mutation(s).

Supposons, hypothèse minimaliste, que le phénotype mutant ne résulte que de la mutation d'un seul gène, notée a^-.

• Si l'allèle muté a^- avait un effet récessif, les chats sans queue seraient a^-/a^- et le croisement avec des chats extérieurs à l'île de Man, de génotype a^+/a^+ donneraient 100 % de génotypes a^+/a^- de phénotypes avec queue, ce qui ne correspond pas aux observations et invalide l'hypothèse d'un allèle muté ayant un effet récessif vis-à-vis de celui de l'allèle sauvage.

• Si l'allèle muté a^- a un effet dominant, les chats sans queue seraient a^-/a^- ou bien a^-/a^+ et, selon les cas, leur croisement avec un chat extérieur à l'île de Man, donneraient 100 % ou seulement 50 % de chats sans queue.

Seul le deuxième cas est observé, ce qui amènerait à considérer que tous les chats sans queue seraient a^-/a^+ et qu'il n'y aurait pas d'homozygotes a^-/a^- sur l'île de Man...

2. Le croisement de chats sans queue entre eux, sous l'hypothèse qu'ils sont a^-/a^+ devrait donner (faire un tableau de croisement des gamètes) 1/4 de génotypes a^-/a^-, 1/2 de a^-/a^+ et 1/4 de a^+/a^+, soit 3/4 de phénotypes sans queue et 1/4 de phénotype normal; or on observe les proportions 2/3 et 1/3, ce qui conduit à supposer que les homozygotes a^-/a^- pourraient être létaux ; en effet, dans ce cas les phénotypes résiduels sont bien dans ces proportions.

De plus cette hypothèse expliquerait bien que tous les chats sans queue de l'île de Man sont hétérozygotes a^-/a^+ et que leur croisement avec des chats normaux de l'île ou extérieurs, de génotype a^+/a^+ donne toujours 50 % de chats sans queue.

L'hypothèse que les chats de l'île de Man soient mutés dans plus d'un gène n'est pas valide car elle conduirait à des proportions qui ne sont pas celles observées.

3. La mutation a^- est dite *pléiotrope* car elle a plusieurs effets phénotypiques, le premier concernant la morphologie (absence de queue) et le deuxième, la viabilité.

Cependant, son effet sur le phénotype morphologique est dominant par rapport à l'effet de l'allèle sauvage a^+ tandis que son effet sur la viabilité est récessif par rapport à celui de l'allèle sauvage a^+ puisque seuls les homozygotes a^-/a^- sont létaux.

En d'autres termes, l'effet de l'allèle a^+ arrive à compenser l'effet de l'allèle a^- pour le phénotype de létalité qui est récessif, mais pas pour le phénotype sans queue qui est dominant.

Cet exemple est une illustration du fait qu'il est parfois absurde de dire d'un allèle qu'il est « dominant » ou « récessif » ou même que son effet est dominant ou récessif vis-à-vis de l'effet d'un autre allèle, puisqu'ici son effet est, par rapport à celui de l'allèle sauvage, dominant pour un phénotype (morphologique) mais récessif pour l'autre (viabilité). On doit donc juger de l'effet d'un allèle, par rapport à l'effet d'un autre allèle, pour un phénotype donné, éventuellement au sein d'un environnement donné !

2.6 **1.** Les deux croisements réciproques ne donnent pas les mêmes résultats et l'un des deux donne 100 % de mâles d'un phénotype parental et 100 % de femelles de l'autre phénotype, observation qui n'est compatible qu'avec l'hypothèse que les souches A et SSR diffèrent l'une de l'autre par, au moins, un gène localisé sur le chromosome X et dont la mutation a un effet récessif vis-à-vis de celui de l'allèle sauvage.

Si elles ne diffèrent que pour un seul gène, les mâles *A* et les femelles ont pour génotypes respectifs a^-/Y et a^-/a^-.

Les mâles a^-/Y croisés avec des femelles SSR a^+/a^+ donneront des mâles a^+/Y et des femelles a^-/a^+ tous et toutes de phénotype sauvage.

Les mâles a^+/Y croisés avec des femelles *A* a^-/a^- donneront des mâles a^-/Y aux yeux blancs et des femelles a^-/a^+ toutes de phénotype sauvage.

Cependant, on ne peut dire si la souche A ne diffère pas aussi de la SSR pour un autre gène ; en effet on pourrait imaginer que la souche A puisse aussi être mutée pour un deuxième gène, autosomique et conférant lui aussi, indépendamment du premier, le phénotype [œil blanc] ; dans ce cas, la souche A serait b^-/b^- (notation de l'allèle muté pour cet autre gène) et les F1 seraient tous et toutes b^+/b^-.

Pour le savoir, l'analyse génétique doit être poursuivie afin de voir s'il y a bien ségrégation allélique 2/2 à la méiose chez les femelles F1 (les seules à avoir deux chromosomes X).

2.a Le croisement réalisé ici est un test cross. On observe une ségrégation de 3/4 de phénotypes blanc et 1/4 de phénotypes rouge brique, ce qui est incompatible avec l'hypothèse d'une ségrégation 2/2 chez la femelle et implique que les deux souches parentales diffèrent pour plus d'un gène.

En effet, si les souches, comme on l'a supposé plus haut, ne différaient que pour un seul gène, les femelles F1seraient hétérozygotes a^+/a^- pour ce seul gène ; on aurait alors une ségrégation 2/2 à la méiose chez la femelle F1 pour ce couple d'allèles a^+/a^-, et le tableau de croisement des gamètes donnerait, pour les « filles » 1/2 d'hétérozygotes a^+/a^- et 1/2 d'homozygotes a^-/a^-, et pour les « fils », 1/2 de a^+/Y et 1/2 de a^-/Y, soit 1/2 de phénotypes rouge brique et 1/2 de phénotypes blanc, quel que soit le sexe des individus F2, ce qui n'est pas le cas.

2.b Les observations sont compatibles avec l'hypothèse minimaliste de deux gènes indépendants, avec au moins l'un des deux sur le X ; pour savoir si l'autre est aussi sur le X, on peut étudier les croisements F1 × F1 car, dans ce cas, l'absence de *crossing-over* chez le mâle aboutit à la formation de deux types de gamètes, alors qu'il y a quatre types de gamètes mâles si le deuxième gène est autosomique, physiquement indépendant du premier (localisé sur le X).

Dans les deux cas, le test cross mâle F1 de phénotype sauvage × femelle parentale yeux blancs donnera des résultats très différents (faire les tableaux de gamètes) ; dans le premier cas (les deux gènes indépendants mais sur le X), toutes les femelles F2 seront sauvages ; dans le deuxième cas (un gène sur le X, l'autre autosomique), 50 % des femelles seront sauvages et 50 % auront les yeux blancs.

2.7 **1.** Les seuls couples possibles sont des couples de porteurs sains, hétérozygotes avec un exemplaire fonctionnel, noté *A*, et un exemplaire muté non fonctionnel, noté *a*.

La maladie étant létale avant l'âge fécond, les deux autres couples à risque *A*//*a* × *a*//*a* ou *a*//*a* × *a*//*a* n'existent pas dans la population.

2. La probabilité d'avoir un enfant atteint est égale à 1/4 et celle d'avoir un enfant sain est égale à 3/4, sachant que deux fois sur trois l'enfant est porteur sain.

Ces fréquences sont bien la conséquence de la ségrégation 2/2 puisqu'il s'agit bien d'un « croisement » entre deux hétérozygotes, comme les croisements F1 × F1, et que la méiose fournit, du fait de la disjonction des allèles, deux catégories de gamètes équifréquents, *A* et *a* (ségrégation 2/2), qui, en s'unissant au hasard, aboutit à trois catégories de génotypes, *A*//*A*, *A*//*a* et *a*//*a*, dans les proportions 1/4, 1/2 et 1/4, et à deux catégories de phénotypes dans les proportions 3/4 et 1/4, les génotypes *A*//*A* et *A*//*a* étant sains.

3. Il y a 140 familles de deux enfants, soit 280 enfants.

On a recensé 21 familles avec deux enfants atteints et 119 familles avec un seul enfant atteint, soit un total de 161 enfants atteints sur 280 enfants. La fréquence des enfants atteints est égale à 161/280 = 0,575 (~ 4/7) et la fréquence des enfants sains est égale à 0,425 (~ 3/7).

4. La fréquence de 4/7 d'enfants atteints est totalement et significativement (vu la taille de l'échantillon) différente de la fréquence 1/4 attendue dans la descendance de couples à risque.

Comment expliquer que cette fréquence 1/4, pourtant l'illustration de la ségrégation 2/2 d'un couple d'allèles à la méiose chez un couple d'hétérozygote, se trouve « remplacée » par la valeur 4/7 chez les couples observés ?

Parce que le cadre des observations de la question **3** n'est pas celui défini à la question **2**, et que, dans chacun de ces deux cadres différents, les fréquences d'enfants atteints résultant de la ségrégation 2/2 n'ont pas les mêmes valeurs.

Le cadre de la question **2** est un cadre *a priori*, tel qu'il existe en génétique expérimentale où on réalise des croisements F1 × F1 pour en observer les différents types de descendants F2. Dans ces conditions, la fréquence 1/4 de phénotypes récessifs est bien l'illustration de la ségrégation 2/2.

Le cadre de la question **3** est tout autre ; c'est un cadre *a posteriori*, tel qu'il existe obligatoirement en génétique humaine où on ne peut « pratiquer des croisements » mais où on recense les croisements qui se sont naturellement opérés dans la population.

Or on ne recense que les couples à risque, c'est-à-dire les croisements F1 × F1, où le risque s'est manifesté au moins une fois par la production d'un F2 de phénotype récessif, ici un enfant atteint. Bien évidemment un biais, appelé « biais de détection » survient du fait que ne seront jamais détectés et comptabilisés les couples à risque n'ayant pas eu d'enfants atteints ; c'est en ce sens qu'il s'agit d'un cadre *a posteriori*, car les génotypes des parents ne sont identifiés, comme à risque, que postérieurement à l'identification génétique de l'un au moins de leurs enfants.

Dans ces conditions, on peut montrer facilement comment, du fait du passage d'un cadre expérimental *a priori* à un cadre observationnel *a posteriori*, les proportions 3/4-1/4 sont modifiées en proportions 3/7-4/7 (tabl. 2.9).

Il y a quatre type de couples à risque avec deux enfants selon qu'aucun, un seul ou les deux enfants sont atteints, leurs fréquences relatives étant le produit des probabilités d'avoir leur premier et/ou leur deuxième enfant sain et/ou atteint.

Tableau 2.9.

	Couple à risque de type 1	Couple à risque de type 2	Couple à risque de type 3	Couple à risque de type 4
Premier enfant	Sain	Sain	Atteint	Atteint
Deuxième enfant	Sain	Atteint	Sain	Atteint
Fréquence relative de tous les types de couples à risque	3/4 × 3/4 = 9/16	3/4 × 1/4 = 3/16	1/4 × 3/4 = 3/16	1/4 × 1/4 = 1/16
Fréquence *a priori* des enfants atteints sur la totalité des couples	f = (9/16 × 0) + (3/16 × 1/2) + (3/16 × 1/2) + (1/16 × 2/2) = 8/32 f = 1/4			
Fréquence relative des types de couples à risque recensés		3/7	3/7	1/7
Fréquence *a posteriori* des enfants atteints sur les couples recensés		f = (3/7 × 1/2) + (3/7 × 1/2) + (1/7 × 2/2) f = 4/7		

5. Pour des familles de trois enfants (tab. 2.10), on aura quatre types de couples en précisant que les types de couples avec un enfant ou deux enfants atteints sont des cas triples qui peuvent être obtenus de trois façons mutuellement exclusives, l'enfant atteint (ou non atteint) étant le premier ou le deuxième ou le troisième, ce qui amène à multiplier par trois la probabilité.

Tableau 2.10.

	Couple à risque de type 1 : trois enfants sains	Couple à risque de type 2 : un enfant atteint	Couple à risque de type 3 : deux enfants atteints	Couple à risque de type 4 : trois enfants atteints
Fréquence relative de tous les types de couples à risque	3/4 × 3/4 × 3/4 = 27/64	[3/4 × 3/4 × 1/4] × 3 = 27/64	[3/4 × 1/4 × 1/4] × 3 = 9/64	1/4 × 1/4 × 1/4 = 1/64
Fréquence *a priori* des enfants atteints sur la totalité des couples	f = (27/64 × 0) + (27/64 × 1/3) + (9/64 × 2/3) + (1/64 × 3/3) = 48/192 f = 1/4			
Fréquence relative des types de couples à risque recensés		27/37	9/37	1/37
Fréquence *a posteriori* des enfants atteints sur les couples recensés		f = (27/37 × 1/3) + (9/37 × 2/3) + (1/37 × 3/3) f = 48/111		

La proportion d'enfants atteints n'est pas la même que dans les familles recensées de deux enfants, parce que la fréquence du type de couple à risque non recensé (pas d'enfant atteint) dépend du nombre d'enfants et est égale à $(1 - p)^s$, où p est la probabilité d'avoir un enfant atteint, c'est-à-dire 1/4 et s est le nombre d'enfants de la famille.

6. Si on dispose d'un échantillon de familles de tailles variables, il faut définir la valeur attendue de la fréquence des enfants atteints pour chaque taille de famille, puis en faire le produit avec le poids relatif de chaque taille de famille dans l'échantillon, afin d'estimer la fréquence attendue dans l'échantillon et de la confronter par un test statistique à la fréquence observée.

On désigne par p, le « paramètre de ségrégation », soit la probabilité *a priori* d'avoir un enfant atteint chez les couples à risque ($p = 1/4$ quand il s'agit d'un phénotype récessif produit par un couple d'hétérozygote pour un gène donnant une ségrégation 2/2 de leurs allèles à la méiose).

On désigne maintenant par $p(c/s)$ la fréquence des enfants atteints, corrigée (c) du biais de détection, chez des couples à risque ayant s enfants. Cette fréquence est égale à p, corrigée par le terme $[1 - (1 - p)^s]$, comme cela ressort des calculs faits précédemment.

De sorte que : $p(c/s) = p/[1 - (1 - p)^s]$.

Si on prend $p = 1/4$, la valeur de la probabilité d'avoir un enfant atteint chez un couple à risque pour une maladie récessive, on obtient bien, avec cette formule, la fréquence des enfants atteints dans des familles de s enfants, soit :

- Pour $s = 2$ $p(c/2) = (1/4)/[1 - (3/4)^2] = 4/7$.
- Pour $s = 3$ $p(c/3) = (1/4)/[1 - (3/4)^3] = 48/111$.

Dans un échantillon où les familles ayant s enfants représentent un effectifs de n_s, sur un total de N familles, on aura la fréquence corrigée totale :

$$p(c) = \Sigma_s (n_s / N) \cdot p(c/s)$$

La valeur de $p(c)$ dépend de celle de p.

S'il y ségrégation 2/2 (trait ou maladie monogénique), alors $p = 1/4$ et $p(c)$ doit avoir une valeur bien particulière qu'il faut confronter à la valeur effectivement observée, par un test statistique adéquat.

Mais c'est encore un peu simple, car on a supposé ici que les couples à risque avec deux ou plusieurs enfants atteints avaient autant de chances d'être recensés que ceux à risque avec un seul enfant atteint, ce qui est évidemment contestable. S'il existe un « biais de recensement » venant du fait que les différentes familles détectables n'ont pas la même probabilité d'être recensées, il faut en tenir compte.

> ***Remarque.*** Parce qu'elle n'est pas et ne peut être expérimentale, la génétique humaine est toujours plus complexe. Elle doit notamment contourner les obstacles dus à l'impossibilité d'obtenir des souches pures et d'organiser des croisements, par des modélisations probabilistes et statistiques parfois très complexes, prenant en compte tous les biais de détection et de recensement possibles. Elle doit aussi prendre en compte l'hétérogénéité génétique et les incertitudes venant du fait qu'un même phénotype peut correspondre à plusieurs génotypes possibles dans une population naturelle, alors que ce n'est pas le cas, sauf exceptions éventuellement détectables, dans un protocole de croisements expérimentaux partant de souches pures.

En conséquence, la génétique humaine n'est absolument pas le bon domaine pour apprendre les rudiments de la génétique. Son enseignement, dans le secondaire et même dans le supérieur, est confronté soit à des difficultés pédagogiques insurmontables soit à l'énoncé de propositions et d'exercices erronés qui traduisent, de la part de leurs auteurs, une simplification abusive et falsificatrice.

La spécificité et les difficultés de la génétique humaine illustrée à travers les biais de détection et de recensement permet de renvoyer légitimement cet enseignement spécialisé et quasiment professionnel en maîtrise, voire en troisième cycle.

2.8 **1.** On peut supposer, compte tenu de l'énoncé, que les deux souches rouge et blanche sont mutées pour le (ou les) même(s) gène(s) de la chaîne de synthèse du pigment bleu, de sorte qu'on étudie ici un (ou plusieurs) gène(s) de la chaîne du pigment rouge.

Les deux croisements réciproques donnant une F1 homogène [rouge], on doit conclure que le phénotype blanc est récessif et qu'aucun gène impliqué dans le phénotype blanc n'est localisé sur le chromosome X; en effet, dans un tel cas, le croisement 1, pour ce gène indépendamment des autres, s'écrirait :

$$\text{femelle } b//b \times \text{mâle } b^+/\text{Y}$$

qui donnerait en F1 des mâles b/Y de couleur blanche, ce qui n'est pas le cas.

On devrait donc en conclure que le (ou les) gène(s) impliqué(s) sont autosomiques. Mais dans ce cas, on ne devrait pas observer, qu'il y ait un ou plusieurs gènes en jeu, de différences en fonction du sexe, ni en F2 ni dans la descendance du backcross. Il suffit de faire les croisements sous cette hypothèse avec les tableaux de croisement des gamètes pour s'en convaincre.

Par ailleurs, si l'on ne tient pas compte du sexe, les fréquences de 3/4 [rouge] et 1/4 [blanc] en F2, ou de 1/2 [rouge] et 1/2 [blanc] en backcross montrent que la méiose met en jeu un seul couple d'allèle (ségrégation 2/2) et que les souches rouge et blanche ne diffèrent l'une de l'autre que pour un seul gène de la chaîne du pigment rouge.

Comme ce gène ne peut être ni sur un autosome, hypothèse contradictoire avec les observations en F2 ou en backcross, ni sur le X, hypothèse contradictoire avec les observations en F1, il ne reste qu'une solution, à laquelle on est rarement confronté et qui aurait dû faire l'objet d'une « réserve » dans l'interprétation de la F1 homogène. Le gène est sur la partie commune, homologue au X et au Y; on a ici l'exemple d'une hérédité pseudoautosomique qui n'est pas mise en évidence en F1 mais en F2.

Écrivons maintenant, sous cette hypothèse, les croisements et leurs descendances; vérifions que les fréquences observées valident les fréquences attendues (l'écriture Y-b signifiant que l'allèle b est sur le Y, dans sa partie homologue avec le X).

• *Croisement 1*	femelle [blanc] ×	mâle [rouge]		
– génotypes parentaux	$b//b$	$b^+/\text{Y-}b^+$		
– génotypes des F1	$b//b^+$	$b/\text{Y-}b^+$		
– phénotypes des F1	[rouge]	[rouge]		
– génotypes des F2	$b//b$	$b//b^+$	$b/\text{Y-}b^+$	$b^+/\text{Y-}b^+$
– phénotypes des F2	[blanc]	[rouge]	[rouge]	[rouge]

En effet, le chromosome Y apportant systématiquement l'allèle b^+, donne systématiquement le phénotype rouge aux mâles.

Les femelles sont attendues pour moitié blanches et pour moitié rouges, ce qui est observé.

• *Croisement 2*	femelle [blanc] ×	mâle F1 [rouge]		
– génotypes parentaux	$b//b$	$b/Y\text{-}b^+$		
– génotypes des descendants	$b//b$	$b//b$	$b/Y\text{-}b^+$	$b/Y\text{-}b^+$
– phénotypes des F1	[blanc]	[blanc]	[rouge]	[rouge]

En effet, le chromosome Y apportant systématiquement l'allèle b^+, donne systématiquement le phénotype rouge aux seuls mâles, tous les chromosomes X étant porteurs de l'allèle *b*.

Toutes les femelles sont attendues blanches et les mâles rouges, ce qui est observé.

• *Croisement 3*	femelle [rouge] ×	mâle [blanc]		
– génotypes parentaux	$b^+//b^+$	$b/Y\text{-}b$		
– génotypes des F1	$b//b^+$	$b^+/Y\text{-}b$		
– phénotypes des F1	[rouge]	[rouge]		
– génotypes des F2	$b//b^+$	$b^+//b^+$	$b/Y\text{-}b$	$b^+/Y\text{-}b$
– phénotypes des F2	[rouge]	[rouge]	[blanc]	[rouge]

En effet, le chromosome Y apporte cette fois-ci systématiquement l'allèle *b*, tandis que le chromosome X paternel, celui qui est transmis systématiquement à leurs filles, apporte b^+.

On attend des femelles rouges et des mâles pour moitié blanc et pour moitié rouge, ce qui est observé.

2. La question qui se pose est de savoir de combien de gènes la race blanche diffère de la race brune. Sachant que la souche blanche est mutée dans un seul des gènes de la chaîne du pigment rouge, n'est-elle mutée que dans un seul des gènes de la chaîne de synthèse du pigment bleu ?

Et où ce (ces) gène(s) est (sont) localisés ?

L'observation d'une F1 homogène de phénotype brun exclue toute localisation sur la partie du X non homologue à Y. En effet dans une telle hypothèse, en notant a^+ et a les allèles impliqués dans la pigmentation bleue, le croisement s'écrirait :

$$\text{femelle } (a\text{-}b//a\text{-}b) \times \text{mâle } (a^+\text{-}b^+//Y\text{-}b^+)$$

ce qui donnerait en F1 des femelles $(a\text{-}b//a^+\text{-}b^+)$ de phénotype brun mais des mâles F1 $(a\text{-}b//Y\text{-}b^+)$ de phénotype rouge du fait de l'hémyzygotie pour l'allèle muté *a*.

Comme les mâles F1 sont bruns, cela exclue toute localisation sur le X et le (ou les) gène(s) impliqué(s) dans la pigmentation bleue est (sont) autosomique(s).

Dans l'hypothèse minimaliste d'un seul gène, outre le couple d'allèles b^+/b pseudo-autosomique, le tableau des gamètes (tabl. 2.11) permet de prévoir des fréquences correspondant à celles qui sont observées.

On remarquera que ces fréquences forment, si on ne distingue plus le sexe des individus, les proportions 9-3-3-1 attendues pour deux couples d'allèles autosomiques indépendants, comme on avait également 3/4-1/4 pour chacun des phénotypes dans la question précédente.

Le croisement s'écrit :	femelle blanche ×	mâle brun
génotypes parentaux :	$(a//a;\ b//b)$	$(a^+//a^+;\ b^+/Y\text{-}b^+)$
génotypes F1 :	$(a//a^+;\ b//b^+)$	$(a//a^+;\ b//Y\text{-}b^+)$
phénotypes attendus :	[brun]	[brun]

On peut alors écrire le tableau de croisement des gamètes, et définir les phénotypes attendus en fonction des génotypes, puis leurs fréquences respectives.

Tableau 2.11 Avec taux de recombinaison entre les deux gènes, égal à 1/2 en cas d'indépendance physique.

		(*a*, *b*)	**(a^+, *b*)**	**(*a*, Y-b^+)**	**(a^+, Y-b^+)**
Gamètes femelles	Fréquences	1/4	1/4	1/4	1/4
(*a*, *b*)	1/4	[blanc]	[bleu]	[rouge]	[brun]
(*a*, b^+)	1/4	[rouge]	[brun]	[rouge]	[brun]
(a^+, *b*)	1/4	[bleu]	[bleu]	[brun]	[brun]
(a^+, b^+)	1/4	[brun]	[brun]	[brun]	[brun]

Bilan : au sein de r : 1/8
[rouge] : 1/8
[bleu] : 3/8
[brun] : 3/8

Mâles : [blanc] : 0
[rouge] : 1/4
[bleu] : 0
[brun] : 3/4

Il est clair qu'on n'attend ni n'observe de mâles bleus ou blancs.

2.9 **a.** Schémas des méioses sans crossing-over avec NDJ1 ou NDJ2

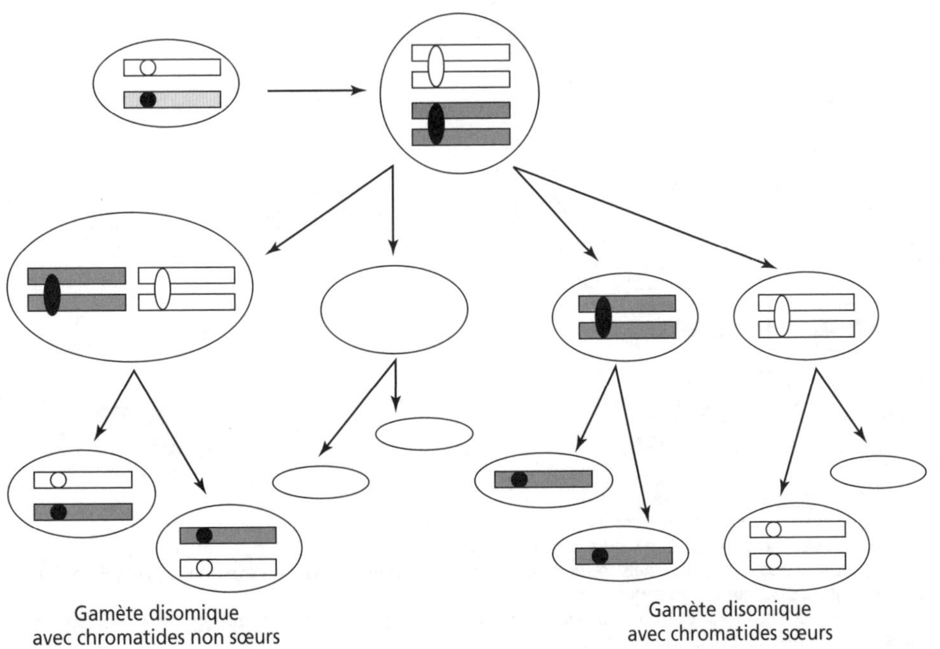

b. Schéma d'une méiose sans crossing-over avec une disjonction prématurée d'une des deux paires de chromatides.

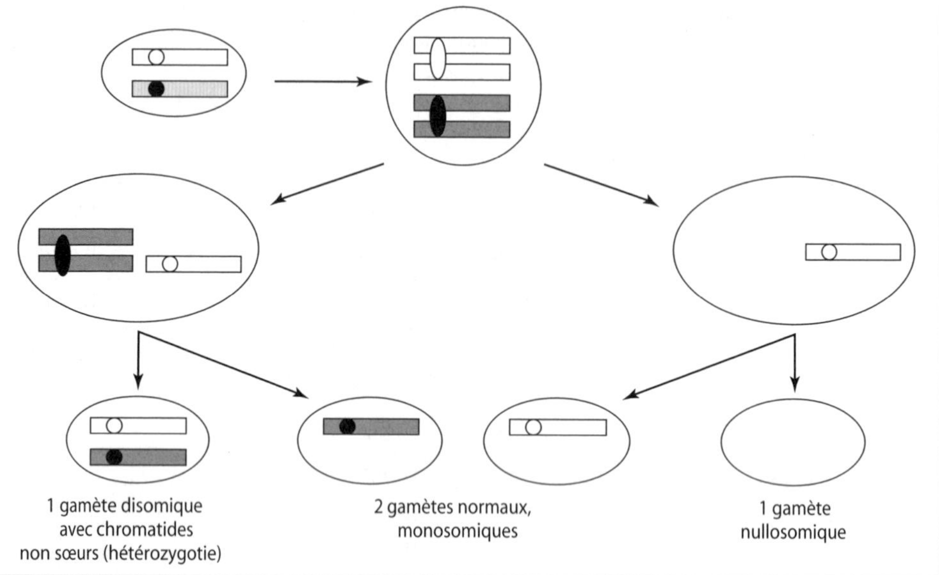

c. Schémas des méioses avec crossing-over pour NDJ1 et NDJ2.

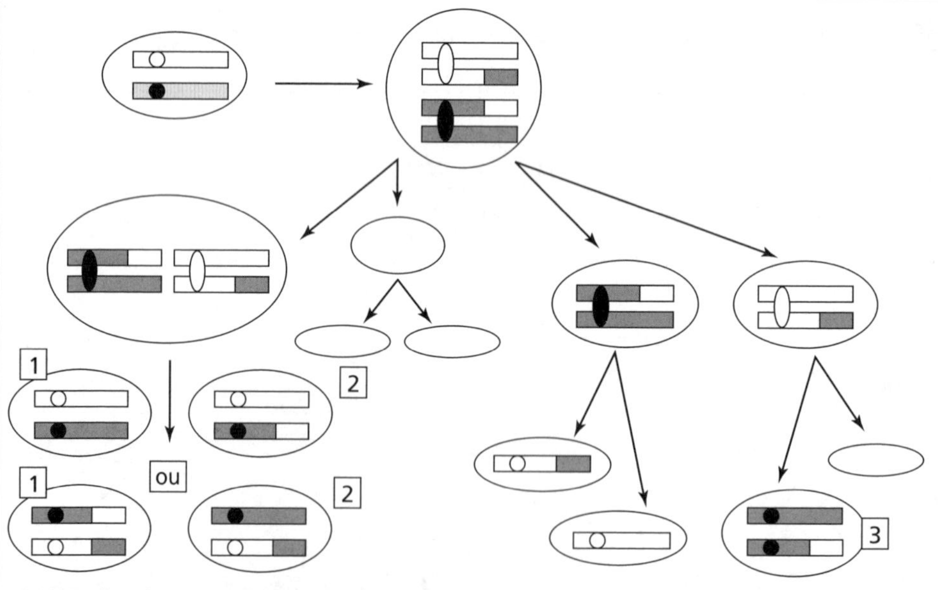

Gamètes disomiques caractérisés par :

1- disomie avec chromatides non sœurs, ce qui permet l'hétérozygotie si elle existe à l'origine.

2- disomie avec chromatides non sœurs dans la partie proximale (entre le centromère et le site du CO), ce qui permet l'hétérozygotie, mais sœurs dans la fraction distale (en aval du site du CO), ce qui implique l'homozygotie pour toutes les séquences.

3 - disomie avec chromatides sœurs dans la partie proximale, qui implique l'homozygotie, et non sœurs dans la partie distale, qui permet l'hétérozygotie.

d. Schéma des méioses avec crossing-over pour disjonction prématurée.

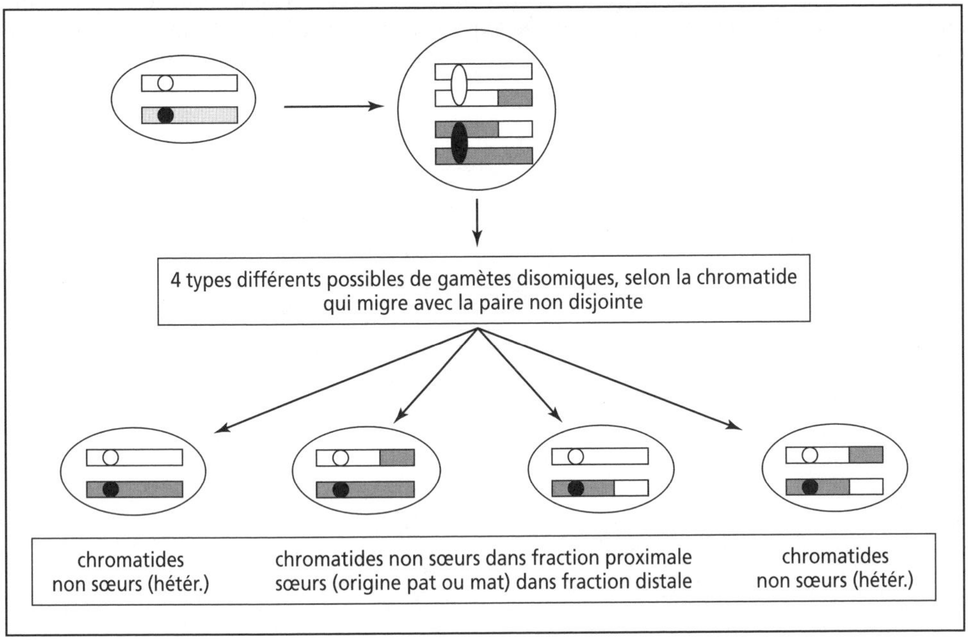

2.10 **a.** L'identification et le dosage des allèles rapportés par le tableau 2.12 conduit aux conclusions suivantes :

– Les trisomies 21 d'origine masculine concernent les syndromes de Down avec deux chromosomes porteurs de l'allèle *A1* et/ou de l'allèle *A2*, elles représentent (1,25 + 3,75) = 5%.

– Les trisomies 21 d'origine féminine concernent les syndromes de Down avec deux chromosomes porteurs de l'allèle *A3* et/ou de l'allèle *A4*, elles représentent (23,75 + 71,25) = 95%.

b. Commentaire : les accidents de la méiose sont beaucoup plus fréquents dans le sexe féminin parce que la méiose ayant commencé pendant la vie embryonnaire, les ovocytes ont une probabilité importante d'avoir accumulé des accidents moléculaires favorisant la non-disjonction (NDJ) ; d'ailleurs le risque de non-disjonction, et avec lui le risque de trisomie 21, augmente considérablement avec l'âge maternel.

c. Si on applique les schémas de l'exercice 2.9 au dysfonctionnement d'une méiose sans crossing-over chez un hétérozygote, on peut montrer qu'un gamète disomique issu d'une NDJ1 ou d'une disjonction prématurée est porteur de deux allèles différents car les chromatides ne sont pas sœurs alors qu'un gamète disomique issu d'une NDJ2 est porteur de deux allèles identiques car les deux chromosomes sont issus de deux chromatides sœurs.

L'analyse des résultats du tableau 2.12 conduit alors à montrer que les accidents de méiose 1 (NDJ1 ou disjonction prématurée) comptent pour 75 % dans les deux sexes et que les NDJ2 comptent pour 25 %.

d. Il est nécessaire de faire cette analyse avec des polymorphismes centromériques pour s'affranchir du risque de crossing-over ; en effet dans ce cas, l'observation de la transmission de deux allèles identiques ou de deux allèles différents ne permet plus de savoir si le dysfonctionnement a eu lieu en méiose 1 ou en méiose 2 car cela dépend du fait que le CO, dont on ignore le site a eu lieu entre le centromère et le polymorphisme ou entre le polymorphisme et le télomère.

3 La recombinaison génétique, l'indépendance et la liaison génétique

3.1 Introduction

La démarche analytique de Mendel, reprise dans le cadre de la théorie chromosomique de l'hérédité, conduit à conclure qu'un couple de phénotypes différenciant deux souches pures est sous la dépendance d'un couple d'allèles, c'est-à-dire d'un seul gène, si l'analyse de la méiose chez un hétérozygote issu du croisement de ces deux souches pures présente une ségrégation 2/2, c'est-à-dire deux gamètes d'un type parental et deux gamètes de l'autre type parental (chap. 2).

De ce fait, l'absence de ségrégation 2/2 conduit à la conclusion contraire que les deux souches pures étudiées diffèrent pour plus d'un seul gène. Le cas le plus simple est celui de deux gènes conduisant, chez le double hétérozygote issu du croisement entre les deux souches pures, à une méiose impliquant deux couples d'allèles. Dans ce cas, la méiose peut produire quatre types de gamètes, deux sont dits parentaux, les deux autres sont recombinés. Les gamètes recombinés résultent d'un processus de recombinaison génétique.

Cependant ces deux couples d'allèles, ces deux gènes peuvent être physiquement indépendants (localisés sur des chromosomes différents), ou bien physiquement liés (localisés sur un même chromosome). Il est alors très important de comprendre que le mécanisme de la recombinaison génétique produisant les gamètes recombinés n'est pas du tout le même quand les deux gènes sont physiquement indépendants ou physiquement liés. Dans le premier cas, la recombinaison génétique est le produit du

« brassage interchromosomique » résultant de la disposition aléatoire des paires de chromatides appariées à la métaphase de la méiose I; dans le deuxième cas, la recombinaison génétique résulte des « crossing-over » survenant entre chromatides non sœurs, lors de la prophase de la méiose I, entre les locus des deux gènes.

3.2 La recombinaison génétique par brassage chromosomique

Si on considère deux gènes physiquement indépendants (le couple d'allèles *A* et *a* étant localisés sur un chromosome différent de celui portant le couple d'allèles *B*, *b*), le croisement de deux souches pures (*A*//*A*, *B*//*B*) et (*a*//*a*, *b*//*b*) donne un double hétérozygote (*A*//*a* *B*//*b*).

La méiose, chez ce double hétérozygote, conduira à deux dispositions métaphasiques possibles et équifréquentes (fig. 3.1).

• Dans une première moitié des méioses, les centromères unissant les deux paires de chromatides originaires d'un même parent sont d'un même côté de l'équateur (fig. 3.1, gauche), si bien que la ségrégation allélique sépare *A* et *B*, d'une part, de *a* et *b*, d'autre part. Cette méiose conduit alors à quatre gamètes parentaux (identiques à ceux des parents du double hétérozygote étudié).

• Dans une seconde moitié des méioses, les centromères unissant les deux paires de chromatides originaires d'un même parent sont de part et d'autre de l'équateur (fig. 3.1, droite), si bien que la ségrégation allélique sépare *A* et *b*, d'une part, de *a* et *B*, d'autre part. Cette méiose conduit alors à quatre gamètes recombinés par rapport au gamètes parentaux.

Au total, comme les deux dispositions sont équifréquentes, on peut conclure que la méiose, pour deux couples d'allèles physiquement indépendants, conduit statistiquement à 50 % de gamètes parentaux et 50 % de gamètes recombinés (chaque méiose individuelle ne suivant qu'un seul des scénarios possibles). On dit que les locus de deux gènes sont génétiquement indépendants si la ségrégation de deux couples d'allèles de ces gènes donnent des gamètes parentaux et recombinés équifréquents. L'indépendance physique de deux gènes conduit donc à leur indépendance génétique.

> ***Remarque.*** La figure 3.1 est en fait simplifiée au point de masquer la réalité des événements survenant à la méiose. En effet, elle oublie l'éventualité de crossing-over pouvant survenir entre le locus d'un gène et le centromère du chromosome, cas qui sera détaillé dans l'analyse de tétrades (chap. 4).
>
> Dans l'éventualité d'un tel crossing-over, la méiose pourra produire à la fois deux gamètes parentaux et deux gamètes recombinés. Mais au bout du compte, avec ou sans crossing-over, les fréquences des gamètes parentaux et recombinés, issus d'un grand nombre de méioses, sont toujours égales entre elles, c'est-à-dire égales à 1/2.

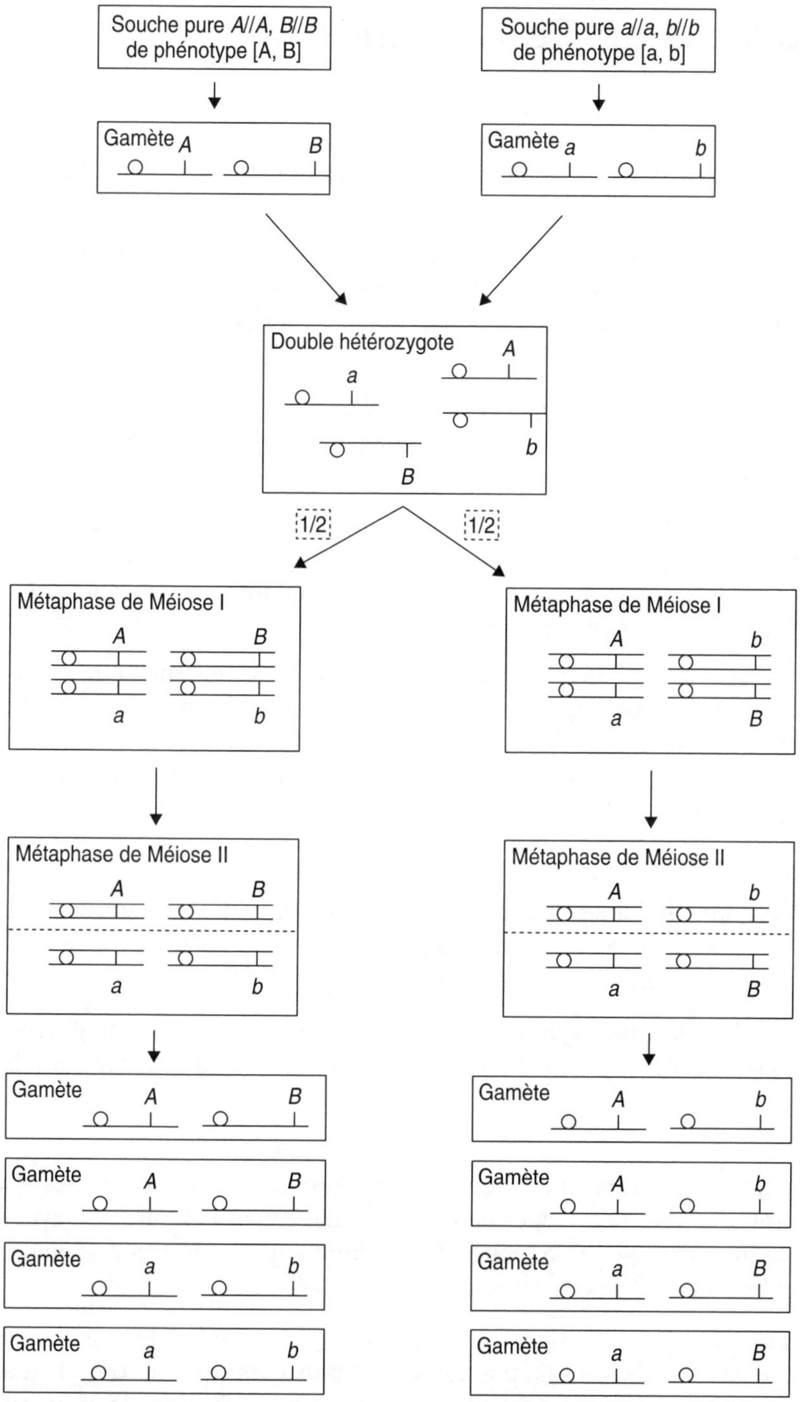

Figure 3.1 Méiose pour deux couples d'allèles physiquement indépendants.

3.3 La recombinaison génétique par crossing-over et ses conséquences

Si on considère deux gènes physiquement liés (le couple d'allèles *A* et *a* étant localisés sur le même chromosome que le couple d'allèles *B*, *b*), le croisement de deux souches pures (*AB*//*A*B) et (*ab*//*ab*) donne un double hétérozygote (*AB*//*ab*).

La méiose, chez ce double hétérozygote, conduira à deux dispositions métaphasiques possibles mais pas forcément équifréquentes (fig. 3.2), selon que sera survenu ou non un échange entre chromatides homologues (non sœurs) entre les locus de ces deux gènes.

Cet échange résulte d'un mécanisme moléculaire de cassure, d'échange et de soudure des molécules d'ADN contenues dans ces chromatides, mécanisme appelé **crossing-over**.

• Dans la fraction $(1 - f)$ des méioses, où aucun crossing-over n'est survenu entre les locus des deux gènes (fig. 3.2, gauche), les centromères unissent des chromatides parentales et leur ségrégation, à la méiose I, conduira à quatre gamètes de type parental, deux (*A*, *B*) et deux (*a*, *b*).

• Dans la fraction *f* des méioses où un crossing-over est survenu entre les locus des deux gènes, chacun des deux centromères unit deux chromatides dont l'une est parentale et l'autre recombinée. La ségrégation des centromères, à la méiose I, conduira (fig. 3.2, droite) à deux gamètes de type parental, (*A*, *B*) et (*a*, *b*), et deux gamètes de types recombinés (*A*, *b*) et (*a*, *B*).

Remarque 1. La survenue d'un crossing-over entre les deux locus de deux gènes est un événement d'autant plus rare que les locus sont proches et d'autant plus fréquents que les locus sont éloignés.

De ce fait les deux types de méioses, sans ou avec un crossing-over, auront des fréquences respectives $(1 - f)$ et *f* dépendant de la distance entre les locus des gènes étudiés.

Remarque 2. Tant que la distance est faible, on peut considérer que seuls surviennent les deux types de méioses décrites par la figure 3.2, avec un seul crossing-over possible entre deux chromatides non-sœur, événement de probabilité *f*, comprise entre 0 et 1.

Mais dès que la distance est suffisamment grande, de nombreux autres schémas de méioses sont possibles, avec plusieurs crossing-over, soit entre les deux mêmes chromatides soit entre plus de deux chromatides; ces cas seront explicités dans l'analyse de tétrades (chap. 4).

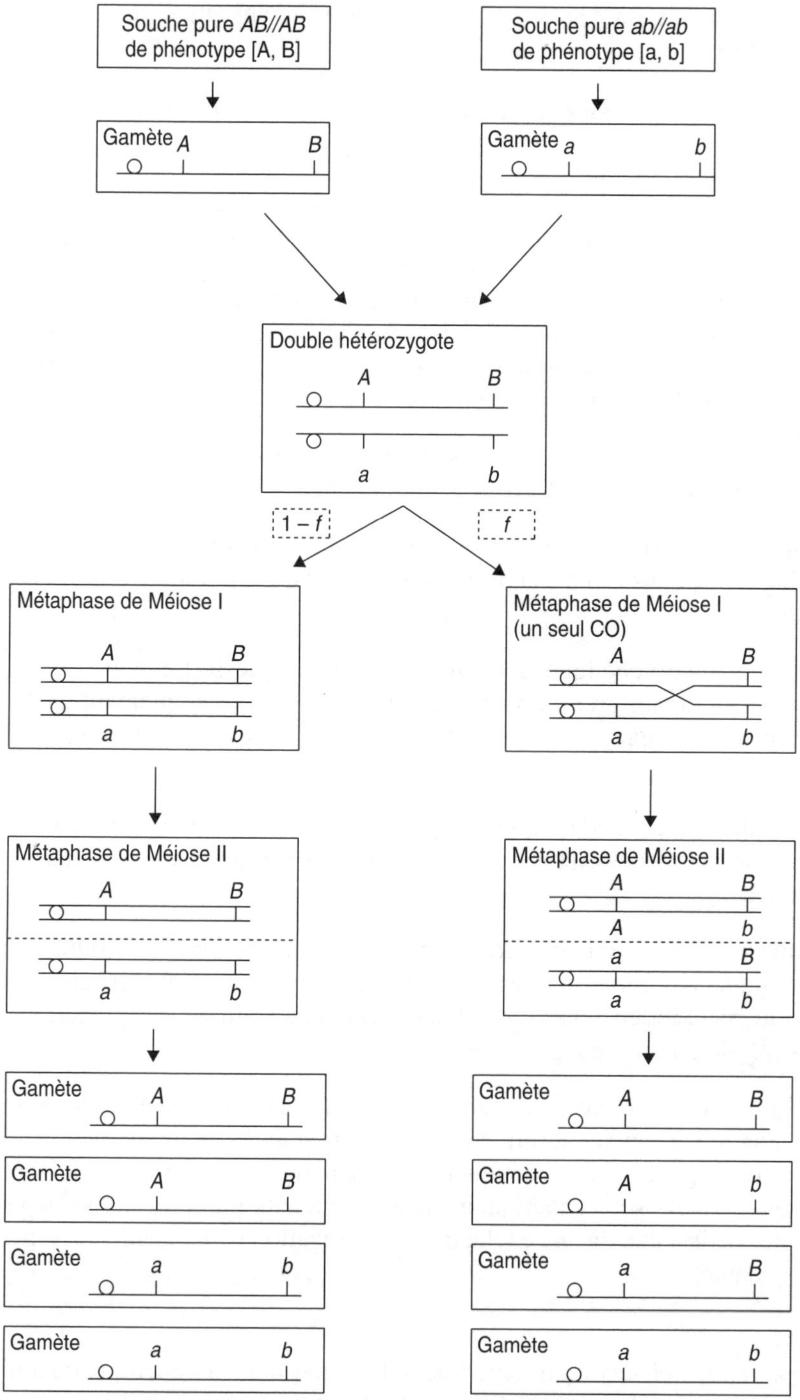

Figure 3.2 Méioses pour deux gènes physiquement liés, à une distance telle qu'un crossing-over, au plus, peut survenir entre deux chromatides non-sœurs.

Quoi qu'il en soit, on peut simplifier la complexité des situations en les résumant en deux grands cas :

– soit la distance est assez faible, de sorte qu'un certain nombre de méioses se déroule sans crossing-over entre les locus des deux gènes ; dans ce cas la probabilité $(1 - f)$ est non nulle.

  La conséquence génétique de cette situation (sur un grand nombre de méioses) est que la fréquence des gamètes recombinés est inférieure à celle des gamètes parentaux, puisqu'une fraction $(1 - f)$ non nulle des méioses se déroule sans crossing-over et conduit à des gamètes exclusivement parentaux, alors que les méioses avec un ou plusieurs crossing-over donnent, en moyenne, autant de gamètes parentaux que de recombinés (chap. 4).

  Pour deux gènes, on définit la liaison génétique par le fait que la fréquence des gamètes recombinés est inférieure à la fréquence des gamètes parentaux.

– soit la distance est suffisamment élevée, de sorte qu'il y a toujours au moins un crossing-over ; dans ce cas, la probabilité $(1 - f)$ qu'il n'y ait aucun crossing-over est nulle.

  La conséquence génétique de cette situation est que la fréquence des gamètes recombinés (sur un grand nombre de méioses) est statistiquement égale à celle des gamètes parentaux, puisque la fraction $(1 - f)$ des méioses sans crossing-over, conduisant à des gamètes exclusivement parentaux, est nulle.

  On a défini l'indépendance génétique de deux gènes (voir plus haut) comme l'égalité des fréquences, à l'issue de la méiose, des gamètes parentaux et des gamètes recombinés.

  Lorsque deux gènes sont physiquement liés mais suffisamment distants pour qu'il y ait toujours au moins un crossing-over entre leurs locus, ils apparaissent comme génétiquement indépendants, résultat équivalent à celui de la ségrégation de deux gènes physiquement indépendants.

  Aussi l'observation expérimentale que deux gènes sont génétiquement indépendants conduit à deux interprétations cartographiques mutuellement exclusives, soit les deux gènes sont génétiquement indépendants parce qu'ils le sont physiquement, soit ils sont génétiquement indépendants parce qu'ils sont physiquement liés mais à une distance telle que la ségrégation de leurs allèles respectifs est indépendante.

Au contraire, l'observation expérimentale d'une liaison génétique conduit à une conclusion unique : les deux gènes sont physiquement liés à une distance telle qu'une fraction des méioses se déroule sans qu'aucun crossing-over ne survienne entre leurs locus respectifs.

3.4 MESURE DE LA DISTANCE GÉNÉTIQUE ET CARTOGRAPHIE DES GÈNES

L'observation expérimentale d'une liaison génétique entre deux gènes conduit à la conclusion qu'ils sont physiquement liés, à une distance telle qu'une fraction des méioses se déroule sans qu'aucun crossing-over ne survienne entre leurs locus respectifs.

Comme la fréquence des crossing-over, ou des gamètes recombinés qui en sont la conséquence, est une fonction de la distance entre les locus, on peut imaginer d'estimer la distance génétique entre locus comme une fonction de la fréquence des gamètes recombinés.

3.4.1 Distances en unités de recombinaison

Dans un premier temps, on peut définir la distance génétique en unités de recombinaison. Si deux gènes *A* et *B* sont distants de manière telle qu'à la méiose, chez un double hétérozygote pour ces deux gènes, on obtient 20 % de gamètes recombinés et 80 % de gamètes parentaux, on conclura que leur distance est égale à 20 unités de recombinaison (fréquence des gamètes recombinés multipliée par 100). Si les gènes *A* et *C* sont distants de 5 unités de recombinaison (5 % de gamètes recombinés à la méiose), on peut en déduire que *B* et *C* sont également liés entre eux, puisque tous deux sont liés à *A*.

Cartographier les trois gènes *A*, *B* et *C* consiste à définir leurs positions respectives, voire, quand c'est possible, leurs distances respectives. Sans information autre que la liaison physique de trois gènes, il y a trois cartographies possibles, selon que le gène *A*, *B* ou *C* est central, localisé entre les deux autres.

Dans notre exemple une des trois cartographies est exclue, *B* ne peut être localisé entre *A* et *C* puisque la distance D_{AC} (5 ur) est très inférieure à D_{AB} (20 ur). Il reste deux cartographies (fig. 3.3).

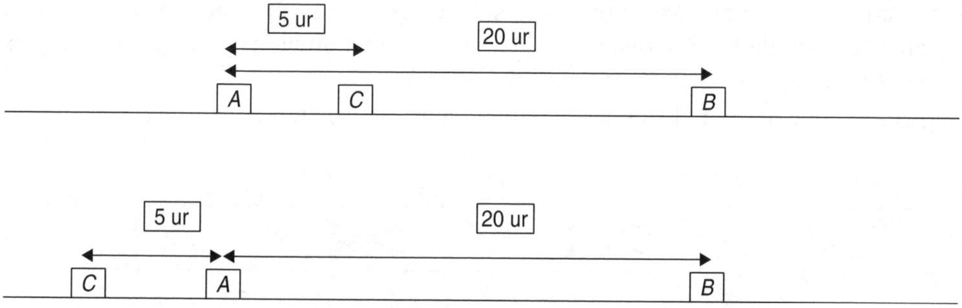

Figure 3.3 Les valeurs des taux de recombinaison, des distances entre gènes, sont compatibles avec deux cartographies; *B* ne pouvant être central.

La mesure de la distance entre *B* et *C* devrait nous permettre de choisir la « bonne » cartographie, puisque, selon les cas, on s'attend à observer respectivement 15 ou 25 unités de recombinaison.

Hélas, l'expérience montre que les distances exprimées en unités de recombinaisons ne sont pas additives et qu'il n'est pas toujours évident de construire des cartes.

En effet, quand la distance physique est vraiment petite, il ne peut effectivement y avoir au plus qu'un seul crossing-over; dans ce cas la fréquence de gamètes recombinés est convenablement estimée (à condition que des effectifs observés de grande taille limitent la variance d'échantillonnage). En revanche, quand la distance physique est telle que deux crossing-over peuvent affecter la même paire de chromatides, les distances sont sous-estimées.

Ainsi, certains doubles crossing-over reconstitueront des combinaisons parentales pour les deux gènes considérés qui « paraîtront » ainsi plus proches qu'ils ne « paraîtraient » si un seul crossing-over ne pouvait survenir entre eux (voir aussi chap. 4).

Supposons que l'analyse génétique ait conduit à mesurer une distance D_{BC} entre les gènes *B* et *C*, égale à 18 ur, elle ne correspond ni aux 15, ni aux 25 ur attendues selon les deux cartes possibles (figure 3.3).

La deuxième carte est incompatible avec les résultats car D_{BC}, même étant sous-estimée, ne peut être inférieure à D_{AB} déjà égale à 20 ur; en revanche, la première carte est compatible avec ce résultat, si on considère que la distance observée D_{AB} (20 ur) est sous-estimée et mieux estimée par la somme $D_{AC} + D_{BC}$ (23 ur).

En raison du biais de sous-estimation des grandes distances on préférera estimer la distance de deux gènes éloignés par une somme de distances entre gènes intermédiaires que par une seule estimation directe.

3.4.2 Distance génétique en centi-Morgan ou distance de Haldane

Pour pallier à la non-additivité des distances en unités de recombinaison, le généticien britannique J.*B*.S. Haldane introduisit, dans les années 1930, une distance génétique additive, exprimée en centi-Morgan (cM). Il convient de remarquer l'utilisation abusive du cM, l'unité de distance génétique, qui doit être réservée à la distance de Haldane, les distances calculées directement par la fréquence des gamètes recombinées devant être exprimées en ur.

L'établissement de la distance de Haldane part du schéma ci-dessous.

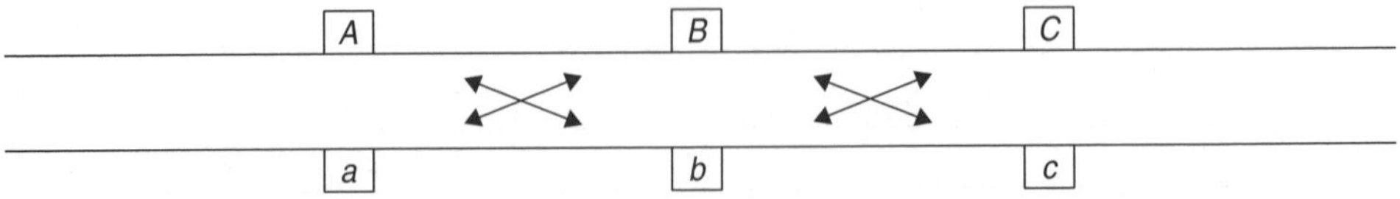

Supposons que les distances entre les locus soient suffisamment faibles pour qu'il ne puisse y avoir, au plus, qu'un seul crossing-over entre *A* et *B*, d'une part, et entre *B* et *C*, d'autre part. L'analyse génétique de la méiose pour les deux gènes *A* et *B*

donne un taux de recombinaison (fréquence de gamètes recombinés *A-b* et *a-B*) égal à R_{AB}. De la même façon, on peut mesurer le taux R_{BC}.

Ces taux de recombinaisons sont des fréquences de gamètes recombinés, ce qui revient à dire qu'ils représentent aussi la probabilité de former ces gamètes recombinés entre les deux locus considérés, *A* et *B*, ou *B* et *C*.

Le diploïde triple hétérozygote correspondant au schéma ci-dessus peut faire deux types de gamètes parentaux et six types de gamètes recombinés, selon qu'il y a un ou deux crossing-over :

- gamètes *AbC* et *aBc* : s'il y a deux crossing-over, double événement de probabilité $R_{AB} \times R_{BC,}$ si on suppose que la survenue d'un deuxième crossing-over est indépendante de celle d'un premier;
- gamètes *Abc* et *aBC* : s'il y a un crossing-over entre *A* et *B* mais pas de crossing-over entre *B* et *C*, double événement de probabilité $R_{AB} \times (1 - R_{BC})$;
- gamètes *ABc* et *abC* : s'il y a un crossing-over entre *B* et *C* mais pas de crossing-over entre *A* et *B*, double événement de probabilité $R_{BC} \times (1 - R_{AB})$.

On remarque bien que la probabilité ou la fréquence des gamètes *Ab* ou *aB* est égale à : $R_{AB} \times R_{BC} + R_{AB} \times (1 - R_{BC})$, soit R_{AB}; que celle des gamètes *Bc* et *bC* est bien égale à : $R_{AB} \times R_{BC} + R_{BC} \times (1 - R_{AB})$, soit R_{BC}.

Mais la probabilité ou la fréquence des gamètes *Ac* et *aC* est égale à : $R_{AC} = R_{AB} \times (1 - R_{BC}) + R_{BC} \times (1 - R_{AB}) = R_{AB} + R_{BC} - 2R_{AB}\,R_{BC}$, ce qui montre bien, comme l'observation le confirme, que les taux de recombinaison ne sont pas additifs puisque le taux de recombinaison entre deux locus distants (ici R_{AC}) est inférieur à la somme des taux de recombinaison entre ces deux locus et un locus médian (ici $R_{AB} + R_{BC}$); d'où le fait que les distances en taux ou en unités de recombinaison sont toujours sous-estimées dès lors que des doubles crossing-over sont possibles entre les deux locus étudiés (ici $R_{AB}\,R_{BC}$ est non nul).

Or une distance, qu'elle soit génétique ou pas, est un objet mathématique dont l'une des propriétés est l'additivité.

Est-il alors possible de définir une distance génétique additive, sachant que cette distance, sans être le taux de recombinaison (qui n'est pas additif) est évidemment une fonction de ce taux, puisque la distance est d'autant plus grande que le taux de recombinaison l'est lui-même ?

Une telle distance s'écrirait $d = f(R)$, où f serait une fonction du taux R de recombinaison, telle que la propriété d'additivité, $d_{AC} = d_{AB} + d_{BC}$, soit vérifiée.

Partant de $R_{AC} = R_{AB} + R_{BC} - 2R_{AB}\,R_{BC}$,

il est facile de montrer que : $1 - 2R_{AC} = 1 - 2R_{AB} - 2R_{BC} + 4R_{AB}\,R_{BC}$,

soit : $[1 - 2R_{AC}] = [1 - 2R_{AB}] \times [1 - 2R_{BC}]$,

ce qui devient additif en logarithmes : $\mathrm{Log}[1 - 2R_{AC}] = \mathrm{Log}[1 - 2R_{AB}] + \mathrm{Log}[1 - 2R_{BC}]$.

La fonction additive $f(R)$ recherchée entre les points X et Y est donc du type $d_{XY} = k\mathrm{Log}[1 - 2R_{XY}]$, où k est une constante d'intégration qui doit tenir compte des conditions particulières au voisinage de R = 0. On a vu que, lorsque les distances sont très petites et que les taux de recombinaison sont très faibles, ces taux sont à peu près additifs, donc au voisinage de R = 0, la distance *d* est égale à R.

Par ailleurs, au voisinage de zéro, la fonction $d = \text{kLog}[1 - 2\text{R}]$ peut s'écrire $d = -2\text{kR}$ (rappel : $\log(1 - a) = -a$, quand a est proche de zéro), d'où les deux égalités, au voisinage de zéro :

$$d = \text{R} \text{ et } d = -2\text{kR}$$

dont on tire $\text{k} = -1/2$

La fonction de distance génétique additive de Haldane s'écrit donc :

$$\boxed{d = -\text{Log}[1 - 2\text{R}]/2}$$

La distance en c.M. est égale à *d* multipliée par 100.

3.5 Recombinaison génétique, indépendance ou liaison génétique, cartographie des gènes

3.5.1 Considérations générales

Lorsque l'étude de la méiose chez un hétérozygote F1 issu du croisement de deux souches pures conduit à l'absence de ségrégation 2/2, on conclut évidemment que ces deux souches diffèrent pour plus d'un gène, c'est-à-dire au moins deux gènes.

Cela peut être évident quand les gènes étudiés gouvernent des couples de phénotypes différents, car il apparaît en F2 des phénotypes eux-mêmes recombinés différant des phénotypes parentaux (voir exercices).

Si les deux gènes étudiés sont impliqués dans un même phénotype, il n'y aura toujours que deux phénotypes parentaux et aucun phénotypes recombinés, mais ce sont les proportions de ces phénotypes en F2 qui mettront en évidence la recombinaison génétique et l'existence de ces deux gènes, par des proportions différant de la ségrégation 2/2 et caractéristiques de celles attendues pour deux couples d'allèles indépendants ou non (voir plus loin, remarque 2, et exercices).

Si les deux souches parentales étudiées diffèrent pour plus d'un gène, il convient alors de voir si elles peuvent différer pour deux gènes seulement; en effet, dans un tel cas, on doit observer une ségrégation 2/2 pour chacun des gènes (chacun des couples de phénotypes) pris isolément.

L'analyse génétique consiste alors à reconstruire, à partir des observations, la méiose du diploïde F1 en spécifiant le contenu génétique des différents gamètes produits et leurs fréquences respectives afin de « tester l'indépendance génétique » en répondant à la question : les gamètes recombinés sont-ils équifréquents aux gamètes parentaux ou non ?

- Si la réponse est oui, les deux gènes étudiés sont génétiquement indépendants, ce qui conduit (sauf dans des cas exceptionnels, voir analyse de tétrades et exercices) à la conclusion que les deux gènes sont, soit physiquement indépendants soit physiquement liés, à une distance assez grande pour que la ségrégation des allèles au premier locus soit indépendante de la ségrégation des allèles au second.

• Si la réponse est non, c'est que la fréquence des gamètes recombinés est inférieure à celle des gamètes parentaux et qu'il y a liaison génétique. Celle-ci est la conséquence mécanique d'une liaison physique, avec une distance telle entre les locus, qu'une fraction $(1 - f)$ des méioses se déroule sans crossing-over conduisant à l'excès observé de gamètes parentaux. On peut alors estimer une distance génétique entre les locus des deux gènes.

En pratique, on fait le test de l'indépendance génétique en comparant les fréquences des différents phénotypes parentaux ou recombinés observés aux fréquences attendues de ces mêmes phénotypes, sous l'hypothèse d'indépendance génétique.

Bien évidemment, ces fréquences attendues ne sont pas les mêmes selon que le double hétérozygote F1, dont on étudie la méiose, est croisé avec un autre F1 (croisement F1 × F1) ou avec un parent récessif (**test cross**), pour les deux gènes étudiés.

Par ailleurs, il faut tenir compte, dans la reconstruction des phénotypes attendus et le calcul de leurs fréquences respectives, des relations de dominance et de récessivité; il suffit de rappeler que la ségrégation 2/2 se traduit par des proportions de 3/4 de phénotypes dominants et 1/4 de phénotypes récessifs dans un croisement F1 × F1 et par 1/2 de phénotypes dominants et 1/2 de phénotypes récessifs dans un croisement F1 × parent récessif (test cross).

Qu'attend-on concrètement dans le cas de deux gènes ?

3.5.2 Test de l'indépendance génétique à l'issue d'un croisement F1 × F1

Si on croise une souche pure (*A*//*A*; *B*//*B*), de phénotype [A, B], par une souche pure (*a*//*a*; *b*//*b*), de phénotype [a, b], l'hétérozygote F1 sera de génotype (*A*//*a*; *B*//*b*) et de phénotype [A, B], s'il y a dominance des deux phénotypes parentaux [A] et [B].

La méiose, chez un individu F1 peut alors produire quatre types de gamètes : deux gamètes de type parental (*A*, *B*) et (*a*, *b*) et deux gamètes de type recombiné (*A*, *b*) et (*a*, *B*). Si on note *r*, la fréquence des gamètes recombinés, chacun des deux types de gamètes recombinés aura une fréquence égale à $r/2$, et chacun des deux types de gamètes parentaux aura une fréquence égale à $(1 - r)/2$.

Tableau 3.1 Tableau de croisement des gamètes formés à la méiose pour deux couples d'allèles. *r* étant la fréquence des gamètes recombinés; les phénotypes [A] et [B] étant supposés dominants.

Gamètes du premier parent F1	Gamètes du deuxième parent F1			
	A, *B* $(1 - r)/2$	*A*, *b* $r/2$	*a*, *B* $r/2$	*a*, *b* $(1 - r)/2$
A, *B* $(1 - r)/2$	[A, B]	[A, B]	[A, B]	[A, B]
A, *b* $r/2$	[A, B]	[A, b]	[A, B]	[A, b]
a, *B* $r/2$	[A, B]	[A, B]	[a, B]	[a, B]
a, *b* $(1 - r)/2$	[A, B]	[A, b]	[a, B]	[a, b]

Dans le cas d'un croisement F1 × F1, les résultats attendus peuvent être formulés dans un tableau de croisement des gamètes (tab. 3.1), où les phénotypes des diploïdes résultant de l'union des gamètes dépendront des relations de dominance et de récessivité existant pour chacun des couples d'allèles.

Les fréquences attendues des quatre types de phénotypes résultant des unions des quatre types de gamètes sont égales à :

$$f[\mathrm{A, B}] = (3 - 2r + r^2)/4 ; f[\mathrm{A, b}] = f[\mathrm{a, B}] = r(2 - r)/4 ; f[\mathrm{a, b}] = (1 - r)^2/4$$

Si les deux gènes sont génétiquement indépendants, $r = 1/2$, ce qui correspond aussi à $(1 - r) = 1/2$, équifréquence des gamètes recombinés et parentaux. On retrouve alors les proportions 9/16-3/16-3/16-1/16, encore notées 9-3-3-1, déjà observées par Mendel (chap. 1).

S'il y a liaison génétique, alors r est inférieur à 1/2, et la proportion des phénotypes parentaux [a, b] doit être significativement supérieure à 1/16, ce qui doit éventuellement être justifié par un test statistique. Cette fréquence tend vers 1/4 à mesure que la distance diminue.

Remarque 1. La distance est facile à estimer par l'estimation de :

$$r = 1 - 2\sqrt{\mathrm{f[a, b]}}$$

Remarque 2. Si les deux gènes sont impliqués dans un même phénotype mutant, le tableau de croisement des gamètes (tabl. 3.2) ne laissera apparaître que les deux seuls phénotypes parentaux sauvage [+] ou mutant [–].

TABLEAU 3.2 TABLEAU DE CROISEMENT DES GAMÈTES, GÉNOTYPES ET PHÉNOTYPES ASSOCIÉS. Lorsque deux gènes ont des actions complémentaires sur un même phénotype, sauvage s'il y a au moins un allèle *A* et un allèle *B*, mutant si *A* ou/et *B* sont absents. *r* étant le taux de recombinaison entre les deux gènes.

Gamètes du premier parent F1	Gamètes du deuxième parent F1			
	A, B (1 – *r*)/2	*A, b r*/2	a, *B r*/2	a, *b* (1 – *r*)/2
A, B (1 – *r*)/2	[+]	[+]	[+]	[+]
A, b r/2	[+]	[–]	[+]	[–]
a, *B r*/2	[+]	[+]	[–]	[–]
a, *b* (1 – *r*)/2	[+]	[–]	[–]	[–]

Les fréquences attendues des deux types de phénotypes résultant des unions des quatre types de gamètes sont égales à :

$$f[+] = (3 - 2r + r^2)/4 ; f[-] = (1 + 2r - r^2)/4$$

Estimer r revient à résoudre l'une des deux équations précédentes.

On observe, dans le cas de deux gènes indépendants, avec l'équifréquence des gamètes, c'est-à-dire $r = 1/2$, 9/16 de phénotypes sauvages et 7/16 de phénotypes mutés, où la proportion 7/16 est la somme 3/16 + 3/16 + 1/16 correspondant aux trois types de phénotypes mutés quand les deux gènes (cas précédent) gouvernent des caractères différents.

Selon le type d'interaction entre deux gènes indépendants affectant un même caractère, on peut observer des regroupements partiels différents des quatre proportions 9-3-3-1 (voir exercices).

Remarque 3. À la limite, si deux gènes impliqués dans deux phénotypes distincts (tab. 3.1) sont si proches que leur distance est nulle et qu'aucun crossing-over ne survient, les allèles *A* et *B* vont coségréger et on retrouvera 3/4 de phénotype parental [A, B] dominant, et 1/4 de phénotype parental récessif [a, b] (il suffit de prendre $r = 0$ dans les équations précédentes).

Un tel résultat pourrait alors être interprété comme une ségrégation 2/2 pour un couple d'allèle et le phénotype parental [a, b] pourrait être formellement interprété comme résultant d'une mutation unique et pléiotrope, responsable simultanément des deux phénotypes [a] et [b].

Dans le cas où les deux mutations *a* et *b* conduisent à un même phénotype mutant [–] (tab. 3.2), l'absence de gamètes recombinés, si les deux gènes sont très liés, conduirait à 3/4 [+] et 1/4 [–]. Ce résultat serait aussi interprétable comme résultant d'une ségrégation 2/2, conduisant à la conclusion que les souches mutées et sauvages ne diffèrent que pour un seul gène.

C'est pourquoi l'interprétation d'une ségrégation 2/2 est souvent complétée d'une remarque de précaution précisant que les souches mutées et sauvages peuvent éventuellement différer pour deux gènes suffisamment proches pour que le nombre de méioses étudiées en F1 n'ait éventuellement pas permis d'observer une seule recombinaison par crossing-over, et donc un écart significatif à la ségrégation 2/2.

Remarque 4. Bien évidemment, si l'un des couples d'allèles (ou les deux) gouverne(nt) des phénotypes codominants, le problème est en fait plus simple, puisqu'il existe une correspondance bi-univoque entre phénotype et génotype qui permet de déterminer sans ambiguïté le contenu génétique de chacun des gamètes, pour ce(s) gène(s).

3.5.3 Test de l'indépendance génétique à l'issue d'un test cross F1 × parent double récessif

Dans le cas d'un croisement F1 × parent récessif (test cross), les résultats attendus sont formulés par un tableau de croisement des gamètes plus simple (tab. 3.3). Les phénotypes des diploïdes résultant de l'union des gamètes dépendront des relations de dominance et de récessivité existant pour chacun des couples d'allèles, uniquement en fonction de l'apport du gamète F1, ce qui permet d'en déduire le contenu génétique plus facilement que dans un croisement F1 × F1 (tabl. 3.1).

Les fréquences des quatre types de gamètes sont directement estimables, car elles sont égales aux fréquences des quatre types de phénotypes résultant des unions gamétiques :

$$f[\mathrm{A, B}] = (1 - r)/2 ; f[\mathrm{A, b}] = f[\mathrm{a, B}] = r/2 ; f[\mathrm{a, b}] = (1 - r)/2$$

TABLEAU 3.3 TABLEAU DE CROISEMENT DES GAMÈTES.
Génotype et phénotype associés dans le cadre d'un test cross.

Gamètes du parent récessif	**Gamètes du parent F1**			
	A, B (1 – *r*)/2	*A, b r*/2	*a, B r*/2	*a, b* (1 – *r*)/2
a, b	[A, B]	[A, b]	[a, B]	[a, b]

Si les deux gènes sont génétiquement indépendants, $r = 1/2$, ce qui correspond aussi à $(1 - r) = 1/2$, équifréquence des gamètes recombinés et parentaux. On trouve alors les proportions 1/4-1/4-1/4-1/4, encore notées 1-1-1-1.

S'il y a liaison génétique, alors r est inférieur à 1/2, et la proportion des phénotypes parentaux [a, b] doit être significativement supérieure à 1/4, ce qui doit éventuellement être justifié par un test statistique. Cette fréquence tend vers 1/2 à mesure que la distance diminue.

Remarque 1. La distance est facile à estimer par l'estimation de :

$$r = f[\mathrm{A, b}] + f[\mathrm{a, B}]$$

Remarque 2. Si les deux gènes sont impliqués dans un même phénotype mutant, le tableau de croisement des gamètes sera modifié en conséquence (tab. 3.4) et ne laissera apparaître que les deux seuls phénotypes parentaux sauvage [+] et mutant [–].

TABLEAU 3.4 TABLEAU DE CROISEMENT DES GAMÈTES.
Génotypes et phénotypes associés, dans le cadre d'un test cross, pour deux gènes impliqués dans un même phénotype, de façon complémentaire (voir tabl. 3.2).

Gamètes du parent récessif	**Gamètes du parent F1**			
	A, B (1 – *r*)/2	*A, b r*/2	a, *B r*/2	a, *b* (1 – *r*)/2
a, b	[+]	[–]	[–]	[–]

Ce tableau permet alors d'estimer les fréquences des deux types de phénotypes, en fonction des fréquences des quatre types de gamètes :

$$f[+] = (1 - r)/2 ; f[-] = (1 + r)/2$$

L'estimation de r est beaucoup plus facile que dans le croisement F1 × F1, mais s'il est évident que l'absence de ségrégation 2/2 signifie que plus d'un gène est muté dans la souche parentale étudiée, le nombre de gènes mutés n'est pas directement accessible, ce peut être deux, ce peut être plus. Il convient alors de faire appel, si cela est possible, au test de complémentation fonctionnelle (chap. 5) utilisé comme test d'allélisme pour tenter de les dénombrer sans ambiguïté.

Remarque 3. Si les deux gènes sont si proches que leur distance est nulle ($r = 0$) et qu'aucun crossing-over ne survient, les allèles *A* et *B* vont coségréger et on retrouvera 1/2 de phénotype parental dominant et 1/2 de phénotype parental récessif.

Un tel résultat serait alors interprété comme une ségrégation 2/2 pour un couple d'allèle, l'allèle muté étant pléiotrope (voir remarque 3 page 65 plus haut).

À retenir

- L'approche théorique des conséquences génétiques de la méiose pour deux couples d'allèles de deux gènes chez un double hétérozygote (*A*//*a* ; *B*//*b*) permet les conclusions suivantes :
  - Si deux gènes sont physiquement indépendants (sur deux chromosomes différents), alors ils sont génétiquement indépendants, **L'indépendance génétique** étant définie par l'égalité des fréquences des gamètes parentaux et des gamètes recombinés.
  - Si deux gènes sont physiquement liés (sur un même chromosome), alors ils peuvent être :
    - *génétiquement liés* si leur distance est telle qu'une fraction des méioses se produit sans **crossing-over** entre les gènes ce qui conduit à un surplus de gamètes parentaux ; en effet la **liaison génétique** est définie par le fait la fréquence des gamètes parentaux est supérieure à celle des gamètes recombinés ;
    - *génétiquement indépendants* si leur distance est telle qu'un crossing-over au moins entre les gènes se produit dans toute méiose ce qui conduit à l'égalité des fréquences des gamètes parentaux et des gamètes recombinés.
- L'analyse de la recombinaison génétique dans les croisements est une application réciproque de ces lois théoriques :
  - Une reconstruction des croisements sous la forme de génotypes permet d'estimer les fréquences des gamètes parentaux et recombinés.
  - Si la fréquence des gamètes parentaux est supérieure à celle des gamètes recombinés, on peut conclure à la liaison génétique et sans ambiguïté à la liaison physique entre les deux gènes.

- Si la fréquence des gamètes parentaux est égale à celle des gamètes recombinés, on doit conclure à leur indépendance et, sauf exception, on ne peut déterminer si les deux gènes sont physiquement indépendants ou physiquement liés à une distance assez grande pour conduire à cette indépendance.

Lorsqu'il y a liaison génétique, on estime la **distance génétique** entre les deux gènes en multipliant par 100 la fréquence de recombinaison. Cette distance, estimée en **unités de recombinaison** n'est pas additive car sous estimée dès que deux crossing-over peuvent survenir entre les deux gènes ; des correctifs ont été apportés au calcul de la distance génétique, soit sur le plan théorique par **Haldane**, soit sur le plan pratique dans le cas de la levure (voir chapitre 4).

Exercices

3.1 Niveau Licence (L1, L2)/Définition des objectifs.

- Test de l'indépendance et de la liaison génétique.
- Distances entre gènes liés.

Il existe de nombreuses variétés de tomates différant les unes des autres par un ou plusieurs caractères héréditaires. On choisit comme souche de référence, notée SSR, la souche à feuille unie verte, à fleur jaune, fruit rouge et peau lisse. On dispose d'une variété pure *A* à feuille verte tachée de jaune, à fleur blanche, à fruit jaune et à peau veloutée.

1. On croise entre elles la variété *A* et la SSR; les croisements réciproques donnent des résultats identiques, tous les individus F1 ont des feuilles unies vertes, des fleurs jaunes et des fruits rouges à peau lisse. Que peut-on en conclure ?

2. On procède sur des plants F1 à des croisements soit avec du pollen de la souche F1, soit avec du pollen de la souche A. Pour simplifier l'analyse génétique, il est utile de ne considérer que les phénotypes pris deux à deux (tabl. 3.5 à 3.8).

TABLEAU 3.5.

	F2 issu du croisement F1 × F1	Descendants issus du croisement F1 × *A*
[feuille unie; fleur jaune]	912	124
[feuille unie; fleur blanche]	305	132
[feuille tachetée; fleur jaune]	295	128
[feuille tachetée; fleur blanche]	92	119

TABLEAU 3.6.

	F2 issu du croisement F1 × F1	Descendants issus du croisement F1 × *A*
[feuille unie; fruit rouge]	909	126
[feuille unie; fruit jaune]	308	130
[feuille tachetée; fruit jaune]	297	126
[feuille tachetée; fruit rouge]	90	121

TABLEAU 3.7.

	F2 issu du croisement F1 × F1	Descendants issus du croisement F1 × *A*
[feuille unie; peau lisse]	660	215
[feuille unie; peau veloutée]	76	42
[feuille tachetée; peau lisse]	70	38
[feuille tachetée; peau veloutée]	175	208

TABLEAU 3.8.

	F2 issu du croisement F1 × F1	Descendants issus du croisement F1 × *A*
[fleur jaune; fruit rouge]	1185	219
[fleur jaune; fruit jaune]	92	31
[fleur blanche; fruit rouge]	96	28
[fleur blanche; fruit jaune]	335	225

Interprétez ces résultats en justifiant vos réponses, en précisant le nombre de gènes impliqués dans chacune de ces études, et en calculant, quand cela est nécessaire, les fréquences de gamètes dans chaque type de croisements F1 × F1 ou F1 × A.

3.2 Niveau Licence/Définition des objectifs.

– Test de la ségrégation 2/2 et test de l'indépendance et de la liaison génétique chez la levure.

– Test de complémentation fonctionnelle/test d'allélisme.

– Cartographies des gènes et carte fine des gènes (position des sites mutés d'un même gène).

Dans tout l'exercice, on ne tiendra pas compte du type sexuel, a ou α, des souches. On suppose qu'on dispose toujours d'une souche du type sexuel requis pour le croisement.

On dispose :

- d'une souche haploïde sauvage (SSR) de la levure *Saccharomyces cerevisiae*, de phénotype [val+, trp+, *ura*+, *gal*+] ;
- d'une souche A, auxotrophe pour la valine et incapable de métaboliser le galactose, phénotype noté [val–, gal–] ;
- d'une souche B, auxotrophe pour le tryptophane et incapable de métaboliser le galactose, phénotype noté [trp–, gal–] ;
- d'une souche C, auxotrophe pour l'uracile et incapable de métaboliser le galactose, phénotype noté [ura–, gal–].

On effectue les croisements *A* × SSR, *B* × SSR et *C* × SSR ; les diploïdes qui en sont issus sont de phénotype sauvage. On isole les spores haploïdes issues de la méiose de chacun des diploïdes (la procédure de croisement chez la levure est décrite en tête des problèmes levure dans la partie 2 de l'ouvrage), puis on teste le phénotype des spores (tabl. 3.10).

Tableau 3.10.

	Spores issues du diploïde *A* × SSR	Spores issues du diploïde *B* × SSR	Spores issues du diploïde *C* × SSR
spores auxotrophes et [gal–]	91	102	122
spores prototrophes et [gal–]	89	98	83
spores auxotrophes et [*gal*+]	81	95	77
spores prototrophes et [*gal*+]	85	105	118

1. Interprétez ces résultats (nombre de gènes mis en jeu, indépendance ou liaison génétique, distances génétiques dans le dernier cas).

2. On croise entre elles les souches A B et C ; les diploïdes issus des croisements *A* × *B* et *A* × *C* ont un phénotype sauvage, le diploïde issu du croisement *B* × *C* a un phénotype [gal–]. Quelles précisions ce résultat apporte-t-il dans l'analyse génétique ?

3. On analyse les spores issues de la méiose du diploïde issu du croisement *B* × *C*, en testant leur phénotype pour le tryptophane, l'uracile et le galactose (tabl. 3.11). Quelle précision apporte ces observations ? Vous présenterez un schéma des gènes et de leurs sites de mutations.

TABLEAU 3.11.

Spores [ura$^-$; trp$^+$; gal$^-$]	Spores [ura$^-$; trp$^-$; gal$^-$]	Spores [ura$^+$; trp$^+$; gal$^-$]	Spores [ura$^+$; trp$^-$; gal$^-$]
72	31	29	68

4. On étale environ 200 000 spores issues du croisement $B \times C$, sur une boîte de milieu minimum (galactose) + uracile + tryptophane et on observe la croissance de 100 colonies. Quelle est votre interprétation de ce résultat ? (schéma des gènes et des sites de mutations).

5. On teste ensuite, par des répliques adéquates, les phénotypes d'auxotrophie des 100 spores obtenues (tabl. 3.12). Quelle précision apporte ces observations ? (Schéma des gènes et des sites de mutations.)

TABLEAU 3.12.

Spores [ura$^-$; trp$^+$]	Spores [ura$^-$; trp$^-$]	Spores [ura$^+$; trp$^+$]	Spores [ura$^+$; trp$^-$]
31	9	16	44

3.3 **Niveau Licence (L1, L2)/Définition des objectifs.**

- Test de la ségrégation 2/2 chez la drosophile.
- Test de l'indépendance et de la liaison génétique, test de l'indépendance physique, distances génétique.

La souche sauvage (SSR) de *Drosophila melanogaster* a l'œil rouge brique. Il est utile de savoir qu'il n'y a pas de crossing-over chez la drosophile mâle.

1. On croise une souche pure sauvage avec une souche pure mutante A de phénotype [œil rouge vif]. Tous les descendants F1 sont de phénotype sauvage dans chacun des deux croisements réciproques. On réalise, en parallèle, les croisements F1 × F1 et F1 × parent [rouge vif], mâle ou femelle. Vous interpréterez les résultats obtenus en F2, en justifiant vos conclusions par un test statistique, si nécessaire.

F2 issue du croisement F1 × F1 : 910 [rouge brique] et 690 [rouge vif].

F2 issue du croisement F1 × parent récessif : 260 [rouge brique] et 740 [rouge vif].

2. On croise une souche pure sauvage avec une autre souche pure mutante B, également de phénotype [œil rouge vif].

Tous les descendants F1 sont de phénotype sauvage dans chacun des deux croisements réciproques.

On réalise, en parallèle, les croisements F1 × F1 et F1 × parent [rouge vif], mâle ou femelle. Vous interpréterez les résultats obtenus (tableaux 3.16 à 3.18), en justifiant vos conclusions par un test statistique, si nécessaire.

F2 issue du croisement F1 × F1 : 510 [rouge brique] et 290 [rouge vif].

F2 issue du croisement femelle F1 × parent mâle récessif : 262 [rouge brique] et 738 [rouge vif].

F2 issue du croisement mâle F1 × parent femelle récessif : 490 [rouge brique] et 510 [rouge vif].

3.4 **Définition des objectifs.**

- Test de la ségrégation 2/2 chez la drosophile.
- Test de l'indépendance et de la liaison génétique, test de l'indépendance physique, distances génétique.

La souche sauvage (SSR) de *Drosophila melanogaster* a un corps gris, l'œil rouge brique et des soies en forme de tronc de cône. Il est utile de savoir qu'il n'y a pas de crossing-over chez la drosophile mâle. On dispose d'une souche mutante pure, au corps noir, appelée ebony, d'une souche aux yeux roses, appelée rosy, et d'une souche aux yeux pourpres, appelée purple.

1. Les croisements réciproques de chacune de ces souches mutantes avec la souche SSR donnent des descendants F1 de phénotype sauvage. Les F1 de chaque sexe croisé en retour avec un parent mutant donnent pour moitié des F2 sauvages et pour moitié des mutants. Concluez.

2. On croise entre elles les souches ebony et purple. Les croisements réciproques donnent des individus F1 de phénotype sauvage [corps gris et œil rouge brique].

Les individus F1 sont croisés entre eux et on observe, parmi les individus F2, les proportions de 9/16 de [corps gris; œil rouge brique], 3/16 de [corps gris; œil pourpre], 3/16 de [corps noir; œil rouge brique] et 1/16 de [corps noir; œil pourpre].

Interprétez ces résultats en construisant le tableau de gamètes le plus général puis en discutant, éventuellement en le réduisant, ce tableau de gamètes au cas où les gènes étudiés sont physiquement indépendants ou liés, génétiquement indépendants ou non. Vous préciserez, par l'analyse de ce tableau, lequel des paramètres génétiques ne peut être estimé par un tel croisement.

3. On croise entre elles les souches ebony et rosy. Les croisements réciproques donnent des individus F1 de phénotype sauvage [corps gris et yeux rouge brique].

a. Les individus F1 sont croisés entre eux et on observe, parmi les individus F2, les proportions de 1/2 [corps gris; œil rouge brique], 1/4 de [corps gris; œil rose] et 1/4 de [corps noir; œil rouge brique]. Interprétez ces résultats.

b. Des mâles F2 de phénotype [corps noir; œil rouge brique] sont croisés avec une femelle rosy et on observe les résultats suivants :

- dans 11 % des croisements la moitié des descendants F3 sont de phénotype sauvage et l'autre moitié de phénotype rosy [œil rose];
- dans 89 % des croisements tous les descendants F3 sont de phénotype sauvage.

En quoi ces résultats permettent-ils d'estimer ce qui n'avait pu l'être à la question précédente ?

Le résultat aurait-il été différent avec des femelles F2 ? Trouvez un moyen de sélectionner des individus de phénotype [corps noir; œil rose] qui n'ont pas été observés en F2.

4. On dispose d'une souche pure *A*, aux yeux roses et aux soies cylindriques (la souche sauvage présentant des soies en tronc de cône).

a. Croisée avec la souche rosy, la souche A donne des descendants F1 de phénotype [œil rose; soies sauvages]. Que peut-on en conclure, sachant que le croisement *A* × SSR donne des individus F1 de phénotype [œil rouge brique; soies sauvages] ?

b. Les individus F1 issus du croisement *A* × SSR sont croisés entre eux et on observe, parmi les individus F2, 675 [œil rouge brique; soies sauvages], 72 [œil rouge brique; soies cylindriques], 73 [œil rose; soies sauvages] et 180 [œil rose; soies cylindriques].

Interprétez ces résultats en vous fondant sur les résultats des questions précédentes.

Montrez, en vous fondant sur le tableau de gamètes issus de la méiose, que, dans ce croisement, il est possible de calculer directement le paramètre non calculable à la question 2.

3.5 Niveau Licence/Définition des objectifs.

> – Modification des proportions classiques de ségrégation dans le cas d'intéraction entre gènes.
>
> – Exemple de la couleur de la fleur chez le pois.
>
> (Voir pour la théorie le chapitre 4 de l'ouvrage *génétique : gènes et génomes* de Rossignol et coll., Dunod, Paris, 2000).

En croisant deux souches pures de pois à fleurs pourpres et à fleurs blanches, on a obtenu des descendants F1 homogènes à fleurs pourpres. Le croisement F1 × F1 a fourni 320 plantes F2, 142 à fleurs blanches et 178 à fleurs pourpres. Quelle est l'interprétation la plus simple de ces résultats ?

3.6 Niveau Licence/Définition des objectifs.

> – Modification des proportions classiques de ségrégation dans le cas d'intéraction entre gènes.
>
> – Exemple de la bourse à pasteur.
>
> (Voir pour la théorie le chapitre 4 de l'ouvrage *génétique : gènes et génomes* de Rossignol et coll., Dunod, Paris, 2000).

La bourse à pasteur est une plante qui tire son nom de ses fruits en forme de bourse oblongue. On connaît deux variétés constituant des souches pures; la première présente un fruit rond et renflé (bourse pleine) alors que la seconde présente un fruit plus aplati (bourse vide).

En croisant ces deux souches pures entre elles, on obtient des descendants F1 homogènes [bourse pleine]. Le croisement F1 × F1 a fourni 320 plantes F2, 18 à [bourse vide] et 302 [bourse pleine]. Quelle est l'interprétation la plus simple de ces résultats ?

3.7 **Niveau Licence (L3)/Définition des objectifs.**

> – Modification des proportions classiques de ségrégation dans le cas d'intéraction entre gènes indépendants.
>
> – Exemple de la digitale pourpre (*Digitalis purpurea*).
>
> (Voir pour la théorie le chapitre 4 de l'ouvrage *génétique : gènes et génomes* de Rossignol et coll., Dunod, Paris, 2000).

On distingue, chez la digitale pourpre, de nombreuses variétés présentant un phénotype pourpre, blanc, ou magenta; une couleur nettement plus claire que le pourpre.

On dispose de deux souches pures, *A* de phénotype [pourpre] et *B* de phénotype [blanc]. Le croisement *A* × *B* donne des F1 de phénotype [blanc]. Le croisement F1 × F1 donne des descendants F2, dans les proportions suivantes, que vous interpréterez : phénotype [blanc] : 12/16; phénotype [pourpre] : 3/16; phénotype [magenta] : 1/16.

3.8 **Niveau Licence /Définition des objectifs.**

> – Modification des proportions classiques de ségrégation dans le cas d'interaction entre gènes indépendants.
>
> – Exemple de la race de chiens labrador.
>
> (Voir pour la théorie le chapitre 4 de l'ouvrage *génétique : gènes et génomes* de Rossignol et coll., Dunod, Paris, 2000).

On distingue, chez les chiens de la race Labrador, trois types de phénotypes de robe (couleur du pelage), la robe noire, la robe dorée et la robe chocolat. On dispose de trois souches pures pour chacune de ces robes et on se propose d'étudier le déterminisme génétique de ces phénotypes.

1. La souche A [noire] est croisée avec la souche B [chocolat], les descendants F1 sont tous de couleur noire.

Les croisements F1 × F1 donnent 3/4 [noire] et 1/4 [chocolat]. Que peut-on en conclure ? Par quel autre type de croisement aurait-on pu arriver à la même conclusion ? Quels auraient été les résultats observés pour ce type de croisement ?

2. La souche B [chocolat] est croisée avec la souche C [dorée], les descendants F1 sont tous de couleur noire.

Le croisement d'un F1 par un parent [dorée] donne 50 % de [noire] et 50 % de [dorée], mais les croisements F1 × F1 donnent 9/16 [noire], 3/16 [chocolat] et 4/16 [dorée].

Concluez, en montrant que ces résultats sont cohérents avec ceux de la question précédente.

3. Quels seraient les résultats et l'interprétation génétique de l'analyse des croisements entre les souches [noire] et [dorée] suivis par l'étude F1 × F1 ou test cross ?

3.9 **Niveau Licence (L3)/Définition des objectifs.**

- Modification des proportions classiques de ségrégation dans le cas d'interaction entre gènes indépendants.
- Exemple de la drosophile.

On croise, chez *Drosophila melanogaster*, une souche pure sauvage de référence (SSR), aux yeux [rouge brique], avec une souche A pure, présentant également des yeux de couleur sauvage [rouge brique].

Les individus F1 ont des yeux [rouge brique], mais les croisements entre F1 donnent chez les individus F2 :

– phénotypes [rouge brique] : 13/16;

– phénotypes [rouge vif] : 3/16.

Interprétez ces résultats et proposez un moyen expérimental permettant de choisir entre les deux conclusions possibles.

3.10 **Niveau Licence (L3)/Définition des objectifs.**

- Analyse de la ségrégation et de la recombinaison génétique.
- Liaison physique et génétique.

Deux souches pures de drosophiles, A à yeux roses [r] et B à corps noir [n] ont été croisées. Une F1 homogène de phénotype sauvage a été obtenue, à yeux rouge brique et corps gris.

Le croisement F1 × F1 donne les résultats suivants en F2 : [+] 45 %; [r] 30 %; [n] 25 %.

Interprétez ces résultats (nombre de gènes mis en cause, liaison physique et génétique éventuelle, distances génétiques).

Solutions

3.1 **1.** Les croisements réciproques donnent des résultats identiques : les apports génétiques mâles et femelles sont équilibrés. Tous les individus F1 ont des feuilles unies vertes, des fleurs jaunes et des fruits rouges à peau lisse. Les quatre phénotypes de référence sont dominants.

> ***Remarques.*** On ne sait pas, à ce stade de l'analyse, si la variété *A* diffère de la SSR pour un seul gène qui, par un effet pléiotrope de sa mutation, serait impliqué dans les quatre phénotypes, ou par plus d'un seul gène. Seule l'analyse de la méiose du diploïde F1 peut apporter une réponse selon qu'on observera une ségrégation 2/2 pour le bloc des quatre phénotypes ou que l'observation de phénotypes recombinés indiquera l'existence de plusieurs gènes eux-mêmes soumis à la recombinaison génétique.
>
> Par ailleurs, on rappelle que ce sont les phénotypes qui sont dits dominants ou récessifs et non les allèles du (ou des) gène(s).

2. On observe des phénotypes recombinants pour les quatre caractères, ce qui élimine l'hypothèse d'un seul gène à effet pléiotrope.

Analyse du tableau 3.5

• La première question à résoudre est de savoir si chaque différence phénotypique (chaque caractère) est gouvernée par un seul gène. Le couple de phénotype feuille unie/feuille tachetée présente des proportions 3/4 dominant 1/4 récessif caractéristique de la ségrégation 2/2 dans un croisement F1 × F1. On peut donc considérer qu'un seul couple d'allèles, un seul gène, est impliqué dans le déterminisme de cette différence phénotypique.

Le test cross confirme ce résultat puisqu'il permet de visualiser l'apport des gamètes de la F1, confronté chez les diploïdes F2 à un apport dont l'effet est récessif. Il y a bien selon, la ségrégation 2/2, autant de F2 à feuilles unies que de F2 à feuilles tachetées.

• L'analyse de la couleur de la fleur montre également une ségrégation 2/2 typique d'un couple d'allèles.

> ***Remarque.*** Il serait inexact de dire que la couleur de la fleur ne dépend que d'un seul gène, car en réalité plusieurs gènes sont certainement impliqués dans ce caractère, mais il faut dire que les deux souches pures étudiées ne diffèrent entre elles que par un seul des gènes impliqués dans la coloration de la fleur ! Par facilité de langage, on se laisse souvent aller à dire qu'un caractère (un couple de phénotypes) dépend d'un seul gène alors que c'est la différence étudiée, pour ce caractère, qui ne dépend que d'un gène.

• L'observation de phénotypes recombinés [feuille unie; fleur blanche] et [feuille tachetée; fleur jaune] montre que les deux phénotypes étudiés ne dépendent pas d'un même gène.

Comme ils dépendent chacun d'un seul gène (voir la ségrégation 2/2 pour chacun d'eux), le croisement étudié ici met en jeu deux gènes, deux couples d'allèles.

• Les proportions observées 9-3-3-1 en F1 × F1 ou 1-1-1-1 en test cross sont caractéristiques d'une ségrégation indépendante pour les deux couples d'allèles, le gène gouvernant l'aspect uni ou tacheté de la feuille est génétiquement indépendant du gène impliqué dans la couleur jaune ou blanche de la fleur.

Cette observation peut être interprétée de deux façon sur le plan cartographique, soit :

– les deux gènes sont physiquement indépendants;

– les deux gènes sont physiquement liés, mais à une distance telle qu'il y a toujours au moins un crossing-over entre leurs locus, et qu'il ne peut donc y avoir d'excès de gamètes parentaux sur les gamètes recombinés.

Analyse du tableau 3.6

Un même raisonnement que pour le tableau 3.5 conduit au même type de conclusions.

• On retrouve la ségrégation 2/2 pour le caractère (le couple de phénotypes) d'aspect de la feuille, indiquant que la différence entre *A* et la SSR est sous la dépendance d'un seul couple d'allèles.

• La couleur du fruit montre également la ségrégation 2/2 typique d'un couple d'allèles : les deux souches ne diffèrent que par un seul des gènes impliqués dans la couleur du fruit.

• Le croisement étudié ici met en jeu deux gènes, deux couples d'allèles, impliqués dans les deux couples de phénotypes.

• Les proportions observées 9-3-3-1 en F1 × F1 ou 1-1-1-1 en test cross sont caractéristiques d'une ségrégation indépendante pour les deux couples d'allèles, le gène gouvernant l'aspect uni ou tacheté de la feuille est génétiquement indépendant du gène impliqué dans la couleur jaune ou rouge du fruit.

Cette observation peut être interprétée de deux façons sur le plan cartographique (voir plus haut).

Analyse du tableau 3.7

• On retrouve la ségrégation 2/2 pour le caractère (le couple de phénotypes) d'aspect de la feuille, indiquant que *A* et la SSR ne diffère que pour un seul gène impliqué dans ce caractère (660 + 76 correspond à 3/4 dans la F1 × F1 et 215 + 42 correspond à 50 % dans le test cross).

• L'aspect lisse ou velouté de la peau montre également la ségrégation 2/2 typique d'un couple d'allèles, les deux souches ne diffèrent que par un seul des gènes impliqués dans ce caractère.

• Le croisement étudié ici met en jeu deux gènes, deux couples d'allèles, impliqués dans les deux couples de phénotypes.

• Les proportions attendues de 9-3-3-1 en F1 × F1, ou 1-1-1-1 en test cross, pour deux couples d'allèles ségrégeant indépendamment l'un de l'autre ne sont pas observées, il n'y a donc pas indépendance génétique, il y a liaison génétique et donc physique des deux gènes étudiés.

Le test cross fournit facilement la fréquence des gamètes recombinés à l'origine des deux phénotypes eux-mêmes recombinés, soit (42 + 38)/503 = 0,159, valeur bien inférieure à celle des gamètes parentaux égale à 0,841.

On en déduit la distance entre les gènes, soit 15,9 unités de recombinaison, ou 19,1 cM (distance additive de Haldane).

• Le calcul des fréquences des gamètes parentaux et recombinés dans le croisement F1 × F1 est plus laborieux parce que moins direct.

La variété *A* de génotype *(a-b)//(a-b)*, est croisée avec la SSR de génotype *(A-B)//(A-B)*, où le couple d'allèles *a* et *A* est impliqué dans la différence relative à l'aspect de la feuille, et le couple d'allèles *b* et *B* est impliqué dans la différence relative à l'aspect de la peau.

La F1 est de génotype *(a-b)//(A-B)*, les résultats de la méiose puis de la fécondation sont donnés par le tableau de croisement des gamètes (tabl. 3.9) où *r* est le taux de recombinaison entre les deux gènes (fréquence des gamètes recombinés).

TABLEAU 3.9.

	Gamètes parentaux		**Gamètes recombinés**	
	a-b (1 – *r*)/2	*A-B* (1 – *r*)/2	*a-B* *r*/2	*A-b* *r*/2
a-b (1 – *r*)/2	feuille tachetée peau veloutée	feuille unie peau lisse	feuille tachetée peau lisse	feuille unie peau veloutée
A-B (1 – *r*)/2	feuille unie peau lisse	feuille unie peau lisse	feuille unie peau lisse	feuille unie peau lisse
a-B *r*/2	feuille tachetée peau lisse	feuille unie peau lisse	feuille tachetée peau lisse	feuille unie peau lisse
A-b *r*/2	feuille unie peau veloutée	feuille unie peau lisse	feuille unie peau lisse	feuille unie peau veloutée

On en tire les fréquences des divers phénotypes en sommant les fréquences des divers génotypes qui leur sont sous-jacents, soit :

$$f[\text{feuille unie et peau lisse}] = 3(1 - r)^2/4 + 4r(1 - r)4 + 2r^2/4;$$
$$f[\text{feuille unie et peau veloutée}] = 2r(1 - r)4 + r^2/4;$$
$$f[\text{feuille tachetée et peau lisse}] = 2r(1 - r)4 + r^2/4;$$
$$f[\text{feuille tachetée et peau veloutée}] = (1 - r)^2/4.$$

Il est alors facile d'estimer la valeur de r à partir d'une des équations, par exemple, la dernière donne :

$$f[\text{feuille tachetée et peau veloutée}] = (1 - r)^2/4 = 175/981 = 0{,}17838,$$

d'où $r = 0{,}155$, qui n'est pas significativement différent de la valeur 0,159 obtenue par le test cross.

Le tableau 3.8 s'interprète comme le troisième; les deux gènes impliqués respectivement dans la pigmentation de la fleur et du fruit sont génétiquement et physiquement liés, à une distance de 11,7 ur ou 13,4 cM.

3.2 **1.** Le fait que les diploïdes soient tous de phénotype sauvage permet de conclure que tous les phénotypes mutés sont récessifs.

La première question à résoudre est celle de savoir si chaque différence phénotypique identifiant une des souches mutée *A*, *B* ou *C* de la souche de référence ne dépend que d'un gène. Il s'agit donc de faire, pour chacun des phénotypes, un test de ségrégation 2/2.

• Phénotype valine (analyse de la méiose chez les diploïdes issus du croisement *A* × SSR, tabl. 3.10, colonne 2) : on observe 172 spores auxotrophes [val^-] et 191 spores prototrophes [val^+], ce qui est conforme avec l'hypothèse d'une ségrégation 2/2. On peut conclure que *A* diffère de la SSR pour un seul des gènes impliqués dans la synthèse de la valine.

• Le dénombrement des spores auxotrophes (197) ou prototrophes (203) pour le tryptophane (méiose chez les diploïdes issus du croisement *B* × SSR, tabl. 3.10, colonne 3) conduit à conclure que *B* diffère de la SSR pour un seul des gènes impliqués dans la synthèse du tryptophane.

• Le dénombrement des spores auxotrophes (199) ou prototrophes (201) pour l'uracile (méiose chez les diploïdes issus du croisement *C* × SSR, tabl. 3.10, colonne 4) conduit à conclure que *B* diffère de la SSR pour un seul des gènes impliqués dans la synthèse de l'uracile.

• Le dénombrement des spores [gal^-] ou [gal^+] pour la capacité de croissance sur galactose (méiose chez les diploïdes issus de chacun des croisements, tabl. 3.10, colonne 2, 3 ou 4) conduit à conclure que chaque mutant *A*, *B* ou *C* ne diffère de la SSR que pour un seul des gènes impliqués dans la métabolisation du galactose.

Mais attention, rien à ce stade ne permet de dire si *A*, *B* ou *C* sont mutés dans le même gène ou non.

La deuxième question est de savoir par combien de gènes chaque mutant diffère de la SSR. Il peut paraître logique que ce soit par deux gènes puisque l'auxotrophie résulte de la mutation d'un seul gène, de même que l'incapacité de croissance sur galactose, mais on pourrait formellement imaginer que ces deux phénotypes mutants puissent résulter d'une mutation pléiotrope d'un seul gène. Ce n'est pas le cas puisqu'on observe des phénotypes recombinés, observation impossible dans le cas d'une mutation pléiotrope (on aurait transmission en bloc des deux phénotypes parentaux).

Comme chaque différence phénotypique ne dépend que d'un seul gène, on peut conclure que chacun des mutants est muté dans deux gènes.

La troisième question est de savoir si les deux gènes mutés, chez chacun des mutants *A*, *B* ou *C*, sont génétiquement indépendants ou liés, et dans le dernier cas d'en déduire leur distance génétique.

Dans le tableau 3.10 les lignes 2 et 5 correspondent aux spores parentales et les lignes 3 et 4 aux spores recombinées.

- L'analyse de la méiose chez les diploïdes issus du croisement *A* × SSR permet de conclure à l'indépendance génétique des deux gènes (fréquence des spores parentales, 176, égale à celle des recombinées, 170).
- L'analyse de la méiose chez les diploïdes issus du croisement *B* × SSR permet de conclure à l'indépendance génétique des deux gènes (fréquence des spores parentales, 207, égale à celle des recombinées, 193 ; on doit valider cette conclusion par un test statistique, $\chi^2 = 0{,}49$ pour 1 ddl).

Les gènes génétiquement indépendants sont, soit physiquement indépendants soit physiquement liés mais à une distance telle que la ségrégation de leurs allèles respectifs est indépendante.

- L'analyse de la méiose chez les diploïdes issus du croisement *C* × SSR permet de conclure à la liaison génétique des deux gènes (fréquence des spores parentales, 240, supérieure à celle des recombinées, 160 ; on peut valider cette conclusion par un test statistique, $\chi^2 = 16$ pour 1 ddl). Les deux gènes de la souche C, respectivement impliqués dans l'auxotrophie pour l'uracile et l'incapacité de croissance sur galactose, sont distants de 40 unités de recombinaison.

> ***Remarque.*** La distance en cM (ici 80) corrige la sous-estimation de la distance en unités de recombinaison et peut être supérieure à 50, limite évidente de la distance en unités de recombinaison. Dans le cas présent, l'estimation est sans doute assez mauvaise car il y a peut-être assez souvent plus de deux crossing-over (les seuls cas envisagés par la distance de Haldane étant 0, 1 et 2 crossing-over).

2. Les croisements entre mutants, sachant que leurs phénotypes sont récessifs, permet d'interpréter les observations comme le résultat d'un test de complémentation fonctionnelle (chap. 5) et de conclure que les mutations d'auxotrophie touchent trois gènes différents (*a priori* on aurait pu imaginer qu'un même gène puisse être impliqué dans deux voies de biosynthèse), que *A* et *B* sont mutés dans deux gènes différents de la voie de métabolisation du galactose, comme *A* et *C*, et qu'au contraire *B* et *C* sont mutés dans le même gène de cette voie.

Bien évidemment, *B* et *C* étant des mutants indépendants sont sans doute touchés en des sites différents de ce gène, mais les deux allèles (hétéro-allèles) sont non fonctionnels. L'analyse génétique des trois mutants *A*, *B*, *C* porte donc sur cinq gènes.

3. Pour le gène impliqué dans la voie de métabolisation du galactose, la souche B fournit un allèle muté noté « *gal-B* » et la souche C fournit un allèle muté du même gène, noté « *gal-C* » (fig. 3.4).

Le nombre de méioses étudiées n'est pas assez important pour pouvoir observer des spores [gal$^+$] qui supposent un crossing-over intragénique entre les deux sites *gal-B* et *gal-C*. Mais le tableau des spores permet de tester l'indépendance entre le gène *ura* et le gène *trp* ; on observe 140 spores parentales [ura$^-$; trp$^+$] ou [ura$^+$; trp$^-$] contre 60 spores recombinées [ura$^-$; trp$^-$] ou [ura$^+$; trp$^+$], ce qui permet d'estimer la distance entre ces deux gènes, soit 30 ur.

Comme on sait que le gène *trp* est génétiquement indépendant du gène *gal*, on peut en déduire l'ordre des trois gènes et schématiser la situation cartographique chez le diploïde issu du croisement *B* × *C* (fig. 3.4).

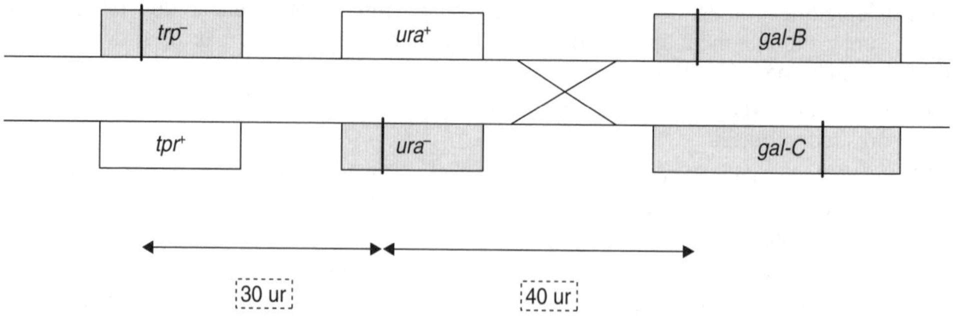

Figure 3.4 Carte des gènes et des sites de mutations chez le diploïde $B \times C$, la position des sites *gal-B* et *gal-C*, relativement à *ura*, est arbitraire.

– Pour le gène impliqué dans la voie de biosynthèse de l'uracile, la souche B fournit un allèle sauvage noté « *ura*⁺ » et la souche C fournit un allèle noté « *ura*⁻ ».

– Pour le gène impliqué dans la voie de biosynthèse du tryptophane, la souche B fournit un allèle sauvage noté « *trp*⁻ » et la souche C fournit un allèle noté « *trp*⁺ ».

4. Les 100 colonies [gal⁺] sur les 200 000 spores testées à l'issue des méioses résultent des crossing-over intragéniques survenus entre les sites *gal-B* et *gal-C* dans certaines de ces méioses, ce qui permet d'estimer la distance entre ces sites.

Pour 100 spores recombinées [gal⁺], il y a symétriquement 100 spores recombinées [gal⁻] porteuses d'un gène doublement muté, de sorte que la meilleure estimation de la fréquence des spores recombinées est 200/200 000, d'où une distance *gal-B*/*gal-C* égale à 0,001 ur.

5. Les observations réalisées ici constituent le résultat d'un test quatre points qui permet de positionner les sites *gal-B* et *gal-C* l'un par rapport à l'autre en les positionnant par rapport aux mutations touchant les gènes *ura* et *trp* (fig. 3.5).

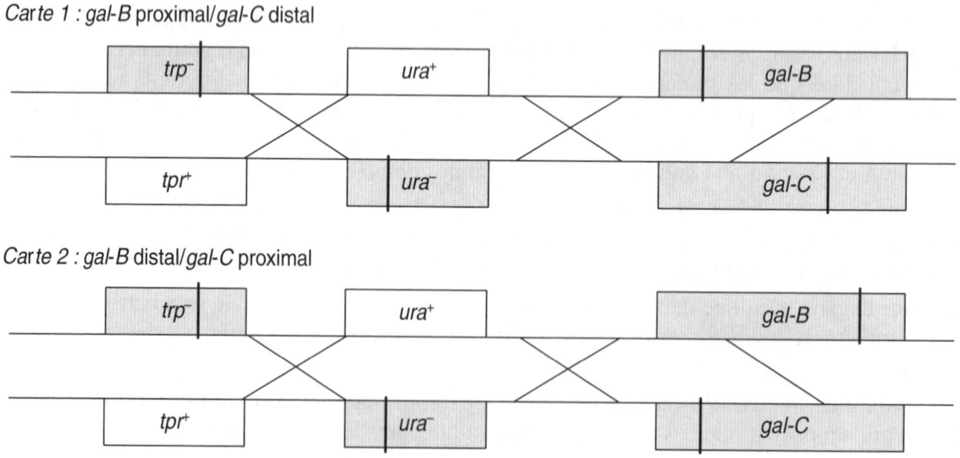

Figure 3.5 Deux cartes sont possibles selon la disposition respective des sites *gal-B* et *gal-C* vis-à-vis du gène *ura*.

En effet deux cartographies sont possibles selon la position des sites *gal-B* et *gal-C* relativement au gène *ura*.

La recombinaison intragénique générant des spores [gal⁺] va générer un gène *gal*$^+$ sur une des chromatides. Dans le premier cas (fig. 3.5), la chromatide porteuse de *gal*$^+$ sera potentiellement porteuse de *ura*$^-$ et *trp*$^+$, tandis que dans le second cas (fig. 3.5), la chromatide porteuse de *gal*$^+$ sera alors porteuse de *ura*$^+$ et *trp*$^-$.

Bien évidemment, comme des crossing-over, assez fréquents peuvent aussi intervenir entre le gène *gal* et le gène *ura* et entre le gène *ura* et le gène *trp*, plusieurs résultats sont possibles, ce qui complique l'analyse génétique.

Une analyse simple consisterait à définir la spore la plus rare dans chacun des deux cas, puis à confronter avec les observations. Dans le cas 1, la plus rare, nécessitant deux crossing-over ce serait [gal$^+$, ura$^+$, trp$^+$] ; dans le cas 2, ce serait [gal$^+$, ura$^-$, trp$^-$]. Comme la spore observée la plus rare est cette dernière, le cas 2 semble correspondre à la réalité, mais 9 et 16 sont-ils si différents sur un si petit nombre de spores ?

Aussi, est-il préférable de faire une analyse plus fine et de tester la cohérence quantitative de tous les résultats avec chacune des deux cartographies en confrontant les fréquences observées aux fréquences attendues (tab. 3.13).

Tableau 3.13 Fréquences théoriques et valeurs attendues des différents types de spores en fonction de la disposition des sites *gal-B* et *gal-C*.

r est la fréquence des spores recombinées entre les gènes *trp* et *ura*, sa valeur est 0,30 et *r′* est la fréquence des spores recombinées entre les gènes *ura* et *gal*, sa valeur est 0,40.

Phénotype des spores et fréquences observées	Première cartographie		Deuxième cartographie	
	Fréquences	Valeurs attendues	Fréquences	Valeurs attendues
[ura$^+$, trp$^-$]; 0,44	$(1 - r) \cdot r'$	0,28	$(1 - r) \cdot (1 - r')$	0,42
[ura$^+$, trp$^+$]; 0,16	$r \cdot r'$	0,12	$r \cdot (1 - r')$	0,18
[ura$^-$, trp$^+$]; 0,31	$(1 - r) \cdot (1 - r')$	0,42	$(1 - r) \cdot r'$	0,28
[ura$^-$, trp$^-$]; 0,09	$r \cdot (1 - r')$	0,18	$r \cdot r'$	0,12

Les observations étant cohérentes avec les valeurs attendues sous la deuxième cartographie, on peut conclure que le site *gal-B* est distal par rapport au site *gal-C*, vis-à-vis des gènes *ura* et *trp*.

3.3 **1.** La F1 étant de phénotype sauvage, on peut conclure que le phénotype mutant est récessif et qu'il n'y a aucun gène muté localisé sur le chromosome X (chap. 2).

La question est de savoir si la souche A diffère de la SSR pour un seul gène ou plus. Dans le cas d'un seul gène, la F1 est hétérozygote pour celui-ci et on attend alors, suite à la ségrégation 2/2 du couple d'allèles de ce gène, des proportions 3/4 de sauvages et 1/4 de mutants en F2 (croisement F1 × F1) ou des proportions 1/2 de sauvages et 1/2 de mutants dans la descendance d'un test cross, ce qui n'est pas le cas. On peut donc conclure que *A* diffère de la SSR pour plus d'un gène.

Comme il n'apparaît qu'un seul phénotype muté dans la descendance des F1, on peut conclure, puisqu'il y a un brassage génétique à la méiose (sinon on aurait une ségrégation 2/2 pour des gènes très liés ségrégeant en bloc), que chaque gène muté conduit individuellement au même phénotype que l'ensemble des gènes mutés chez *A*.

Il convient alors de tester « l'hypothèse minimaliste » de deux gènes mutés, en supposant d'abord leur indépendance génétique, et même leur indépendance physique, sachant que le crossing-over est inexistant chez la drosophile mâle.

Dans ce premier cas (les deux couples d'allèles étant notés *A*/*a* et *B*/*b*), le croisement peut s'écrire :

Parents	[rouge vif] ×	[rouge brique]
génotypes parentaux	*a*//*a b*//*b*	*A*//*A B*//*B*
génotypes des F1	*A*//*a B*//*b*	
phénotypes des F1	[rouge brique]	

d'où le tableau de croisement des gamètes (tabl. 3.14), les génotypes de la F2, leurs phénotypes et leurs proportions (*r*, la fréquence de recombinaison étant égale ici à 1/2).

Les proportions attendues sont de 9/16 de sauvages et 7/16 de mutants ce qui correspond bien aux proportions observées (faire un test statistique de conformité pour valider la cohérence).

TABLEAU 3.14.

Croisement F1 × F1	Gamètes parentaux		Gamètes recombinés	
	(*A*, *B*) (1 – *r*)/2	(*a*, *b*) (1 – *r*)/2	(*A*, *b*) *r*/2	(*a*, *B*) *r*/2
(*A*, *B*) (1 – *r*)/2	rouge brique	rouge brique	rouge brique	rouge brique
(*a*, *b*) (1 – *r*)/2	rouge brique	rouge vif	rouge vif	rouge vif
(*A*, *b*) *r*/2	rouge brique	rouge vif	rouge vif	rouge brique
(*a*, *B*) *r*/2	rouge brique	rouge vif	rouge brique	rouge vif

Le test cross donne des résultats (tabl. 3.15) où on observe les proportions attendues de 1/4 de sauvages et 3/4 de mutants, en cas d'indépendance physique, que le parent croisé au F1 soit mâle ou femelle.

TABLEAU 3.15.

Test cross	Gamètes parentaux du F1		Gamètes recombinés du F1	
Gamètes du parent récessif	(*A*, *B*) (1 – *r*)/2	(*a*, *b*) (1 – *r*)/2	(*A*, *b*) *r*/2	(*a*, *B*) *r*/2
(*a*, *b*)	rouge brique	rouge vif	rouge vif	rouge vif

Cette hypothèse de deux gènes physiquement indépendants étant cohérente avec les observations, elle est acceptable.

> ***Remarque.*** L'expérience (voir question suivante) permet de savoir que la liaison physique des gènes étudiés n'aurait pas conduit à de telles observations, notamment le test cross avec un mâle F1, fournissant exclusivement des gamètes parentaux, aurait conduit à des proportions de 1/2 sauvages et 1/2 mutants. Il suffit de prendre $r = 0$ pour les gamètes recombinés du mâle F1 dans les tableaux ci-dessus.

2. La souche B diffère aussi par plus d'un gène autosomal de la souche A, mais présente dans les croisements ultérieurs des résultats différents.

Compte tenu de ce qui vient d'être vu à la question **1**, il est possible d'exclure l'hypothèse de deux gènes physiquement indépendants mais de conclure à l'hypothèse de gènes liés, conforme aux observations de la descendance mâle F1 × parent récessif femelle (remarque ci-dessus).

L'hypothèse minimaliste est alors de considérer deux gènes physiquement liés et de tester leur indépendance ou leur liaison génétique (ils pourraient être génétiquement indépendants si leur distance est assez grande...).

Pour cela, on analyse le croisement F1 × F1 (tabl. 3.16) ou le test cross avec une F1 femelle capable de former des gamètes parentaux et recombinés par crossing-over (tabl. 3.17), ce qui conduit pour chacun des deux croisements aux tableaux de gamètes suivants.

TABLEAU 3.16 CROISEMENT F1 × F1.

	Gamètes parentaux femelles		Gamètes recombinés femelles	
Gamètes mâles exclusivement parentaux	(*A*, *B*) (1 – *r*)/2	(*a*, *b*) (1 – *r*)/2	(*A*, *b*) *r*/2	(*a*, *B*) *r*/2
(*A*, *B*) 1/2	rouge brique	rouge brique	rouge brique	rouge brique
(*a*, *b*) 1/2	rouge brique	rouge vif	rouge vif	rouge vif

Dans le cas de liaison physique, mais d'indépendance génétique, la valeur de r est égale à 1/2 et on attend 5/8 de sauvages et 3/8 de mutants; dans le cas d'une liaison génétique les proportions sont significativement modifiées vers leurs limites de 3/4 et 1/4 (pour la valeur limite $r = 0$).

Ici les effectifs de 510 et 290 ne sont pas significativement différents des effectifs de 500 et 300 attendus sous l'hypothèse d'indépendance génétique (5/8 et 3/8 de 800), et on peut conclure que *B* diffère de la SSR pour deux gènes de pigmentation génétiquement indépendants mais physiquement liés.

> ***Remarque.*** On observe que l'absence de crossing-over chez le mâle de la drosophile permet de statuer sur l'indépendance physique de deux gènes.

TABLEAU 3.17 TEST CROSS.

	Gamètes parentaux du F1		Gamètes recombinés du F1	
Gamètes du parent récessif	(*A*, *B*) (1 – *r*)/2	(*a*, *b*) (1 – *r*)/2	(*A*, *b*) *r*/2	(*a*, *B*) *r*/2
(*a*, *b*)	rouge brique	rouge vif	rouge vif	rouge vif

Pour le test cross, on attend 1/4 de sauvages et 3/4 de mutants, en cas d'indépendance génétique, et des proportions d'autant plus modifiées vers les valeurs 1/2 et 1/2 que la liaison génétique est intense (valeur de r petite). Ce croisement confirme la conclusion précédente, puisque 260 et 740 ne diffèrent pas significativement de 250 et 750 attendus sous l'hypothèse d'indépendance génétique.

3.4 **1.** Les F1 étant de phénotype sauvage, les trois phénotypes mutants sont récessifs.

Les croisements réciproques donnant un même résultat, aucun des gènes étudiés n'est localisé sur le chromosome X.

Les test cross donnant, quel que soit le parent F1, une ségrégation 1/2-1/2, on peut conclure que chacune des trois souches ne diffère de la SSR que pour un seul gène.

2. Le fait que la F1 soit de phénotype sauvage permet de conclure que les souches ebony et purple ne sont pas touchées dans le même gène (test de complémentation, chap. 5), la question qui se pose alors est celle de leur indépendance génétique, éventuellement physique.

On note A et a, les allèles impliqués dans la pigmentation du corps (gène ebony) et D et d, les allèles impliqués dans la pigmentation de l'œil (gène purple). Le génotype de la F1 est double hétérozygote et peut s'écrire (A … d)//(a … D) si on considère que les pointillés figurent notre méconnaissance d'une éventuelle liaison entre les deux gènes.

Comme on sait qu'il n'y a pas de crossing-over chez le mâle, il est nécessaire de distinguer le cas où les gènes sont physiquement indépendants, cas dans lequel le mâle peut produire des gamètes recombinés et le cas où les gènes sont physiquement liés, cas dans lequel les mâles ne produisent que des gamètes parentaux.

• Cas où les gènes seraient physiquement indépendants. Le croisement F1 × F1 conduirait à un tableau de croisement des gamètes où mâles et femelles donnent quatre types équifréquents de gamètes (tabl. 3.18).

Dans ce cas (deux gènes physiquement indépendants) les seize cases de ce tableau sont équifréquentes et on attend 9/16 de [corps gris, œil brique], 3/16 de [corps noir, œil brique], 3/16 de [corps gris, œil pourpre] et 1/16 de [corps noir, œil pourpre].

• Cas où les gènes seraient physiquement liés. Le croisement F1 × F1 conduirait à un tableau de croisement des gamètes où les mâles ne donnent que des gamètes parentaux et les femelles donnent quatre types de gamètes dont la fréquence dépend du taux r de recombinaison (tabl. 3.19).

Dans le cas où les deux gènes seraient physiquement liés, on obtiendrait 1/2 de [corps gris, œil brique], 1/4 de [corps noirs, œil brique], 1/4 de [corps gris, œil vif].

On peut remarquer que ces proportions sont indépendantes de la valeur de r; que les deux gènes soient très liés ou non, on aura toujours les proportions 2-1-1. Ce croisement ne permet donc pas, en cas de liaison physique des deux gènes, d'en estimer la distance.

TABLEAU 3.18 TABLEAU DE CROISEMENT DE GAMÈTES POUR DEUX GÈNES PHYSIQUEMENT INDÉPENDANTS.

Croisement F1 × F1	Gamètes parentaux femelles		Gamètes recombinés femelles	
gamètes mâles	(*A*, *d*) 1/4	(*a*, *D*) 1/4	(*A*, *D*) 1/4	(*a*, *d*) 1/4
(*A*, *d*) 1/4	corps gris œil pourpre	corps gris œil rouge brique	corps gris œil rouge brique	corps gris œil pourpre
(*a*, *D*) 1/4	corps gris œil rouge brique	corps noir œil rouge brique	corps gris œil rouge brique	corps noir œil rouge brique
(*A*, *D*) 1/4	corps gris œil rouge brique	corps gris œil rouge brique	corps gris œil rouge brique	corps gris œil rouge brique
(*a*, *d*) 1/4	corps gris œil pourpre	corps noir œil rouge brique	corps gris œil rouge brique	corps noir œil pourpre

TABLEAU 3.19 TABLEAU DE CROISEMENT DE GAMÈTES POUR DEUX GÈNES PHYSIQUEMENT LIÉS.

Croisement F1 × F1	Gamètes parentaux femelles		Gamètes recombinés femelles	
gamètes mâles	(*A*, *d*) $(1 - r)/2$	(*a*, *D*) $(1 - r)/2$	(*A*, *D*) $r/2$	(*a*, *d*) $r/2$
(*A*, *d*) 1/2	corps gris œil pourpre	corps gris œil rouge brique	corps gris œil rouge brique	corps gris œil pourpre
(*a*, *D*) 1/2	corps gris œil rouge brique	corps noir œil rouge brique	corps gris œil rouge brique	corps noir œil rouge brique

On peut aussi remarquer qu'on n'observerait pas le phénotype recombiné [corps noir, œil pourpre] puisqu'il supposerait la formation d'un gamète mâle recombiné.

Les proportions observées pour les phénotypes de la F2 et l'observation du phénotype [corps noir, œil pourpre] permettent de conclure que les gènes « ebony » et « purple » sont physiquement indépendants.

3.a Le fait que la F1 soit de phénotype sauvage permet de conclure que les souches ebony et rosy ne sont pas touchées dans le même gène (test de complémentation, chap. 5), la question qui se pose alors est celle de leur indépendance génétique, éventuellement physique.

Il convient d'entreprendre la même démarche que précédemment, en notant B et b les allèles du gène « rosy » qui viennent se substituer au couple d'allèles D et d.

On peut donc conclure que les souches ebony et rosy sont mutées dans deux gènes différents, physiquement liés, mais on ne peut statuer sur leur liaison génétique.

3.b Les mâles F2 de phénotype [corps noir, œil brique] sont de génotypes $(a\text{-}B)//(a\text{-}B)$ ou $(a\text{-}B)//(a\text{-}b)$ avec des fréquences respectives égales à $(1 - r)/4$ et $r/4$ (la somme est égale à 1/4 et indépendante de la valeur de r, voir question **2**), au sein de l'ensemble de la descendance F2, mais avec des fréquences respectives égales à $(1 - r)$ et r au sein des seuls mâles de phénotype [corps noir, œil brique]. Leur croisement avec une femelle rosy de génotype (*A-b*)//(*A-b*) va permettre de tester la liaison génétique en estimant la valeur de r.

En effet, les mâles F2 de génotype (*a-B*)//(*a-b*) donneront pour moitié une descendance *b*//*b* de phénotype [œil rose] et une moitié de descendants de génotype *B*//*b* de phénotype [œil brique] tandis que les mâles F2 de génotype (*a-B*)//(*a-B*) ne donneront que des descendants *B*//*b* de phénotype sauvage.

- Si les gènes *A* et *B* sont génétiquement indépendants les deux types de mâles F2 seront équifréquents (valeur de r égale à 1/2);
- Si les deux gènes *A* et *B* sont génétiquement liés, r sera inférieur à 1/2 et donc à $(1 - r)$ et la fréquence des mâles F2, capables de donner des descendants rosy, sera significativement inférieure à 1/2.

C'est le cas ici puisque seuls 11 % des mâles F2 sont de génotype (*a-B*)//(*a-b*), ce qui permet de conclure à la liaison génétique des gènes *A* et *B*, et au calcul de leur distance. En effet $r = 0{,}11$, la fréquence de ces mâles capables de donner une descendance rosy; la distance génétique entre les gènes *A* et *B* est égale à 11 ur.

Les femelles F2 auraient tout aussi bien pu être utilisées dans ce protocole où on n'étudie pas la recombinaison mais où on teste simplement la fréquence des hétérozygotes pour le couple d'allèles *B* et *b*.

Pour obtenir des drosophiles de phénotype [corps noir, œil rose], de génotype (*a-b*)//(*a-b*), il est judicieux de croiser entre eux les femelles et les mâles de génotype (*a-B*)//(*a-b*) qui donnent dans le croisement précédent une descendance rosy.

> ***Remarque.*** Lors de son croisement, la femelle doit être vierge, on ne peut donc l'avoir testée et on ne peut savoir *a priori* quel est son génotype, alors que le mâle peut avoir été testé par le croisement précédent. Il suffit alors de faire un grand nombre de croisements individuels (dans des tubes séparés) entre de tels mâles testés et des femelles vierges F2 de phénotype [corps noirs, œil brique], et dans 11 % des tubes on verra apparaître des descendants [corps noir, œil rose].

4.a La souche A croisée avec la SSR donne une F1 sauvage, ce qui permet de conclure à la récessivité des deux phénotypes mutants et d'interpréter l'observation de la F1 de phénotype [œil rose, soies sauvages] issu du croisement entre *A* et rosy par la conclusion que *A* et rosy sont mutées dans un même gène (au moins un) impliqué dans le phénotype [œil rose], puisqu'il n'y a pas de complémentation fonctionnelle pour ce phénotype (chap. 5).

On montre facilement que chaque différence phénotypique entre *A* et la SSR est sous la dépendance d'un seul couple d'allèles (ségrégation 2/2 illustrée par la ségrégation phénotypique 3/4 1/4 en F2), ce qui permet alors de préciser que *A* et rosy sont mutées dans un seul et même gène, relativement au phénotype [œil rose].

4.b Contrairement à la situation génétique de la question précédente, les gamètes parentaux sont porteurs, soit des deux allèles sauvages soit des deux allèles mutés, ce qui permettra d'estimer la distance génétique, en cas de liaison (tabl. 3.20).

On note *A* et *a*, les allèles du gène impliqué dans la pigmentation de l'œil (phénotype rosy) et *C* et *c*, les allèles du gène impliqué dans la forme des soies; la F1 est (*A* … *C*)//(*a* … *c*).

TABLEAU 3.20 TABLEAU DE CROISEMENT DES GAMÈTES POUR DEUX GÈNES.
r est le taux de recombinaison chez les femelles; les fréquences gamétiques mâles sont données d'abord sous l'hypothèse d'indépendance physique, ensuite sous celle de liaison physique.

Croisement F1 × F1	**Gamètes parentaux femelles**		**Gamètes recombinés femelles**	
gamètes mâles	(*A*, *C*) (1 – *r*)/2	(*a*, *c*) (1 – *r*)/2	(*A*, *c*) *r*/2	(*a*, *C*) *r*/2
(*A*, *C*) 1/4 ou 1/2	œil rouge brique soies sauvages	œil rouge brique soies sauvages	œil rouge brique soies sauvages	œil rouge brique soies sauvages
(*a*, *c*) 1/4 ou 1/2	œil rouge brique soies sauvages	œil rose soies cylindriques	œil rouge brique soies cylindriques	œil rose soies sauvages
(*A*, *c*) 1/4 ou 0	œil rouge brique soies sauvages	œil rouge brique soies cylindriques	œil rouge brique soies cylindriques	œil rouge brique soies sauvages
(*a*, *C*) 1/4 ou 0	œil rouge brique soies sauvages	œil rose soies sauvages	œil rouge brique soies sauvages	œil rose soies sauvages

• Dans le cas de deux gènes physiquement indépendants, les seize cases de ce tableau sont valides et équifréquentes (dans ce cas, la valeur de r est égale à 1/2), et on attend 9/16 de [œil brique, soies sauvages], 3/16 de [œil brique, soies cylindriques], 3/16 de [œil rose, soies sauvages] et 1/16 de [œil rose, soies cylindriques].

• Dans le cas de deux gènes physiquement liés, mais génétiquement indépendants, les gamètes mâles sont exclusivement parentaux et les deux dernières lignes du tableau ne doivent pas être prises en compte. Comme r est égal à 1/2, on attend 5/8 de [œil brique, soies sauvages], 1/8 de [œil brique, soies cylindriques], 1/8 de [œil rose, soies sauvages] et 1/8 de [œil rose, soies cylindriques].

> ***Remarque.*** Du fait que les gamètes parentaux sont porteurs, soit des deux allèles sauvages soit des deux allèles mutés, les quatre phénotypes sont observables, contrairement aux observations de la question précédente.

• Dans le cas d'une liaison physique et génétique (valeur de r inférieure à 1/2), on observera, cette fois, les phénotypes avec des fréquences égales à :

$$f[\text{œil brique, soies sauvages}] = [3(1 - r)/4 + 2r/4];$$
$$f[\text{œil brique, soies cylindriques}] = r/4;$$
$$f[\text{œil rose, soies sauvages}] = r/4;$$
$$f[\text{œil rose, soies cylindriques}] = (1 - r)/4.$$

On peut alors estimer la valeur de r, en posant que $r/2 = (72 + 73)/1\,000$, soit $r = 0{,}29$ ou que $(1 - r)/4 = 180/1\,000$, soit $r = 0{,}28$ ce qui est très peu différent.

> ***Remarque.*** On retrouve 5/8, 1/8, 1/8 et1/8 si $r = 1/2$.

On peut donc conclure que les souches A et SSR sont mutées dans deux gènes différents, physiquement liés, à une distance de 28 ur.

3.5 Le phénotype blanc est récessif. Il n'y a pas ségrégation 2 × 2 chez la F1 ; en effet les proportions observées divergent significativement des proportions attendues pour un couple d'allèles, soit 3/4-1/4, ce qui donnerait, pour un effectif total de 320 plantes, 240 à fleurs pourpres et 80 à fleurs blanches.

Un test de χ^2 donne une valeur de $[(178 - 240)^2/240] + [(142 - 80)^2/80] = 48{,}05$, hautement significative puisque très supérieure à la valeur seuil, au risque de 5 %, d'un χ^2 à 1 degré de liberté, égale à 3,84. Les souches étudiées diffèrent donc pour plus d'un gène.

Comme le croisement F1 × F1 ne laisse apparaître en F2 que les deux phénotypes parentaux et que le phénotype à fleur blanche est récessif, on peut supposer que la souche pure de phénotype récessif est homozygote mutée pour, au moins, deux gènes.

Dans le cas de l'hypothèse minimaliste de deux gènes mutés, la souche blanche est de génotype (*a*//*a*; *b*//*b*) alors que la souche pourpre est homozygote {*A*//*A*; *B*//*B*}.

La F1 est un double hétérozygote {*A*//*a*; *B*//*b*} dont la méiose fournit quatre types de gamètes dont les fréquences dépendent du taux de recombinaison entre les deux gènes (tabl. 3.21).

Compte tenu des souches de départ et des observations de dominance en F1, il est possible d'attribuer un phénotype à dix des seize génotypes possibles, puisque la présence simultanée d'un allèle *A* et d'un allèle *B* conduit à la couleur pourpre, et que leur absence simultanée conduit à la couleur blanche.

TABLEAU 3.21 GÉNOTYPES ET PHÉNOTYPES DE LA F2 APRÈS UNION DES GAMÈTES ISSUS DE LA MÉIOSE CHEZ LA F1.

Gamètes du premier parent F1	**Gamètes du deuxième parent F1**			
	A, *B* (1 – *r*)/2	*A*, *b r*/2	*a*, *B r*/2	*a*, *b* (1 – *r*)/2
A, *B* (1 – *r*)/2	[pourpre]	[pourpre]	[pourpre]	[pourpre]
A, *b r*/2	[pourpre]	[?]	[pourpre]	[?]
a, *B r*/2	[pourpre]	[pourpre]	[?]	[?]
a, *b* (1 – *r*)/2	[pourpre]	[?]	[?]	[blanc]

Plusieurs hypothèses peuvent être formulées pour les autres phénotypes et doivent être validées ou rejetées en fonction de leur cohérence avec les résultats observés.

- Si les plantes à fleurs blanches sont strictement de génotype double mutant {*a*//*a*; *b*//*b*} et que les deux gènes sont indépendants, on s'attend à n'en observer que 1/16 (0,0625), ce qui n'est pas le cas (142/320 = 0,443 ~ 4/7).
- Si, pour avoir le phénotype à fleurs blanches, il suffit d'être homozygote *a*//*a* ou *b*//*b*, et que les gènes sont indépendants, on s'attend à avoir 9/16 [pourpre] et 7/16 [blanche], ce qui est le cas ici (voir exercice **3.3**).

  Dans cette hypothèse, les deux gènes ont des effets phénotypiques « de même nature », ils participent tous deux à la coloration de la fleur et la perte de fonction de l'un des gènes est phénotypiquement équivalente à la perte de fonction de l'autre. Cependant, ils n'ont pas la même fonction, sinon il suffirait d'avoir A ou B pour être coloré ; ils ont donc un « effet complémentaire » dont la somme permet la coloration (c'est le cas des gènes qui agissent dans la succession des étapes d'une chaîne de biosynthèse).

Mais il faut envisager toutes les hypothèses avec deux gènes afin de vérifier si cette hypothèse, bien que conforme aux résultats, est la seule possible.

– Si les plantes à fleurs blanches sont strictement de génotype double mutant $\{a//a; b//b\}$ et que les deux gènes sont liés, on s'attend à en observer plus que 1/16 (0,0625), ce qui est le cas (142/320 = 0,443 ~ 4/7).

Dans ce cas, tous les autres génotypes sont de couleur pourpre et il suffirait, sur le plan fonctionnel de n'avoir que A ou B pour être pourpre ; les deux gènes auraient alors la même fonction (ce qui est le cas quand on a des gènes redondants). Les fréquences de ces deux phénotypes s'écrivent :

$$f[\text{pourpre}] = (3 - 2r + r^2)/4 + r(2 - r)/2 ;$$

$$f[\text{blanc}] = (1 - r)^2/4$$

d'où on tire $r = -0,333$, ce qui est incohérent sur le plan théorique, un taux de recombinaison ne pouvant être négatif.

Une autre démonstration consiste à dire que r étant compris entre 0 et 1/2, la fréquence des plantes à fleurs blanches ne peut être comprise, sous cette hypothèse, qu'entre 1/4 (0,25) et 1/16 (0,0625), et que la valeur observée de 0,44 est hors de cet intervalle. Cette hypothèse conduit à une incohérence théorique et doit être rejetée, ce qui valide l'hypothèse précédente.

Conclusion : Quand deux gènes indépendants ont des effets complémentaires sur un même phénotype, on observe chez la F2 issue du croisement F1 × F1, une modification des proportions 9-3-3-1 en un regroupement 9-7.

3.6 Le phénotype [bourse vide] est récessif.

Il n'y a pas ségrégation 2 × 2 chez la F1, en effet les proportions observées divergent significativement des proportions attendues pour un couple d'allèles, soit 3/4-1/4 ; ce qui donnerait, pour un effectif total de 320 plantes, 240 [bourse pleine] et 80 [bourse vide].

Un test de χ^2 donne une valeur de $[(302 - 240)^2/240] + [(18 - 80)^2/80] = 64,06$ hautement significative puisque très supérieure à la valeur seuil, au risque de 5 %, d'un χ^2 à 1 degré de liberté, égale à 3,84. Les souches étudiées diffèrent donc pour plus d'un gène.

Comme le croisement F1 × F1 ne laisse apparaître en F2 que les deux phénotypes parentaux et que le phénotype à fleur blanche est récessif, on peut supposer que la souche pure de phénotype récessif est homozygote mutée pour, au moins, deux gènes.

Dans le cas de l'hypothèse minimaliste de deux gènes mutés, elle est de génotype $(a//a; b//b)$ alors que la souche [bourse pleine] est homozygote $\{A//A; B//B\}$.

La F1 est un double hétérozygote $\{A//a; B//b\}$ dont la méiose fournit quatre types de gamètes dont les fréquences dépendent du taux de recombinaison entre les deux gènes (tabl. 3.22).

Compte tenu des souches de départ et des observations de dominance en F1, il est possible d'attribuer un phénotype à dix des génotypes possibles, puisque la présence d'un allèle A et d'un allèle B, chez la F1, conduit au phénotype [bourse pleine] et que leur absence simultanée conduit au phénotype [bourse vide].

TABLEAU 3.22 GÉNOTYPES ET PHÉNOTYPES DE LA F2 APRÈS UNION DES GAMÈTES ISSUS DE LA MÉIOSE CHEZ LA F1.

Gamètes du premier parent F1	Gamètes du deuxième parent F1			
	A, *B* (1 – *r*)/2	*A*, *b* *r*/2	*a*, *B* *r*/2	*a*, *b* (1 – *r*)/2
A, *B* (1 – *r*)/2	[bourse pleine]	[bourse pleine]	[bourse pleine]	[bourse pleine]
A, *b* *r*/2	[bourse pleine]	[?]	[bourse pleine]	[?]
a, *B* *r*/2	[bourse pleine]	[bourse pleine]	[?]	[?]
a, *b* (1 – *r*)/2	[bourse pleine]	[?]	[?]	[bourse vide]

Plusieurs hypothèses peuvent être formulées pour les autres phénotypes et doivent être validées ou rejetées en fonction de leur cohérence avec les résultats.

– Si les plantes de phénotype [bourse vide] sont strictement de génotype double mutant {*a*//*a* ; *b*//*b*} et que les deux gènes sont indépendants, on s'attend à n'en observer que 1/16 (0,0625), ce qui est peut être le cas (18/320 = 0,056).

  Dans ce cas, tous les autres génotypes sont de phénotype [bourse pleine] et il suffirait, sur le plan fonctionnel de n'avoir que *A* ou *B* pour être de phénotype [bourse pleine] ; les deux gènes auraient alors la même fonction, ce qui est le cas quand on a des gènes redondants ou dupliqués.

  On peut tester, en calculant un échantillon théorique de 320 plantes, la conformité des fréquences observées par rapport aux valeurs théoriques 15/16 et 1/16.

  Le test de χ^2 donne une valeur égale à $[(302 - 300)^2/300] + [(18 - 20)^2/20] = 0{,}21$, non significative puisque très inférieure à la valeur seuil, au risque de 5 %, pour un χ^2 à 1 degré de liberté, soit 3,84.

  Rejeter l'hypothèse de conformité serait prendre un grand risque d'erreur ; on accepte donc cette hypothèse génétique mais il convient, cependant, de vérifier qu'une autre hypothèse n'est pas possible.

– Si, pour avoir le phénotype [bourse vide], il suffit d'être homozygote *a*//*a* ou *b*//*b*, et que les gènes sont indépendants, on s'attend à avoir 9/16 [pourpre] et 7/16 [blanche], ce qui n'est pas le cas.

Conclusion : Quand deux gènes dupliqués ou redondants, mais indépendants, ont des effets identiques sur un même phénotype, on observe dans le croisement F1 × F1, une modification des proportions 9-3-3-1 en un regroupement 15-1.

3.7 Le phénotype [blanc] est dominant. L'apparition en F2 d'un phénotype non parental permet de conclure que les deux souches diffèrent par plus d'un gène.

Les proportions phénotypiques 12-3-1 laissent à penser qu'il peut s'agir de deux gènes indépendants conduisant, dans le croisement F1 × F1, à un rapport 9-3-3-1 modifié en raison d'un regroupement phénotypique de deux classes correspondant l'une au 9/16, et l'autre au 3/16 classiquement observés lorsque deux gènes gouvernent des phénotypes différents.

Ici les deux gènes gouvernent la coloration des fleurs de digitale et leur action n'est ni complémentaire (on aurait un rapport 9-7), ni redondante (on aurait 15-1).

Les souches étant pures et homozygotes pour des allèles différents, on peut écrire ainsi leurs génotypes :

– souche A : {*a1//a1* ; *b1//b1*} ;

– souche B : {*a2//a2* ; *b2//b2*}.

> ***Remarque.*** Bien que le phénotype [blanc] semble dominant, il est imprudent, du fait de l'interaction entre les gènes, de considérer que la souche B est homozygote pour un allèle dominant dans chacun de ses deux gènes. On utilise volontairement une notation *a1* ou *a2* qui indique l'origine de l'allèle sans préjuger de l'effet dominant ou récessif de celui-ci vis-à-vis de l'allèle de l'autre souche.

Les descendants F1 seront de génotype {*a1//a2* ; *b1//b2*}, les F2 issus du croisement F1 × F1, présenteront divers génotypes détaillés par le tableau 3.23 de croisement des gamètes.

Tableau 3.23 Génotypes et phénotypes de la F2 après union des gamètes issus de la méiose chez la F1.

Gamètes du premier parent F1	Gamètes du deuxième parent F1			
	a1, b1 (1 – *r*)/2	*a1, b2* *r*/2	*a2, b1* *r*/2	*a2, b2* (1 – *r*)/2
a1, b1 (1 – *r*)/2	[pourpre]	[X]	[Y]	[blanc]
a1, b2 r/2	[X]	[M]	[blanc]	[Z]
a2, b1 r/2	[Y]	[blanc]	[P]	[V]
a2, b2 (1 – *r*)/2	[blanc]	[Z]	[V]	[blanc]

Connaissant le phénotype des souches parentales et de la F1, il est facile de compléter le tableau pour les génotypes correspondants. Il reste à définir les phénotypes [M], [P], [X], [Y], [Z] et [V] correspondant aux nouveaux génotypes générés par la recombinaison génétique.

Puisqu'on observe seulement 1/16 de [magenta], ce phénotype correspond à [M] ou à [P]. Dans le premier cas, connaissant le génotype de la souche A, on doit conclure que le génotype *a1//a1* conduit au phénotype [pourpre] si la fleur est *b1//b1* pour l'autre gène, et au phénotype [magenta] si elle est *b2//b2*. Dans le deuxième cas, connaissant le génotype de la souche A, on doit conclure que le génotype *b1//b1* conduit au phénotype [pourpre] si la fleur est *a1//a1* pour l'autre gène, et au phénotype [magenta] si elle est *a2//a2*.

En fait ces deux cas sont parfaitement symétriques, il suffit de remplacer formellement *a* par *b* et réciproquement. Considérons donc que nous sommes dans la première situation [M] = [magenta] ; il convient maintenant d'obtenir une interprétation cohérente pour le reste des résultats, autant sur le plan quantitatif (valeurs des proportions observées) que sur le plan fonctionnel (effet d'interaction entre les gènes).

Le phénotype [P] du génotype {*a2//a2*; *b1//b1*} ne peut pas être [pourpre], puisqu'avec le phénotype parental, leur somme ne représenterait que 2/16 et que, sommé avec l'un quelconque des quatre autres phénotypes [X], [Y], [Z] ou [V], la somme des phénotypes [pourpre] représenterait 4/16, alors que la fréquence observée n'est que de 3/16. Le phénotype [P] du génotype {*a2//a2*; *b1//b1*} ne peut qu'être [blanc].

Il faut donc déterminer lequel des quatre phénotypes [X], [Y], [Z] ou [V] est le phénotype [pourpre], en fonction de l'interaction fonctionnelle entre les deux gènes (tabl. 3.24).

TABLEAU 3.24 INTERACTION FONCTIONNELLE ENTRE LES GÈNES ET CORRESPONDANCE GÉNOTYPE/PHÉNOTYPE.

Parent {*a1//a1*; *b1//b1*} [pourpre]	Parent {*a2//a2*; *b2//b2*} [blanc]
F1 {*a1//a2*; *b1//b2*} [blanc]	
F2 {*a1//a1*; *b2//b2*} [magenta]	F2 {*a2//a2*; *b1//b1*} [blanc]

Le parent et le F2 [blanc] sont tous les deux *a2//a2* alors que l'un est *b2//b2* et l'autre *b1//b1*; le gène *a* semble donc, par son génotype *a2//a2*, responsable de la couleur blanche (ou absence de coloration).

Dans ce cas les deux allèles *b1* et *b2* du gène *b* gouvernent respectivement la couleur pourpre et la couleur magenta; le parent *b1//b1* et le F2 *b2//b2* sont respectivement de couleur pourpre et de couleur magenta parce qu'au niveau du gène *a*, ils sont tous deux *a1//a1* et non *a2//a2*.

Les différences génétiques au niveau du gène *b* ne s'expriment phénotypiquement que si le gène *a* présente un certain génotype, ici *a1//a1*. On dit que le gène *a* exerce un effet épistatique sur le gène *b*, et plus précisément que l'effet épistatique du gène *a* est exercé par son allèle *a2*.

La question est alors de savoir si l'effet épistatique de l'allèle *a2* est récessif ou dominant. Le fait que la F1 soit de phénotype [blanc] montre que l'effet épistatique de *a2* est dominant.

Si on considère que l'allèle *a2* a un effet dominant, tous les génotypes *a2//a2* comme *a1//a2* seront blancs. Dans ce cas les phénotypes [Y], [Z] et [V] seront blancs et seul le phénotype [X] sera coloré; ce qui conduira effectivement à 12/16 de [blanc].

Comme les phénotypes [X] sont colorés et de type [pourpre], puisqu'on observe seulement 1/16 de phénotype [magenta] représenté par le phénotype [M], on doit en déduire que l'allèle *b1* a un effet dominant sur l'allèle *b2*, ce qui ne pouvait être mis en évidence dans la F1 du fait qu'elle était *a1//a2* et que l'effet épistatique dominant de *a2* bloquait la coloration, et conduisait à un phénotype [blanc].

On peut donc réécrire les génotypes des deux souches, en utilisant des notations appropriées aux effets de dominance des allèles :

– souche A : {*a//a*; *B//B*} ;

– souche B : {*A//A*; *b//b*} ;

où le couple d'allèles *B-b* gouverne respectivement les couleurs pourpre-dominant et magenta-récessif, et le couple *A-a* gouverne l'absence de coloration-dominante et la présence de coloration-récessive.

> ***Remarque.*** Si on avait choisi le phénotype [P] pour magenta, on serait arrivé aux mêmes conclusions, avec l'inversion des gènes *a* et *b*; le premier gouvernant alors la couleur et le second la coloration.

Conclusion : Quand deux gènes sont indépendants et que l'un exerce un effet épistatique dominant sur l'autre, on observe dans le croisement F1 × F1 une modification des proportions 9-3-3-1 en un regroupement 12-3-1.

3.8 **1.** On a une ségrégation 2 × 2 typique d'un couple d'allèles qu'on notera *A* et *a*; la souche [noire] étant homozygote *A*//*A* et la souche [chocolat] étant homozygote *a*//*a*. Le phénotype [chocolat] est récessif devant le phénotype [noir]. Un test cross F1 × parent chocolat aurait donné 50 % de descendants [noir] et 50 % de [chocolat].

2. Les résultats de ce croisement sont inhabituels à plusieurs titres :

- le phénotype de la F1 n'est pas celui d'un des deux parents;
- le test cross, même s'il fournit des proportions 1/2-1/2, ne présente pas la réapparition du phénotype parental [chocolat] qu'on devrait observer si les souches parentales différaient pour un seul gène;
- le croisement F1 × F1 permet la réapparition de ce phénotype parental mais ne présente pas les rapports 3/4-1/4 typiques d'une ségrégation 2/2; au contraire, on observe les proportions modifiées d'une ségrégation 9-3-3-1 pour deux gènes indépendants, comme si deux classes de descendants, de fréquence 3/16 et 1/16, présentaient un même phénotype [dorée], d'où une proportion de 4/16.

Il n'y a donc pas de ségrégation 2/2; les souches B et C diffèrent pour au moins deux gènes. Comme on sait que les phénotypes [noire] et [chocolat] dépendent des allèles d'un même gène, que tous les F1 du croisement étudié sont [noire] et que les souches sont pures (homozygotes), on peut en déduire que la souche C est de génotype {*A*//*A*; *c*//*c*}, où *c* est l'allèle d'un gène qui gouverne la robe [dorée], malgré la présence des allèles *A* sur le premier gène; l'effet de l'allèle *c* est de bloquer l'expression de l'allèle *A*. Cet effet est récessif puisque les F1 (*A*//*a*; *C*//*c*) sont de robe noire.

La souche A est de génotype {*A*//*A*; *C*//*C*} où l'allèle *C* du deuxième gène permet l'expression de l'allèle *A* conduisant à la robe noire. La souche B [chocolat] serait alors {*a*//*a*; *C*//*C*}.

Le croisement de la souche B avec la souche C donne un double hétérozygote pour les deux gènes, ce qui conduit à un tableau à quatre gamètes et aux proportions 9-3-3-1 si les gamètes sont équifréquents (indépendance génétique des deux couples d'allèles), et à un regroupement pour une proportion de 4/16 de tous les génotypes *c*//*c* qui seront de robe dorée, que le génotype soit *A*//*A* ou *A*//*a* ou *a*//*a* (tabl. 3.25).

Il y a épistasie du deuxième gène sur le premier, avec un effet récessif de l'allèle épistatique.

Tableau 3.25 Génotypes et phénotypes de la F2 après union des gamètes issus de la méiose chez la F1.

Gamètes du premier parent F1	Gamètes du deuxième parent F1			
	A, *C* (1 – *r*)/2	*A*, *c r*/2	a, *C r*/2	a, *c* (1 – *r*)/2
A, *C* (1 – *r*)/2	[noire]	[noire]	[noire]	[noire]
A, *c r*/2	[noire]	[dorée]	[noire]	[dorée]
a, *C r*/2	[noire]	[noire]	[chocolat]	[chocolat]
a, *c* (1 – *r*)/2	[noire]	[dorée]	[chocolat]	[dorée]

Conclusion : Quand deux gènes sont indépendants et que l'un exerce un effet épistatique récessif sur l'autre, on observe dans le croisement F1 × F1, une modification des proportions 9-3-3-1 en un regroupement 9-3-4.

3. Le croisement des souches A [noire] de génotype (*A*//*A*; *C*//*C*) et C [dorée] (*A*//*A*; *c*//*c*) donnera des descendants F1 de couleur noire. Les croisements F1 × F1 donneront 3/4 [noire] et 1/4 [dorée], car tous les individus sont homozygotes pour le gène *A*; et le test cross donnera 50 % de [noire] et 50 % de [dorée].

On conclura, avec justesse, qu'il y a ségrégation 2/2, et que les souches A et C ne diffèrent que pour un seul gène, où un allèle récessif *c* est responsable de la robe dorée, et un allèle dominant *C* est responsable de la robe noire.

Rien ne peut laisser supposer que la couleur de la robe dépend en fait d'un autre gène qui est sous la dépendance épistatique du gène étudié dans les croisements entre souches A [noire] et C [dorée]. Ce sont les résultats inhabituels des croisements entre souches B [chocolat] et C [dorée] qui permettent cette conclusion.

3.9 La simple observation des phénotypes F2, sachant que les souches parentales sont pures, conduit d'abord à des conclusions fonctionnelles.

Les deux souches parentales ont le même phénotype sauvage mais ne sont certainement pas toutes les deux de génotype sauvage. En effet, on voit apparaître un phénotype mutant en F2, ce qui prouve l'existence d'une mutation conférant la couleur rouge vif chez la souche parentale A. Cette mutation est à l'état homozygote puisqu'il s'agit d'une souche pure. Comme la souche A présente un phénotype sauvage, on doit en conclure qu'elle est aussi mutante dans un gène appelé « suppresseur », dont l'allèle mutant « supprime » l'effet de l'allèle conférant la couleur rouge vif, restaurant ainsi un phénotype sauvage [rouge brique] (chap. 7).

Par ailleurs, sachant que les proportions observées constituent un rapport modifié de la suite classique 9-3-3-1, les deux souches diffèrent pour deux gènes indépendants. Comme il n'y a pas de crossing-over chez le mâle de la drosophile, on peut même préciser que les deux gènes en question sont physiquement indépendants.

Les souches étant pures et homozygotes, on peut écrire ainsi leurs génotypes :

– souche SSR : {a^+//a^+; su^+//su^+} ;

– souche B : {*a*//*a*; *su*//*su*}.

> ***Remarque.*** On ne peut, pour l'instant, définir les relations de dominance et de récessivité, et les allèles sont notés « + » quand il désigne l'allèle de la souche SSR, *su* étant l'allèle ayant un effet suppresseur sur l'allèle *a* conférant la couleur rouge vif.

Les descendants F1 auront pour génotypes {a^+//*a*; su^+//*su*}, ce qui donnera, à l'issue du croisement F1 × F1, les divers génotypes (tabl. 3.26) dont certains ont un phénotype connu.

Connaissant le phénotype des souches parentales et de la F1, il est facile de compléter le tableau pour les génotypes correspondants. Il reste à définir les phénotypes [M], [P], [X], [Y], [Z] et [V] relatifs aux nouveaux génotypes générés par la recombinaison génétique, en fonction de l'effet de dominance ou de récessivité des allèles mutés, a et *su*, face aux allèles sauvages a^+ et su^+ (tabl. 3.27).

Si l'allèle suppresseur *su* a un effet récessif, il n'y aura suppression que chez les homozygotes *su*//*su*, et l'allèle *su* n'aura aucun effet chez les hétérozygotes su^+//*su*. Au contraire, si l'effet de l'allèle *su* est dominant il y aura un effet suppresseur aussi bien chez les *su*//*su* que chez les *su*//su^+.

TABLEAU 3.26 GÉNOTYPES ET PHÉNOTYPES DE LA F2 APRÈS UNION DES GAMÈTES ISSUS DE LA MÉIOSE CHEZ LA F1.

Gamètes du premier parent F1	Gamètes du deuxième parent F1			
	a⁺, *su*⁺	*a*⁺, *su*	*a*, *su*⁺	*a*, *su*
a⁺, *su*⁺	[rouge brique]	[X]	[Y]	[rouge brique]
a⁺, *su*	[X]	[M]	[rouge brique]	[Z]
a, *su*⁺	[Y]	[rouge brique]	[P]	[V]
a, *su*	[rouge brique]	[Z]	[V]	[rouge brique]

TABLEAU 3.27 COMBINAISONS POSSIBLES DE DOMINANCE ET DE RÉCESSIVITÉ.
Pour les allèles mutants *a* et *su* vis-à-vis de leurs allèles sauvages respectifs a^+ et su^+, détermination des six phénotypes [M], [P], [X], [Y], [Z] et [V] qui en résultent et du rapport 9-3-3-1 modifié qui en résulte.

Dominance des allèles mutés	Phénotype attendu de [M] $a^+//a^+; su//su$	Phénotype attendu de [P] $a//a; su^+//su^+$	Phénotype attendu de [X] $a^+//a^+; su^+//su$	Phénotype attendu de [Y] $a^+//a; su^+//su^+$	Phénotype attendu de [Z] $a^+//a; su//su$	Phénotype attendu de [V] $a//a; su^+//su$	Rapports [rouge brique] – [rouge vif]
a dominant *su* dominant	[rouge brique]	[rouge vif]	[rouge brique]	[rouge vif]	[rouge brique]	[rouge brique]	13-3
a dominant *su* récessif	[rouge brique]	[rouge vif]	[rouge brique]	[rouge vif]	[rouge brique]	[rouge vif]	7-9 avec F1 [rouge vif]
a récessif *su* dominant	[rouge brique]	[rouge vif]	[rouge brique]	[rouge brique]	[rouge brique]	[rouge brique]	15-1
a récessif *su* récessif	[rouge brique]	[rouge vif]	[rouge brique]	[rouge brique]	[rouge brique]	[rouge vif]	13-3

Le fait que la F1, de génotype $su//su^+$, soit de phénotype [rouge brique] ne nous permet pas de trancher, car on ne sait pas si l'allèle *a* est récessif ou dominant vis-à-vis de a^+. Dans le premier cas (*a* récessif), peu importe que *su* soit récessif ou dominant, puisque de toute façon le phénotype [rouge brique] ne dépend que de la seule présence de *A* ; dans le deuxième cas (*a* dominant), cela prouverait que *su* l'est aussi, puisqu'alors l'effet dominant de *a* devrait être corrigé par l'effet dominant de *su*, le F1 étant $su^+//su$.

Le rapport observé 13-3 est compatible avec l'hypothèse que les allèles mutés sont tous deux récessifs ou tous deux dominants.

Remarque 1. Le deuxième cas (*a* dominant/*su* récessif) conduirait à une F1 [rouge vif], ce qui donnerait en F2 un rapport 7-9. Ce type de rapport a déjà été vu dans le cas où deux gènes ont des effets complémentaires et où le phénotype sauvage suppose la présence d'au moins un allèle sauvage de chaque gène, mais on a alors 9 sauvages pour 7 mutants, alors qu'ici, dans le cas d'une suppression récessive d'une mutation dominante, on a 9 mutants pour 7 sauvages.

Remarque 2. Le troisième cas (*a* récessif/*su* dominant) conduit à un rapport 15-1 déjà vu dans le cas de deux gènes redondants (voir exercice 3.6, sur la forme des fruits de la bourse à pasteur), or ce cas est formellement identique si on veut bien considérer que l'allèle sauvage d'un gène dupliqué joue le rôle de suppresseur dominant de tout allèle muté récessif de l'autre gène !

Conclusion : Quand deux gènes sont indépendants et que la mutation récessive de l'un voit son effet « supprimé » par la mutation récessive de l'autre, on observe dans le croisement F1 × F1, une modification des proportions 9-3-3-1 en un regroupement 13-3. Il en est de même si les mutations des deux gènes sont toutes deux dominantes.

Pour choisir entre les deux interprétations possibles du rapport 13-3, il suffit de faire un test cross entre les F2 [rouge vif] et un parent *A* apportant un gamète (*a*; *su*).

• Si les mutations *a* et *su* sont *dominantes*, tous les descendants F3 seront [rouge brique], puisqu'ayant reçu, de toute façon, *a* et *su* du parent *A*.

• Si les mutations *a* et *su* sont *récessives*, un tiers des descendants sera de phénotype [rouge vif]. En effet, 2/3 des F2 testés sont de génotype {$a//a$; $su^+//su$} et la moitié de leur gamètes (a; su^+), en s'unissant aux gamètes (*a*; *su*), donneront des génotypes {$a//a$; $su^+//su$}, de phénotype [rouge vif] si la mutation *su* est récessive.

3.10 Ce problème, qui paraît simple *a priori*, suppose en fait une très bonne maîtrise de tous les concepts mis en œuvre dans l'analyse génétique afin de poser, puis de résoudre les différentes questions dans un enchaînement adéquat.

1. Le phénotype sauvage de la F1 permet de conclure que les phénotypes mutants sont récessifs, vis à vis des phénotypes sauvages.

2. On supposera que les croisements réciproques ont été faits, ce qui exclut toute localisation d'un des gènes sur le chromosome X.

3. Les deux souches croisées étant mutantes et de phénotype récessifs, on peut conclure qu'elles sont forcément mutées dans au moins deux gènes différents, sinon l'absence de complémentation fonctionnelle aurait conduit à un phénotype non sauvage de la F1 (on exclut *a priori* l'hypothèse d'un gène muté avec deux mutations aux effets différents, l'une sur la couleur de l'œil, l'autre sur la couleur du corps pouvant conduire à une complémentation fonctionnelle intragénique en F1).

Il y a donc au moins un gène muté impliqué dans la pigmentation du corps, et un autre gène muté impliqué dans celle des yeux.

4. La question qui se pose alors est de savoir dans combien de gènes sont mutées chacune des deux souches. Pour cela, il suffit de tester la ségrégation allélique 2/2 à la méiose de la F1 pour chacun des phénotypes, sachant, compte tenu de la dominance, qu'une telle ségrégation conduira à 3/4 de sauvages et 1/4 de mutés.

C'est le cas pour le phénotype de pigmentation du corps (75 % de « + » et 25 % de noirs) et on peut conclure que la souche B est un mutant simple, muté dans un seul des gènes de pigmentation du corps qui sera noté *N* (allèle muté *n*).

Ce n'est pas le cas pour le phénotype de coloration des yeux (70 % de « + » et 30 % de roses) et on doit conclure que la souche A est mutée dans au moins deux gènes (mais pourquoi pas plus...). Plusieurs questions se posent alors :

– la souche A est-elle mutée seulement dans deux gènes ou plus ?
– ayant dénombré les gènes mis en jeu, peut-on statuer sur leur indépendance génétique, voire physique (voir les exercices précédents) ?
– en cas de liaison génétique, peut-on calculer leurs distances respectives ?

5. Nombre de gènes mutés chez A : il convient de partir d'une hypothèse minimaliste de deux gènes mutés qui seront notés *A* et *B* (allèles mutés respectifs *a* et *b*).

Le génotype de la F1 est double hétérozygote et peut s'écrire (*A* … *B*) // (*a* … *b*) si on considère que les pointillés figurent notre méconnaissance d'une éventuelle liaison entre les deux gènes.

On sait qu'il n'y a pas de crossing-over chez la drosophile mâle, mais on va établir un tableau de gamètes du croisement F1 × F1 (tabl. 3.28) dans la situation la plus large possible de deux gènes physiquement indépendants, quitte à réduire ce tableau si les résultats attendus ne sont pas conformes aux observations (voir exercice 3.4), en désignant par *r* le taux de recombinaison entre les deux gènes (fréquence des gamètes recombinés). On délaisse, dans cette analyse, le gène *N* et ses phénotypes.

TABLEAU 3.28 TABLEAU DE CROISEMENT DES GAMÈTES POUR DEUX GÈNES.
r est le taux de recombinaison chez les femelles; chez les mâles les gamètes sont équifréquents en cas d'indépendance physique, les gamètes recombinés sont absents en cas de liaison physique.

Gamètes mâles	Gamètes parentaux femelles		Gamètes recombinés femelles	
	(*A*, *B*) (1 – *r*)/2	**(*a*, *b*) (1 – *r*)/2**	**(*A*, *b*) *r*/2**	**(*a*, *B*) *r*/2**
(*A*, *B*) 1/4 ou 1/2	œil sauvage	œil sauvage	œil sauvage	œil sauvage
(*a*, *b*) 1/4 ou 1/2	œil sauvage	œil rose	œil rose	œil rose
(*A*, *b*) 1/4 ou 0	œil sauvage	œil rose	œil rose	œil sauvage
(*a*, *B*) 1/4 ou 0	œil sauvage	œil rose	œil sauvage	œil rose

• Dans le cas de deux gènes physiquement indépendants, les seize cases de ce tableau sont valides et équifréquentes (dans ce cas la valeur de *r* est égale à 1/2), et on attend 9/16 (56,25 %) de [sauvage], et 7/16 (43,75 %) de [œil rose]; ce qui n'est pas le cas et exclut donc l'hypothèse de deux gènes physiquement indépendants.

• Dans le cas de deux gènes physiquement liés, mais génétiquement indépendants, les gamètes mâles sont exclusivement parentaux et les deux dernières lignes du tableau ne doivent pas être prises en compte.

Comme *r* est ici égal à 1/2, on attend 5/8 (62,5 %) de [œil sauvage] et 3/8 (37,5 %) de [œil rose], ce qui n'est pas le cas et exclut donc cette hypothèse.

• Dans le cas d'une liaison physique et génétique (valeur de *r* inférieure à 1/2), on observera alors les phénotypes avec les fréquences suivantes, obtenues par sommation des fréquences des génotypes sous-jacents :

$$f[\text{œil sauvage}] = 1/2 + (1 - r)/4 ; f[\text{œil rose}] = r/2 + (1 - r)/4.$$

Comme f[œil rose] = 0,3, on en déduit facilement la valeur $r = 0{,}2$.

Les observations sont cohérentes avec l'hypothèse minimaliste de deux gènes *A* et *B* distants de 20 ur.

> ***Remarque.*** Cette analyse a été développée sous une hypothèse fonctionnelle implicite que les gènes *A* et *B* étaient « complémentaires », à savoir qu'il suffit d'être *a*//*a* ou *b*//*b* pour avoir le même phénotype mutant (exercice 3.5). On peut vérifier que l'hypothèse de deux gènes redondants (exercice 3.6; seul le double homozygote récessif est de phénotype muté) est incohérente avec les observations.

6. Il convient maintenant de situer le gène *N* par rapport aux deux gènes *A* et *B*, sachant qu'il sont liés, ce qui va limiter nos catégories de gamètes chez les mâles, mais non chez les femelles qui peuvent, avec un génotype triple hétérozygote, former 8 types de gamètes.

Le génotype de la F1, pour les trois gènes *N*, *A* et *B*, est triple hétérozygote et peut s'écrire (n … *A-B*)//(*N* … *a-b*) si on considère que les pointillés figurent notre méconnaissance d'une éventuelle liaison entre le gène *N* et le bloc *A-B*; sans savoir, en cas de liaison, lequel de *A*, *B* ou *N* est central. On peut alors construire la F2 issue d'un croisement F1 × F1 par un tableau de croisement des gamètes (tabl. 3.29). On note, pour simplifier, les seuls phénotypes mutés et les sauvages (voir énoncé).

TABLEAU 3.29 GÉNOTYPES ET PHÉNOTYPES RÉSULTANT DE L'UNION DES GAMÈTES À L'ISSUE D'UN CROISEMENT F1 × F1.

r est le taux de recombinaison entre *N* et le bloc *A-B* et r' celui entre *A* et *B* ($r' = 0.2$), chez les femelles. Chez les mâles les gamètes sont équifréquents en cas d'indépendance physique, les gamètes recombinés sont absents en cas de liaison physique.

Gamètes mâles	Gamètes femelles							
	Parentaux pour les trois gènes		Recombinés entre *N* et le bloc *A-B*		Recombinés entre *A* et *B*		Double recombiné entre *N* et le bloc, entre *A* et *B*	
	(*n* … *A-B*) $(1-r)(1-r')/2$	(*N* … *a-b*) $(1-r)(1-r')/2$	(*n* … *a-b*) $r(1-r')/2$	(*N* … *A-B*) $r(1-r')/2$	(*n* … *A-b*) $(1-r)r'/2$	(*N* … *a-B*) $(1-r)r'/2$	(*n* … *a-B*) $rr'/2$	(*N* … *A-b*) $rr'/2$
(*n* … *A-B*) 1/4 ou 1/2	*n*	+	*n*	+	*n*	+	*n*	+
(*N* … *a-b*) 1/4 ou 1/2	+	*r*	*r*	+	*r*	*r*	*r*	*r*
(*n* … *a-b*) 1/4 ou 0	*n*	*r*	*r*	+	*n*, *r*	*r*	*n*, *r*	*r*
(*N* … *A-B*) 1/4 ou 0	+	+	+	+	+	+	+	+

• En cas d'indépendance physique de *N*, les 32 cases du tableau sont valides et on devrait observer des phénotypes double mutés [noir, rose], ce qui n'est pas le cas et exclut cette hypothèse. Il y a donc liaison physique des trois gènes.

• Puisqu'il y a liaison physique, la question se pose de savoir si N est central (entre A et B) ou extérieur au segment A-B. Le tableau 3.29 a été construit sous cette deuxième hypothèse (voir fréquence des gamètes double recombiné); il permet, en ne considérant que les deux premières lignes, seules valides pour les gamètes mâles, de calculer les fréquences des trois phénotypes, en sommant celles des génotypes sous-jacents, soit :

$$f[+] = (1 - r)(1 - r')/2 + r(1 - r')/2 + (1 - r)r'/4 + rr'/4 = (1 - r')/2 + r'/4 = (2 - r')/4$$

$$f[\mathrm{r}] = (1 - r)(1 - r')/4 + r(1 - r')/4 + (1 - r)r'/2 + rr'/2 = (1 - r')/4 + r'/2 = (1 + r')/4$$

$$f[\mathrm{n}] = (1 - r)(1 - r')/4 + r(1 - r')/4 + (1 - r)r'/4 + rr'/4 = (1 - r')/4 + r'/4 = 1/4$$

L'avantage de ces formules algébriques est de pouvoir montrer immédiatement, et sans ambiguïté, que les fréquences sont ici indépendantes de la valeur de r et ne dépendent que de la valeur de r'.

Quelle que soit la valeur de r', la fréquence $f[\mathrm{n}]$ est égale à 1/4 et correspond à la ségrégation du couple d'allèles N/n, la fréquence des sauvages pour le phénotype de couleur du corps obtenu égale à $f[+] + f[\mathrm{r}] = 3/4$.

Les fréquences $f[+]$ et $f[\mathrm{r}]$ ne dépendant que du taux de recombinaison entre A et B sont obligatoirement égales à 0,45 et 0,30 et ne peuvent pas permettre de situer N par rapport au bloc A-B (liaison ou indépendance génétique), dans l'hypothèse où il serait extérieur au segment A-B.

Il reste à traiter l'hypothèse où N serait situé entre A et B.

Dans le cas où N est central, le tableau de croisement des gamètes comporte les mêmes lignes et les mêmes colonnes, mais il convient de modifier les fréquences des gamètes :

• en prenant r fréquence de recombinaison entre A et N et r' fréquence de recombinaison entre N et B;

• en considérant que les gamètes doubles recombinés sont dans ce cas A-N-B et a-n-b (fréquence $r \cdot r'/2$).

Les sommes algébriques sont alors égales à

$$f[+] = \frac{2 - r - r' + 2rr'}{4} = (2 - R)/4$$

$$f[r] = \frac{2 + r + r' - 2rr'}{4} = (2 + R)/4$$

$$f[\mathrm{n}] = 1/4$$

où $R = r + r' - 2rr'$, le taux de recombinaison entre A et B (voir page 59).

Au bout du compte les informations apportées par le croisement étudié permettent de montrer la liaison physique de N avec A et B mais laissent indéterminée sa position centrale ou externe, et dans ce dernier cas, son éventuelle indépendance génétique.

L'ANALYSE DE TÉTRADES

4

4.1 INTRODUCTION

L'un des fondements de l'analyse génétique repose sur l'analyse des produits de la méiose. La ségrégation des gènes permet entre autres de les dénombrer, de les cartographier, parfois même de préciser leur type d'interaction (exercices 3.5 à 3.8).

La ségrégation allélique à la méiose conduit à la formation de gamètes dont le contenu génétique n'est pas directement déductible, sauf si on étudie des organismes ayant une phase haploïde non réduite aux gamètes, comme les fougères ou les champignons.

Chez les organismes diplobiontiques, où la phase haploïde est réduite aux gamètes, le contenu génétique de ceux-ci est déduit de l'analyse qualitative (variété des phénotypes) et quantitative (fréquence des divers phénotypes) des descendants issus du croisement de l'organisme chez lequel on étudie la méiose et d'un autre organisme dont les gamètes s'unissent à ceux du premier (croisement F1 × F1 ou test cross, ou autres…).

On a tiré des observations cytologiques de la méiose et de l'analyse de ses conséquences génétiques, notamment chez la drosophile, la théorie chromosomique de l'hérédité, la notion de recombinaison génétique par brassage chromosomique quand les gènes sont physiquement indépendants ou par crossing-over quand ils sont physiquement liés, les notions de liaison génétique et de distance génétique quand les gènes sont physiquement liés et suffisamment proches pour que leurs allèles respectifs coségrègent, avec une certaine fréquence, à la méiose.

Le mécanisme de la méiose et ses conséquences génétiques, dont la recombinaison, ont pu être précisés par l'étude génétique de champignons particuliers, les ascomycètes. Chez ces champignons, les spores haploïdes résultant de la méiose, restent enfermées dans un sac nommé *asque*. L'isolement d'un asque, puis des quatre spores qu'il renferme permet alors d'entreprendre l'analyse isolée des quatre produits d'une même méiose, la *tétrade*.

Cette analyse de tétrades revêt une grande importance. Elle a d'abord permis de « visualiser » directement ce que les études génétiques par croisement n'avaient fait qu'imaginer sur le comportement des gènes durant le processus ségrégatif; et cette validation expérimentale directe de la théorie est un point capital d'un point de vue épistémologique. L'analyse de tétrades a ensuite permis de découvrir ou de préciser plusieurs phénomènes que l'analyse « en vrac » des gamètes, la seule possible chez tous les autres organismes, ne permettait pas d'identifier ou de mesurer avec précision, comme la pré ou la postréduction, la distance d'un gène à son centromère ou la conversion génique.

Bien plus, l'analyse de tétrades, parce qu'elle permet d'identifier sans ambiguïté les spores de génotype recombiné, permet d'établir leur phénotype, ce qui en fait un outil d'analyse fonctionnelle largement utilisé dans l'analyse des révertants et des suppresseurs (chapitre 7).

On distingue deux types d'ascomycètes selon que la méiose y donne des tétrades ordonnées ou inordonnées. Dans le premier cas les plans successifs des métaphases des méioses I et II restent parallèles entre eux et les spores qui en résultent restent ordonnées selon un axe perpendiculaire à ces deux plans, de sorte qu'il est possible d'identifier, de séparer puis d'étudier les spores issues de la méiose II, ce qui permet alors d'identifier sans ambiguité les ségrégations alléliques survenues lors de la méiose I.

Par ailleurs, chez certains ascomycètes, la méiose est suivie d'une mitose conduisant à huit spores haploïdes, normalement identiques deux à deux, d'où une interprétation encore plus fine de l'analyse de tétrades.

4.2 La pré et la postréduction

La méiose chez un hétérozygote *A*//*a*, porteur de deux allèles différents d'un même gène, se traduit par une ségrégation 2/2, signifiant que deux des quatre gamètes sont porteurs de l'allèle *A* et les deux autres de l'allèle *a* (chap. 2); la méiose, pour un couple d'allèles, donne deux types de gamètes équifréquents.

La même étude, chez des ascomycètes à tétrades ordonnées, donne le même résultat quant aux gamètes, mais permet de distinguer six types d'asques différents, en fonction d'un événement survenu à la méiose, identifiable par l'analyse de tétrades mais inaccessible dans l'analyse des gamètes en vrac.

Cet événement est l'absence ou la survenue d'un crossing-over entre le locus du gène et son centromère qui, selon les cas, aboutira à des asques différents, mais toujours à une ségrégation 2/2.

Il suffit, pour s'en rendre compte, d'entreprendre une analyse concrète de la méiose pour un couple d'allèles, en se rappelant que les spores, par leur disposition ordonnée, permettent de reconstituer la disposition des plans métaphasiques des deux étapes de la méiose et, par conséquent, le chemin ségrégatif des allèles.

Chez *Neurospora crassa* (moisissure rouge du pain), la dernière cellule haploïde d'un thalle (de signe sexuel +) peut fusionner avec la cellule haploïde d'un autre thalle (de signe sexuel –); la cellule diploïde ainsi constituée entre immédiatement en méiose, suivie d'une mitose supplémentaire qui double le nombre de spores; celles-ci sont donc identiques deux à deux. Les spores sont ordonnées du bas de l'asque (en contact avec le reste du thalle haploïde) vers le haut de l'asque (extrémité supérieure, non en contact avec le reste du thalle).

En croisant deux thalles, *A* issu d'une spore noire et a issu d'une spore blanche, on génère une cellule diploïde, hétérozygote pour le couple d'allèles *A*//*a* du gène qui gouverne la coloration des spores.

Il existe six dispositions métaphasiques à la méiose I, selon qu'un crossing-over est survenu ou non entre le locus du gène et son centromère, et, dans ce premier cas, selon la paire de chromatides impliquée (on supposera ici qu'il ne peut se produire qu'un seul CO entre le locus du gène et le centromère).

• *Les méioses sans crossing-over* présentent deux dispositions possibles conduisant à deux types d'asques différents (fig. 4.1), à la suite de la séparation des centromères à la méiose I, puis de leur disjonction à la méiose II, la mitose ne faisant que dupliquer les spores.

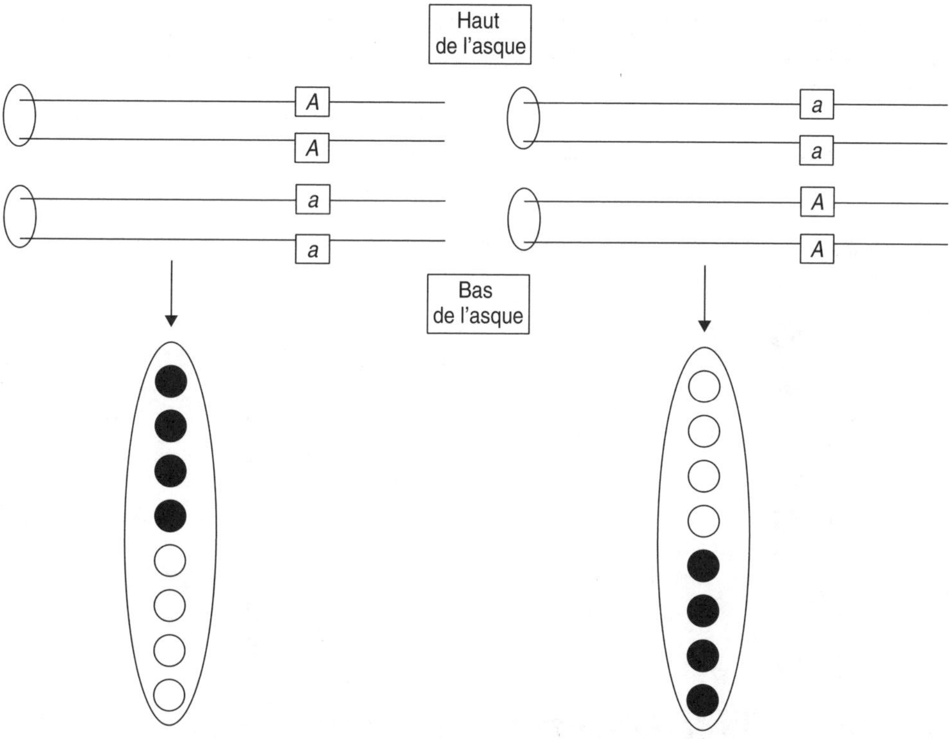

Figure 4.1 Deux types d'asques issus d'une méiose sans crossing-over entre le locus du gène et le centromère.

Dans ces deux méioses, il y a eu *préréduction*, les deux allèles *A* et *a* ont été séparés dès la méiose I, ce qui se traduit par l'observation d'asques où les quatre spores du haut sont identiques entre elles et les quatre spores du bas également (demi-asques homogènes). Ces deux types d'asques sont effectivement observés avec des fréquences égales; cette observation est la démonstration expérimentale de l'hypothèse inférée depuis la naissance de la théorie chromosomique de l'hérédité, à savoir que la disposition des paires de chromatides à la métaphase de la méiose I est aléatoire.

Si on désigne par p la probabilité d'avoir un crossing-over entre le gène et son centromère, $(1 - p)$ représente la probabilité de ne pas en avoir, c'est-à-dire la fréquence des méioses sans crossing-over; la fréquence de chacun de ces deux types équifréquents de tétrades préréduites est égale à $(1 - p)/2$.

• *Les méioses avec crossing-over* présentent huit dispositions possibles, selon la disposition aléatoire des centromères et selon la paire de chromatides impliquée, conduisant à quatre types d'asques différents (fig. 4.2 à 4.5).

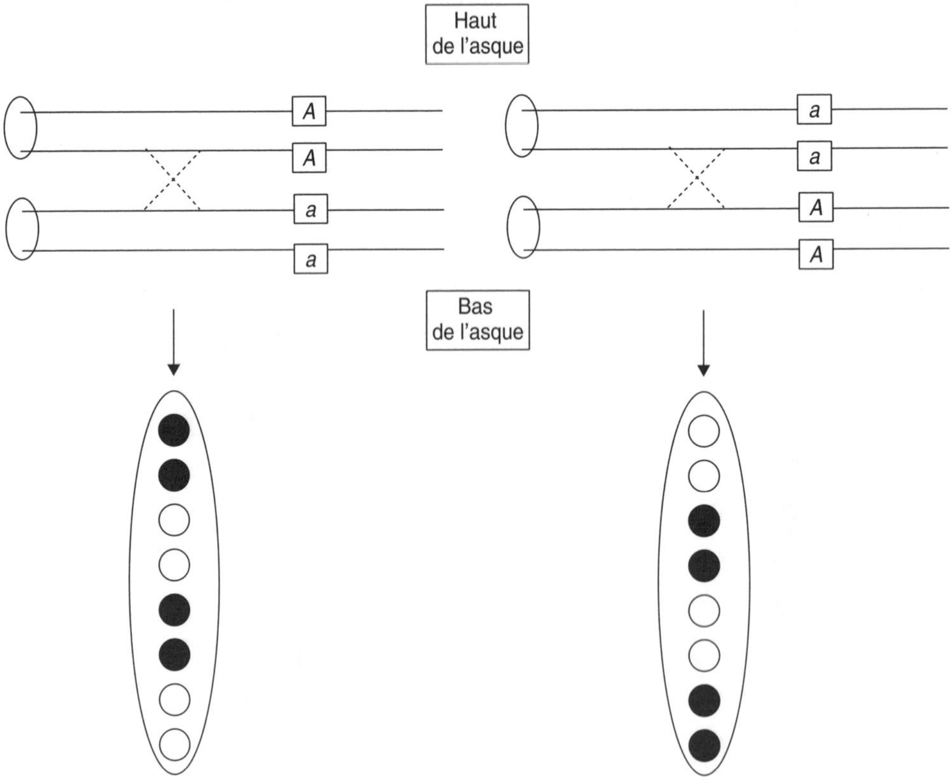

Figure 4.2 Crossing-over entre les chromatides 2-3.

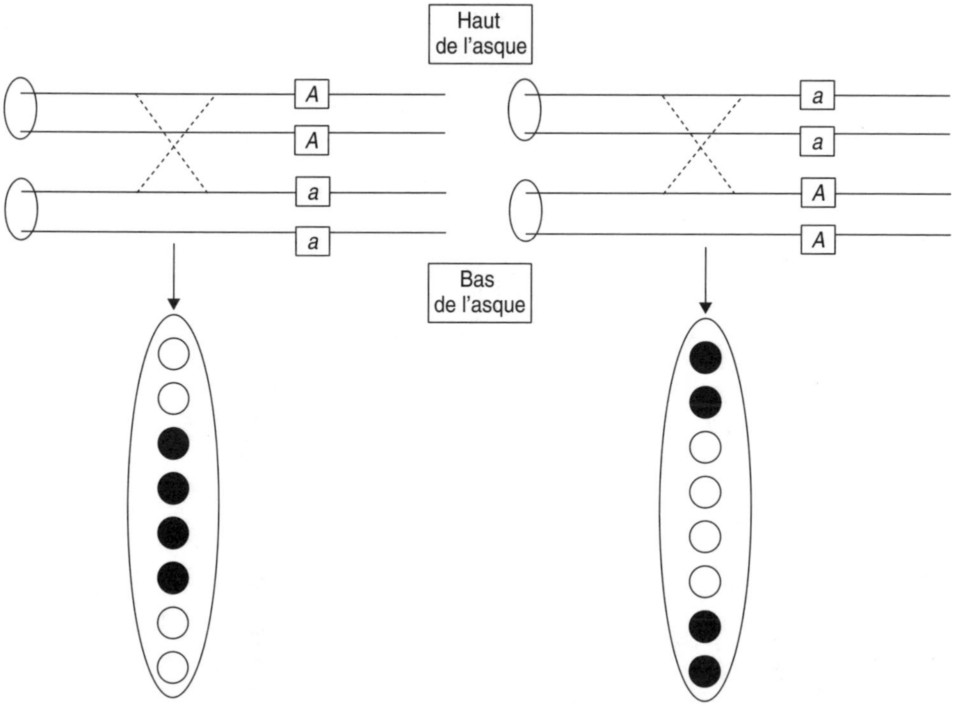

Figure 4.3 Crossing-over entre les chromatiques 1-3.

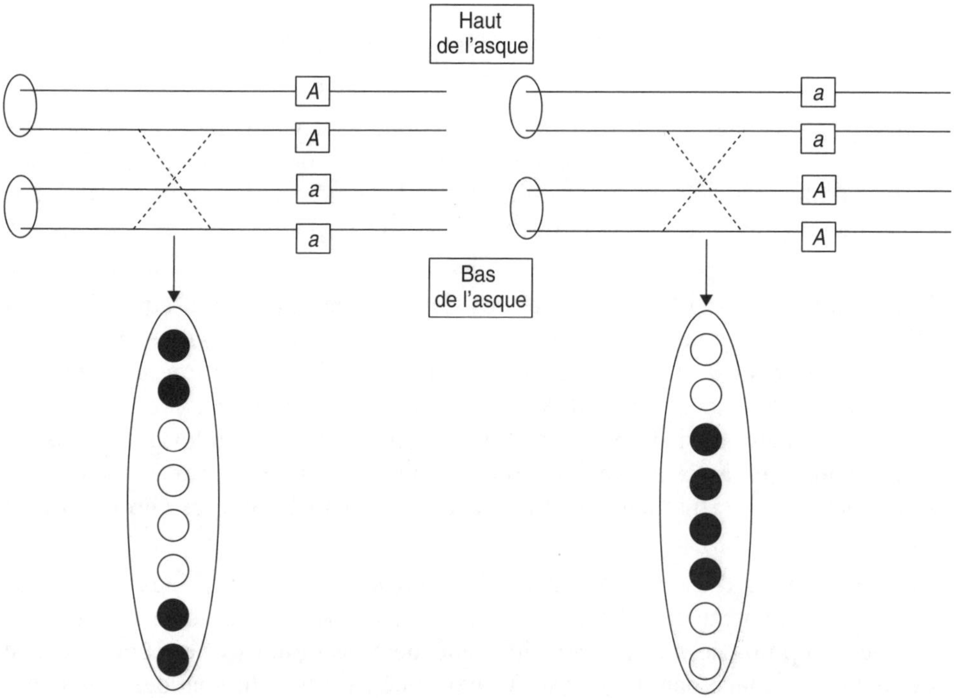

Figure 4.4 Crossing-over entre les chromatides 2-4.

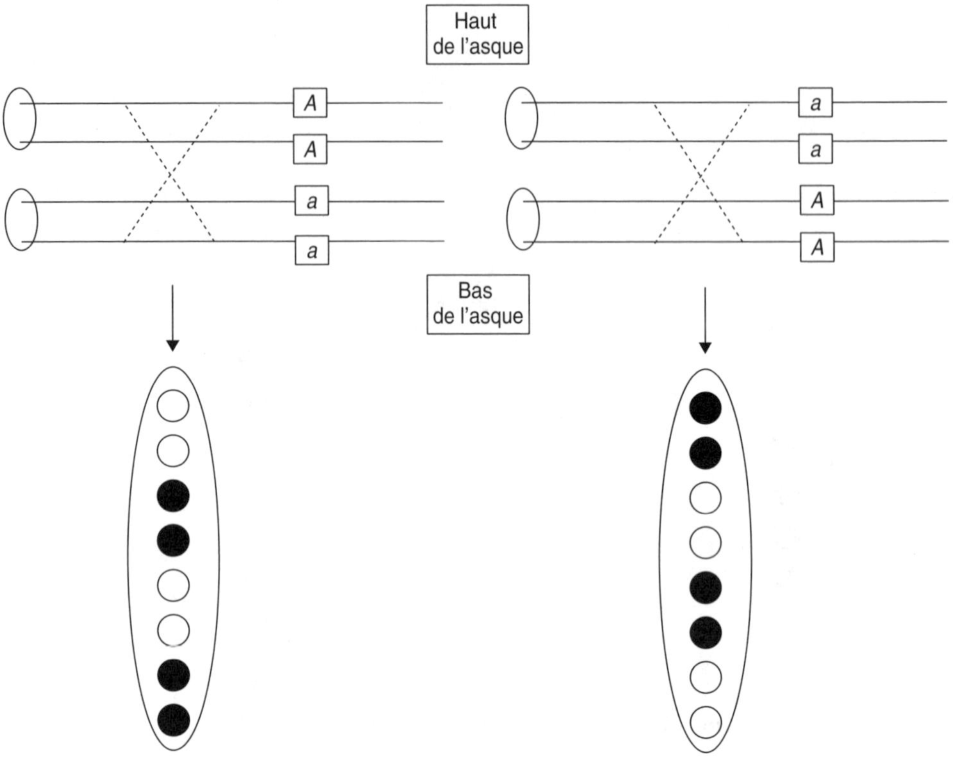

Figure 4.5 Crossing-over entre les chromatides 1-4.

Dans toutes ces méioses, il y a eu *postréduction*, les deux allèles *A* et *a* n'ont pas été, du fait d'un crossing-over entre le locus du gène et son centromère, séparés dès la méiose I, mais n'ont été disjoints qu'à l'issue de la méiose II, ce qui se traduit par l'observation de demi-asques hétérogènes, avec deux spores noires et deux spores blanches.

Il faut noter que si l'hétérogénéité des demi-asques est la conséquence de la postréduction (survenue d'un crossing-over), la disposition relative des spores blanches et noires est la conséquence ou le reflet de la disposition aléatoire des centromères et des deux chromatides impliquées par le crossing-over, lors de la méiose I. Il existe ainsi deux dispositions centromériques conduisant, à l'issue d'un crossing-over, à des asques avec quatre spores centrales noires, mais dans un cas le crossing-over affecte les chromatides 1 et 3, dans l'autre les chromatides 2 et 4.

Les quatre types d'asques sont observés et présentent des fréquences égales, ce qui signifie clairement que chacun des quatre types de crossing-over est équifréquent ou équiprobable, ce qui constitue une démonstration expérimentale d'une autre hypothèse concernant la méiose, à savoir que les deux chromatides non-sœurs affectées par un crossing-over sont désignées aléatoirement.

Si on désigne par p la probabilité d'avoir un crossing-over entre le gène et son centromère, c'est-à-dire la fréquence des méioses avec crossing-over, la fréquence de chacun de ces quatre types équifréquents de tétrades postréduites est égale à $p/4$.

Conclusions : L'analyse de tétrades ordonnées a permis de « valider » expérimentalement deux hypothèses sur la méiose :

– d'une part, l'équifréquence des deux types d'asques préréduits valide l'hypothèse de la migration aléatoire, vers chacun des pôles, de chacun des deux centromères d'une paire de chromatides homologues, lors de la méiose I; hypothèse qui fonde la théorie de la recombinaison génétique par brassage chromosomique (pour les gènes physiquement indépendants);

– d'autre part, l'équifréquence des quatre types d'asques postréduits valide l'hypothèse selon laquelle les deux chromatides impliquées par un crossing-over sont désignées aléatoirement; hypothèse qui fonde la théorie de la recombinaison génétique par crossing-over (pour les gènes physiquement liés).

Remarque. Les phénomènes de pré et de postréduction ne sont pas perceptibles quand on étudie les gamètes « en vrac », mais existent dans toutes les méioses de tous les organismes, et doivent être présents à l'esprit dans certaines conditions particulières, notamment quand on s'intéresse aux ovules produits chez les vertébrés (dont l'homme, notamment lors d'hypothétiques diagnostics préconceptionnels !).

En effet la méiose s'y déroule au sein d'un ovocyte, avec l'émission de deux globules polaires, après la méiose I, puis après la méiose II, de sorte que l'ovocyte ne produit pas quatre gamètes mais un seul, l'ovule.

En conséquence, on peut avoir accès à l'étude de la pré et de la postréduction dans des conditions exceptionnelles (exercice 4.5) ou même, aujourd'hui, dans des conditions « banales », quand l'analyse moléculaire du premier globule polaire est entreprise sur l'ovocyte prélevé avant fécondation *in vitro*. Identifier, chez une femme porteuse saine d'une mutation pathologique, la présence de cette mutation dans l'ADN du premier globule polaire ne serait évidemment pas une garantie que l'ovule contiendra l'allèle non pathologique; ce serait le cas s'il y a eu préréduction, car les deux allèles mutés seraient dans le premier globule polaire. Ce ne serait pas le cas s'il y a eu postréduction, puisque la méiose II aura à séparer les deux allèles fonctionnel et pathologique qui demeurent dans la cellule fécondable, sans qu'on puisse savoir si la fécondation aboutira à l'expulsion de l'allèle pathologique dans le deuxième globule polaire, avec une chance sur deux, ou à celle de l'allèle fonctionnel, avec un risque sur deux !

4.3 La distance du locus d'un gène à son centromère

De la même manière que la fréquence de gamètes recombinés entre deux gènes physiquement liés dépend de leur distance, la fréquence des asques post-réduits dépendra de la distance entre le locus du gène et son centromère.

Aussi, de la même manière qu'on peut estimer la distance entre deux gènes (génétiquement liés) à travers leur fréquence r de recombinaison, de la même manière, il sera possible d'estimer la distance d'un gène à son centromère à travers sa fréquence p de post-réduction, à condition que la valeur de p soit inférieure à une certaine valeur, de la même façon que r doit être inférieure à 1/2 pour qu'on puisse conclure à une liaison génétique et calculer une distance. Nous allons montrer que la valeur limite de p est égale à 2/3, alors que la valeur limite de r est égale à 1/2.

En effet p, la fréquence de post-réduction n'est pas égale à la probabilité qu'un CO survienne entre le locus du gène et son centromère, car il peut, quand le gène est assez éloigné, survenir deux CO qui, selon les chromatides impliquées, peuvent conduire soit à une pré-réduction, soit à une post-réduction. Ainsi p est une fréquence (ou une probabilité) qui tient compte d'une multitude d'événements possibles et non du seul événement d'un CO entre le gène et son centromère.

• Si la distance du locus du gène au centromère est nulle, aucun crossing-over ne survient dans aucune méiose, et la valeur de p est nulle.

En inversant la proposition, on peut conclure d'une absence de postréduction (sur un grand nombre de méioses) que la distance du gène à son centromère est nulle, ou, en tout cas, suffisamment faible pour qu'aucun crossing-over ne soit survenu sur le nombre de méioses étudiées.

• Si la distance du locus du gène à son centromère est telle qu'un crossing-over au plus peut survenir dans quelques méioses, on peut mesurer la distance à partir du taux p de postréduction, par analogie au calcul de la distance génétique en unités de recombinaison. La distance génétique en unités de recombinaison est égale à la fréquence de gamètes recombinés multipliée par cent (chap. 3). La fréquence des gamètes recombinés étant une visualisation ou une mesure plus ou moins exacte des chromatides remaniés par un crossing-over entre les locus des deux gènes.

Par analogie, la distance D entre le locus d'un gène et son centromère est estimée par la fréquence (multipliée par cent) des chromatides « remaniées » entre le centromère et le locus du gène. Celles-ci ne concernent que la moitié des spores d'un asque postréduit, aussi la fréquence des chromatides remaniées par un crossing-over entre le gène et son centromère est égale à $p/2$, d'où :

$D = p/2 \times 100$, en unités de recombinaison par postréduction (urp).

Remarque. On verra plus loin, qu'en toute rigueur il ne faut pas confondre les unités de recombinaison par crossing-over (notées ur) et celles par post-réduction (urp).

• Si la distance du locus du gène à son centromère est telle qu'au moins un, voire plusieurs crossing-over peuvent survenir dans une méiose, la postréduction devient très fréquente et tend vers une limite égale à 2/3, ce qui se démontre aisément :

– quand un gène est très éloigné de son centromère, le nombre de crossing-over est tel que les quatre exemplaires du gène ségrègent indépendamment les uns des autres;
– le premier des deux allèles *A* peut ségréger à la méiose I avec le deuxième allèle *A*, événement de probabilité égale à 1/3 (sur les trois allèles restants, seul l'un d'entre eux est *A*), ce qui conduit à une préréduction;
– le premier des deux allèles *A* peut ségréger à la méiose I avec l'un des deux allèles *a*, événement de probabilité égale à 2/3 (sur les trois allèles restants, deux d'entre eux sont *a*), ce qui conduit à une postréduction.

Cette valeur limite $p = 2/3$ de la postréduction définit la limite au-delà de laquelle l'estimation d'une distance d'un gène à son centromère n'est plus possible, puisqu'alors deux gènes très distants du centromère présenteront tous deux des taux de postréduction égaux à 2/3, bien que leurs distances au centromère puissent être très différentes mais qu'elles sont toutes deux suffisamment grandes pour entraîner une ségrégation indépendante des allèles de chacun des gènes par rapport au centromère.

On ne peut donc estimer la distance d'un gène à son centromère que s'il n'y a pas de ségrégation indépendante entre le centromère et les allèles de ce gène; donc si la fréquence p de postréduction est strictement inférieure à 2/3.

Remarque 1. La valeur limite de l'estimation de la distance au centromère est donc égale à 33 urp ($2/3 \times 1/2 \times 100$) ce qui n'est pas la limite de la distance de recombinaison entre deux gènes par crossing-over, égale à 50 ur ($1/2 \times 100$). Cette différence vient de ce que le centromère ne se comporte pas du tout comme un gène. En effet, il n'y a jamais de disjonction à la méiose I pour un centromère joignant des chromatides sœurs, alors qu'il peut y avoir, en raison des crossing-over, une disjonction des allèles des gènes portés par ces mêmes chromatides sœurs !

Remarque 2. Tout comme la distance génétique de recombinaison, la distance cartographique au centromère est bien estimée quand elle est suffisamment petite pour qu'un crossing-over au plus survienne entre le gène et son centromère, puis devient sous-estimée dès que deux crossing-over peuvent survenir. En effet, dans ce cas, les deux crossing-over peuvent affecter les mêmes chromatides, ou les quatre chromatides, et redonner de la préréduction, la mesure de la postréduction ne permettra pas de comptabiliser ces asques préréduites dont certaines spores sont pourtant porteuses de chromatides remaniées, et même doublement remaniées.

Remarque 3. Chez des ascomycètes comme *Saccharomyces cerevisiae* (levure de boulangerie) ou *Aspergillus nidulans* (moisissure verte du pain), les tétrades sont inordonnées, et il n'est pas possible de ce fait, d'analyser la pré et la postréduction, ou de cartographier les gènes par rapport à leur centromère, du moins directement, car cela est possible indirectement avec des marqueurs centromériques (voir exercices).

4.4 L'ÉTUDE DE L'INDÉPENDANCE ET DE LA LIAISON GÉNÉTIQUE PAR L'ANALYSE DE TÉTRADES

L'analyse de tétrades, pour une méiose affectant deux gènes représentés par deux couples d'allèles, permet de définir toutes les configurations possibles de méioses inaccessibles dans l'étude de gamètes en vrac et de préciser certains aspects de la méiose souvent méconnus ou trop simplifiés.

4.4.1 Analyse de tétrades pour deux gènes physiquement indépendants

a) Trente-six configurations possibles de la méiose

Le croisement d'une souche haploïde $\{A; B\}$ par une souche haploïde $\{a; b\}$ donne une cellule diploïde $\{A//a; B//b\}$. Pour chacun des deux gènes on a (voir plus haut) six configurations possibles, deux préréduites et quatre postréduites, et sous l'hypothèse qu'une paire d'homologues ségrège indépendamment d'une autre paire d'homologues, on peut prévoir $6 \times 6 = 36$ configurations possibles non superposables (tabl. 4.1).

Dans un organisme où survient une mitose supplémentaire le stock des spores est doublé, sans que cela change la configuration; on s'abstiendra donc de cette mitose. Les taux de postréduction pour les couples d'allèles A/a et B/b sont respectivement figurés par p et q.

L'analyse de tétrades totalement ordonnées (avec haut et bas), pour deux gènes physiquement indépendants, permet effectivement l'observation de ces 36 types d'asques non superposables, avec des fréquences égales aux valeurs prévues sous l'hypothèse d'une ségrégation indépendante des paires d'homologues, soit le produit des fréquences marginales fonction de p et q.

La cohérence entre prévisions et observations constitue bien une validation expérimentale directe du fait, qu'à la méiose, les paires d'homologues différents ségrègent indépendamment l'une de l'autre.

> ***Remarque.*** Si on dispose d'asques ordonnés sans haut ni bas, les asques sont identiques deux à deux, sauf le dernier carré en bas à droite du tableau, ce qui réduit à vingt le nombre de configurations différentes de la méiose.

b) Définition des ditypes parentaux ou recombinés et des tétratypes

Les 36 types d'asques peuvent être, si on ne tient plus compte de l'ordre des spores dans l'asque, regroupés en trois types d'asques :

– *les ditypes parentaux* (*DP*) avec quatre spores, deux à deux identiques à chacun des deux types parentaux, ici $\{A; B\}$ et $\{a; b\}$;

TABLEAU 4.1 CONFIGURATIONS POSSIBLES DE LA MÉIOSE.

		Préréduction (1 – p)		**Postréduction p**			
		(1 – p)/2	**(1 – p)/2**	**p/4**	**p/4**	**p/4**	**p/4**
		A *A* *a* *a*	*a* *a* *A* *A*	*A* *a* *A* *a*	*a* *A* *a* *A*	*a* *A* *A* *a*	*A* *a* *a* *A*
préréduction (1 – *q*)/2	*B* *B* *b* *b*	DP	DR	T	T	T	T
préréduction (1 – *q*)/2	*b* *b* *B* *B*	DR	DP	T	T	T	T
postréduction *q*/4	*B* *b* *B* *b*	T	T	DP	DR	T	T
postréduction *q*/4	*b* *B* *b* *B*	T	T	DR	DP	T	T
postréduction *q*/4	*b* *B* *B* *b*	T	T	T	T	DP	DR
postréduction *q*/4	*B* *b* *b* *B*	T	T	T	T	DR	DP

– *les ditypes recombinés* (*DR*) avec quatre spores, deux à deux identiques à chacun des deux types recombinés possibles, ici $\{A; b\}$ et $\{a; B\}$;
– *les tétratypes* (T) avec quatre spores, toutes de génotypes différents, deux de type parental, ici $\{A; B\}$ et $\{a; b\}$, et deux des deux types recombinés possibles, ici $\{A; b\}$ et $\{a; B\}$.

Remarque 1. La méiose donne systématiquement un tétratype quand un seul des deux gènes est postréduit. Le fait qu'une méiose puisse donner quatre gamètes différents est souvent occulté dans les schémas simplistes de la méiose (fig. 3.1) qui, n'envisageant pas (par simplicité légitime) la possibilité de crossing-over entre un gène et son centromère, concluent faussement que la méiose de deux gènes physiquement indépendants donne soit quatre gamètes parentaux soit quatre gamètes recombinés (DP ou DR du premier carré en haut à gauche, correspondant à la double préréduction).

Remarque 2. Quand les deux gènes sont postréduits, on aura des DP, des DR ou des T, en fonction des paires de chromatides impliquées par chacun des crossing-over sur chacune des paires d'homologues (tabl. 4.2, on peut obtenir les résultats rapportés en détaillant les dispositions métaphasiques sur des schémas à faire à titre d'exercice) :

- on obtient des DP si les deux crossing-over impliquent, sur chaque paire d'homologues, des paires de chromatides non-sœurs situées dans deux mêmes plans différents (ex. 1-4 puis 1-4) ;
- on obtient des DR si les deux crossing-over impliquent, sur chaque paire d'homologue, des paires de chromatides non-sœurs situées dans quatre plans différents (ex. 1-4 puis 2-3) ;
- on obtient des T si les deux crossing-over impliquent, sur chaque paire d'homologue, des paires de chromatides non-sœurs situées dans trois plans différents (ex. 1-4 puis 1-3).

Tableau 4.2 Types d'asques en fonction de la position des chromatides impliquées par un crossing-over sur la paire d'homologues.

	Portant le couple d'allèles *A*/*a*			
portant le couple *B*/*b*	2-3	1-4	2-4	1-3
2-3	DP	DR	T	T
1-4	DR	DP	T	T
2-4	T	T	DP	DR
1-3	T	T	DR	DP

c) Fréquences des types d'asques et de gamètes

Il est aisé, à partir du tableau des 36 configurations, de montrer que :

$$f(\text{DP}) = f(\text{DR}) = (1-p)(1-q)/2 + pq/4$$
et
$$f(\text{T}) = p(1-q) + q(1-p) + pq/2$$

Compte tenu de la composition de chaque type d'asques, en gamètes parentaux (GP) et/ou recombinés (GR), il est facile de montrer que :

$$f(\text{GP}) = f(\text{GR}) = f(\text{DP ou DR}) + f(\text{T})/2$$
soit
$$f(\text{GP}) = f(\text{GR}) = 1/2$$

On retrouve évidemment, avec l'analyse de tétrades, le résultat connu que deux gènes physiquement indépendants sont génétiquement indépendants (équifréquence des gamètes parentaux et recombinés).

d) Valeurs limites des fréquences des trois types d'asques

Avec ses trois classes d'asques, l'analyse de tétrades fournit une information plus riche que l'analyse génétique habituelle avec ses deux classes de gamètes.

De cette information plus riche, on peut tirer souvent des conclusions cartographiques, comme l'indépendance physique de deux gènes, inaccessibles par l'analyse des classes gamétiques (voir plus loin). Le traitement de cette information suppose de connaître le domaine de variation des fréquences des trois types d'asques.

• Si les deux gènes sont très proches de leurs centromères respectifs, ils ne seront jamais postréduits et le tableau se réduit au carré des quatre double préréductions, en haut à gauche du tableau des 36 configurations. On a alors :

$$f(\text{DP}) = f(\text{DR}) = 1/2$$
et
$$f(\text{T}) = 0$$

ce qu'on obtient aussi en prenant zéro pour valeurs de p et de q dans les équations donnant les fréquences des trois types de tétrades.

• Si un seul des deux gènes est génétiquement indépendants de son centromère, de sorte qu'il présente un taux de postréduction égale à 2/3, les fréquences des trois types de tétrades deviennent indépendantes du taux de postréduction de l'autre gène, et sont égales à :

$$f(\text{DP}) = f(\text{DR}) = 1/6$$
et
$$f(\text{T}) = 2/3$$

On peut ainsi définir les domaines de variation des fréquences des trois types de tétrades de la manière suivante :

$$1/6 \leqslant f(\text{DP}) = f(\text{DR}) \leqslant 1/2$$
et
$$0 \leqslant f(\text{T}) \leqslant 2/3$$

Remarque. L'analyse des tétrades inordonnées, chez la levure *Saccharomyces cerevisiae* ne permet pas, dans l'étude d'un gène A d'identifier les asques postréduits et d'en tirer l'estimation de la distance du gène au centromère.

Mais si on dispose d'un deuxième gène B connu pour être très proche de son centromère, on peut faire une analyse de tétrades, pour les deux gènes A et B, qui conduira à l'estimation de la fréquence des tétratypes.

Comme il ne peut y avoir de crossing-over entre le gène *B* et son centromère, on peut conclure que tous les tétratypes dérivent d'une postréduction pour le gène *A*. La fréquence des tétratypes pour *A* et *B* est donc en même temps la fréquence de postréduction pour *A*. On en tire donc la distance de *A* à son centromère ; le gène *B* jouant le rôle de marqueur centromérique coségrégeant avec son centromère (voir exercices plus loin).

4.4.2 Analyse de tétrades pour deux gènes physiquement liés

a) Les configurations possibles de la méiose et des asques résultants

Si deux gènes sont physiquement liés, les configurations possibles de la méiose dépendront d'abord de la disposition aléatoire des deux centromères de la paire d'homologues, ensuite de la survenue ou non d'un ou plusieurs crossing-over, enfin, dans le cas de plusieurs crossing-over, des chromatides impliquées.

Comme, ici, la distinction entre haut et bas de l'asque double très exactement chacune des configurations (ce qui n'est pas tout à fait le cas pour deux gènes physiquement indépendants où on passe de 20 à 36 configurations), nous ne ferons pas cette distinction.

Notre intérêt étant essentiellement centré sur les événements survenant entre les locus des deux gènes, nous négligerons la position du centromère qui ne sera figuré en pointillés que pour rappeler qu'il unit en un site les deux chromatides sœurs.

Dans ces conditions, le croisement d'une souche haploïde {*D*; *E*} par une souche haploïde {*d*; *e*}, sachant que les gènes *D* et *E* sont physiquement liés, donne une cellule diploïde {*AD*//*de*} dont la méiose présente plusieurs configurations possibles (fig. 4.6 à 4.8) :

• Cas 1, il n'y a aucun crossing-over entre les locus des deux gènes (fig. 4.6) : la méiose donne exclusivement un ditype parental (DP) avec deux gamètes de type parental {*D*; *E*} et deux gamètes de type parental {*d*; *e*}.

• Cas 2, il y a un crossing-over entre les locus des deux gènes (fig. 4.7) : la méiose donne exclusivement un tétratype (T) avec un gamète de type parental {*D*; *E*}, un gamète de type parental {*d*; *e*}, un gamète de type recombiné {*D*; *e*} et un gamète de type recombiné {*d*; *E*}, quelle que soit la paire de chromatide impliquée par le crossing-over.

> ***Remarque.*** Dans un asque ordonné, les positions respectives des spores parentales et recombinées dépendent des chromatides impliqués par le crossing-over (1-4, ou 1-3 ou 2-4 ou 2-3). Le fait que les quatre types de dispositions soient équifréquentes est une nouvelle validation de l'hypothèse selon laquelle les chromatides sont aléatoirement impliquées par un crossing-over.

• Cas 3, il y a deux crossing-over entre les locus des deux gènes (fig. 4.8) : si le premier crossing-over survient entre les chromatides 2-3, le type d'asque résultant de la méiose dépendra des chromatides impliquées dans le deuxième crossing-over. Il est aisé de voir qu'on obtiendra :

- un DP si le deuxième crossing-over touche les mêmes chromatides 2-3;
- un DR si le deuxième crossing-over touche les deux autres chromatides 1-4;
- un T si le deuxième crossing-over touche une même chromatide, 2 ou 3, et une troisième chromatide non sœur, c'est-à-dire si le deuxième crossing-over est 2-4 ou 3-1.

Ainsi, dans le cas d'un double crossing-over entre deux locus, on obtient statistiquement 1/4 de DP + 1/2 de T + 1/4 de DR.

• Cas 4, il y a plus de deux crossing-over entre les locus des deux gènes; on montre alors que les DP et les DR sont, là encore, équifréquents.

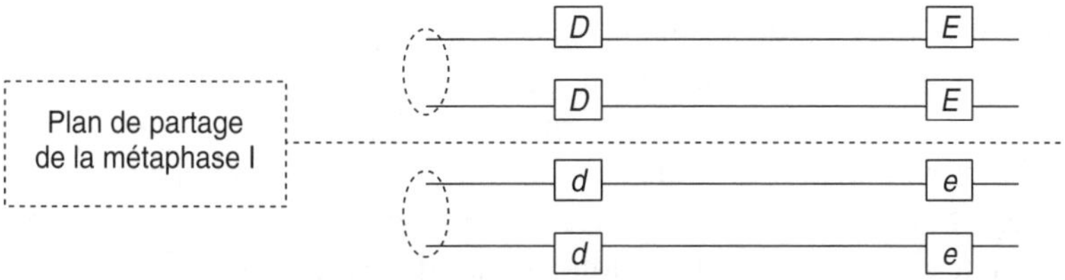

Figure 4.6 Méiose sans crossing-over.

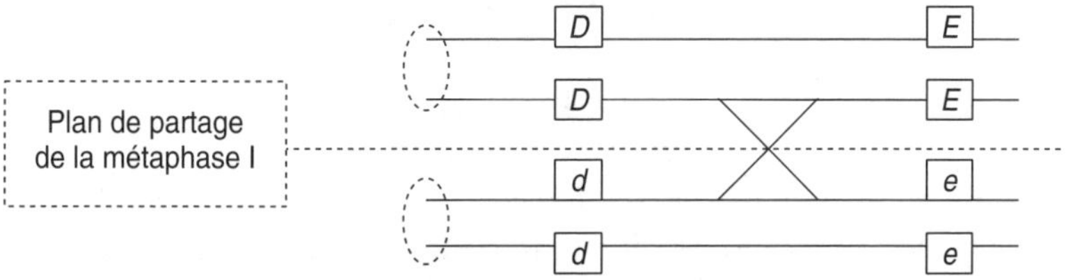

Figure 4.7 Méiose avec un crossing-over.

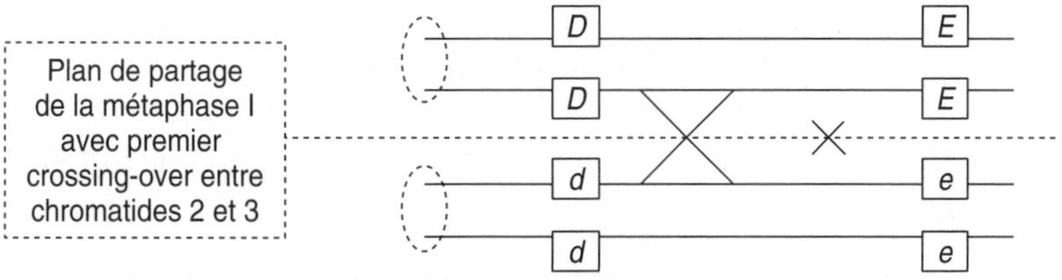

Figure 4.8 Méiose avec deux crossing-over.

b) Fréquences des tétrades ou des gamètes

La fréquence de crossing-over entre deux locus est une fonction de la distance entre ces locus. Aussi les fréquences des trois types de tétrades et celles des gamètes parentaux (GP) ou recombinés (GR) le sont également. Il est donc facile de tirer les fréquences gamétiques des fréquences des types d'asques :

$$f(\text{GP}) = f(\text{DP}) + f(\text{T})/2$$
et
$$f(\text{GR}) = f(\text{DR}) + f(\text{T})/2$$

• Si la distance est très faible, voire nulle, entre les deux locus, il n'y aura jamais de crossing-over, et les méioses ne donneront que des DP (cas 1).

On aura :

$$f(\text{DP}) = 1$$
et
$$f(\text{GP}) = 1$$

Ce cas correspond à la liaison génétique et physique absolue.

• Si la distance est assez grande pour qu'un ou plusieurs crossing-over puissent survenir (cas 2, 3 ou 4) mais qu'elle est encore suffisamment peu élevée pour qu'une fraction des méioses se déroule sans crossing-over (cas 1), cette fraction donnera un surplus de DP et donc de GP, puisque les méioses avec crossing-over donnent statistiquement autant de DP que de DR, donc autant de GP que de GR.

On aura :

$$f(\text{DP}) > f(\text{DR})$$
et
$$f(\text{GP}) > f(\text{GR})$$

Ce cas correspond à celui déjà vu dans l'analyse génétique classique où la fréquence des gamètes recombinés étant inférieure à celle des gamètes parentaux, on peut conclure à la liaison génétique, à la liaison physique, et calculer une distance en unités de recombinaison génétique, égale à $f(\text{GR}) \times 100$.

Cette distance peut aussi s'écrire :

$$D = [f(\text{DR}) + f(\text{T})/2] \times 100 \text{ ur}$$

qui n'est qu'une façon différente d'écrire la distance en fonction de la fréquence des gamètes recombinés.

> ***Remarque.*** On verra, un peu plus loin, que l'analyse des tétrades permet de définir une distance beaucoup moins sous-estimée que la distance en unités de recombinaison génétique.

• Si la distance est assez grande pour qu'au moins un crossing-over survienne dans chaque méiose, aucune méiose ne se déroulera sans crossing-over (cas 1 devenu inexistant), il n'y aura donc pas surplus de DP ni de GP, puisque les méioses avec crossing-over donnent statistiquement autant de DP que de DR, donc autant de GP que de GR.

On aura :

$$f(\mathrm{DP}) = f(\mathrm{DR})$$
et
$$f(\mathrm{GP}) = f(\mathrm{GR})$$

Ce cas correspond à celui déjà vu dans l'analyse génétique classique où la fréquence des gamètes recombinés étant égale à celle des gamètes parentaux, on peut conclure à l'indépendance génétique.

4.4.3 Domaine de variation des trois types de tétrades pour deux gènes physiquement liés

Deux gènes physiquement liés sont génétiquement *liés* quand leur distance est telle qu'une fraction des méioses se déroule sans crossing-over entre leurs locus, ce qui entraîne un surplus de DP, et donc de gamètes parentaux (voir ci-dessus).

Deux gènes physiquement liés sont génétiquement *indépendants* quand leur distance est telle qu'au moins un crossing-over survienne dans chaque méiose, ce qui conduit à l'égalité des DP et des DR, et à l'équifréquence des gamètes parentaux et des gamètes recombinés (voir ci-dessus).

Dans ce cas limite d'indépendance génétique, les fréquences des DP, DR et T prennent des valeurs limites égales à 1/6, 1/6 et 2/3.

En effet, si les gènes sont indépendants, les deux paires d'allèles ségrègent indépendamment.

• Le premier des deux allèles *D* peut ségréger à la méiose I avec un allèle *E*, événement de probabilité égale à 1/2 (il y a quatre allèles disponibles), le deuxième allèle *D* ségrégera :

– soit avec un allèle *E*, événement de probabilité 1/3 (il n'y a plus que trois allèles disponibles dont un seul allèle *E*), ce qui donnera des DP, car les deux premiers gamètes étant $\{D; E\}$, les deux autres sont obligatoirement $\{d; e\}$;

– soit avec un allèle e, événement de probabilité 2/3 (il n'y a plus que trois allèles disponibles mais deux sont *e*), ce qui donnera des T, car les deux premiers gamètes étant $\{D; E\}$ et $\{D; e\}$, les deux autres sont obligatoirement $\{d; E\}$ et $\{d; e\}$.

• Le premier des deux allèles *D* peut ségréger à la méiose I avec un allèle e, événement de probabilité égale à 1/2 (il y a quatre allèles disponibles), le deuxième allèle *D* ségrégera :

– soit avec un allèle e, événement de probabilité 1/3 (il n'y a plus que trois allèles disponibles dont un seul allèle *e*), ce qui donnera des DR, car les deux premiers gamètes étant $\{D; e\}$, les deux autres sont obligatoirement $\{d; E\}$;

– soit avec un allèle *E*, événement de probabilité 2/3 (il n'y a plus que trois allèles disponibles mais deux sont *E*), ce qui donnera des T, car les deux premiers gamètes étant $\{D; e\}$ et $\{D; E\}$, les deux autres sont obligatoirement $\{d; E\}$ et $\{d; e\}$.

En sommant toutes ces probabilités, on voit bien qu'à l'issue d'une série de méioses pour deux gènes physiquement liés, mais génétiquement indépendants, on aura :

$$f(DP) = f(DR) = 1/6$$
et
$$f(T) = 2/3$$

Le domaine de variation des fréquences des trois types d'asques est précisé par un graphe entre leurs valeurs limites correspondant à la liaison absolue, d'une part, et l'indépendance génétique, d'autre part (fig. 4.9).

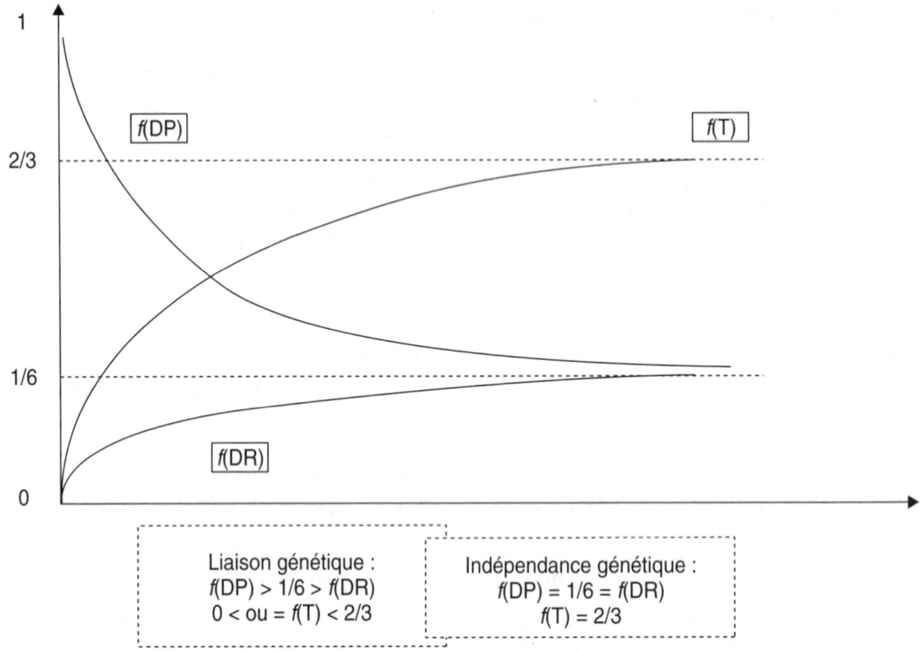

Figure 4.9.

4.4.4 L'analyse de tétrades et la correction de la distance génétique

La fréquence des crossing-over entre deux locus étant une fonction de leur distance, on peut estimer cette distance par l'estimation de la fréquence des crossing-over, et celle-ci ne sera accessible qu'à travers la fréquence des objets générés par ces crossing-over.

Dans l'analyse génétique classique, ces objets sont les gamètes recombinés, mais la fréquence des gamètes recombinés n'est un reflet exact de celle des crossing-over que si la distance est suffisamment faible pour qu'il n'y ait qu'un crossing-over au plus entre les deux gènes.

La distance génétique en unités de recombinaison est donc correctement estimée pour les petites distances mais devient vite biaisée pour les grandes distances, car la survenue de plusieurs crossing-over entre les deux gènes peut reconstituer des gamètes parentaux, ce qui entraîne une sous-estimation des événements de recombinaison par crossing-over et, par conséquent, de la distance.

Haldane a montré qu'on pouvait, par une transformation mathématique, définir une métrique additive fonction de la fréquence de gamètes recombinés (chap. 3). L'analyse de tétrades permet aussi la définition d'une distance corrigée, moins biaisée que la distance en unités de recombinaison, parce qu'on peut estimer directement la fréquence d'un autre événement généré par les crossing-over, celle des chromatides remaniés, que les gamètes soient parentaux ou recombinés.

En effet, il suffit de se rappeler que l'absence de crossing-over aboutit exclusivement à des DP, que la survenue d'un seul crossing-over donne exclusivement des T, tandis que la survenue de deux crossing-over fournit 1/4 de DP + 1/2 de T + 1/4 de DR. On peut ainsi évaluer la fréquence des méioses impliquant, entre chacun des deux gènes, zéro, un ou deux crossing-over.

• La fréquence des méioses avec zéro crossing-over entre les deux gènes est égale à la fréquence des DP, à condition de retirer les DP obtenus avec deux crossing-over. Or celle-ci est connue, elle est égale à la fréquence des DR, puisque les DP issus de deux crossing-over sont équifréquents aux DR. Ainsi :

$$f(\text{méioses avec zéro crossing-over}) = f(\text{DP}) - f(\text{DR})$$

• La fréquence des méioses avec un seul crossing-over entre les deux gènes est égale à la fréquence des T, à condition de retirer les T obtenus avec deux crossing-over. Or celle-ci est connue, elle est égale au double de la fréquence des DR, puisque les T issus de deux crossing-over sont deux fois plus fréquents que les DR. Ainsi :

$$f(\text{méioses avec un crossing-over}) = f(\text{T}) - 2f(\text{DR})$$

• La fréquence des méioses avec deux crossing-over entre les deux gènes est égale à quatre fois la fréquence des DR, puisque la survenue de deux crossing-over ne donne des DR qu'une fois sur quatre. Ainsi :

$$f(\text{méioses avec deux crossing-over}) = 4f(\text{DR})$$

Il s'agit maintenant d'estimer la fréquence des chromatides remaniées :

- quand il y a zéro crossing-over, aucune chromatide n'est remaniée ;
- quand il y a un crossing-over, deux des quatre chromatides sont remaniées, seule la moitié des chromatides est remaniée ;
- quand il y a deux crossing-over, les quatre chromatides sont remaniées, comme dans les DR.

Chez les DP, deux chromatides sont remaniées deux fois, ce qui revient au même que quatre chromatides remaniées une fois. Chez les T, deux chromatides sont remaniée une fois et une chromatide est remaniée deux fois, ce qui revient au même que quatre chromatides remaniées une fois.

On peut donc considérer que les méioses avec deux crossing-over sont assimilables à des méioses où toutes les chromatides sont remaniées une fois (ou un équivalent) tandis que les méioses avec un crossing-over sont des méioses ne renfermant qu'une moitié de chromatides remaniées. Ainsi, la fréquence des chromatides remaniées est égale à :

f(chr. r.) = f(méioses avec un crossing-over)/2 + f(méioses avec deux crossing-over)

ce qui aboutit à :

$$f(\text{Chr.r.}) = [f(\text{T}) - 2f(\text{DR})]/2 + [4f(\text{DR})]$$

soit :

$$\boxed{f(\text{Chr.r.}) = f(\text{T})/2 + 3f(\text{DR})}$$

qui diffère de la fréquence des gamètes recombinés qui n'est égale qu'à :

$$f(\text{GR}) = f(\text{T})/2 + f(\text{DR})$$

La fréquence de chromatides remaniées ainsi obtenue est plus précise, moins sous-évaluée, que la fréquence des gamètes recombinés. Elle est corrigée par un terme additionnel de $2f$(DR), correspondant aux DP obtenus par double crossing-over, et à la moitié des T obtenus par double crossing-over, c'est-à-dire, très exactement, la fréquence de tous les gamètes parentaux ayant subi un crossing-over, non recensables par l'analyse classique, mais recensables par l'analyse de tétrades.

4.5 L'ANALYSE DE TÉTRADES ET LE TEST DE L'INDÉPENDANCE PHYSIQUE

L'analyse de tétrades, contrairement à l'analyse génétique classique, peut souvent statuer sur l'indépendance physique de deux gènes quand on a mis en évidence leur indépendance génétique. Il suffit, pour le découvrir, de confronter les domaines de variation des valeurs des fréquences des trois types d'asques, DP, DR et T, quand les gènes sont physiquement indépendants ou physiquement liés et rappelés ci-dessous.

Gènes physiquement indépendants
$1/6 < f(\text{DP}) = f(\text{DR}) < 1/2$ et $0 < f(\text{T}) < 2/3$

Gènes physiquement liés	
Liaison génétique	$f(\text{DP}) > 1/6 > f(\text{DR})$ $0 \leq f(\text{T}) < 2/3$
Indépendance génétique	$f(\text{DP}) = f(\text{DR}) = 1/6$ $f(\text{T}) = 2/3$

De la confrontation de ces deux domaines de variation, on peut voir que :

– les méioses concernant deux gènes génétiquement indépendants mais physiquement liés, présenteront une fréquence de tétratypes toujours égale à 2/3 (voir page 118) alors que

– les méioses concernant deux gènes physiquement indépendants présenteront une fréquence de tétratypes inférieure ou égale à 2/3. Dans ces méioses la fréquence des tétratypes dépend du taux de postréduction de chacun des deux gènes et n'est égale à 2/3 que si, au moins, un des gènes est génétiquement indépendant de son centromère (voir page 113).

Ainsi, à la conclusion d'indépendance génétique, résultant de l'équifréquence des DP et des DR [d'où f(GP) = f(GR)], on peut lui adjoindre, dans l'analyse de tétrades, une conclusion d'indépendance physique si f(T) < 2/3.

> ***Remarque 1.*** Dans le cas où f(T) = 2/3, la situation reste indéterminée puisque ce cas limite peut aussi bien correspondre à une liaison physique des deux gènes à grande distance, qu'à une indépendance physique avec indépendance génétique entre l'un au moins de ces gènes et son centromère.

> ***Remarque 2.*** Quand les gènes sont génétiquement indépendants, on a toujours l'équifréquence des DP et des DR qui entraîne celle des gamètes parentaux et recombinés, mais cette équifréquence toujours égale à 1/6, si les gènes sont physiquement liés, peut être supérieure à 1/6, jusqu'à 1/2, s'ils sont physiquement indépendants.

On définit ainsi classiquement l'organigramme décisionnel d'une analyse de tétrades (fig. 4.10), qui ne saurait être une recette dispensant d'avoir compris tous les phénomènes qui lui sont sous-jacents !

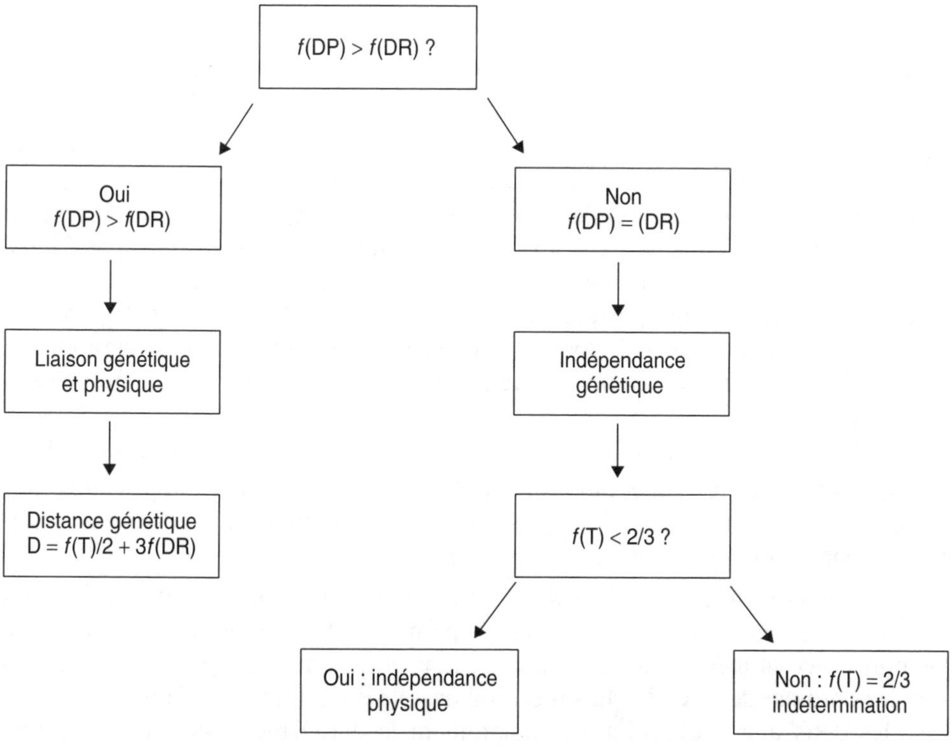

Figure 4.10 Organigramme décisionnel d'une analyse de tétrades.

4.6 La conversion génique

4.6.1 Mise en évidence du phénomène

L'analyse génétique intensive de certains organismes, comme la drosophile et la levure, a fourni des résultats assez difficiles à interpréter, comme l'illustre l'exemple du croisement entre deux souches de *Neurospora crassa* à spores noires ou blanches. On observe 325 asques se répartissant en six types différents (fig. 4.11).

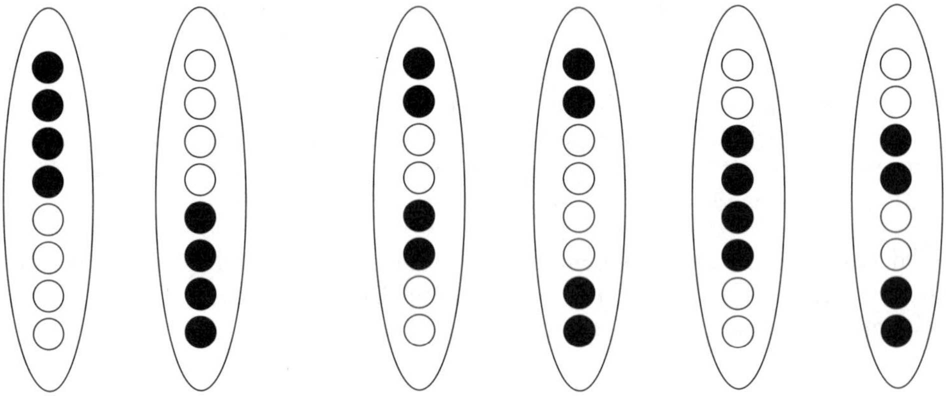

Figure 4.11 Effectifs observés de tétrades pré et postréduites à l'issue d'un croisement.

La ségrégation 2/2 observée pour la couleur de la spore permet de conclure que les deux souches semblent différer pour un seul gène des gènes (s'ils sont plusieurs) impliqués dans la coloration de la spore. Par ailleurs, après avoir vérifié (valeur du $\chi^2 = 5,11$ pour 4 ddl) une nouvelle fois l'équifréquence des deux asques préréduits, d'une part, et l'équifréquence des quatre asques postréduits, d'autre part, on peut calculer la fréquence de postréduction $(27 + 24 + 23 + 26)/325 = 0,308$, ce qui permet d'estimer la distance du locus du gène à son centromère comme la moitié de la fréquence de postréduction multipliée par 100, soit 15,4 unités de recombinaison par postréduction.

Cependant cette analyse a délaissé trois tétrades ordonnées atypiques (fig. 4.12).

Ces trois tétrades bien que minoritaires (3/325 = 0,9 %) ne peuvent pas être interprétées par des mécanismes génétiques comme la recombinaison entre deux gènes très liés, encore moins des mutations *de novo*.

• *La recombinaison.* L'hypothèse de deux gènes liés avec une recombinaison très rare entre leur locus est compatible avec la première observation, en supposant que les spores recombinées sont de phénotype noir et qu'un crossing-over est survenu entre les chromatides 2 et 3. Mais il est impossible d'expliquer avec une telle hypothèse les deux autres observations, notamment le deuxième asque où il y a cinq spores noires et trois blanches. En effet, si les spores recombinées sont noires, on

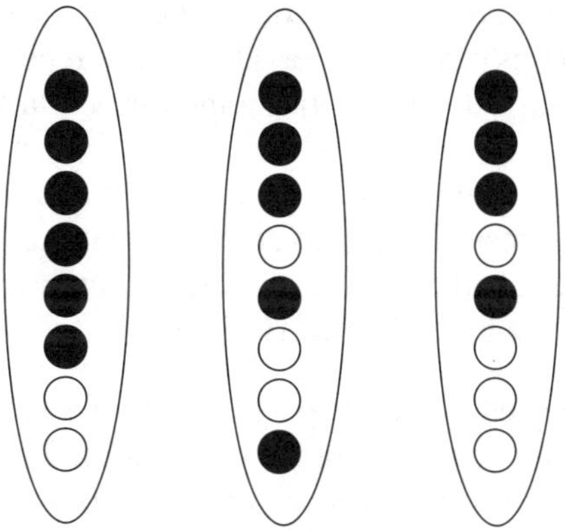

Figure 4.12.

attend six noires, si elles sont blanches on n'attend plus que deux spores noires, et si l'une des recombinées est blanche alors que l'autre est noire, on attend quatre blanches et quatre noires, mais jamais cinq et trois.

Quant à la troisième tétrade, où on a bien quatre noires et quatre blanches, elle pose un problème délicat, également posé dans l'asque précédent. Comme la mitose additionnelle double le nombre de cellules haploïdes, comment peut-on imaginer qu'on puisse obtenir une spore noire de génotype (*A*) et une spore blanche de génotype (*a*) à partir d'une spore haploïde originelle qui ne peut être à la fois (*A*) et (*a*) puisqu'elle est haploïde ?

- *La mutation*. C'est un phénomène difficile à invoquer pour plusieurs raisons :
- d'une part les asques contenant des spores « mutées » semblent bien trop fréquents (près de 1 %) pour envisager un phénomène connu pour avoir une fréquence comprise entre 10^{-5} et 10^{-10};
- d'autre part, en supposant que le phénomène de mutation soit exceptionnellement important pour ce gène, on devrait observer assez souvent des spores blanches dans les croisements entre souches à spores noires ce qui n'est pas le cas;
- enfin, cette hypothèse n'est de toute façon pas cohérente avec les observations. En effet, la première tétrade serait facilement explicable par l'effet d'une mutation transformant l'allèle *a* en *A* lors de la méiose I, conduisant à trois couples de spores noires et un couple de blanches. Mais la deuxième tétrade supposerait, pour expliquer les trois couples de spores hétérogènes (une blanche + une noire) que soient survenues trois mutations indépendantes, durant la duplication de l'ADN lors de la mitose additionnelle, une de *A* vers *a* et deux de *a* vers *A*, ce qui est totalement impensable. La troisième tétrade supposerait deux mutations indépendantes, ce qui est aussi trop improbable pour être cohérent avec la fréquence observée de ces asques « aberrants ».

Puisque visiblement l'information génétique *A* peut se transformer en un allèle *a* et réciproquement, et que ce phénomène ne saurait être une mutation, on lui a donné le nom de *conversion génique*; il trouve son explication dans le mécanisme moléculaire opérant lors de certains crossing-over. Des études récentes ont montré que, sauf exceptions, toutes les paires de chromatides appariées à la méiose subissaient obligatoirement au moins un crossing-over, événement indispensable à la disjonction des paires de chromatides en anaphase 1. Il semble cependant qu'il existe deux types de crossing-over, les uns résultant d'une double cassure d'ADN sur deux chromatides homologues et ceux résultant d'une simple cassure; seul ce dernier est évoqué ci-dessous, en relation avec le modèle de Holliday.

Remarque 1. Dans les asques à spores inordonnées, la conversion génique se traduit uniquement par un défaut de ségrégation 2/2, et chez les organismes où seule l'analyse des gamètes en vrac est possible, elle se traduit par la survenue de gamètes « convertis » trop fréquents pour être « mutés ».

Remarque 2. Dans la moitié des cas les gamètes « convertis » sont aussi des gamètes recombinés par crossing-over pour des gènes localisés de part et d'autre du gène ayant subi la conversion, ce qui a amené les chercheurs à supposer que la conversion était associée au mécanisme du crossing-over.

4.6.2 Interprétation moléculaire de la conversion génique

Il est nécessaire (fig. 4.13) de considérer, par un trait d'épaisseur différente, les deux brins complémentaires de chaque molécule d'ADN, ainsi que leur orientation 5′ vers 3′(sens de la flèche).

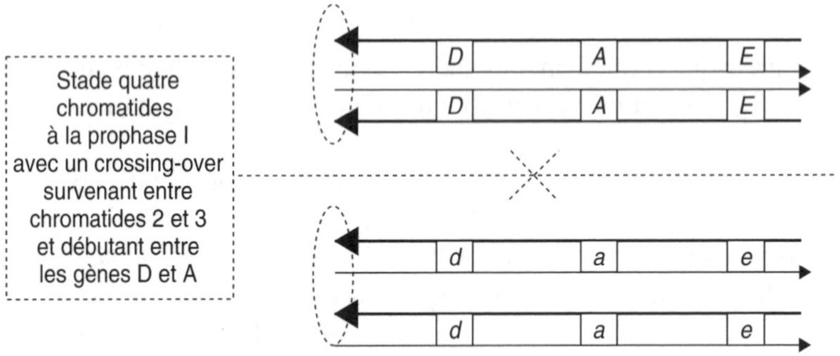

Figure 4.13.

Dans la mesure où le crossing-over n'intéresse que les chromatides 2 et 3, seules ces chromatides seront suivies, les deux autres donnant des gamètes parentaux pour les trois gènes.

Un modèle théorique du crossing-over consiste à supposer qu'il est initié par la coupure d'un brin d'ADN (par exemple ici sur la chromatide 3) qui peut alors se déshybrider de son brin complémentaire pour envahir le duplex homologue de la chromatide 2, en s'hybridant au brin qui lui est complémentaire, et en repoussant

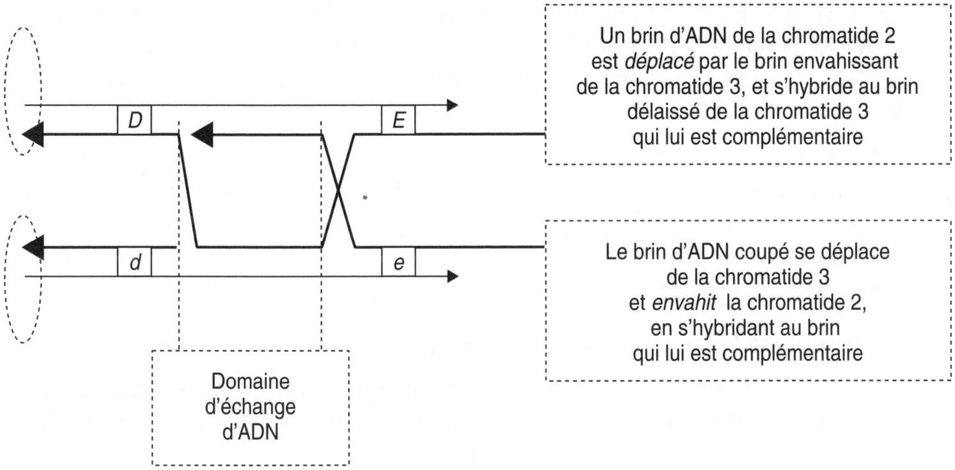

Figure 4.14.

son homologue de la chromatide 2 vers le brin complémentaire non coupé de la chromatide 3, donneuse du brin envahissant (fig. 4.14).

Le brin de la chromatide 3 envahissant la chromatide 2 est alors rattaché à l'extrémité 5′ libre de celle-ci, tandis que le brin de la chromatide 2, déplacé par le brin envahissant, est rompu puis rattaché à l'extrémité 5′ libre de la chromatide 3 (fig. 4.15).

Le résultat revient à considérer que tout s'est passé comme si deux brins d'ADN homologues avaient été coupés en même temps, au même site, puis échangés et rattachés, mécanisme initialement imaginé par Holliday. Le mécanisme de CO issu d'une double coupure ne sera pas envisagé ici.

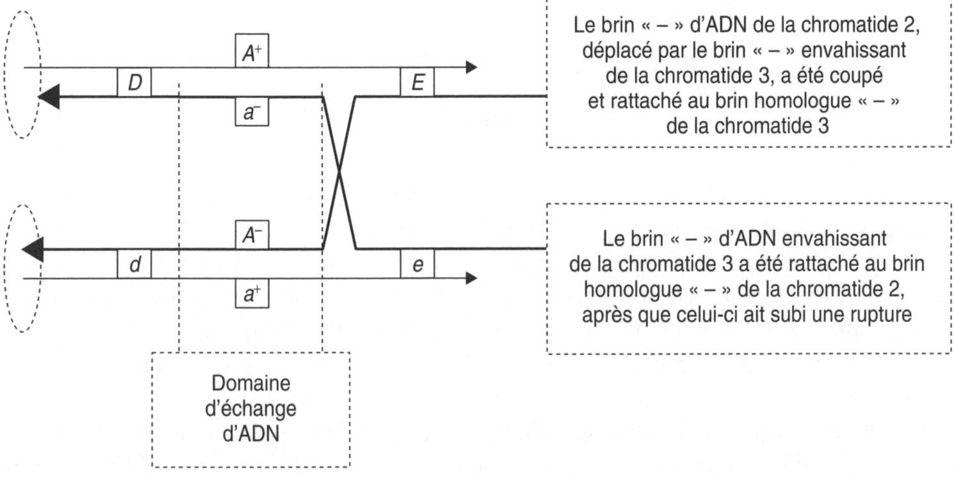

Figure 4.15.

Dans la structure moléculaire ainsi obtenue (fig. 4.15) les deux chromatides ne sont plus indépendantes puisqu'elles ont échangé un de leur brin d'ADN, mais un seul (ici les brins « – ») sur une certaine zone. La structure formée par les deux chromatides et leur quatre brins est appelée *structure en χ de Holliday.*

Remarque. Il est important de noter que les informations génétiques codées par les deux brins échangés sont A^- et a^-, dans leur séquence nucléotidique de type brin « – », ce qui entraîne obligatoirement, quelque part dans la zone d'échange, un misappariement puisque les brins a^+ et A^+ auxquels ils sont respectivement appariés (fig. 4.15) ne leurs sont pas strictement complémentaires.

a) Résolution de la structure en χ de Holliday

L'échange des deux brins « – » d'ADN se réalise sur une certaine distance. La poursuite de la division nucléaire de la méiose I impose que la structure de Holliday soit « résolue » en deux chromatides indépendantes qui pourront migrer vers chacun des pôles. L'analyse des tétrades ou des octades ordonnées a montré que deux résolutions différentes et équiprobables pouvaient survenir.

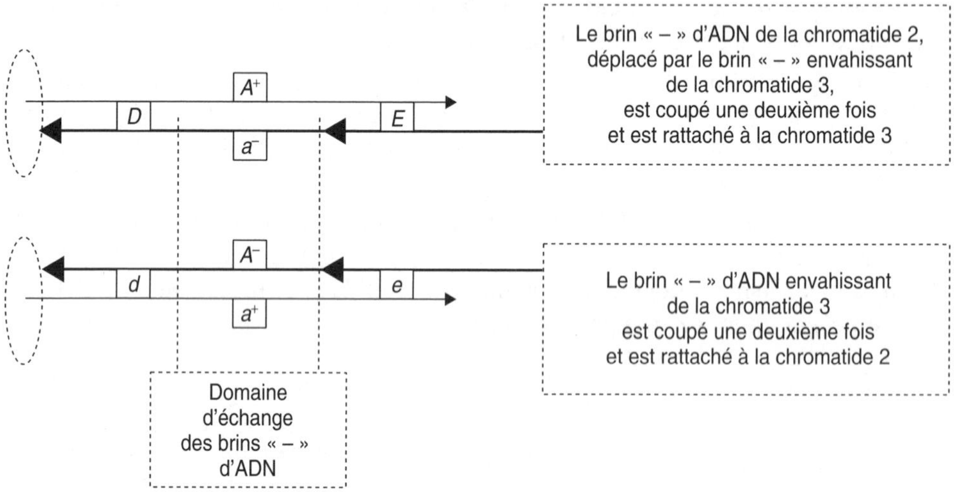

Figure 4.16.

- Le premier type de résolution (fig. 4.16) est un arrêt de l'échange par double rupture des deux brins échangés, sous l'action d'une topo-isomérase, suivie de l'échange en sens inverse et rattachement aux chromatides d'origine; cette résolution n'entraîne aucune recombinaison génétique de part et d'autre de l'échange mais laisse, dans la zone d'échange, une molécule d'ADN hétéroduplex (voir plus bas).
- Le deuxième type de résolution (fig. 4.17) est une poursuite de l'échange initial (ici les brins « – ») et l'initiation d'un échange sur les deux brins non concernés par le premier échange (ici les brins « + »). Il s'agit alors du crossing-over *stricto sensu*, avec un véritable échange chromatidique concernant les deux brins d'ADN, ce qui conduit, de part et d'autre des points d'initiation des deux échanges, à une recombi-

naison génétique, et laisse entre ces deux points une zone d'ADN hétéroduplex, comme dans le cas précédent.

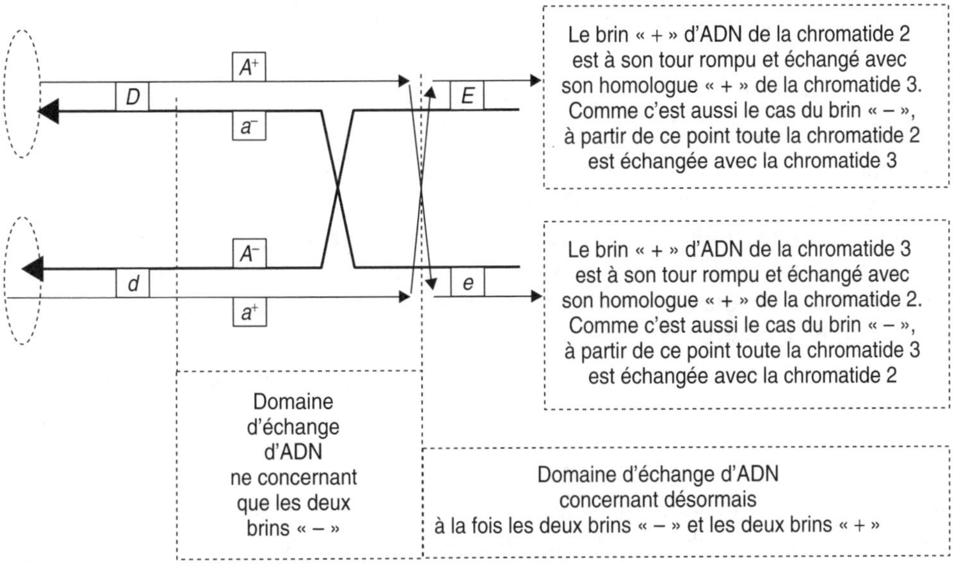

Figure 4.17.

b) Conversion génique résultant de la réparation de la zone hétéroduplex

Il est très important de noter que sur toute la zone d'échange simple brin entre les deux chromatides, du point d'initiation au point de résolution de la structure de Holliday, la molécule d'ADN résultante constitue un hétéroduplex, avec un brin « + » d'une chromatide et un brin « – » d'une autre chromatide. La conséquence génétique de la formation d'une molécule hétéroduplex est que la complémentarité des deux brins est localement imparfaite quand il y a une variation allélique de la séquence; c'est par exemple le cas pour le gène *A* où chaque molécule d'hétéroduplex est en fait porteuse des deux informations alléliques *A* et *a*, l'une sur le brin sens, avec la séquence A^+, l'autre sur le brin antisens, avec la séquence a^-, et réciproquement.

Dans cette zone hétéroduplex de la molécule d'ADN, la différence de message génétique entre les allèles *A* et *a* du gène se traduit par une complémentarité chimique imparfaite, par un misappariement de une ou plusieurs paires de bases, uniquement au(x) site(s) du gène où le message génétique *A* diffère du message génétique *a*; à ce niveau les brins d'ADN porteurs des séquences A^+ et a^-, ou entre a^+ et A^-, ne peuvent être parfaitement appariés.

Ce misappariement peut être détecté par la cellule, ce qui conduit à sa « réparation »; l'un des deux brins est clivé de part et d'autre du misappariement, puis la lacune est comblée par une ADN-polymérase qui utilise l'autre brin comme matrice. Ainsi l'allèle *A* peut être « totalement reconstitué » sur les deux brins, si le brin hétéroduplex portant a^- (ou a^+) est clivé, et l'allèle *a* « totalement reconstitué » si c'est le brin de l'hétéroduplex portant A^+ (ou A^-) qui est clivé.

Comme les deux réparations sur les deux hétéroduplex des chromatides 2 et 3 sont indépendantes, la correction peut parfaitement se faire dans le même sens sur les deux chromatides, ce qui aboutira, par exemple, à deux allèles *A*, et donc à une méiose conduisant à trois allèles *A* pour un seul *a*, c'est-à-dire à la conversion génique d'un allèle *a* en un allèle *A*.

Il est ainsi possible d'expliquer les asques avec six spores noires et deux blanches, la mitose additionnelle n'ayant fait que doubler le nombre de spores.

La conversion génique est donc un phénomène qui touche les gènes compris dans la zone d'échange d'un brin d'ADN au cours d'un crossing-over si ces gènes présentent une variation allélique. La formation dans cette zone d'une molécule d'ADN hétéroduplex, porteuse de deux séquences alléliques différentes conduit à un misappariement local au site de la variation allélique du gène, là où les deux brins ne sont plus strictement complémentaires.

La réparation du misappariement par excision-resynthèse d'un des deux brins, désigné aléatoirement, conduit à la reconstitution d'un homoduplex (deux brins strictement complémentaires) porteur d'un seul message allélique. Les deux chromatides peuvent voir leurs hétéroduplex corrigés dans le même sens, vers le même allèle, de sorte que la situation d'hétérozygotie qui prévalait avant le « passage » du crossing-over est remplacée par une homozygotie en faveur d'un des deux allèles; l'un des deux allèles a été « converti » en l'autre.

Bien évidemment, une cellule peut ne pas avoir le temps de réparer les hétéroduplex, surtout quand elle entre presque immédiatement dans une nouvelle division, ce qui est le cas chez les ascomycètes avec la mitose additionnelle. Lors de la phase de réplication, la zone hétéroduplex donnera deux homoduplex génétiquement différents, l'un porteur de l'allèle *A*, à partir du brin A^+ (ou A^-) utilisé comme matrice, l'autre porteur de l'allèle *a*, à partir du brin a^- (ou a^+) utilisé comme matrice. Ce qui explique nos octades où une cellule haploïde a pu donner une spore noire et une spore blanche, car, au niveau du gène concerné, sa molécule d'ADN était constituée d'un hétéroduplex porteur simultanément (mais de manière transitoire et non complémentaire) des deux informations alléliques.

À retenir

- La méiose d'une cellule diploïde conduit à quatre cellules haploïdes formant une **tétrade**. Chez les champignons ascomycètes chaque tétrade reste isolée dans un asque, ce qui permet d'étudier de façon séparée les produits de chaque méiose.
- L'analyse génétique des tétrades chez les champignons ascomycètes à tétrades ordonnées a permis d'introduire les notions de **pré-réduction** et de **post-réduction** et de démontrer la validité des postulats auparavant admis par une approche statistique à savoir que les paires de chromatides appariées à la méiose 1 se placent aléatoirement par rapport au plan métaphasique et que les deux chromatides affectées par un crossing-over sont désignées au hasard.

- L'analyse génétique des tétrades chez les champignons ascomycètes à tétrades ordonnées a aussi permis d'introduire à partir de l'estimation de la fréquence de post-réduction, le calcul de la **distance d'un gène à son centromère**. Partant de cette approche théorique, de nombreuses méthodes indirectes d'estimation de la post-réduction ont été développées, soit pour la levure où les tétrades ne sont pas ordonnées, soit pour des organismes comme l'homme où l'analyse de tétrades n'est *a priori* pas possible.
- L'analyse de tétrades chez la levure remplace avantageusement l'analyse des gamètes parentaux ou recombinés, car elle permet assez souvent de **statuer sur l'indépendance physique** de deux gènes génétiquement indépendants et, dans le cas de deux gènes liés, de calculer une **distance génétique non biaisée**.
- L'analyse de tétrades ordonnées particulières a permis d'ouvrir la voie à la définition de la **conversion génique** et son association avec les mécanismes moléculaires du **crossing-over**.

Exercices

4.1 Niveau Licence/Définition des objectifs.

> Maîtriser les mécanismes de la méiose et leurs conséquences génétiques par la reconstruction de tous les scénarios ayant conduit à une situation donnée, prendre en compte les spécificités de *Sordaria.*

Le type sauvage d'une espèce du genre *Sordaria* produit des spores de couleur noire, dans un asque à spores ordonnées mais non orientées (ni haut, ni bas). L'asque contient huit spores (octade) à la suite d'une mitose additionnelle survenant après la méiose II.

On croise un mutant à spores vertes avec une souche SSR, et on observe, à l'issue des méioses, quatre types d'asques (tabl. 4.3). Faire l'analyse génétique complète de ces résultats.

TABLEAU 4.3.

Type 1	Type 2	Type 3	Type 4
v	v	v	n
v	v	v	n
v	n	n	v
v	n	n	v
n	v	n	v
n	v	n	v
n	n	v	n
n	n	v	n
40	35	16	19

4.2 **Niveau Licence/Définition des objectifs.**

> Maîtriser les mécanismes de la méiose et leurs conséquences génétiques par la reconstruction de tous les scénarios ayant conduit à une situation donnée, prendre en compte les spécificités de *Neurospora crassa.*

On étudie la ségrégation d'un couple d'allèles, notés *A* et *a*, d'un gène de la chaîne de biosynthèse du tryptophane, chez l'ascomycète *Neurospora crassa,* dont les asques sont constitués d'octades ordonnées et orientées (avec haut et bas).

Ce gène est localisé à 5 urp (unités de recombinaison par postréduction) de son centromère. On vous demande de décrire tous les types d'asques possibles et d'en préciser les fréquences respectives.

4.3 **Niveau Licence/Définition des objectifs.**

> Maîtriser les mécanismes de la méiose et leurs conséquences génétiques par la reconstruction de tous les scénario ayant conduit à une situation donnée, sous des contraintes relatives à la perception de leur orientation spatiale. Calcul de distance au centromère.

Le genre *Serrospora virtualis* est un genre virtuel d'ascomycètes donnant des asques à quatre spores qui peuvent être partiellement ordonnées !

En effet les asques sont inordonnés mais on peut, en raison de la forme des spores, distinguer les spores issues des deux chromatides « internes » et celles issues des deux chromatides externes parce que la scission des cellules, à la méiose I, puis à la méiose II, a laissé une marque visible sur la paroi. Ainsi deux des spores présentent une seule marque alors que les deux autres spores présentent deux marques opposées.

1. Quelles sont les spores issues des deux chromatides « internes » et celles issues des deux chromatides externes ?

2. On étudie l'aspect lisse ou rugueux de ces spores en croisant une souche SSR à spores lisses par une souche mutante à spores rugueuses. Interpréter les résultats (tabl. 4.5) en précisant, quand c'est possible, les chromatides impliqués dans les crossing-over, et on calculera la distance au centromère.

TABLEAU 4.5.

Type de spores	Asque de type 1	Asque de type 2	Asque de type 3
spore à deux marques spore à deux marques spore à une marque spore à une marque	lisse lisse rugueux rugueux	lisse rugueux lisse rugueux	rugueux rugueux lisse lisse
Effectifs observés	7	184	9

4.4 **Niveau Licence/Définition des objectifs.**

- Maîtriser les mécanismes de la méiose, de la ségrégation 2/2 à l'analyse de l'indépendance ou de la liaison génétique, à travers de tétrades.
- Distances gène-centromère et distances entre gènes.
- Approche fonctionnelle de la diversité phénotypique associée au mode de transmission.
- Analyse de la pré et de la postréduction pour des gènes liés, interférence entre crossing-over.

Le type sauvage d'une espèce du genre *Sordaria* produit des spores de couleur noire [n], dans un asque à spores ordonnées mais non orientées (ni haut, ni bas). L'asque contient huit spores (octade) à la suite d'une mitose additionnelle survenant après la méiose II.

1. On dispose de deux mutants l'un à spores jaunes [j], l'autre à spores roses [r].

Chacun des deux mutants est croisé avec le type sauvage, puis on observe les asques issues de la méiose (tabl. 4.6). Interprétez ces résultats.

Tableau 4.6.

Croisement mutant jaune × SSR				Croisement mutant rose × SSR			
[j] [j] [j] [j] [n] [n] [n] [n]	[j] [j] [n] [n] [j] [j] [n] [n]	[j] [j] [n] [n] [n] [n] [j] [j]	[n] [n] [j] [j] [j] [j] [n] [n]	[n] [n] [n] [n] [r] [r] [r] [r]	[n] [n] [r] [r] [n] [n] [r] [r]	[n] [n] [r] [r] [r] [r] [n] [n]	[r] [r] [n] [n] [n] [n] [r] [r]
205	148	76	74	184	85	44	42

2. On croise les deux souches mutantes, et on observe 20 types différents de tétrades (tabl. 4.7). [b] correspond à un phénotype de spore blanche. Interprétez ces résultats de manière exhaustive, fonctionnelle et cartographique.

Tableau 4.7.

1	2	3	4	5	6	7	8	9	10
[j] [j] [j] [j] [r] [r] [r] [r]	[r] [r] [n] [n] [j] [j] [b] [b]	[r] [r] [n] [n] [b] [b] [j] [j]	[n] [n] [r] [r] [b] [b] [j] [j]	[n] [n] [r] [r] [j] [j] [b] [b]	[j] [j] [n] [n] [b] [b] [r] [r]	[n] [n] [j] [j] [r] [r] [b] [b]	[n] [n] [b] [b] [n] [n] [b] [b]	[n] [n] [j] [j] [b] [b] [r] [r]	[j] [j] [n] [n] [r] [r] [b] [b]
211	49	48	50	49	77	78	36	76	77

Tableau 4.7. (*Suite*)

11	12	13	14	15	16	17	18	19	20
[j] [j] [r] [r] [n] [n] [b] [b]	[r] [r] [j] [j] [n] [n] [b] [b]	[r] [r] [j] [j] [j] [j] [r] [r]	[n] [n] [b] [b] [r] [r] [j] [j]	[r] [r] [j] [j] [r] [r] [j] [j]	[n] [n] [b] [b] [j] [j] [r] [r]	[n] [n] [n] [n] [b] [b] [b] [b]	[j] [j] [r] [r] [r] [r] [j] [j]	[n] [n] [b] [b] [b] [b] [n] [n]	[b] [b] [n] [n] [n] [n] [b] [b]
35	36	18	36	37	36	1	17	19	17

3. Montrez en quoi le résultat quantitatif concernant l'asque de type 17 prouve que la survenue d'un crossing-over, sur un bras chromosomique, bloque la survenue d'un deuxième crossing-over, sur ce même bras (interférence positive); il n'y aurait donc au plus que deux crossing-over par chromosome, un de chaque côté du centromère.

Pour cela il est utile de schématiser les deux paires de chromatides en prophase I et d'en déduire les conséquences génétiques selon qu'il y a 0, 1 ou 2 crossing-over afin de définir, dans chacun des 20 types d'asques observés, pour lequel des gènes en jeu, il y a eu pré ou postréduction, notamment pour l'asque de type 17.

4.5 Niveau Licence (L3)/Définition des objectifs.

- Illustrer l'existence de conditions particulières permettant l'analyse de la pré et de la postréduction chez un vertébré.
- Distance gène-centromère.

Le batracien *Rana pipiens*, fréquemment utilisé comme matériel par les embryologistes, présente aussi un intérêt pour les généticiens. Son cycle de reproduction est diplobiontique et, comme chez la quasi-totalité des vertébrés, il est normalement impossible d'obtenir, de manière groupée, les quatre produits d'une même méiose.

À la ponte de l'œuf, la première division méiotique a déjà eu lieu; l'un des deux noyaux a été expulsé dans le premier globule polaire, tandis que l'autre noyau est entré en méiose II et reste bloqué en métaphase.

Lors de la fertilisation de l'ovocyte, la pénétration du noyau provenant du spermatozoïde déclenche la sortie de métaphase. L'anaphase puis la télophase aboutissent à la formation de deux noyaux haploïdes dont un est expulsé en un deuxième globule polaire, et l'autre va fusionner avec le noyau d'origine mâle pour former le zygote, à l'origine d'un nouvel individu.

Du fait que la fécondation, puis le développement, sont externes, il est facile de manipuler l'œuf et l'embryon de batracien. Les embryologistes ont découvert un moyen d'activer artificiellement l'ovocyte, sans fertilisation, ce qui conduit, après l'expulsion du deuxième globule polaire, au développement d'un embryon haploïde n'arrivant pas au stade adulte. Puis ils ont découvert un moyen, après activation artificielle de l'ovocyte, d'inhiber l'expulsion du deuxième globule polaire, ce qui conduit alors à la fusion des deux noyaux issus de la méiose II et au développement, jusqu'au stade adulte, d'individus dénommés « diploïdes gynogéniques », puisque tous leurs chromosomes sont d'origine maternelle.

On dispose de deux souches pures de *Rana pipiens*, l'une de couleur verte, l'autre de couleur jaune, dont des études génétiques ont montré qu'elles ne différaient que pour un seul gène (dont les allèles seront notés *A* et *a*). Leur croisement donne des individus F1 de couleur jaune.

À partir de femelles F1, on obtient des femelles F2 gynogéniques, 58 % d'entre elles sont jaunes, 42 % sont vertes.

1. Vous nommerez le phénomène génétique visualisé par cette étude, et vous en ferez un schéma explicite.

2. Vous en déduirez la conséquence cartographique.

4.6 Niveau Licence/Définition des objectifs.

– Analyse de tétrades chez la levure *Saccharomyces cerevisiae.*
– Indépendance physique et/ou génétique, distances génétiques.
– Distance gène-centromère par utilisation de marqueurs centromériques.

La levure *Saccharomyces cerevisiae* est un ascomycète haplodiplobiontique se présentant sous forme de cellules isolées dans un milieu de culture liquide et formant des colonies sur un milieu solide. Les cellules entrant en méiose produisent quatre spores haploïdes réunies dans un asque inordonné.

On croise entre elles une souche de génotype (*Mat a*, *met*), auxotrophe pour la méthionine, et une souche de génotype (*Mat* α, *trp*, *ade*), auxotrophe pour les tryptophane et l'adénine. On rappelle que le croisement entre deux souches est conditionné par le fait qu'elles soient de signes sexuels opposés, notés *Mat a* et *Mat* α.

Après méiose, on isole 120 tétrades, puis on les décortique sous une loupe binoculaire pour aligner les spores sur un milieu complet afin d'obtenir des colonies à partir de chaque spore haploïde. Ces colonies sont repiquées sur différents milieux dans le but de tester leurs génotypes, le signe sexuel étant testé par croisement avec une souche de signe *Mat a* ou *Mat* α.

1. Caractérisez le type de tétrade obtenue, ditype parental (DP), ditype recombiné (DR) ou tétratype (T), pour chaque couple de phénotypes, dans l'analyse des quatre spores d'une tétrade (tabl. 4.9).

Tableau 4.9 Résultats obtenus pour l'une des tétrades.
Le signe « + » indique que la spore est prototrophe pour le phénotype considéré, et le signe « – » qu'elle est auxotrophe.

Phénotype	*Mat*	*met*	*trp*	*ade*
spore 1	a	+	–	–
spore 2	a	+	–	+
spore 3	α	–	+	–
spore 4	α	–	+	+

2. On analyse 120 tétrades, et on regroupe les résultats pour chacun des gènes pris deux à deux (tabl. 4.10). Interprétez ces résultats de manière exhaustive, en calculant toutes les distances génétiques, y compris celles par rapport au centromère.

Tableau 4.10.
Le signe « + » indique que la spore est prototrophe pour le phénotype considéré, et le signe « – » qu'elle est auxotrophe.

ade et *met*						*ade* et *trp*					
Asque de type 1		Asque de type 2		Asque de type 3		Asque de type 1		Asque de type 2		Asque de type 3	
ade	*met*	*ade*	*met*	*ade*	*met*	*ade*	*trp*	*ade*	*trp*	*ade*	*trp*
+	+	+	−	+	+	+	+	+	−	+	+
+	+	+	−	+	−	+	+	+	−	+	−
−	−	−	+	−	+	−	−	−	+	−	+
−	−	−	+	−	−	−	−	−	+	−	−
53		56		11		55		52		13	

Tableau 4.10 (suite).

ade et *Mat*						*met* et *trp*					
Asque de type 1		Asque de type 2		Asque de type 3		Asque de type 1		Asque de type 2		asque de type 3	
ade	*Mat*	*ade*	*Mat*	*ade*	*Mat*	*met*	*trp*	*met*	*trp*	*met*	*trp*
+	α	+	a	+	α	+	+	+	−	+	+
+	α	+	a	+	a	+	+	+	−	+	−
−	a	−	α	−	a	−	−	−	+	−	+
−	a	−	α	−	α	−	−	−	+	−	−
30		32		60		58		61		1	

Tableau 4.10 (suite).

met et *Mat*						*trp* et *Mat*					
Asque de type 1		Asque de type 2		Asque de type 3		Asque de type 1		Asque de type 2		Asque de type 3	
met	*Mat*	*met*	*Mat*	*met*	*Mat*	*trp*	*Mat*	*trp*	*Mat*	*trp*	*Mat*
+	α	+	a	+	α	+	α	+	a	+	α
+	α	+	a	+	a	+	α	+	a	+	a
−	a	−	α	−	a	−	a	−	α	−	a
−	a	−	α	−	α	−	a	−	α	−	α
32		31		57		36		30		54	

4.7 **Objectifs.**

- Utilisation de polymorphismes moléculaires de l'ADN pour identifier l'origine parentale des chromosomes et identifier les événements de dysfonctionnement de la méiose.
- Utilisation d'un marqueur non centromérique pour étudier indirectement la post-réduction et la distance au centromère.

Cet exercice fait suite aux exercices 2.9 et 2.10 sur la localisation en division 1 ou 2 des dysfonctionnements de la méiose conduisant à des gamètes disomiques et par suite à des embryons trisomiques.

On étudie cette fois un autre marqueur microsatellite, noté B, du chromosome 21, à une distance telle du centromère qu'il ne peut y avoir au maximum qu'un seul crossing-over responsable, dans ce cas, de la post-réduction des deux allèles. Les parents diffèrent pour quatre allèles de ce marqueur, de sorte qu'on peut, formellement, écrire les génotypes du couple, pour le marqueur considéré, de la manière suivante :

Homme (B1, B2) × Femme (B3, B4)

On note f la fréquence de crossing-over entre le locus du marqueur et le centromère du chromosome 21.

On restreint l'analyse au sous-échantillon des enfants dont on sait que la trisomie 21 est d'origine maternelle et qu'elle résulte d'une NDJ2 (non-disjonction d'une paire de chromatide en méiose 2)

a. Comment a-t-on identifié ce sous-échantillon ? (revenir à l'exercice 2.9).

b. Compte tenu des génotypes parentaux et de la fréquence f, vous définirez les différents génotypes possibles des enfants trisomiques et leurs fréquences respectives attendues.

c. Application numérique : on observe que la fréquence des enfants trisomiques porteurs de deux allèles maternels différents B3 et B4 est égale à 40 %. Déduisez en la valeur de f et la distance du marqueur au centromère.

4.8 **Objectifs.**

- Utilisation de polymorphismes moléculaires de l'ADN pour préciser les évènements de dysfonctionnement de la méiose 1.
- Mise en évidence de la maîtrise des connaissances sur la cytogénétique de la méiose et de la fécondation.

Cet exercice fait suite aux exercices 2.9, 2.10 et 4.7 où on a montré que l'analyse des trisomies permettait de situer l'origine parentale du dysfonctionnement de la méiose et sa localisation en division 1 ou 2, sans pouvoir distinguer en méiose 1 entre la NDJ1 et la séparation prématurée d'une paire de chromatide

Pour répondre à cette question, des cytogénéticiens des centres d'AMP (assistance médicale à la procréation en charge des fécondations *in vitro*) ont entrepris d'analyser par sondes fluorescentes (*Fluorescent In Situ Hybridization* = FISH) le contenu en chromosomes du premier globule polaire provenant d'ovocytes recueillis pour les fécondations *in vitro* et restés inutilisés.

Cette analyse par FISH des globules polaires a révélé des ovocytes normaux et des ovocytes issus d'une méiose 1 anormale.

Le tableau ci-dessous rapporte cinq types de cas observés, avec leurs fréquences respectives.

	Nombre de spots de fluorescence observés dans le globule polaire	Fréquences relatives
Cas n° 1	0 spot	2 %
Cas n° 2	1 spot	4 %
Cas n° 3	2 spots	88 %
Cas n° 4	3 spots	4 %
Cas n° 5	4 spots	2 %

a. Montrez que cette analyse permet de distinguer les méioses normales, les NDJ1 et les séparations prématurées.

b. Quel est l'événement de dysfonctionnement cytogénétique le plus fréquent en méiose 1 ?

c. Quel serait le caryotype d'un embryon conçu avec un ovocyte tel que défini dans chacun des 5 cas ?

Solutions

4.1 Dans ce croisement, les asques renferment 4 spores de type sauvage et 4 spores de type mutant, ce qui illustre le résultat attendu d'une ségrégation 2/2 d'un couple d'allèles à la méiose. On peut considérer que le mutant à spores vertes diffère du type SSR pour un seul gène, dont les allèles seront notés *V* chez la SSR et *v* chez le mutant. Le diploïde est *V*//*v* et donne, à la méiose, 50 % de spores (V) et 50 % de spores (v).

> ***Remarque 1.*** Il n'a pas été dit que le phénotype vert n'était gouverné que par un gène, car on peut imaginer que des mutations dans plusieurs gènes différents puissent donner le même phénotype vert !
>
> Le mutant étudié est muté dans l'un (s'il y en a plusieurs) des gènes impliqués dans le phénotype vert.
>
> Une ségrégation 2/2 montre que deux souches croisées entre elles ne diffèrent, pour le phénotype étudié, que pour un seul gène, mais cela ne signifie nullement que le phénotype étudié ne dépend que de ce seul gène.

Cartographie par rapport au centromère. Les octades étant ordonnées, il est possible de distinguer les méioses préréduites, conduisant à deux demi-asques homogènes, des méioses postréduites conduisant à deux demi-asques hétérogènes. On observe 40 asques préréduits et 70 asques postréduits ; il convient de remarquer que les quatre types d'asques postréduits équifréquents observables pour les octades ordonnées et orientées (avec bas et haut) se réduisent à trois, en absence d'orientations des asques (ni bas, ni haut). Mais alors les trois types d'asques ne sont plus équifréquents, l'un des trois types (où il y a alternance des couples de spores) est en fait un cas double correspondant à deux scénarios possibles et équifréquents de la méiose, donnant deux résultats différents s'il y a orientation, et le même en l'absence d'orientation (voir les figures pages 103 à 105). C'est ce qu'on remarque avec l'octade de type 2 dont l'effectif est environ le double de celui de chacun des deux autres.

La fréquence de postréduction (70/110 = 0,64) n'est pas significativement différente de sa limite de 0,666 atteinte dès qu'il y a ségrégation indépendante entre le locus du gène et son centromère ; on peut donc conclure que les allèles du gène étudié ségrègent indépendamment du centromère et qu'on ne peut, dès lors, estimer la distance entre le locus du gène et le centromère.

> ***Remarque 2.*** La cohérence veut qu'on vérifie la liaison au centromère avant d'estimer une distance. Il ne serait pas logique d'estimer une distance et de dire qu'il y a ségrégation indépendante parce qu'elle est égale à sa valeur limite 33,3 urp (demi-fréquence de postréduction multipliée par 100). En effet, pour tous les locus ségrégeant indépendamment du centromère, on aura 66 % de postréduction, quelle que soit leur distance au centromère !
>
> Le même genre de faute logique est fait quand, ayant étudié la méiose pour deux gènes et estimé une fréquence de gamètes recombinés égale à 50 %, on estime une « distance » de 50 ur pour conclure qu'il y a indépendance génétique. C'est même ici plus grave puisque les deux gènes peuvent être physiquement indépendants, ce qui rend absurde dans ce cas le concept de distance.
>
> On n'estime une distance qu'après avoir montré qu'il y a une liaison génétique et, donc, une liaison physique !

4.2 On peut observer (tabl. 4.4) deux types d'asques préréduits équifréquents et quatre types d'asques postréduits équifréquents. La fréquence cumulée de ces derniers a permis d'estimer la fréquence de postréduction p qui a alors permis d'estimer la distance du gène étudié au centromère comme égale à $100 \times p/2$. Comme on nous donne cette distance (5 urp), on peut en déduire la valeur de p, soit $p = 0{,}1$. D'où les observations attendues.

TABLEAU 4.4.

Asques préréduits		Asques postréduits			
A *A* *A* *A* *a* *a* *a* *a*	*a* *a* *a* *a* *A* *A* *A* *A*	*A* *A* *a* *a* *A* *A* *a* *a*	*A* *A* *a* *a* *a* *a* *A* *A*	*a* *a* *A* *A* *A* *A* *a* *a*	*a* *a* *A* *A* *a* *a* *A* *A*
45 %	45 %	2,5 %	2,5 %	2,5 %	2,5 %

4.3 **1.** Les spores avec deux marques correspondent aux cellules porteuses des chromatides internes puisqu'elles portent une marque issue de la division de la méiose I, suivant le premier plan métaphasique, puis la marque issue de la méiose II, suivant le deuxième plan métaphasique. Les cellules porteuses des chromatides externes ne portent que la marque issue de la méiose II.

2. *Analyse de ségrégation.* Il y a ségrégation 2/2, chaque asque contenant deux spores lisses et deux spores rugueuses. On peut considérer que les deux souches diffèrent pour un seul gène, pour un seul des gènes impliqués dans l'aspect de la spore (voir remarque 1, ex. 4.1).

Analyse de la pré et de la postréduction. Les asques de types 1 et 3 sont obligatoirement postréduits puisque les produits de la méiose I, répartis dans une spore uni-marquée et une spore bi-marquée, sont toujours différents, l'une lisse et l'autre rugueuse. Ce résultat est obtenu lorsqu'un crossing-over survient entre les chromatides 1 et 3 ou 2 et 4.

Les asques de type 2 sont un mélange d'asques préréduits et d'asques postréduits puisque les produits de la méiose I, répartis dans une paire de spores uni-marquée et bi-marquée peuvent être tous les deux différents ou tous les deux identiques. Ce résultat est obtenu en cas de postréduction lorsqu'un crossing-over survient entre les chromatides 1 et 4 ou 2 et 3.

Comme les quatre types d'asques postréduits sont équifréquents, les asques postréduits qui ne peuvent être distingués des asques préréduits, au sein des asques de type 2, sont de fréquence égale à ceux qui peuvent être identifiés, les asques de type 1 et 3. Si on note p, la fréquence de postréduction, alors chacun des quatre types d'asques postréduit aura pour fréquence $p/4$ (tabl. 4.5), et les asques de type 2 auront pour fréquence $(1 - p)$, fréquence des asques préréduits, plus deux fois $p/4$, fréquences des deux types d'asques postréduits confondus avec les préréduits.

L'identification des asques postréduits sans ambiguïté permet d'estimer la fréquence de postréduction sachant qu'ils ne représentent que la moitié de la totalité des asques postréduits, soit : $p/2 = (7 + 9)/200$, d'où $p = 0{,}16$.

Cette valeur étant inférieure à 0,66 (remarque 2, ex. 4.1), on peut conclure qu'il y a liaison génétique entre le gène étudié et son centromère et déduire l'estimation d'une distance de celle de la fréquence de postréduction, soit $d = (p/2) \times 100 = 8$ urp (unités de recombinaison par postréduction).

4.4 **1.** *Analyse de ségrégation.* Dans chacun des deux croisements, les asques renferment 4 spores de type sauvage et 4 spores de type mutant, ce qui illustre le résultat attendu d'une ségrégation 2/2 d'un couple d'allèles à la méiose. On peut considérer que le mutant à spores jaunes diffère du type SSR pour un seul gène, dont les allèles seront notés *J* chez la SSR et *j* chez le mutant (remarque 1, ex. 4.1) et que le mutant à spores roses diffère du type SSR pour un seul gène, dont les allèles seront notés *R* chez la SSR et *r* chez le mutant.

Cartographie par rapport au centromère. Les octades étant ordonnées, il est possible de distinguer les méioses préréduites, conduisant à deux demi-asques homogènes, des méioses postréduites conduisant à deux demi-asques hétérogènes.

Dans les deux cas, la fréquence de postréduction est significativement inférieure à sa limite de 0,666, atteinte dès qu'il y a ségrégation indépendante entre le locus du gène et son centromère. On peut donc estimer la distance au centromère de chacune des mutations *j* ou r par la demi-fréquence de postréduction multipliée par 100 (remarque 2, ex. 4.1), soit :

– distance de *j* à son centromère : $d_j = 29{,}5$ urp (unités de recombinaison par postréduction);
– distance de r à son centromère : $d_r = 24$ urp.

> ***Remarque.*** Il est difficile, à ce stade d'émettre quelque avis sur le plan fonctionnel. Il est peu aisé d'envisager, pour un phénotype spécifique de la spore haploïde, un test de complémentation fonctionnelle !
>
> On pourrait conclure que les mutations *j* et *r* ne sont pas alléliques si on montrait qu'elles touchent des gènes physiquement indépendants, d'où l'importance du croisement entre souches mutantes pour en étudier les produits de la recombinaison génétique à la méiose.

2. Le croisement entre les deux souches jaunes et roses peut s'écrire formellement, (*j*; *R*) × (*J*; *r*), ce qui donne un diploïde (*j*//*J*; *R*//*r*) si les gènes sont physiquement indépendants et un diploïde (*jR*//*Jr*) s'ils sont physiquement liés. Plusieurs résultats doivent être interprétés.

• *Apparition de spores noires et de spores blanches.* Bien évidemment les spores noires sont de phénotype et de génotype sauvage (*J*; *R*) et sont le résultat d'une recombinaison génétique entre les deux apports parentaux.

On observe qu'à la présence d'une spore noire recombinée, est toujours associée la présence d'une autre spore de phénotype blanc correspondant obligatoirement au génotype recombiné réciproque (*j*; *r*).

On peut donc faire l'hypothèse fonctionnelle que les mutations *j* et *r* touchent deux gènes soit dans une même voie de biosynthèse du pigment noir, les précurseurs accumulés (ou leurs dérivés) chez les mutants étant jaunes ou roses, soit dans deux voies parallèles. Rien ne peut être précisé à ce stade, sauf le fait que le double mutant bloque la formation de tout pigment d'où la couleur blanche.

> ***Remarque.*** On a clairement démontré que le double mutant confère le phénotype blanc, mais pas vraiment qu'il est muté dans deux gènes différents. Cependant il est difficile de donner une interprétation fonctionnelle simple de l'apparition de phénotypes différents de pigmentation selon qu'un seul gène serait muté en un site ou un autre ou aux deux, d'autant que sous cette hypothèse les deux sites mutés seraient trop distants pour être sur un même gène (29,5 – 24 = 5,5 urp au minimum si les gènes sont liés et du même côté du centromère, voir question précédente); mais on connaît l'existence de points chauds de recombinaison qui, en augmentant considérablement la probabilité locale de crossing-over, peuvent faire paraître génétiquement éloignés deux points qui sont physiquement très proches.

• *Analyse de la recombinaison génétique entre les deux gènes, puis de la pré ou de la post-réduction pour chacun des deux gènes.* L'interprétation des 20 types d'asques permet de savoir si ce sont des ditypes parentaux (DP) avec des spores parentales jaunes ou roses, ou des ditypes recombinés (DR), avec des spores recombinées noires ou blanches, ou des tétratypes (T), avec les quatre types de spores (tabl. 4.8).

TABLEAU 4.8 DESCRIPTION DES 20 TYPES D'ASQUES ET EFFECTIFS OBSERVÉS.

1	2	3	4	5	6	7	8	9	10
DP pré-pré	T post-pré	T post-pré	T post-pré	T post-pré	T pré-post	T pré-post	DR post-post	T pré-post	T pré-post
211	49	48	50	49	77	78	36	76	77

TABLEAU 4.8 DESCRIPTION DES 20 TYPES D'ASQUES ET EFFECTIFS OBSERVÉS.(SUITE.)

11	12	13	14	15	16	17	18	19	20
T post-post	T post-post	DP post-post	T post-post	DP post-post	T post-post	DR pré-pré	DP post-post	DR post-post	DR post-post
35	36	18	36	37	36	1	17	19	17

Rappel : il y a 36 types d'asques possibles pour des tétrades ordonnées avec orientation et 20 types quand il n'y a pas d'orientation.

Les trois types d'asques, DP, DR et T ont des fréquences respectivement égales à 0,282; 0,073 et 0,645. La fréquence des DP étant significativement supérieure à celle des DR, on peut conclure à la liaison génétique et physique des deux locus et estimer une distance génétique corrigée.

La distance corrigée entre les mutations *j* et *r* est égale à : $d_{jr} = [f(T)/2 + 3f(DR)] \times 100 = 54$ ur qui se trouve remarquablement cohérente avec la somme des distances de chacune des mutations au centromère, celui-ci se trouvant central, ce qui montre définitivement que les deux mutations *j* et *r* touchent deux gènes différents, puisque situés de part et d'autre d'un centromère.

L'additivité presque parfaite des distances estimées trouve son explication dans la question suivante.

3. La reconstitution des génotypes pour chaque type de spore permet de savoir pour chacun des deux gènes s'il est pré ou postréduit (asques homogènes ou hétérogènes pour les deux allèles de chacun des deux gènes). D'où le bilan présenté dans le tableau 4.8 où le premier terme (pré ou post) se réfère au couple *R*//*r* et le deuxième au couple *J*//*j*.

Pour obtenir des DR, il est nécessaire de réaliser deux crossing-over entre les quatre chromatides (par exemple, 1-4 pour un crossing-over et 2-3 pour l'autre, ou bien 1-3 et 2-4, voir rappels de cours).

Comme les deux gènes sont de part et d'autre du centromère, on peut obtenir des DR, soit avec deux crossing-over d'un même côté du centromère et aucun de l'autre côté, soit avec un crossing-over de chaque côté du centromère; dans le premier cas on obtiendra des DR pré-pré (préréduits pour chacun des deux gènes), dans le second cas on obtiendra des DR post-post.

On observe 1 DR pré-pré pour 72 DR post-post; la faible fréquence des DR pré-pré indique que la survenue d'un deuxième crossing-over sur le même bras chromosomique qu'un premier est un événement très rare (dans cette espèce).

Les DP pré-pré ou les T post-pré, obtenus par doubles crossing-over sur un même bras, sont sans doute aussi rares mais ne peuvent être distingués des DP obtenus sans crossing-over qui sont eux aussi pré-pré, ou des T obtenus avec un seul crossing-over qui sont eux aussi post-pré.

Remarque. Une fois encore, ce sont les DR qui permettent d'apporter une information décisive sur les événements survenus à la méiose.

4.5 Il s'agit d'un cas exceptionnel qui permet de visualiser, chez un organisme diplobiontique, les conséquences génétiques de la pré ou de la postréduction survenant à la méiose (fig. 4.18).

En conséquence il est possible d'estimer le taux de postréduction (ici 16 %) et d'en déduire la distance du locus du gène étudié au centromère, ici 8 urp.

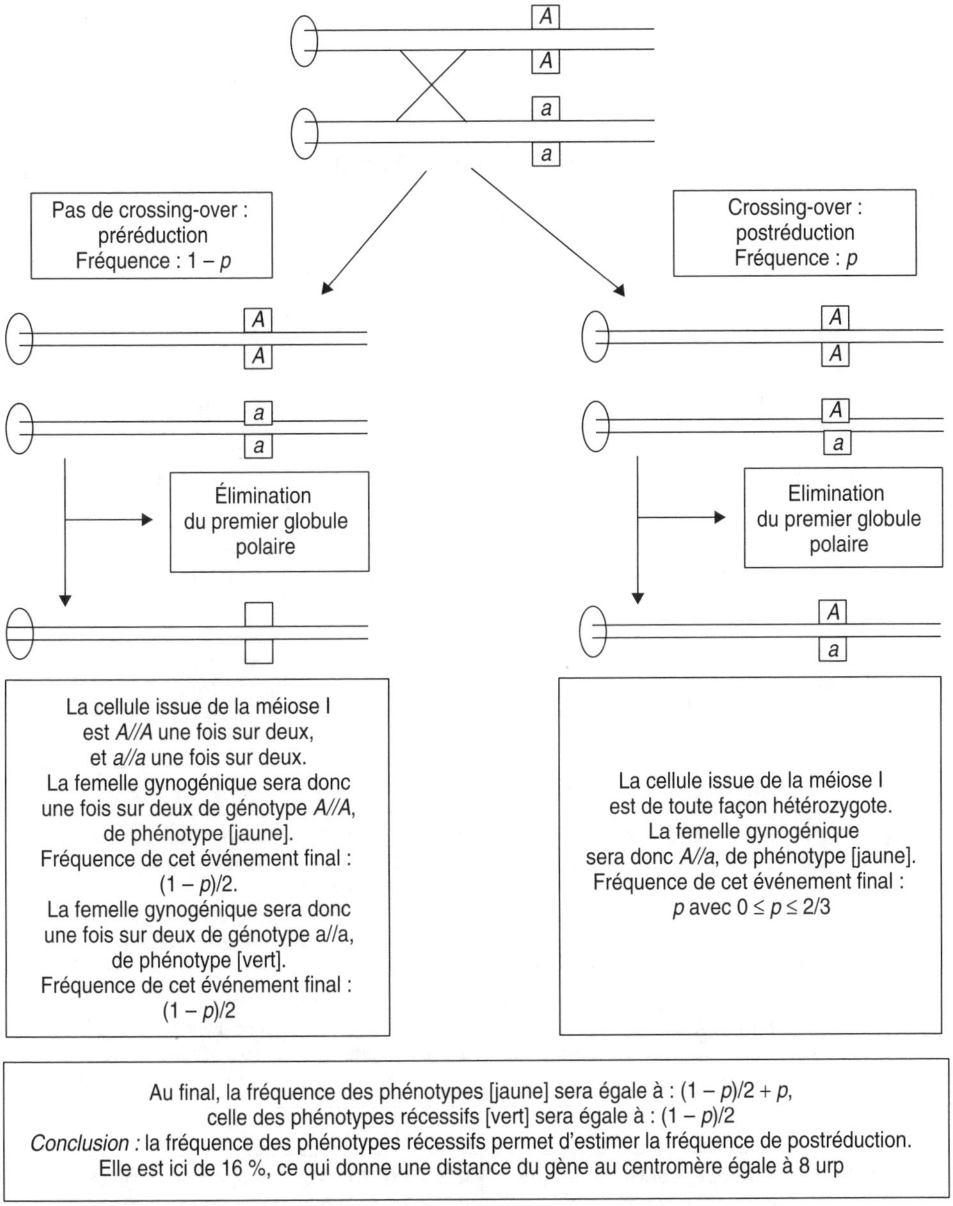

Figure 4.18.

4.6 **1.** On définit l'asque comme DP, DR ou T relativement à deux phénotypes ou deux gènes gouvernant ces deux phénotypes. Un asque peut très bien être DP pour deux gènes alors qu'il sera DR ou T pour deux autres, ce qui est le cas ici, puisqu'il suffit de considérer les gènes deux à deux pour voir si les spores sont de type parental ou recombiné, ce qui conduit à :

Tableau 4.11.

	Mat	*met*	*trp*
met	DR		
trp	DR	DP	
ade	T	T	T

2. Pour chacun des couples de gènes on peut définir et comptabiliser le type d'asque observé, le type 1 étant les DP, le type 2 étant les DR, et le type 3 étant les T. On peut alors donner pour chaque couple de gènes la conclusion cartographique résultant de l'analyse des fréquences des DP, des DR et des tétratypes (tabl. 4.12), compte tenu de l'algorithme de décision défini (fig. 4.10).

Tableau 4.12 Conclusions de l'analyse génétique des gènes pris deux à deux.

ade* et *met			***ade* et *trp***		
DR	DP	T	DP	DR	T
53	56	11	55	52	13
f(DP) = *f*(DR) : il y a indépendance génétique. *f*(T) < 2/3 : il y a indépendance physique des deux gènes.			*f*(DP) = *f*(DR) : il y a indépendance génétique. *f*(T) < 2/3 : il y a indépendance physique des deux gènes.		

ade* et *Mat			***met* et *trp***		
DP	DR	T	DR	DP	T
30	32	60	58	61	1
f(DP) = *f*(DR) : il y a indépendance génétique. *f*(T) < 2/3 : il y a indépendance physique des deux gènes.			*f*(DP) = *f*(DR) : il y a indépendance génétique. *f*(T) < 2/3 : il y a indépendance physique des deux gènes. *f*(T) ~ 0 : les deux gènes sont très proches de leurs centromères respectifs.		

met* et *Mat			***trp* et *Mat***		
DP	DR	T	DP	DR	T
32	31	57	36	30	54
f(DP) = *f*(DR) : il y a indépendance génétique. *f*(T) < 2/3 : il y a indépendance physique des deux gènes.			*f*(DP) = *f*(DR) : il y a indépendance génétique. *f*(T) < 2/3 : il y a indépendance physique des deux gènes.		

Comme les deux gènes *met* et *trp* sont proches de leurs centromères respectifs, on peut considérer qu'ils ne sont jamais postréduits et que coségrégeant avec leur centromère, ils en constituent un « marqueur ». En conséquence, dans les croisements *ade* × *met* ou *ade* × *trp*, les tétratypes résultent exclusivement de la postréduction pour le gène *ade*, ce qui permet alors, bien que les tétrades ne soient pas ordonnées, d'estimer, grâce au marqueur centromérique que sont *met* ou *trp*, la distance de *ade* à son centromère.

Pour le gène *ade*, on a la fréquence de postréduction égale à celle des tétratypes observés avec les deux marqueurs centromériques, car il est statistiquement meilleur de prendre la somme des observations, soit $p = 24/240$, et la distance au centromère qui est égale à $d = (p/2) \times 100 = 5$ urp.

Pour le gène *Mat*, on observe $p = 111/240 = 0{,}46$, ce qui donne une distance au centromère égale à 24 urp.

On remarquera la cohérence des résultats puisque dans le croisement *Mat* × *ade*, on attend que les tétratypes aient une fréquence donnée par l'équation $f(\mathrm{T}) = p(1 - q) + q(1 - p) + pq/2$ (voir page 112), où p (0,1) et q (0,46) sont les fréquences de postréduction pour les deux gènes étudiés (voir le rappel de cours), soit une valeur $f(\mathrm{T}) = 0{,}491$, ce qui représente sur 120 tétrades, un effectif théorique de 58,92 tétratypes ; on en observe 60 !

4.7 **a.** En revenant à l'exercice 2.9, on voit qu'on peut identifier avec le polymorphisme centromérique les enfants dont la trisomie est d'origine maternelle et résultant d'une NDJ2 (troisième ligne du tableau 2.4).

b. Les différents génotypes possibles des enfants trisomiques sont les suivants :

- Si pas de crossing-over, cas de fréquence (1 – f), les chromatides du gamète disomique sont sœurs et les génotypes possibles sont (B1, B3, B3) ou (B2, B3, B3) ou (B1, B4, B4) ou (B2, B4, B4) avec des fréquences respectives égales à (1 –f)/4.
- Si un crossing-over, cas de fréquence (f), les chromatides du gamète disomique sont remaniées et ne sont pas sœurs au locus du polymorphisme : les génotypes possibles sont alors (B1, B3, B4) ou (B2, B3, B4) avec des fréquences respectives égales à (f)/2.

c. Les enfants porteurs des deux allèles B3 et B4 correspondent à une NDJ2 avec crossing-over et les allèles B3 et B4 n'ont pas été pré-réduits et auraient été post-réduit si la méiose s'était déroulé normalement, la valeur de f égale à 0,4 est donc une estimation du taux de post-réduction pour le site du polymorphisme, ce qui permet de calculer sa distance au centromère, soit f/2 = 20 unités de post-recombinaison du centromère.

4.8 **a.** En revenant à l'exercice 2.9, on peut déduire que :

- Le cas 3 correspond à une méiose normale avec la présence de deux spots indiquant la présence d'une paire de chromatides dans le globule polaire, l'autre étant dans l'ovocyte 1.
- Le cas 1 correspond à une NDJ1, avec aucune chromatide dans le globule polaire, les quatre chromatides étant demeurées dans l'ovocyte 1
- Le cas 5 correspond à une NDJ1, avec quatre chromatides dans le globule polaire, aucune chromatide n'étant demeuré dans l'ovocyte 1
- Le cas 2 correspond à une séparation prématurée, avec une seule chromatide dans le globule polaire, une paire de chromatides et une chromatide isolée étant demeurées dans l'ovocyte 1

- Le cas 4 correspond à une séparation prématurée, avec une paire de chromatides et une chromatide isolée dans le globule polaire, une seule chromatide étant demeurée dans l'ovocyte 1

b. Les séparations prématurées sont deux fois plus fréquentes que les NDJ1

c. Caryotype d'un embryon conçu avec un ovocyte dans les cinq cas :

- Cas 3, ovocyte normal, le caryotype de l'embryon serait, sauf NDJ2, normal
- Cas 1, ovocyte issu de NDJ1 avec deux paires de chromatides donnant un ovule et un second globule polaire disomiques : le caryotype de l'embryon serait trisomique.
- Cas 5, ovocyte issu de NDJ1 avec aucune paire de chromatide, donnant un ovule et un second globule polaire nullosomiques : le caryotype de l'embryon serait monosomique.
- Cas 2, ovocyte issu de séparation prématurée avec une paire de chromatides et une chromatide isolée, donnant soit un ovule disomique et un second globule polaire monosomique (dans ce cas le caryotype de l'embryon serait trisomique), soit un ovule monosomique et un second globule polaire disomique (dans ce cas le caryotype de l'embryon serait normal).
- Cas 4, ovocyte issu de séparation prématurée avec une chromatide isolée, donnant soit un ovule monosomique et un second globule polaire nullosomique (dans ce cas le caryotype de l'embryon serait normal), soit un ovule nullosomique et un second globule polaire monosomique (dans ce cas le caryotype de l'embryon serait monosomique).

5 L'ANALYSE GÉNÉTIQUE FONCTIONNELLE : COMPLÉMENTATION FONCTIONNELLE ET DOMINANCE-RÉCESSIVITÉ

5.1 La définition fonctionnelle du gène : la découverte de la relation un gène/une enzyme

La fonction du gène, c'est-à-dire son contenu informatif est demeuré mystérieux jusque dans les années 1940, quand des expérimentations, notamment sur des mutants simples (touchés en un seul gène) du métabolisme chez la levure, ont permis de montrer qu'un gène codait pour une chaîne peptidique (le dogme originel « un gène-une enzyme » ayant été rapidement remplacé par la formule plus générale « un gène-une chaîne peptidique »).

La levure, comme tous les microorganismes, est capable d'assurer la biosynthèse de toutes les molécules organiques simples de la biochimie, notamment les acides aminés. Un mutant incapable de produire une telle molécule est dit *auxotrophe*, alors que la souche sauvage, capable de la biosynthétiser est dite *prototrophe*. Un mutant auxotrophe peut néanmoins pousser s'il est mis en culture sur un milieu minimal (une source de carbone et d'azote, et une série d'éléments minéraux) additionné de la molécule qu'il est incapable de produire, mais qu'il va trouver dans ce milieu.

Disposant d'une série de mutants auxotrophes pour un acide aminé (comme l'histidine), les généticiens ont pu montrer que de tels mutants pouvaient aussi pousser sur des milieux minimum additionnés d'un des intermédiaires ou précurseurs de la chaîne de biosynthèse de l'acide aminé.

Le concept de chaîne métabolique gouvernée par l'action des gènes était attesté par plusieurs faits :

- certains mutants, poussant sur un milieu additionné de l'acide aminé terminal, excrétaient une molécule précurseur de celui-ci, ce qui montrait bien que la chaîne était bloquée à l'étape de transformation de ce précurseur-intermédiaire ;
- les différents mutants ne pouvaient pas pousser avec n'importe lequel des précurseurs, ce qui montrait bien qu'ils n'étaient pas bloqués dans la même étape de la chaîne de biosynthèse ;
- certains mutants incapables de pousser avec un précurseur A se révélaient capables de pousser avec un précurseur B, ce qui prouvait que l'ordre de biosynthèse était bien A-B-acide aminé terminal.

Grâce à ce type d'expérimentations les généticiens purent non seulement établir ou préciser les différentes chaînes métaboliques, mais surtout arriver à la conclusion qu'un mutant auxotrophe, muté dans un gène, était, en général, incapable d'assurer une et une seule des étapes d'une chaîne de biosynthèse. De là, ils conclurent que chaque chaîne de biosynthèse était dépendante d'un ensemble de gènes, chacun de ces gènes gouvernant la réalisation d'une étape.

Puis on a montré comment un gène gouvernait une étape d'une chaîne de biosynthèse en montrant que son contenu informatif spécifiait précisément l'enzyme permettant la réalisation de cette étape. La démonstration est venue du fait que certains mutants étaient dépourvus d'une enzyme connue pour intervenir dans la chaîne étudiée. D'autres arguments s'ajoutèrent, notamment grâce aux études des pathologies héréditaires de l'hémoglobine chez l'homme. Dans la plupart des cas, ces pathologies héréditaires résultent de la mutation d'un seul gène (car se transmettant selon un mode mendélien, ségrégation 2×2), et sont caractérisées par la présence d'une hémoglobine anormale dont la chaîne α (ou β, selon les cas) diffère systématiquement de la chaîne normale par un seul et même acide aminé.

Cette observation attestait non seulement l'idée que le gène était bien un message codant une chaîne peptidique (α ou β), mais aussi l'idée que ce type de mutation touchait ponctuellement le message génétique puisque tous les acides aminés, sauf un, étaient correctement spécifiés et ordonnés, ce qui conduisait à l'hypothèse, confirmée par la biologie moléculaire, que le gène spécifie, par sa séquence, la nature et l'ordre des acides aminés du produit peptidique constituant son « produit ».

Depuis cette date le concept de gène est devenu beaucoup plus complexe (chap. 1).

5.2 La complémentation fonctionnelle et le test d'allélisme

La complémentation fonctionnelle est un phénomène qui a permis de comprendre la fonction biochimique du gène car il trouve son explication dans cette fonction. C'est un phénomène résultant du fait qu'un gène code pour une chaîne peptidique, un produit diffusible au sein de la cellule (voire au sein de l'organisme si elle est sécrétée).

D'un point de vue expérimental, la complémentation fonctionnelle permet de comprendre pourquoi et comment le croisement de deux souches mutantes de même phénotype peuvent avoir une descendance de phénotype sauvage, en considérant l'exemple suivant, où il est très important de noter l'enchaînement des étapes expérimentales et leur relation logique.

On dispose de trois souches haploïdes de levure, respectivement notées A, B et C, auxotrophes pour l'histidine, phénotype noté [his$^-$], et de la souche SSR prototrophe pour l'histidine, de phénotype noté [his$^+$]. On souhaite, par l'analyse génétique de ces mutants, entreprendre l'analyse génétique du processus de biosynthèse de l'histidine.

5.2.1 Croisement des mutants par la souche sauvage SSR : test de dominance/récessivité

Le croisement de chacune des souches A, B ou C par la souche SSR, donne des cellules diploïdes de phénotype [his$^+$]. Ce test de dominance montre que les trois phénotypes d'auxotrophie sont récessifs. L'interprétation fonctionnelle du caractère récessif de l'auxotrophie est facile si on considère la fonction d'un gène :

– la souche SSR possède, pour un gène *g*, un allèle fonctionnel, noté g^+, qui lui permet de produire une des enzymes de la chaîne de biosynthèse de l'histidine;
– la souche A est mutée dans ce gène *g*, elle possède un allèle muté, noté g^-, non fonctionnel, soit parce que l'enzyme est absente, soit parce qu'elle est présente, mais non fonctionnelle (tout dépend de l'effet biochimique de la mutation). La chaîne de biosynthèse de l'histidine est alors bloquée au niveau de l'étape gouvernée par l'enzyme résultant de l'expression du gène *g*;
– la souche diploïde, issue du croisement SSR × A, possède deux exemplaires du gène *g*, un exemplaire sauvage g^+ venant du parent SSR et un allèle muté g^- venant du parent A. Cet hétérozygote $g^+//g^-$ peut se schématiser ainsi :

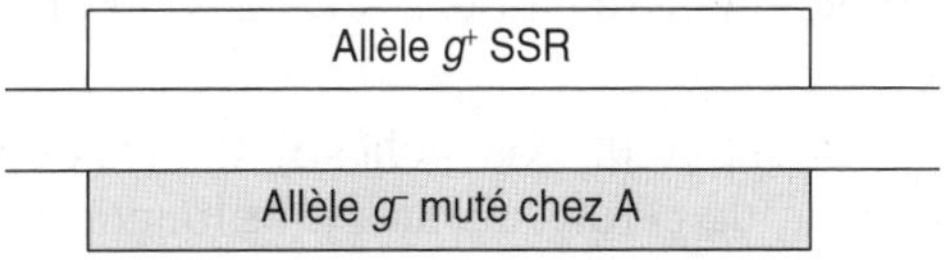

– dans la cellule diploïde, l'expression de l'allèle g^+ du gène *g* conduit à la présence d'une enzyme fonctionnelle permettant de réaliser l'étape bloquée chez le mutant A. Si la quantité produite d'enzyme est suffisante pour que cette étape puisse être réalisée sans problème, la présence de l'allèle muté g^- n'a aucune conséquence phénotypique et le phénotype du diploïde est sauvage [his$^+$]. Il est capable d'assurer la biosynthèse de l'histidine.

L'effet de l'allèle sauvage est dominant s'il compense celui de l'allèle muté (pour plus de détails, voir 5.5).

La même interprétation vaut pour les souches mutantes B ou C, mais rien ne permet de dire que A, B ou C sont mutées dans un même gène ou dans des gènes différents !

Par ailleurs, rien ne permet de dire que A, B ou C ne sont mutées que dans un seul des gènes de la chaîne de biosynthèse, information qui résultera de l'étape suivante de l'analyse génétique.

5.2.2 Analyse génétique de la méiose chez les diploïdes issus du croisement mutant × SSR

Il s'agit ici de tester la ségrégation 2 × 2 des phénotypes [his^+] et [his^-], chez les spores haploïdes résultant de la méiose des diploïdes issus des croisement SSR × mutant.

S'il y a ségrégation 2 × 2 (chap. 2), on peut conclure que la souche mutante ne diffère de la souche sauvage que pour un seul gène, la méiose donnant les proportions attendues dans le cas d'un seul couple d'allèles.

Si la ségrégation n'est pas une ségrégation 2 × 2, on doit conclure que la souche mutante diffère de la souche sauvage pour plus d'un gène (en l'occurrence, elle est bloquée dans plusieurs étapes) et il convient, quand c'est possible, de dénombrer le nombre de gènes mutés, par l'analyse des fréquences des différents phénotypes (chap. 3).

Considérons, dans notre exemple que la ségrégation 2 × 2 étant observée chez les trois types de diploïdes, on puisse conclure que chaque souche A, B ou C n'est mutée que dans un seul des gènes de la chaîne de biosynthèse de l'histidine.

5.2.3 Croisements entre souches mutantes : test de complémentation fonctionnelle et test d'allélisme

Le test de complémentation fonctionnelle est le moyen expérimental qui permet de montrer que deux souches mutantes sont ou ne sont pas mutées dans un même gène, ou dans le même gène, si on a montré par ailleurs que chacune des souches n'était mutée que dans un seul gène (ségrégation 2 × 2 dans un croisement avec la SSR, voir plus haut).

Si on procède au croisement de deux souches mutantes de phénotypes [his^-], on peut s'attendre, compte tenu de ce qu'on sait de la fonction d'un gène et de notre interprétation de la récessivité des phénotypes mutants, à deux résultats possibles :

- soit les deux souches sont mutées dans des gènes différents, alors le phénotype du diploïde issu du croisement entre elles est sauvage [his^+] ;
- soit les deux souches sont mutées dans le même gène, alors le phénotype du diploïde issu du croisement entre elles est muté [his^-].

Ces deux types de résultats sont faciles à comprendre à partir des figures suivantes.

Cas 1. Les souches A et B ne sont pas mutées dans le même gène, A est mutée dans un gène *g* et B est mutée dans un gène *k* (fig. 5.1).

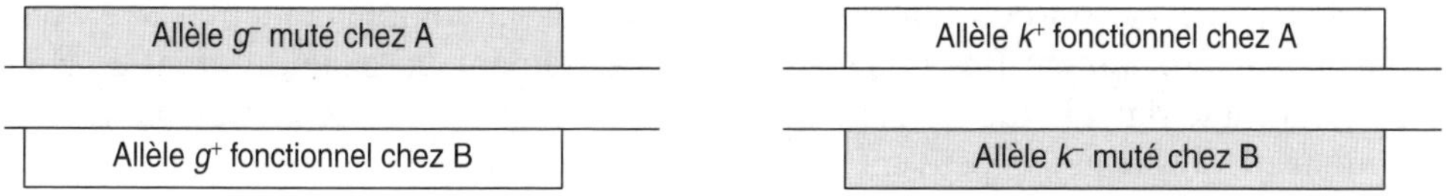

Figure 5.1 Représentation schématique d'un diploïde formé d'apports haploïdes mutés dans deux gènes différents.

Dans la cellule diploïde, l'expression de l'allèle g^+ du gène g conduit à la présence d'une enzyme fonctionnelle permettant de réaliser l'étape bloquée chez le mutant A, comme cela se passait chez le diploïde issu du croisement mutant A × SSR. De même l'expression de l'allèle k^+ du gène k conduit à la présence d'une enzyme fonctionnelle permettant de réaliser l'étape bloquée chez le mutant B, comme cela se passait chez le diploïde issu du croisement mutant B × SSR. Il y a double compensation allélique.

Au total, les deux étapes bloquées, l'une chez A, l'autre chez B, sont désormais réalisables : il y a *complémentation fonctionnelle*. Chacune des souches, étant mutée dans un gène différent, apporte, chez le diploïde issu de leur croisement, la fonction dont l'autre est dépourvue, et le diploïde est alors de phénotype [his^+], contrairement aux deux souches parentales.

D'un point de vue expérimental, l'observation de la complémentation fonctionnelle permet de conclure que les deux souches mutantes étudiées, ici A et B, ne sont pas mutées dans le même gène. Le *test de complémentation fonctionnelle* est donc aussi un *test d'allélisme* puisqu'on peut conclure que les mutations g^- et k^- des souches A et B ne sont pas alléliques car elles ne touchent pas le même gène.

Cas 2. Les souches A et C sont mutées dans le même gène g (fig. 5.2).

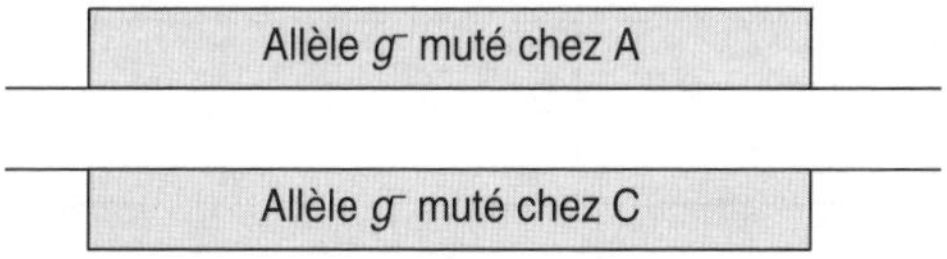

Figure 5.2 Représentation schématique d'un diploïde formé d'apports haploïdes mutés dans le même gène.

Chez ce diploïde, les deux exemplaires du gène g sont mutés et non fonctionnels; il ne peut, pas plus que chacune des souches parentales, réaliser l'étape bloquée par l'absence de l'enzyme codée par le gène g (ou sa présence, mais dans un état non fonctionnel). Il n'y a pas complémentation fonctionnelle parce que les deux souches A et C sont mutées dans le même gène, le diploïde est de phénotype [his^-], comme les souches parentales.

D'un point de vue expérimental, le test de complémentation fonctionnelle est donc aussi un test d'allèlisme puisqu'on peut conclure que les mutations des souches A et B sont alléliques puisqu'elles touchent le même gène.

En conséquence, on doit s'attendre à observer de la complémentation fonctionnelle dans le croisement B × C, puisque A est muté dans un gène différent de B et que A est muté dans le même gène que C. À l'issue d'un test de complémentation fonctionnelle, les résultats peuvent se présenter sous la forme d'un tableau (tabl. 5.1), où la dernière colonne rappelle les résultats du test de dominance, où les signes « – » et « + » indiquent, respectivement, l'incapacité de produire de l'histidine (pas de complémentation fonctionnelle), ou la capacité d'en produire (complémentation fonctionnelle ou compensation allélique).

Tableau 5.1 Tableau de résultats de tests de complémentation et de dominance.

Croisement entre souches	A	B	C	SSR
A	–	+	–	+
B		–	+	+
C			–	+

Remarque 1. L'interprétation précédente n'est valable que parce qu'on sait que chacune des souches A, B ou C n'est mutée que dans un seul gène. Imaginons que C soit un double mutant (pas de ségrégation 2 × 2 chez le diploïde issu de la méiose C × SSR), on pourrait observer d'autres résultats (tabl. 5.2).

Tableau 5.2 Résultat d'un test de complémentation faisant apparaître un double mutant.

Croisement entre souches	A	B	C	SSR
A	–	+	–	+
B		–	–	+
C			–	+

L'interprétation conduirait à considérer que A et C sont mutés dans un même gène (on ne peut pas dire le même gène puisque A est un mutant simple et que C est un mutant double) et que B et C sont aussi mutés dans un même gène, mais différent du précédent, puisque A et B complémentent.

Remarque 2. L'interprétation d'un test de complémentation fonctionnelle n'est possible que pour les croisements entre deux mutants récessifs.

Si parmi des mutants de même phénotype, certains sont dominants (pas de compensation allélique de l'allèle sauvage), ce que permet de déterminer le test de dominance par le croisement avec la SSR, ces mutants dominants ne peuvent donner lieu à aucune analyse fonctionnelle dans des croisements avec d'autres mutants (dominants ou même récessifs). Il suffit de reprendre les figures 5.1 et 5.2 et les raisonnements associés pour voir que le phénotype du diploïde sera toujours muté, que les deux souches parentales soient ou ne soient pas mutées dans le même gène.

C'est pourquoi on a souvent l'habitude, dans un tableau de croisements entre mutants, d'y ajouter les croisements mutant × SSR, ce qui permet d'exclure de l'analyse tout mutant dominant.

Remarque 3. Deux souches mutées dans un même gène, comme A et C dans l'exemple ci-dessus, ne sont pas forcément mutées, ni au même site dans le gène, ni de la même manière (il y a plusieurs types différents de mutation d'un gène, mutation stop ou non-sens, mutation faux-sens, mutation de décalage du cadre de lecture, mutation d'épissage, délétion ou insertion de triplets ou de séquences plus longues, mutation dans le promoteur, etc.).

Deux allèles d'un gène sont dits *homoallèles* quand ils sont porteurs de la même mutation (même site, même type de mutation), deux allèles d'un gène sont dits *hétéroallèles* quand ils sont porteurs de deux mutations différentes de ce gène (mutations du même gène mais en un site différent et/ou d'un type différent).

Mais, dès lors qu'un diploïde est porteur de deux exemplaires mutés non fonctionnels d'un gène, il est, du point de vue fonctionnel, incapable de réaliser l'opération gouvernée par ce gène, que les deux exemplaires soient homoalléliques ou hétéroalléliques.

Un test de complémentation fonctionnelle, s'il permet de conclure que A et B sont mutés dans le même gène, ne permet pas de conclure sur la nature homoallélique ou hétéroallélique des mutations touchant A et B. On peut cependant dire, si les mutants A et B ont été obtenus indépendamment, que la plus grande probabilité est qu'il s'agisse d'hétéroallèles.

Un diploïde porteur de deux hétéroallèles a un génotype dit « hétérozygote composite » et un phénotype muté, puisqu'il n'y a pas de complémentation fonctionnelle entre mutations homo et/ou hétéroalléliques.

5.3 Les groupes de complémentation et le dénombrement des gènes

L'analyse génétique d'un phénomène consiste à dénombrer le nombre de gènes impliqués dans celui-ci, puis à identifier la fonction biochimique de chacun d'entre eux, leurs interactions éventuelles et la régulation de leur expression.

Le dénombrement des gènes impliqués dans un phénomène est l'une des applications du test de complémentation fonctionnelle.

En obtenant le plus grand nombre possible de mutants du phénomène étudié, on diminue le risque de ne pas toucher l'un des gènes impliqués dans celui-ci (à moins que les mutations d'un gène particulier soient létales), puis, en croisant entre eux tous les mutants récessifs, on peut construire des « groupes de complémentation ». Chaque groupe de complémentation est un ensemble de mutants ne complémentant pas entre eux, donc touchés dans un même gène; par conséquent un groupe de complémentation définit un gène en regroupant tous les mutants (récessifs) mutés dans ce gène. Le nombre de groupes de complémentation définis par l'analyse fonctionnelle des croisements entre mutants récessifs du phénomène étudié correspond au nombre minimal de gènes impliqués dans ce phénomène.

Ce nombre de gènes peut être supérieur si on considère que le crible de mutants (chap. 8) n'a pas été assez efficace (aucun mutant pour certains des gènes) ou si des mutants dominants ont été obtenus (ils ne peuvent être rattachés, par test fonctionnel, à aucun groupe de complémentation).

5.4 La complémentation fonctionnelle est un outil de croisement

Croiser des drosophiles est simple, il suffit de les réunir dans un tube et de les laisser faire, croiser des végétaux est souvent plus laborieux puisque l'expérimentateur va devoir récupérer le pollen pour le disperser sur le stigmate de l'ovaire.

Mais comment croiser entre elles des souches d'organismes unicellulaires comme la levure ? En effet, l'ensemencement d'une boîte par deux souches haploïdes (de signe sexuel opposé) va conduire à l'apparition de colonies haploïdes parentales, là où les cellules des deux souches n'ont pas été en contact, et de colonies diploïdes là où le contact a permis la fusion cellulaire, sans aucun moyen de distinguer les colonies diploïdes qu'on recherche des colonies haploïdes parentales qui nous indiffèrent.

C'est ici que la complémentation fonctionnelle se révèle être un outil utile et efficace pour l'expérimentateur. En utilisant deux souches parentales auxotrophes pour des molécules différentes, par exemple la valine pour l'une et le tryptophane pour l'autre, on peut, en les croisant sur milieu minimum, être sûr de ne récupérer que des colonies diploïdes, grâce à la complémentation fonctionnelle dont elles peuvent bénéficier. Les mutations d'auxotrophie des souches parentales sont ici utilisées comme « marqueurs de sélection de diploïdes ».

Ainsi, dans une étude portant sur des mutants [his$^-$], auxotrophes pour l'histidine, tous les mutants [his$^-$], comme la souche SSR [his$^+$] doivent être porteurs de marqueurs de sélection de diploïdes; de ce fait la souche désignée comme SSR est certes « sauvage » pour le phénotype histidine mais obligatoirement mutée pour le (ou les) marqueur(s) de sélection de diploïdes.

5.5 Interprétation fonctionnelle et moléculaire de la dominance et la récessivité

5.5.1 Approche formelle et factorielle de la dominance et de la récessivité

Il est d'usage de croiser un mutant avec une souche de référence, dite sauvage, afin d'observer le phénotype du diploïde qui en est issu. Si ce diploïde présente un phénotype identique à celui du parent sauvage, le phénotype mutant est dit « récessif », si le phénotype est identique à celui du parent mutant, celui-ci est dit « dominant », enfin si le phénotype du diploïde est différent, éventuellement intermédiaire, les phénotypes parentaux sont dits « co-dominants ».

Du fait que les phénotypes observés résultent de l'action, ou de l'inaction (en fait, on ne sait pas), de gènes sous-jacents, l'interprétation factorielle de ces observations phénotypiques conduit à considérer que l'allèle sauvage a, selon les cas, un effet dominant ou récessif par rapport à l'effet de l'allèle muté, de même qu'on jugera de l'effet dominant ou récessif d'un hétéro-allèle vis-à-vis de l'effet d'un autre hétéro-allèle.

Le même type d'approche formelle et factorielle permet de considérer, en génétique médicale que :

- une maladie génétique est dite *récessive* quand sa manifestation exige la présence de deux exemplaires mutés du gène impliqué dans cette maladie. Dans ce cas chacun des deux parents, qui n'est en général pas atteint est dit *porteur sain*; il est hétérozygote, porteur d'un exemplaire fonctionnel non muté du gène et d'un exemplaire muté, celui qu'il a transmis à son enfant atteint, conjointement avec la transmission de l'exemplaire muté de l'autre parent;
- une maladie génétique est dite *dominante* quand la présence d'un seul exemplaire muté du gène impliqué dans la maladie suffit à sa manifestation; *a fortiori* quand les deux exemplaires sont mutés la maladie est présente, mais peut, dans certains cas, revêtir une forme plus grave, voire différente.

Dans le cas où l'individu atteint n'est porteur que d'un seul exemplaire muté du gène (cas de loin le plus courant), cet exemplaire muté a été transmis par l'un des deux parents, qui est lui-même atteint puisqu'il suffit d'avoir un seul exemplaire muté pour l'être, de sorte que tout individu atteint a, en amont, l'un de ses deux parents atteints, et, en aval, la moitié de ses enfants atteints.

Cela suppose néanmoins que la maladie dominante soit compatible avec la vie et la reproduction, ou bien qu'elle est mortelle mais ne survient que tardivement dans la vie (ce qui est les cas de la plupart des maladies neuro-dégénératives).

Il peut arriver cependant qu'aucun des deux parents ne soit atteint, observation qui présente alors deux interprétations :

- soit l'enfant atteint est porteur d'une mutation *de novo*, apparue dans la lignée germinale de l'un des deux parents;
- soit l'un des deux parents est porteur de la mutation mais ne présente pas la maladie car la présence d'un allèle muté du gène n'est pathogène que sous différentes autres conditions génétiques et/ou environnementales, conditions qui sont réunies chez l'enfant et mais non chez le parent porteur. On dit, dans ce cas, que la maladie a une *pénétrance incomplète*, c'est-à-dire que la probabilité de manifestation, sachant que la mutation pathogène est présente, est inférieure à 1. Si la présence d'un exemplaire muté suffit, quel que soit le contexte, à la manifestation de la maladie, on dit que la maladie a une *pénétrance complète*.

Mais une interprétation factorielle n'est pas une interprétation fonctionnelle car elle ne préjuge ni de l'action ni de l'inaction de l'allèle muté puisqu'on ne sait pas s'il s'agit d'une perte ou d'un gain de fonction. Ainsi, dans l'analyse génétique formelle, celle de Mendel ou des généticiens du début du XXe, on ne fait que « constater » la dominance ou la récessivité des phénotypes (ou des allèles au sein d'un génotype diploïde) sans lui apporter d'interprétation fonctionnelle puisque le gène est encore à ce moment une boîte noire.

Avec la mise en évidence de la fonction du gène, puis le développement de la biologie cellulaire et moléculaire, les phénomènes de dominance et de récessivité sont devenus compréhensibles dans leur causalité fonctionnelle.

5.5.2 Les différentes mutations possibles d'un gène et leurs conséquences fonctionnelles

a) Distinction entre mutations de perte de fonction ou de gain de fonction

La modification de l'information génétique portée par un gène peut avoir deux types antagoniques de conséquences fonctionnelles :

- soit il s'agit d'une *mutation de perte de fonction*, par effet quantitatif (sous-expression conduisant à moins ou pas de produit du gène) ou par effet qualitatif (un produit moins actif, voire inactif) ;
- soit il s'agit d'une *mutation de gain de fonction*, par effet quantitatif (sur-expression conduisant à plus de produit du gène) ou par effet qualitatif (produit plus actif), ou par formation d'un produit muté doué d'une nouvelle propriété physico-chimique et biologique, qui remplace l'activité antérieure ou s'ajoute à elle (par exemple toxicité dans certaines pathologies dominantes) ou par expression ectopique (autre tissu ou autre moment du cycle vital).

b) Distinction entre mutation ponctuelle et non ponctuelle

La mutation ponctuelle d'un gène est une modification locale de sa séquence d'ADN par substitution d'une paire de base par une autre (SNP : *Single Nucleotide Polymorphism*) ou par délétion ou insertion d'une, deux ou trois paires de bases. Une mutation ponctuelle peut par conséquent conduire à une modification de l'information génétique portée par ce gène. Cette nouvelle version du gène constitue de toute façon, qu'elle ait ou non une conséquence phénotypique, un allèle différent de l'allèle d'origine.

Les mutations non ponctuelles d'un gène correspondent soit à des délétions, notamment à l'issue de mutations chromosomiques par CO (méiotique ou mitotique ou interphasique), soit à des insertions, notamment des séquences rétrovirales ou de type transposon, soit à l'amplification d'une courte séquence répétée, en général un triplet. Dans les deux premiers cas, elles conduisent principalement à des pertes de fonction des gènes concernés, dans le troisième cas, il s'agit souvent de gain de fonction, notamment quand le triplet répété est dans une séquence codante (maladie de Huntington).

c) Les différents types de mutations ponctuelles du gène

La figure 5.3, en rappelant que le gène est constitué d'un ensemble de séquences emboîtées dont la séquence codante n'est que la séquence centrale, précise comment des mutations ponctuelles affectant diverses séquences peuvent avoir des conséquences quantitatives ou qualitatives associées à une perte ou un gain de fonction. On peut noter cependant que muter un gène, comme le fait de toucher un édifice complexe, conduit le plus souvent, en probabilité, à une perte de fonction plutôt qu'à un gain.

Bien évidemment, seules les mutations affectant la séquence codante touchent la chaîne peptidique et se traduisent par un effet qualitatif; il faut cependant leur adjoindre certaines mutations d'épissage qui, plutôt que de bloquer l'épissage (perte de fonction) peuvent générer un *épissage alternatif* conduisant à une chaîne peptidique anormale (avec éventuellement gain de fonction).

NB : les séquences 5′UTR (*Untranslated*) et 3′UTR sont les séquences transcrites, présentes sur le messager, mais non traduites, en amont du codon AUG ou en aval du codon STOP. Elles ont une fonction biologique puisque la mutation de certaines peut avoir des effets phénotypiques (dystrophie mytonique).

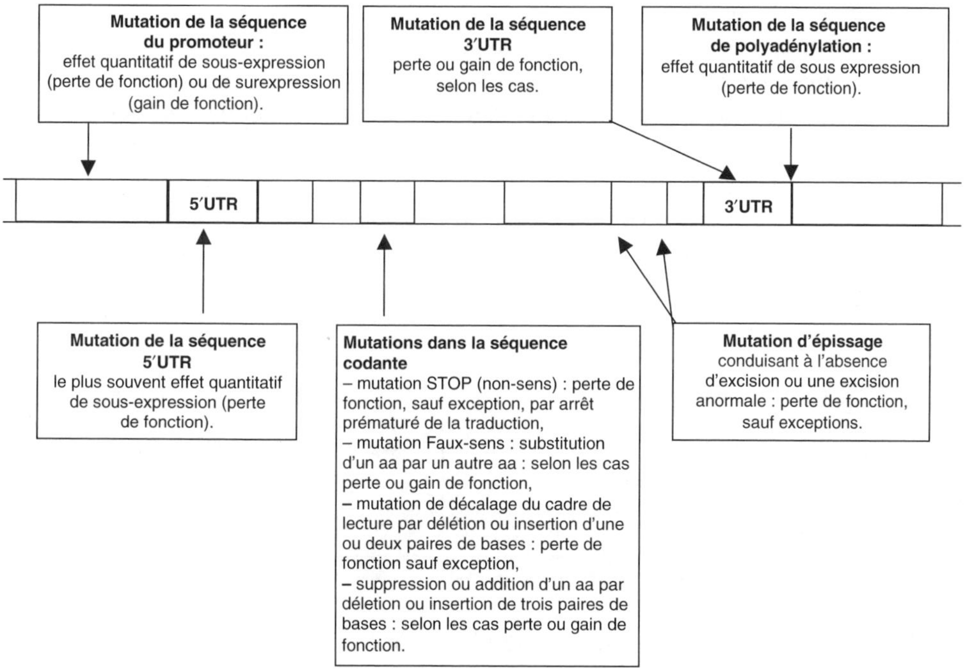

Figure 5.3

Remarque. Les gains de fonction sont une des bases de l'évolution génétique sous jacente à l'évolution des espèces. Si la fonction du gène muté est modifiée, la fonction antérieure peut être conservée si ce gène existait préalablement en deux copies identiques, ce qui est possible car il existe un mécanisme, le crossing-over inégal, par lequel un gène peut se trouver dupliqué en tandem sur un chromosome; c'est ainsi que se sont formées les familles des gènes α et β conduisant à la synthèse des différents types d'hémoglobines. On peut alors envisager des mutations survenant sur l'une des copies du gène, sans risque de faire perdre la fonction du gène qui reste assurée par la copie non mutée.

d) Les différents types de mutations non ponctuelles du gène

➤ Les triplets répétés

Il s'agit d'une classe de mutations tout à fait particulière dont l'existence et les effets pathologiques n'ont été observés que chez l'homme (pour l'instant). Dans tous les cas il s'agit d'une séquence d'un triplet répété dont la taille (le nombre de répétitions du triplet) est variable et comprise dans une fourchette formant ainsi un polymorphisme multi-allélique de type STR (*Short Tandem Repeats*) encore appelé microsatellite. Bien que stable à la réplication, un STR peut, si sa longueur atteint ou dépasse un certain multiple, à la suite d'une mutation ou de processus encore à l'étude, devenir très instable sur le plan réplicatif et être alors sujet à des variations de grande ampleur, contraction ou amplification. Dans un certain nombre de cas, l'expansion d'un triplet répété a un effet pathogène responsable des maladies à triplets (tableau 5.3). Cet effet pathogène est dominant dans toutes les maladies dites « à triplets » exceptée la maladie de Friedrich, le cas des maladies liées à l'X étant plus complexe, du fait de l'interaction entre l'effet pathogène et l'inactivation de l'X, dans le sexe féminin.

Tableau 5.3 Les maladies à triplets.

Maladie	Localisation	Triplet	Taille normale	Taille prémutée	Taille pathogène	Effet pathologique
X-fragile	5'UTR	CGG	6-52	59-230	230-2 000	inactivation du gène par hyperméthylation induite du promoteur et absence de transcription
Maladie de Huntington	séquence codante	CAG	10-34	36-39	40-121	expansion toxique d'un domaine poly-glutamine
Ataxie spino-cérebelleuse type 1 : SCA1	séquence codante	CAG	6-39		40-81	expansion toxique d'un domaine poly-glutamine
SCA2	séquence codante	CAG	14-31		34-59	expansion toxique d'un domaine poly-glutamine

Maladie	Localisation	Triplet	Taille normale	Taille prémutée	Taille pathogène	Effet pathologique
SCA3 (Machado-Joseph)	séquence codante	CAG	13-44		60-84	expansion toxique d'un domaine poly-glutamine
SCA6	séquence codante	CAG	4-18		21-28	expansion toxique d'un domaine poly-glutamine
SCA7	séquence codante	CAG	7-17		38-130	expansion toxique d'un domaine poly-glutamine
DRPLA	séquence codante	CAG	7-25		49-75	expansion toxique d'un domaine poly-glutamine
Dystrophie myotonique	3'UTR	CTG	5-37	50-80	80-1 000	interaction toxique avec protéines de liaison aux messagers
Ataxie de Freidrich	séquence intronique	GAA	6-29	34-40	200-900	bloque la transcription donc l'expression du gène (effet récessif)

Selon les cas la séquence répétée est située dans la séquence 5'UTR, entre le promoteur et la séquence codante (syndrome de l'X-fragile : la mutation pathogène entraîne l'extinction du gène), dans la séquence codante (maladie de Huntington, ataxies spino-cérebelleuses : l'expansion du CAG entraîne l'expansion toxique d'un domaine poly-glutamine sur la protéine), dans la partie 3′ non codante de l'ARNm (dystrophie myotonique : effet pathologique en cours d'étude), dans un intron (maladie de Friedrich : l'expansion du GAA provoque l'extinction du gène par blocage de la transcription par formation d'un complexe entre les quatre brins d'ADN, ce qui explique le caractère récessif de son effet).

Ces mutations sont des mutations « dynamiques » à l'origine du phénomène d'« anticipation génique » qui est caractérisé par la progression au cours des générations de la gravité du phénotype (signes cliniques et âge de début des signes) en raison de l'amplification de la séquence lors de sa transmission.

➤ Les insertions d'éléments mobiles

Les insertions d'éléments mobiles, comme les rétrovirus, peuvent inactiver un gène ou déréguler son expression selon leur site d'insertion ; c'est pourquoi certains virus comme le HBV peuvent induire des tumeurs dans le tissu hépatique infecté.

➤ Les macromutations

Elles résultent d'accidents majeurs de la réplication ou de la recombinaison par *crossing-over* conduisant, selon les cas, à des délétions d'un ou plusieurs gènes, parfois à leur duplication (crossing-over inégal), et aux diverses anomalies de structures des chromosomes (translocations, inversions, délétions, duplication, fusions centriques).

5.5.3 Interprétation fonctionnelle et moléculaire de la dominance et la récessivité

Seule l'analyse moléculaire du gène ou de son produit, dans leurs diverses formes alléliques, en rapport avec la fonction du gène et les phénotypes associés, permet une approche fonctionnelle de l'effet des mutations et une interprétation des effets de dominance et de récessivité.

Pour illustrer cette démarche, on prendra tous les exemples dans la pathologie humaine où il est possible d'observer les quatre cas possibles (tableau 5.4) des mutations de perte de fonction responsables d'un phénotype récessif ou dominant, puis des mutations de gain de fonction, responsable d'un phénotype récessif ou dominant.

- Si la mutation est une perte de fonction (absence de produit ou produit inactif), le phénotype muté peut être récessif, soit parce que l'effet de l'allèle sauvage chez le diploïde hétérozygote « compense » totalement l'absence d'effet de l'allèle muté, c'est le cas pour certaines mutations de perte de fonction concernant des gènes dont l'expression est régulée avec précision (mutations thalassémiques dans le gène β de l'hémoglobine) ; soit parce que l'effet de l'allèle sauvage fonctionnel est haplo-suffisant et que 50 % de la quantité normale de produit suffit largement à assurer une physiologie normale et conduit donc à un phénotype sauvage (cas de la plupart des pertes de fonction de gènes du métabolisme).
- Si la mutation est une perte de fonction (absence de produit ou produit inactif), le phénotype muté peut être dominant pour plusieurs causes fonctionnelles possibles. Le phénotype muté est dominant quand l'effet de l'allèle sauvage, chez le diploïde hétérozygote, ne peut pas « compenser » totalement l'absence d'effet de l'allèle muté. On dit alors qu'il y a *dominance par haplo-insuffisance ;* cette haplo-insuffisance (il n'y a qu'un seul gène actif sur les deux) ne permet pas à la cellule, au tissu, à l'organisme d'avoir la quantité suffisante de produit du gène pour assurer la fonction de celui-ci ; c'est le cas notamment pour les diabètes de type MODY, ou les hypercholestérolémies familiales. On peut d'ailleurs remarquer que la maladie est presque toujours plus grave chez les homozygotes porteurs d'une mutation dominante par haplo-insuffisance, par exemple les hypercholestérolémies, ce qui est en accord avec le fait que le phénotype résulte d'un effet dose du produit codé par le gène impliqué.

Cas particulier. Le phénotype muté peut « paraître » dominant parce que sa transmission est associée à la transmission d'une perte de fonction récessive mais que l'organisme va, dans le cours de son développement, perdre la copie haplo-suffisante dans certains sous clones somatiques ; ces sous clones seront alors porteurs de deux copies non fonctionnelles du gène et à l'origine du phénotype muté de l'organisme (cas des formes héréditaires de cancers).

Remarque. Ce dernier cas montre qu'il est abusif de considérer qu'un phénotype dominant serait associé à une mutation dont l'effet serait dominant sur celui de l'allèle sauvage.

– Si la mutation est un gain de fonction, un produit muté du gène est présent. Si le phénotype associé est récessif, il faut alors considérer que l'effet de l'allèle sauvage (plutôt du produit de cet allèle) chez l'hétérozygote « masque » l'effet du produit muté ; c'est le cas de la mutation drépanocytaire (voir plus loin).

Remarque. Ce dernier exemple montre qu'il est abusif de considérer qu'un phénotype récessif serait associé à « un allèle muté qui ne s'exprimerait pas ». Au contraire, dans cet exemple, l'allèle drépanocytaire n'est pas une perte de fonction et il s'exprime, mais son expression n'est pas perceptible au niveau du phénotype étudié, les effets cliniques.

– Si la mutation est un gain de fonction, un produit muté du gène est présent. Si le phénotype est dominant, on peut considérer que son action spécifique s'impose face à celle du produit sauvage, notamment quand cette action est toxique sur la cellule, le tissu ou l'organisme, et que le produit sauvage codé par l'autre allèle n'est pas en mesure de contrecarrer l'effet du produit muté, soit pour des raisons quantitatives, soit pour des raisons qualitatives. Ce cas correspond à toutes les maladies neuro-dégénératives (Huntington, ataxies spino-cérébelleuses, vraisemblablement Alzheimer) ou la Dystrophie myotonique. On dit alors le phénotype muté est dominant par « effet dominant négatif » de la mutation sur l'effet de l'allèle sauvage.

Remarque 1. Dominance ou récessivité d'un phénotype mutant ne sont donc que statistiquement associés au fait que la mutation responsable soit un gain ou une perte de fonction. Si on observe fréquemment que les mutations de perte de fonction dans certains gènes ont un effet récessif vis-à-vis de l'effet du gène sauvage, il arrive aussi assez souvent, dans d'autres gènes, qu'elles puissent être responsables d'un phénotype mutant « dominant » par haplo-insuffisance de la copie sauvage du gène (en fait, il y a plutôt co-dominance car si l'hétérozygote est de phénotype mutant, l'homozygote muté peut présenter un phénotype muté beaucoup plus marqué ou grave). Inversement, si de nombreuses maladies dominantes résultent de l'effet « dominant négatif » d'un allèle muté sur l'effet de l'allèle sauvage, on ne doit pas négliger l'existence de maladies (ou de trait) récessives associées à des mutations de gain de fonction.

Remarque 2. Il faut rappeler que la dominance et la récessivité sont des attributs du phénotype et que c'est par un abus de langage qu'on parle de mutation dominante ou récessive :

- d'une part, quand on dit cela, on sous-entend que c'est par rapport à l'allèle sauvage, car un génotype $\beta^0//\beta^S$ aura un phénotype drépanocytaire, ce qui signifie que l'allèle β^S qui est récessif vis-à-vis de β^A, pour le phénotype maladie, est dominant vis-à-vis de β^0;

TABLEAU 5.4 EXEMPLES DES PATHOLOGIES HUMAINES.

Les mutations de perte de fonction ont le plus souvent un effet récessif vis-à-vis de celui de l'allèle normal alors que les mutations de gain de fonction ont le plus souvent un effet dominant, mais cette règle n'est que statistique et des maladies dominantes peuvent être associées à des pertes de fonction alors que certaines maladies récessives sont associées à des gains de fonction.

Maladie avec un mode de transmission	**Mutations de**	
	perte de fonction	**gain de fonction**
Récessif (effet de l'allèle muté récessif vis-à-vis de celui de l'allèle « normal »)	– gène β de l'hémoglobine : β-thalassémie. – mucoviscidose, phénylcétonurie, – hémophilie, Myopathie de Duchenne. *Explication physiologique* – soit par haplo-suffisance : 50 % de la quantité de produit étant suffisant pour avoir un phénotype sain, – soit par compensation allélique : l'allèle normal compense partiellement ou totalement la déficience de l'allèle muté par surtranscription.	– gène β de l'hémoglobine : Drépanocytose. *Explication physiologique* par effet de dilution, chez les porteurs sains, de l'hémoglobine HbS qui ne peut polymériser facilement dans le mélange hétérogène formé avec l'hémoglobine HbA.
Dominant (effet de l'allèle muté dominant vis-à-vis de celui de l'allèle « normal »)	– Hypercholéstérolémie familiale; Diabète de type MODY. – Syndrome de l'X fragile. – Cancers héréditaires du sein, de l'intestin, de la rétine (rétinoblastome). *Explication physiologique* par effet d'haplo-insuffisance : – soit que l'allèle normal ne compense pas la déficience de l'allèle muté et que 50 % de produit fonctionnel est insuffisant pour assurer un phénotype sain, – soit que l'allèle normal subit l'inactivation d'un des deux chromosomes X, – soit que l'allèle normal, haplo-suffisant, subit une mutation somatique de perte de fonction dans un sous-clone cellulaire.	– gène β de l'hémoglobine : Anémies hémolytiques par instabilité de l'hémoglobine, formes dominantes rares de drépanocytose. – Maladie de Huntington, Dystrophie myotonique, Ataxies spinocérebelleuses. – Hyperaldostéronémie (gène 11β hydroxylase). *Explication physiologique* – par effet de surproduction (gène 11β hydroxylase), – par effet dominant négatif de l'allèle muté sur celui de l'allèle sauvage, car il code pour un produit toxique qui entre en compétition ou en interaction avec le produit sauvage et bloque son action.

➤ d'autre part, quand on dit cela, on se réfère à un caractère particulier avec un crible phénotypique, car l'analyse des mêmes allèles dans un autre caractère peut changer leur relation de dominance. Par exemple, pour les phénotypes électrophorétiques des dimères αβ issus de l'hémoglobine en solution aqueuse, les trois génotypes $\beta^A//\beta^A$, $\beta^S//\beta^S$, $\beta^A//\beta^S$ présentent trois phénotypes différents, respectivement une bande rapide, une bande lente, les deux bandes, ce qui signifie, que pour le caractère de mobilité électrophorétique, les deux allèles sont codominants.

À retenir

- Le déterminisme d'un caractère dépend, sauf exception de plusieurs gènes, et des mutants dans un seul de ces gènes peuvent présenter un même phénotype muté de ce caractère.
- On montre que le croisement de deux mutants de même phénotype, à condition qu'ils soient récessifs vis-à-vis du phénotype sauvage, permet de savoir s'ils sont mutés dans un même gène, auquel cas le phénotype du diploïde issu du croisement est muté, ou s'ils sont mutés dans des gènes différents, auquel cas le phénotype du diploïde issu du croisement est sauvage par **complémentation fonctionnelle**.
- Ce test de complémentation ou de non-complémentation fonctionnelle entre mutants récessifs de même phénotype, permet de les répartir dans des **groupes de complémentation**, chacun de ces groupes représentant un des gènes différents impliqués dans le caractère étudié.
- La complémentation fonctionnelle est utilisée pour sélectionner sur une boîte de milieu minimum les diploïdes issus d'un croisement entre souches haploïdes de levures porteuses de mutations différentes d'auxotrophie (récessives vis-à-vis de leurs allèles sauvages respectifs), servant ainsi de **marqueurs de sélection des diploïdes**.
- Une **mutation de perte de fonction d'un gène** affecte le produit du gène si elle touche sa séquence codante, celui-ci étant moins actif ou inactif, ou la quantité de produit de ce gène si celui-ci est sous-exprimé.
- Une **mutation de gain de fonction d'un gène** affecte le produit du gène si elle touche sa séquence codante, celui-ci étant plus actif ou présentant de nouvelles propriétés biologiques, éventuellement toxique, ou la quantité de produit de ce gène si celui-ci est surexprimé ou seulement exprimé dans un tissu ou à une étape du développement où il n'est pas censé s'exprimer.
- L'effet d'une mutation de gain de fonction d'un gène est le plus souvent dominant sur l'effet de l'allèle sauvage. L'effet d'une mutation de perte de fonction peut être récessif vis-à-vis de l'effet de l'allèle sauvage si celui-ci est **haplo-suffisant** ou si il y a **compensation allélique**, et il peut être dominant si l'allèle sauvage est **haplo-insuffisant**. Il existe de nombreuses situations physiologiques particulières affectant la dominance ou la récessivité de l'effet d'une mutation vis-à-vis de son homologue sauvage.

Exercices

5.1 **Niveau Licence/Définition des objectifs**

- Maîtriser la réalisation et l'interprétation du test de complémentation fonctionnelle.
- Rapporter ses résultats à ceux acquis dans l'analyse de la ségrégation.

On dispose de deux souches de levure, l'une de phénotype [mat a, ura^-] auxotrophe pour l'uracile, l'autre de phénotype [mat α, gal^-], incapable de consommer le galactose. On sait que les phénotypes mutés de ces deux souches sont récessifs.

Question 1.

Quelle sera la composition du milieu de culture de chacun des deux mutants, du tube de croisement et de la boîte de sélection des diploïdes ? Justifiez vos réponses.

Question 2.

À partir de la souche [mat a, ura^-], on a obtenu une série de 10 mutants auxotrophes pour l'histidine, nommés m1 à m10. L'étude de mutants m1 à m8 a montré qu'il s'agissait de mutants récessifs, différant de la souche sauvage pour un seul gène.

Comment s'y est-on pris pour démontrer cela avec le matériel dont nous disposons ?

Il convient donc de définir le protocole expérimental suivi (les croisements, les milieux des boîtes de croisement ou de recueil des spores, les boîtes de repiquage) et de préciser, à chaque étape les observations, qualitatives et/ou quantitatives, qui justifient les conclusions rapportées.

Question 3.

L'analyse du mutant m9 a montré qu'il s'agissait d'un mutant récessif affecté dans deux gènes indépendants. Précisez, sans le reprendre point par point, à quelle(s) étape(s) du protocole de la question 2, une (ou des) observation(s) particulière(s) permettent de conclure pour ce mutant m9.

Question 4.

L'analyse du mutant m10 a montré qu'il s'agissait d'un mutant dominant affecté dans un seul gène. Précisez, sans le reprendre point par point, à quelle(s) étape(s) du protocole de la question 2, une (ou des) observation(s) particulière(s) permettent de conclure pour ce mutant m10.

Question 5.

On réalise les croisements entre mutants en utilisant des spores issues des croisements précédents et porteuses du signe sexuel adéquat ainsi que des marqueurs de sélection des diploïdes nécessaires. On obtient les résultats suivants :

	m1	m2	m3	m4	m5	m6	m7	m8	m9
m1	–	+	+	+	–	+	+	–	+
m2		–	+	–	+	+	+	+	+
m3			–	+	+	+	+	+	+
m4				–	+	+	+	+	+
m5					–	+	+	–	+
m6						–	+	+	–
m7							–	+	–
m8								–	+
m9									–

Quelles sont les conclusions génétiques qui découlent de l'analyse de ce tableau ? Sont-elles cohérentes avec les informations recueillies auparavant ?

5.2 Niveau Licence (L1, L2)/Définition des objectifs.

- Maîtriser l'interprétation fonctionnelle de la compensation allélique et de la complémentation fonctionnelle.
- Comprendre l'effet de la position d'un gène (de son produit) dans une chaîne sur le phénotype.

Chez *Lathyrus odoratus*, on connaît trois enzymes Ea, Eb et Ec, respectivement produits des gènes *A*, *B* et *C*, qui gouvernent la synthèse de l'antocyane, le pigment pourpre des pétales, selon la réaction (on sait qu'en absence de pigments, les fleurs sont blanches) :

précurseur organique sans couleur —(Ea)→ intermédiaire X sans couleur —(Eb)→ pigment bleu —(Ec)→ pigment pourpre

1. Quelle sera la couleur des fleurs dans une souche pure dépourvue d'une des trois activités ? (Les trois souches pures sont appelées a, b et c).

2. On croise chacune des souches a, b ou c avec la souche pure sauvage, on observe des descendants F1 aux fleurs pourpres. Interprétez.

3. On croise chacune des souches mutantes a, b et c entre elles. Quelle sera la couleur des fleurs en F1 ?

4. On découvre une nouvelle variété aux fleurs blanches, appelée d qui, croisée avec la souche sauvage ou les souches a, b ou c, donne des F1 aux fleurs pourpres. Concluez.

5. Aurait-on pu répondre à la question précédente en l'absence du résultat du croisement entre la souche d et la souche sauvage ?

6. Il est facile d'injecter, à l'ouverture du bourgeon floral, un extrait purifié du pigment bleu ou de l'intermédiaire X sans couleur.

a. Quelle serait la couleur des fleurs chez un individu c, ayant reçu un extrait de pigment bleu ; de produit X ?

b. Quelle serait la couleur des fleurs chez un individu b, ayant reçu un extrait de pigment bleu ; de produit X ?

c. On injecte le produit X dans le bourgeon floral d'un individu d, les fleurs sont blanches. Concluez.

5.3 **Niveau Licence (L1, L2)/Définition des objectifs.**

- Maîtriser l'interprétation d'un tableau de résultat d'un test de complémentation fonctionnelle.
- Définir la position d'un gène (de son produit) dans une chaîne.

On a obtenu, par mutagenèse d'une souche haploïde sauvage (SSR) de la levure *Saccharomyces cerevisiae*, onze mutants indépendants, auxotrophes pour le tryptophane.

1. Les onze mutants, croisés par la souche SSR, donnent des diploïdes poussant sur milieu minimum avec ou sans tryptophane. Interprétez.

2. Les onze mutants sont croisés entre eux, sur un milieu additionné de tryptophane, et donnent des diploïdes dont on teste le phénotype en les répliquant sur milieu minimum Mo.

a. Justifiez ce protocole de croisement et de réplique.

b. À partir des observations (tabl. 5.5) définissez les groupes de complémentation réunissant les mutants ne complémentant pas entre eux.

Tableau 5.5 Croisements de mutants entre eux.
« + » signifie que le diploïde repiqué sur Mo est capable de croître et « – » qu'il en est incapable.

Mutants	m1	m2	m3	m4	m5	m6	m7	m8	m9	m10	m11
m1	–	+	–	+	+	+	+	+	+	+	+
m2		–	+	+	+	+	+	+	+	+	+
m3			–	+	+	+	+	+	+	+	+
m4				–	+	+	+	+	+	–	+
m5					–	+	+	–	+	+	+
m6						–	+	+	+	+	+
m7							–	+	+	–	+
m8								–	+	+	+
m9									–	+	–
m10										–	+
m11											–

c. Quelles interprétations simples peut-on formuler pour le mutant m10 ?

d. Quel est le moyen de vérifier laquelle correspond à la réalité ? (question facultative.)

3. On dispose de boîtes de Pétri de milieu minimum avec très peu de tryptophane (juste assez pour assurer une très faible croissance de mutants auxotrophes, ne conduisant pas, normalement, à la formation d'un tapis cellulaire dense). On ensemence une telle boîte avec des cellules de trois souches m1, m2 et m4, et on obtient les résultats indiqués sur la figure 5.4, sachant que les produits accumulés par le blocage d'une chaîne de biosynthèse sont capables de diffuser dans le milieu, dans quel ordre les gènes interviennent-ils dans la chaîne de biosynthèse ?

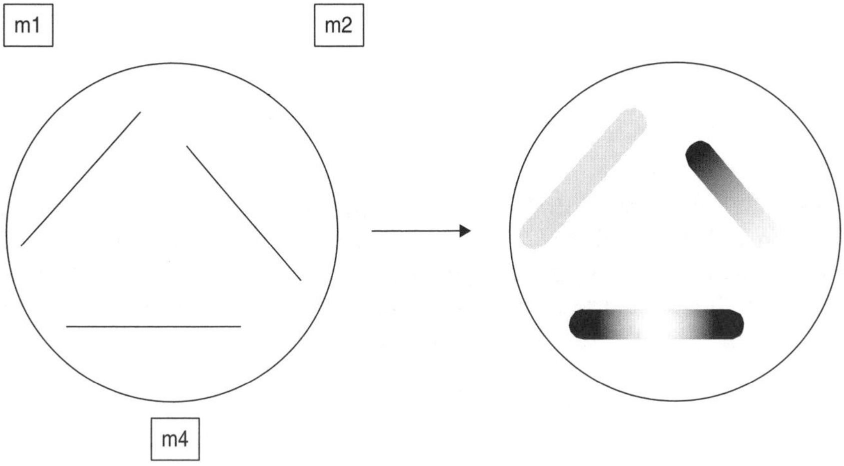

Figure 5.4 État de la boîte à l'étalement (à gauche); après quelques jours (à droite).

5.4 Niveau Licence (L1, L2)/Définition des objectifs.

> Mettre en relation les résultats d'un test génétique de complémentation fonctionnelle et ceux de tests biochimiques d'activité enzymatique ou trophiques de croissance sur des milieux supplémentés.

On a obtenu, par mutagenèse d'une souche haploïde sauvage (SSR) de la levure *Saccharomyces cerevisiae*, quinze mutants indépendants, auxotrophes pour l'uracile. Un test de complémentation fonctionnelle a permis de répartir ces mutants en 5 groupes de complémentation (1, 9, 11, 14, 15), (2, 10), (3, 5, 6, 13), (4, 7, 15) et (8, 12).

Par ailleurs, des études biochimiques ont permis de définir la chaîne de biosynthèse de l'uracile, sous forme d'UTP, avec les principaux intermédiaires et les activités enzymatiques associées aux différentes transformations, selon la figure 5.5.

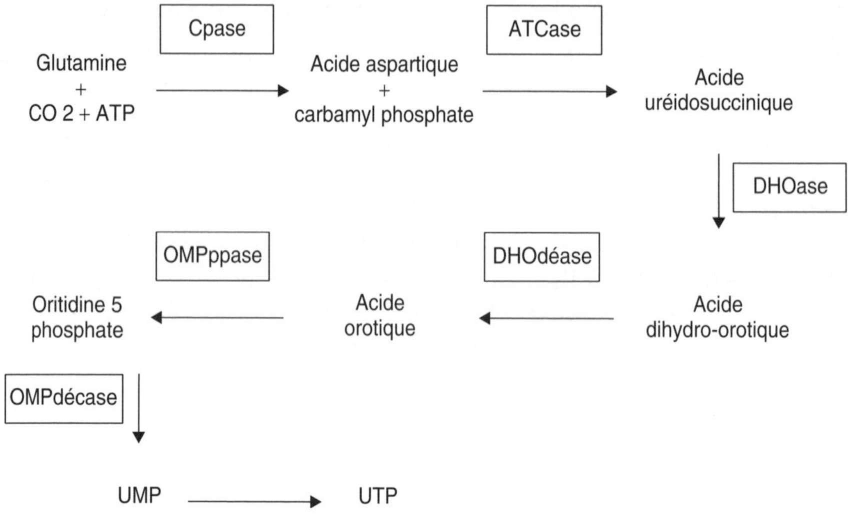

Figure 5.5.

1. Les souches mutantes 1, 2, 3, 4, 8 et 15 ont été mises à croître sur milieu minimum ou milieu additionné d'un des métabolites intermédiaires de la chaîne présentée ci-dessus. Vous interprétez, le plus complètement possible, ces résultats (tabl. 5.6) en indiquant dans quel(s) gène(s) chaque mutant est touché, particulièrement pour les mutants 1 et 15, compte tenu de la définition des groupes de complémentation.

TABLEAU 5.6.
Capacité de croissance des souches en présence d'un intermédiaire.
« + » indique la présence et « – » l'absence de colonies.

Souche	M_0	+ Carbamyl phosphate	+ Acide uréido-succinique	+ Acide dihydro-orotique	+ Acide orotique	+ Uracile
1	–	–	+	+	+	+
2	–	–	–	–	–	+
3	–	–	–	–	+	+
4	–	+	+	+	+	+
8	–	–	–	+	+	+
15	–	–	+	+	+	+
SSR	+	+	+	+	+	+

NB : en réalité ces différents produits intermédiaires, sauf l'uracile, ne peuvent pénétrer dans la cellule. On imaginera, pour le problème qu'ils le peuvent…

2. Il est possible de tester dans un extrait acellulaire plusieurs des activités enzymatiques impliquées dans cette chaîne de biosynthèse (tabl. 5.7). Concluez.

TABLEAU 5.7 TEST DES ACTIVITÉS ENZYMATIQUES.
« + » indique une activité décelable.

Souche étudiée	Cpase	ATCase	DHOase	DHOdéase	OMPdécase
1	+	–	+	+	+
2	+	+	+	+	+
3	+	+	+	–	+
4	–	+	+	+	+
8	+	+	–	+	+
15	–	–	+	+	+
SSR	+	+	+	+	+

5.5 **Niveau Licence (L1, L2)/Définition des objectifs.**

- Maîtriser l'interprétation d'un tableau de résultat d'un test de complémentation fonctionnelle.
- Comprendre le rôle des marqueurs de sélection des diploïdes et la contrainte du signe sexuel nécessitant la construction de souches aptes à la réalisation des croisements.

On se propose d'étudier, chez la levure *Saccharomyces cerevisiae*, des mutants de phénotype [gal$^-$] incapables de métaboliser le galactose.

On dispose, pour cela, de deux souches haploïdes, A de signe sexuel a et de phénotype [gal$^+$; val$^-$], auxotrophe pour la valine (val), et B de signe sexuel α et de phénotype [gal$^+$; trp$^-$] auxotrophe pour le tryptophane (trp). On obtient, par mutagenèse, des mutants [gal$^-$], dont on vérifie qu'ils sont restés [val$^-$] ou [trp$^-$], ces deux phénotypes étant récessifs par rapport à sauvage.

On dispose ainsi de quatre mutants indépendants à partir de la souche A, notés A1, A2, A3 et A4, et de quatre mutants indépendants à partir de la souche B, notés B1, B2, B3 et B4.

On croise ces mutants entre eux ou avec une des deux souches A ou B, puis on teste la capacité des diploïdes à pousser sur galactose.

1. Précisez le milieu du tube de croisement et celui de la boîte de sélection des diploïdes. Justifiez votre réponse.

2. Comment testez-vous le phénotype gal ? Justifiez votre réponse.

3. Interprétez, avec des schémas clairs et démonstratifs, les résultats obtenus (tabl. 5.8).

Tableau 5.8 Phénotypes des diploïdes issus des croisements entre souches A et B. « + » désigne la capacité de croissance sur galactose.

	A1	A2	A3	A4	A
B1	–	+	+	+	+
B2	+	+	+	–	+
B3	+	+	+	–	+
B4	–	–	–	–	–
B	+	+	+	+	+

4. Que faudrait-il faire pour croiser entre elles des souches porteuses des mutations affectant A2 et A3 ? Pourquoi ce croisement est-il utile à envisager ?

5.6 **Niveau Licence / Définition des objectifs**

- Maîtriser l'interprétation fonctionnelle de la complémentation.
- Utiliser l'analyse de tétrades pour différencier des spores recombinées de même phénotype mais de génotype différent.

On dispose, chez la levure *Saccharomyces cerevisiae,* d'un mutant haploïde M, incapable de métaboliser le galactose, phénotype noté [gal^-], et d'une souche haploïde sauvage S [gal^+].

Question 1.

On effectue le croisement M × S et on vérifie que le diploïde obtenu est de phénotype [gal^+], puis on le met sur un milieu de sporulation qui permet d'isoler 100 tétrades dont on fait l'analyse. On observe :

- 75 tétrades de type 1 avec 2 spores [gal^+] et deux spores [gal^-] ;
- 20 tétrades de type 2 avec 1 spore [gal^+] et trois spores [gal^-] ;
- 5 tétrades de type 3 avec quatre spores [gal^-].

Vous ferez une analyse génétique complète de ces résultats (avec génotypes).

Question 2.

On récupère, dans une tétrade de type 3, les quatre cellules [gal^-], désignées par C1, C2, C3 et C4 et on s'arrange, après les avoir multipliées, pour les croiser entre elles, ou avec des dérivées de même génotype sauf le signe sexuel. On obtient les résultats suivants que vous interpréterez en précisant le génotype de chacune d'entre elle (le signe « + » indique le phénotype [gal^+]).

NB : la situation des spores étant symétrique, vous ferez un choix arbitraire pour leur génotype, mais vous conserverez évidemment ce choix pour tout le reste du problème.

	C1	C2	C3	C4
C1	–	+	–	+
C2		–	+	–
C3			–	+
C4				–

Solutions

5.1 **1.a. Milieu de culture** = Mo + ura pour le mutant [ura-], mutant de production qui a donc besoin d'uracile et Mo pour le mutant [gal-], mutant de consommation qui ne peut métaboliser le galactose et pousse très bien sur glucose.

b. Tube de croisement = Mo + ura pour que le mutant [ura-] puisse pousser.

c. Boîte de sélection des diploïdes = Mo(gal) par complémentation fonctionnelle, seuls les diploïdes peuvent pousser.

2. a. Le mutant mi est croisé avec [mat a, gal^-, his^+], sauvage pour le caractère histidine, sur une boîte Mo(gal) + his, car on ne sait si le mutant est récessif ou dominant : on obtient des colonies de diploïdes.

b. les colonies sont répliquées sur Mo et y poussent ce qui prouve que les diploïdes sont [his^+] et que les mutants sont récessifs.

c. On conduit les diploïdes à la méiose et on recueille les spores sur un milieu Mo + ura + his, on teste les colonies sur un milieu Mo + ura pour dénombrer les colonies [his^+] et avoir par différence le dénombrement sur la boîte mère des colonies [his^-] : on observe 50 % de chaque type, ce qui indique que chaque mutant diffère de la souche sauvage pour un seul gène relativement au caractère histidine, un seul des gènes de la chaîne de biosynthèse de l'histidine.

3. À l'étape c, on n'observe pas 50 % de [his^+], mais 25 %, et pas 50 % de [his^-] mais 75 %.

4. À l'étape b, on n'obtient pas de colonies sur la boîte de réplique, ce qui prouve que les diploïdes, hétérozygotes, sont [his^-].

5. Les groupes de complémentation permettent de définir 5 gènes et le mutant m9, muté dans deux gènes apparaît bien dans deux groupes.

Ces groupes sont : (1, 5, 8) (2, 4) (3) (6, 9) (7, 9)

5.2 **1.** • Souche pure a. Son génotype est $a^-//a^-$; absence de l'activité Ea : fleurs blanches; accumulation du précurseur organique;

• souche pure b. Son génotype est $b^-//b^-$; absence de l'activité Eb : fleurs blanches; accumulation de l'intermédiaire X, sans couleur;

• souche pure c. Son génotype est $c^-//c^-$; absence de l'activité Ec : fleurs bleues; accumulation du précurseur constituant un pigment bleu ne pouvant être transformé en antocyane pourpre.

2. Les trois phénotypes mutants sont récessifs; l'effet des mutations est récessif face à celui de l'allèle sauvage qui compense l'effet (ou l'absence d'effet) de l'allèle muté.

3. Connaissant l'effet récessif des mutations et sachant que les trois mutations étudiées touchent des gènes différents, les diploïdes issus du croisement entre deux souches quelconques présenteront une complémentation fonctionnelle conduisant à un phénotype sauvage [fleurs pourpres].

4. La souche d présente un phénotype récessif, ce qui permet d'interpréter les résultats des croisements entre mutants, du point de vue fonctionnel. Dans tous les cas, il y a complémentation fonctionnelle, puisque le diploïde issu du croisement entre d et l'un des trois autres mutants, a, b ou c, présente un phénotype sauvage [fleurs pourpres]. La souche d est donc mutée dans un autre gène que les gènes A, B ou C; il existe donc au moins quatre gènes dans la chaîne de biosynthèse de l'antocyane pourpre.

5. Le test de dominance/récessivité des mutants est nécessaire pour pouvoir interpréter l'absence de complémentation et conclure que deux mutations touchent le même gène.

Dans le cas, comme celui présenté ici, où il y a complémentation fonctionnelle, les mutants sont obligatoirement récessifs, et le test de dominance ne fait que confirmer cet état sans être absolument obligatoire à l'interprétation du croisement entre mutants. En d'autres termes, on aurait pu aussi bien répondre à la question **5** sans avoir le résultat du croisement entre la souche d et la SSR de la question **4** !

6. a. Aucun effet, la souche ne peut transformer le pigment bleu.

b. Fleur rouge, quand on apporte le pigment bleu que la souche b ne peut produire par absence de l'activité Eb. Fleur blanche si on apporte X, puisque X ne peut être transformé.

c. Si, en injectant X, les fleurs demeurent blanches, c'est que X ne peut être transformé en antocyane pourpre et que la chaîne de biosynthèse se trouve bloquée avant la formation du pigment bleu. Le gène *d* code pour une enzyme gouvernant une étape située entre X et le pigment bleu ou entre le précurseur organique et X. On peut aussi imaginer qu'il existe entre le pigment bleu et l'antocyane un intermédiaire incolore !

5.3 **1.** Les diploïdes sont prototrophes, l'auxotrophie est récessive pour tous les mutants.

2. a. *Justification du protocole :* il s'agit, en croisant les mutants entre eux, de voir si le diploïde est prototrophe pour le tryptophane, par complémentation fonctionnelle, ou auxotrophe, par absence d'une telle complémentation, ce qui permettra de désigner les mutants dans un même gène (groupes de complémentation) et d'estimer un nombre minimal de gènes impliqués dans la biosynthèse de cet acide aminé.

Comme on ne sait pas à l'avance si le diploïde sera prototrophe ou auxotrophe, il convient de le faire pousser d'abord sur une boîte de milieu additionné en trp, ce qu'il fera dans tous les cas (proto ou auxo) puis de répliquer les colonies sur milieu minimum (sans trp) afin de voir si elles poussent, et de tester ainsi leur prototrophie, c'est-à-dire la complémentation fonctionnelle.

Si on avait directement étalé sur milieu minimum, la pousse de colonies aurait prouvé la complémentation fonctionnelle, mais l'absence de colonies aurait pu s'interpréter aussi bien comme une absence de complémentation fonctionnelle chez les diploïdes que comme une absence de diploïdes tout court, par échec technique du croisement.

> ***Remarque.*** Un résultat négatif est ambigu et difficile à interpréter. Le protocole de réplique utilisé permet de lever toute ambiguité, la présence de colonies sur le premier milieu attestant de la réussite du croisement et de l'obtention de diploïdes.

b. On obtient 7 groupes de complémentation :

(m1, m3); (m2); (m4, m10); (m5, m8); (m6); (m7, m10); (m9, m11).

Il y a donc au moins sept gènes impliqués dans la chaîne de biosynthèse du tryptophane.

c. Il est important de noter que les mutants m4 et m7 complémentent entre eux et qu'ils ne sont donc pas mutés dans un (le) même gène; en revanche, le mutant m10 apparaît dans deux groupes de complémentation, ce qui signifie qu'il est obligatoirement muté dans au moins deux gènes, au moins un gène en commun avec le mutant m4, et au moins un gène différent du (des) précédent(s) en commun avec le mutant m7.

Il est possible de faire au moins deux hypothèses concernant le mutant m10, muté dans au moins deux gènes :

– ce peut être un double mutant, les deux gènes étant touchés par deux mutations indépendantes;
– ce peut être un simple mutant, les deux gènes étant simultanément touchés par la même mutation, ce qui est possible si les deux gènes sont contigus et que la mutation est une délétion s'étendant sur les deux gènes en question.

d. On peut tester ces deux hypothèses par l'étude de la recombinaison génétique chez le diploïde issu du croisement m10 × SSR :

– si m10 est muté dans deux gènes on doit observer, du fait de la recombinaison éventuelle, des tétrades avec une seule spore sauvage (parentale) et trois spores de phénotype muté, dont deux recombinées simple mutantes. Dans le cas de l'analyse en vrac, on aura 3/4 de spores mutées en cas d'indépendance mais la proportion diminuera d'autant plus vers 1/2 si les gènes sont liés;
– si m10 est un simple mutant par délétion dans deux gènes contigus, tout crossing-over entre une chromatide sauvage et une chromatide délétée donnera une chromatide délétée et une chromatide sauvage (chap. 6) de sorte qu'on aura une stricte ségrégation 2/2; ce qui pourrait encore être compatible avec l'hypothèse de deux gènes très proches.

3. Dans la mesure où il y a un peu de tryptophane, les cellules de chacun des trois sillons commencent à pousser mais le tapis cellulaire stoppe son développement dès lors que le milieu est épuisé, sauf en trois endroits, l'extrémité du sillon m2, du côté de m1, et les deux extrémités du sillon m4.

Ce résultat signifie qu'une substance produite par m1 peut diffuser et permettre à m2 et à m4 de continuer à pousser et qu'une substance produite par m2 peut diffuser et permettre à m4 de pousser (l'inverse n'étant pas possible).

Sachant que les mutants auxotrophes ont une de leur étape de biosynthèse bloquée, et qu'ils accumulent de ce fait l'intermédiaire produit en amont du point de blocage, on peut conclure que m1 est bloqué plus en aval que m2 et m4, si bien que l'intermédiaire excrété par m1 et fourni à m2 et m4 peut y être transformé en tryptophane tandis que les intermédiaires fournis à m1 par m2 et m4 ne lui sont d'aucun secours. m2 est, lui, bloqué plus en aval que m4.

L'ordre des gènes dans la chaîne de biosynthèse est donc : m4-m2-m1.

5.4 **1.** Souche 1 : pousse avec acide uréidosuccinique, elle est donc mutée dans au moins un gène gouvernant une étape antérieure, et dans aucun des gènes gouvernant les étapes postérieures.

Souche 2 : mutée dans une étape ultérieure, soit dans le gène de l'OMPppase, soit dans celui de l'OMPdécase, cette étape n'ayant pas été testée isolément.

Souche 3 : mutée dans le gène de la DHOdéase.

Souche 4 : mutée dans le gène de la Cpase.

Souche 8 : mutée dans le gène de la DHOase.

Souche 15 : même réponse que pour la souche 1, soit pousse avec acide uréidosuccinique, elle est donc mutée dans au moins un gène gouvernant une étape antérieure, et dans aucun des gènes gouvernant les étapes postérieures.

La souche 15 est au moins un double mutant puisqu'elle est présente dans deux groupes distincts de complémentation. Ne complémentant pas avec la souche 4, on peut en déduire que la souche 15 est mutée dans le gène de la Cpase, gène qui n'est pas touché dans la souche 1 qui complémente avec la souche 4. Le gène qui est touché dans la souche 1 et dans la souche 15 est donc celui de l'ATCase; la souche 1 n'étant mutée que dans ce seul gène, sinon elle ne complémenterait pas avec la souche 4.

Les souches 3, 4 et 8 sont des mutants simples, car s'ils étaient respectivement mutés dans des gènes intervenant antérieurement à leur point de blocage, ils ne complémenteraient pas entre eux.

2. Souche 1 : déficit en ATCase, confirmant les déductions précédentes (mutant simple).

Souche 2 : aucun déficit, mais l'enzyme OMPppase n'ayant pas été testée, on peut en déduire que c'est un mutant simple dans le gène de cette enzyme (voir question précédente).

Souche 3 : déficit en DHOdéase, confirmant les déductions précédentes (mutant simple).

Souche 4 : déficit en Cpase, confirmant les déductions précédentes (mutant simple).

Souche 8 : déficit en DHOase, confirmant les déductions précédentes (mutant simple).

Souche 15 : double déficit confirmant le fait que le mutant 15 est un double mutant dans les deux gènes de la Cpase et de l'ATCase (à moins que les deux activités enzymatiques soient réalisées par la même chaîne peptidique, codée par un seul gène, et que les mutations de ce gène gouvernant ces deux activités ne retentissent que sur l'une des deux activités ou sur les deux activités selon le site de mutation dans le gène et l'effet de la mutation !).

5.5 **1.** Le tube de croisement doit permettre aux mutants de pousser, donc Mo + val + trp.
La boîte de sélection des diploïdes doit permettre aux seuls diploïdes de pousser, donc Mo et par complémentation fonctionnelle pour les caractères valine et tryptophane, seuls les diploïdes pousseront ; les cellules des souches parentales restées haploïdes ne peuvent se développer.

2. On ne sait pas si le phénotype des mutants pour le caractère galactose est dominant ou récessif ; il faut donc faire un test de dominance par une réplique des diploïdes mutant x sauvage sur un milieu Mo(gal) pour le savoir ; cette réplique est un test de complémentation fonctionnelle quand il s'agit d'un croisement entre deux mutants récessifs.

3. Le phénotype [gal^-] du mutant B4 est dominant, les autres sont récessifs. Les croisements entre mutants récessifs réalisent un test de complémentation fonctionnelle et d'allélisme pour les gènes impliqués dans le phénotype [gal^-].

• Deux souches mutées dans un même gène donnent, par croisement, un diploïde où les deux exemplaires de ce gène sont non fonctionnels, d'où un phénotype [gal^-] (fig. 5.2 et raisonnement associé).

• Deux souches mutées dans des gènes différents donnent, par croisement, un diploïde dont le phénotype est [gal^+], par complémentation fonctionnelle (fig. 5.1 et raisonnement associé).

L'application de ce principe aux résultats observés (tabl. 5.6) permet de définir 5 groupes de complémentation, *a* : {A1 ; B1}, *b* : {A2}, *c* : {A3}, *d* : {A4, B2} et *e* :{A4, B3}.

Remarque 1. Un groupe de complémentation correspond, le plus souvent, à un gène mais ce n'est pas obligatoire. A3, par exemple, peut être un double mutant, dans ce cas le groupe *c* correspondrait à deux gènes ; le groupe a correspond plus vraisemblablement à un gène car, dans le cas contraire, il faudrait supposer que A1 et B1, mutants indépendants, soient simultanément mutés dans les mêmes gènes.

Remarque 2. Si A4, B2 et B3 sont des mutants simples (un seul gène) alors *d* et e ne forment qu'un seul et même groupe de complémentation, sinon A4 est un mutant double appartenant à deux groupes de complémentation différents.

Cette incertitude vient ici du fait que tous les croisements possibles entre mutants n'ont pas été faits, notamment B2 × B3, puisque ceux-ci sont de même signe sexuel.

4. Il faudrait pouvoir disposer d'une souche porteuse de la mutation affectant B2 ou B3, mais de signe sexuel *a*.

Ce croisement serait utile, car le TCF réalisé ici ne concerne pas tous les mutants obtenus mais seulement ceux de signe sexuel opposé ; il est donc impossible de dire si A2 et A3, ou B2 et B3, appartiennent ou non au même groupe de complémentation.

5.6 **1.** Il n'y a pas de ségrégation 2-2 car dans ce cas, la méiose du diploïde donnerait toujours deux spores $[gal^+]$ et deux spores $[gal^-]$ et on n'observerait qu'un seul type de tétrades. M diffère donc de S pour au moins deux gènes, elle est donc de génotype (*a; b*)

Le croisement M × S s'écrit ainsi en phénotypes et en génotypes :

Souches croisées :	M × S			
Phénotypes parentaux :	$[gal^-] \times [gal^+]$			
Génotypes parentaux :	(*a*, *b*) × (*A*, *B*)			
Génotype du diploïde :	(*A* // *a* ---- *B* // *b*)			
Génotypes des spores :	(*A*, *B*) +	(*a*, *b*) +	(*A*, *b*) +	(*a*, *B*)
	Parental	parental	recombiné	recombiné
Phénotypes des spores :	$[gal^+]$	+	$[gal^-]$ +	$[gal^-]$* + $[gal^-]$*

Où les pointillés indiquent notre méconnaissance d'une éventuelle liaison génétique entre les mutations *a* et *b* affectant M.

* déductible de l'analyse des tétrades : il y a une tétrade avec quatre spores $[gal^-]$.

L'analyse de tétrades conduira à l'observation de DP avec quatre spores parentales, deux (*A*, *B*) et deux (*a*, *b*), c'est-à-dire deux spores de phénotype $[gal^+]$ et deux spores de phénotypes $[gal^-]$, et, si il y a recombinaison, des tétrades avec trois spores $[gal^+]$ et une spore $[gal^-]$, enfin des DR avec quatre spores $[gal^-]$.

Par ailleurs comme on peut remarquer que la fréquence des DP est largement supérieure à celle des DR, on peut conclure que les gènes A et B sont génétiquement, donc physiquement liés, à une distance corrigée :

$$d = f(T)/2 + 3f(DR) = 25 \text{ ur}$$

2. Les spores C1, C2, C3 et C4 sont toutes quatre recombinées et ne possèdent donc qu'une seule mutation : elles sont (*A*, *b*) ou (*b*, *A*).

Le tableau est un test de complémentation fonctionnelle (on sait que le mutant M est récessif et que les deux mutations *a* et *b* le sont donc aussi vis-à-vis de leurs homologues sauvages respectifs) qui montre que C1 et C2 sont mutées dans des gènes différents, donc l'une C1 est (*a*, *B*) alors que l'autre, C2 est (*A*, *b*). Bien évidemment C1 et C3 ont même génotype et symétriquement C2 et C4.

Cet exemple illustre l'un des intérêts de l'analyse de tétrades : en allant rechercher des spores dans les DR, on sait qu'elles sont recombinées et simples mutantes, alors que leur phénotype mutant n'aurait pas permis de les distinguer de spores parentales doubles mutantes, dans une analyse de spores en vrac. L'analyse de tétrades est un outil de tri à utiliser pour identifier les spores recherchées dans l'exercice précédent.

6 La cartographie et carte fine des gènes

6.1 Introduction

De Colomb ou Magellan à La Perouse, tous les grands capitaines ont embarqué à leur bord cartographes et géomètres susceptibles de donner une forme, au moins un contour à toutes les *terra incognita* que leurs découvertes ajoutaient peu à peu aux cartes maritimes et à celles des empires.

C'est un principe général auquel n'échappent ni les gènes ni le génome que l'étude d'un objet commence par la description de sa forme et de sa position dans l'espace.

Aussi, bien avant de savoir quelle est la fonction d'un gène et comment les produits de plusieurs gènes pouvaient interagir dans la réalisation d'un phénomène, le généticien s'est préoccupé de localiser ces gènes afin d'obtenir une vision cartographique du génome de l'espèce étudiée.

La cartographie des gènes est essentielle car elle facilite ultérieurement les analyses génétiques, y compris les analyses fonctionnelles; aujourd'hui beaucoup de recherches qui ont trait au cancer se font sur des gènes de levure ou de drosophile, homologues à des gènes humains, tout simplement parce que ces organismes sont simples à cultiver en grand nombre, à croiser avec des temps de générations courts, mais aussi parce que leur génome est particulièrement bien cartographié.

Les problèmes cartographiques que le généticien rencontre sont de plusieurs ordres :

- la localisation ou assignation chromosomique;
- la liaison physique et génétique entre gènes d'un même chromosome, avec estimation de leurs distances respectives;
- la carte fine d'un gène c'est-à-dire la répartition des différents sites des mutations connues du gène et, éventuellement, leurs distances respectives, physiques en nombre de nucléotides, ou génétiques en fréquence de recombinaison.

Il convient de remarquer que les distances physiques ne sont pas des distances génétiques car la probabilité de crossing-over n'est pas constante le long de l'ADN, contrairement à l'hypothèse simple de départ d'une analyse génétique. En effet des « points chauds » de recombinaison vont donner une grande distance génétique entre deux sites physiquement proches alors que des séquences où les crossing-over sont inhibés donneront des distances génétiques très petites entre des points physiquement très éloignés.

Deux exemples le montrent facilement. Les distances physiques sont les mêmes sur des chromosomes humains portés par un organisme masculin ou féminin, mais il y a deux fois moins de crossing-over chez l'homme que chez la femme et les distances génétiques sont toujours divisées par deux dans le premier sexe; chez la drosophile, la situation est extrême puisque l'absence de crossing-over chez le mâle aboutit, dans ce sexe, à l'absence de gamètes recombinés par crossing-over, donc à des distances génétiques nulles.

6.2 L'ASSIGNATION OU LOCALISATION CHROMOSOMIQUE

L'étude génétique de plusieurs gènes permet de définir des groupes de liaison, c'est-à-dire des ensembles de gènes génétiquement liés entre eux sur un même chromosome, mais seule la localisation d'au moins un gène de ce groupe sur un des chromosomes de l'espèce peut permettre d'attacher ce groupe de liaison à un chromosome spécifique.

L'enjeu de la localisation chromosomique des gènes consiste précisément à identifier lequel des chromosomes est porteur d'un gène donné, ce qui permettra d'y localiser tous les gènes du même groupe de liaison.

La localisation des gènes du chromosome X, chez les organismes pourvus d'un système hétérosomique, est facilement résolue puisque les phénotypes dépendant de ces gènes présentent une transmission héréditaire typique (chap. 2).

De nombreuses méthodes spécifiques ont été développées pour l'assignation chromosomique d'un gène, associant, selon les cas, l'analyse génétique, la cytogénétique, c'est-à-dire la visualisation des chromosomes (caryotype) ou la biologie moléculaire.

- L'association d'un phénotype résultant de la mutation d'un gène et d'une délétion chromosomique permet de conclure que ce gène est sans doute localisé sur ce chromosome, dans la partie délétée, ce qui entraîne une mutation par perte de fonction. D'autres anomalies structurales du chromosome, comme une duplication ou une inversion, peuvent aussi être utilisées pour assigner un gène, et même, plus finement, localiser son emplacement sur le chromosome.
- L'utilisation de la séquence clonée d'un gène comme sonde pour réaliser une hybridation *in situ* sur caryotype (FISH, *fluorescent in situ hybridization*) permet de visualiser, grâce au signal de marquage de la sonde, la localisation chromosomique et même son emplacement plus ou moins précis sur le chromosome (bras court ou bras long, position par rapport aux bandes d'intensité en coloration différentielle).

• L'utilisation de lignées cellulaires stables hybrides homme-rongeur est aussi un outil d'assignation et de localisation chromosomique d'un gène humain. Ces lignées, cultivées *in vitro*, ont gardé la totalité des chromosomes rongeurs mais n'ont gardé qu'un petit nombre de chromosomes humains. Elles permettent de réaliser l'assignation ou la localisation chromosomique d'un gène humain :

– soit par l'étude de son expression qui sera confinée aux seules lignées ayant conservé le chromosome porteur du gène (cela suppose que le produit du gène humain puisse être dosé) ;
– soit que le gène humain, ayant été cloné, sa séquence soit utilisée comme sonde pour hybrider un *Southern blot* de fragments des différentes lignées, ce qui donnera un signal positif dans les seules lignées ayant conservé le chromosome porteur du gène.

On a donné le nom de « génétique somatique » à ce type d'analyses génétiques fondées sur l'étude de lignées somatiques en culture, et non de croisements.

• Un autre type de stratégie consiste à faire une « revue génomique » (*génome scan*). Cette stratégie, définie par Botstein chez l'homme, consiste à étudier systématiquement la liaison génétique éventuelle entre le gène à assigner et un ensemble de marqueurs génétiques (RFLP ou VNTR) répartis et cartographiés sur les différents chromosomes.

En cas d'indépendance génétique entre le gène étudié et un marqueur, la zone génomique autour du marqueur est exclue comme zone possible de localisation du gène. La revue génomique continue jusqu'à la découverte d'un marqueur lié au gène, ce qui permettra automatiquement la localisation du gène dans le voisinage du marqueur, sur le chromosome où est localisé ce marqueur.

On dispose pour assigner une séquence identifiée d'ADN, de nouveaux outils, apparus depuis une dizaine d'années, les chromosomes artificiels de levure (YAC : *Yeast Artificial Chromosome*) ou de bactérie (BAC : *Bacterial Artificial Chromosome*) et du nombre croissant de génomes ayant été séquencés. Mais l'ensemble des stratégies d'assignation avec ces outils déborde le cadre de cet ouvrage.

6.3 La cartographie par analyse de liaison génétique

Le but du jeu est ici d'étudier plusieurs gènes ou marqueurs génétiques afin de statuer sur leur indépendance ou leur liaison génétique. Dans ce dernier cas, une distance peut être estimée et les valeurs respectives des distances entre gènes ou marqueurs d'un même groupe de liaison peuvent permettre de les cartographier, de les ordonner sur l'axe formé par le chromosome.

Le moyen expérimental le plus connu et le plus ancien est l'étude de la recombinaison génétique lors de la méiose (chap. 3) mais la génétique a développé de nombreuses techniques dont certaines sont évoquées plus haut (voir chap. 5 de l'ouvrage *Génétique*, Rossignol et coll., Dunod, Paris, 2000).

6.4 La cartographie par délétion

L'existence de délétions, ou leur induction favorisée par mutagenèse aux rayons X ou d'autres radiations, peut être un outil efficace de cartographie des gènes ou, à une échelle plus fine, des sites de mutation dans un gène (voir exercices d'application).

Dans la mesure où une délétion est une perte de matériel génétique, elle constitue le plus souvent, pour les gènes touchés, une mutation de perte de fonction, en général récessive, ce qui inclut souvent les mutants par délétion dans les analyses de complémentation fonctionnelle.

Il convient de remarquer qu'une délétion n'est pas systématiquement une perte de fonction; elle peut, par exemple, rendre un gène constitutif si elle touche son seul site de fixation d'un répresseur, ou si elle fusionne sa séquence codante avec le promoteur d'un autre gène (chap. 7).

6.4.1 Cartographie par délétion des sites de mutation d'un gène

Si on dispose de plusieurs mutants ponctuels du même gène et, par ailleurs, de plusieurs mutants par délétion de ce gène, il est alors possible, par les croisements entre mutants, d'ordonner les sites de mutations et symétriquement de délimiter l'amplitude des délétions (voir exercices d'application).

Dans tous les cas, la stratégie expérimentale consiste à croiser entre eux deux mutants *A* et B de même phénotype dont l'un, *A*, est porteur d'une mutation par délétion partielle du gène (du moins on l'espère) alors que l'autre, B, est porteur d'une mutation ponctuelle. La question cartographique posée est alors la suivante, le site de mutation ponctuelle dans le gène étudié, fourni par B, est-il dans ou hors de la zone génomique délétée chez *A* ?

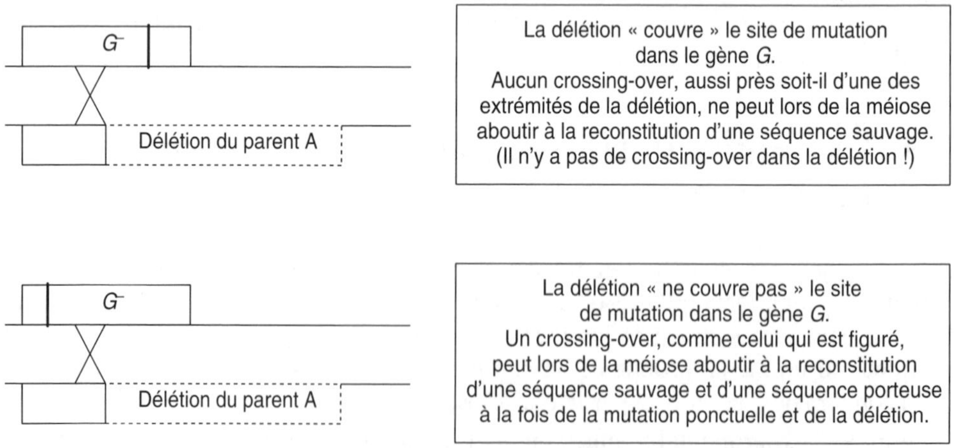

Figure 6.1 Conséquences génétiques de la recombinaison par crossing-over selon que la délétion couvre ou ne couvre pas le site de mutation ponctuelle sur la séquence homologue du gène (seules deux chromatides homologues non sœurs ont été figurées).

Dans le premier cas, on dit que le site de mutation ponctuelle est couvert par la délétion, dans le second cas, qu'il ne l'est pas, ce qui a des conséquences opposées, du point de vue de la recombinaison génétique lors de la méiose (fig. 6.1).

En croisant plusieurs mutants ponctuels avec le même mutant par délétion, on peut classer les mutations ponctuelles en deux groupes, celles qui sont « couvertes » et celles qui ne le sont pas, qui lui sont extérieures, ce qui est une façon de les ordonner.

En opérant de la même manière avec des mutants porteurs d'autres délétions partielles, on peut alors ordonner les sites de mutations les uns par rapport aux autres et définir, en même temps, les limites de chaque délétion partielle dans le gène étudié (voir exercices).

6.4.2 Différences entre mutants par délétion et mutants ponctuels multiples

Lorsque deux gènes sont contigus et que des mutations dans l'un ou l'autre conduisent à un même phénotype, il est possible de le mettre en évidence si des mutants simples (mutés dans un seul gène) et récessifs sont capables de donner par croisement un diploïde sauvage (complémentation fonctionnelle). Des doubles mutants ponctuels, comme des mutants par délétion couvrant les deux gènes, apparaîtront fonctionnellement semblables, puisqu'appartenant simultanément aux deux groupes de complémentation. Il est pourtant possible de les différencier dans la mesure où ils peuvent présenter des propriétés génétiques différentes :

- la délétion étant un seul événement mutationnel, on observera une stricte ségrégation 2/2 chez le diploïde issu du croisement entre le mutant par délétion et le sauvage. En revanche, on pourra éventuellement exclure la ségrégation 2/2 chez le diploïde issu du croisement entre sauvage et le double mutant, à condition d'observer un nombre de méioses suffisamment élevé pour que les crossing-over, entre les sites, donnent un surplus significatif de gamètes recombinés simples mutés (fig. 6.2).
- le double mutant, croisé avec un mutant ponctuel simple peut donner, à la méiose du diploïde, des gamètes sauvages, alors que le mutant par délétion n'en donnera jamais, si la mutation ponctuelle est couverte (fig. 6.3).

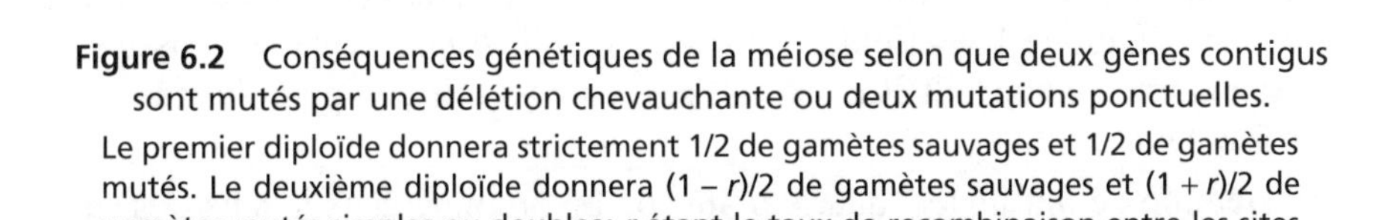

Figure 6.2 Conséquences génétiques de la méiose selon que deux gènes contigus sont mutés par une délétion chevauchante ou deux mutations ponctuelles.

Le premier diploïde donnera strictement 1/2 de gamètes sauvages et 1/2 de gamètes mutés. Le deuxième diploïde donnera $(1 - r)/2$ de gamètes sauvages et $(1 + r)/2$ de gamètes mutés simples ou doubles; r étant le taux de recombinaison entre les sites mesurable significativement si le nombre de gamètes étudiés, c'est-à-dire de méioses, est élevé (seules deux chromatides homologues non sœurs ont été figurées).

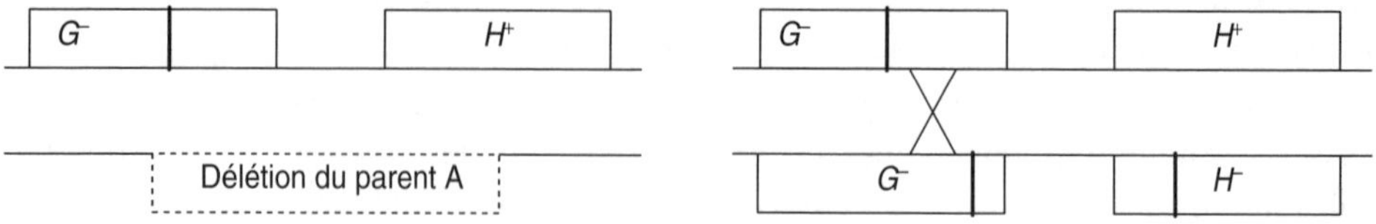

Figure 6.3.
Le premier diploïde ne donnera jamais de gamètes sauvages. Le deuxième diploïde donnera quelques gamètes sauvages si le nombre de gamètes étudiés, c'est à dire de méiose, est élevé (seules deux chromatides homologues non sœurs ont été figurées).

6.5 LA CARTOGRAPHIE FINE PAR TEST MULTIPOINT

Ordonner des gènes ou des sites sur un axe peut être réalisé par le calcul de leurs distances respectives, ce qui suppose que le nombre de gamètes étudiés est d'autant plus élevé que les distances sont courtes.

Si les conditions expérimentales limitent ce nombre et ne permettent pas d'estimer avec précision les distances, il peut être utile de définir un test, plus qualitatif que quantitatif, fondé sur l'observation d'un type particulier de gamètes dans des croisements parallèles, les souches croisées étant définies de manière telle que ce gamète sera très rarement, voire jamais formé dans un des croisements.

Supposons que trois sites de mutations d'un même gène, notés *s1*, *s2* et *s3* doivent être ordonnés, trois ordres sont possibles selon que *s1* ou *s2* ou *s3* est central.

Dans un tel but on peut, à condition d'en disposer, faire trois croisements parallèles entre un double mutant pour deux des sites et le simple mutant pour le troisième, et observer lequel des croisements ne donne jamais de gamètes sauvages; on peut alors en conclure que le site du mutant simple de ce croisement est le site central (tabl. 6.1).

Ce genre de croisement et de test des gamètes est assez facile chez la levure où des milliers de spores peuvent être déposées sur une boîte où seules les sauvages peuvent donner des colonies, ou chez la drosophile si un test cross permet aux seules sauvages F2 de se développer.

Il existe des variantes plus simples, notamment quand on ordonne deux à deux les sites d'un même gène par rapport à une mutation externe responsable d'un phénotype différent, pouvant lui-même servir de crible de sélection (voir exercice d'application et de génétique bactérienne); dans ce cas il y a deux cartes possibles (le marqueur externe ne pouvant être central) et il convient de comparer les résultats de deux croisements.

On peut enfin définir un test quatre points où on ordonne deux à deux des sites de mutations en les positionnant par rapport à deux mutations extérieures situées de part et d'autre (voir exercices).

TABLEAU 6.1 TEST TROIS POINT PERMETTANT D'ORDONNER LES MARQUEURS.
Le but est d'identifier, en fonction de l'ordre possible des 3 marqueurs, le croisement entre doubles et simples mutants où la formation d'un gamète sauvage est la plus rare, parce qu'exigeant un double crossing-over.

Ordres possibles → **Types de croisements** ↓	*s2* central *s1* *s2* *s3*	*s1* central *s2* *s1* *s3*	*s3* central *s1* *s3* *s2*
($s1^-$; $s3^-$) croisé par ($s2^-$)	$s1^-$ $s2^+$ $s3^-$ $s1^+$ $s2^-$ $s3^+$	$s2^+$ $s1^-$ $s3^-$ $s2^-$ $s1^+$ $s3^+$	$s2^+$ $s3^-$ $s1^-$ $s2^-$ $s3^+$ $s1^+$
($s1^-$; $s2^-$) croisé par ($s3^-$)	$s1^-$ $s2^-$ $s3^+$ $s1^+$ $s2^+$ $s3^-$	$s2^-$ $s1^-$ $s3^+$ $s2^+$ $s1^+$ $s3^-$	$s2^-$ $s3^+$ $s1^-$ $s2^+$ $s3^-$ $s1^+$
($s2^-$; $s3^-$) croisé par ($s1^-$)	$s1^+$ $s2^-$ $s3^-$ $s1^-$ $s2^+$ $s3^+$	$s2^-$ $s1^+$ $s3^-$ $s2^+$ $s1^-$ $s3^+$	$s2^-$ $s3^-$ $s1^+$ $s2^+$ $s3^+$ $s1^-$
Bilan de l'analyse	Si, des trois croisements réalisés, c'est le deuxième qui donne rarement, voire jamais, de gamètes sauvages, on peut conclure que le site *s3* est central.		

La plupart du temps, ces tests nécessitent de comparer entre eux les résultats de plusieurs croisements parallèles, ce qui n'a de sens que si les observations ne dépendent que de la position des sites et d'aucun autre paramètre; on verra que dans certaines conditions, avec des marqueurs de sélection supplémentaires, on peut raisonner à l'intérieur d'un seul croisement et s'affranchir ainsi des paramètres qui, en dehors de la position des sites, sont susceptibles de jouer sur l'efficacité du croisement à générer les recombinants (voir exercice de génétique bactérienne).

À retenir

- La **cartographie des gènes** est le fait de les ordonner les uns par rapport aux autres sur leurs chromosomes respectifs en estimant leurs distances. Son premier outil a été l'analyse de la recombinaison génétique et la mise en évidence éventuelle d'une liaison génétique.
- La **cartographie fine** s'intéresse à des gènes très proches ou même à des mutations d'un même gène dont les sites sont évidemment très proches. Deux outils sont utilisés pour la cartographie fine, la **cartographie par délétion** et le **test trois points** qui est une variante de l'analyse génétique par recombinaison où on place un site par rapport à deux autres alors que l'analyse simple se contente de mesurer la liaison entre deux sites.

Exercices

6.1 Niveau Licence/Définitions des objectifs.

Assignation (localisation) chromosomique d'un gène humain par panel d'hybride homme-rongeur.

En 1986, le gène humain impliqué dans la mucoviscidose, appelé depuis *CFTR* (*Cystic Fibrosis Transmembrane conductance Regulator*) n'avait pas encore été cloné et sa fonction était encore inconnue, même si elle était suspectée (canal ionique chlorure).

Par analyse de liaison génétique, on a montré que le gène *CFTR* était lié (distance égale à 15 cM) à un marqueur polymorphe de l'ADN dont les fragments de digestion (par l'enzyme *Hinc* II) sont reconnus par une sonde spécifique LAM4-917, mais ce marqueur polymorphe, nommé DOCRI-917 n'était pas encore lui-même assigné à un chromosome.

On a alors extrait l'ADN de plusieurs lignées hybrides homme-rongeur qu'on a digéré par *Hinc* II; les fragments ont été ensuite séparés par électrophorèse puis transférés, après dénaturation de l'ADN, sur une membrane de nylon; ces Southern blot ont été hybridés par la sonde marquée LAM4-917 (tabl. 6.2, colonne a).

Par la suite, on a réhybridé les Southern blot par une autre sonde marquée, *TCRB*, correspondant à la séquence du gène du récepteur β de lymphocyte T (tabl. 6.2, colonne b), localisé sur le chromosome 7. Interprétez ces résultats en justifiant les choix de sondes.

Tableau 6.2 Assignation chromosomique du gène *CFTR*.
Colonne a, signal d'hybridation de l'ADN des lignées avec la sonde LAM4-917; colonne b, signal d'hybridation avec la sonde *TCRB*. (+) indique un signal d'hybridation et (–) son absence.

	Chromosomes humains conservés (+) ou perdus (–) dans chacune des lignées hybrides homme-rongeur																								
Lignée hybride	**1**	**2**	**3**	**4**	**5**	**6**	**7**	**8**	**9**	**10**	**11**	**12**	**13**	**14**	**15**	**16**	**17**	**18**	**19**	**20**	**21**	**22**	**X**	**Y**	**a**	**b**
1	–	–	+	+	+	–	–	+	+	–	+	+	–	+	–	+	+	–	+	+	+	–	–	–	–	–
2	+	+	+	–	–	–	–	–	+	+	+	–	–	–	+	–	+	–	–	+	+	+	–	–	–	–
3	+	–	–	+	–	–	+	+	–	–	–	+	+	–	+	–	–	+	–	–	+	–	+	+	+	+
4	+	+	–	–	–	+	+	–	+	–	–	–	–	+	–	+	–	–	+	–	–	–	–	+	+	+
5	–	–	–	–	+	+	+	–	–	+	+	+	+	–	–	–	+	+	+	–	–	+	–	–	+	+
6	+	+	+	–	–	+	–	–	+	–	–	–	+	–	–	+	–	+	–	+	–	+	+	–	–	–

6.2 Niveau Licence (L1, L2)/Définition des objectifs.

> Assignation (localisation) chromosomique par revue génomique (exemple chez la souris).

On a isolé un mutant albinos dans une lignée pure de souris nommée CD1. Une étude génétique a permis de montrer que ce mutant était récessif et muté dans un seul gène (3/4 de sauvage et 1/4 d'albinos à l'issue d'un croisement F1 × F1).

On souhaite « assigner » ce gène à un chromosome, c'est-à-dire identifier le chromosome où réside le locus de ce gène. Dans ce but, on croise des mutants albinos de la lignée CD1 avec des individus de la lignée 129, sachant que ces deux lignées diffèrent l'une de l'autre pour de nombreux marqueurs VNTR identifiés et cartographiés.

Les marqueurs VNTR (*Variable Number of Tandem Repeats*) sont des séquences d'ADN formées d'un nombre variable d'un motif répété, souvent un di ou un trinucléotide. Ce « polyallélisme » génère dans une population naturelle un grand nombre de génotypes différents les uns des autres et entre eux, ce qui constitue la base des méthodes d'empreintes génétiques.

Dans les lignées pures de souris, tous les individus sont homozygotes pour un allèle du marqueur mais les lignées diffèrent les unes des autres, les individus n'étant pas homozygotes pour le même allèle du marqueur.

Les F1 sont croisées entre elles et on récupère les F2 albinos; on entreprend alors une « revue génomique » (*génome scan*) qui consiste à déterminer, pour tous ces individus, le génotype dont ils sont porteurs pour toute une série de ces marqueurs moléculaires répartis sur les différents chromosomes, dont les marqueurs D4M24, D5M8 et D7M52 (tabl. 6.3).

- D4M24 est le marqueur 24 du chromosome 4, les individus CD1 étant homozygotes pour l'allèle porteur de 32 répétitions, les individus 129 étant homozygotes pour l'allèle porteur de 22 répétitions;
- D5M8 est le marqueur 8 du chromosome 5, les individus CD1 étant homozygotes pour l'allèle porteur de 8 répétitions, les individus 129 étant homozygotes pour l'allèle porteur de 12 répétitions;
- D7M52 est le marqueur 52 du chromosome 7, les individus CD1 étant homozygotes pour l'allèle porteur de 9 répétitions, les individus 129 étant homozygotes pour l'allèle porteur de 17 répétitions.

TABLEAU 6.3 GÉNOTYPES DES TROIS MARQUEURS VNTR ÉTUDIÉS DES F2 DE PHÉNOTYPE ALBINOS.
Les allèles de chacun des marqueurs sont définis par leur nombre de répétitions, (entre parenthèses, effectifs observés de chacun des génotypes).

Marqueur D4M24	Marqueur D5M8	Marqueur D7M52
32//32 (24)	8//8 (81)	9//9 (22)
32//22 (53)	8//12 (18)	9//17 (48)
22//22 (23)	12//12 (1)	17//17 (30)

Sur quel chromosome peut-on assigner la mutation albinos de la lignée CD1 ? Justifier les réponses par un schéma.

6.3 **Niveau Licence/Définition des objectifs.**

- Cartographie de gènes chez la levure *Saccharomyces cerevisiae* par test trois points.
- Carte fine des sites par test quatre points.

Dans tout l'exercice, on ne tiendra pas compte du type sexuel, *a* ou α, des souches de levure *Saccharomyces cerevisiae*, on suppose qu'on dispose toujours d'une souche du type sexuel requis pour le croisement, ainsi que des marqueurs de sélection des diploïdes.

On dispose d'une souche haploïde A, auxotrophe pour l'isoleucine et la valine, phénotype noté [ilv^-] deux acides aminés dont la chaîne de biosynthèse comprend une partie commune, et d'une souche B, auxotrophe pour la méthionine, phénotype noté [met^-].

1. On réalise le croisement de A par B puis on étudie les spores issues de la méiose des diploïdes; on observe 4 250 spores [ilv^-], 4 230 spores [met^-], 140 spores [ilv^-, met^-] et 120 spores [ilv^+, met^+]. Quelles conclusions peut-on en tirer ?

2. À partir de la souche A, on a isolé un grand nombre de mutants indépendants, auxotrophes pour le tryptophane, phénotype noté [trp^-]; on étudie quatre mutants nommés *t1*, *t2*, *t3* et *t4*.

– Les quatre mutants sont croisés avec la souche B, les diploïdes sont sauvages.

– Les quatre mutants sont croisés deux à deux, les diploïdes sont tous [trp^-].

Que conclure ?

3. Les diploïdes issus du croisement du mutant *t1* avec B sont mis à sporuler. On étale environ 10 000 spores sur des boîtes de milieu Mo additionné de tryptophane, de méthionine, de valine et d'isoleucine; 4 980 colonies sont capables de pousser, après réplique sur Mo additionné de méthionine, de valine et d'isoleucine. On obtient des résultats sans différence significative avec les autres mutants *t2*, *t3* et *t4*. Concluez.

4. Parmi ces 4 980 colonies, 4 836 se révèlent [ilv^+, met^-], 69 sont [ilv^+, met^+], 73 sont [ilv^-, met^-] et 2 sont [ilv^-, met^+]. Donnez la disposition des gènes entre eux sans faire de calculs mais en détaillant le génotype du diploïde dont sont issues les spores étudiées.

5. À partir des croisements précédents *t3* × B et *t4* × B, on a pu isoler des spores de phénotype [met^-, trp^-, ilv^+] qui sont respectivement nommées *t3'* et *t4'*. Précisez leur génotype.

On croise chaque mutant *t1* et *t2* avec chaque mutant *t3'* et *t4'*; les diploïdes sont mis à sporuler et on étale environ 10 000 spores issues de chacun des croisements sur des boîtes de milieu Mo additionné de méthionine, de valine et d'isoleucine. Par réplique on teste les colonies alors obtenues pour les phénotypes [ilv] ou [met]. Interprétez les résultats (tabl. 6.4).

TABLEAU 6.4 EFFECTIFS DES COLONIES CAPABLES DE POUSSER SUR CHACUN DES MILIEUX DE RÉPLIQUE À PARTIR DE BOÎTES MÈRES CONTENANT 10 000 COLONIES ISSUES DES SPORES OBTENUES À PARTIR DES QUATRE CROISEMENTS ANALYSÉS.

Croisements analysés	Nombre de colonies sur Mo + val + ile + met	Nombre de colonies [ilv$^+$, met$^+$]	Nombre de colonies [ilv$^-$, met$^-$]
spores issues de *t1* × *t3'*	8	7	0
spores issues de *t1* × *t4'*	4	0	4
spores issues de *t2* × *t3'*	16	15	0
spores issues de *t2* × *t4'*	5	5	0

6.4 Niveau Licence/Définition des objectifs.

– Cartographie par délétion pour ordonner des sites ponctuels et préciser l'amplitude des délétions.

– Distinguer le test fonctionnel et le test de recombinaison.

Des études génétiques ont montré que trois des gènes de levure, impliqués dans la métabolisation du galactose sont contigus. Ils sont respectivement nommés *GAL7*, *GAL10* (central) et *GAL1*.

On a isolé, par irradiations aux rayons X, trois mutants [gal$^-$], nommés d1, d2 et d3, dont on peut suspecter qu'ils sont porteurs d'une délétion, d'une part en raison du mutagène utilisé, mais aussi parce qu'ils ne donnent aucun révertant (chap. 7), enfin parce que le diploïde issu du croisement avec sauvage donne une stricte ségrégation 2/2 (50 % de spores [gal$^+$] et 50 % de spores [gal$^-$]) alors que ces mutants appartiennent simultanément à deux groupes de complémentation entre lesquels il est assez facile d'avoir des recombinaisons pour les mutants simples.

1. On croise les mutants *d* avec des mutants ponctuels simples touchés respectivement dans l'un des trois gènes et désignés par m7, m10 et m1, et on teste la capacité des diploïdes de pousser sur galactose. Interprétez les résultats (tabl. 6.5).

TABLEAU 6.5 PHÉNOTYPE GAL DES DIPLOÏDES ISSUS DES CROISEMENTS ENTRE MUTANTS PONCTUELS ET MUTANTS PAR DÉLÉTION.
« + » désigne la capacité de croissance sur galactose.

	m7	m10	m1
d1	–	–	+
d2	+	–	–
d3	–	–	–

2. Quatre mutants ponctuels de *GAL7*, nommés m7-1, m7-2, m7-3 et m7-4 sont croisés soit avec le mutant d1, soit avec d3. On met les diploïdes ainsi obtenus à sporuler afin de recueillir un très grand nombre de spores qu'on étale sur un milieu ne contenant que du galactose comme source de carbone. Interprétez les résultats (tabl. 6.6).

Par ailleurs, les diploïdes issus des croisements entre le mutant ponctuel m10-5 et le mutant d1 ou le mutant d2 sont capables de donner des spores [gal⁺]. Concluez.

TABLEAU 6.6 CAPACITÉ DE CROISSANCE SUR GALACTOSE (NOTÉE +) DE SPORES ISSUES PAR MÉIOSE DE DIPLOÏDES FORMÉS PAR CROISEMENTS ENTRE MUTANTS PONCTUELS DU GÈNE *GAL7* ET MUTANTS PAR DÉLÉTION D1 OU D3.

	m7-1	m7-2	m7-3	m7-4
d1	+	–	–	–
d3	+	–	+	+

Solutions

6.1 Le but de ce protocole est d'assigner le gène *CFTR* à un chromosome en assignant le marqueur DOCRI-917 qui lui est génétiquement donc physiquement lié.

Le gène *CFTR* ne peut être directement utilisé pour cette localisation, puisque sa séquence est indisponible, le gène n'étant pas encore cloné, et que son produit encore inconnu ne peut être dosé dans des extraits acellulaires de cellules hybrides.

On attend, de l'hybridation avec la sonde, un signal positif si le chromosome porteur de DOCRI-917 est présent, et l'absence de signal s'il est absent. L'incohérence de résultat pour un chromosome donné (signal d'hybridation présent en absence de ce chromosome chez l'hybride cellulaire, ou signal d'hybridation absent en présence de ce chromosome) exclut alors ce chromosome comme porteur du marqueur DOCRI-917 et donc du gène *CFTR*.

La sonde LAM4-917 donne un signal d'hybridation avec l'ADN des lignées 3, 4 et 5 et un signal négatif avec les autres. Si on considère les chromosomes conservés ou perdus par les différentes lignées, les résultats observés sont toujours incohérents, sauf avec le chromosome 7, ce qui permet de localiser DOCRI-917 et le gène *CFTR* sur le chromosome 7.

L'hybridation avec le gène *TCRB* joue le rôle de contrôle, montrant que les Southern blot répondent bien de façon attendue, positive ou négative, à l'hybridation d'une séquence connue pour être localisée sur le chromosome 7.

> ***Remarque.*** Cette méthode est aujourd'hui obsolète car on dispose d'une cartographie très précise et très dense de polymorphismes sur les chromosomes humains et la liaison d'un gène muté avec un de ces polymorphismes indique très précisément la région du génome à investiguer, notamment la liste des gènes de la région, gènes candidats où il convient de rechercher la mutation causale de la pathologie. Mais cet exercice reste intéressant sur le plan historique, biologique et intellectuel.

6.2 La méthode consiste à assigner un gène à un chromosome en montrant qu'il est génétiquement lié à un marqueur moléculaire connu de ce chromosome. Les croisements entre albinos CD1 et non-albinos 129 génère des hétérozygotes pour tous les gènes, et notamment les marqueurs, dont l'allèle est différent d'une lignée pure à l'autre ; c'est le cas pour le gène impliqué dans l'albinisme, dont les allèles seront notés *A* et *a*, comme pour les trois marqueurs étudiés.

Le génotype des F1 est figuré ci-dessous ; les pointillés désignent une éventuelle liaison avec l'un des trois marqueurs (les trois étant physiquement indépendants entre eux) :

a	32	8	9
A	22	12	17

En cas d'indépendance génétique entre le couple d'allèles *A*/*a* et un marqueur donné, les F2, qu'ils soient *A*//*A*, *A*//*a* ou *a*//*a* seront, pour le marqueur considéré, homozygotes pour l'un des allèles avec une probabilité égale à 1/4 et hétérozygotes avec une probabilité égale à 1/2.

C'est effectivement ce qu'on observe pour D4M24 et D7M52 ; attention cette observation, en elle-même ne permet pas d'exclure que le gène *A* soit sur le chromosome 4 ou sur 17, mais permet d'exclure qu'il soit sur le 4, dans le voisinage de D4M24 et sur le 7, dans le voisinage de D7M52. N'oublions jamais que deux gènes ou marqueurs peuvent être physiquement liés tout en étant génétiquement indépendants.

En cas de liaison génétique entre le couple d'allèles *A*/*a* et un marqueur donné, les allèles *A* auront tendance à coségréger, à la méiose chez la F1, avec l'allèle marqueur du parent 129, et les allèles *a* auront tendance à coségréger avec l'allèle marqueur de la lignée CD1.

En conséquence, les albinos F2, de génotype *a*//*a*, seront beaucoup plus souvent homozygotes pour l'allèle CD1, parfois hétérozygotes, et plus rarement homozygotes pour l'allèle 129, puisqu'alors ils seraient issus de deux gamètes, paternel et maternel, résultant tous deux d'un crossing-over entre le gène et le marqueur.

C'est ce qu'on observe pour le marqueur D5M8 ; on peut en conclure que la mutation albinos de CD1 touche un gène du chromosome 5, dans le voisinage du marqueur D5M8.

6.3 **1.** Les diploïdes du croisement A × B donnent 50 % de spores [ilv$^+$] et 50 % de spores [ilv$^-$], le mutant A diffère de B pour un seul des gènes impliqué dans la fraction commune des chaînes de biosynthèse de l'isoleucine et de la valine. De même la ségrégation 2/2 pour le phénotype méthionine permet de conclure que B est un mutant simple.

En revanche, les deux gènes mutés chez A et B sont génétiquement liés puisque la méiose laisse apparaître des fréquences de spores recombinées sauvages ou double mutantes très inférieures à celles des gamètes parentaux. La fréquence des spores recombinées est égale à 260/9 000 = 0,0288 ; la distance entre les deux gènes (plus exactement les deux sites de chacun des deux gènes) est égale à 2,88 ur.

2. Les quatre mutants ont un phénotype [trp$^-$] récessif, ce qui permet de conclure qu'il n'y a pas de complémentation fonctionnelle chez les diploïdes issus des croisements de mutants entre eux, et que ces mutants sont mutés au moins dans un même gène (le même gène s'ils ne sont mutés que dans un seul gène).

3. Toutes les spores peuvent pousser sur le milieu d'étalement, quel que soit leur phénotype, mais seules les spores [trp$^+$] peuvent pousser sur le milieu de réplique qui sert à tester la ségrégation pour le seul phénotype tryptophane. Il y a ségrégation 2/2 pour les quatre mutants qui sont donc mutés dans le même gène, mais sans doute pas au même site, puisque ce sont des mutants indépendants.

4. Si le gène impliqué dans le phénotype tryptophane, noté *t*, était génétiquement indépendant des deux gènes (très liés entre eux) impliqués dans les phénotypes ilv et met, notés *i* et *m*, le génotype du diploïde pourrait s'écrire :

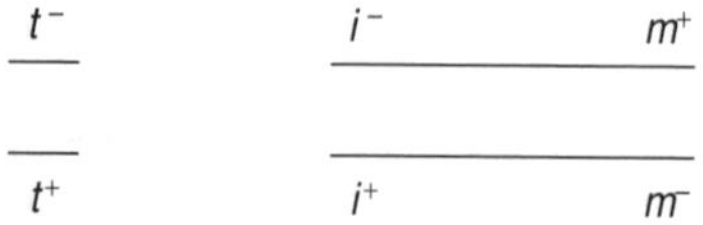

On devrait alors avoir égalité des phénotypes parentaux [ilv⁻, met⁺] et [ilv⁺, met⁻] parmi les spores de phénotypes [trp⁺], ce qui n'est pas le cas (2 contre 4 836 !); le gène *t* est donc lié aux deux autres et le génotype du diploïde peut s'écrire de trois façons différentes puisqu'on ne sait pas lequel des trois gènes est central (fig. 6.3).

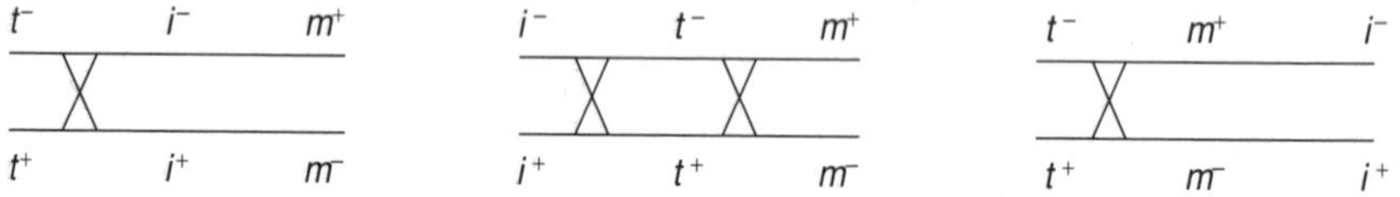

Figure 6.3 bis Disposition des 3 gènes, selon trois ordres possibles.

Parmi les spores de phénotype [trp⁺], les spores [ilv⁻, met⁺] sont minoritaires, ce qui signifie que l'ordre des gènes est tel que les spores les plus rares sont les spores de génotype (t^+, i^-, m^+).

Si la première cartographie correspond à la réalité, les spores de génotype (t^+, i^-, m^+), étant issues d'un crossing-over entre les gènes *t* et *i*, seront plus fréquentes que les spores (t^+, i^-, m^-) nécessitant deux crossing-over. Les observations étant non conformes aux résultats attendus sous cette cartographie, celle-ci doit être rejetée.

Si la troisième cartographie correspond à la réalité, les spores de génotype (t^+, i^-, m^+), étant issues d'un crossing-over entre les gènes *t* et *m*, seront plus fréquentes que les spores (t^+, i^+, m^+) nécessitant deux crossing-over. Les observations étant non conformes aux résultats attendus sous cette cartographie, celle-ci doit être rejetée.

Si la deuxième cartographie correspond à la réalité, les spores de génotype (t^+, i^-, m^+), étant issues de deux crossing-over, entre les gènes *t* et *i*, et entre les gènes *t* et *m*, seront plus rares que tous les autres types de spores recombinées ne nécessitant qu'un seul crossing-over. Les observations étant conformes aux résultats attendus sous cette cartographie, celle-ci peut être acceptée, le gène *t* est central.

5. Chaque diploïde est porteur de deux exemplaires mutés du gène *t*, schématisé par un rectangle, mais à des sites différents. Le diploïde pourra être schématisé de deux façons possibles (fig. 6.4), selon la disposition respective des sites $t1^-$ et $t3^-$ par rapport aux deux gènes *i* et *m*.

La figure 6.4 ne laisse figurer que l'échange chromatidique conduisant à une spore de phénotype [trp⁺], ce qui permet bien de voir que, selon la disposition des sites *t1* et *t3*, cette spore

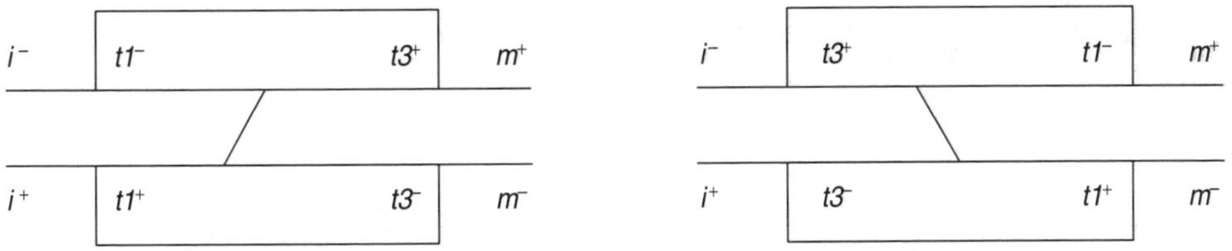

Figure 6.4 Disposition relative des sites mutés du gène *t* par rapport aux gènes *i* et *m*. Les notations $t1^-$, $t1^+$, $t3^-$ et $t3^+$ se rapportent à la nature mutée ou sauvage de la séquence nucléotidique en ce site précis du gène, celui-ci étant de toute façon non fonctionnel quel que soit le site muté. On a figuré l'échange chromatidique permettant de reconstituer une séquence sauvage fonctionnelle pour le gène *t*.

sauvage sera le plus souvent, à moins d'un autre crossing-over, possible mais rare, [ilv$^+$, met$^+$] si la cartographie correspond à la première hypothèse, et [ilv$^-$, met$^-$] dans l'autre cas.

Des données du tableau 6.4, on peut conclure que les sites *t1* et *t3* correspondent au premier type de cartographie. L'ordre est ainsi *i-t1-t3-m*. Pour *t1* et *t4*, on obtient, l'ordre *i-t4-t1-m*, d'où on peut conclure à l'ordonnancement *i-t4-t1-t3-m*. L'analyse des autres données permet de conclure à la cartographie *i*-[*t2*, *t4*, *t1*, *t3*]-*m*.

6.4 **1.** Il s'agit ici, par un test fonctionnel, de dénombrer les gènes « couverts » par la délétion; l'analyse du tableau conduit au schéma suivant, où les cadres indiquent les étendues minimales des délétions et les flèches les limites d'étendue des délétions, lorsqu'elles sont identifiables.

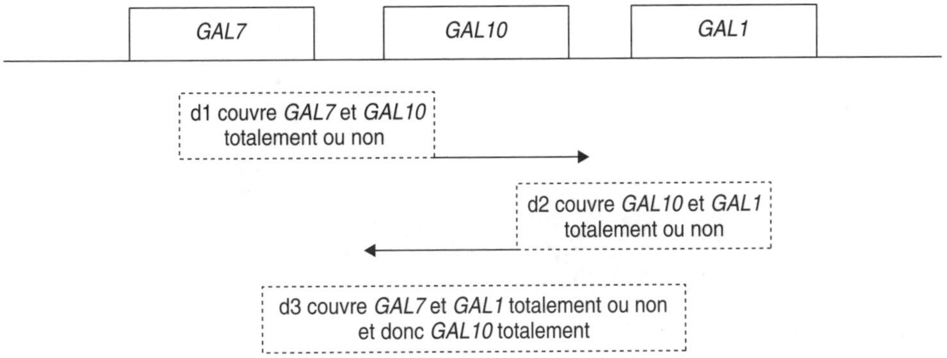

2. Selon que la délétion portée par le diploïde ne couvre pas ou couvre le site de mutation ponctuelle porté par la séquence allélique du gène étudié, on aura ou on n'aura pas de recombinant [gal$^+$], ce qui permet de conclure, d'après le tableau 6.6, que les sites m7-2, m7-3 et m7-4 sont couverts par d1 alors que d3 ne couvre que m7-2, de sorte qu'on peut déduire l'ordre des sites (sauf pour m7-3 et m7-4) et préciser que d3 n'est pas aussi étendue dans *GAL7* que d1.

La capacité de production de spores [gal$^+$] dans les croisements entre m10-5 et d1 ou d2 prouve que ce site n'est couvert par aucune des deux délétions qui ne sont donc pas chevauchantes.

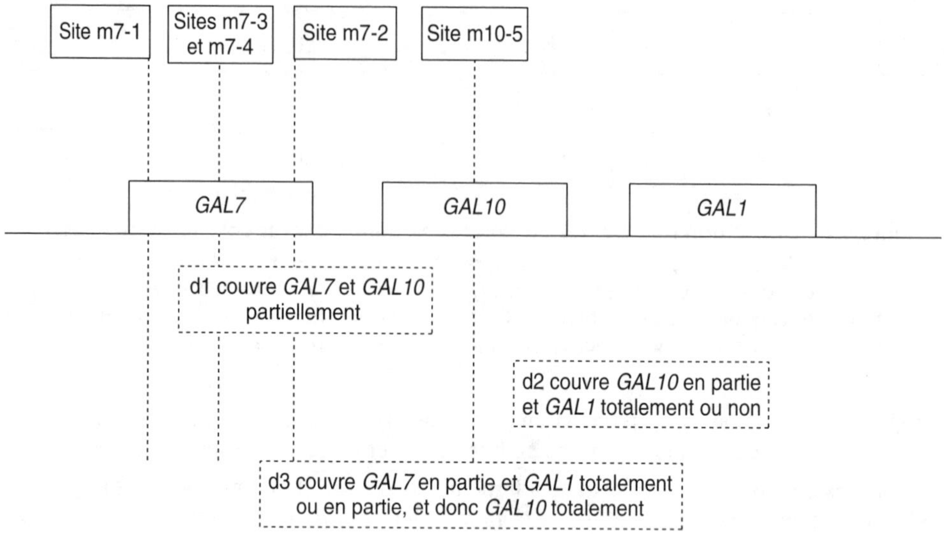
Site m7-1
Sites m7-3 et m7-4
Site m7-2
Site m10-5
GAL7
GAL10
GAL1
d1 couvre GAL7 et GAL10 partiellement
d2 couvre GAL10 en partie et GAL1 totalement ou non
d3 couvre GAL7 en partie et GAL1 totalement ou en partie, et donc GAL10 totalement

ANALYSE GÉNÉTIQUE DES RÉVERTANTS ET DES SUPPRESSEURS

7

7.1 INTRODUCTION

L'analyse génétique d'un caractère chez un organisme suppose que celui-ci présente une variabilité qui permette de définir au moins deux formes de ce caractère, désignées comme phénotypes. En général cette analyse génétique (on dit même parfois « dissection génétique » du caractère ou du phénomène biologique) consiste, après avoir défini un phénotype de référence encore appelé « phénotype sauvage », à isoler le plus grand nombre de « mutants » présentant une variation phénotypique héréditairement stable.

On entreprend alors l'analyse génétique des mutants par des croisements avec la souche sauvage de référence (SSR) afin d'établir la dominance ou la récessivité des phénotypes mutants, prélude à la mise en œuvre des tests de complémentation, par les croisements entre mutants récessifs, qui permettront, avec les tests de ségrégation des F1 issus des croisements entre mutants et SSR, de regrouper les différents mutants et de dénombrer ainsi les gènes impliqués dans le phénomène étudié.

Mais il n'est pas certain, même en isolant le plus grand nombre de mutants possibles, que le crible de mutants choisi ait permis de toucher tous les gènes impliqués dans le phénomène étudié :

- les mutations de certains gènes peuvent être létales et ne peuvent être sélectionnées;
- certains gènes peuvent être redondants, de sorte que la mutation d'un d'entre eux sera sans effet sur le phénotype qui demeure sauvage;
- le crible de mutants utilisé (voir chapitre 8) est inefficace pour isoler des mutants de certains des gènes impliqués dans le caractère ou le phénomène, particulière-

ment quand il s'agit de gènes régulateurs impliqués dans des cascades d'expression (par exemple gènes du développement, ou du cycle cellulaire) en raison du type d'interaction de leur produit avec les gènes (interaction protéine-ADN) ou les produits des gènes (interaction protéine-protéine) dont on peut isoler des mutants.

C'est pourquoi les généticiens ont assez vite découvert l'intérêt qu'il y avait de compléter leur analyse génétique des mutants « directs », obtenus par un crible défini, par l'analyse de « révertants ».

Définition : un « révertant » est un mutant de mutant direct qui a recouvré le phénotype originel dont était issu le mutant direct (en général le phénotype sauvage si le mutant est issu d'une SSR).

L'analyse des révertants va se révéler très informative car

- elle permet d'identifier des gènes non identifiés ou non identifiables par la mutagenèse directe;
- elle apporte des précisions fonctionnelles, voire moléculaires, sur la nature des différentes mutations affectant les gènes identifiés chez les mutants directs;
- elle permet de mettre en évidence des interactions fonctionnelles entre gènes.

> ***Remarque 1.*** Les révertants sont, sauf exceptions, obtenus par un crible de sélection inverse de celui qui a permis d'avoir le mutant direct. À partir d'un mutant direct de SSR, sélectionné par un « crible négatif » (chapitre 8), on obtiendra un révertant ayant recouvré le phénotype sauvage, par un « crible positif ». À l'inverse les révertants issus de mutants directs obtenus par crible positif, seront sélectionnés à travers un crible négatif.
>
> ***Remarque 2.*** Une souche originelle SSR a un génotype et un phénotype sauvages et les mutants directs ont un phénotype muté parce qu'ils ont un génotype muté.

Par contre, si les révertants ont recouvré un phénotype sauvage, rien ne permet de dire que leur génotype est sauvage, c'est pourquoi on les désigne souvent comme des « révertants phénotypiques ». L'analyse génétique, éventuellement moléculaire, doit permettre de distinguer les révertants « vrais » qui ont recouvré un génotype sauvage, et les autres qui présentent en fait un génotype muté, soit qu'une deuxième mutation ait remplacé la première (révertants « au site muté »), sans avoir l'effet phénotypique de celle-ci, soit qu'une deuxième mutation, en un autre site (dans le même gène ou hors de ce gène) ait la propriété de « supprimer » l'effet de la mutation directe, ce qui rétablit le phénotype sauvage.

Dans ce dernier cas la mutation est appelée « mutation suppresseur » ou mutation à effet suppresseur. Le suppresseur est intragénique si la mutation touche, en un autre site, le même gène que la mutation directe; il est dit « extragénique » s'il est extérieur au gène porteur de la mutation directe.

Un suppresseur extra-génique peut toucher un gène qui sera alors appelé « gène suppresseur » mais il peut aussi toucher une séquence non exprimée mais signifiante dans l'expression du génome, notamment celle du gène porteur de la mutation directe (figure 7.1).

> ***Remarque sémantique et conceptuelle.*** La figure 7.1 montre bien qu'une mutation suppresseur ne supprime pas, au sens strict, la mutation originelle ou directe; il est correct de dire que c'est l'effet de la mutation suppresseur qui supprime l'effet (ou le non effet) de la mutation directe.

Par contre la mutation reverse au site muté supprime bien, au sens strict, la mutation directe et par là l'effet (ou le non effet) de cette mutation en lui substituant son effet propre.

7.2 Analyse génétique formelle des révertants

7.2.1 Taux de réversion

La fréquence de révertants est toujours, sauf exceptions, plus faible que la fréquence de mutants directs, de l'ordre de 10 à 1 000 fois plus faible, car la fréquence de mutation d'un phénotype donné est une fonction de la taille de la « cible » qui doit être mutée.

Au départ, il est d'autant plus facile d'avoir des mutants directs que le nombre de gènes impliqués dans le phénotype étudié est grand, puisqu'il suffit *a priori* d'en toucher un seul pour avoir un phénotype mutant. Pour les mutants directs la taille de la « cible » correspond physiquement à la longueur totale des séquences mutables, notamment si le phénotype muté dépend de mutations de perte de fonction (voir chapitre 5).

Pour ce qui est des révertants, la taille de la cible est obligatoirement plus faible puisque la mutation doit toucher un site particulier, celui qui, dans le gène ou hors de lui, aura un effet suppresseur.

Le fait que certains mutants d'un gène donne assez facilement des révertants alors que d'autres mutants du même gène n'en donnent que très rarement, voire jamais, ne pourra donc être interprété que comme une conséquence de la nature différente des mutations directes affectant le gène chez les différents mutants. Ces faits seront discutés et interprétés plus loin, mais montrent déjà l'intérêt des révertants dans l'approfondissement de l'analyse des mutants directs.

7.2.2 Mise en évidence d'une mutation suppresseur chez un révertant

L'analyse génétique d'un révertant consiste en premier lieu à savoir si on peut mettre en évidence une mutation suppresseur, et donc le maintien de la mutation directe (originelle).

Pour ce faire, on croise le révertant avec la souche d'origine du mutant direct, c'est-à-dire la SSR dans le cas où le mutant direct en est issu, puis on observe les produits de la méiose afin de mettre en évidence une éventuelle recombinaison entre la mutation directe, si elle a été maintenue, et le suppresseur, s'il existe et qu'il n'est pas lié trop fortement à la mutation directe. Dans ce cas on voit réapparaître le phénotype mutant dans la descendance du croisement et le révertant est dit de *seconde classe* (voir tableau 7.1).

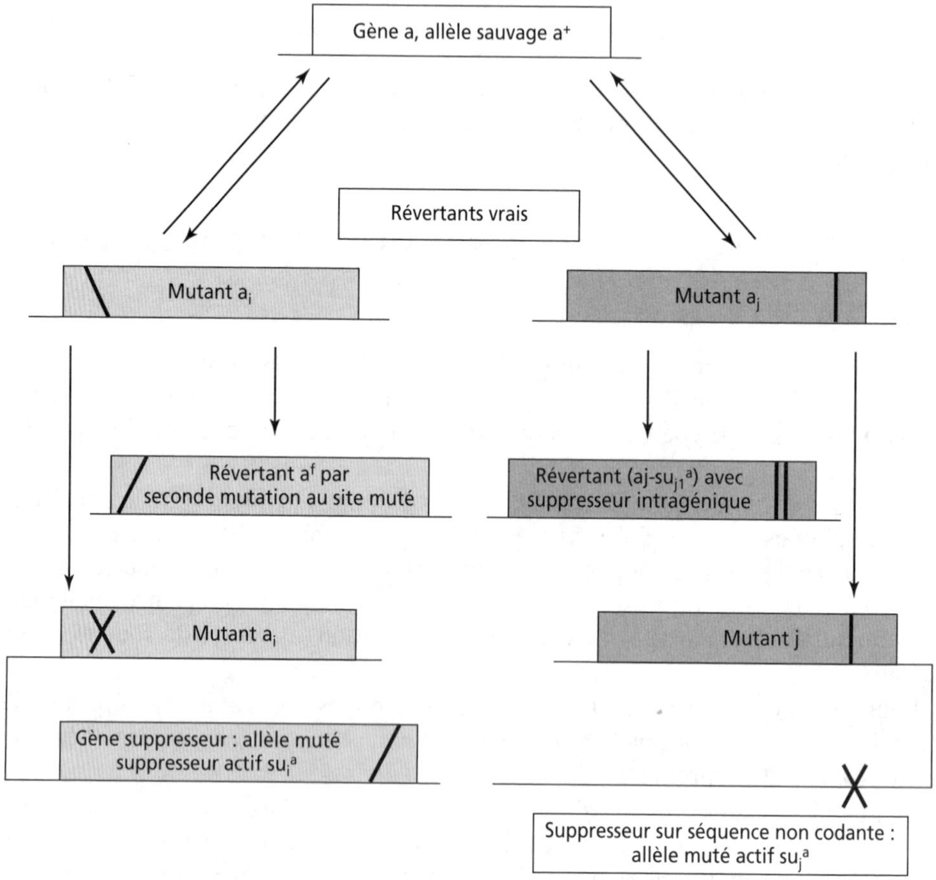

Figure 7.1 Filiation et variété des mutants directs et de leurs révertants respectifs.
Deux mutants différents notés a_i et a_j sont issus d'un même allèle sauvage a^+ d'un gène a (*a priori* mutés ni au même site, ni de la même façon) ; les révertants de phénotype sauvage issus d'un même mutant peuvent avoir des génotypes très différents, révertant vrai a^+, ou révertant avec un allèle fonctionnel a^f par suite d'une nouvelle mutation au site de la première, révertant avec une seconde mutation intragénique à effet suppresseur (a_j-su_{j1}^a) ou extragénique dans une séquence codante (a_i, su_i^a) ou non codante(aj, su_{j2}^a)

Dans le cas contraire, quand aucun descendant ne présente de phénotype muté, soit qu'il n'y a pas eu de recombinaison entre la mutation directe et le suppresseur, car celui-ci est génétiquement très lié, notamment en cas de suppresseur intragénique, soit que la mutation directe a disparu au profit d'une deuxième mutation au site, les révertants sont dits de *première classe* (voir tableau 7.1).

Exemple de croisements permettant de statuer sur la présence d'un suppresseur chez des révertants

On a obtenu à partir d'une souche haploïde de levure, prototrophe pour la valine, des mutants auxotrophes dans un gène désigné par *VAL1*. À partir d'un de ces mutants simples nommé *val1-1*, on obtient trois révertants notés *val1-1*/a, *val1-1*/b et *val1-1*/c, qu'on croise avec la SSR (tableau 7.1).

a) Les révertants de seconde classe et leur interprétation génétique

La méiose du diploïde issu du croisement entre le SSR et *val1-1*/a donne 23 spores [val⁻] (tableau 7.1, colonne 1). La réapparition du phénotype muté caractérise le « révertant de deuxième classe » dont l'interprétation fonctionnelle est sans ambiguïté : c'est un révertant avec suppresseur, puisque la réapparition du phénotype muté atteste que la mutation directe n'avait pas disparu, que son effet était supprimé chez le révertant par celui d'une deuxième mutation dite suppresseur, ces deux mutations ayant été séparées par recombinaison génétique lors de la méiose chez le diploïde, ce qui conduit notamment à la reconstitution d'un génome mutant direct.

TABLEAU 7.1 ANALYSE GÉNÉTIQUE DE RÉVERTANTS PAR CROISEMENT AVEC LA SSR.

Croisement *val1-1/a* × SSR	Croisement *val1-1/b* × SSR	Croisement *val1-1/c* × SSR
diploïde F1 [val⁺]	diploïde F1 [val⁺]	diploïde F1 [val⁺]
analyse de 100 spores : 77 [val⁺] 23 [val⁻]	analyse de 100 spores : 100 [val⁺] 0 [val⁻]	analyse de 100 spores : 100 [val⁺] 0 [val⁻]
il y a réapparition de spores mutantes le révertant est dit de deuxième classe	il n'y a pas réapparition de spores mutantes le révertant est dit de première classe	il n'y a pas réapparition de spores mutantes le révertant est dit de première classe
	analyse de 10 000 spores : [val⁺] : 10 000 [val⁻] : 0	analyse de 10 000 spores : [val⁺] : 9 995 [val⁻] : 5
	le révertant est toujours de première classe	il y a réapparition de spores mutantes le révertant devient un révertant de deuxième classe

En effet on peut écrire les croisements, sur le plan génotypique, de la façon suivante, où *val1*⁺ et *val1-1* désignent les allèles du gène *VAL1*, et su^a la mutation suppresseur (*su* pour suppresseur et *a* pour actif), son homologue sauvage étant désigné par su^i (*su* pour suppresseur et *i* pour inactif) :

val1-1/a × SSR
(*val1-1*; su^a) (*val1*$^+$; su^i)

↓

Diploïde

val1-1	su^a
val1$^+$	su^i

Compte tenu de la recombinaison génétique possible (par assortiment aléatoire des chromosomes si il y a indépendance physique, par crossing-over si il y a liaison) on peut attendre quatre types possibles de spores, dont on sait à l'avance les génotypes et, pour trois d'entre elles, les phénotypes :

parental 1 : (*val1-1*; su^a) de phénotype [val$^+$]

parental 2 : (*val1*$^+$; su^i) de phénotype [val$^+$]

recombiné 1 : (*val1-1*; su^i) de phénotype [val$^-$]

recombiné 2 : (*val1*$^+$; su^a) de phénotype [val$^?$]

Les spores [val$^-$] ne peuvent qu'être issues d'une recombinaison génétique entre la mutation directe et son suppresseur et attestent de l'existence de celui-ci.

Que peut-on dire du phénotype associé au génotype (*val1*$^+$; su^a) qui n'a jamais été encore rencontré ?

– *A priori* rien d'un point de vue physiologique, même si on peut supposer que l'allèle su^a a un effet spécifique sur celui de l'allèle *val1-1* et qu'il ne devrait pas entraver l'effet dominant de l'allèle *val1*$^+$, ce qui aboutirait dans ce cas au phénotype [val$^+$].

– D'un point de vue ségrégatif, on peut remarquer qu'il y a 3/4 de spores [val$^+$] et 1/4 de spores [val$^-$], ce qui correspondrait très exactement au résultat attendu si on a un gène suppresseur indépendant du gène *VAL1* et que le génotype (*val1*$^+$; su^a) est de phénotype [val$^+$]. Mais on pourrait aussi imaginer que le génotype (*val1*$^+$; su^a) est [val$^-$] et que les deux gènes sont assez liés pour que la fréquence des spores recombinées ne soit que de 25 % au total (distance de 12,5 u.r.) !

Des expérimentations supplémentaires sont nécessaires pour résoudre cette question sans ambiguïté, comme par exemple une analyse de tétrades, possible chez la levure.

– L'observation de tétrades avec quatre spores [val$^-$] ne pourrait être interprétée que comme un ditype recombiné et la preuve que le génotype (*val1*$^+$; su^a) est [val$^-$]. Dans ce cas les DP contiendraient quatre spores prototrophes et les T, deux auxotrophes et deux prototrophes.

– L'observation de tétrades avec trois spores [val$^+$] et une seule spore [val$^-$] ne pourrait être interprétée que comme un tétratype et la preuve que le phénotype (*val1*$^{+}$*; su*^{a}) est [val^{+}]. Dans ce cas les DP contiendraient quatre spores prototrophes et les DR, deux auxotrophes et deux prototrophes (construire les tableaux d'analyse de tétrades à titre d'exercice).

b) Les révertants de première classe et leur interprétation génétique

À la méiose, chez les diploïdes issus des croisements entre la SSR et les révertants *val1-1*/b ou *val1-1*/c (tableau 7-1, colonnes 2 ou 3), on n'observe dans un premier temps, sur 100 spores testées, que des spores haploïdes de phénotype [val^{+}]. Ce résultat, caractérisé par l'absence de réapparition du phénotype muté, définit le « révertant de première classe », dont l'interprétation fonctionnelle est ambiguë.

Ce peut être un révertant vrai, de génotype sauvage, ou un révertant par mutation au site muté, de génotype non sauvage mais fonctionnel, ou un révertant porteur d'une mutation suppresseur très proche du site de la mutation directe (suppresseur intragénique ou dans un gène contigu) de sorte que la recombinaison (par CO) est trop rare pour être mise en évidence par le nombre de méioses étudiées.

Dans le cas d'un révertant par mutation au site muté, si *val1*$^{+}$ et *val1-1*^{f} désignent respectivement l'allèle sauvage et l'allèle révertant muté au site, le croisement peut s'écrire :

val1-1/b × SSR
(*val1-1*^{f}) (*val1*$^{+}$)

↓

Diploïde

$$\frac{val1\text{-}1^{f}}{val1^{+}}$$

ce qui donne, par ségrégation 2/2, deux types de spores de même phénotype [val^{+}].

On peut tenter de lever l'ambiguïté d'interprétation pour les révertants de première classe en accroissant le nombre de méioses étudiées afin, si un suppresseur très lié existe, d'augmenter la probabilité d'observer au moins un gamète, une spore, recombiné de génotype mutant. Dans l'exemple du révertant *val1-1*/c, l'étude de 10 000 spores, soit environ 2 500 méioses a permis de faire apparaître cinq spores [val^{-}]. L'observation d'une seule spore mutée (à condition que sa fréquence soit supérieure au taux de mutation !) suffit à lever l'ambiguïté et à considérer que *val1-1*/c est un révertant de deuxième classe avec un suppresseur très lié à la mutation directe.

Remarque 1. L'intensité de la liaison génétique ne permet nullement de considérer que le suppresseur de *val1-1/c* est intra-génique, mais elle justifie de se poser la question et de trouver le moyen expérimental de la résoudre.

Remarque 2. Les suppresseurs présents chez *val1-1*/a et *val1-1*/c ne sont pas les mêmes car ils sont indépendants, ils doivent être distingués dans l'écriture et seront respectivement notés sua^a et suc^a.

Remarque 3. Le calcul de la distance génétique entre la mutation directe et le suppresseur suc^a est limité par la méconnaissance du phénotype des spores ($val1^+$; suc^a). Si ce phénotype est [val$^+$], la fréquence totale des spores recombinées est égale à 10/10 000, car il faut rajouter en moyenne 5 spores [val$^+$] aux 5 spores [val$^-$]. Si ce phénotype est [val$^-$], la fréquence totale des spores recombinées est égale à 5/10 000, car toutes les spores recombinées ont alors le même phénotype.

Remarque 4. On peut imaginer, chez un révertant par deuxième mutation au site de la mutation directe, qu'un crossing-over intra-codon, exceptionnel par sa rareté, puisse survenir au site muté $val1\text{-}1^f$ et reconstitue un site muté direct, si la paire de bases mutée chez le révertant n'est pas la même que la paire de base mutée chez le mutant direct *val1-1* (exemple : codon sauvage GAG, mutation stop TAG, codon révertant TAC : un crossing-over entre GAG et TAC donne deux allèles GAC et TAG et reconstitue le mutant STOP *val1-1* et un nouveau mutant GAC, *le crossing-over intra-codon peut donc être mutationnel*).

En résumé, le but du croisement d'un révertant de phénotype sauvage avec la SSR, **de phénotype et de génotype sauvage**, consiste à construire un diploïde (F1 si on est chez un diplobiontique) au génotype double hétérozygote pour la mutation directe et l'éventuel suppresseur, puis à tester l'éventuel retour dans la descendance (spores haploïdes ou F2) de phénotypes mutants attestant que la mutation originelle n'avait pas disparu et que son effet était supprimé, chez le révertant, par celui d'une mutation suppresseur, ces deux mutations ayant été dissociées par recombinaison génétique lors de la méiose. Si tel est le cas le révertant est dit de « deuxième classe ».

Les révertants dits de « première classe » ne présentent pas, après croisements avec la SSR de descendants de phénotype muté. Ce résultat peut admettre plusieurs interprétations (révertant vrai, révertant au site muté, ou suppresseur génétiquement très lié à la mutation directe).

La répétition des croisements peut éventuellement faire passer le statut d'un révertant de la première classe à la seconde.

NB : en génétique bactérienne, pour des raisons spécifiques aux méthodes de « croisements », l'étude des révertants sera réalisée à travers des croisements avec la souche mutante et non la souche sauvage (voir exercices partie 2).

7.2.3 Test de dominance-récessivité d'un suppresseur

L'analyse d'un révertant de seconde classe, porteur d'une mutation à effet suppresseur, peut se poursuivre par un croisement approprié afin de savoir si l'allèle su^a est dominant ou récessif vis-à-vis de son homologue sauvage su^i. Cette question se pose notamment quand on a de bonne raison de penser que la mutation à effet suppresseur touche un autre gène que celui porteur de la mutation directe (suppresseur peu lié ou génétiquement indépendant de la mutation directe).

Chaque révertant de seconde classe est alors classiquement soumis à une analyse par croisement avec une souche « sauvage ». Il ne s'agit pas cependant de la souche SSR mais de la souche mutante dont est tiré le révertant, souche qui porte l'allèle sauvage *su*^{i} et qui porte, comme le révertant la mutation directe, ce qui permet d'avoir un diploïde homozygote pour la mutation directe et de tester ainsi le phénotype de l'hétérozygote *su*^{a}//*su*^{i}. Un croisement du révertant avec la SSR introduirait l'allèle sauvage de la mutation directe et empêcherait d'appréhender l'effet ou l'absence d'effet du suppresseur en imposant de toute façon un phénotype sauvage (si la mutation directe est récessive).

Ainsi le révertant de deuxième classe val1-1/a, issu du mutant val1-1 (voir tableau 7.1) est croisé avec ce mutant val1-1, soit :

Révertant (*val1-1*, *sua*^{a}) × Mutant (*val1-1*, *sua*^{i})

↓

Diploïde : $\frac{val1\text{-}1}{val1\text{-}1}$ $\frac{sua^{a}}{sua^{i}}$

Si le phénotype de ce diploïde est [val^{+}], cela indique que l'effet du suppresseur *sua*^{a} est dominant sur *sua*^{i}, si le phénotype du diploïde est [val^{-}], cela indique que son effet est récessif et ne peut s'imposer face à la séquence sauvage *sua*^{i}.

> ***Remarque.*** On a « appris » à tester la dominance d'un mutant en le « croisant par sauvage », et à conclure qu'il est récessif si le phénotype du diploïde obtenu est « sauvage »; ici, on a croisé le révertant par la souche mutante, mais celle-ci est sauvage pour la séquence étudiée (*su*^{i}) et si la séquence mutée (*su*^{a}) est récessive, le phénotype du diploïde est [val^{-}] c'est-à-dire « sauvage » du point de vue de l'effet suppresseur. Une illustration du fait qu'apprendre sans comprendre peut être dangereux.

7.2.4 Test de complémentation fonctionnelle entre suppresseurs récessifs

Si deux suppresseurs *sua*^{a} et *sud*^{a}, sélectionnés à partir d'un même mutant direct, sont récessifs, on peut tester leur allélisme par un test de complémentation fonctionnelle, en croisant entre eux les deux révertants, chacun étant porteur d'une des deux mutations suppresseurs. Ainsi, en supposant que les suppresseurs soient récessifs, on peut croiser deux révertants *val1-1*/a et *val1-1*/d :

Révertant val1-1/a (*val1-1*, *sua*^{a}) × Révertant val1-1/d (*val1-1*, *sud*^{a})

↓

Diploïde : $\frac{val1\text{-}1}{val1\text{-}1}$ $\frac{sua^{a}}{sua^{i}}$ $\frac{sud^{i}}{sud^{a}}$

La question est alors d'interpréter le phénotype du diploïde en fonction de deux hypothèses alternatives :

– soit les deux suppresseurs sont alléliques et touchent le même gène ; dans ce cas les deux allèles *sua*^{a} et *sud*^{a} sont actifs sur *val1-1*, et le phénotype est [val$^+$],
– soit les deux suppresseurs ne sont pas alléliques et touchent des gènes différents ; dans ce cas ils sont tous deux inactifs vis-à-vis de *val1-1*, puisque tous deux récessifs face à leurs homologues sauvages respectifs, *sua*^{i} et *sud*^{i}, et le phénotype est [val$^-$].

> ***Remarque 1.*** On ne doit pas être surpris de ce résultat où l'absence de complémentation entre suppresseurs aboutit à un phénotype sauvage [val$^+$] alors que la complémentation fonctionnelle aboutit à un phénotype [val$^-$] ; à moins d'appliquer le test de complémentation fonctionnelle comme une « recette ».

En effet, lorsqu'on croise entre eux des mutants directs, par exemple [val$^-$], les mutations testées ont un effet direct sur le phénotype, qui sera [val$^-$] en cas de non complémentation (mutants touchés dans le même gène) ou [val$^+$] en cas de complémentation (mutants touchés dans des gènes différents).

Mais ici, dans l'analyse fonctionnelle des suppresseurs, la relation génotype/phénotype est complètement différente ; les deux révertants sont porteurs de la même mutation directe *val1-1* et le phénotype [val$^+$] n'est assuré que par l'effet des mutations suppresseurs *sua*^{a} ou *sud*^{a} sur celui de la mutation directe à la condition d'être allélique.

On a « appris » à tester la complémentation fonctionnelle entre mutants récessifs en les croisant entre eux afin de conclure qu'ils étaient mutés dans un même gène si le phénotype du diploïde est muté et dans des gènes différents s'il est sauvage. Et c'est exactement ce qu'on a fait ici : si le phénotype est [val$^+$], cela signifie que le diploïde est de phénotype « muté » pour les séquences suppresseurs, c'est-à-dire qu'elles sont actives donc alléliques, car si le phénotype du diploïde est [val$^-$], cela signifie que le diploïde est « sauvage », du point de vue des séquences suppresseurs, les deux allèles *sua*^{i} et *sud*^{i} complémentant entre elles et, du fait de leur dominance, bloquant l'effet des deux mutations non alléliques *sua*^{a} et *sud*^{a}.

> ***Remarque 2.*** Quand les suppresseurs sont dominants, cas le plus courant, il est utile de faire les croisements entre révertants pour étudier la méiose du diploïde et statuer sur l'indépendance génétique des deux suppresseurs, qui est une indication sinon une preuve de leur non-allélisme. Dans le cas d'une liaison étroite il n'est évidemment pas possible de statuer sur l'allélisme des deux suppresseurs.

7.2.5 Propriétés génétiques formelles des suppresseurs

L'analyse d'un suppresseur peut révéler des propriétés génétiques particulières dont l'interprétation fonctionnelle et moléculaire sera détaillée plus loin dans le chapitre. Quand la mutation directe est une perte de fonction dans un gène (voir Chapitre 5), il arrive assez souvent que les suppresseurs obtenus chez les révertants se classent en deux catégories :

– des suppresseurs *allèle-spécifique et gène non-spécifique*, c'est-à-dire capable de supprimer l'effet de la mutation directe et d'autres mutations du même gène mais pas de toutes et, en même temps capable de supprimer l'effet de mutations dans d'autres gènes que celui affecté par la mutation directe,
– des suppresseurs *allèle-non spécifique et gène spécifique*, c'est-à-dire capables de supprimer l'effet de la mutation directe et de toute autre mutation de perte de fonction de ce gène, y compris donc les délétions, mais incapable de supprimer l'effet de mutations affectant d'autres gènes.

Cependant il y a aussi des suppresseurs qui n'entrent pas dans ces deux catégories qui sont à la fois *allèle-spécifique et gène-spécifique*, notamment quand la mutation directe est un gain de fonction, mais aussi à partir d'une perte de fonction.

Exemples de mise en évidence, chez la levure, des propriétés allèle spécifique-gène non spécifique ou allèle non spécifique-gène spécifique

On dispose, chez la levure, de deux révertants [val$^+$] de deuxième classe, issus du mutant *val1-1*, notés *val1-1*/e et *val1-1*/f. Leurs génotypes peuvent s'écrire (*val1-1; sue^a*) et (*val1-1; suf^a*). Une première analyse a montré que les locus des deux suppresseurs *sue^a* et *suf^a*, sont génétiquement indépendants du locus du gène *VAL1*.

On dispose d'un autre mutant auxotrophe pour la valine, lui aussi muté dans *VAL1*, mais porteur d'une autre mutation notée *val1-2* (pas de complémentation fonctionnelle entre ces deux mutants récessifs).

On dispose aussi d'une souche mutante de génotype (*val1-1, ade2-1*) obtenue par mutagenèse du mutant val1-1 dans le gène *ADE2*, dont on a montré qu'il est génétiquement indépendant de *VAL1* et des suppresseurs des révertants étudiés.

En croisant chaque révertant val1-1/e et val1-1/f par les deux souches (*val1-2*) et (*val1-1; ade2-1*) on obtient des résultats très différents qui permettent de différencier les deux suppresseurs étudiés en fonction des propriétés génétiques opposées que nous avons définies plus haut en dehors de leur capacité commune à supprimer l'effet de la mutation directe *val1-1* (tableaux 7.2 et 7.3).

a) Croisements avec la souche val1-2

Comme les suppresseurs sont génétiquement indépendants du gène *VAL1*, la méiose donne des DP (1/6 ou plus), des DR (1/6 ou plus) et des T (2/3 ou moins) avec quatre types de spores de même fréquence (1/4) :

parental P1 :	(*val1-1; su^a*)	de phénotype [val$^+$]
parental P2 :	(*val1-2; su^i*)	de phénotype [val$^-$]
recombiné R1 :	(*val1-1; su^i*)	de phénotype [val$^-$]

recombiné R2 : (*val1-2; su^a^*) dont le phénotype dépend de la capacité du suppresseur de supprimer l'effet de la mutation *val1-2*, comme celui de la mutation *val1-1*.

TABLEAU 7.2 CROISEMENT DES RÉVERTANTS val1-1/e OU val1-/f AVEC val1-2.

Croisements réalisés	Révertant val1-a/e × souche val1-2	Révertant val1-a/f × souche val1-2
génotype du diploïde	*val1-1* / *val1-2* ; *sue*^{a} / *sue*^{i}	*val1-1* / *val1-2* ; *suf*^{a} / *suf*^{i}
types de tétrades obtenues	**type 1** : 2 spores [val$^+$] et 2 spores [val$^-$] **type 2** : 1 spore [val$^+$] et 3 spores [val$^-$] **type 3** : 4 spores [val$^-$]	**type 1** : 2 spores [val$^+$] et 2 spores [val$^-$]
Conclusion fonctionnelle	Le suppresseur supprime spécifiquement l'effet de la mutation *val1-1*, mais pas celui de la mutation *val1-2* (d'où asque de type 3).	Le suppresseur supprime aussi bien l'effet de la mutation *val1-1* que celui de la mutation *val1-2*, d'où un seul type d'asque.

Le fait d'observer dans le premier croisement (tableau 7-2, deuxième colonne) des tétrades avec quatre spores [val$^-$] implique qu'il s'agit de DR, avec quatre spores recombinées et que le phénotype de la spore (*val1-2; sue*^{a}) est [val$^-$], ce qui conduit à la conclusion que le suppresseur *sue*^{a} est spécifique de la mutation *val1-1* et ne supprime pas l'effet de la mutation *val1-2*.

Le fait de n'observer dans le deuxième croisement (tableau 7-2, troisième colonne) que des tétrades avec deux spores [val$^+$] et deux spores [val$^-$], alors que la recombinaison génétique est capable de générer les quatre types de spores, et les trois types de tétrades, implique que le phénotype de la spore (*val1-2; suf*^{a}) est [val$^+$], ce qui conduit à la conclusion que le suppresseur *suf*^{a} n'est pas spécifique de la mutation *val1-1* et supprime aussi l'effet de la mutation *val1-2*. Ainsi les DP, les T ou les DR auront toujours deux spores avec *suf*^{a}, de phénotype [val$^+$], quelle que soit la mutation *val1-1* ou *val1-2* présente, et deux spores avec *suf*^{i}, de phénotype [val$^-$].

Bien évidemment les propriétés génétiques différentielles de ces deux suppresseurs sont vérifiées par des croisements avec de nombreux autres mutants du même gène *VAL1*, ce qui conduit à la conclusion que le suppresseur *sue*^{a} est ***allèle spécifique*** car il n'a d'effet que sur un sous-ensemble des allèles du gène porteur de la mutation directe (ici *val1-1* mais pas *val1-2*).

b) croisements avec la souche (val1-1; ade2-1)

Comme le gène *ADE2* est génétiquement indépendant de tous les gènes impliqués dans le croisement, le gène *VAL1* ou les gènes suppresseurs, les diploïdes issus des deux croisements révertant x souche (*val1-1*, *ade2-1*) donneront obligatoirement autant de DP que de DR (1/6 ou plus) et des T (2/3 ou moins) avec quatre type de spores, parentales ou recombinées, soit :

parental P1 :	(*ade2*$^+$*; su*^{a})	de phénotype [ade$^+$]
parental P2 :	(*ade2-1; su*^{i})	de phénotype [ade-]
recombiné R1 :	(*ade2*$^+$*; su*^{i})	de phénotype [ade$^+$]
recombiné R2 :	(*ade2-1; su*^{a})	dont le phénotype dépend de la capacité du suppresseur *su*^{a} à supprimer l'effet de la mutation *ade2-1*, alors qu'il a été sélectionné comme suppresseur de l'effet de la mutation *val1-1*.

Le fait d'observer dans le premier croisement (tableau 7-3, deuxième colonne) des tétrades avec quatre spores [ade$^+$] implique qu'il s'agit de DR, avec quatre spores recombinées et que le phénotype de la spore (*ade2-1; sue*^{a}) est [ade$^+$], ce qui conduit à la conclusion que le suppresseur *sue*^{a} tout en étant spécifique de la mutation *val1-1* peut aussi corriger l'effet d'une mutation portée par un autre gène que le gène porteur de la mutation directe.

TABLEAU 7.3 CROISEMENT DES RÉVERTANTS val1-1/e OU val1-1/f AVEC LA SOUCHE (*val1-1 ade2-1*)

Croisement réalisé	Révertant val1-a/e × souche (*val1-a; ade2-a*)	révertant val1-a/f × souche (*val1-a; ade2-a*)
Génotype du diploïde	*val1-1* / *val1-1* *sue*^{a} / *sue*^{i} *ade2*$^+$ / *ade2-1*	*val1-1* / *val1-1* *suf*^{a} / *suf*^{i} *ade2*$^+$ / *ade2-1*
Types de tétrades obtenues pour le phénotype valine	2 spores [val$^+$] 2 spores [val$^-$]	2 spores [val$^+$] 2 spores [val$^-$]
Types de tétrades obtenues pour le phénotype adénine	**type 1** : 2 spores [ade$^+$] et 2 spores [ade$^-$] **type 2** : 3 spores [ade$^+$] et 1 spore [ade$^-$] **type 3** : 4 spores [ade$^+$]	**type 1** : 2 spores [ade$^+$] et 2 spores [ade$^-$]
Conclusions	Le suppresseur *sue*^{a} supprime aussi l'effet de la mutation *ade2-1*, en plus de son effet sur celui de la mutation *val1-1*.	Le suppresseur *suf*^{a} n'a aucun effet sur l'effet de la mutation *ade2-1*.

Le fait de n'observer dans le deuxième croisement (tableau 7-3, troisième colonne) que des tétrades avec deux spores [ade$^+$] et deux spores [ade$^-$] implique

que le phénotype de la spore (*ade2-1 ; suf*^{a}) est [ade^{-}], ce qui conduit à la conclusion que le suppresseur *suf*^{a}, qui pouvait corriger aussi bien l'effet de la mutation *val1-1* que celui de la mutation *val1-2* (voire l'effet d'une délétion de *VAL1* si *suf*^{a} est un suppresseur *non allèle spécifique*) se révèle incapable de corriger l'effet d'une mutation dans autre gène, ici *ade2-1*.

En réalisant des croisements avec des mutants porteurs de différentes mutations du gène *ADE2*, on peut montrer que le suppresseur *sue*^{a}, qui est allèle-spécifique vis-à-vis de certaines mutations du gène *VAL1*, est aussi allèle-spécifique vis-à-vis de certaines mutations du gène *ADE2*, ce qui conduit à préciser les propriétés d'un suppresseur allèle-spécifique ou suppresseur gène-spécifique.

- Un suppresseur *allèle-spécifique* (ici *sue*^{a}) supprime l'effet d'un certain type de mutation (*val1-1* mais pas *val1-2*), quel que soit le gène qui les porte, aussi bien le gène porteur de la mutation directe ayant permis d'isoler le révertant (*VAL1*) que tout autre gène (*ADE2*). Son effet est donc attaché au type de mutation affectant le gène plutôt qu'à la fonction du gène lui même.
- Un suppresseur *gène-spécifique* (ici *suf*^{a}) supprime l'effet de tous les types de mutations (de perte de fonction) affectant le gène porteur de la mutation directe ayant permis d'isoler le révertant, y compris l'effet de délétions, mais ne supprime l'effet d'aucune mutation dans un autre gène. Son effet est donc plutôt attaché à la fonction du gène, dont il peut suppléer la perte plutôt qu'au type de mutation ayant conduit à cette perte.
- En conséquence un suppresseur gène-spécifique n'est pas allèle-spécifique et inversement un suppresseur allèle spécifique n'est pas gène-spécifique.

Remarque. Ces définitions et ces propriétés n'ont de sens que pour les suppresseurs extra-géniques, touchant un autre gène que celui porteur de la mutation directe, et le plus souvent quand il s'agit d'une perte de fonction. Les suppresseurs intra-géniques ne sont ni allèle-spécifique ni gène-spécifique, même s'ils sont séparables de la mutation directe par recombinaison génétique (révertants de deuxième classe, avec suppresseur très lié).

7.3 Analyse fonctionnelle et moléculaire des révertants et des suppresseurs

7.3.1 Introduction

Si le phénotype observé en aval d'une mutation est attaché à une perte de fonction d'un gène, cette perte de fonction peut résulter de mutations très variées, à la fois dans la séquence du gène affectée (promoteur, séquences 3′ ou 5′, intron, séquence codante) que dans la manière dont elle est affectée (délétion, addition, substitution de pb). Parmi ces mutations, on peut citer les mutations ponctuelles de la séquence codante, par substitution d'une paire de base par une autre (mutation non-sens ou STOP et mutation faux sens) ou par décalage du cadre de lecture, et les mutations d'épissage (voir chapitre 5).

Cependant, il convient de distinguer, parmi les mutations de perte de fonction, celles où le message génétique est modifié (mutations ponctuelles) et celle où il est perdu (délétions) car cette distinction est critique dans la capacité d'avoir ou non un suppresseur et dans la nature de ce suppresseur éventuel.

Dans le cas où la perte de fonction du gène résulte d'une modification ponctuelle du message, on va voir qu'on peut obtenir des révertants vrais, ou des révertants par une nouvelle modification ponctuelle du message qui rétablit une information fonctionnelle, ou par un suppresseur dit *informationnel* car il a pour effet de corriger l'erreur du message génétique dans le processus de son expression (épissage, traduction). D'une manière ou d'une autre, la fonction du gène est rétablie chez le révertant.

Dans le cas où la perte de fonction du gène résulte d'une perte du message génétique lui-même (délétion partielle ou totale de la séquence codante), la fonction du gène ne peut être rétablie. Il se peut alors qu'il n'y ait pas de révertant possible si cette fonction est incontournable (c'est d'ailleurs un critère d'identification des mutants par délétion) mais il se peut qu'on puisse sélectionner des révertants porteurs d'un suppresseur. Dans ce cas on va voir qu'on obtient un suppresseur dit *fonctionnel* ou *physiologique*, car il ne rétablit pas la fonction perdue du gène mais corrige l'effet de cette fonction perdue en la contournant, par exemple en la rendant inutile, ce qui peut donc s'appliquer à toutes les mutations de perte de fonction de ce gène, qu'elles soient ponctuelles ou que ce soit des délétions.

Dans le cas de mutations de gain de fonction, le message est modifié et conduit à la présence d'une protéine mutée responsable du phénotype muté, les révertants seront soit porteurs d'une nouvelle mutation du gène dont l'effet annule l'effet de la première, soit d'une mutation dans un gène suppresseur dont le produit, par interaction avec le produit muté, peut en annuler les effets phénotypiques.

7.3.2 Analyse et interprétation moléculaire des révertants de première classe ou de certains révertants de seconde classe avec un suppresseur très lié

Quand il est possible d'étudier la chaîne peptidique produite chez des révertants de première classe ou des révertants de seconde classe avec un suppresseur très lié, on peut, en la comparant avec la chaîne peptidique sauvage obtenir l'un des quatre résultats suivants :

- la chaîne peptidique des révertants diffère de la chaîne peptidique sauvage par un et un seul acide aminé, variable d'un révertant à l'autre mais substituant toujours le même acide aminé de la souche sauvage;
- la chaîne peptidique des révertants diffère de la chaîne peptidique sauvage par plusieurs acides aminés contigus, en nombre variable d'un révertant à l'autre, en amont ou en aval d'un même acide aminé;

– la chaîne peptidique des révertants diffère de la chaîne peptidique sauvage en étant plus longue ou plus courte, du côté N-terminal, l'acide aminé en position 0 n'étant pas une méthionine;
– la chaîne peptidique des révertants diffère de la chaîne peptidique sauvage en étant plus longue ou plus courte, du côté C-terminal.

Chacun de ces quatre cas admet une interprétation simple qui permet d'ailleurs de préciser la position et la nature de la mutation directe affectant le mutant.

On remarquera, en conséquence, que selon la position et la nature de la mutation directe, on n'obtient pas le même type de révertant de première classe ou de deuxième classe avec suppresseur très lié.

a) Les révertants dont la chaîne peptidique diffère de la chaîne sauvage par un et un seul acide aminé

Il s'agit de révertants où une deuxième mutation survient au site de la mutation directe. Ces révertants sont issus de mutants directs ponctuels, chez lesquels une paire de base avait été substituée par une autre. Cette substitution peut avoir transformé un codon sens en un codon stop (mutations non sens), ce qui se traduit par une perte de fonction du gène, son produit étant absent par arrêt de la lecture. Cette substitution peut aussi avoir changé le sens du codon (mutation faux-sens). Le phénotype muté, chez le mutant direct, peut être dû à une perte de fonction (produit inactif), ou à des effets plus subtils (produit plus actif ou moins actif ou doué d'une autre activité biologique).

Un révertant au site muté a subi, dans le codon muté, une nouvelle substitution d'une paire de bases par une autre :

– à partir d'un mutant direct de type stop (non-sens), un révertant au site muté présentera un nouveau codon signifiant, différent de sauvage, ce qui conduit à la présence d'un acide aminé différent de celui de la séquence peptidique sauvage, mais compatible avec la fonction de la protéine, puisque le révertant est de phénotype sauvage.

Exemple :

– chez la SSR, en un site du gène, il y a un codon TGG (trp),
– chez le mutant direct, le codon muté est TAG (stop),
– chez le révertant vrai, le codon TAG est redevenu TGG,
– chez un révertant muté au site, le codon TAG peut être muté en GAG (glu), ou AAG (lys), ou…,

– à partir d'un mutant direct de type faux-sens, un révertant au site muté présentera un nouveau codon signifiant, différent du codon sauvage, ce qui conduit à la présence d'un acide aminé différent de celui de la séquence peptidique sauvage mais aussi de la séquence peptidique mutée, et, cette fois, compatible avec la fonction de la protéine, puisque le phénotype du révertant est sauvage.

Exemple :

– chez la SSR, on a un codon TGG (trp), spécifiant un acide aminé très hydrophobe,
– chez le mutant direct, le codon est muté CGG (arg), spécifiant un acide aminé basique incompatible avec la structure tri-dimensionnelle de la protéine,

– chez le révertant vrai, le codon CGG est redevenu TGG,
– chez un révertant muté au site, le codon CGG est muté en GGG (gly) compatible avec la structure.

En conclusion les révertants de première classe peuvent être identifiés comme des révertants au site muté par l'analyse comparative des chaînes peptidiques sauvages et révertantes.

Remarque 1. On peut très éventuellement imaginer, chez le diploïde issu du croisement révertant par sauvage, une recombinaison intra-codon reconstituant un gène muté, si la mutation directe touche l'une des paires de base alors que la mutation réverse, redonnant un codon sens ou un codon compatible, touche une autre paire de base du codon que la mutation directe (voir exercices et remarque 4, plus haut).

Remarque 2. La sélection de révertants au site (codon) de la mutation directe et l'analyse des peptides sauvage et révertant ont joué un rôle historique important dans la compréhension de la relation gène-peptide et le codage de l'information génétique. À partir d'un grand nombre de mutants ponctuels du gène de la tryptophane synthétase de *coli* et des révertants au site muté pour chacun de ces mutants, on a pu établir la « colinéarité gène-protéine », à savoir que la position relative des mutations dans le gène (carte fine établie par croisements, chapitre 6) correspondait à la position des acides aminés modifiés dans la chaîne peptidique. Ce résultat a conforté l'idée que l'ordre d'enchaînement des acides aminés était spécifié par l'ordre d'enchaînement des nucléotides puis au concept de codon puisqu'il n'y avait que quatre types de bases pour vingt acides aminés différents.

b) Les révertants dont la chaîne peptidique diffère de la chaîne sauvage par plusieurs acides aminés contigus

Il s'agit en général de révertants issus de mutants directs par décalage du cadre de lecture. Une deuxième mutation est survenue chez le révertant, non loin de la première et de signe opposé (une addition si la mutation directe est une délétion, une délétion si la mutation directe est une addition) qui a pour effet de recaler le cadre.

La séquence nucléotidique est dans le cadre normal avant la première mutation et après la seconde, et reste décalée entre les deux sites mutés, ce qui conduit à un changement de la séquence peptidique entre ces deux points.

Évidemment les deux mutations, directe de décalage, et suppresseur de recalage, ne peuvent être trop éloignées l'une de l'autre sinon la séquence peptidique aberrante serait trop longue et incompatible avec une conformation fonctionnelle de la protéine.

La mutation suppresseur peut survenir en aval ou en amont de la mutation directe ; dans le premier cas la mutation suppresseur recale le cadre ; dans le deuxième cas la mutation directe qui décalait le cadre, en absence de la mutation suppresseur, le recale désormais (figure 7.2).

La comparaison des séquences peptidiques entre la chaîne sauvage et la chaîne révertante, permet de préciser la position et la nature de la mutation directe, éventuellement celle de la mutation suppresseur, ainsi que la séquence nucléotidique du gène entre les deux sites mutés, malgré la dégénérescence du code (voir exercices).

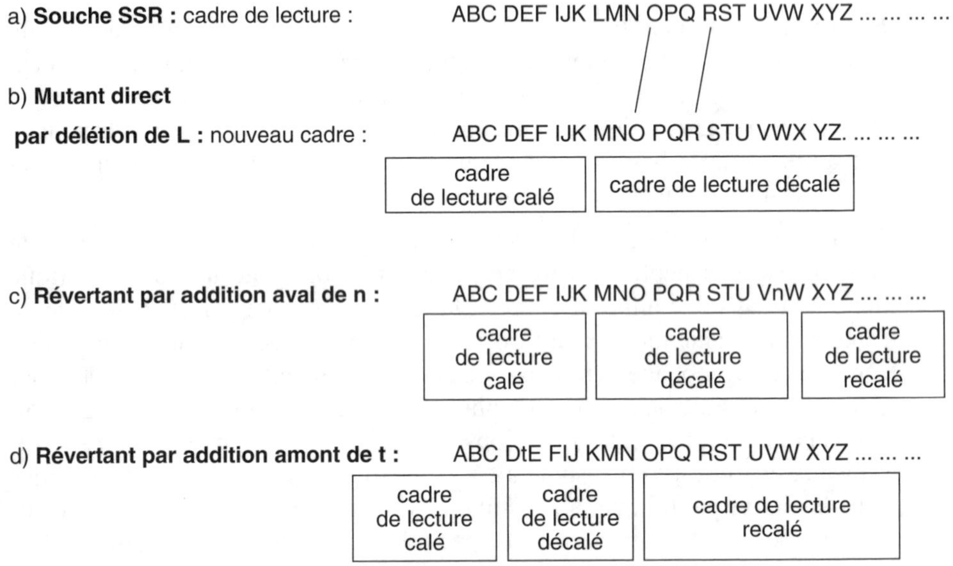

Figure 7.2 Mutation directe de décalage du cadre de lecture et suppresseur intragénique de recalage en aval ou en amont de la mutation directe.

c) Les révertants dont la chaîne peptidique diffère de la chaîne sauvage par leur séquence N-terminale ou C-terminale

Il s'agit de révertants issus de mutants directs au site d'initiation ou au site de terminaison de la lecture. La mutation du site AUG d'initiation de la lecture peut aboutir à l'absence de chaîne peptidique si il n'y a pas d'autre site AUG en phase (dans le même cadre de lecture) au voisinage du site naturel, ou à une chaîne « mutante » (non fonctionnelle ou modifiée) si un tel site existe.

Le révertant est alors un mutant qui présente un nouveau site AUG, en phase, dans le voisinage du site naturel, de telle sorte que la chaîne peptidique est fonctionnelle, ce qui conduit à un phénotype sauvage. Si le site est en 3′ du site naturel, la chaîne révertante est plus courte que la chaîne sauvage de quelques acides aminés, si le site est en 5′ du site naturel, la chaîne révertante est plus longue de quelques acides aminés, ce qui permet alors de spécifier, par le code génétique de l'acide aminé en position 0, la nature de la mutation directe affectant le codon AUG (voir exercices).

Le même type d'analyses a été développé pour les mutations directes affectant le codon stop dans les gènes α ou β de l'hémoglobine

d) *Les cas particuliers*

Ils sont nombreux et on en citera trois.

➤ Double mutation faux-sens dans la séquence codante

On peut donner l'exemple de la tryptophane synthéthase de *coli*. Le révertant sauvage présente une activité enzymatique, absente chez le mutant. L'analyse de la chaîne peptidique révertante montre la substitution de deux acides aminés de la séquence sauvage (glu et cys) par deux autres acides aminés (gly et tyr), les deux sites de mutation faux-sens étant assez éloignés.

Ce résultat amène à conclure que le couple d'acides aminés glu-cys doit jouer un rôle dans la conformation tridimensionnelle et/ou l'activité de la protéine et que la mutation faux-sens directe de glu en gly ou de cys en tyr entraîne une instabilité et/ou une perte de fonction.

L'effet suppresseur d'une deuxième mutation faux sens provient du fait que le couple gly-tyr a un effet suffisamment semblable à celui du couple glu-cys pour rétablir la stabilité et/ou l'activité protéique.

On a effectivement vérifié que les gènes porteurs de l'une ou de l'autre des deux mutations faux-sens étaient non fonctionnels.

➤ Mutations directes dans le promoteur

La perte de fonction d'un gène peut résulter d'une mutation dans une séquence autre que sa séquence codante, par exemple dans le promoteur. Dans un tel cas les révertants de première classe, qui expriment de nouveau le gène, sont mutés dans le promoteur de telle sorte que la transcription est de nouveau possible.

Bien évidemment la séquence peptidique chez tous ces révertants est toujours identique à celle de la SSR, ce qui distingue les mutants dans le promoteur des mutants dans la séquence codante pour lesquels seuls les révertants vrais présentent une séquence peptidique sauvage.

➤ Fusion de promoteur

Le message du gène peut être inaccessible (ou trop accessible) si une mutation affecte le promoteur du gène. Dans ce cas la fonction du gène est altérée d'un point de vue strictement quantitatif; la fonction est perdue si le gène ne peut plus être suffisamment transcrit. La restauration d'un phénotype normal dépendra soit d'une nouvelle mutation du promoteur, rendant le message codé de nouveau accessible à l'expression, par la transcription, soit d'un suppresseur fonctionnel, s'il peut en exister un.

Dans ce cas un troisième type de révertant peut être sélectionné, si une délétion fusionne la séquence codante du gène muté avec le promoteur d'un gène en amont (dont la séquence codante de ce gène se trouve de fait déletée).

Dans tous les cas, les révertants présenteront une chaîne peptidique sauvage puisque la séquence codante du gène n'était pas modifiée chez le mutant mais simplement inaccessible.

7.3.3 Les suppresseurs informationnels

Un suppresseur informationnel rétablit la fonction du gène muté en agissant dans son processus d'expression de manière telle qu'il y a production d'un produit fonctionnel du gène, alors que celui ci demeure toujours muté. Ainsi, d'une manière ou d'une autre le processus d'expression, transcription, épissage, traduction, va à son terme avec au bout une chaîne peptidique fonctionnelle, en tout cas assez pour redonner un phénotype sauvage.

a) Les ARN-t suppresseurs informationnels

Il est assez facile d'obtenir chez les micro-organismes, bactéries ou levure, des ARN-t suppresseurs informationnels, chez les révertants issus de mutants directs de type stop (UAG, UAA ou UGA). Ces ARN-t suppresseurs sont pourvus, par mutation de leur séquence codante, d'un anti-codon complémentaire du codon stop correspondant à la mutation directe.

De ce fait l'ARN-t muté-suppresseur devient capable de se positionner sur ce codon stop, d'y apporter un acide aminé, ce qui permet d'éviter l'arrêt de traduction qui survenait chez le mutant, puis de la continuer jusqu'à la fin du messager.

Exemples :

- le gène sauvage contient un codon TAC (tyr), UAC sur l'ARN-m, reconnu par un ARN-t portant l'anti-codon 5′GUA3′. [N.B. : Hybridation anti-parallèle]
- le gène muté est porteur d'un codon TAA, à la place de TAC, donnant UAA sur l'ARN-m, et induisant un arrêt de traduction.
- le révertant est muté dans un gène d'ARN-t de tyrosine, dont l'anti-codon 5′GUA3′ est muté en 5′UUA3′, ce qui lui permet de s'hybrider au codon UAA et d'apporter une tyrosine, en restaurant une séquence peptidique sauvage.
- un autre révertant est muté dans un gène d'ARN-t de glutamique, dont l'anti-codon 5′UUC3′ (reconnaissant le codon GAA) est muté en 5′UUA3′, ce qui lui permet de s'hybrider au codon UAA et d'apporter un glutamique, en restaurant une séquence peptidique complète, mais modifiée en un point par la substitution d'une tyrosine par un glutamique, sans doute compatible avec la structure et l'activité de la chaîne peptidique, puisque le révertant a été isolé.

La fonction du gène, perdue chez le mutant, est ainsi restaurée, à condition que l'acide aminé apporté par l'ARN-t suppresseur, qui n'est pas forcément l'acide aminé sauvage, soit compatible avec une conformation tridimensionnelle active de la protéine; tous les suppresseurs potentiels sur le plan traductionnel ne sont pas forcément des suppresseurs efficaces sur le plan fonctionnel.

> ***Remarque 1.*** On comprend qu'un ARN-t suppresseur soit allèle-spécifique, il est incapable de corriger d'autres mutations que le codon stop dont il est spécifique; par contre il est capable de corriger l'effet de cette mutation stop dans n'importe quel autre gène que le gène porteur de la mutation directe (voir exemple *val1-1* et *ade2-1*, plus haut).

Remarque 2. Le fait qu'un gène d'ARN-t mute pour donner un ARN-t suppresseur est sans conséquence pour la traduction dans la mesure où les gènes d'ARN-t sont très redondants (plusieurs dizaines ou centaines de copies par génome).

Si un ARN-t porteur de l'anti-codon 5′UUC3′ (reconnaissant le codon GAA, glu) est muté en 5′UUA3′, ce qui lui permet de s'hybrider au codon UAA et d'y apporter un glutamique, les codons GAA des messagers continueront d'être traduits par tous les ARN-t codés par les autres copies non mutées du gène de cet ARN-t.

Remarque 3. Une partie des gènes a un triplet de terminaison de type TAA, UAA sur le messager. La présence d'un ARN-t suppresseur capable de s'hybrider à un tel triplet peut conduire à un prolongemesnt anormal de la traduction de ces messagers et à la formation de chaînes peptidiques alongées dans leur partie C-terminale et éventuellement mal conformée et/ou inactive ou toxique.

La présence d'un ARN-t suppresseur informationnel est donc potentiellement toxique pour la cellule, à moins que la concentration de cet ARN-t suppresseur soit assez faible pour que son effet toxique sur les codons stop UAA des gènes non mutés soit négligeable, mais quand même assez élevée pour que son effet suppresseur sur la mutation directe UAA du gène muté soit assez efficace.

b) Le suppresseur informationnel du phénotype [sable] *chez Drosophila*

Le mutant [sable] apparu chez *Drosophila* a un corps jaune clair qui le distingue du phénotype gris sauvage de référence. Son analyse génétique par croisement avec la SSR montre que le mutant est récessif et muté dans un seul gène, autosomique.

On a obtenu un révertant mâle qui croisé avec la souche SSR donne en F2 issue d'un croisement F1 × F1, 1/8 de [sable] chez les mâles et 1/4 chez les femelles. Le retour du phénotype mutant prouve l'existence d'un suppresseur et les proportions observées montrent qu'il est récessif et localisé sur le chromosome X (refaire les croisements à titre d'exercice).

L'analyse moléculaire, chez le révertant, du produit du gène, absent chez le mutant, permet de conclure à la présence d'une protéine sauvage; l'analyse moléculaire du gène muté a permis de montrer qu'il était inactivé par insertion d'une séquence de type transposon et que la mutation à effet suppresseur affectait un gène spécifiant une protéine impliquée dans l'épissage, de manière telle que le transposon est « reconnu » comme un intron et excisé comme tel. Ce suppresseur est bien informationnel puisqu'il permet de reconstituer, dans le processus d'expression du gène, une séquence fonctionnelle.

7.3.4 Les suppresseurs fonctionnels

Un suppresseur fonctionnel ou physiologique n'existe que si la physiologie cellulaire peut être modifiée de façon telle que par son effet :

– le produit du gène porteur de la mutation directe devient facultatif ou inutile, dans le cas où la mutation directe est une perte de fonction;

– le produit muté du gène voit son action contrecarrée par le produit muté du gène suppresseur, dans le cas où la mutation directe est un gain de fonction.

Si le produit du gène est absolument nécessaire à la cellule, il n'y a pas de suppresseur physiologique possible et des mutants par délétion ne présenteront jamais de révertants. En partant de ce principe, on peut considérer qu'un mutant ne donnant pas de révertant est sans doute un mutant par délétion, puisque, pour tout autre type de mutation, on peut potentiellement isoler des révertants.

a) Les suppresseurs fonctionnels de mutations de perte de fonction

Chaque cas est évidemment particulier puisqu'il tient à la fonction du gène affecté par la mutation directe. On peut cependant décrire des mécanismes observés à plusieurs reprises.

– Mutation de surexpression d'un gène redondant ou homologue peu transcrit dans le génotype sauvage. Un certain nombre de fonctions biologiques peuvent dépendre de deux ou plus de deux gènes dont les produits sont identiques (gènes redondants, par exemple gènes α ou γ de l'hémoglobine) ou fortement homologues (par exemple gènes des isozymes) de sorte que l'effet d'inactivation de l'un d'eux par la mutation directe de perte de fonction, peut être supprimé par une mutation de gain de fonction affectant un gène redondant ou homologue (voir les exercices sur iso1 et iso2 cytochrome-c).
– Mutation activant une chaîne métabolique secondaire pouvant alors suppléer au blocage de la chaîne principale du fait de la mutation directe. Ce phénomène, sans être systématique est assez courant dans les réseaux métaboliques qui font un peu penser à celui du chemin de fer : si une grande ligne est bloquée, avec un peu d'astuce, on peut faire passer les trains par les voies secondaires.
– Court-circuit d'une cascade génique par mutation constitutive d'un gène s'exprimant en aval du gène affecté par la mutation directe. La levure diploïde est obligatoirement hétérozygote pour le signe sexuel, ce qui conduit à la formation d'un hétérodimère par association des deux chaînes codées par les séquences *Mat*α et *Mata*. Cet hétérodimère active une cascade d'expression de gènes conduisant à l'activation du gène *IME1* dont l'expression induit la méiose. On a obtenu des mutants de sporulation, mutés de façon telle que l'allèle muté *Mata*^{m} permet la fécondation avec une souche Matα mais que le diploïde résultant est incapable de sporuler car incapable d'induire une méiose. L'obtention de révertants capables de sporuler a montré, par analyse génétique, qu'ils étaient porteurs d'une mutation suppresseur par gain de fonction rendant constitutif le gène *IME1*, ce qui rend inutile la fonction du dimère.
– Mutation d'un gène régulateur au sein d'un réseau de régulation rendant inutile la fonction du gène affecté par la mutation directe et permettant la reprise de l'expression des gènes de structures. Le mutant de drosophile *NANOS* est incapable d'assurer la différenciation des segments abdominaux terminaux. L'analyse de ce mutant a montré qu'il était muté dans un seul gène. On a obtenu un révertant capable d'assurer un développement complet et le croisement du révertant avec

une souche sauvage a permis de retrouver en F2 des mutants, attestant de la survenue d'un suppresseur. L'analyse moléculaire du mutant et du révertant a permis d'identifier les gènes impliqués et leurs fonctions respectives (figure 7.3) : le gène *NANOS* code pour le répresseur du produit du gène *HUNCHBACH* qui, lui même code pour le répresseur du gène *KNIRPS* qui active la différenciation des segments abdominaux terminaux. Le mutant *NANOS* étant un mutant de perte de fonction dans ce gène, le produit du gène *HUNCHBACH* peut de manière permanente réprimer le gène *KNIRPS* induisant alors l'incapacité de différenciation des segments abdominaux terminaux. Le révertant est un mutant de perte de fonction dans le gène *HUNCHBACH* qui a pour conséquence de rendre sans effet la perte de fonction dans le gène *NANOS* puisqu'il n'y a plus de produit *HUNCHBACH* à réprimer, le gène *KNIRPS* pouvant alors s'exprimer de manière constitutive (non régulée) sans que cela ait des effets néfastes sur le développement embryonnaire. On remarquera, au passage, que le révertant a permis d'identifier le gène *HUNCHBACH* qui n'aurait jamais pu être identifié par une mutation directe de perte de fonction qui eut été sans conséquence phénotypique. En effet la conséquence phénotypique de la perte de fonction de *HUNCHBACH* n'est phénotypiquement perceptible que dans le contexte de la perte de fonction du gène *NANOS*.

Remarque 1. La sélection de révertants avec un suppresseur physiologique est un bon moyen de toucher et d'identifier des gènes de régulation d'un gène de structure.

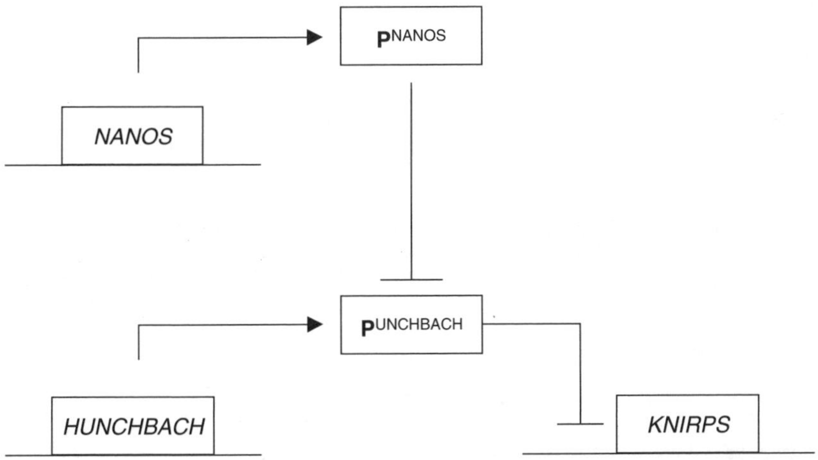

Figure 7.3

b) Les suppresseurs fonctionnels de mutations de gain de fonction

Chaque cas est évidemment particulier puisqu'il tient à la fonction du gène affecté par la mutation directe. On peut cependant décrire des mécanismes observés à plusieurs reprises.

➤ Mutation de perte de fonction dans le gène d'un répresseur muté par une mutation directe de gain de fonction

Exemple : l'expression d'un gène de structure, codant une enzyme E, est régulée par un répresseur R, codé par le gène de celui-ci. Le répresseur R bloque la transcription du gène de structure (figure 7.4/a), à moins que, en présence d'un ligand li, R ne se fixe plus sur le promoteur du gène de structure, ce qui permet alors son expression et la présence de E (figure 7.4/b).

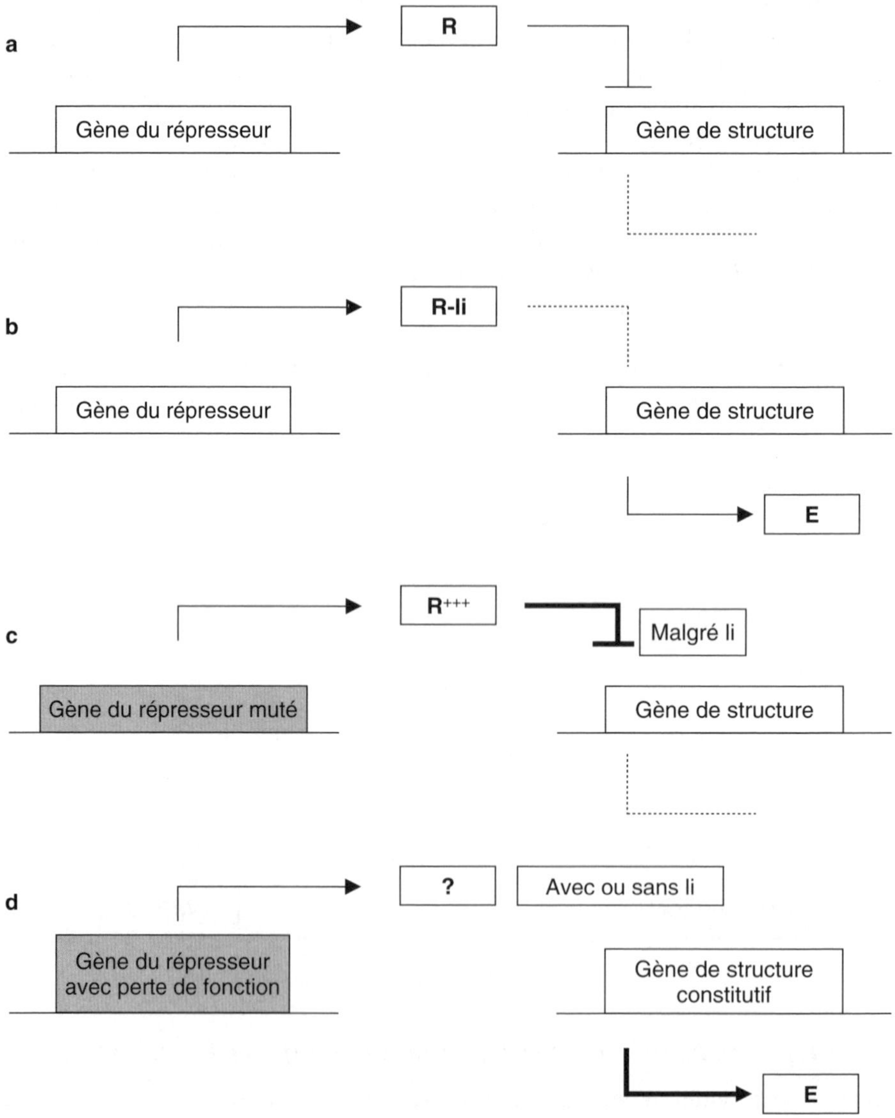

Figure 7.4

Un mutant, dépourvu de l'enzyme E, est muté, non dans le gène de structure, mais dans le gène de son répresseur, de façon telle que le site de fixation n'a plus d'affinité pour le ligand, le répresseur muté R^{+++} est « indétournable » de sa cible sur le promoteur de enz, qui est définitivement bloqué (figure 7.4/c).

On isole un révertant où le gène régulateur est muté ponctuellement ou délété, le répresseur n'existe plus et le gène enz devient constitutif, il est exprimé en présence et même en absence du ligand li, mais il n'est plus régulé (figure 7.4/d).

➤ Expression anormale d'un partenaire du produit du gène porteur de la mutation directe

De nombreux phénomènes comme la régulation du cycle cellulaire, les processus de développement, l'homéostase, l'apoptose, la carcinogenèse, le vieillissement résultent de l'expression et de l'action concertée de partenaires protéiques capables d'interagir. La recherche de révertants peut être mise à profit pour mettre en évidence ce type d'interaction et identifier les partenaires. Le gène *BAX* est un facteur pro-apoptotique retrouvé aussi bien chez l'homme que chez *Drosophila* ou *Caenorhabditis elegans.* Pour rechercher des partenaires au produit du gène *BAX*, l'homme n'est certainement pas un organisme modèle, ni *Caenorhabditis elegans* si on considère que de nouveaux partenaires sont apparus dans l'évolution. C'est pourquoi des chercheurs ont imaginé d'utiliser cette bonne vieille drosophile comme outil d'investigation. Ils ont construit une souche transgénique :

- porteuse d'une insertion */pvg::GAL4/* (*pvg* est le promoteur du gène impliqué dans le phénotype vestigial, de sorte que le produit P^{GAL4} du gène *GAL4* ne s'exprime que dans les tissus de l'aile; P^{GAL4} est l'activateur de plusieurs des gènes de levures impliqués dans la métabolisation du galactose);
- porteuse également d'une insertion */UAS::BAX/* (*UAS* étant la séquence cible de la protéine P^{GAL4} au niveau des gènes de levure régulée par *GAL4*, de sorte que *BAX* est exclusivement exprimé dans le tissu alaire). Cette souche ainsi construite présente un phénotype d'ailes avortées du fait de l'expression du facteur *BAX* pro-apoptotique.

L'avantage de cette construction est de permettre de confiner l'expression du gène dans un tissu sans toucher à la viabilité de l'organisme qui reste disponible pour transmettre les mutations et faire les croisements que nécessite l'analyse génétique.

Pour rechercher des partenaires de *BAX*, le mutant construit va être soumis à une mutagenèse par insertion aléatoire d'éléments transposables P de drosophile porteurs d'une séquence *UAS*. L'élément P va, un peu comme un rétrovirus, activer, par sa séquence *UAS* (soumise à l'action de P^{GAL4}) un ou des gènes dans le voisinage de son site d'insertion. Le but est alors de rechercher des révertants qui, étant pourvus d'ailes plus ou moins normales seraient indicateurs de l'expression d'un partenaire de *BAX* réprimant sa fonction pro-apoptotique.

7.4 Conclusions

L'analyse des révertants issus d'un ensemble mutants de même phénotype ouvre de nombreuses portes.

- C'est d'abord un moyen d'étude de la mutation directe quand l'analyse de la chaîne peptidique révertante est possible.
- C'est aussi un moyen de repérer les mutants par délétion quand aucun révertant, notamment physiologique, ne peut être sélectionné.
- C'est un moyen de toucher de nouveaux gènes impliqués dans le phénomène étudié et qui n'avaient pas été ou ne pouvaient être sélectionnés par le crible de mutants directs, notamment certains gènes de régulation dont les mutations ne peuvent être phénotypiquement perçues dans un contexte sauvage, et d'ouvrir la voie à une étude du fonctionnement intégré des gènes.
- C'est enfin le moyen de définir un crible de mutants, soit pour rechercher des partenaires au produit d'un gène donné, soit pour obtenir des mutants de perte de fonction dans des gènes essentiels de l'activité cellulaire dont les mutations sont létales et pour lesquels il ne semble pas possible d'obtenir des mutants de type conditionnels (voir exercice 8.5).

La sélection et l'analyse des révertants s'avèrent donc être un outil puissant de l'analyse génétique dans tous ses aspects, le criblage des mutants et l'identification des gènes, leur analyse fonctionnelle et leur cartographie.

À retenir

- Un **révertant** est un mutant de mutant qui a recouvré le phénotype de la souche dont on avait tiré le mutant, en général le phénotype sauvage.
- Un révertant qui a recouvré le phénotype sauvage est rarement redevenu de génotype sauvage, cas exceptionnel du « **révertant vrai** » ; le mutant a pu subir, dans le gène muté, soit une seconde mutation au site de la première ayant pour effet de rétablir un allèle fonctionnel conduisant au phénotype sauvage, soit une seconde mutation dont l'effet est de supprimer l'effet de la première, dite **mutation directe** ; cette seconde mutation est dénommée « **suppresseur intragénique** »
- Certains révertants sont porteurs d'un « **suppresseur extragénique** », une mutation dans un autre gène capable de supprimer l'effet de la mutation directe qui demeure présente chez le révertant. Le croisement d'un révertant par la souche sauvage de référence permet assez facilement de mettre en évidence la présence d'un suppresseur extragénique par la recombinaison génétique qui conduit au retour du phénotype muté dans la descendance.
- On applique à l'analyse génétique des suppresseurs toutes les procédures classiques de l'analyse des mutations, test de dominance-récessivité, test de complémentation fonctionnelle. Chez la levure, l'analyse de tétrades se révèle

être un outil puissant d'analyse fonctionnelle de l'effet du suppresseur, permettant de distinguer facilement les **suppresseurs informationnels** et les **suppresseurs physiologiques** :

- *Le mécanisme d'action d'un suppresseur informationnel* permet de corriger l'effet de la mutation directe dans le processus d'expression du gène muté de sorte que le produit final a été corrigé et se trouve être fonctionnel. Ce type de suppresseur ne peut pas supprimer l'effet d'une délétion mais seulement l'effet de mutations ponctuelles de la séquence du gène.
- *Le mécanisme d'action d'un suppresseur physiologique* conduit, quand la mutation directe est une perte de fonction, à une modification de la physiologie cellulaire rendant le gène muté « inutile » à celle-ci ; ce type de suppresseur peut évidemment supprimer l'effet d'une délétion.
- *Le mécanisme d'action d'un suppresseur physiologique* conduit, quand la mutation directe est un gain de fonction, à la présence d'une protéine dont la quantité ou l'activité contrecarre l'effet du gain de fonction et conduit à un phénotype sauvage.

La sélection de révertants et l'analyse fonctionnelle de leurs suppresseurs physiologiques sont des outils d'investigation génétique précieux pour identifier et étudier les **gènes régulateurs** et les **interactions fonctionnelles** entre gènes.

Exercices

7.1 Niveau Licence (L3)/Définitions des objectifs.

– Analyse de révertants, mise en évidence et cartographie des suppresseurs.

– Analyse fonctionnelle des mutations directes et des suppresseurs.

On ne tient compte dans ce problème, ni du signe sexuel des souches ni des marqueurs de sélection des diploïdes.

On dispose, chez *Saccharomyces cerevisiae*, de deux mutants *m1* et *m2*, auxotrophes pour la valine, phénotype noté [val$^-$]. Des analyses antérieures ont montré que les deux phénotypes [val$^-$] sont récessifs, que chaque mutant *m1* ou *m2* n'est muté que dans un seul gène et que les deux gènes mutés chez *m1* et *m2* sont physiquement indépendants.

1. On dépose environ 10^8 cellules du mutant *m1* sur une boîte de milieu minimum, après culture en milieu liquide, centrifugation et récupération des cellules; on observe quelques clones, dont l'un est nommé c1. On renouvelle le même protocole à partir d'une deuxième culture, et on isole un deuxième clone, nommé c2. Interpréter ce résultat.

2. On croise chacun des clones c1 et c2 avec la SSR, les diploïdes sont mis à sporuler et on analyse cent tétrades. Interprétez l'ensemble de ces résultats (tabl. 7.4) en justifiant vos réponses.

TABLEAU 7.4 CROISEMENT DES CLONES AVEC LA SSR.

Analyse des tétrades issues du diploïde c1 x SSR			Analyse des tétrades issues du diploïde c2 x SSR	
Type de tétrades	**Nombres observés**		**Type de tétrades**	**Nombres observés**
4 spores [val$^+$]	75		4 spores [val$^+$]	68
3 spores [val$^+$] et 1 spore [val$^-$]	20		3 spores [val$^+$] et 1 spore [val$^-$]	24
2 spores [val$^+$] et 2 spores [val$^-$]	5		2 spores [val$^+$] et 2 spores [val$^-$]	8

3. On récupère les spores de phénotypes [val$^+$] dans les asques contenant 2 spores [val$^+$] et 2 spores [val$^-$] à l'issue des croisements précédents (tabl. 7.4). Ces spores sont nommées v1 ou v2 selon qu'elles proviennent de tétrades issues des croisements c1 × SSR ou c2 × SSR.

a. Quel est le génotype des spores v1 ou v2 ? Justifiez (éventuellement après la question **b**) le fait d'avoir sélectionné ces spores [val$^+$] dans ces asques et non dans d'autres.

b. Les spores v1 sont croisées avec le mutant *m2*, et les spores v2 sont croisées avec le mutant *m1*. Les diploïdes sont mis à sporuler et on réalise l'analyse des tétrades issues de la méiose. Vous interpréterez ces résultats (tabl. 7.5) sur le plan cartographique et sur le plan fonctionnel (il est utile de se souvenir de la cartographie établie), en essayant de dégager toutes les conclusions possibles sur la nature des mutations en causes, et les mécanismes moléculaires sous-jacents aux phénotypes observés dans les tétrades obtenues.

TABLEAU 7.5 CROISEMENT DES SPORES AVEC LES MUTANTS.

Analyse de tétrades du diploïde v1 x *m2*			Analyse de tétrades du diploïde v2 x *m1*	
Type de tétrades	**Nombres observés**		**Type de tétrades**	**Nombres observés**
4 spores [val$^+$]	38			
3 spores [val$^+$] et 1 spore [val$^-$]	22			
2 spores [val$^+$] et 2 spores [val$^-$]	40		2 spores [val$^-$] et 2 spores [val$^+$]	100

7.2 **Niveau Licence (L3)/Définitions des objectifs.**

- Analyse de révertants, mise en évidence des suppresseurs.
- Analyse biochimique du produit chez les révertants, identification d'un gène de structure, identification d'un codon sauvage par analyse des substituants dans le produit chez les révertants.

NB : problème adapté d'un TD conçu par C. Isnard/J. Deutsch/D. Cohen (université Paris VI) à partir des travaux de J. Verdière (CNRS/Gif s/Yvette).

Chez *Saccharomyces cerevisiae* l'iso1-cytochrome *c* est codé par un gène nucléaire et occupe le cinquième rang dans la chaîne respiratoire, indifféremment avec l'isozyme iso2-cytochrome *c*. La chaîne peptidique de l'iso2 présente un grande homologie avec celle de l'iso1-cytochrome c ; elle est également codée par un gène nucléaire.

Dans les conditions normales (souche SSR) l'iso1-cytochrome *c* est présent dans 95 % des chaînes respiratoires tandis que l'iso2-cytochrome *c* n'est présent que dans les 5 % restants.

Plusieurs mutants d'un même gène, nommé *cyc1*, ont été isolés par des cribles sélectifs différents. Ces mutants présentent tous une capacité d'absorption réduite, voire nulle, à la longueur d'onde de l'iso1-cytochrome *c*, et sont [lct$^-$], incapables de pousser sur lactate, source de carbone non fermentescible, exigeant un métabolisme aérobie.

Cependant ils sont capables de pousser sur glycérol, un autre substrat exigeant un métabolisme aérobie car, avec 5 % de chaînes ayant incorporé de l'ios2, ils peuvent réoxyder suffisamment de donneurs d'électrons pour se développer.

1. À partir du mutant haploïde *cyc1-76* (76e mutant du groupe *cyc1*) on prépare un extrait protéique qui est passé sur une colonne de résine échangeuse d'ions (amberlite CG50). On n'observe aucune absorption spécifique de l'iso1-cytochrome *c* (défini par l'étude des cytochromes chez la SSR), mais on observe l'absorption spécifique correspondant à l'iso2-cytochrome *c*, en quantité égale à celle trouvée chez sauvage. Ce résultat permet-il d'affirmer que le gène *cyc-1* est le gène de structure de l'iso1-cytochrome *c* ?

2. À partir du mutant cyc1-76, on obtient une série de 21 révertants.

a. Dans 9 cas, le révertant croisé avec SSR, donne un diploïde dont la méiose fournit 3/4 de spores [lct$^+$] et 1/4 de spores [lct$^-$]. Dans 12 cas, le diploïde issu du croisement entre le révertant et la SSR donne des spores exclusivement [lct$^+$]. Que déduisez-vous de ces résultats ?

b. Chez les 21 révertants l'absorption spécifique de l'iso1 est restaurée dans son volume d'élution spécifique après passage sur la colonne d'amberlite. Ce résultat permet-il d'affirmer que le gène *cyc1* est le gène de structure de l'iso1-cytochrome *c* ?

3. À partir de l'extrait protéique des 12 révertants précédents, nommés cyc1-76a à cyc1-76l, on purifie l'iso1-cytochrome *c* qu'on soumet à une digestion totale afin d'étudier sa composition en acides aminés (tabl. 7.6). Ce résultat permet-il d'affirmer que le gène *cyc1* est le gène de structure de l'iso1-cytochrome *c* ? Justifiez votre réponse et discutez de la nature de la mutation directe, en fonction de la diversité des propriétés biochimiques des différents acides aminés identifiés chez les révertants.

4. On réalise une digestion trypsique de l'iso1-cytochrome *c* purifiée chez les 12 révertants a à l, suivie d'une empreinte peptidique par électrophorèse-chromatographie bidimensionnelle.

a. Les cartes peptidiques de la SSR et des révertants b et g se superposent. Concluez.

b. Les cartes peptidiques des autres révertants ne se superposent pas à celles de la SSR pour un sous-peptide particulier dont on identifie la séquence primaire chez SSR et le révertant g :

SSR :	Asn	Val	Leu	Trp	Asn	Glu	Asn	Asn	Met	Ser	Glu	Tyr	Leu	Thr	Asn	Pro	Lys	Lys
	61					66					71							78
révertant g :	Asn	Val	Leu	Trp	Asn	Glu	Asn	Asn	Met	Ser	Gln	Tyr	Leu	Thr	Asn	Pro	Lys	Lys

Analysez ce résultat, en précisant la localisation du site muté, le codon sauvage, le codon muté et la mutation affectant le révertant (code génétique, page 228).

Tableau 7.6 Composition totale en acides aminés de l'iso1 cytochrome *c* extrait de la souche sauvage ou des 12 révertants de première classe.

Acide aminé	SSR	a	b	c	d	e	f	g	h	i	j	k	l
Lys	16	16	16	16	16	16	16	16	16	17	16	16	16
His	4	4	4	4	4	4	4	4	4	4	4	4	4
Arg	3	3	3	3	3	3	3	3	3	3	3	3	3
Asp + Asn	11	11	11	11	11	11	11	11	11	11	11	11	11
Thr	8	8	8	8	8	8	8	8	8	8	8	8	8
Ser	4	4	5	4	4	4	4	4	4	4	4	4	4
Glu + Gln	9	8	8	8	8	8	8	9	8	8	8	8	8
Pro	4	4	4	4	4	4	4	4	4	4	4	4	4
Gly	12	12	12	12	12	12	12	12	12	12	12	12	12
Ala	7	7	7	7	7	7	7	7	7	7	7	7	7
Cys	3	3	3	3	3	3	3	3	3	3	3	3	3
Val	3	3	3	3	3	3	3	3	3	3	3	3	3
Met	2	2	2	2	2	2	2	2	2	2	2	2	2
Ile	4	4	4	4	4	4	4	4	4	4	4	4	4
Leu	8	8	8	8	9	9	8	8	9	8	9	8	8
Tyr	5	5	5	6	5	5	5	5	5	5	5	5	5
Phe	4	4	4	4	4	4	4	4	4	4	4	4	4
Trp	1	2	1	1	1	1	2	1	1	1	1	2	2

7.3 Niveau Licence (L3)/Définitions des objectifs.

> – Mise en évidence de la nature d'une mutation directe par l'analyse biochimique des révertants.
> – Déduction d'une séquence nucléotidique par comparaison des séquences peptidiques sauvage et révertantes.
> NB : problème adapté du cours de C. Isnard, à partir des travaux de J. Verdière (CNRS/Gif s/Yvette).

La séquence de l'iso1-cytochrome *c*, dont la fonction est définie dans l'énoncé de l'exercice 7.4, a été obtenue par les protocoles classiques de la biochimie des protéines. Elle est la suivante :

– position	0	1	2	3	4	5	6	7	8	9	10	11	12
– résidu	met	thr	glu	phe	lys	ala	gly	ser	ala	lys	lys	gly	ala

À partir du mutant *cyc1-183* (différent de *cyc1-76*), dépourvu d'iso1-cytochrome *c*, on a obtenu indépendamment 56 révertants à partir desquels l'iso1-cytochrome *c* présent est extrait, purifié et analysé.

1. On trouve 22 types différents de chaînes révertantes, différant de la chaîne sauvage par un ou plusieurs acides aminés contigus. Peut-on conclure que le gène touché chez le mutant est le gène de structure de l'iso1-cytochrome *c* ?

2. Peut-on définir la nature de la mutation touchant le gène *cyc1* chez le mutant *cyc1-183* ?

3. La séquence peptidique du révertant *cyc1-183*T a été établie et diffère de la séquence sauvage pour les 9 premiers acides aminés. Elle est la suivante :

– position	0	1	2	3	4	5	6	7	8	9	10	11	12
– résidu	met	met	asn	ser	arg	pro	val	leu	leu	arg	lys	gly	ala

Vous établirez, pour les deux séquences peptidiques, SSR et révertante, les séquences nucléotidiques possibles, et préciserez la position, la nature et l'effet de la mutation directe chez *cyc1-183*, puis, si possible, la position, la nature et l'effet du suppresseur intragénique.

7.4 Niveau Licence (L3)/Définitions des objectifs.

> – Mise en évidence de la nature d'une mutation directe par l'analyse biochimique des révertants.
> – Déduction d'une séquence nucléotidique par comparaison des séquences sauvage et révertantes.
> NB : problème adapté du cours de C. Isnard (Paris VI), à partir des travaux de J. Verdière (CNRS/Gif s/Yvette).

Le mutant *cyc1-13* est dépourvu d'iso1-cytochrome *c*, comme les mutants *cyc1-76* et *cyc1-183* (voir exercices précédents).

On obtient, à partir du mutant *cyc1-13*, une série de révertants de première classe, à partir desquels on extrait et on caractérise la chaîne peptidique d'iso1-cytochrome *c* :

- neuf révertants de *cyc1-13* présentent une chaîne peptidique identique à la chaîne sauvage ;
- dix révertants de *cyc1-13* présentent une chaîne plus courte que la chaîne sauvage de quatre acides aminés, à l'extrémité N-terminale ;
- huit révertants de *cyc1-13*, présentent une chaîne plus longue que la chaîne sauvage à l'extrémité N-terminale, les quatre acides aminés en position 1-2-3-4 dans la chaîne sauvage, soit thr-glu-phe-lys (fig. 7.4), étant précédés par une isoleucine chez ces huit révertants.

On a isolé, en plus de *cyc1-13*, sept autres mutants directs, nommés *m1* à *m7*, qui donnent eux aussi des révertants dont la chaîne peptidique est soit plus courte de quatre acides aminés, soit plus longue.

Chez les révertants dont la chaîne est plus longue, les quatre acides aminés thr-glu-phe-lys, correspondant aux acides aminés 1-2-3-4 de la chaîne sauvage, sont respectivement précédés par une isoleucine s'ils sont isolés des mutants *m1* ou *m2*, par une leucine s'ils sont isolés des mutants *m3*, *m4* ou *m5*, par une arginine, s'ils sont isolés de *m6*, et par une valine s'ils sont isolés de *m7*.

Interprétez ces résultats en définissant le site, la nature et l'effet de la mutation directe, le site, la nature et l'effet du suppresseur intragénique (aidez-vous de la séquence sauvage fig. 7.4 et du code génétique).

7.5 Niveau Licence (L3)/Définitions des objectifs.

- Analyse de révertants, mise en évidence des suppresseurs.
- Analyse cartographique et fonctionnelle des suppresseurs.

NB : problème adapté d'un TD conçu par C. Isnard/J. Deutsch/D. Cohen (université Paris VI) à partir des travaux de J. Verdière (CNRS/Gif s/Yvette).

On supposera, pour chaque croisement, qu'on dispose des souches de signe sexuel adéquat.

Le cytochrome *a/a3* occupe la position terminale de la chaîne respiratoire dont l'iso1 cytochrome *c*, ou l'iso2 occupe le cinquième rang (exercice 7.2); il n'a pas d'isoenzyme.

1. Le mutant *cyc1-76* (mutant ambre UAG du gène de structure de l'iso1cytochrome *c*), a été isolé à partir d'une souche A de génotype (his1, met14). Dépourvu d'iso1cytochrome *c*, il ne peut pousser sur lactate, mais peut, grâce aux 5 % d'iso2 pousser sur glycérol (voir ex. 7.2); il est donc de phénotype [gly$^+$; lct$^-$; his$^-$; met$^-$].

Ce mutant est croisé avec la souche C de génotype (*trp1-4, pet17, ade2-1*), où :

- *trp1-4* est une mutation du gène *trp1*, conduisant à un phénotype [trp$^-$];
- *pet17* une mutation du gène de structure du cytochrome *a*/*a*3, donnant un phénotype [gly$^-$; lct$^-$];
- *ade2-1* une mutation du gène *ade2*, conduisant à un phénotype [ade$^-$].

a. Quel est le rôle des mutations d'auxotrophie ?

b. Après méiose des diploïdes, on obtient les asques suivants :

– 5 tétrades avec 2 [gly$^+$, lct$^+$] et 2 [gly$^-$; lct$^-$];

– 6 tétrades avec 2 [gly$^+$, lct$^-$] et 2 [gly$^-$; lct$^-$];

– 9 tétrades avec 1 [gly$^+$, lct$^+$], 1 [gly$^+$, lct$^-$] et 2 [gly$^-$; lct$^-$].

Interprétez ces résultats après avoir explicité le génotype des différents types de spores présentes dans chaque type d'asques. La rédaction doit se fonder sur un schéma clair du génotype du diploïde.

c. Comment isoler, sans étude complémentaire, une spore S de génotype (*cyc1-76*; *pet17*) ?

2. À partir du mutant *cyc1-76*, on a isolé 21 révertants [gly$^+$, lct$^+$], restés de phénotype [his$^-$, met$^-$], dont 12 ont fait l'objet d'une première étude (exercice 7.2) et 9 autres, parmi lesquels on se propose d'étudier les révertants R1 et R3.

Tableau 7.8 Type et nombre de tétrades observées pour le phénotype lactate, à partir des diploïdes issus des croisements d'un révertant R1 ou R3 avec la souche D.

Type de tétrades observées	Diploïdes R1 × D	Diploïdes R3 × D
4 spores [lct$^+$]	4	17
3 spores [lct$^+$] et 1 [lct$^-$]	21	6
2 spores [lct$^+$] et 2 [lct$^-$]	5	1
Total	30	24

Ces 2 révertants sont croisés avec la souche D de génotype (*trp1-1*, lys1-1) de phénotype [gly$^+$, lct$^+$, trp$^-$, lys$^-$]; les diploïdes sont de phénotype sauvage pour tous les phénotypes.

Tous les asques présentent deux spores sauvages et deux spores mutantes pour chacun des caractères d'auxotrophie. Interprétez les résultats obtenus pour le phénotype lactate (tabl. 7.8) de manière claire, concise et complète, d'un point de vue fonctionnel et cartographique.

3. On croise chacun des révertants R1 et R3 avec la souche S issue de la spore isolée à la question 1.c; cette souche est, par ailleurs, auxotrophe pour le tryptophane et l'adénine.

a. Après la méiose, on observe 40 tétrades obtenues, pour les phénotypes glycérol et lactate (tabl. 7.9). Comment interprétez-vous ces résultats ? Quelle hypothèse pouvez-vous ou devez-vous faire sur le mode d'action de chacun de ces deux révertants ?

Tableau 7.9 Type de tétrades observées, pour les phénotypes glycérol et lactate, à partir de 40 diploïdes obtenus par croisement d'un révertant R1 ou R3 avec la souche S.

Diploïdes R1 x S	Diploïdes R3 × S
6 tétrades avec 2 [gly⁺, lct⁺], 2 [gly⁻, lct⁻]	7 tétrades avec 2 [gly⁺, lct⁺], 2 [gly⁻, lct⁻]
7 tétrades avec 2 [gly⁺, lct⁺], 2 [gly⁺, lct⁻]	8 tétrades avec 2 [gly⁺, lct⁻], 2 [gly⁻, lct⁻]
27 tétrades avec 2 [gly⁺, lct⁺], 1 [gly⁺, lct⁻] et 1 [gly⁻, lct⁻]	25 tétrades avec 1 [gly⁺, lct⁺], 1 [gly⁺, lct⁻] et 2 [gly⁻, lct⁻]

b. Ces 40 tétrades sont également testées pour le phénotype tryptophane (tabl. 7.10), et pour le phénotype adénine (tabl. 7.11).

Tableau 7.10 Type de tétrades observées, pour le phénotype tryptophane, à partir des 40 diploïdes obtenus par croisement d'un révertant R1 ou R3 avec la souche S.

Diploïdes R1 × S	Diploïdes R3 × S
13 tétrades avec 4 [trp⁺]	40 tétrades avec 2 [trp⁺], 2 [trp⁻]
14 tétrades avec 3 [trp⁺], 1 [trp⁻]	
13 tétrades avec 2 [trp⁺] et 2 [trp⁻]	

Tableau 7.11 Type de tétrades observées, pour le phénotype adénine, à partir des 40 diploïdes obtenus par croisement d'un révertant R1 ou R3 avec la souche S.

Diploïdes R1 × S	Diploïdes R3 × S
40 tétrades avec 2 [ade⁺] et 2 [ade⁻]	40 tétrades avec 2 [ade⁺] et 2 [ade⁻]

– En quoi ces résultats confirment-ils les résultats de la question précédente 3.a. ?

– Quelle précision apportent-ils sur la mutation *pet17* ?

– Quelle précision apportent-ils sur certaines des mutations d'auxotrophie ?

Solutions

7.1 **1.** c1 est un révertant [val⁺], soit un révertant vrai, ce qui est rare, soit plutôt un révertant avec une deuxième mutation à effet suppresseur (intragénique ou extragénique et, dans ce cas, informationnelle ou physiologique). Même réponse pour c2.

c1 et c2 sont des révertants indépendants et leur site de mutation, comme le mode d'action du suppresseur (s'il y en a un) peuvent être différents.

Remarque. *m1* et *m2* sont porteurs de mutations ayant la même conséquence fonctionnelle, l'auxotrophie pour la valine, mais les mutations affectant chacun des deux gènes peuvent être de nature tout à fait différente (NS ; FS ; décalage ; délétion, etc.) de sorte que l'éventuel suppresseur de c1 qui est actif sur *m1* peut être, ou ne pas être, actif sur *m2*. De la même façon, l'éventuel suppresseur de c2 qui est actif sur *m2* peut être, ou ne pas être, actif sur *m1* ; telles sont les questions qu'on doit avoir à l'esprit si on anticipe le déroulement de l'analyse.

2. Le croisement d'un révertant par la SSR est destiné à vérifier l'existence postulée d'un suppresseur. En effet, si un suppresseur existe et qu'il est suffisamment distant de la mutation d'auxotrophie originelle, la méiose du diploïde révertant × SSR doit laisser réapparaître des génotypes et donc des phénotypes mutants.

Le génotype du diploïde peut s'écrire, pour les gènes qui nous intéressent :

et on voit bien que la recombinaison, par assortiment aléatoire des chromosomes, si m et *su1* sont physiquement indépendants, ou par crossing-over, si m et *su1* sont physiquement liés, doit donner (sauf s'ils sont très liés) des spores ($m1$, $su1^i$) de phénotype [val⁻].

On attend, pour les DP, quatre spores [val^+] ; pour les T, trois spores [val^+] et une spore [val^-] ; pour les DR, deux spores [val^+] et deux spores [val^-]. En effet, si les génotypes ($m1^+$; $su1^i$) avaient un autre phénotype que [val^+], le résultat observé serait tout autre (voir page 196).

L'analyse de tétrades montre donc, avec l'apparition de spores [val^-] à l'issue des deux croisements, que c1 et c2 sont des révertants porteurs d'une mutation à effet suppresseur, que le suppresseur *su1* est génétiquement lié au gène muté chez *m1*, et que le suppresseur *su2* est génétiquement lié au gène muté chez *m2*, puisque, dans chaque croisement, f(DP) > f(DR).

Comme *m1* et *m2* sont physiquement indépendants, on peut en déduire que les sites *su1* et *m1* (souche c1) sont physiquement indépendants des sites *su2* et *m2* (souche c2). On peut, par ailleurs, calculer les distances respectives des sites *m1* et *su1*, d'une part (25 ur) et des sites *m2* et *su2*, d'autre part (36 ur) en appliquant la formule $d = 100[3f(DR) + f(T)/2]$.

3. a En allant chercher des spores [val^+] chez des DR, on peut définir sans ambiguité leur génotype. En effet, elles sont obligatoirement porteuses du suppresseur actif et du gène non muté, ce qui est recherché pour la suite de l'analyse génétique.

On a donc :

– spore v1 génotype ($m1^+$; $su1^a$), qui est par ailleurs ($m2^+$) ;

– spore v2 génotype ($m2^+$; $su2^a$), qui est par ailleurs ($m1^+$).

Les tétratypes n'étaient pas utiles ici car les spores [val^+] qu'ils renferment ont deux génotypes possibles, (m^+, su^a) et (m^+, su^i), ce qui ne permet pas de faire les croisements suivants avant d'avoir identifié laquelle des deux spores a le génotype recherché (m^+, su^a). Cette opération aurait été nécessaire si on avait récupéré les spores en vrac. Ici l'analyse de tétrades nous en dispense.

3. b Les croisements réalisés donnent les diploïdes suivants :

– diploïdes v1 × m2

$$\frac{m1^+ \qquad su_1^a}{m1^+ \qquad su_1^i} \qquad \frac{m2^+}{m2}$$

– diploïdes v2 × m1

$$\frac{m1^+}{m1} \qquad \frac{m2^+ \qquad su_2^a}{m2^+ \qquad su_2^i}$$

Le but du jeu est à l'évidence dans le premier croisement, de réunir, par recombinaison à l'issue de la méiose, la mutation *m2* avec le suppresseur $su1^a$ de *m1*, afin de savoir s'il est aussi actif sur *m2*.

Si c'est le cas, les spores de génotype (*m2*; $su1^a$) seront de phénotype [val+], dans le cas contraire, elles seront [val−]; et on sait que les spores de génotype (*m2*; $su1^a$) seront réalisées, notamment dans les nombreux DR qui doivent se former, puisque *m2* et *su1* sont physiquement indépendants.

Comme on observe 38 tétrades avec quatre spores [val+], on peut en conclure que les deux spores contenant *m2* (ségrégation 2/2) sont [val+] parce qu'elles contiennent $su1^a$ qui est donc actif sur *m2*. On n'observe jamais, à l'issue des méioses du diploïde v2 × *m1*, de tétrades avec quatre spores [val+]. Or on sait, du fait de l'indépendance physique entre les sites *m1* et $su2^a$ que les DR sont fréquents et que de nombreuses spores (*m1*; $su2^a$) sont formées, ce qui permet de conclure que *su2a* n'est pas actif sur *m1*.

Comme $su1^a$ est actif sur *m1* et *m2*, alors que $su2^a$ n'est actif que sur *m2*, on peut imaginer :

- que $su1^a$ serait un suppresseur informationnel, allèle-spécifique et non gène-spécifique; dans ce cas, les mutations *m1* et *m2* seraient deux mutations non-sens pour lesquelles le suppresseur $su1^a$ apporterait un acide aminé compatible, alors que le $su2^a$ apporterait un acide aminé compatible pour *m2* mais pas compatible pour *m1*;
- que $su1^a$ serait un suppresseur physiologique pouvant agir sur *m1* et *m2*; dans ce cas, peu importe la nature des mutations *m1* et *m2*, le suppresseur $su2^a$ étant éventuellement spécifique de la mutation *m2*.

Compte tenu du caractère général des observations, il est inutile d'aller plus loin dans les hypothèses explicatives.

7.2 **1.** L'absence d'absorption à la longueur d'onde spécifique de l'iso1 dans tous les volumes d'élution prouve l'absence de cette protéine; il ne reste que l'iso2, chez le mutant *cyc1-76*.

Mais on ne peut pas en déduire que ce mutant est muté dans le gène de structure de l'iso1, car l'absence d'iso1 peut être autant due à une mutation dans son gène de structure que dans un autre gène en interaction avec lui, notamment un gène régulateur codant pour un répresseur ou un activateur du gène de structure.

2. a On a 9 révertants de seconde classe et 12 de première. Chez les 9 révertants de seconde classe, le retour de spores [lct$^-$] atteste que la mutation directe n'a pas disparu mais que son effet est supprimé par l'effet d'un suppresseur apparu par mutation chez le révertant.

Dans les 9 cas, ce suppresseur est génétiquement indépendant puisqu'on obtient 25 % de spores recombinées [lct$^-$] de génotype (m^-, su^i) ; cette conclusion suppose cependant que les spores (m^+, su^a) sont *a priori* [lct$^+$], ce qui serait logique mais n'est pas démontré. Mais c'est probable car si leur phénotype était [lct$^-$], il faudrait alors que la distance entre m et su soit précisément égale à 12,5 ur pour que la fréquence des spores recombinées soit égale à 25 % !

Dans les 12 autres cas, le fait de n'avoir pas mis en évidence de suppresseur indique qu'on peut avoir des révertants vrais, des révertants par mutation au site de la mutation directe ou des révertants porteurs d'un suppresseur très lié à la mutation directe, sans doute intragénique, mais pas obligatoirement.

2. b Dans tous les cas, la restauration de l'absorption prouve simplement que la protéine est présente car l'effet de la mutation touchant *cyc1-76* est supprimé. Mais, pas plus que son absence chez le mutant (question précédente), cette restauration ne prouve pas que le gène *cyc1*, siège de la mutation directe de *cyc1-76*, est le gène de structure de l'iso1 plutôt qu'un autre gène…

3. Cette fois oui, on peut affirmer que le gène *cyc1* est le gène de structure de l'iso1. L'information apportée par l'étude biochimique ne concerne pas l'absence ou la présence de l'iso1, mais sa séquence en acides aminés, donc la séquence de son gène de structure. Si *cyc1-76* avait été muté dans un gène régulateur, la séquence du gène de structure serait restée sauvage et la séquence peptidique de l'iso1 serait restée sauvage chez tous les révertants.

On doit conclure que le mutant était porteur d'une mutation directe dans *cyc1*, le gène de structure de l'iso1, et qu'une nouvelle mutation dans ce gène lui permet, chez les 12 révertants, d'être exprimé en un produit fonctionnel mais légèrement différent du produit sauvage. Chez tous les révertants, sauf un (*cyc1-76*/g), un glutamique (ou glutamine) a disparu au profit d'un autre acide aminé : il y a eu substitution par une lysine chez un ; par une sérine chez un autre ; par une leucine chez quatre ; par une tyrosime chez un, et par un tryptophane chez quatre.

Il est donc vraisemblable que la mutation directe affectait un codon qui a été remplacé par un nouveau codon chez chacun des 12 révertants (réversion par mutation au site de la mutation directe).

> ***Remarque.*** La mutation directe ne pouvait être un décalage de lecture car on n'imagine pas 12 révertants indépendants recalant la lecture au codon muté ; en général, le recalage est légèrement en amont ou en aval, ce qui conduit à une différence peptidique de plusieurs acides aminés contigus dont la longueur est variable d'un révertant à l'autre.

La mutation directe était donc une mutation non-sens ou une mutation faux-sens affectant un codon du gène *cyc1*.

Il est peu vraisemblable que ce fut une mutation faux-sens. Dans une telle hypothèse, il faudrait considérer que l'acide aminé substituant conduisait, chez *cyc1-76*, à une iso1 instable ou inactive, or l'étude des 12 révertants montre, qu'au site de la mutation directe, il est possible de mettre n'importe quel substituant présentant des propriétés chimiques très différentes (sur le radical), hydrophobe (trp) ou ionisable (lys ou glu) ou polaire (ser).

Il est très vraisemblable que la mutation directe était un codon stop, remplacé, chez chaque révertant, par un codon différent, spécifiant un des cinq acides aminés substituants observés.

Le révertant *cyc1-76*/g peut être un révertant vrai ou non si le codon sauvage code pour glu et que le révertant possède glu ou gln (l'hydrolyse acide désamide la glutamine en glutamique).

4. a Les cartes peptidiques de la SSR et du révertant g se superposent, ce résultat serait logique si le révertant g était un révertant vrai, mais rev-g n'est pas obligatoirement un révertant vrai. En effet, comme la carte peptidique du révertant b (qui possède un acide aminé substituant ser) se superpose également, le révertant g peut correspondre à une substitution glu/gln ou gln/glu.

4. b La comparaison des cartes montre que la mutation directe affecte un codon glu et que le révertant g, qui présente une gln, n'est pas un révertant vrai. Le codon sauvage est un codon glu, GAA ou GAG.

Si la mutation directe est (voir question précédente) une mutation stop, par substitution d'une paire de base, il s'agit du codon TAA si le codon sauvage est GAA, et du codon TAG si le codon sauvage est GAG.

CODE GÉNÉTIQUE STANDARD.

Base n° 1	Base n° 2							
	U		C		A		G	
U	UUU	phe	UCU	ser	UAU	tyr	UGU	cys
	UUC	phe	UCC	ser	UAC	tyr	UGC	cys
	UUA	leu	UCA	ser	UAA	STOP	UGA	STOP
	UUG	leu	UCG	ser	UAG	STOP	UGG	trp
C	CUU	leu	CCU	pro	CAU	his	CGU	arg
	CUC	leu	CCC	pro	CAC	his	CGC	arg
	CUA	leu	CCA	pro	CAA	gln	CGA	arg
	CUG	leu	CCG	pro	CAG	gln	CGG	arg
A	AUU	ile	ACU	thr	AAU	asn	AGU	ser
	AUC	ile	ACC	thr	AAC	asn	AGC	ser
	AUA	ile	ACA	thr	AAA	lys	AGA	arg
	AUG	met	ACG	thr	AAG	lys	AGG	arg
G	GUU	val	GCU	ala	UAU	asp	GGU	gly
	GUC	val	GCC	ala	GAC	asp	GGC	gly
	GUA	val	GCA	ala	GAA	glu	GGA	gly
	GUG	val	GCG	ala	GAG	glu	GGG	gly

Pour savoir si le codon sauvage est GAA ou GAG, il faut s'aider du code génétique et voir, à partir des codons stop associés TAA et TAG, quels sont les révertants qui sont assez faciles ou assez difficiles à obtenir.

– Il est aussi facile d'avoir des révertants *leucine* à partir du codon stop TAA (les révertants auront TTA) qu'à partir du codon stop TAG (les révertants auront le codon TTG).
– Il est aussi facile d'avoir des révertants *sérine* à partir du codon stop TAA (les révertants auront TCA) qu'à partir du codon stop TAG (les révertants auront le codon TCG).
– Il est aussi facile d'avoir des révertants *glutamine* à partir du codon stop TAA (les révertants auront CAA) qu'à partir du codon stop TAG (les révertants auront le codon CAG).

– En revanche, il est aussi beaucoup plus difficile d'avoir des révertants *tryptophane* à partir du codon stop TAA (codon unique TGG), car il faut deux substitutions de paires de bases, qu'à partir du codon stop TAG où une seule substitution suffit. Or, quatre des douze révertants présentent un codon révertant trp, ce qui prouve que celui-ci est facile à obtenir.

On peut donc conclure que le codon sauvage est GAG et que la mutation stop directe est TAG.

7.3 **1.** Le gène *cyc1* est bien le gène de structure de l'iso1-cytochrome *c*, car si le mutant *cyc1-183* n'était pas touché dans le gène de structure mais dans un gène conditionnant l'expression du gène de structure, la séquence de celui-ci serait restée sauvage et la chaîne peptidique du révertant également.

On a 22 révertants différents parce que certains des 56 révertants sont identiques, bien qu'indépendants.

2. Le mutant *cyc1-183* est un mutant de décalage du cadre de lecture, par délétion ou par insertion d'une paire de base, le révertant contient une deuxième mutation de décalage dont l'effet est suppresseur (elle recale le cadre) parce qu'elle est de nature opposée, insertion si la première est une délétion, ou réciproquement.

Entre les deux mutations le cadre reste décalé, ce qui entraîne une variation de séquence peptidique entre les chaînes sauvage et révertante. D'un révertant à l'autre la distance entre les deux mutations n'est pas la même, et selon le nombre de codons inclus dans cette séquence décalée, les chaînes peptidiques sauvages et révertantes varient d'un nombre d'acides aminés différent.

3. La figure 7.4 présente les séquences nucléotidiques possibles des chaînes SSR et *cyc1-183T*. On voit bien que l'événement permettant d'obtenir un codon AUG (met) en position 1 chez le révertant est une délétion de la cytosine du codon 1 sauvage qui va conduire à un décalage du cadre de lecture et à la présence d'une autre séquence peptidique.

La comparaison entre les séquences nucléotiques possibles pour les neuf premiers acides aminés des chaînes SSR et *cyc1-183T* permet d'ailleurs d'identifier les codons sauvages qui, par décalage, vont pouvoir spécifier la séquence chez le révertant (voir plus loin).

• Chez le mutant *cyc1-183* ce décalage se perpétue et conduit à une chaîne aberrante et avortée (un codon stop est toujours très vite généré par un décalage), entraînant la perte de fonction du gène.

• Chez le révertant *cyc1-183T*, une addition quelque part autour du codon 10 va recaler le cadre, mais laisser une séquence décalée entre les codons 1 et 9, entraînant la différence de séquence peptidique pour les 9 acides aminés de l'extrémité N-terminale de l'iso1 cytochrome *c*.

Connaissant les séquences peptidiques sauvages et révertantes, et le code génétique, il est possible de définir les différents codons possibles aux positions 1 à 12, puis d'identifier la séquence nucléotidique des 9 premiers codons, en identifiant lequel des codons signifiants sauvages est capable de donner, par décalage d'une paire de base vers la gauche, l'un des codons signifiants de la séquence peptidique révertante.

Ainsi, le G du codon 2 sauvage, devenant la troisième base du codon 1 chez le révertant, le codon 2 du révertant est obligatoirement constitué du doublet AA, puisqu'il spécifie une asn, ce qui permet de conclure que le codon 2 sauvage est GAA et non GAG.

De même le codon 3 sauvage est UUC et non UUU, puisque, par décalage, le codon 3 de la séquence révertante commence par le doublet UC, car il spécifie une sérine, et ainsi de suite…

La séquence des bases ainsi déduite est donnée par les lettres en gras ; on a souligné la cytosine perdue dans le codon 1 du mutant *cyc1-183*.

• Séquences peptidique et nucléotidique possibles chez le sauvage

Position	0	1	2	3	4	5	6	7	8	9	10	11	12
Résidu	met	thr	glu	phe	lys	ala	gly	ser	ala	lys	lys	gly	ala
Codon	0	1	2	3	4	5	6	7	8	9	10	11	12
	AUG	**ACU**	**GAA**	**UUC**	**AAG**	**GCU**	**GGU**	**UCU**	**GCU**	**AAG**	**AA**G	GGU	GCU
		C	G	U	A	**C**	C	C	C	A	A	C	C
		A				A	A	A	A			A	A
		G				G	G	G	G			G	G
								AGU					
								C					

• Séquences peptidique et nucléotidique possibles chez le révertant *cyc1-183T*

Position	0	1	2	3	4	5	6	7	8	9	10	11	12
Résidu	met	met	asn	ser	arg	pro	val	leu	leu	arg	lys	gly	ala
Codon	0	1	2	3	4	5	6	7	8	9	10	11	12
	AUG	**AUG**	**AAU**	**UC**U	CGU	**CC**U	**GUU**	**CU**U	**CU**U	CGU	AAG	GGU	GCU
			C	C	C	C	C	C	C	C	A	C	C
				A	A	A	A	A	**A**	A		A	A
				G	G	**G**	G	**G**	G	G		G	G
				AGU	**AG**A			UUA	UUA	**AGA**			
				C	**G**			G	G	G			

Figure 7.4 Séquences nucléotidiques des chaînes SSR et *cyc1-183T.*

La mutation suppresseur est une addition d'une base recalant le cadre de lecture. Compte tenu des séquences nucléotidiques et peptidiques sauvage et révertantes, plusieurs solutions sont possibles :

– une addition d'une adénine A en première ou en deuxième position du codon 10 muté qui serait AGG, donnant alors AAG, et recalant la troisième base G dans le codon 11 ;

– une addition d'une guanine G en troisième position du codon 10 muté qui serait AAG, donnant alors AAG, et recalant la troisième base G dans le codon 11 ;

– une addition dans le codon 11 muté, ce qui implique alors que le codon 10 muté reste AAG (lys), et que le codon sauvage était AAA. Dans ce cas, on peut imaginer l'addition d'une guanine G en position 1 ou 2 du codon muté 11, ce qui rétablit un codon glycine, ou une addition d'une guanine G en position 3 du codon 11, ce qui implique alors que le codon 11 muté était un codon GGG, afin que la base G recalée reconstitue un codon alanine ;

– une addition dans le codon 12 muté, ce qui implique alors que le codon 10 muté reste AAG (lys), que le codon sauvage 11 était GGG pour que le codon muté demeure un codon GGN (gly). Dans ce cas, on peut imaginer l'addition d'une guanine G en position 1 du codon 12, qui rétablit un codon alanine.

7.4 Le mutant *cyc1-13* est muté au codon AUG (ou ATG) d'initiation de la lecture, le gène n'est plus fonctionnel car la traduction ne peut être initiée, faute d'un autre codon AUG en phase dans le voisinage immédiat.

Le révertant est un mutant qui présente un nouveau site AUG, en phase, dans le voisinage du site naturel, de telle sorte que la chaîne peptidique est fonctionnelle, ce qui conduit au phénotype sauvage chez ce révertant.

Quand la chaîne révertante est plus courte que la chaîne sauvage de quatre acides aminés, le site muté suppresseur est en 3′ du site naturel et correspond effectivement à la mutation du codon 4 AAG (lys) en un codon ATG (met).

Quand la chaîne révertante est plus longue que la chaîne sauvage de quatre acides aminés, le site muté suppresseur est en 5′ du site naturel, ce qui permet alors de spécifier la nature de la mutation directe affectant le codon AUG. En effet, si les quatre acides aminés thr-glu-phe-lys correspondant aux acides aminés 1-2-3-4 de la chaîne sauvage sont précédés par une isoleucine, cela signifie que le codon AUG (met) d'initiation a été muté en un codon AUA ou AUC ou AUU spécifiant une isoleucine.

Les sept autres mutants du gène *cyc1* sont également mutés dans le codon AUG d'initiation de la lecture comme le montre l'analyse des chaînes peptidiques révertantes.

La fréquence des mutants directs dans le codon AUG est cohérente avec le code génétique. En effet, l'étude des révertants, avec une séquence allongée en 5′, montre que la mutation du codon AUG aboutit plus souvent à un codon isoleucine ou leucine qu'à un codon arginine ou valine (tabl. 7.7).

TABLEAU 7.7 ENSEMBLE DES CODONS FAUX-SENS POUVANT ÊTRE GÉNÉRÉS PAR LA SUBSTITUTION D'UNE PAIRE DE BASE DANS LE CODON AUG D'INITIATION DE LA LECTURE.

La mutation de AUG affecte :	la première base	la deuxième base	la troisième base
le codon muté peut être :	UUG : leu CUG : leu GUG : val	ACG : thr AAG : lys AGG : arg	AUC : ile AUU : ile AUA : ile

Aucun mutant direct du gène cyc sur le codon AUG donnant un codon ACG (thr) ou AAG (lys) n'a été obtenu, ce qui fait qu'on n'a obtenu aucun révertant présentant une thréonine ou une lysine en amont de la séquence thr-glu-phe-lys ; à moins que de tels mutants soient survenus mais que, par hasard, les révertants obtenus présentaient une chaîne plus courte, ou bien qu'une thréonine ou une lysine soit incompatible avec une chaîne fonctionnelle…

7.5 **1. a** Les mutations d'auxotrophie sont des marqueurs de sélection de diploïdes, par complémentation fonctionnelle, mais elles peuvent éventuellement servir à l'analyse fonctionnelle des suppresseurs (exercice **7.1.**).

1. b Le génotype du diploïde peut s'écrire, pour les seuls gènes qui nous intéressent :

cyc1-76 *pet*$^{+}$

cyc1^{+} *pet17*

À l'issue de la méiose et des éventuelles recombinaisons génétiques (par crossing-over si liaison physique; par assortiment aléatoire des centromères si indépendance physique), quatre types de spores sont formés :

– Parentale (*cyc1-76*; *pet*$^+$) de phénotype connu [gly$^+$, lct$^-$];

– Recombinée (*cyc1-76*; *pet17*) de phénotype *a priori* inconnu [gly ?, lct ?];

– Recombinée (*cyc1*$^+$; *pet*$^+$) de phénotype connu [gly$^+$, lct$^+$];

– Parentale (*cyc1*$^+$; *pet17*) de phénotype connu [gly$^-$, lct$^-$].

Les 6 tétrades avec 2 [gly$^+$, lct$^-$] et 2 [gly$^-$; lct$^-$] sont des DP. Les tétrades DR ou T contenant 4 ou 2 spores recombinées contiendront au moins 2 ou 1 spore(s) de phénotype [gly$^+$, lct$^+$]. De ce fait les DR devant contenir au moins deux spores recombinées de phénotype [gly$^+$, lct$^+$] sont donc les 5 tétrades avec 2 [gly$^+$, lct$^+$] et 2 [gly$^-$; lct$^-$], ce qui permet d'établir que la spore recombinée (*cyc1-76*; *pet17*) est de phénotype [gly$^-$, lct$^-$]. Ce résultat est logique puisque cette spore est dépourvue de cytochrome *a*/*a*3.

Du point de vue cartographique, les fréquences des DP et des DR étant égales, on peut conclure que les gènes *pet* et *cyc1* sont génétiquement indépendants.

Comme, par ailleurs, la fréquence des tétratypes (9/20) est inférieure à 2/3, on peut conclure que les gènes *pet* et *cyc* sont physiquement indépendants.

1. c Il suffit de prendre une spore de phénotype [gly$^-$, lct$^-$] issue d'un DR, puisque, dans ce cas, les deux spores sont du même génotype recombiné (*cyc1-76*, *pet17*). En raison de l'épistasie de *pet17* sur les allèles *cyc1*$^+$ ou *cyc1-76* pour le phénotype glycérol, il serait impossible de spécifier sans ambiguité (c'est-à-dire sans recourir à des études complémentaires) les génotypes, parental ou recombiné, des deux spores [gly$^-$, lct$^-$] issues d'un tétratype.

2. Le croisement des révertants R1 ou R3 par la souche D est, pour le gène *cyc1*, un croisement par sauvage, et constitue un test de classe du révertant.

Le fait de retrouver des phénotypes [lct$^-$] en nombre (ce ne peut être des mutants) prouve que la mutation originelle *cyc1-76* n'a pas disparu et que son effet est supprimé, chez les deux révertants de seconde classe R1 et R3, par l'effet d'une mutation suppresseur.

Le génotype du diploïde peut s'écrire, pour les seuls gènes qui nous intéressent, où i est 1 ou 3, selon le révertant étudié :

$$\frac{cyc1\text{-}76 \quad\cdots\cdots\quad su_i^a}{cyc1^+ \quad\cdots\cdots\quad su_i^1}$$

À l'issue de la méiose et des éventuelles recombinaisons génétiques (par crossing-over ou assortiment aléatoire des centromères), quatre types de spores sont formés :

– Parentale (*cyc1-76*; su_i^a) de phénotype connu [lct$^+$];

– Recombinée (*cyc1-76*; su_i^i) de phénotype connu [lct$^-$];

– Recombinée (*cyc1*$^+$; su_i^a) de phénotype *a priori* inconnu [lct ?];

– Parentale (*cyc1*$^+$; su_i^i) de phénotype connu [lct$^+$].

Les tétrades avec 4 [lct$^+$] sont des DP (tabl. 7.8). Les tétrades DR ou T contenant 4 ou 2 spores recombinées contiendront au moins 2 ou 1 spore(s) de phénotype [lct$^-$]. De ce fait les DR devant contenir au moins deux spores recombinées de phénotype [lct$^-$] sont donc les tétrades avec 2 [lct$^+$] et 2 [lct$^-$], ce qui permet d'établir que la spore recombinée (*cyc1*$^+$; su_i^a) est de phénotype [lct$^+$], résultat logiquement attendu.

Du point de vue cartographique, les conclusions diffèrent pour chacune des deux mutations suppresseurs.

Pour *su1*, le suppresseur de R1, les fréquences des DP et des DR étant égales, on peut conclure que les mutations *cyc1-76* du gène *cyc1* et $su1^a$ sont génétiquement indépendantes.

Comme, par ailleurs, la fréquence des tétratypes (21/30) est égale à 2/3, on ne peut rien conclure quant à leur éventuelle indépendance physique.

Pour *su3*, le suppresseur de R3, la fréquence des DP étant très supérieure à celle des DR, on peut conclure que les mutations *cyc1-76*, du gène *cyc1*, et $su3^a$ sont génétiquement et donc physiquement liées.

Leur distance génétique, exprimée en fréquence de chromatides remaniées (plus précise que celle exprimée en fréquence de gamètes recombinés, mais estimable uniquement par analyse de tétrades) est égale à $[3f(\text{DR}) + f(\text{T})/2] \times 100$, soit 25 ur.

3. a La souche S est de génotype (*cyc1-76*, *pet17*, *trp1-4*, *ade2-1*). Croisée avec chacun des révertants R1 ou R3 on obtient, pour les gènes impliqués dans le phénotype considéré, le génotype du diploïde (les pointillés indiquent d'éventuelles liaisons, mais on sait que *pet* est physiquement indépendant de cyc, que *su1* est génétiquement indépendant de cyc, et que *su3* lui est lié) :

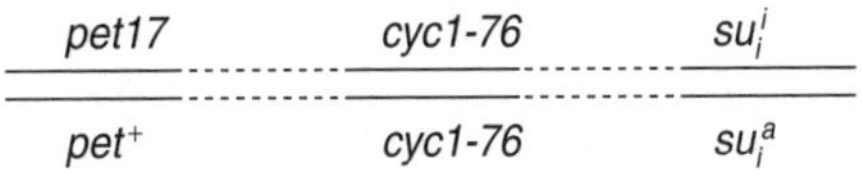

À l'issue de la méiose et des éventuelles recombinaisons génétiques (par crossing-over ou assortiment aléatoire des centromères), quatre types de spores sont formés :

– Parentale (*cyc1-76*, su_i^i; *pet17*) de phénotype connu [gly^-, lct^-];
– Recombinée (*cyc1-76*, su_i^i; pet^+) de phénotype connu [gly^+, lct^-];
– Recombinée (*cyc1-76*, su_i^a; *pet17*) de phénotype inconnu [gly ?, lct ?];
– Parentale (*cyc1-76*, su_i^a; pet^+) de phénotype connu [gly^+, lct^+].

Les tétrades avec 2 [gly^+, lct^+] et 2 [gly^-; lct^-] sont des DP (tabl. 7.9 : six dans le croisement de S avec R1 et sept dans le croisement de S avec R3). Les tétrades DR ou T contenant 4 ou 2 spores recombinées contiendront au moins 2 ou 1 spore(s) de phénotype [gly^+, lct^-]. De ce fait les DR devant contenir au moins deux spores recombinées de phénotype [gly^+, lct^-] sont donc :

– les 7 tétrades avec 2 [gly^+, lct^-] et 2 [gly^+; lct^+], dans le premier croisement;
– les 8 tétrades avec 2 [gly^+, lct^-] et 2 [gly^-; lct^-], dans le deuxième croisement.

Ce résultat, but du croisement réalisé, permet d'établir le phénotype de la spore recombinée de génotype (*cyc1-76*, *pet17*, su_i^a), qui, pour une fois n'est absolument pas prédictible puisque tout dépend de la capacité éventuelle de la mutation suppresseur su_i^a de supprimer aussi bien l'effet de la mutation *cyc1-76* que celui de la mutation *pet17*, ce qui dépend notamment de la nature de cette dernière.

Ce résultat permet une interprétation fonctionnelle de l'effet des suppresseurs et de celui de la mutation directe *pet17*.

• Croisement R1 × S

La spore recombinée (*cyc1-76*; *pet17*, su_1^a) est de phénotype [gly^+, lct^+], ce qui signifie que le suppresseur $su1^a$ corrige aussi l'effet de la mutation *pet17* qui, sinon, serait épistatique sur tout effet fonctionnel sauvage au gène *cyc1* (comme cela a été montré).

Il s'agit donc d'un suppresseur non gène-spécifique et allèle-spécifique :

– c'est un suppresseur informationnel de non-sens ambre puisque la mutation *cyc1-76* est ambre;

– ce qui signifie que la mutation *pet17* est également ambre.

• Croisement R2 × S

La spore recombinée (*cyc1-76*; *pet17*, $su_3{}^a$) est de phénotype [gly⁻, lct⁻], ce qui signifie que le suppresseur ne corrige pas l'effet de la mutation *pet17*, et ne peut lever l'effet d'épistasie sur la fonction de *cyc1*, alors que l'effet de la mutation *cyc1-76* est supprimé par celui de $su_3{}^a$.

Comme on sait (conclusion du croisement précédent) que les mutations *cyc1-76* et *pet17* sont ambres, le suppresseur *su3* est sans doute un suppresseur physiologique… ou un suppresseur d'ambre qui apporte un acide aminé se révélant compatible dans la chaîne peptidique de l'iso1cytochrome *c*, alors qu'il ne le serait pas dans celle du cytochrome *a*/*a*3 !

Du point de vue cartographique, les fréquences des DP et des DR étant égales, on peut conclure que le gène *pet* et chacun des suppresseurs *su1* et *su3* sont génétiquement indépendants.

Comme, par ailleurs, les fréquences des tétratypes ne sont pas inférieures à 2/3, on ne peut rien conclure sur leurs éventuelles indépendances physiques.

3. b La souche S est de génotype (*cyc1-76*, *pet17*, *trp1-4*, *ade2-1*). Croisée avec chacun des révertants R1 ou R3 on obtient, pour les gènes impliqués dans les phénotypes d'auxotrophie, le génotype du diploïde (où i est 1 ou 3, selon le croisement) :

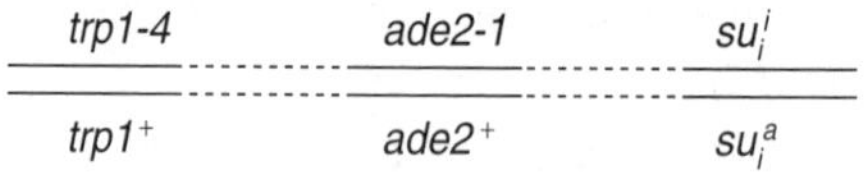

À l'issue de la méiose et des éventuelles recombinaisons génétiques (par crossing-over ou assortiment aléatoire des centromères), quatre types de spores sont formés, pour les gènes *trp1* et su :

– Parentale (*trp1-4*, su_i^i) de phénotype connu [trp⁻];

– Recombinée (*trp1-4*, su_i^a) de phénotype inconnu [trp ?];

– Recombinée (*trp1*⁺, su_i^i) de phénotype connu [trp⁺];

– Parentale (*trp1*⁺, su_i^a) de phénotype connu [trp⁺].

Le phénotype de la spore recombinée (*trp1-4*, su_i^a) dépendra de l'éventuel effet du suppresseur de *cyc1-76* sur *trp1-4*.

• Si le suppresseur de *cyc1-76* a un effet sur *trp1-4*, cette spore sera de phénotype [trp⁺] et on devrait observer, si la recombinaison le permet, des DR avec 4 spores [trp⁺].

C'est le cas parmi les treize tétrades issues du croisement R1 × S (tabl. 7.10), ce qui :

– confirme bien que $su1^a$ est un suppresseur non gène-spécifique mais allèle-spécifique, suppresseur informationnel d'ambre;

– permet de préciser que la mutation *trp1-4* est, elle aussi, une mutation ambre;

– permet de préciser que les mutations his1 et met14 n'étaient pas ambres, sinon le révertant ne serait pas resté auxotrophe pour l'histidine et la méthionine… à moins que ce soit des mutations ambres qui ne seraient pas corrigées car le suppresseur apporterait un acide aminé non compatible pour la chaîne peptidique codée par le gène his1 et/ou le gène met14 !

- Si le suppresseur de *cyc1-76* n'a pas d'effet sur *trp1-4*, cette spore sera de phénotype [trp^-] et on devrait observer, quel que soit le type de tétrades, DP, DR ou T, des asques avec 2 spores [trp^+] et 2 spores [trp^-], correspondant à la seule ségrégation 2/2 du couple d'allèles *trp1*$^+$/*trp1-4*.

C'est le cas parmi les tétrades issues du croisement R3 × S (tabl. 7.10), ce qui confirme bien que *su3* n'est sans doute pas un suppresseur d'ambre (qui ne marcherait pas pour *pet17*) mais bien un suppresseur physiologique. Pour le confirmer il suffirait, ainsi, de montrer que le cytochrome *c* présent chez le révertant R3 n'est constitué que d'iso2cytochrome *c*.

L'analyse des tétrades pour l'auxotrophie à l'adénine (tabl. 7.11) montre que les suppresseurs *su1* et *su3* n'ont aucun effet sur la mutation *ade2-1* qui n'est sans doute pas une mutation ambre (puisque pas d'effet de *su1*).

Du point de vue cartographique, parmi les trois types de tétrades du croisement R1 × S, pour le phénotype d'auxotrophie au tryptophane, les fréquences des DP et des DR étant égales, on peut conclure que la mutation *trp1-4* et le suppresseur *su1* sont génétiquement indépendants.

Comme, par ailleurs, la fréquence des tétratypes est inférieure à 2/3, on peut conclure qu'elles sont physiquement indépendantes.

On ne peut évidemment rien conclure pour *ade2-1* puisque les différents types de tétrades ne peuvent être phénotypiquement distingués.

8 SÉLECTION ET CONSTRUCTION DE MUTANTS

8.1 INTRODUCTION

Tout phénomène biologique résulte, dans un milieu donné, de l'interaction des produits de plusieurs gènes agissant en chaîne et/ou en réseau.

La puissance de l'analyse ou dissection génétique d'un tel phénomène provient de sa capacité à l'étudier par une démarche réductionniste qui consiste à obtenir des mutants dont le génotype n'est muté que dans un seul ou quelques-uns seulement des gènes de la chaîne et/ou du réseau causal du phénomène.

Dans ce but, on commence par définir, pour le phénomène (ou caractère) étudié un phénotype de référence résultant du génotype de référence de la souche pure de référence parfois appelée sauvage, par rapport à laquelle on estimera les variations phénotypiques et génotypiques des mutants.

Toute la démarche expérimentale du généticien consistera alors, par des croisements appropriés entre la souche de référence et les variants (ou mutants), puis entre mutants, à établir si les différents mutants sont simples (mutés dans un seul des gènes du réseau) ou multiples, s'ils sont mutés dans le ou un même gène, ce qui permettra de dénombrer les gènes impliqués dans le phénomène, à condition d'avoir pu tous les toucher à travers l'obtention d'un grand nombre de mutants indépendants.

Il est donc évidemment crucial, pour la réussite d'une analyse génétique, de disposer du plus grand nombre possible de mutants afin de maximiser la probabilité d'avoir au moins un mutant dans chacun des gènes impliqués dans le phénomène étudié. La sélection de mutants est donc la première des opérations que doit réaliser le généticien qui entreprend l'analyse génétique d'un phénomène biologique ; c'est aussi souvent la plus difficile, celle qui requiert la plus grande intelligence et le plus d'astuces afin d'être rapide et efficace.

Les recherches en génétique recèlent de très nombreux protocoles particuliers de sélection de mutants (illustrés notamment par quelques exercices) et ce chapitre est simplement destiné à présenter certains des concepts clefs des protocoles classiques de la sélection de mutants.

8.2 Sélection de mutants

8.2.1 Mutants spontanés et mutants induits

Les premiers généticiens sont partis de variants naturels ou spontanés (pois verts ou jaunes, drosophiles aux yeux briques ou blancs) mais leur nombre étant limité, ils se sont vite engagés dans la sélection de mutants après les avoir induits (voir exemples plus loin) quand on eut découvert l'existence d'agents mutagènes, notamment les radiations ionisantes (travaux de Hermann Muller et Timofeef-Resovski dans les années 1930)

Le principe général de l'induction de mutants est de soumettre un organisme ou une population d'organismes à l'action d'un mutagène physique (rayonnements) ou chimique (analogue de base, agent alkylant ou intercalant...).

Dans le cas de bactéries ou de levures, on obtiendra une population hétérogène contenant toutes les cellules demeurées sauvages et des mutants spontanés ou induits par mutagenèse, dont ceux recherchés mais aussi d'autres. Dans le cas de diploïdes stricts, on obtiendra, après mutagenèse d'un organisme, une population de gamètes parmi lesquels il conviendra, après les avoir récupérés par fécondation avec ceux d'un parent non mutagénisé, de rechercher lequel d'entre eux était porteur de la mutation conférant un phénotype mutant.

8.2.2 Mutants de gain de fonction

L'isolement de mutants impose une double contrainte. D'une part, leur phénotype doit varier suffisamment du phénotype de référence pour qu'ils puissent s'en distinguer, d'autre part, ils doivent être viables pour qu'on puisse les récupérer pour les étudier.

La double contrainte de l'isolement de mutants est aisément satisfaite dès lors que le phénotype mutant se distingue du phénotype de référence par un gain de fonction : le mutant a acquis quelque chose dont le sauvage est dépourvu, par exemple, une résistance à un toxique ou toute autre propriété dont est dépourvue la souche de référence.

L'isolement de tels mutants est alors simple dans son principe et fait appel à un *crible positif de sélection.*

En soumettant la souche de référence à l'effet d'un mutagène, on génère une collection d'organismes mutés. Il suffit de transplanter tous ces organismes dans un milieu qui requiert pour la survie la propriété dont ne sont pourvus que les mutants recherchés (gain de fonction) pour les isoler automatiquement ; le milieu agit directement comme un crible positif de sélection des mutants recherchés.

Exemple 1. *Coli* sauvage est sensible à la streptomycine, on étale 10^9 cellules d'une culture en phase exponentielle sur une boîte de milieu minimum Mo et on obtient un tapis ; mais si on étale la même quantité de cellules sur une boîte additionnée de streptomycine, seuls les mutants résistants apparus spontanément sont capables de s'y développer et on observera, éventuellement, une seule colonie issue de ce mutant sur la boîte.

Exemple 2. On souhaite transformer une bactérie ou une levure en lui apportant un plasmide (petit ADN circulaire ayant une origine de réplication autonome) lui-même porteur d'un transgène. Il est utile que de tels plasmides soient porteurs d'un gène de sélection positive, par exemple un gène de résistance à un antibiotique comme la kanamycine ou la néomycine, ce qui permettra de récupérer les seules cellules ayant acquis le plasmide sur un milieu de culture additionné de l'antibiotique de sélection.

> ***Remarque 1.*** Du fait de son efficacité (seuls les mutants ou les transformés sont criblés) et de sa rapidité, un crible de sélection positive sera toujours recherché et privilégié.
>
> ***Remarque 2.*** Il convient de noter qu'un mutant existe préalablement à son tri par le crible de sélection ; en d'autres termes, ce n'est pas la streptomycine qui aurait fait « apparaître » des mutants résistants, ils existaient préalablement à l'exposition à la streptomycine qui n'a fait que les révéler.
>
> Les expériences capitales de Salvador Luria & Max Delbrück, de Josuah Lederberg & Lederberg et de Newcomb l'ont démontré amplement.
>
> Cette remarque n'est pas anodine quand on connaît le pourcentage important de biologistes qui, spontanément – comme Monsieur Jourdain faisait de la prose – ont une vision encore très « lamarckienne » des phénomènes naturels, notamment évolutifs.
>
> ***Remarque 3.*** Un gain de fonction phénotypique n'a pas d'interprétation génétique et fonctionnelle simple. La résistance à la rifampicine chez *coli* résulte d'une mutation dans le gène d'une sous-unité de l'ARN-polymérase la rendant insensible à l'action de l'antibiotique, et correspond, au niveau du gène à une mutation faux-sens modifiant légèrement la conformation 3D, sans altérer son activité biologique ; il n'y a pas de perte de fonction du gène muté.
>
> La résistance au phage λ résulte le plus souvent d'une mutation dans le gène de la perméase au maltose qui sert de récepteur à ce phage. Dans ce cas, le gain de fonction (résistance à λ) correspond, au niveau du gène de la perméase et de son produit comme au niveau du phénotype de métabolisation du maltose, à une vraie perte de fonction (absence de perméase et incapacité de croissance sur maltose).

8.2.3 Mutants de perte de fonction

Un mutant qui se distingue du phénotype de référence par la perte d'une propriété n'est pas aussi facile à isoler qu'un mutant de gain de fonction, car il est nécessaire d'opérer en deux temps par la mise en œuvre d'un *crible négatif de sélection*.

En effet, les mutants spontanés ou induits par mutagenèse qui forment, comme toujours, une sous-population mélangée à celle d'autres mutants et à celle de tous les organismes demeurés sauvages, ne peuvent pas être mis dans un milieu ou ils seraient seuls capables de se développer puisqu'ils n'ont pas acquis une propriété biologique par rapport aux sauvages, mais qu'ils en ont perdu une.

Il faut donc récupérer l'ensemble mutés + sauvages dans un milieu adéquat à leur développement, puis les transférer dans un milieu adéquat au seul développement des sauvages, ce qui permet alors d'identifier les mutants de perte de fonction par leur incapacité à se développer dans le deuxième milieu.

Evidemment, un crible négatif de sélection suppose qu'on peut récupérer les mutants viables, au moins sur le premier milieu, afin d'en entreprendre l'étude génétique.

Exemple. Induction et sélection de mutants du métabolisme incapables d'assurer la biosynthèse de la valine, chez la levure.

a) Isolement des mutants

Partant d'une souche de phénotype [val$^+$], on cherche à isoler des mutants [val$^-$]. La double contrainte d'isolement des mutants est satisfaite de la manière suivante :

– distinction phénotypique, sauvage et mutant peuvent être distingués par le fait que [val$^+$] peut pousser sur un milieu minimum Mo aussi bien que sur un milieu Mo supplémenté en valine, tandis que le mutant ne poussera que sur ce dernier milieu;
– viabilité du mutant, il est viable, à condition d'être cultivé en présence de valine.

b) Induction des mutants

Il faut donc soumettre à un agent mutagène une souche [val$^+$] cultivée dans un milieu Mo additionné de valine afin que les mutants induits puissent y survivre, et même s'y multiplier.

c) Sélection des mutants [val$^-$]

On étale les cellules sur une boîte Mo + valine et toutes y donnent des colonies. Puis, avec la technique du velours, on fait des répliques sur une boîte de milieu Mo où seules les [val$^+$] peuvent pousser, ce qui permet d'identifier sur les boîtes mères les colonies [val$^-$] qui n'ont pas donné de colonies sur la réplique.

d) Enrichissement en mutants

Le problème posé par un crible négatif est le nombre élevé d'organismes à cultiver ou à observer dans le premier milieu, ce qui rend ce crible lourd et coûteux. Si il y a un mutant [val$^-$] pour 10^7 cellules restées [val$^+$], et qu'on peut étaler au maximum

1 000 cellules par boîte afin d'y obtenir 1 000 colonies isolées, alors il faudrait étaler 10 000 boîtes et faire 10 000 répliques.

C'est pourquoi on intercale toujours, quand on le peut, entre l'induction et la sélection de mutants, une étape d'enrichissement en mutants. Elle permet de tuer sélectivement les non-mutants tout en préservant les mutants, ce qui diminuera d'autant la lourdeur du crible négatif.

Dans l'exemple présent, on reprend la population issue de l'induction, on lave les cellules et on les place dans un milieu Mo (donc sans valine) additionné de mycostatine, très toxique pour les cellules en croissance (le blocage de la polymérisation de la paroi glucidique par la mycostatine entraînant la lyse des cellules en croissance). Dans un tel milieu, les cellules [val^+] se développent et meurent, tandis que les cellules [val^-], incapables de se développer, restent en phase stationnaire et échappent à l'action de la mycostatine. Celle-ci peut faire chuter le rapport [val^+]/[val^-] de 10^7 à 10^3, ce qui nécessitera, pour la sélection par crible négatif, d'étaler 1 boîte au lieu de 10 000 !

> ***Remarque 1.*** La pénicilline est l'agent d'enrichissement utilisé chez la bactérie, elle a la même conséquence biologique que la mycostatine chez la levure.

> ***Remarque 2.*** C'est ainsi qu'on a pu obtenir facilement de très nombreux mutants du métabolisme chez la bactérie ou la levure, alors que la sélection de tels mutants chez la souris ou même la drosophile ne serait pas évidente. Chez l'homme, comme chez la souris, les mutants connus du métabolisme sont, pour la plupart, spontanés et ont été identifiés par les phénotypes pathologiques (phénylcétonurie).

8.2.4 Mutants indépendants

Pour entreprendre l'étude génétique d'un phénomène, il faut, après avoir défini un phénotype de référence, acquérir un grand nombre de mutants présentant un phénotype différent. Le but est d'obtenir des mutants dans le nombre maximum des gènes impliqués dans le phénomène étudié.

Si, à partir d'une mutagenèse et d'un crible, on isole plusieurs mutants de même phénotype, on n'a aucune garantie qu'ils ne soient pas identiques puisque le protocole a permis aux mutants apparus de se multiplier, ce qui est utile pour une simple question d'efficacité du protocole. Autrement dit, on n'a pas de garantie que les mutants isolés dans un protocole unique soient « indépendants », c'est-à-dire résultant d'événements différents de mutagenèse ayant pu toucher des gènes différents (ou le même gène, mais à des sites différents).

Pour obtenir des mutants indépendants, il est donc nécessaire de faire en parallèle plusieurs protocoles de mutagenèse/crible de sélection et de ne prendre, dans chacun des cribles, qu'un seul mutant.

Bien évidemment, deux mutants issus d'un même crible mais ne présentant pas le même phénotype sont forcément différents et donc indépendants.

8.2.5 Mutants létaux conditionnels

Les mutations affectant le métabolisme ou apportant une résistance à un toxique sont faciles à étudier chez la bactérie ou la levure car elles sont viables dans un milieu spécifique.

Mais il est de nombreux gènes, éventuellement plus intéressants que les gènes du métabolisme, pour lesquels, du fait de leur fonction, les mutants ne sont jamais viables car ne peuvent être « sauvés » par la mise à disposition d'un milieu spécifique ; il en va ainsi des gènes essentiels à la machinerie moléculaire de la cellule (duplication et conformation de l'ADN, transcription, traduction, cytosquelette, gestion du cycle cellulaire, machinerie de la mitose ou méiose etc.).

Or l'identification d'un gène et son analyse passant obligatoirement par l'obtention d'un mutant, la seule façon d'obtenir des mutants pour de tels gènes est d'avoir des mutants létaux conditionnels, notamment chez la bactérie ou la levure. Ces mutants sont létaux puisque la perte de fonction de tels gènes est létale, mais ils sont mutés de façon telle, que cette létalité ne survient que dans certaines conditions de milieu, ce qui revient à dire qu'ils sont viables dans d'autres conditions de milieu.

Le plus souvent, chez la levure ou la bactérie, les mutants létaux conditionnels sont « thermosensibles » ; la mutation affectant le gène est une mutation faux-sens qui, par la substitution d'acide aminé qu'elle entraîne dans le produit du gène, n'affecte pas son activité biologique mais le rend thermoinstable. À la température dite « permissive », le produit est stable et le mutant est viable, à une température plus élevée dite « non permissive », le produit est instable et le mutant est létal.

Quand la température non permissive est plus basse que la température permissive, les mutants sont dits « cryosensibles ».

L'isolement, chez la bactérie ou la levure, de mutants létaux conditionnels est réalisé le plus souvent par un crible négatif, par comparaison de boîtes mères d'étalement à la température classique de 37 °C ou 20 °C du sauvage, et réplique de ces boîtes à une température plus ou moins élevée, afin de repérer les colonies incapables d'y pousser.

Il est parfois utile, pour l'analyse génétique d'un gène, de disposer non d'un létal conditionnel (mutation faux-sens) mais d'une perte de fonction qui ne peut être que létale. On peut alors (voir exercice 8.5) utiliser la découverte de suppresseur thermosensible de non-sens (chap. 7) pour cribler dans le gène étudié des mutations non-sens de perte de fonction, dont l'effet létal sera « supprimé » par l'action du suppresseur, dans les conditions permissives de celui-ci.

8.2.6 Définition et utilité des chromosomes balanceurs dans la génétique de la drosophile

Un chromosome balanceur est un chromosome porteur d'un complexe d'inversion. Cette situation bloque la formation de crossing-over et, au pire, si un crossing-over survient, à la méiose, chez une drosophile porteuse d'un chromosome balanceur et d'un chromosome normal, il se fait presque obligatoirement dans une boucle d'inversion, ce qui aboutit à des chromatides remaniées porteuses de délétions ou de duplication rendant inviables les gamètes ou les embryons conçus par ces gamètes. Il ne subsiste donc, en pratique, que les gamètes porteurs de chromatides non remaniées, ce qui revient à dire que « tout se passe comme s'il n'y avait pas de crossing-over entre un balanceur et un chromosome normal ».

Afin de pouvoir repérer les organismes porteurs d'un chromosome balanceur, celui-ci est porteur d'une mutation affectant de manière dominante un caractère morphologique (forme de l'œil ou de l'aile).

Enfin un chromosome balanceur est porteur d'une mutation létale ou stérile récessive (celle-ci pouvant être la même que la mutation morphologique dominante : la mutation curly est viable chez les hétérozygotes $cy//cy^+$ et conduit alors à un phénotype d'aile à l'extrémité recourbée, elle est létale chez les homozygotes cy//cy).

L'utilité des balanceurs et leur utilisation comme outil génétique vient des propriétés énoncées ci-dessus.

• Les balanceurs permettent de garder en stock une mutation létale récessive portée par un chromosome normal.

En effet, supposons une mutation létale l sur le chromosome II, celui-ci étant noté II-l, et un chromosome balanceur du II, noté Bal-II. La souche Bal-II//II-l s'autoentretient puisque seuls les hétérozygotes sont viables.

• Les balanceurs permettent de cribler de telles mutations létales. En effet, supposons qu'on croise un mâle irradié avec une souche porteuse du balanceur Bal-II, les diploïdes F1 obtenus, porteurs de Bal-II (repérables grâce à la mutation morphologique dominante) seront soit $Bal\text{-}II//II^+$, si le gamète apporte un chromosome II non muté, soit éventuellement Bal-II//II-l, si le gamète est porteur d'une mutation létale survenue sur le chromosome II lors de l'irradiation des cellules germinales du parent mâle (toutes les cellules germinales n'ont pas été touchées de la même manière par l'irradiation).

Chacun de ces descendants F1, de phénotype sauvage (puisque l'éventuelle mutation l ne peut qu'être récessive), est alors isolé dans un tube et croisé avec un nouveau porteur de Bal-II, de sorte que tous les descendants F2 porteurs de Bal-II sont forcément de même génotype, soit $Bal\text{-}II//II^+$ dans le premier cas, soit Bal-II//II-l, dans le deuxième cas.

On peut alors tester l'existence d'une mutation létale l en croisant entre eux les descendants F2 de chaque tube. Si les individus F2 sont $Bal\text{-}II//II^+$, on aura des descendants F3 de phénotype sauvage (sans le phénotype de la mutation dominante du balanceur) car de génotype $II^+//II^+$; au contraire, si les organismes F2 sont de génotypes Bal-II//II-l, les seuls descendants viables F3 seront alors les génotypes Bal-II//II-l de phénotype non sauvage puisque porteur d'un balanceur (les génotypes Bal-II//Bal-II et II-l//II-l étant létaux).

La mutation l ainsi criblée est en même temps obtenue dans sa souche de stockage ! Il reste alors à la localiser par l'étude de croisements appropriés puis, à définir à quelle étape du développement s'exprime la létalité, enfin quelle est la fonction du gène muté.

8.3 Construction de mutants par génie génétique

8.3.1 Principe de la construction de mutants et de la génétique inverse

Les biotechnologies permettent aujourd'hui de « cibler » la mutagenèse non seulement en choisissant le gène à muter (à condition qu'il ait déjà été identifié et que sa séquence sauvage soit clonée) mais en déterminant aussi le site de mutation dans le gène et la nature de la modification nucléotidique. Ces manipulations sont faites *in vitro*, le gène étant inséré dans un vecteur moléculaire, le plus souvent un plasmide, puis ce vecteur est utilisé pour transformer des cellules d'une manière telle que le gène manipulé *in vitro*, le transgène, vienne remplacer le gène résident.

De la même manière le vecteur peut amener un transgène qui, étranger ou non au génome de l'espèce, vient s'adjoindre au génome et permet d'obtenir un OGM (organisme génétiquement modifié).

Dans le cas de la bactérie ou de la levure, organismes unicellulaires, le protocole s'arrête là, les cellules génétiquement modifiées sont en elles-mêmes des OGM ; dans le cas d'organismes diploïdes à reproduction sexuée, les cellules génétiquement modifiées ont été obtenues et cultivées *in vitro* et doivent être utilisées pour reconstituer un organisme entier si le but est d'avoir un OGM.

Outre l'utilisation de certains OGM pour la production de protéines d'intérêt (insuline, interféron, hormone de croissance et autres), les OGM se révèlent particulièrement utiles pour l'analyse fonctionnelle par *génétique inverse*. Cette démarche est ainsi dénommée car par opposition à la démarche classique du généticien qui sélectionne des mutants sur un critère phénotypique puis localise et identifie les gènes impliqués dans le caractère étudié, la génétique inverse part de la connaissance du gène et de sa fonction, construit différents mutants ciblés de ce gène pour en découvrir les effets phénotypiques et mieux préciser ainsi la fonction du gène dans l'organisme.

8.3.2 Mutagenèse ciblée

L'une des méthodes les plus employées consiste, à partir d'un plasmide où le c-DNA du gène d'intérêt a été cloné, d'amplifier ce plasmide par PCR en utilisant des amorces sens et anti-sens dans le gène d'intérêt, amorces présentant une mutation ponctuelle très précisément au site qu'on souhaite muter (figure 8.1).

Les plasmides utilisés sont porteurs de nombreux autres gènes, dont des gènes de sélection qui permettent d'utiliser un crible positif des cellules ayant acquis le plasmide ou même l'ayant perdu après l'avoir acquis (purge, voir exercice 8.4).

8.3.3 Transformation réplicative ou intégrative

Il existe deux modalités de transformation génétique de cellules par un plasmide :

– *La transformation réplicative* : dans ce cas le plasmide reste indépendant du génome cellulaire et se réplique plus en moins en phase avec lui. Le nombre de

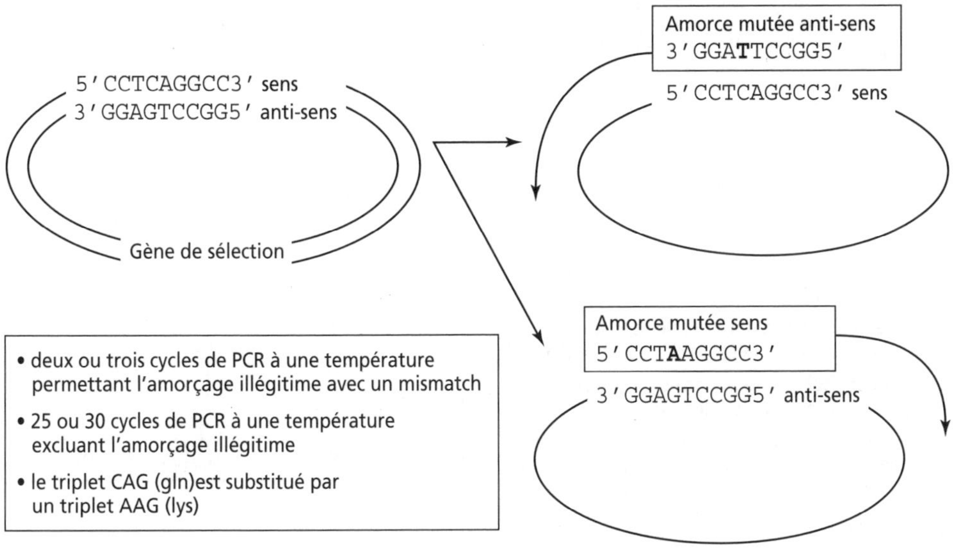

Figure 8.1 Mutagenèse ciblée pour remplacer un triplet CAG en AAG

copies d'un plasmide dans une cellule transformée est variable, il existe des plasmides réplicatifs à haut niveau de copie, utilisés quand on souhaite exprimer à haute dose le gène d'intérêt ; il existe aussi des plasmides à bas niveau de copie, voire des plasmides mono-copie.

– *La transformation intégrative* : dans ce cas la séquence du plasmide vient s'intégrer dans le génome de la cellule hôte. Cette intégration peut concerner la totalité du plasmide mais il existe aussi des procédures permettant de n'intégrer qu'une fraction du plasmide, notamment celle portant la séquence d'intérêt

La transformation réplicative est utilisée quand le but de la transformation est d'exprimer le transgène dans les cellules transformées (production ou génétique inverse, voir plus loin)

La transformation intégrative est utilisée quand on souhaite un mutant stable de type OGM (voir souris KO) ou quand on souhaite, en génétique inverse, remplacer un exemplaire sauvage du gène résident par un exemplaire inactivé (figure 8.2) ou par un exemplaire porteur d'une mutation ponctuelle (figure 8.3).

8.3.4 Principe de construction de souris KO pour un gène

Une souris KO pour un gène est une souche homozygote pour une copie inactivée de ce gène.

Pour obtenir une souris KO, on commence par réaliser une inactivation ciblée du gène d'intérêt, comme expliqué plus haut (figure 8.2) en opérant cette inactivation dans des blastocystes, cellules embryonnaires multipotentes de souris, maintenues en culture *in vitro* (cellules ES : *embryo steam cells*).

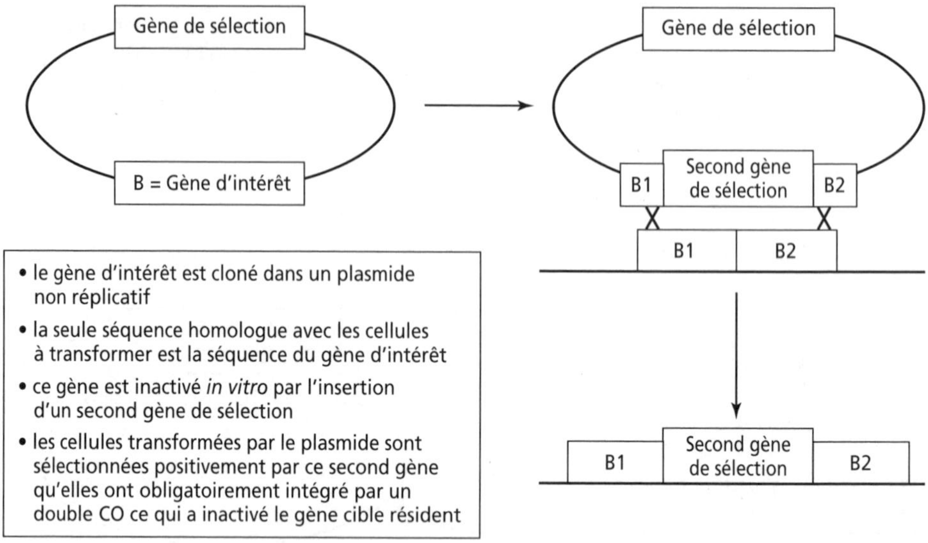

Figure 8.2 Inactivation ciblée d'un gène

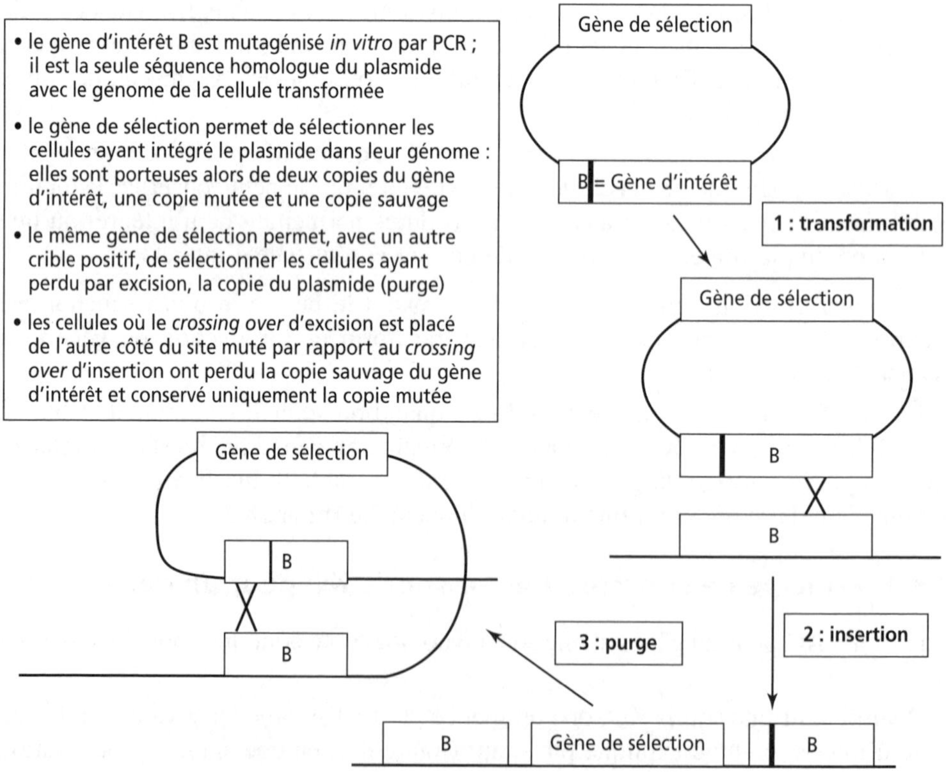

Figure 8.3 Mutagenèse ciblée d'un gène résident

Remarque. Bien évidemment, l'intégration de la séquence plasmidique qui est un événement rare n'a touché qu'une des deux copies du gène d'intérêt B, et les blastocystes transformés sont donc hétérozygotes, de génotype $B^{+}//B^{-}$.

Après avoir vérifié la validité de l'inactivation ciblée, ces blastocystes sont agrégés à une blastula issue d'une fécondation *in vitro* qui est implantée chez une femelle porteuse (figure 8.4) ; les descendants G_0 (ou F_0) sont chimériques et peuvent contenir, dans leur tissu germinal, des cellules génétiquement modifiées ($B^{+}//B^{-}$) à l'origine de gamètes génétiquement modifiés (B^{-}) à partir desquels on peut, à la génération suivante, obtenir des descendants G1 (ou F1) hétérozygotes ($B^{+}//B^{-}$) pour la modification génétique, puis, par croisement des G1, obtenir des G2 (ou F2) homozygotes ($B^{-}//B^{-}$). À chaque étape, on vérifie le génotype des individus par la signature moléculaire de l'inactivation identifiée dès la transformation des cellules ES.

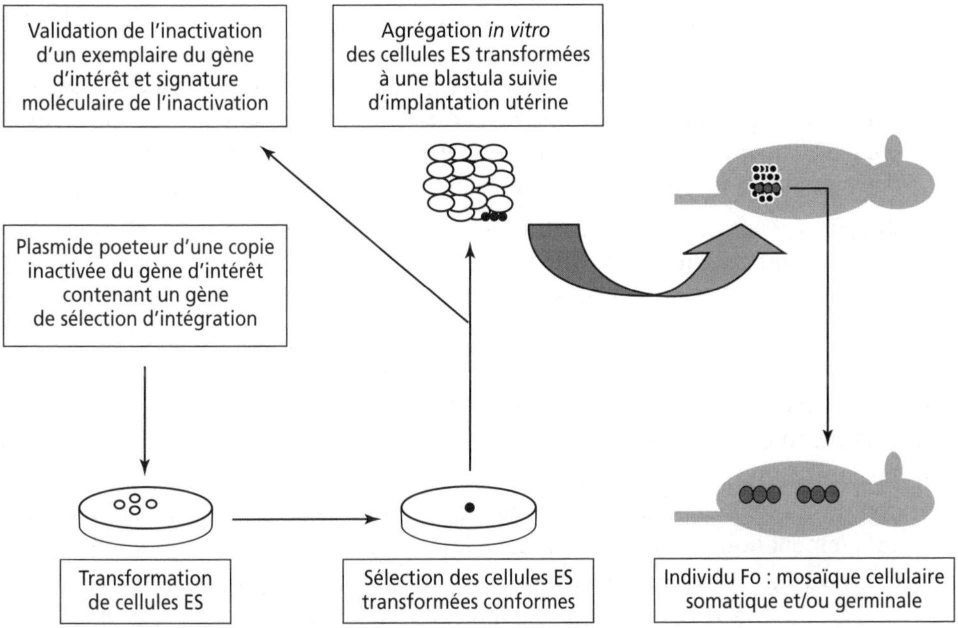

Figure 8.4 Premières étapes du protocole de construction d'une souche de souris KO

8.3.5 Construction d'OGM chez d'autres organismes

Chez les végétaux le clone de cellules génétiquement modifiées est stimulé afin qu'il se différencie en une plantule à l'origine d'un OGM végétal.

Chez la drosophile, on injecte directement le vecteur (un élément transposable de type P) dans l'œuf dont le développement est externe et donne une F0 mosaïque, comme pour la souris, à partir de laquelle des croisements appropriés conduisent à une souche pure mutante.

À retenir

- L'originalité de l'analyse génétique d'un caractère est d'en faire l'étude par le biais des gènes qui le déterminent et, à cette fin, il est nécessaire de disposer de **mutants** des gènes impliqués dans ce caractère se manifestant par une **variabilité phénotypique** de celui-ci.
- Les **mutants induits** sont obtenus par l'action d'un mutagène physique ou chimique et sont identifiés par un **crible de sélection** mettant en évidence la variation de leur phénotype par rapport au phénotype sauvage de référence :
  - Un **crible positif de sélection** de mutant est un dispositif destiné à sélectionner, en une étape, des mutants de « **gain de fonction phénotypique** » ; de ce fait leur phénotype se distingue visuellement du phénotype sauvage ou c'est le seul phénotype viable dans les conditions définies de culture de l'organisme étudié.
  - Un **crible négatif de sélection** de mutant est un dispositif destiné à sélectionner des mutants de « **perte de fonction phénotypique** ». En général, leur phénotype ne se distingue du phénotype sauvage que dans des conditions particulières où ils ne sont pas viables : il faut donc les sélectionner en deux étapes, une première où le milieu permet le développement des sauvages comme des mutants et une seconde étape où les organismes sont transférés dans un milieu où les mutants ne peuvent se développer afin de les repérer.
- L'étude des gènes impliqués dans un caractère exige d'obtenir un grand nombre de **mutants indépendants**, c'est-à-dire obtenus dans des mutagenèses différentes, afin d'accroître la probabilité de toucher tous ces gènes. Le crible de mutants choisi peut ne pas être adapté à la sélection de certains mutants qui seront alors identifiables par un autre crible ou par la sélection de **révertants**.
- Chez les micro-organismes, les mutants **létaux conditionnels** ne sont viables que dans certaines conditions :
  - Les **mutants d'auxotrophie** sont incapables d'assurer la synthèse d'un composé organique, par exemple un acide aminé ou une base nucléique, et cet élément doit leur être fourni dans le milieu.
  - Les **mutants de consommation** sont incapables de métaboliser une source de carbone ou d'énergie, par exemple le galactose ou le lactose, et il est inutile voire toxique de leur fournir cet élément dans le milieu de culture.
  - Les **mutants thermosensibles** ne sont pas dépendants de la composition du milieu mais exigent de se développer au-dessous d'une température limite car ils sont en général porteur, dans un gène indispensable, d'une mutation faux sens conduisant à une protéine thermosensible.
- Les **mutants construits** sont issus de la mise en œuvre de biotechnologies permettant de faire de la **mutagenèse ciblée** en inactivant ou en modifiant de façon choisie la séquence d'un gène cible puis en remplaçant par ce gène muté le gène résident d'une cellule ou d'un organisme conduisant alors à un **organisme génétiquement modifié (OGM)**.

La **génétique inverse** est ainsi dénommée car par opposition à la démarche classique du généticien qui sélectionne des mutants induits sur un critère phénotypique pour identifier un gène, la génétique inverse construit des mutants dans un gène identifié pour en découvrir les effets phénotypiques et mieux préciser la fonction du gène dans l'organisme.

Exercices

8.1 Niveau Licence (L1, L2)/Définitions des objectifs.

Maîtriser les paramètres et les étapes d'un protocole de crible négatif.

Isolez chez la levure, des mutants d'incapacité de croissance sur galactose, phénotype noté [gal⁻]. Définissez les diverses étapes et précisez, à chaque fois, les milieux de croissance.

8.2 Niveau Licence (L3)/Définitions des objectifs.

- Définir les paramètres de visualisation des mutants en fonction des effets biologiques attendus des mutations.
- Montrer que le contexte génotypique cible le type de mutants qu'un crible permet d'isoler.

C'est en obtenant des mutants I^s et o^c (voir chapitre 9.3) et en vérifiant leurs propriétés génétiques attendues (tableaux 9.1, 9.2, 9.3), que Jacob et Monod ont réussi à valider leur modèle de régulation transcriptionnelle de l'opéron lactose.

Afin d'obtenir ces mutants, ils ont choisi de réaliser une mutagenèse à partir d'une souche diploïde partiel pour la région lactose du génome bactérien de *E. coli* dont le génotype peut être écrit $\mathbf{I^+O^+Z^+Y^+/I^+O^+Z^+Y^+}$ (l'un des deux opérons étant porté par l'épisome F').

Puis ils ont défini deux cribles de sélection sur des boîtes de milieu minimum avec glycérol, dans lesquelles on pouvait ajouter ou non de l'IPTG (inducteur très puissant de la synthèse de β–gal) et ajouter ou non du X-gal (colore les colonies en bleu en présence de β–gal).

Vous décrirez avec précision chacun des cribles leur ayant permis d'isoler des mutants I^s ou o^c, en partant de l'effet biologique de chaque mutation, en définissant un crible phénotypique de cet effet, en montrant, à chaque fois, pourquoi il est nécessaire d'utiliser des souches diploïdes pour l'opéron lactose plutôt que des souches haploïdes.

8.3 **Niveau Licence (L3)/Définitions des objectifs.**

- Crible de mutations non-sens létales récessives par démasquage d'un allèle récessif viable.
- Test de létalité de la mutation par effet d'un suppresseur de non-sens.

La RNA-polymérase est formée de deux sous-unités β et β' codées par un opéron nommé *rif*. L'antibiotique rifampicine, en se fixant sur la sous-unité β de la RNA-polymérase, entraîne le blocage de nombreux promoteurs par le complexe ainsi formé.

Certaines mutations du gène de la sous-unité β peuvent conférer la résistance à la rifampicine en modifiant le site de fixation de la rifampicine sur β, rendant ainsi la RNA-polymérase insensible à cet antibiotique. Les allèles mutés conférant la résistance sont notés *rifR* et entraînent le phénotype de résistance noté [rifR] par rapport au phénotype sauvage de sensibilité noté [rifS].

On dispose d'une souche A de génotype chromosomique (*argH*$^-$; *rifR*; *mal*$^-$; *recA*$^-$) porteuse d'un épisome *F'* (*argH*$^+$; *rif*$^+$; *mal*$^+$), lui-même porteur des trois séquences sauvages du gène *argH*, de l'opéron *rif* et de l'opéron maltose. La mutation *recA*$^-$ bloque toute recombinaison moléculaire éventuelle entre séquences homologues du chromosome et de l'épisome.

1. Le phénotype de la souche A est [*arg*$^+$; *rifS*; *mal*$^+$]. Qu'en concluez-vous sur le plan génétique ? Commentez ce résultat sur le plan fonctionnel.

2. On souhaite sélectionner des mutations non-sens dans le gène β de l'opéron *rif*. Pour cela, on dispose de la souche A (exempte de suppresseur actif de non-sens) et de deux souches B et C, de type F$^-$, dont les génotypes sont les suivants :

- B : *F*$^-$ (*argH*$^+$; *rifR*; *mal*$^-$; *su*^{a}; *strR*; *recA*$^-$) où *su*^{a} est un suppresseur actif d'un type de mutation non-sens (par exemple ambre) ;
- C : *F*$^-$ (*argH*$^-$; *rifR*; *mal*$^+$; *su*^{i}; *strR*; *recA*$^-$) où *su*^{i} est la séquence sauvage de la séquence *su*^{a} présente chez B.

Décrivez brièvement et précisément le protocole expérimental de sélection de tels mutants non-sens dans le gène β. (Milieux sélectifs ; croisements à effectuer ; milieux d'étalement, de réplique, etc.), en justifiant vos propositions, l'utilisation de la mutation *rifR* et de diploïdes partiels.

8.4 **Niveau Licence (L3)/Définitions des objectifs.**

- Cas particulier d'un double crible positif pour les mutants directs et les révertants.
- Utilité du gène *LYS2* comme marqueur de sélection d'un plasmide.

Chez *Saccharomyces cerevisiae*, une mutation de perte de fonction dans le gène *LYS2* confère une auxotrophie pour la lysine, phénotype noté [lys$^-$] et une résistance à l'α-aminoadipate, toxique létal pour une souche sauvage. Un mutant *LYS2* peut pousser sur une boîte additionnée d' α-aminoadipate et de lysine ; il utilise directement la lysine sans la produire, le blocage de la chaîne de biosynthèse rendant la cellule résistante à l'α-aminoadipate.

1. Définir un crible de sélection de mutants [lys$^-$] mutés dans le gène *LYS*2.

2. Définir un crible de sélection de révertants [lys$^+$].

3. De nombreux plasmides de levures sont porteurs d'un gène de sélection *LYS*2. Quelle est son utilité, sachant que l'expérimentateur doit pouvoir sélectionner facilement les cellules ayant acquis ou perdu le plasmide ?

8.5 **Niveau Licence (L3)/Définitions des objectifs.**

- Crible de mutations non-sens létales sous effet d'un suppresseur thermosensible de non-sens.
- Clonage fonctionnel.

On dispose d'une souche A de *Saccharomyces cerevisiae* porteuse d'une mutation ambre (codon TAG) dans un gène, noté *a*, de la chaîne de biosynthèse de l'histidine, et d'un suppresseur informationnel d'ambre thermosensible (actif à 36 °C et inactif à 42 °C). La souche A est de génotype (a^-, su^{ts}) de phénotype [his$^+$] à 36 °C, et [his$^-$] à 42 °C.

On considérera que les locus du gène *a* et du suppresseur informationnel sont assez liés pour qu'il n'y ait pas de crossing-over entre eux.

On sélectionne, à partir de la souche A, deux mutants thermosensibles, m1 et m2, capables de pousser sur milieu minimum Mo à 36 °C, mais incapables de pousser sur milieu complet à 42 °C.

1. Quel type de fonction est vraisemblablement touchée chez m1 ou m2 ? pourquoi ?

2. Deux hypothèses génétiques simples peuvent être formulées en ce qui concerne la nature de la mutation affectant chacun des mutants m1 ou m2 (on supposera que m1 ou m2 ne sont touchés que dans un seul gène).

Hypothèse 1 : une mutation thermosensible est survenue dans un gène, le rendant inactif à 42 °C.

Hypothèse 2 : une mutation non-sens ambre est survenue dans un gène, abolissant sa fonction.

Justifiez la validité de ces deux hypothèses, compte tenu du protocole de sélection des mutants.

3. Le mutant m1 est croisé avec la souche SSR. Après méiose du diploïde, on teste le phénotype des quatre spores de 40 tétrades, en les déposant sur milieu complet à 36 °C. On observe les résultats suivants (où « + » signifie que la croissance est possible et « – » qu'elle est impossible) :

– 19 tétrades avec 4 spores [+];

– 17 tétrades avec 2 spores [+] et 2 spores [–];

– 4 tétrades avec 3 spores [+] et une spore [–].

a. Laquelle des deux hypothèses ce résultat permet-il de confirmer ?

b. Quelle conclusion en tirez-vous sur le plan cartographique ?

4. On dispose d'un plasmide navette (levure et coli) porteur du gène de résistance à l'ampicilline et d'une souche B possédant un suppresseur informationnel d'ambre thermostable. Proposez un protocole simple de clonage de ce suppresseur informationnel.

8.6 **Niveau Licence-Master (L3, M1)/Définitions des objectifs.**

Sélection d'un gène par double-hybride.

Le gène *GAL4* de *Saccharomyces cerevisiae* code pour un activateur de certains des gènes de métabolisation du galactose *GAL7*, *GAL10*, *GAL1*, *GAL2*; ces quatre gènes possèdent, dans leur promoteur, une séquence *UAS* (*Upstream Activating Sequence*) cible de la protéine P^{GAL4} qui n'est activatrice qu'en présence de galactose, celui-ci jouant donc le rôle d'inducteur.

La protéine P^{GAL4} possède deux domaines physiquement distincts, aux fonctions elles-mêmes distinctes, le domaine DBD (*DNA Binding Domain*), dans la partie Nter, sert à la liaison de GAL4 à l'ADN sur la séquence UAS; l'autre domaine AD (*Activating Domain*), dans la partie C-ter, interagit avec le complexe de transcription pour activer celui-ci.

Par biologie moléculaire, on a pu dissocier la séquence du gène *GAL4* et cloner dans des vecteurs séparés la séquence DBD et la séquence AD.

L'utilisation de ces deux séquences est à l'origine du premier système de criblage de gène par la technique des « doubles hybrides ».

De nombreux gènes sont impliqués dans le cycle cellulaire, ils codent pour des produits qui interagissent entre eux et forment des complexes multimériques permettant le blocage du cycle dans une phase, ou sa transition vers la phase suivante. Parmi ces gènes, le gène *CDK2* (*Cycline-Dependent Kinase*) a été cloné et code pour une kinase impliquée spécifiquement dans la transition G1/S, en association avec le produit d'un autre gène encore inconnu.

On souhaite cloner et identifier le (ou un) gène codant pour la (ou une) protéine partenaire de CDK2 et on dispose pour cela de :

– une souche A de levure, délétée pour les gènes *URA3* et *LYS2*, et porteuse de la séquence codante du gène *LACZ* de *coli* sous la dépendance d'un promoteur contenant une séquence *UAS* spécifique de P^{GAL4}.

  L'expression du gène *LACZ* permet la synthèse de β-galactosidase dont la présence peut être phénotypiquement attestée par la coloration bleue des colonies quand le milieu contient du X-GAL;

– un plasmide B porteur du gène de sélection sauvage *URA3*, et de la séquence DBD de *GAL4* clonée en phase avec la séquence du gène *CDK2* (le domaine DBD étant en extrémité N-ter de la protéine de fusion);

– un plasmide C porteur du gène de sélection sauvage *LYS2* et de la séquence AD de *GAL4*, en amont de laquelle existe un site d'insertion qui peut, par exemple, permettre de cloner en phase la séquence d'un ADNc (le domaine AD étant en extrémité C-ter de la protéine de fusion);

– des boîtes de milieu minimum additionné de X-GAL.

La première étape du protocole consiste à extraire des ARNm de cellules d'une culture en croissance exponentielle puis de les transformer en ADNc pour cloner ceux-ci dans des plasmides C.

Après avoir justifié cette première étape, vous proposerez la suite du protocole.

8.7 Identification des domaines fonctionnels dans la protéine du gène FMR1 impliqué dans le syndrome de l'X fragile

Objectifs : illustrer l'utilisation des plasmides réplicatifs en génétique inverse :

- mutagenèse ciblée
- analyse par transformation cellulaire des domaines fonctionnels d'une protéine par délétions ciblées ou par fusion de gènes

Contexte. Le syndrome de l'X-fragile résulte de l'extinction du gène FMR1 soit par une mutation non-sens de sa séquence codante soit plus couramment par une hyperméthylation de son promoteur (voir 5.5.2).

La protéine codée par le gène FMR1 est une navette exportatrice-présentatrice qui prend en charge dans le noyau les mRNA d'une classe de gène, les exporte dans le cytosol et les présentent de façon conforme aux ribosomes afin d'assurer leur traduction. De ce fait l'absence de cette protéine retentit sur l'expression de tous les gènes dont elle assure l'exportation et la présentation du messager ce qui conduit à des phénotypes pathologiques, parmi lesquels la dysmorphologie du visage et l'arriération mentale.

La fonction navette de cette protéine a été démontrée par une étude assez exemplaire sur l'utilisation de plasmides d'expression pour analyser la fonction de domaines différents d'une même protéine (Eberhart D.E. *et al.*, *Human molecular genetics*, 1996, 5 : 1083-1091) par immunolocalisation.

L'immunolocalisation consiste à marquer par un anticorps monoclonal, couplé à un fluorochrome détectable au microscope à fluorescence, une protéine à laquelle a été ajouté, en extrémité C-ter ou N-ter, un épitope spécifique de cet anticorps ; pour cela la séquence ADN de cet épitope, dénommée tag ou flag, a été insérée dans la séquence cDNA du gène d'intérêt porté par le plasmide.

1. Il existe deux formes de la protéine FMR1, une forme complète notée FMRP, observable par immunolocalisation dans le cytoplasme et une forme incomplète, dite iso4, résultant d'un épissage alternatif enlevant l'exon 14 observable par immunolocalisation dans le noyau (voir figure de la question suivante), ce qui a suggéré la fonction navette de la protéine.

a. Sachant que la synthèse protéique se fait dans le cytosol, quel type de séquence doit-on imaginer pour expliquer la présence de iso4 dans le noyau ?

b. Comment alors expliquer la présence de FMRP dans le cytoplasme ? Quelle serait la nature de l'effet entre les séquences ainsi supposées ?

2. Afin de vérifier une des hypothèses de la question précédente, on a entrepris l'étude par immunolocalisation de formes plus ou moins tronquées de FMRP en transformant des cellules par des plasmides réplicatifs où on a procédé à des délétions C-ter de la séquence cDNA de FMR1 (1 = délétion de l'acide aminé 491 à 614, préservant l'exon 14 ; 2 = délétion de 277 à 614, englobant l'exon 14 ; 3= délétion de 167 à 614).

On observe les résultats suivants :

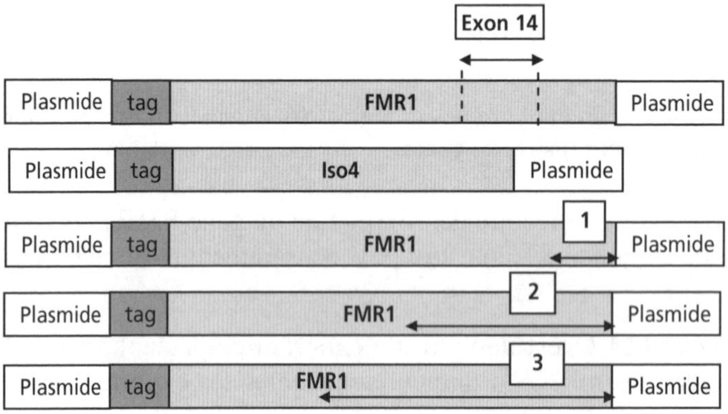

Répartition fluorescence	
Noyau	Cytoplasme
0 %	100 %
99 %	0 %
0 %	100 %
100 %	0 %
100 %	0 %

Que peut-on en conclure de la fonction de la séquence S ainsi définie ? Quelles sont ses limites ? Peut-on envisager une diffusion passive dans le noyau de cette forme tronquée qui est beaucoup plus petite que les autres

3. Afin de savoir si la séquence définie à la question précédente est suffisante pour assurer sa fonction, et préciser sa localisation on procède à l'analyse par immunolocalisation de protéines de fusion issues d'une fusion entre une fraction de la séquence N-ter de FMR1 associée à la séquence tag et la séquence du gène CMPK (Chicken muscle pyruvate kinase) dont on sait que la protéine est strictement cytoplasmique et de taille largement supérieure aux pores nucléaires.

Une protéine de fusion CMPK avec une séquence N-ter FMR1 de 1 à 16 ou de 1 à 117 acides aminés est cytoplasmique, alors qu'une protéine de fusion CMPK avec une séquence N-ter de 1 à 184 acides aminés est nucléaire. Que peut-on en conclure ?

4. Une série d'expérimentations a montré qu'une séquence de 17 acides aminés de l'exon 14 était nécessaire et suffisante pour assurer la localisation cytoplasmique de FMRP. Cependant, il n'était pas clairement établi si cette séquence était active dans le cytoplasme par une fonction de « rétention cytoplasmique » ou dans le noyau par une fonction d'« exportation nucléaire »

Pour éclaircir cette question, les auteurs ont réalisé l'expérimentation suivante :

– ils ont produit grâce à l'expression d'un plasmide réplicatif construit à dessein, une protéine de fusion formée de BSA (bovine serum albumine, protéine strictement cytoplasmique de taille très supérieure aux pores nucléaires), de la séquence de 17 acides aminés assurant la localisation cytoplasmique de la FMRP et d'une séquence tag permettant le marquage au FITC (fluorochrome vert)
– ils ont produit parallèlement une immunoglobuline G de taille très supérieure aux pores nucléaires couplée avec une séquence tag permettant le marquage à la rhodamine (fluorochrome rouge)
– Ils ont procédé à une micro-injection du mélange à parts égales de ces deux protéines de fusion dans des noyaux cellulaires et ont observé après quelques heures le passage de la fluorescence verte dans le cytoplasme alors que la fluorescence rouge demeurait nucléaire. Que peut-on en conclure ?

8.8 Analyses fonctionnelles des mutations du gène ALPL impliqué dans les diverses formes d'hypophosphatasie chez l'homme

Objectifs : illustrer l'utilisation des plasmides réplicatifs en génétique inverse :

– mutagenèse ciblée ;
– analyse par transformation cellulaire de l'effet des mutations faux sens sur l'activité du produit muté ou son ciblage cellulaire ;
– analyse de l'effet de dominance-récessivité par cotransformation de plasmides sauvage et muté.

Contexte. L'hypophosphatasie est une maladie rare résultant de mutations dans le gène *ALPL* codant pour la TNAP (Tissue Non specific Alkaline Phosphatase).

La variété des mutations affectant ce gène est responsable d'un spectre clinique très étendu de cette maladie, allant de formes mineures ne touchant que la dentition, à des formes très sévères avec un grave défaut de minéralisation du squelette avec arrêt de développement *in utero* ou mort à la naissance. Entre ces deux formes extrêmes, on trouve un continuum de formes intermédiaires.

Les fonctions de la phosphatase alcaline spécifiée par le gène *ALPL* sont assez nombreuses (gène ubiquitaire) mais la plus connue est celle qui conduit aux différents phénotypes pathologiques ; en effet il s'agit d'une enzyme présente sous forme de dimères (ou de tétramères) à la membrane des ostéoblastes et dont l'une des fonctions est d'hydrolyser le diphosphate P-P en phosphate inorganique Pi qui participe alors, à la surface des ostéoblastes, à la mobilisation du calcium pour former la matière osseuse du squelette.

Enfin, la variété des formes cliniques est souvent associée à un mode de transmission différent puisque toutes les formes létales ou graves (infantiles ou juvéniles) semblent récessives (jamais de parents atteints) alors que la moitié des formes mineures sont clairement dominantes (un des deux parents atteint, la moitié des enfants atteints)

Il existe évidemment une relation de cause à effet :

- d'une part entre la nature de chaque mutation du gène *ALPL* et ses effets primaires, biochimiques (expression du gène, qualité de son produit) et cellulaires (capacité d'assurer sa fonction dans le tissu),
- d'autre part entre ces effets primaires et le phénotype clinique ou le mode de transmission.

Pour préciser ces relations de causalité, une analyse fonctionnelle parfois sophistiquée des mutations est nécessaire. En effet, si on peut difficilement se tromper en affirmant qu'une mutation non sens ou un décalage du cadre de lecture entraîne une perte de fonction du gène, ce n'est pas le cas quand le séquençage identifie une « mutation faux sens », non seulement dans une forme récessive, mais surtout dans une forme dominante, car ce peut être un polymorphisme rare et non la mutation causale de la pathologie. Dans ce cas, il convient de démontrer son effet pathologique et, dans tous les cas de vérifier la cohérence entre l'effet clinique de la mutation et le mode de transmission de la maladie dans la famille. On rappelle en effet que la dominance chez un patient hétérozygote peut aussi bien venir de l'haplo-insuffisance de l'allèle normal que de l'effet dominant négatif de l'allèle muté sur l'allèle normal.

C'est donc dans ce but que des outils d'investigation fonctionnelle ont été développés, notamment un système d'expression transitoire du gène *ALPL* apporté par un plasmide dans des cellules humaines en culture (Lia-Baldini *et al.*, *Human Genetics*, 2001, 109 : 99-108. Lia-Baldini *et al.*, *Human Genetics* 2008. 123 :429-32).

1. On étudie les trois familles suivantes (figure 8.1). Pour chaque famille, en étant cohérent d'une famille à l'autre :

a. Déduire de la généalogie le mode de transmission, *dominant ou récessif*, de la maladie.

b. Peut-on considérer le polymorphisme observé comme la *mutation faux-sens causale* de la maladie ?

c. Peut-on définir l'effet de cette mutation en termes de *perte ou de gain de fonction,* et l'importance de cet effet, *sévère ou modéré* ?

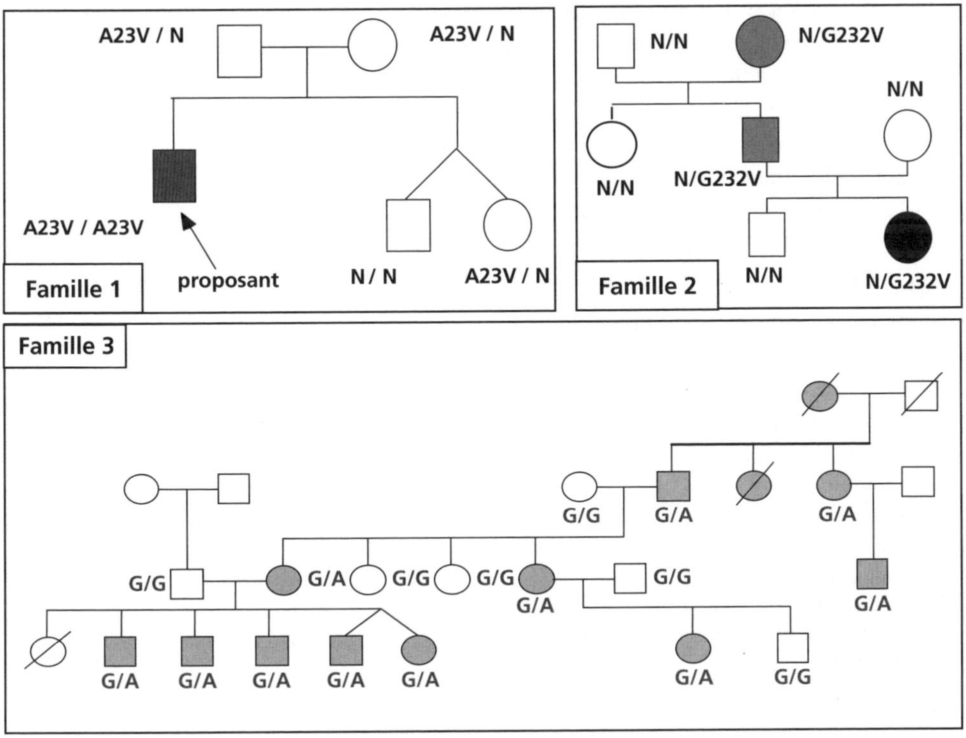

Figure 8.1

Informations complémentaires :

- Le génotype moléculaire a été obtenu par séquençage des exons du gène ALPL
- Famille 1 : l'allèle muté A23V est rare mais les deux parents sont cousins germains ; l'enfant atteint est mort à la naissance
- Famille 2 : les individus en grisé sont atteints d'une forme mineure dentaire, l'individu en noir est atteint d'une forme squelettique infantile viable
- Famille 3 : le polymorphisme porte sur le 99e codon où le nucléotide « sauvage » G est remplacé par A, ce polymorphisme est aussi dénommé A99T du fait de la substitution d'acide aminé qui en résulte. Les individus en grisé sont atteints d'une forme mineure dentaire

2. On a entrepris une étude de l'effet de ces trois mutations sur l'activité enzymatique. Pour cela on procède ainsi

– On dispose d'un plasmide réplicatif (sauvage ou WT) porteur de la séquence cDNA du gène *ALPL* sous la dépendance d'un promoteur fort.

– On transforme de manière réplicative des cellules humaines en culture avec le plasmide WT et on estime, après lyse d'un culot cellulaire, l'activité spécifique (activité rapportée à 1 mg de protéine) de la phosphatase alcaline obtenue, prise comme base 100.

- Des plasmides sauvages (WT) sont soumis à trois mutagenèses ciblées parallèles afin d'y introduire la mutation A23V, A99T ou G232V, et générer les plasmides mutés correspondants.
- On transforme de manière réplicative des cellules humaines en culture avec le plasmide muté, et on estime sur un culot cellulaire l'activité spécifique de la phosphatase alcaline obtenue.
- On transforme de manière réplicative des cellules humaines en culture avec un mélange à 50 % de plasmides WT et 50 % de plasmides mutés, et on estime sur un culot cellulaire l'activité spécifique de la phosphatase alcaline obtenue.

Les résultats sont résumés dans le tableau 8.1.

TABLEAU 8.1

Famille et mutation étudiée	Cellules transfectées avec		
	100 % de plasmide WT	100 % de plasmide muté	50 % de plasmide WT + 50% de plasmide muté
Famille 1 Mutation A23V	100	0	50
Famille 2 Mutation G232V	100	40	70
Famille 3 Mutation A99T	100	0	38

a. Dites pour chaque famille si ces observations valident ou non les hypothèses faites à la question précédente, en précisant, quand c'est le cas, les incohérences éventuelles.

b. Quelle hypothèse biochimique simple permet de rendre cohérent les résultats observés pour A23V (famille 1) et A99T (famille 3) sachant que l'enzyme étudiée est un homo-dimère et même sans doute un homo-tétramère ?

3. Immunolocalisation *in situ* des produits sauvages et mutés du gène *ALPL*

Sachant que la fonction du gène est réalisée par l'activité de son produit à la surface de la membrane cellulaire, on a pensé que certaines mutations pourraient affecter l'adressage membranaire plutôt que l'activité enzymatique.

À cette fin, un autre type de plasmide réplicatif a été construit où on a inséré à l'extrémité C-ter de la séquence du cDNA une courte séquence d'ADN, dénommée tag, spécifiant un épitope peptidique permettant le ciblage de la protéine par un anticorps monoclonal couplé à un fluorochrome, « vert » ou « bleu » selon les cas, de manière à visualiser, *in situ*, sur les cellules en culture, la localisation des chaînes peptidiques.

Le tableau 8.2 donne des résultats partiels mais suffisants pour trouver une interprétation fonctionnelle cohérente des effets de la mutation G232V sur le plan phénotypique et sur le mode de transmission.

TABLEAU 8.2

Cellules transfectées par le :	Localisation de la fluorescence verte après 24 heures	Localisation de la fluorescence bleue après 24 heures	Localisation de la fluorescence verte après 72 heures	Localisation de la fluorescence bleue après 72 heures
plasmide sauvage WT (tag fluo vert)	100 % à la membrane	-	100 % à la membrane	-
Plasmide A23V (tag fluo bleu)	-	100 % à la membrane	-	100 % à la membrane
50 % plasmide sauvage (tag fluo vert) + 50% plasmide A23V (tag fluo bleu)	100 % à la membrane	100 % à la membrane	100 % à la membrane	100 % à la membrane
Plasmide G232V (tag fluo bleu)		0 % à la membrane 100 % dans le Golgi	-	0 % à la membrane 100 % Golgi
50 % plasmide sauvage WT (tag fluo vert) + 50% plasmide G232V (tag fluo bleu)	25 % à la membrane 75 % dans le Golgi	0 % à la membrane 100 % dans le Golgi	25 % à la membrane 75 % dans le Golgi	0 % à la membrane 100 % dans le Golgi

8.9 Analyse génétique des souris KO pour l'homologue murin cftr du gène humain CFTR impliqué dans la mucoviscidose

Objectifs : illustrer l'utilisation des plasmides intégratifs en génétique inverse :

- construction de souris KO pour un gène donné ;
- analyse phénotypique et génétique des souris KO ;
- mise en évidence de l'effet du contexte génétique à la relation génotype phénotype pour un gène donné.

Contexte : la mucoviscidose est la maladie récessive la plus souvent observée dans les populations européennes (entre 1 nouveau-né sur 1 500 et 1 sur 5 000). L'observation clinique des patients a montré une très grande variabilité clinique avec ou sans atteinte pancréatique et une atteinte pulmonaire systématique mais de progression plus ou moins rapide.

On peut associer cette variabilité clinique à certains effets du milieu, notamment la précocité du diagnostic permettant d'associer des thérapies prophylactiques et une antibiothérapie. Mais les analyses moléculaires du gène CFTR et l'identification des nombreuses mutations entraînant la mucoviscidose ont montré l'existence de mutations sévères ou modérées de sorte que la variabilité clinique est aussi dépendante de la variabilité génétique.

Cependant, on a assez vite observé que des patients porteurs du même génotype (par exemple tous les atteints d'une même fratrie) pouvaient présenter des différences cliniques trop importantes pour n'être dues qu'à des variations du milieu.

On en a conclu rapidement que d'autres facteurs génétiques pouvaient moduler l'expression phénotypique du gène CFTR et quelques équipes se sont lancées dans la recherche de ces « gènes modulateurs ». Comme l'expérimentation est impossible chez l'homme, les recherches ont été entreprises chez la souris en pensant que les gènes modulateurs qu'on trouverait chez la souris auraient vraisemblablement des homologues faciles à identifier chez l'homme et c'est la raison pour laquelle des « souris mucoviscidosiques KO pour l'homologue murin cftr du gène humain CFTR » ont été construites (Rozmahel R. & al., Nature Genetics, 1996, 12 :280-287) et étudiées sur le plan génotypique et phénotypique (atteinte exclusivement intestinale et non pulmonaire chez la souris).

1. Construction des cellules ES transformées et signature moléculaire

– On transforme des cellules ES de la souche 129SV par un plasmide intégratif (ne pouvant se répliquer) porteur du gène de résistance à la néomycine inséré au sein de la séquence de l'exon 1 du gène murin cftr (figure 8.2), seule séquence murine du plasmide, puis on étale les cellules sur un milieu nutritif complet additionné de néomycine, antibiotique entraînant la mort des cellules non résistantes.

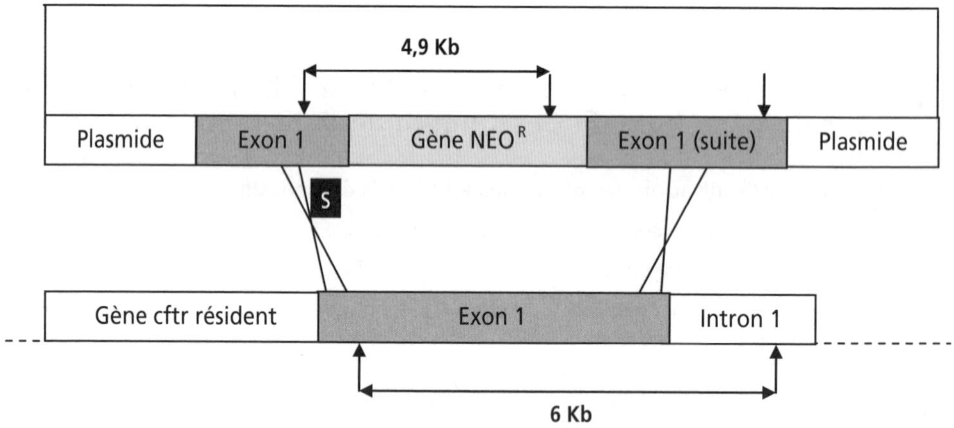

Figure 8.2 Schéma d'inactivation ciblée du gène murin cftr

Informations supplémentaires :

- Les flèches indiquent les sites de restriction BamH1 de la zone et leurs distances respectives.
- La sonde S est une séquence d'ADN homologue qui peut être marquée afin de reconnaître des fragments de restriction bamH1 sur un Southern blot.

Les cellules ES transformées capables de pousser sur la boîte additionnée de néomycine ont obligatoirement intégré le gène de résistance dans leur génome (le plasmide n'étant pas réplicatif) par le biais de deux crossing-over (voir figure) qui n'ont pu se produire qu'entre des séquences homologues, soit au niveau de l'exon 1.

Si tel est le cas, quelle devrait être la taille des fragments BamH1 reconnus sur un Southern blot par la sonde S marquée ?

Définissez alors la signature moléculaire du gène KO (cftr-) qui servira ensuite à identifier sa présence dans le génome des souris (on extrait l'ADN d'un petit morceau de queue et on hybride par S marquée un Southern blot BamH1) et précisez le génotype des cellules ES transformées.

2. Construction des souris KO

a. Un clone de cellules ES transformées et présentant la signature moléculaire adéquate est agrégée à une blastula qui après implantation utérine conduit à la naissance d'un individu mâle G_0. Précisez son génotype, le génotype de ses gamètes et leurs fréquences respectives.

b. Ce mâle G_0 est croisé avec une femelle de la souche CD1 et donne une portée de 9 souriceaux G1.

Proposez une méthode permettant d'identifier les hétérozygotes cftr+//cftr- puis d'obtenir des souris KO pour le gène cftr et de les identifier.

3. Analyse phénotypique des souris KO

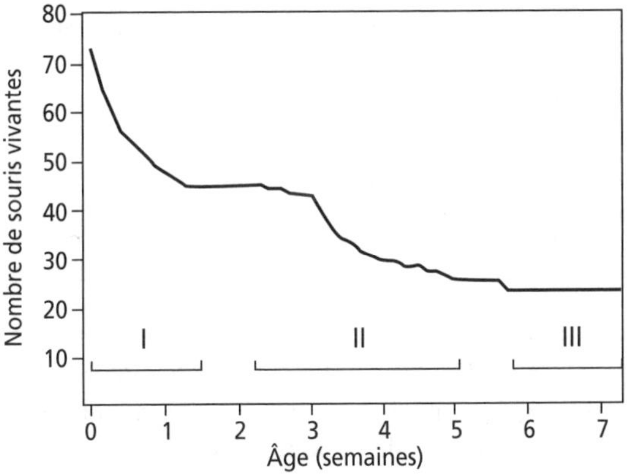

Figure 8.3 Phénotypes des souris KO

Les souris KO obtenues se répartissent en trois classes phénotypiques bien distinctes (atteinte intestinale plus ou moins létale) comme l'illustre la courbe de survie ci-contre :

- Classe I : décès à la naissance
- Classe II : décès au sevrage
- Classe III : survie normale

a. Comment interpréter les différences phénotypiques observées (figure 8.3) ?

Pour cela vous définirez le contexte génétique dans lequel s'exprime le génotype des souris KO pour le gène cftr, compte tenu du protocole de transformation des cellules

ES (souche 129SV) et d'obtention des souris G1 par croisement du mâle G0 avec une femelle de la souche CD1.

b. Quelle serait l'hypothèse génétique la plus simple pour rendre compte des trois classes phénotypiques ? Proposez des génotypes.

4. Analyse génétique des souris KO

Afin de valider l'hypothèse formulée à la question précédente, on procède au croisement des souris KO survivantes de classe III avec des souris G1.

Les souris de la génération suivante sont pour moitié cftr-//cftr-, identifiables par la signature moléculaire et se répartissent pour moitié en classe II et pour moitié en classe III.

Est-ce que ce résultat est conforme à l'hypothèse formulée ?

Solutions

8.1

• *Induction de mutants.* On fait agir un mutagène sur des cellules [gal$^+$] en culture dans un milieu contenant une autre source de carbone que le galactose pour que d'éventuels mutants [gal$^-$] puissent s'y développer. Noter que, pour des mutants auxotrophes, il faut ajouter le produit que le mutant est censé ne pas pouvoir synthétiser, tandis que, pour un mutant d'incapacité d'utilisation d'un métabolite, il est inutile de mettre ce métabolite.

• *Enrichissement en mutants.* Après lavage des cellules, on les place dans un milieu additionné de mycostatine, avec galactose comme seule source de carbone, les éventuels mutants [gal$^-$] restant en phase stationnaire échappent à l'effet de la mycostatine qui va, au contraire, tuer la plus grande partie des cellules restées [gal$^+$] à l'issue de la mutagenèse.

• *Crible négatif de sélection.* On étale les survivants sur des boîtes Mo (glucose) et on réplique sur des boîtes Mo (galactose); les colonies des boîtes mères qui ne poussent pas sur les répliques sont [gal$^-$].

8.2 Une mutation I^s conduit à la présence d'un surépresseur et à la diminution, voire l'abolition, de la transcription de l'opéron, donc à l'absence de β-galactosidase.

Cette absence de β-galactosidase peut être phénotypiquement mise en évidence par la présence de colonies blanches sur un milieu additionné d'IPTG et de X-gal, où les colonies non mutées seront bleues (l'IPTG induit la transcription de l'opéron et la synthèse de β-gal et le X-gal permet la coloration en bleu).

Si on mutagénise des cellules haploïdes, la plupart des mutants [colonies blanches en présence de X-gal et IPTG] seront tout simplement Z^-, mutés dans le gène de structure de la β-galactosidase.

Au contraire, si on mutagénise des diploïdes, les doubles mutants Z^-/Z^- sont trop improbables (deux événements mutationnels indépendants sur chacun des deux gènes Z !) et les seuls mutants incapables de faire de la β-galactosidase malgré la présence d'IPTG ne peuvent être *a priori* que I^s, s'ils existent.

La diploïdie permet de cibler la seule sélection de mutants I^S qui sont certainement beaucoup plus rares que des mutants Z^-, ce qui n'est pas un problème chez la bactérie puisqu'on peut mutagéniser des milliards de cellules.

Bien évidemment, on s'attend à ce que de telles mutations aient un effet dominant, ce qui a été vérifié par tests de diploïdie.

Une mutation o^c conduit à l'expression constitutive de l'opéron et à la présence de β-galactosidase, même en absence d'IPTG.

Cette présence constitutive de β-galactosidase peut être phénotypiquement mise en évidence par la présence de colonies bleues sur un milieu additionné de X-gal mais sans IPTG, où les colonies non mutées seront blanches (l'absence d'IPTG y entraînant l'absence de β-gal par absence de transcription de l'opéron et de coloration bleue malgré la présence de X-gal).

Si on mutagénise des cellules haploïdes, la plupart des mutants constitutifs seront tout simplement I^-, mutés dans le gène du répresseur.

Au contraire, si on mutagénise des diploïdes, les doubles mutants I^-/I^- sont trop improbables (deux événements mutationnels indépendants sur chacun des deux gènes I !) et les seuls mutants capables de produire de la β-galactosidase malgré l'absence d'IPTG ne peuvent être *a priori* que o^c sur l'un des deux opérons, si de telles mutations existent.

Là encore, partir de diploïdes permet de cibler les mutants o^c, alors qu'à partir des haploïdes, on aurait obtenu essentiellement des mutants I^-.

Bien évidemment, on s'attend à ce que de telles mutations aient un effet cis-dominant, ce qui a été vérifié par tests fonctionnels des diploïdes o^cZ^+/o^+Z^- et o^+Z^+/o^cZ^-.

Bien qu'hétérozygotes pour les mêmes mutations, ces deux génotypes présentent des phénotypes opposés, le premier produit de la β-gal de manière constitutive (colonies bleues en présence de X-gal et en absence d'IPTG) alors que le second est inductible (colonies bleues en présence de X-gal mais seulement en présence d'IPTG), parce que la mutation o^c n'a d'effet (pas de fixation possible du répresseur) que sur le seul opéron en aval (cis-dominance), avec Z^+ dans le premier cas, et Z^- dans le second.

8.3 **1.** L'épisome *F′* étant porteur d'un fragment génomique, la souche est diploïde pour les gènes inclus dans ce fragment, ce qui permet de tester la dominance, la récessivité et la complémentation fonctionnelle.

Le test réalisé ici est un test de dominance; il permet de conclure que les trois séquences *arg*⁻, *mal*⁻ et *rifR* ont un effet récessif face à celui de leurs homologues sauvages.

Ce résultat est logiquement attendu pour les mutations *arg*⁻ ou *mal*⁻ qui sont très probablement des pertes de fonctions pour des gènes impliqués dans une voie de biosynthèse pour le premier, et une voie de métabolisation pour le second, de sorte que l'allèle sauvage rétablit sans problème la fonction chez l'hétérozygote.

Pour *rifR*, on sait que la mutation ne saurait être une perte de fonction du gène β qui serait létale; la mutation modifie la capacité de liaison de la sous-unité β à la rifampicine, sans altérer sa fonction biochimique dans la transcription.

Chez l'hétérozygote, malgré la présence d'une polymérase insensible à la rifampicine, la polymérase sensible, codée par l'opéron sauvage va bloquer des promoteurs et réaliser l'effet létal de la rifampicine; l'effet de la mutation *rifR* est donc récessif face à celui de l'allèle sauvage.

2. Une mutation non-sens dans le gène β est une perte de fonction létale; on ne peut sélectionner de mutant non-sens que chez un diploïde pour le gène β afin que la copie non mutée β^+ puisse sauver la bactérie de l'effet létal de la copie β^-.

Mais si on part d'un diploïde $\beta^+//\beta^+$, les quelques mutants non-sens apparus (dans un exemplaire du gène, dans les deux, cela serait statistiquement improbable et létal !) ne pourront se distinguer phénotypiquement des non-mutants.

Au contraire, si on part d'un diploïde $\beta rifR//\beta^+$, qui est phénotypiquement sensible à la rifampicine, toute mutation non-sens apparue dans l'allèle β^+ conduira à un génotype $\beta rifR//\beta^-$, ce qui démasquera la résistance conférée par l'allèle *rifR*, auparavant masquée par l'effet dominant de l'allèle sauvage désormais muté.

C'est un moyen alors très facile d'identifier et de sélectionner par un crible positif de tels mutants. Il conviendra ensuite de vérifier que la mutation est bien une mutation non-sens, par l'utilisation d'un suppresseur actif qui devrait, si la mutation est non-sens et voit son effet supprimé, retrouver le phénotype de sensibilité à la rifampicine.

• *Sélection des mutants.* En partant de la souche A de génotype chromosomique ($argH^-$; $rifR$; mal^-; $recA^-$) porteuse d'un épisome F' ($argH^+$; rif^+; mal^+), on réalise une mutagenèse avec un agent favorisant les substitutions de nucléotides, puis on étale sur un milieu minimum avec rifampicine; les souches qui poussent ont perdu l'allèle sauvage β^+, ce qui démasque l'effet de résistance de l'allèle chromosomique $\beta rifR$.

• *Caractérisation des mutants.* On transfère l'épisome F', par croisement, des souches mutantes résistantes vers les souches réceptrices B et C. Celles-ci sont recueillies sur un milieu Mo(*mal*) additionné de streptomycine, où seules les réceptrices peuvent pousser (résistance à la streptomycine et $argH^+$ ou mal^+ apporté par l'épisome).

Par réplique sur Mo(*mal*) + str + *rif*, on teste la sensibilité à la rifampicine; les transformées B sensibles sont porteuses d'une mutation non-sens dans le gène β de leur épisome; les transformées C correspondantes doivent rester résistantes.

8.4 **1.** On a ici un cas particulier où un mutant de perte de fonction peut être sélectionné par un crible positif, il suffit d'étaler les cellules issues de la mutagenèse sur des boîtes Mo + lysine + α-aminoadipate, seuls les mutants dans le gène *LYS2* peuvent pousser.

2. Il suffit de mettre en œuvre un crible positif par étalement de cellules mutagénisées sur une boîte de milieu minimum; les quelques colonies qui poussent sont [lys$^+$]; on peut s'assurer par réplique qu'elles ont recouvré la sensibilité à l'α-aminoadipate.

3. Il est souvent utile de pouvoir transformer des cellules avec un plasmide puis ultérieurement de les « purger » de ce plasmide.

En transformant des cellules mutées dans le gène *LYS2* par un plasmide porteur de $LYS2^+$, on a un crible positif de sélection des transformées par étalement sur un milieu Mo, l'acquisition du plasmide apportant la prototrophie.

Pour sélectionner ultérieurement des cellules ayant perdu le plasmide, il faudrait faire un crible négatif puisqu'il s'agirait d'une perte de fonction attestée par un phénotype [lys$^-$], mais on dispose avec le gène *LYS2* d'un crible positif, puisqu'il suffit d'étaler les cellules sur Mo + lys + α-aminoadipate pour sélectionner positivement toutes celles qui ont perdu le plasmide et qui, en recouvrant un phénotype [lys$^-$], recouvrent en même temps la résistance à l'α-aminoadipate.

> ***Remarque.*** On dispose d'un système analogue avec le gène *URA3* dont la perte de fonction par mutation, ou l'absence de transcription, confère une résistance à l'acide fluoroacétique (FOA).

On peut ainsi tester l'activité d'un promoteur en le clonant en phase avec la séquence codante de *URA*3, en testant la sensibilité ou la résistance au FOA de la souche porteuse d'une telle construction.

8.5 **1.** Puisque les mutants ne peuvent pas pousser en milieu complet à 42 °C, alors qu'ils peuvent pousser sur milieu minimum à 36 °C, cela prouve qu'ils ne sont vraisemblablement pas touchés dans un gène du métabolisme (en général compensable en milieu complet) mais plutôt dans un gène, noté m, impliqué dans une fonction vitale du cycle cellulaire.

2. La première hypothèse, H1, est toujours possible; il s'agit en général d'une mutation faux-sens conduisant, par la substitution d'un acide aminé par un autre, à un produit actif mais thermoinstable.

La deuxième hypothèse, H2, n'est possible qu'en raison du protocole utilisé : le mutant obtenu a perdu une fonction vitale par suite de l'apparition d'un codon stop (ambre) dans la séquence codante d'un gène m vital, et ne peut être sélectionné que si l'effet de cette mutation est supprimé par le suppresseur informationnel d'ambre déjà présent avant la mutagenèse.

Pour mettre en évidence l'existence de la mutation stop (à travers son effet létal) il faut que le suppresseur soit conditionnel, ce qui est le cas ici puisqu'il est thermosensible.

Le but de ce protocole est, précisément, de pouvoir cribler des mutants non-sens de gènes impliqués dans des fonctions vitales du cycle cellulaire.

3. a Sous l'hypothèse H1 le mutant m1 a pour génotype (m^{ts}; a^-, su^{ts}) où m^{ts} est la mutation thermosensible du gène touché lors de la mutagenèse. Dans ce cas, le diploïde obtenu dans le croisement avec sauvage s'écrira :

$$\frac{m^{ts}}{m^+} \cdots\cdots \frac{a^- \, su^{ts}}{a^+ \, su^i}$$

Toutes les spores parentales ou recombinées sont ici capables de pousser sur milieu complet à 36 °C, ce qui n'est pas compatible avec l'observation de tétrades contenant une ou deux spores qui en sont incapables. Le mutant m1 n'est pas porteur d'une mutation thermoinstable (hypothèse 1).

Sous l'hypothèse H2, le mutant m1 a pour génotype (m^-; a^-, su^{ts}) où m^- est une mutation non-sens du gène m touché lors de la mutagenèse, mais dont l'effet peut être supprimé par le suppresseur su^{ts}. Dans ce cas, le diploïde obtenu dans le croisement avec sauvage s'écrira :

$$\frac{m^-}{m^+} \cdots\cdots \frac{a^- \, su^{ts}}{a^+ \, su^i}$$

Les spores recombinées de génotype (m^-; a^+, su^i) sont incapables de pousser sur milieu complet à 36 °C en raison de la séparation, par recombinaison, entre m^- et le suppresseur actif. Le mutant m1 est donc un mutant non-sens… par mutation ambre puisque son effet est corrigé par le suppresseur d'ambre de a^-.

3. b On a 19 ditype-parentaux, 17 ditypes recombinés et 4 tétratypes, ce qui conduit à la conclusion que les locus de m et su sont génétiquement indépendants (f[DP] = f[DR]) et physiquement indépendants (f[T] < 2/3).

4. Il suffit de fragmenter par digestion partielle le génome de B et d'insérer les fragments en un site adéquat du plasmide (en général une séquence polylinker clivée par le même enzyme que celui qui a servi à la digestion partielle de B).

On amplifie les plasmides recombinants par infection d'une souche de *coli* étalée sur Mo + ampicilline. On extrait les plasmides et on transfecte le mutant m1 qu'on étale sur milieu Mo à 42 °C. Le su^{ts} ne peut fonctionner et les gènes m et a ne sont pas exprimables, sauf si le plasmide apporte le suppresseur d'ambre thermostable de la souche B.

8.6

• On cherche à isoler un gène spécifiant une protéine partenaire du produit de CDK2; elle est certainement présente dans des cellules en division puisqu'elle est impliquée dans le passage en phase S et on doit donc obtenir, par extraction et purification, des messagers de ce gène à partir desquels des ADNc pourront être synthétisés puis clonés en phase avec la séquence AD, dans les plasmides C.

• Des colonies de la souche A ne peuvent se développer sur des boîtes de milieu minimum si les cellules n'ont pas été, au préalable, cotransformées par le plasmide B qui apporte *URA*3 et le plasmide C qui apporte *LYS*2.

Le plasmide B permet la présence d'un produit de fusion DBD-CDK2 qui se fixera sur les séquences UAS-GAL4, dont celle du gène *LACZ*, mais il n'y aura pas de transcription de celui-ci en absence de la séquence AD.

La séquence AD est présente dans la cellule, dans une protéine de fusion P-AD, où P est la protéine spécifiée par l'ADNc cloné dans le plasmide C acquis par la cellule. Mais, ne disposant pas de domaine DBD, cette protéine de fusion P-AD ne peut stimuler l'expression d'aucun gène.

À moins que la protéine P soit précisément le partenaire de CDK2, on peut alors supposer (espérer, et cela marche) que l'association des deux protéines de fusion DBD-CDK2/P-AD va constituer un dimère porteur du domaine DBD en N-ter et AD en C-ter, capable de stimuler la transcription de *LACZ* aussi bien, ou presque, que le ferait la protéine GAL4. Alors le gène reporter *LACZ* sera exprimé, et la colonie sera bleue.

• On transforme donc des cellules de la souche A avec les plasmides B et C, ceux-ci ayant cloné un ADNc, et on étale sur des boîtes de milieu Mo + X-GAL. On sélectionne la ou les colonies bleues qui sont susceptibles de contenir l'ADNc d'un gène spécifiant un partenaire du produit codé par *CDK*2.

On remarquera que ce gène, cloné par la technique des doubles-hybrides (deux protéines de fusion ou hybrides s'assemblant pour former l'activateur d'un gène reporter), aura été identifié et cloné sans qu'on soit passé par sa mutation et les étapes de la génétique classique.

8.7 **1.a.** La FMRP est produite, comme toutes les protéines, dans le cytoplasme et le fait que l'isoforme Iso4 soit retrouvée dans le noyau exige, sur celle-ci une séquence de localisation nucléaire (dénommée NLS = *nuclear localization sequence*).

b. Comme cette séquence existe aussi sur la FMRP entière, il est nécessaire de considérer que celle-ci dispose d'une séquence de localisation cytoplasmique dont l'effet est dominant sur celui de la NLS.

2. Les délétions plus ou moins grandes confirment qu'une séquence de localisation nucléaire est dans la partie N-ter.

Compte tenu des résultats, on peut préciser que la séquence NLS est en amont du codon spécifiant l'acide aminé 167 puisque la FMR1 délétée des aa 167 à 614 a une localisation nucléaire.

On ne peut pas envisager de diffusion passive car, dans ce cas, les concentrations seraient équilibrées entre les deux compartiments.

3. La protéine CMPK est strictement cytoplasmique et la présence de la protéine de fusion dans le noyau ne peut être due qu'à la séquence NLS apportée par la partie N-ter de FMRP, ce qui permet de conclure d'une part qu'elle est suffisante puisqu'elle n'est associée à aucune autre séquence FMR1 en aval et qu'elle est comprise entre les acides aminés 117 et 184.

4. La séquence de 17 acides aminés est bien une séquence d'exportation nucléaire (NES = *nuclear exportation sequence*) : en effet, l'injection simultanée dans un noyau de BSA-NES (protéine de fusion formée de la séquence NES et de la Bovine serum albunmine dont la taille ne permet pas la diffusion passive et qui est dépourvue de toute séquence de localisation) marquée au FITC (vert) et d'IgG marquée à la rhodamine (rouge) montre que cette dernière ne quitte pas le noyau (IgG sert donc de témoin d'injection et de fuite) en raison de sa taille, alors que la BSA-NES, de même taille, le quitte puisque la fluorescence verte est cytoplasmique.

8.8 **1.a.** Famille 1/mutation A23V

- Mode de transmission récessif : les parents sont porteurs sains et les deux autres enfants ne sont pas atteints car N//N ou hétérozygotes porteurs sains comme les parents.
- La mutation peut être considérée comme causale : il y a une association absolue entre la pathologie et la présence de la mutation A23V en double dose mais cette association n'est évaluée que sur un seul cas ; on pourrait imaginer que la mutation A23V ne soit qu'un polymorphisme non pathologique et que la mutation causale soit ailleurs sur cette séquence du gène et que le séquençage n'ait pas réussi à identifier cette mutation (par exemple si elle est intronique)
- On doit considérer que cette mutation est une perte de fonction sévère, sans doute totale, pour rendre compte du phénotype.

b. Famille 2/mutation G232V et famille 3/A99T

- Mode de transmission dominant : les individus sont porteurs d'une seule mutation, l'un de leurs deux parents est atteint et porteur de la mutation et la moitié le sont aussi.
- La mutation peut être considérée comme causale : il y a une association absolue entre la pathologie et la présence de la mutation (*a priori*, sauf si le séquençage échoue pour une autre mutation, mais pas sur plusieurs générations et individus)
- On ne peut pas considérer que cette mutation serait une perte de fonction totale avec effet dominant par haplo-insuffisance de l'allèle normal, puisque le cas précédent nous a indiqué qu'une perte de fonction totale s'avère récessive.
- On doit donc considérer que cette mutation serait un gain de fonction et que le produit muté exercerait soit un effet toxique soit un effet affectant le fonctionnement du produit sauvage codé par l'allèle normal.
- Compte tenu des phénotypes, l'effet de cet allèle muté serait modéré. Certes l'enfant de la famille 2 est plus sévèrement atteint que ses deux ancêtres mais cela peut être dû au contexte génétique et aux effets d'autres gènes dits modificateurs (voir ex. 8.9 et chapitre 7)

2.a. Famille 1 : les observations valident les hypothèses :

- La mutation A23V est bien la mutation causale avec une perte de fonction totale : aucune activité du produit muté.
- Son effet est parfaitement récessif : les résultats de la cotransformation avec 50 % de plasmides mutés et 50 % de plasmides sauvages conduisent à une activité moyenne de 50 % de l'activité normale, qui semble donc suffisante pour avoir un phénotype sain.

b. Famille 2 : les observations ne valident pas les hypothèses

- La mutation G232V semble bien la mutation causale puisqu'elle affecte l'activité de l'enzyme réduite à 40 % de la normale
- Il s'agit bien d'une mutation dont l'effet est modéré mais il est difficile d'expliquer deux faits :
  - D'une part, elle ne semble pas avoir d'effet dominant puisque la résultante de l'activité dans la cotransformation est bien la valeur moyenne 70 %
  - D'autre part, cette valeur moyenne de 70 % ne devrait même pas conduire à une forme modérée, sachant qu'avec une activité résiduelle de 50 % de l'activité normale le phénotype est sain, comme l'illustrent les résultats de la famille 1
- L'effet de réduction d'activité de mutation G232V n'explique pas le phénotype clinique et cette mutation doit avoir un autre effet pathologique.

c. Famille 3 : les observations ne valident pas toutes les hypothèses :

- La mutation A99T est bien la mutation causale mais elle est très sévère et non modérée comme on l'imaginait
- Elle a bien un effet dominant négatif : les résultats de la cotransformation avec 50 % de plasmides mutés et 50 % de plasmides sauvages conduisent à une activité moyenne de 38 %, inférieure au 50 % d'activité normale chez un porteur sain, donc insuffisante pour avoir un phénotype sain, mais suffisante (38 %) pour conduire à un phénotype modérément atteint.
- Sachant que l'enzyme est formée de plusieurs monomères, on peut imaginer chez un hétérozygote N//A99T, que l'association de monomères mutés avec des monomères sauvages bloque l'activité de ceux-ci de sorte que si l'expression des gènes conduit bien à 50 % de monomères sauvages, une partie de ceux-ci demeurent inactifs d'où une activité résultante de seulement 38 % de la normale.

3.

- L'analyse du ciblage membranaire montre qu'il n'est pas affecté par la mutation A23V : la totalité des protéines se retrouvent à la membrane et chez un porteur sain l'activité résultante est réduite à 50 % parce que 50 % des chaînes sont inactives.
- L'analyse du ciblage membranaire montre qu'il est totalement affecté par la mutation G232V : la totalité des protéines mutées est bloquée dans le golgi, ce qui confère en fait une grande sévérité à cette mutation.
- L'analyse du ciblage membranaire dans l'expérimentation simulant la situation hétérozygote avec 50 % de protéines sauvages marquées en vert et 50 % de protéines mutées marquées en bleu montre qu'en fait 75 % des chaînes sauvages sont bloquées elles aussi dans le golgi. Cela est du au fait que l'assemblage aléatoire des chaînes sauvages et mutées en dimères ou en tétramères conduit au blocage dans le golgi des chaînes sauvages associées avec des chaînes mutées ; seule une fraction des chaînes sauvages arrive à la membrane conduisant ainsi à un phénotype modéré chez les hétérozygotes.

Remarque. Le phénotype modéré des deux formes dominantes n'est donc pas associé à des mutations à effet modéré mais au contraire à des mutations intrinsèquement sévères (activité nulle ou pas de ciblage membranaire) et même plus sévère que la perte totale de fonction A23V puisque leur effet interagit avec celui de l'allèle normal pour en diminuer l'efficacité.

8.9 **1.** L'insertion de la séquence inactivée de l'exon 1 conduit à la formation d'un fragment de restriction BamH1 de 4,9 Kb identifiable par hybridation de la sonde S marquée, entre le 1er site de l'exon 1 et le site du gène NEO^R, alors que la sonde S identifie des fragments de 6 Kb sur le gène sauvage non transformé.

La présence d'un fragment de 4,9 Kb identifiable par la sonde S marquée sur un Soutern blot BamH1 est donc la signature moléculaire de la présence du gène KO.

Les cellules ES transformées sont hétérozygotes cftr-//cftr+ car la transformation n'a concerné que l'un des deux exemplaires, la probabilité d'avoir deux intégrations sur les deux copies homologues étant nulle.

2.a. Le mâle G_0 est une mosaïque cellulaire formée de nombreuses cellules cftr+ //cftr+ issues de la blastula à laquelle on a agrégé les cellules ES transformées et de cellules cftr+// cftr- issues de ces cellules ES transformées.

Si, dans le tissu germinal, il y a une proportion p de cellules transformées et une proportion (1-p) de cellules normales, la gamétogenèse donnera une proportion p/2 de gamètes porteurs d'une copie mutée KO du gène cftr et une proportion (1-p/2) de gamètes avec une copie sauvage cftr+.

b. Les souriceaux G1 hétérozygotes cftr+//cftr- sont identifiables par un Southern blot BamH1 où la sonde S reconnaîtra un fragment de 4,9 Kb issu du gène cftr KO apporté par le gamète de GO et un fragment de 6 Kb issu de l'exemplaire sauvage du gène cftr apporté par la femelle CD1.

En croisant entre eux deux individus G1 on obtiendra des descendants G2 dont 25 % seront homozygotes cftr-//cftr-, identifiables par la présence de fragments de 4,9 Kb et l'absence de fragments de 6 Kb sur un Southern blot BamH1.

3.a. Toutes les souris KO ont un même génotype $cftr^-/cftr^-$ et aussi un même génotype pour les gènes flanquant le locus cftr, du fait de la liaison génétique, mais elles diffèrent pour le reste du génome, en raison du brassage génétique résultant du croisement G_1 x $G_{1.}$

En effet, les souris G1 ont 50 % de leur génome issu de la souche 129SV via le gamète formé à partir d'une cellule germinale transformée du mâle G_0 et 50 % de leur génome issu de la souche CD1 via le gamète de la femelle.

En conséquence les individus G2 sont porteurs de fractions très variées de gènes issus de CD1 ou de 129SV, aussi bien sur le plan quantitatif que qualitatif, de sorte que ce contexte génétique très variable peut très bien apporter, chez les G2 KO pour cftr, des facteurs génétiques qui atténuent ou qui aggravent le phénotype clinique, allèles différents de gènes modulateurs ou suppresseurs pour lesquels les souches 129SV et CD1 seraient génétiquement différentes.

Remarque. Un tel résultat conduit à relativiser le concept de maladie monogénique, et permet d'expliquer en partie les observations de pénétrance incomplète.

b. L'hypothèse la plus simple est de supposer un gène modificateur ou suppresseur (voir chap. 7) avec deux allèles su^i et su^a codominants de sorte que les KO de classe I seraient su^i/ /su^i , les Ko de classe II seraient $su^i//su^a$ et les KO de classe III $su^a//su^a$.

4. Sous cette hypothèse, les croisements considérés donnent bien les proportions observées des différents phénotypes.

9 La génétique bactérienne conjugaison, transduction, transformation

Ce chapitre se borne à des rappels et à un résumé des notions principales de génétique bactérienne, et concerne exclusivement les eubactéries qui, comme le colibacille (*Escherichia coli*), le pneumocoque ou la salmonelle, renferment un chromosome constitué d'une molécule d'ADN double-brin, nu et circulaire.

9.1 Introduction

La génétique est née dans le monde eucaryote, le fondement de son analyse repose (voir chapitres précédents) sur l'observation des diploïdes issus de croisements conçus par l'expérimentateur (test de dominance ou test de complémentation fonctionnelle) puis l'étude des produits de la méiose chez ces diploïdes (test de la ségrégation 2/2 ou de la liaison génétique).

Par l'ensemble de ce dispositif expérimental, le généticien peut, à partir de plusieurs mutants indépendants, dont le phénotype diffère d'un phénotype de référence, déterminer si ce sont des mutants simples ou multiples, lesquels sont mutés dans le même ou un même gène, dénombrer ainsi le nombre minimal de gènes impliqués dans le phénotype ou le phénomène biologique étudié, cartographier les gènes liés, voire les sites de mutations au sein d'un même gène.

Or aucun de ces principes expérimentaux, observation des diploïdes ou analyse des produits de leurs méioses, ne peut s'appliquer à l'analyse génétique chez les procaryotes pour une raison simple et évidente : les procaryotes, et, parmi eux, les eubactéries comme *Escherichia coli*, ne sont jamais diploïdes.

Aussi la génétique bactérienne se fonde sur des propriétés spécifiques des bactéries pour entreprendre sa démarche analytique. Celle-ci est utile parce que des mécanismes fondamentaux à tout le monde vivant y sont souvent plus simples à étudier que chez la souris ou la drosophile, mais aussi parce que la variété extrême du monde bactérien est une mine de découvertes, pour la biologie fondamentale et pour les biotechnologies du futur.

Toute étude génétique d'un phénomène suppose d'en voir des variants, ce qui est assez facile chez les bactéries qui, comme tous les organismes unicellulaires, peuvent être facilement cultivées dans un milieu simple (milieu minimum) liquide ou solide, au sein duquel on peut cribler des mutants du métabolisme, de résistance à des toxiques, ou mutés dans des fonctions cellulaires plus essentielles (en général des mutations létales conditionnelles ou associées à un suppresseur conditionnel, voir chap. 8).

9.2 Mécanismes bactériens de substitution ou de complément de l'information génétique endogène

La génétique bactérienne se fonde sur trois phénomènes ou mécanismes naturels permettant, chez les bactéries, l'entrée d'ADN exogène venant compléter ou remplacer localement l'information endogène. Ces trois phénomènes sont la conjugaison, la transduction et la transformation.

9.2.1 La conjugaison

La conjugaison bactérienne a été découverte en 1946 par Josuah Lederberg et Edouard Tatum chez E. *coli*. Ils démontrèrent sans ambiguité que deux souches bactériennes porteuses de nombreuses mutations d'auxotrophie différentes pouvaient, lors d'une coculture (croisement bactérien), donner des recombinants prototrophes capables de pousser sur une boîte de milieu minimum, contrairement aux deux souches parentales. Ils établirent la nécessité d'un contact entre bactéries (excluant ainsi l'hypothèse de la transformation, voir plus loin) et visualisèrent par microscopie l'établissement d'un pont cytoplasmique à travers lequel on pouvait supposer un échange d'ADN, une bactérie réceptrice recevant les séquences sauvages d'une bactérie donatrice puis remplaçant par celles-ci les séquences mutées endogènes, acquérant ainsi un génotype sauvage. Le nombre de mutations en jeu dans les souches parentales et la fréquence des recombinants sauvages excluait tout autre phénomène comme des mutations reverses ou suppressives.

On a introduit le terme de « parasexualité » pour rendre compte du phénomène de conjugaison bactérienne et de ses conséquences génétiques, puisqu'elle permet le brassage des gènes, comme la sexualité chez les eucaryotes.

Hayes, en 1953, établit que le transfert de gène est toujours unilatéral; des deux souches en co-culture l'une est donneuse et l'autre réceptrice. Les seuls recombinants sauvages sont des bactéries de la souche réceptrice ayant reçu, des bactéries de la souche donatrice, les séquences sauvages venant remplacer les séquences mutées endogènes; aucun recombinant sauvage ne pouvant être issu de bactéries de la souche donatrice.

Pour rendre compte de ce statut donatrice/réceptrice et de la polarité du transfert de gènes, Hayes a postulé puis démontré l'existence d'un facteur de fertilité F dont la donatrice est pourvue et la réceptrice dépourvue; la première est ainsi désignée F^+ et la seconde F^-.

Cependant le facteur F, bien qu'étant une information génétique, se comportait différemment des gènes. Si les gènes étaient transmis avec une fréquence d'environ 10^{-7}, le facteur F était transmis de façon infectieuse. Dans un croisement, la plupart des bactéries de la souche réceptrice devenaient F^+, et restaient mutées, auxotrophes, tandis que les rares recombinants, qui devenaient sauvages, restaient F^-.

Ce paradoxe trouva sa solution avec la découverte par Cavalli-Sforza de bactéries Hfr (*High frequency of recombination*). Les Hfr, contrairement aux bactéries F^+, ne transmettaient plus leur facteur F de fertilité mais transféraient leurs gènes 1 000 fois plus efficacement, d'où un taux moyen de recombinants sauvages de 10^{-4} contre 10^{-7}.

En fait, les bactéries d'une souche F^+ possèdent en plus de leur chromosome (attaché à la membrane plasmique) un « épisome », molécule d'ADN double-brin, nue et circulaire mais libre. L'épisome F (environ 100 Kb) est 10 à 20 fois plus grand qu'un plasmide et se réplique de façon autonome (c'est un réplicon). Il contient une centaine de gènes dont ceux qui permettent l'établissement d'un pont cytoplasmique dans l'acte « parasexuel » avec une réceptrice, puis le transfert infectieux d'une copie de lui-même à celle-ci qui devient alors F^+ (fig. 9.1).

Ainsi, dans la conjugaison entre bactéries F^+ et F^-, seul l'épisome est transféré, ce qui explique son caractère infectieux, alors qu'aucun gène chromosomique n'est transféré.

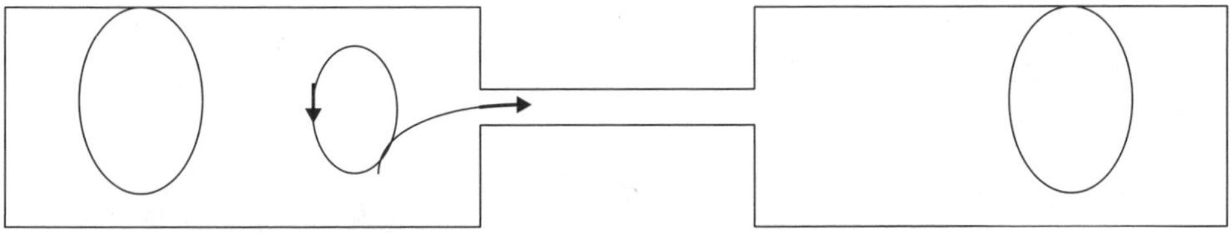

Figure 9.1 Le pont cytoplasmique entre la bactérie donatrice (à gauche) et la bactérie réceptrice (à droite).

Il permet le passage d'une copie de l'épisome F; le transfert a toujours lieu à partir d'une séquence spécifique nommée *origine de transfert* (en gras).

Par recombinaison homologue en un certain nombre de sites répartis sur le chromosome bactérien, l'épisome F peut s'intégrer à celui-ci. La bactérie devient alors Hfr car la conjugaison bactérienne, pilotée par l'épisome F, va conduire celui-ci, parce qu'il est intégré au chromosome bactérien, à entraîner avec lui tous les gènes chromosomiques qui sont physiquement attachés derrière son origine de transfert (fig. 9.2). Si la conjugaison dure assez longtemps (90 à 100 minutes) sans être interrompue, une copie de la totalité du chromosome bactérien peut être transférée.

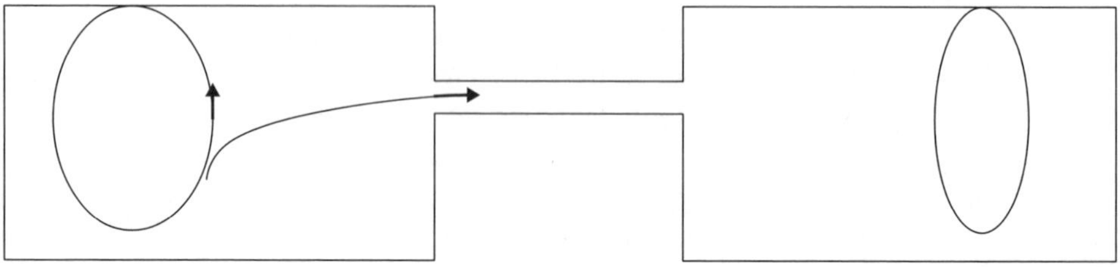

Figure 9.2 Le pont cytoplasmique entre la bactérie donatrice (à gauche) et la bactérie réceptrice (à droite).

Il permet le passage d'une copie de l'épisome F et, avec elle, une copie du chromosome, partielle ou totale selon la durée de la conjugaison. Le transfert a toujours lieu à partir de la séquence spécifique d'origine de transfert de l'épisome (en gras).

En fonction du lieu et du sens d'insertion de l'épisome, c'est-à-dire en fonction de la souche Hfr, ce ne sont pas les mêmes gènes qui sont transférés à la suite immédiate de l'origine de transfert (fig. 9.3).

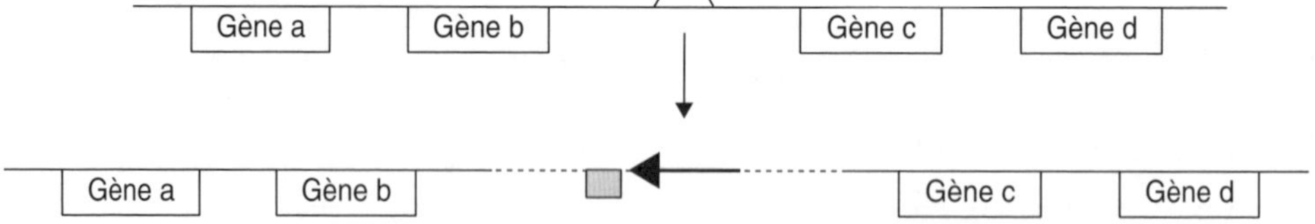

Figure 9.3 Transfert de l'épisome.

Ainsi inséré, le transfert de l'épisome, à partir de sa séquence d'origine de transfert, entraînera les gènes *c* et *d* en premier et les gènes *a* et *b* en dernier, s'il n'y a pas d'interruption du transfert (inséré dans l'autre orientation, l'épisome entraînerait d'abord *b* et *a*, puis *d* et *c* en dernier).

On remarque alors que la totalité de l'épisome n'est transférée que rarement puisque sa deuxième moitié n'est transférée qu'en dernière position, si il n'y a pas eu d'interruption, ce qui explique que les réceptrices ne deviennent jamais (en fait rarement) F^+.

Dans une coculture de souches F^+ et F^-, seul l'épisome est transféré, sauf chez quelques donatrices devenues spontanément Hfr, ce qui explique, d'une part, qu'on puisse observer des transferts de gènes alors que seul l'épisome est supposé pouvoir être transféré, d'autre part, que ce transfert est beaucoup moins efficace puisque la sous-population de donatrice Hfr est très petite parmi les bactéries F^+.

Cela explique aussi pourquoi le transfert d'un gène particulier, à partir de donatrices F^+, ne donne jamais de résultats répétables puisque, d'une coculture à l'autre, la sous-population de Hfr spontanées est hétérogène et que le gène particulier sera plus ou moins efficacement transféré en fonction de l'éloignement du site d'insertion de l'épisome et de son sens d'insertion dans les quelques Hfr spontanées, différentes les unes des autres pour le site et le sens d'insertion.

En revanche, avec une souche « pure » Hfr, toutes les bactéries de la souche ont leur épisome intégré au même site et dans la même orientation, ce qui conduit à des résultats répétables lors du croisement avec une réceptrice puisque ce sont toujours les mêmes gènes qui sont transférés dans le même ordre.

Jacob et Wollman ont tiré parti de ce fait pour établir une méthode de cartographie des gènes bactériens par « conjugaison interrompue » selon le principe développé dans l'exemple suivant.

On croise une *coli* Hfr sauvage, prototrophe pour l'arginine et la proline, et sensible à la streptomycine, avec une réceptrice auxotrophe pour ces deux acides aminés, et résistante à cet antibiotique. Puis on prélève, toutes les minutes, deux petits volumes de la coculture qu'on étale, après les avoir fortement agités afin de rompre les ponts cytoplasmiques, le premier sur un milieu minimum additionné de streptomycine et de proline, le deuxième sur un milieu minimum additionné de streptomycine et d'arginine.

On observe le résultat suivant, des colonies apparaissent sur le premier milieu à partir du quatrième prélèvement, tandis que des colonies n'apparaissent sur le second milieu qu'à partir du dixième prélèvement. L'interprétation suit alors :

- il faut attendre quatre minutes pour voir apparaître des recombinants [arg^+], toute conjugaison interrompue avant quatre minutes ne permet pas d'en avoir; le site muté chez la réceptrice est donc localisé entre trois et quatre minutes de temps minimal de conjugaison, à partir du site de l'origine de transfert de la Hfr;
- il faut attendre dix minutes pour voir apparaître des recombinants [pro^+], toute conjugaison interrompue avant dix minutes ne permet pas d'en avoir; le site muté chez la réceptrice est donc localisé entre neuf et dix minutes de temps minimal de conjugaison à partir du site de l'origine de transfert de la Hfr;
- la distance entre les sites de mutation arg et pro est égale à 6 minutes (environ 240 000 pb puisqu'il faut environ 100 minutes pour faire passer les 4,2 millions de pb du génome de *coli*, soit environ 40 000 pb par minute).

Remarque. La streptomycine joue le rôle de marqueur de sélection des réceptrices et permet de bloquer la croissance des Hfr sauvages prélevées dans la coculture et qui, en absence de l'antibiotique, donneraient des colonies dans toutes les boîtes d'étalement, les rendant ininterprétables.

C'est à partir de ce protocole simple que Jacob et Wollman ont cartographié les centaines de mutations différentes d'incapacité de croissance sur lactose dans les recherches qui les conduisirent à la définition de leur modèle de l'*opéron lactose*.

La parasexualité bactérienne conduit aussi à une conséquence importante et utile pour l'analyse génétique, la *sexduction*.

Il arrive en effet qu'un souche Hfr redevienne spontanément F^+ par excision de son épisome. Dans la très grande majorité des cas, cette excision est parfaite et reconstitue le chromosome, d'une part, et l'épisome, d'autre part, mais dans de très rares cas, du fait de l'homologie et de la dispersion des séquences d'insertion de l'épisome, l'excision englobe à la fois la séquence de l'épisome et une séquence adjacente du chromosome. L'épisome est alors dénommé F'(x) ou x représente le fragment de chromosome restant intégré à l'épisome.

Si une souche F'(x) conjugue avec une réceptrice ayant un chromosome entier, la réceptrice va alors acquérir cet épisome et devenir « diploïde partiel » (on dit aussi mérodiploïde) pour la portion x du chromosome bactérien. Cette diploïdie partielle va permettre, pour les gènes localisés dans cette portion x, de réaliser les tests de dominance ou de complémentation fonctionnelle qu'on aurait pu croire réservés à la seule génétique eucaryote.

C'est par sexduction avec des épisomes F'(lac) que Jacob et Monod ont caractérisé les mutants « récessifs ou dominants » de la région lactose qui leur permirent d'établir le modèle de l'opéron lactose.

> ***Remarque.*** Il est nécessaire de bien noter que les mérodiploïdes obtenus par sexduction sont stables et formeront des clones de mérodiploïdes, tandis que la conjugaison (ou, voir plus bas, la transduction et la transformation) ne saurait conduire à des mérodiploïdes. En effet, la réceptrice d'un épisome F'(x) reçoit un réplicon capable de se répliquer de façon plus ou moins synchrone avec le chromosome, tandis que la réceptrice d'un fragment linéaire d'ADN (conjugaison, transduction ou transformation) ne reçoit pas un réplicon, cet ADN exogène recombinera plus ou moins partiellement avec l'ADN endogène ou disparaîtra, mais on n'obtiendra jamais un diploïde partiel.

9.2.2 La transduction

C'est un mécanisme de transfert de gènes d'une bactérie donatrice à une bactérie réceptrice, via une capside virale.

Certains bactériophages (nom donné au virus bactérien) comme P22 chez *Salmonella* ou P1 chez *coli* induisent, durant leur cycle lytique, une fragmentation du génome bactérien qui conduit certains de ces fragments à une encapsidation à la place d'un génome viral (environ 100 000 pb).

Ces phages dits *transducteurs* sont alors capables, en infectant des bactéries réceptrices, de leur transférer ce fragment de génome bactérien qui peut alors remplacer, par recombinaison homologue, une partie ou la totalité de la séquence homologue endogène. Ainsi, une souche de bactéries auxotrophes pour la valine traitée avec un lysat transducteur préparé sur une souche sauvage verra l'apparition de recombinants sauvages [val$^+$], identifiables par étalement des réceptrices survivantes sur milieu minimum et récupération de colonies [val$^+$].

Bien sûr, la multiplicité d'infection (nombre moyen de phages par bactérie) doit être très inférieure à 1 car une infection multiple conduirait toutes les réceptrices, notamment celles infectées par un phage transducteur, à être aussi infectées par un « vrai » phage dont l'effet est lytique. Les bactéries ne doivent jamais être infectées par plus d'un phage afin de laisser survivre les recombinants issus de l'infection par un phage transducteur apportant la séquence homologue de la séquence endogène à recombiner.

La transduction est un moyen puissant de cartographie des gènes et même de cartographie fine (sites de mutations très proches, voire intragéniques). Si, par transduction, une souche porteuse de plusieurs mutations peut être recombinée pour toutes celles-ci, cela prouve qu'il y a eu cotransduction (la multiplicité d'infection est inférieure à 1) et que tous les sites de mutations sont localisés sur un fragment de génome dont la taille maximale est égale au génome viral, soit environ 100 000 pb. La cotransduction permet, en fonction des génomes donneurs et receveurs, et des fréquences des différents recombinants, de réaliser un « test trois points » et de définir entre trois sites lequel est central (chap. 6 et 12).

La transduction définie ici est la *transduction généralisée*; la « transduction spécialisée » qui n'affecte que quelques gènes bactériens n'est pas abordée dans cet ouvrage.

NB : La transduction est aussi un outil efficace pour construire des souches par transfert de mutations de l'une à l'autre.

9.2.3 La transformation

Il fallut attendre 1943 pour que Avery et McLeod, puis d'autres bactériologistes, montrent que la transformation bactérienne observée par Griffiths en 1928 chez *Streptococcus pneumoniae* résultait simplement de la capacité d'une souche bactérienne à laisser entrer de l'ADN exogène (on dit exogénote) nu susceptible de venir transformer le génome endogène (on dit endogénote) par recombinaison, ou de le compléter par addition, dans le cas d'un plasmide.

La transformation suppose, dans les conditions naturelles, que les bactéries réceptrices soient « compétentes », un état physiologique permettant une entrée passive ou active de l'ADN exogène (le mécanisme est différent selon que les bactéries sont gram$^+$ ou gram$^-$).

La taille de l'ADN exogène impliqué dans la transformation ne peut guère dépasser 10 000 pb et ne peut donc impliquer autant de gènes que les fragments opérant dans la transduction. Par ailleurs, la transformation est beaucoup moins efficace que la transduction, du fait que les réceptrices doivent être compétentes tandis qu'elles sont toujours, sauf exception, aptes à être infectées par un phage transducteur.

La découverte de la conjugaison bactérienne et de la transduction ont fortement limité l'intérêt de la transformation comme outil d'analyse génétique.

En revanche, la transformation bactérienne est un outil indispensable du génie génétique et de la biologie moléculaire. La transformation d'une réceptrice par un plasmide est devenue une opération courante pour constituer des banques génomiques, cloner un gène (tri de la banque, clonage direct...), le séquencer, étudier son expression, réaliser une mutagenèse ciblée de celui-ci, etc.

De nombreuses opérations de la biologie moléculaire sont faciles à réaliser et de rendement efficace chez la bactérie. Les plasmides sont un excellent vecteur moléculaire pour toutes les manipulations de l'ADN, ils sont faciles à purifier, à manipuler ou à traiter *in vitro,* à réinsérer par transformation dans une bactérie qui assurera le clonage amplificateur de la séquence portée par le plasmide.

> ***Remarque 1.*** Lors de la transformation d'une bactérie par un plasmide, en général porteur d'un gène de sélection positive comme la résistance à un antibiotique, l'ADN du plasmide constitue un réplicon qui reste indépendant du génome, un peu comme l'épisome. De ce fait, on peut aussi, en clonant de l'ADN bactérien dans un plasmide, obtenir des mérodiploïdes susceptibles de permettre les tests de l'analyse génétique, dominance et complémentation fonctionnelle, mais il ne faut pas oublier que le fragment cloné est toujours d'une dimension restreinte, la transformation ne pouvant impliquer un ADN de taille supérieure à 10 000 pb.

> ***Remarque 2.*** La linéarisation d'un plasmide lui fait perdre le statut de réplicon, et la transformation d'une réceptrice par un plasmide linéarisé ne peut conduire qu'à sa perte ou à l'intégration de tout ou partie du plasmide par recombinaison homologue à partir d'une des séquences de son extrémité (on cible donc l'insertion d'un plasmide dans le génome récepteur en le linéarisant à un endroit ou un autre).

9.3 La sexduction et l'opéron lactose

La découverte des souches Hfr et le développement des outils d'analyse génétique bactérienne dont la cartographie fine et la sexduction, notamment par François Jacob, lui a permis de développer avec Jacques Monod les recherches qui ont conduit à leur modèle de l'opéron lactose et plus généralement à la théorie de la régulation transcriptionnelle qui leur valut le prix Nobel de médecine en 1965.

Monod avait déjà montré que le passage de *coli* d'un milieu où la source de carbone et d'énergie est le glucose à un milieu lactose s'accompagnait d'une synthèse *de novo* de β-galactosidase (gène Z) et de deux autres protéines, la perméase (gène Y) du lactose et une trans-acétylase (gène A). Jacob et Monod établirent que cette synthèse était coordonnée et induite par le lactose ou tout galactoside, notamment l'IPTG (Iso-Propyl-Thio-Galactoside). Et Jacob qui venait de démontrer que la lysogénie de *coli* par le phage λ correspondait à une insertion de l'ADN phagique dans le génome bactérien, accompagné d'une répression de l'ensemble de ses gènes par un répresseur cytoplasmique réussit à démontrer par une expérience similaire l'existence d'un répresseur cytoplasmique des gènes Z, Y et A. Il devenait ainsi possible d'interpréter les mutants constitutifs capables de synthétiser de la β-galactosidase même en absence de lactose comme des mutants dépourvus de répresseur, c'est-à-dire porteurs d'une mutation de perte de fonction dans le gène I cartographié, grâce aux méthodes de cartographie fine mises au point par Jacob, légèrement en amont des gènes Z, Y et A.

Cette hypothèse d'un répresseur cytoplasmique produit du gène I est cohérente avec l'existence des mutants constitutifs mais elle reste une « hypothèse de travail ». Pour lever le doute Jacob et Monod imaginent de nouveaux protocoles expérimentaux d'analyse génétique fonctionnelle et de recherche de mutants à partir de l'argumentation suivante :

- L'hypothèse de travail est que *le gène I code un répresseur cytoplasmique* qui bloque l'expression des gènes Z, Y et A mais qui deviendrait inactif en présence d'inducteur, le lactose ou un galactoside,
- Le corollaire de cette hypothèse est que *les mutants constitutifs sont affectés d'une mutation de perte de fonction dans le gène I*, notée I^-,
- La première conséquence fonctionnelle attendue, si cette hypothèse est valide, est que *ces mutations de pertes de fonction I^- devraient avoir un effet récessif vis-à-vis de leur homologue sauvage I^+*. En effet le diploïde (I^+/ I^-) devrait produire du répresseur et rétablir ainsi la régulation de l'expression des gènes Z, Y et A par leur répression en absence d'inducteur et leur expression par levée de la répression en présence d'inducteur,
- La seconde conséquence fonctionnelle attendue, si cette hypothèse est valide, est qu'on pourrait s'attendre, puisque le produit du gène I est une protéine, à observer *des mutants de gain de fonction de ce gène conduisant à la présence d'un « super répresseur »* qui par la substitution d'un acide aminé par un autre serait capable de bloquer l'expression des gènes Z, Y et A, même en présence d'inducteur alors incapable de rendre le répresseur inactif,
- Ces mutations de gain de fonction, notées I^S, auraient un effet dominant sur celui de l'allèle sauvage I^+.

Jacob et Monod ont obtenu ces mutants de type I^S, (voir exercice 8.2) et ont bien démontré que les mutations I^- étaient des pertes de fonction (tableau 9.1). Enfin, ils ont vérifié (tableau 9.1) les propriétés de récessivité des mutations I^- (tableau 9.1) et de dominance des mutations I^S (tableau 9.2) vis-à-vis de l'allèle sauvage I^+.

Commentaires du tableau 9.1

- La souche sauvage haploïde de référence (souche 1) montre bien que l'inducteur IPTG permet de lever la répression des deux gènes Z et Y.
- alors que leur expression est constitutive chez un mutant porteur d'une mutation I^m (souche 2).
- Les souches diploïdes 3 et 4 présentent un même phénotype alors que l'une est homozygote (I^m / I^m) et que l'autre est hétérozygote (Δ / I^m) ce qui signifie que l'effet de la mutation I^m est de même nature que celui d'une délétion, c'est-à-dire une perte de fonction. On pourrait donc noter les mutants I^- plutôt que I^m.

Tableau 9.1 Analyse des mutants I^m constitutifs par test de synthèse de la β-galactosidase (gène Z) et de la Perméase (gène Y) dans les souches de référence et les souches tests après culture sur glycérol (les diploïdes sont obtenus par sexduction avec apport d'un épisome F' conduisant à un diploïde partiel pour la région lactose du génome de *coli*).

Souche	Génotype	Actlvité β-gal		Activité Perméase	
		Sans IPTG	Avec IPTG	Sans IPTG	Avec IPTG
1 – haploïde sauvage de référence	(I^+, Z^+, Y^+)	-	+	-	+
2 – constitutive de référence	(I^m, Z^+, Y^+)	+	+	+	+
3 – diploïde homozygote pour mutation I^m	(I^m, Z^-, Y^+) / F'(I^m, Z^+, Y^+)	+	+	+	+
4 – diploïde avec délétion Δ des trois gènes indiqués	Δ (I^+, Z^+, Y^+) / F' (I^m, Z^+, Y^+)	+	+	+	+
5 – diploïdes hétérozygotes pour les trois gènes	(I^+, Z^-, Y^+) / F'(I^m, Z^+, Y^-)	-	+	-	+
6 – diploïdes hétérozygotes pour les trois gènes	(I^m, Z^-, Y^+) / F'(I^+, Z^+, Y^-)	-	+	-	+

Tableau 9.2 Analyse des mutants I^S par test de synthèse de la B-galactosidase (gène Z) et de la Perméase (gène Y) dans les souches de référence et les souches tests après culture sur glycérol (les diploïdes sont obtenus par sexduction avec apport d'un épisome F' conduisant à un diploïde partiel pour la région lactose du génome de *coli*)

Souche	Génotype	Activité β-gal		Activité Perméase	
		Sans IPTG	Avec IPTG	Sans IPTG	Avec IPTG
1 – haploïde sauvage de référence	(I^+, Z^+, Y^+)	-	+	-	+
2 – mutant I^S de référence après purge de l'épisome non muté	(I^S, Z^+, Y^+)	-	-	-	-
3 – diploïde avec I^+	(I^S, Z^+, Y^+) / F'(I^+, Z^+, Y^+)	-	-	-	-
4 – diploïde avec I^-	(I^S, Z^+, Y^+) / F'(I^-, Z^+, Y^+)	-	-	-	-

- Les souches diploïdes 5 et 6 présentent un même phénotype sauvage, non constitutif et inductible par l'IPTG, alors qu'elles sont hétérozygotes (I^+ / I^m) et même plus précisément à présent (I^+/ I^-), ce qui signifie que l'allèle muté, I^m ou I^-, est récessif vis-à-vis de l'allèle sauvage I^+,
- On notera que les phénotypes des diploïdes 5 et 6 sont les mêmes alors que les combinaisons cis-trans sont différentes : pour les gènes I et Z la souche 5 est de génotype (I^+, Z^-/ I^-, Z^+) avec les gènes sauvages en trans, et la souche 6 est de génotype (I^-, Z^-/ I^+, Z^+) avec les gènes sauvages en cis. La situation est inverse pour les gènes I et Y.

Commentaires du tableau 9.2

- L'allèle muté I^S a bien l'effet fonctionnel attendu : aucune expression des gènes Z et Y, même en présence d'IPTG (phénotypes de la souche 2)
- L'allèle muté I^S a bien un effet dominant sur l'allèle sauvage I^+ comme sur l'allèle muté par perte de fonction I^- (phénotypes des souches 3 et 4).

Mais à partir du moment où la théorie du répresseur cytoplasmique « prend corps » et que le gène I semble bien être le gène régulateur des trois gènes Z, Y et A via la synthèse de ce répresseur cytoplasmique, cette théorie conduit à une nouvelle question : par quel mécanisme le répresseur cytoplasmique, produit du gène I, peut-il bloquer l'expression des trois gènes Z, Y et A ?

François Jacob imagine que le répresseur se fixerait sur une séquence cible de l'ADN, un point d'ancrage servant de verrou à l'expression des gènes sous son contrôle et donne le nom d'opérateur à ce point d'ancrage dont il faut à présent démontrer la réalité tout simplement en obtenant des mutants de ce point. En effet :

- Si l'opérateur est un point de l'ADN chromosomique bactérien où vient se fixer le répresseur, il doit être possible d'obtenir des mutants constitutifs par mutation de la séquence de l'opérateur,
- Ces mutants, dits mutants de cible et notés O^C (pour opérateur constitutif) , auront le même phénotype constitutif que les mutants I^- mais pas le même génotype, étant mutés dans des sites différents ayant des fonctions différentes : chez les mutants de cible, le répresseur est présent mais ne peut agir en absence de cible, chez les mutants I^- c'est le répresseur qui est absent ou inactif.
- Les mutants O^c seront cependant « cis-dominants » car la mutation du verrou sur l'ADN ne rend constitutifs que les gènes qui sont sous sa « garde » sur la même molécule d'ADN, ce qui n'est pas le cas des séquences I^+ et I^S qui peuvent agir en trans, via leur produit diffusible.

Ils obtiennent de tels mutants (voir exercice 8.2) et mettent en évidence, par cartographie fine, que l'opérateur est localisé sur le chromosome entre le gène I et le gène Z, et vérifient les propriétés attendues de ce type de mutants (tableau 9.3).

Commentaires du tableau 9.3

- Les souches 1 et 2 sont respectivement les références sauvage et mutée (constitutive par mutation de cible O^C).
- Les souches 3 et 4 diploïdes démontrent l'effet cis-dominant de la mutation O^C qui ne contrôle et ne rend constitutif que les seuls gènes sauvages situés en cis, c'est-à-dire Z^+ dans le premier cas et Y^+ dans le second : chez le diploïde 3, l'expression de la copie sauvage Y^+ est régulée et induite par l'IPTG car elle est

TABLEAU 9.3 ANALYSE DES MUTANTS OC CONSTITUTIFS PAR TEST DE SYNTHÈSE DE LA B-GALACTOSIDASE (GÈNE Z) ET DE LA PERMÉASE (GÈNE Y) DANS LES SOUCHES DE RÉFÉRENCE ET LES SOUCHES TESTS APRÈS CULTURE SUR GLYCÉROL (LES DIPLOÏDES SONT OBTENUS PAR SEXDUCTION AVEC APPORT D'UN ÉPISOME F' CONDUISANT À UN DIPLOÏDE PARTIEL POUR LA RÉGION LACTOSE DU GÉNOME DE *coli*).

Souche	Génotype	Activité β-gal		Activité Perméase	
		Sans IPTG	Avec IPTG	Sans IPTG	Avec IPTG
1 – haploïde sauvage de référence	(I^+, O^+, Z^+, Y^+)	-	+	-	+
2 – constitutive de référence après purge de l'épisome non muté	(I^+, O^C, Z^+, Y^+)	+	+	+	+
3 – diploïde hétérozygote pour les trois séquences	(I^+, O^C, Z^+, Y^-) / $F'(I^+, O^+, Z^-, Y^+)$	+	+	-	+
4 – diploïde hétérozygote pour les trois séquences	(I^+, O^C, Z^-, Y^+) / $F'(I^+, O^+, Z^+, Y^-)$	-	+	+	+
5 – diploïdes hétérozygotes pour les trois gènes	(I^+, O^C, Z^+, Y^+) / $F'(I^S, O^+, Z^+, Y^+)$	+	+	+	+

dépendante d'une séquence sauvage O^+ et chez le diploïde 4, c'est l'expression de la copie sauvage Z^+ qui est régulée et induite par l'IPTG car c'est elle qui est dépendante de la séquence sauvage O^+.

- Le phénotype constitutif de la souche 5 montre que malgré l'effet dominant de la séquence I^S sur celui de la séquence I^+, le super répresseur spécifié par l'allèle I^S, actif même en présence d'IPTG, se révèle incapable de se fixer sur O^C et de verrouiller les gènes en cis qui demeurent exprimés de façon constitutive (en supposant que le mode d'action est bien une interaction directe protéine – ADN, ce qui ne sera démontré chimiquement que plus tard mais semble déjà logique).

La théorie minimale de l'opéron lactose (figure 9.4) a ainsi conduit sur le plan théorique à l'établissement des principes généraux de la régulation transcription-

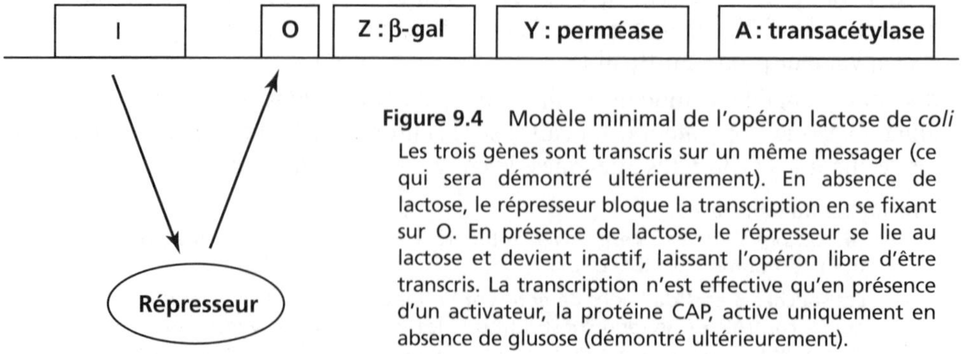

Figure 9.4 Modèle minimal de l'opéron lactose de *coli*

Les trois gènes sont transcris sur un même messager (ce qui sera démontré ultérieurement). En absence de lactose, le répresseur bloque la transcription en se fixant sur O. En présence de lactose, le répresseur se lie au lactose et devient inactif, laissant l'opéron libre d'être transcris. La transcription n'est effective qu'en présence d'un activateur, la protéine CAP, active uniquement en absence de glusose (démontré ultérieurement).

nelle résumés dans la figure 9.5. et des différents types de mutants de régulation avec leurs propriétés de dominance ou de récessivité (figure 9.6).

Figure 9.5

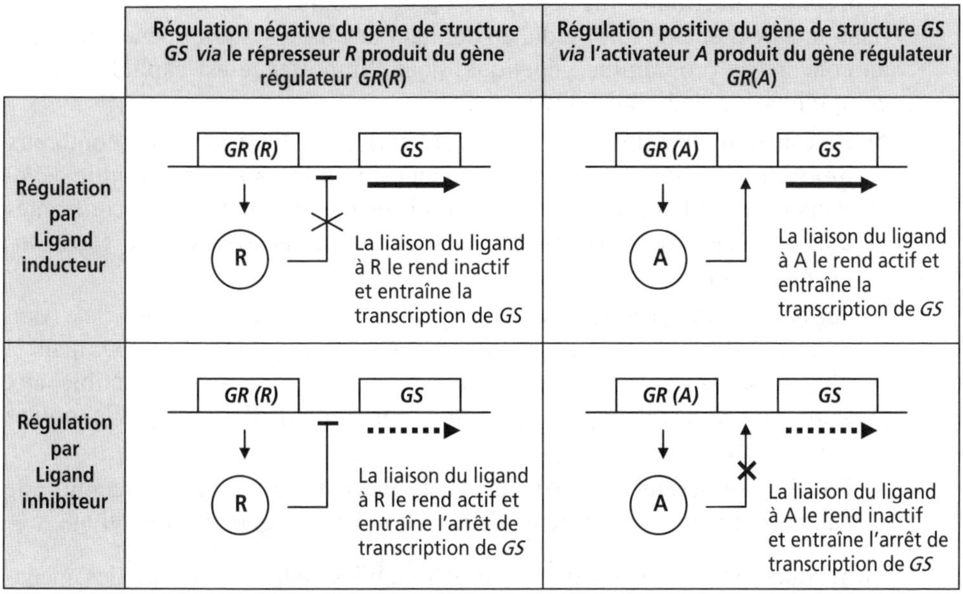

Figure 9.6

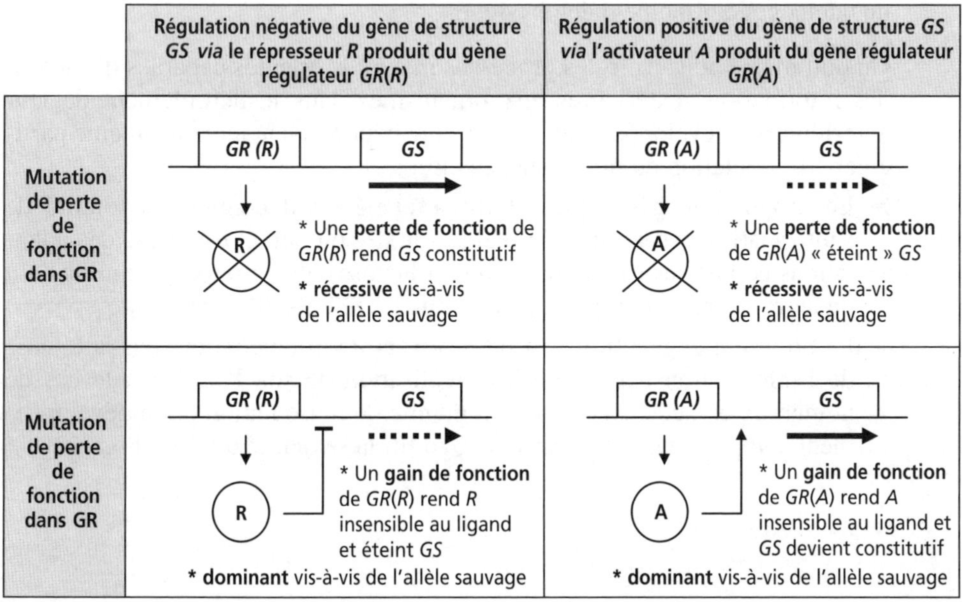

Remarque. L'établissement du modèle de l'opéron lactose et la définition des principes généraux de la régulation transcriptionnelle ont une conséquence philosophique notable. En effet, si Darwin avait fortement contribué à la sécularisation de la biologie à l'échelle des espèces et des populations par son concept de sélection naturelle, c'est l'opéron lactose qui achève cette sécularisation à l'échelle de l'individu, en donnant une base matérielle mécanistique au concept de programme génétique, dont l'importance est capitale dans la compréhension de l'embryogenèse.

- Le fonctionnement du vivant est caractérisé par l'existence de nombreux *processus orientés* dont le plus évident est l'embryogenèse. Avant le développement de la génétique, les naturalistes puis les biologistes, confrontés à ce type de processus orienté, se sont trouvés écartelés entre *Cartésianisme* et *Vitalisme* :
- Au nom du matérialisme, certains pensaient, comme Descartes, le vivant tel une machine contrainte uniquement par les lois de la physique, mais la plupart savaient d'expérience que le vivant n'était pas réductible aux seules lois de la physique (la simple observation de l'œuf de poule montre que la « machine se construit » !)
- En réponse à cette vision matérialiste insatisfaisante, on eut recours, de Kant à Bergson, à un principe de nature métaphysique, la force vitale.

Ce recours est désormais inutile avec l'établissement progressif des mécanismes génétiques du développement. Avec la génétique, et plus précisément le concept de « programme génétique », il devient possible d'appréhender la matérialité des processus orientés en biologie (téléologiques), sans recours à un quelconque principe métaphysique.

On doit même concevoir des processus matériels orientés capables d'intégrer des informations extérieures aux organismes dans le déroulement de leur algorithme de développement, l'environnement pouvant alors lui-même participer à l'orientation du processus, en effet :

- Le programme génétique est dit « **fermé** » s'il contient la totalité de l'information nécessaire à la réalisation de son but. C'est le cas des adaptations cellulaires (métabolisation du lactose), des groupes sanguins ou à un autre degré de complexité, des comportements dits « innés »,
- Le programme génétique est dit « **ouvert** » s'il ne contient pas la totalité de l'information nécessaire à la réalisation de son but. C'est le cas de nombreux caractères comme l'immunité, la musculation ou le développement comportemental affectif et cognitif, la sexualité ou l'intelligence.

À retenir

- Les procaryotes sont strictement haploïdes et ne font pas de méiose : l'analyse génétique repose donc sur l'étude des conséquences génétiques d'autres mécanismes cellulaires et moléculaires :
  - La **conjugaison bactérienne** permet à une **bactérie F+**, pourvue d'un **épisome F** (ADN circulaire porteur d'une centaine de gènes), de le transmettre à une **bactérie F-** qui en est dépourvue, grâce à l'établissement d'un pont cytoplasmique entre elles.
  - Si l'épisome est intégré au chromosome bactérien, lui-même circulaire, on a une **bactérie Hfr** (*high frequency of recombination*) car la transmission de l'épisome s'accompagne de celle des gènes chromosomiques sur une longueur de chromosome variable en fonction du temps de conjugaison (90 à 100 mn pour transférer tout le chromosome). La transmission de gènes d'une Hfr **donatrice** à une F- **réceptrice** peut conduire au remplacement par **recombinaison homologue** de gènes de la réceptrice par des gènes de la donatrice
  - Une bactérie Hfr peut redonner une bactérie F+ par excision de son épisome. Si cette excision est décalée et emporte un fragment de chromosome bactérien, ce fragment peut être en situation « diploïde » si l'épisome est transmis à une bactérie F-. ce phénomène dénommé **sexduction** permet d'avoir un diploïde partiel sur une fraction du génome bactérien et peut être utilisé pour réaliser des tests de dominance ou de complémentation fonctionnelle.
  - La **transduction** est le phénomène par lequel de l'information génétique d'une bactérie peut être modifiée par recombinaison homologue avec un fragment de génome bactérien encapsidé à la place d'un génome viral dans une bactérie donatrice ayant subi un cycle lytique.
  - La **transformation** est le phénomène par lequel de l'information génétique d'une bactérie peut être modifiée par recombinaison homologue avec un fragment d'ADN nu apporté de l'extérieur par un mécanisme d'intériorisation moléculaire différent chez les bactéries **gram+** ou **gram–.**
- Jacob et Wollman ont mis au point, en utilisant la conjugaison avec des bactéries Hfr, des méthodes de localisation des gènes par **cinétique de conjugaison interrompue** ou par **test trois points.**
- L'application la plus magistrale des outils d'analyse génétique chez la bactérie fut l'ensemble des expérimentations ayant conduit au **modèle de l'opéron lactose** et plus généralement à la **théorie de la régulation transcriptionnelle**.

Exercices

9.1 Niveau Licence (L2, L3)/Définitions des objectifs.

– Comprendre la conjugaison et ses conséquences génétiques.
– Cartographie des gènes par conjugaison.

On dispose d'une souche H d'*Escherichia coli*, Hfr, prototrophe, sensible à la streptomycine, phénotype noté [str^S], et au phage T6, phénotype noté [tsx^S].

On dispose d'une souche A d'*Escherichia coli*, F^-, auxotrophe pour la thréonine, phénotype noté [thr^-], incapable de métaboliser le galactose, phénotype noté [gal^-], résistante à la streptomycine, phénotype noté [str^r], et au phage T6, phénotype noté [tsx^r].

Le phage T6 est comparable au phage T4, sa virulence entraîne, dès l'infection de la bactérie, un détournement vers le cycle lytique des composés bactériens accompagnés de dérèglements métaboliques et de lésions immédiates de l'ADN bactérien.

On effectue le croisement (coculture) H × A.

– Dans une première expérience (tabl. 9.1), on prélève, à des temps variables, des échantillons d'un même volume de la culture que l'on dilue puis qu'on étale sur un milieu gélosé contenant de la streptomycine et, soit du glucose, soit du galactose avec de la thréonine. On compte alors le nombre de colonies obtenues sur chacun des deux milieux aux différents temps d'étalement.

Tableau 9.4.

Durée du croisement avant étalement	0	5 min	10 min	20 min	30 min	50 min	70 min
Sur milieu glucose	0	21	44	87	110	112	109
Sur milieu galactose + thréonine	0	12	23	44	59	59	60

– Dans une deuxième expérience, on prélève, à des temps variables, des échantillons d'un même volume de la culture, auxquels on ajoute une quantité saturante de phage T6 avant dilution et étalement sur un milieu gélosé contenant de la streptomycine et, soit du glucose, soit du galactose avec de la thréonine. On compte alors le nombre de colonies obtenues sur chacun des deux milieux aux différents temps d'étalement.

Tableau 9.5.

Durée du croisement avant prélèvement	0	5 min	10 min	20 min	30 min	50 min	70 min
Glucose	0	0	10	54	96	108	110
Galactose + thréonine	0	0	0	0	24	60	58

1. Interprétez la deuxième expérience :

– en précisant le rôle du phage T6. Comment feriez-vous l'étude dans le cas où votre stock de phage T6 serait épuisé ?

– en concluant sur le plan cartographique.

2. En quoi et pourquoi les résultats de la première expérience diffèrent-ils de ceux de la seconde, sans leur être contradictoires ? Que permettent-ils de conclure ? Quelle précision ne peuvent-ils apporter ?

3. Pourquoi le nombre de colonies [*gal*⁺] ou [thr⁺] finit par atteindre un maximum ? Pourquoi ce maximum n'est pas le même pour les deux phénotypes recombinants ?

9.2 Niveau Licence (L2, L3)/Définitions des objectifs.

– Transduction, cartographie de gènes par test trois points.
– Cartographie de sites par test quatre points.

On dispose d'une souche C de *coli*, prototrophe et résistante au phage Tx, phénotype noté [Tx^R], à partir de laquelle on prépare un lysat de phage transducteur P1, pour transduire une souche réceptrice [gal^-, pyr^-], sensible au phage Tx.

1. L'analyse, par répliques, de 210 recombinants [gal^+] donne les résultats suivants, que vous interpréterez :

[Tx^S, pyr^-] : 55 [Tx^R, pyr^-] : 45 [Tx^S, pyr^+] : 5 [Tx^R, pyr^+] : 105

2. À partir de la souche C, on isole quatre mutants indépendants [gal^-], notés m1, m2, m3 et m4 qui sont restés résistants au phage Tx et prototrophes pour les pyrimidines.

Puis, par transduction, on sélectionne les dérivés [gal^-, Tx^S, pyr^-] de ces mutants, notés d1, d2, d3 et d4.

On est alors en mesure de transduire les souches d1, d2, d3 et d4 par des lysats de phages transducteurs P1 obtenus sur m1, m2, m3 ou m4 (tabl. 9.3).

On sélectionne alors les recombinants [gal^+, pyr^+] et on teste, par répliques, la résistance au phage Tx (tabl. 9.3).

Faire une carte fine des mutations gal affectant les mutants m1, m2, m3 et m4 (schémas indispensables pour la démonstration).

TABLEAU 9.6.

Souche donnant un lysat P1 (donatrice)	Souche transduite (réceptrice)	Recombinants [gal^+, pyr^+]	Résistants [Tx^R]
m1	d2	85	43
m1	d3	102	92
m1	d4	82	41
m2	d3	75	69
m4	d2	60	53

9.3 On dispose de quatre souches Hfr comme indiqué en annexe et d'une souche F^-, porteuse d'une mutation responsable du phénotype [gal^-] et résistante à la rifampicine (un antibiotique).

Pour localiser cette mutation on réalise en parallèle quatre croisements entre la souche F^- et chaque Hfr, durant 45 mn et on étale sur un milieu adéquat.

a. Quel est ce milieu ?

b. On observe des colonies uniquement dans la boîte d'étalement du croisement avec les Hfr1 : désignez, très précisément, sur la carte en annexe, sans justification, la position de la mutation responsable du phénotype [gal^-].

La carte jointe indique l'origine et le sens de transfert du chromosome dans chacune des Hfr.

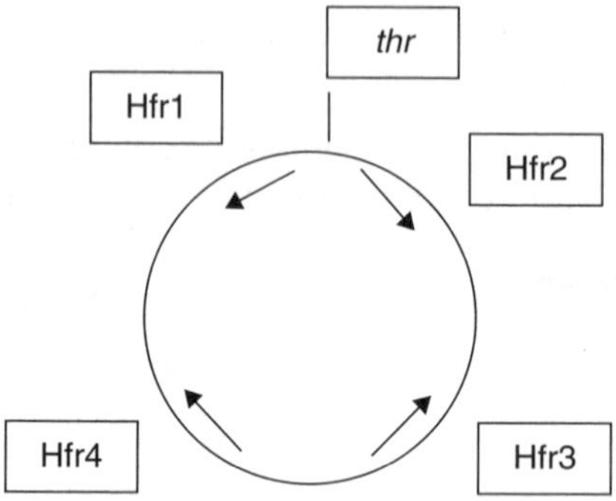

NB : pour Hfr1 ou Hfr2, *thr* (thréonine) est donc très proche de l'origine de transfert. On rappelle que le passage du chromosome entier exige ici 90 minutes.

Solutions

9.1 **1.** En ajoutant le phage T6 on tue les bactéries sensibles de la souche Hfr et on interrompt la conjugaison puisqu'il s'agit d'un phénomène actif où l'ADN est dupliqué puis transféré vers la réceptrice.

Les réceptrices sont résistantes et échappent à l'action de T6 et pourront se développer dans le milieu d'étalement, du fait de leur résistance à la streptomycine, mais à la condition d'avoir reçu et recombiné la séquence sauvage homologue de la mutation thr^-, pour le premier milieu, ou la séquence sauvage homologue de la séquence mutée gal^- pour le second milieu.

Ce protocole de conjugaison interrompue permet de conclure que la séquence thr^+ n'est pas transférée avant au moins 5 min de conjugaison (entre 5 et 10) et que la séquence gal^+ ne l'est pas au moins avant 20 min (entre 20 et 30); les deux mutations sont donc distantes d'environ 15 min de temps de conjugaison.

En absence de phage T6, on procéderait à une forte agitation (vortex) qui rompt les ponts cytoplasmiques.

> ***Remarque.*** La précision d'un protocole de conjugaison interrompue peut descendre facilement à un intervalle d'une minute; par ailleurs, en faisant un graphe et en extrapolant vers l'axe des abscisses la droite d'accroissement du nombre de colonies, on peut estimer plus finement le temps de conjugaison minimal avant l'entrée de chacun des gènes.

2. Dans la première expérience, des colonies [thr^+] et même [gal^+] apparaissent dès la cinquième minute alors qu'on vient de conclure que les séquences thr^+ et gal^+ n'entraient pas avant 5 et 20 min respectivement, mais ces observations n'ont qu'une contradiction apparente avec celles de la deuxième expérience, car ici l'absence de traitement au phage T6 (et d'agitation) laisse les conjugaisons se poursuivre sur la boîte après l'étalement.

Ce protocole de conjugaison non interrompue est beaucoup moins précis car il donne l'ordre d'entrée mais pas la distance en temps de conjugaison. Seule l'interruption permet d'affirmer qu'avant un temps donné la séquence testée n'est jamais entrée.

Dans la mesure où il y a toujours plus de thr^+ que de *gal*$^+$, on doit conclure que thr^+ passe en premier. En effet si tel est le cas, il y aura un certain nombre de conjugaisons spontanément interrompues entre le passage de thr^+ et celui de *gal*$^+$, de sorte que le nombre de réceptrices ayant reçu thr^+ sera toujours plus élevé que le nombre de réceptrices ayant reçu *gal*$^+$.

3. La différence de fréquence entre les deux types de recombinants vient d'être explicitée ; il reste à comprendre pourquoi la fréquence de chaque type recombinant tend vers un maximum.

En fait, la population de réceptrices est une population finie ; pour chaque réceptrice conjugant, il existe une probabilité d'interruption spontanée après le transfert d'un gène donné ; probabilité dont la valeur est d'autant plus grande que ce gène est près de l'origine de transfert. De ce fait, il y aura un maximum de recombinants, pour ce gène, égal au produit du nombre de réceptrices par la probabilité d'interruption après le transfert du gène. Ce maximum sera atteint dès que le temps de culture est tel que presque toutes les réceptrices ont commencé à conjuguer.

Ce maximum est fonction de la probabilité d'interruption après le passage du gène et donc de la proximité du gène par rapport à l'origine de transfert. Le niveau des « plateaux » ou des « plafonds » donne bien l'ordre d'entrée des gènes.

9.2 **1.** Le fait d'obtenir des recombinants [gal^+; pyr^+; Tx^R] prouve que les trois gènes (s'il s'agit de trois gènes différents) sont cotransduits et, donc, localisés assez près les uns des autres (dans 100 000 pb au plus). La question est donc de savoir lequel des trois gènes est central.

L'estimation des différents types de recombinants parmi les [gal^+] permet de répondre à cette question, il s'agit d'un test trois points.

Plusieurs méthodes de raisonnement existent, l'une d'entre elle (tabl. 9.4) consiste à détailler et à dénombrer tous les événements susceptibles de donner les différents types de recombinants, sous les trois hypothèses cartographiques, puis de confronter les résultats attendus à ceux observés, afin d'en déduire la bonne cartographie, en excluant deux des trois hypothèses et en démontrant que celle qui reste est la seule valable (double argumentation négative et positive).

Le troisième ordre (*pyr* central, tabl. 9.4) est incohérent avec les observations, car le recombinant [Tx^R; pyr^-] exigerait alors quatre recombinaisons et ne saurait être plus fréquent que le recombinant [Tx^S; pyr^+] qui n'en exigerait que deux (un recombinant étant d'autant plus rare que le nombre d'événements de recombinaisons pour le former est élevé). Cet ordre est donc exclu car incohérent avec les observations.

Le deuxième ordre (tx central) est cohérent avec les observations, car le recombinant [Tx^S; pyr^+] qui exige quatre recombinaisons est bien le plus rare des recombinants observés, les autres n'exigeant que deux recombinaisons.

> ***Remarque.*** Les fréquences respectives des trois autres recombinants n'exigeant que deux événements de recombinaisons dépendent alors des tailles respectives des zones de recombinaison, la probabilité d'un événement de recombinaison étant d'autant plus élevée que la zone a une taille plus grande.

TABLEAU 9.7 TROIS CARTOGRAPHIES POSSIBLES.

Pour chacune, l'événement sélectionné par l'étalement (sélection des recombinants [*gal*+] est indiqué en gras, puis, sur chaque ligne, les sites de recombinaisons nécessaires pour obtenir les différents types de recombinants observés. Les chiffres 1, 2, 3 et 4 indiquent les zones où une recombinaison moléculaire est nécessaire pour intégrer le gène du recombinant obtenu. (On préférera garder le terme de crossing-over pour les recombinaisons réciproques observées dans la méiose des diploïdes.)

Ordres possibles →	*Tx^R* **Gal+** *pyr+*				**Gal+** *Tx^R* *pyr+*				*Tx^R* *pyr+* **Gal+**			
	1	2	3	4	1	2	3	4	1	2	3	4
Types de recombinants ↓	*Tx^S* *Gal−* *pyr−*				*Gal−* *Tx^S* *pyr−*				*Tx^S* *pyr−* *Gal−*			
[Tx^S; *pyr*−] **55**		2	3		1	2					3	4
[Tx^R; *pyr*−] **45**	1		3		1		3		1	2	3	4
[Tx^S; *pyr*+] **5**		2		4	1	2	3	4		2		4
[Tx^R; *pyr*+] **105**	1			4	1			4	1			4

Mais pour accepter cette cartographie (Tx central), il est également nécessaire de rejeter le premier ordre en démontrant son incohérence avec les observations. Ici le raisonnement est différent, car tous les recombinants n'exigeraient que deux événements de recombinaisons ; il consiste à comparer deux groupes de recombinants afin de démontrer l'incohérence entre l'ordre postulé et les observations :

– parmi les recombinants résistants, les recombinants [pyr+] sont plus fréquents que les recombinants [pyr−], ce qui permet de conclure, en fonction de la remarque précédente, que la zone 4 est au moins deux fois plus grande que la zone 3 ;

– parmi les recombinants sensibles, les recombinants [pyr+] sont moins fréquents que les recombinants [pyr−], ce qui permet de conclure, en fonction de la même remarque, que la zone 4 est environ dix fois plus petite que la zone 3.

Comme une zone ne peut à la fois être plus grande et plus petite qu'une autre, cet ordre aboutit à une incohérence avec les résultats, ce qui permet de le rejeter.

2. Il est proposé ici de faire une carte fine par un test 4-points, le marqueur Tx servant de référence interne pour situer les mutations gali et galj.

En effet, la carte est connue pour les locus gal, Tx et pyr, il ne s'agit que de situer les mutations gal.

Pour chaque croisement, deux cartes sont possibles (fig. 9.4), où sont indiquées, en traits pleins, les recombinaisons obligatoires, compte tenu des phénotypes recombinants [gal+, pyr+] sélectionnés, et, en pointillés, (grands ou petits) les recombinaisons qui ont pu, selon les cas, conduire à des phénotypes sensibles ou résistants pour le phage Tx.

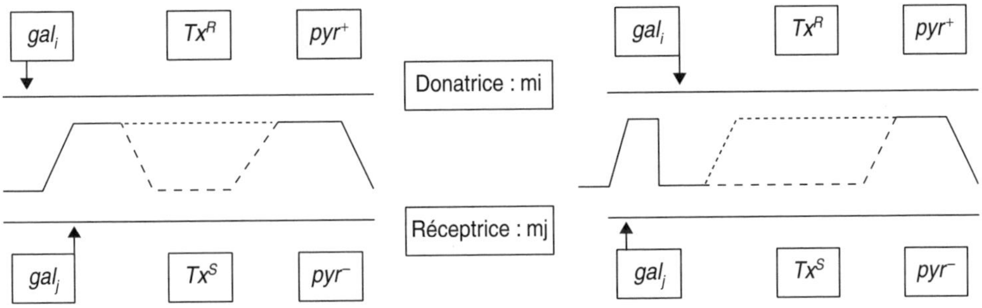

Figure 9.7 Carte des mutations.

La séquence *Tx* est centrale, deux ordres sont possibles selon que gal_i est central entre gal_j et *Tx* ou selon que gal_j est central entre gal_i et *Tx*.

Dans le cas du premier ordre, la fréquence des recombinants résistants sera nettement supérieure à celle des sensibles, car deux recombinaisons supplémentaires (en plus de celles qui sont sélectionnées pour apporter pyr^+ et gal^+) sont nécessaires pour avoir des recombinants sensibles.

Dans le cas du deuxième ordre, le nombre de recombinaisons est le même et les fréquences des résistants et des sensibles ne dépendront que des distances respectives du locus Tx au locus gal et pyr.

Or, compte tenu des résultats du test trois points de la question précédente, la recombinaison entre les locus Tx et gal (55 cas) est aussi fréquente que celle entre Tx et pyr (45 cas), ce qui permet d'affirmer qu'on attend alors autant de recombinants résistants que de sensibles.

Donc si gal_i (donatrice) n'est pas central, la fréquence des résistants sera nettement supérieure à celle des sensibles et si gal_i est central, la fréquence des résistants sera à peu près égale à celle des sensibles. D'où la possibilité d'ordonner les sites de mutation (fig. 9.5).

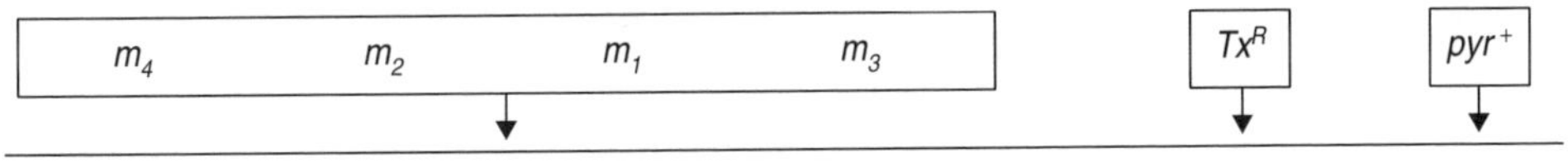

Figure 9.8 Ordre des sites de mutation *gal*.

La première transduction (donatrice *m1*, réceptrice *m2*) donne 43 résistants et 42 sensibles donc *m1* est central entre *m2* et *Tx*; la deuxième transduction donne 92 résistants pour 10 sensibles, donc *m1* est extérieur, *m3* est central entre *m1* et *Tx*, etc.

9.3 **1.** M0(gal) + rifampicine, pour sélectionner des réceptrices (rifampicine) ayant reçu et recombiné la séquence GAL^+.

2. Il suffit de tirer un diamètre à partir de chaque origine de transfert pour visualiser la demi-circonférence génomique (45 mn) transmise et voir que les observations situe la séquence GAL^+ à 14 heures sur le génome, le locus *thr* correspondant au « midi » de l'horloge, un peu en « amont » de l'origine de transfert de la Hfr2.

Partie 2

Problèmes corrigés

PROBLÈMES DE GÉNÉTIQUE CHEZ LA LEVURE

10

La levure de boulangerie, *Saccharomyces cerevisiae*, est un organisme unicellulaire haplodiplobiontique (cycle haploïde et cycle diploïde de même importance). Sa multiplication végétative est assurée par le bourgeonnement d'une cellule fille à partir d'une cellule mère, les deux cellules étant porteuses d'un noyau contenant le même lot de chromosomes à l'issue de la division nucléaire (mitose).

Deux cellules haploïdes, de signe sexuel différent *MATa* et *MAT*α, sont capables de fusionner pour donner une cellule diploïde dont la multiplication végétative suit les mêmes règles que celles des cellules haploïdes.

L'étalement de cellules sur une boîte de milieu nutritif (au moins une source de carbone, une source d'azote et des éléments minéraux, plus d'éventuels apports en cas d'auxotrophie) aboutit à la formation de colonies, clones de cellules issues d'une cellule initiale. Ces colonies sont bien individualisées si le nombre de cellules étalées est faible (quelques dizaines ou centaines); elles sont jointives et forment un tapis cellulaire continu dès que leur nombre est élevé (plusieurs milliers).

Le croisement chez la levure se fait évidemment entre deux souches haploïdes qu'on met en présence dans un tube dit « tube de croisement » afin que des cellules des deux souches puissent se rencontrer et fusionner en cellules diploïdes. Comme on part généralement de cellules en phase stationnaire et que le métabolisme doit être actif pour assurer la fusion, il est nécessaire que le milieu du tube de croisement permette aux deux souches parentales de se développer, il doit donc être additionné des substrats utiles à cette fin.

On étale ensuite les cellules du tube de croisement sur une boîte dite de « sélection des diploïdes » car son milieu a été défini de manière telle que seules les cellules diploïdes peuvent y pousser et donner des colonies, et non les cellules des souches parentales restées haploïdes. On choisit en général de croiser entre elles des souches porteuses de « marqueurs de sélection des diploïdes », en général des mutations d'auxotrophie pour un acide aminé ou une base nucléique. Ces mutations d'auxotrophie sont récessives par rapport à leurs homologues sauvages et différentes dans les souches parentales ce qui permet alors aux diploïdes et à eux seulement de se développer, par complémentation fonctionnelle, sur un milieu minimum.

De ce fait, dans le croisement d'une souche mutante par une souche SSR, cette dernière est « sauvage » pour le (ou les) gène(s) impliqué(s) dans le phénotype étudié, mais les deux souches sont obligatoirement porteuses de mutations d'auxotrophie servant de « marqueurs de sélection des diploïdes » (chap. 5).

Pour étudier les produits de la méiose, il est nécessaire d'induire la sporulation de cellules diploïdes afin de recueillir les spores haploïdes. L'analyse génétique des spores issues de la méiose est directe puisqu'elles sont cultivables. Ce n'est pas le cas des gamètes chez les organismes diplobiontiques (cycle haploïde réduit aux gamètes, drosophile par exemple) où leur analyse génétique est indirectement réalisée par l'analyse d'une descendance issue du croisement entre le donneur des gamètes à analyser et un autre parent (F1 × F1 ou test-cross).

Les spores sont obtenues par étalement de cellules diploïdes sur un milieu de sporulation (pauvre en oligoéléments et éléments azotés). Les cellules diploïdes y arrêtent leur multiplication, passent en méiose et donnent un asque contenant quatre spores haploïdes en phase stationnaire.

La dissection de l'asque et l'étalement des spores de chaque asque, sur un milieu adéquat, permettent à chacune d'initier un développement clonal haploïde sous la forme de colonies individualisées.

Ce milieu de développement des spores doit contenir tous les éléments autorisant ce développement, notamment les apports correspondant aux auxotrophies parentales des marqueurs de sélection des diploïdes, qu'on retrouvera chez certaines des spores, plus les éléments correspondant éventuellement au(x) gène(s) étudié(s) dans le croisement.

Pour déterminer le génotype des spores haploïdes, il faut tester leur phénotype d'auxotrophie en repiquant quelques cellules de chaque colonie sur autant de milieux adéquats qu'il y a d'auxotrophies en jeu. On peut tester le signe sexuel en testant leur capacité à former des diploïdes avec une souche *MATa* ou *MAT*α. Le génotypage du (ou des) gène(s) étudié(s) dans le croisement est assuré par un test phénotypique spécifique.

PROBLÈMES

Problème 10.1

Niveau Licence (L1, L2)/Pré-requis : chapitres 2 et 3.

On connaît chez la levure *Saccharomyces cerevisiae* trois gènes, nommés *A*, *B* et *C*, dont les mutations peuvent conférer respectivement le phénotype [ade$^-$] ou [leu$^-$] ou [his$^-$]. Ces trois phénotypes d'auxotrophie sont récessifs.

Le gène *A* est situé sur le chromosome I, près du centromère, le gène *B* est situé sur le chromosome III, près du centromère, le gène *C* est distant du gène *B* de 20 unités de recombinaison. On suppose qu'il n'y a, au plus qu'un crossing-over possible entre les locus des gènes *B* et *C*.

On croise une souche mutée dans les gènes *A* et *C*, de phénotype [ade$^-$; his$^-$], par une souche mutée dans le gène *B*, de phénotype [leu$^-$].

1. Quelle est la composition du milieu de culture des deux souches parentales, du tube de croisement et de la boîte de sélection des diploïdes ? Justifiez vos réponses.

2. Vous ferez le schéma clair de chacun des scénarios possibles de la méiose, en précisant à chaque fois le génotype et le phénotype des spores qui en sont issus.

3. Quelles sont les fréquences respectives de chacun de ces scénarios et des différents types de spores qui en sont issus ?

Solution

1. Le tube de croisement doit permettre le développement des deux souches parentales pour que des cellules haploïdes puissent fusionner en cellules diploïdes, donc Mo + ade + leu + his.

La boîte de sélection des diploïdes doit permettre aux seuls diploïdes de pousser par complémentation fonctionnelle pour les mutations d'auxotrophie récessives qui servent de « marqueurs de sélection des diploïdes », donc Mo.

2. La méiose peut suivre quatre scénarios qui correspondent aux diverses dispositions métaphasiques possibles des gènes entre eux.

Si on considère d'abord les gènes *A* et *B* (pris indépendamment de *C*), on a deux scénarios possibles de la méiose (fig. 10.1 et fig. 10.2), selon les deux dispositions métaphasiques équifréquentes correspondant à l'assortiment aléatoire des paires de chromatides non homologues (chap. 3 et 4).

Si on considère le gène *C* par rapport au gène *B*, chacun des deux scénarios précédents se subdivise en deux sous-scénarios selon qu'il y a (fig. 10.1 et 10.2, à droite) ou qu'il n'y a pas (fig. 10.1 et 10.2, à gauche) un crossing-over entre *B* et *C*.

Remarque. Il n'y a pas d'autre scénario possible car les deux gènes *A* et *B* sont proches de leurs centromères respectifs; il n'y a donc pas de crossing-over possible entre le locus d'un gène et son centromère, ce qui conduirait une même méiose à produire quatre types de gamètes différents, deux parentaux plus deux recombinés (chap. 4).

Les phénotypes des spores sont faciles à déduire de la présence ou de l'absence des mutations d'auxotrophie (tabl. ci-dessous, colonnes 1 et 2), sachant qu'il existe huit combinaisons possibles issues du brassage génétique pour trois gènes dialléliques (2^3 !).

ENSEMBLE DES GÉNOTYPES POSSIBLES DES SPORES
ISSUES DES MÉIOSES DÉCRITES FIGURES 10.1 ET 10.2.

Génotypes			Phénotypes ade	leu	his	Fréquences (calculées question 3)
A	*B*	*C*	+	+	+	2/40
A	*B*	*c*	+	+	–	8/40
A	*b*	*C*	+	–	+	8/40
A	*b*	*c*	+	–	–	2/40
a	*B*	*C*	–	+	+	2/40
a	*B*	*c*	–	+	–	8/40
a	*b*	*C*	–	–	+	8/40
a	*b*	*c*	–	–	–	2/40

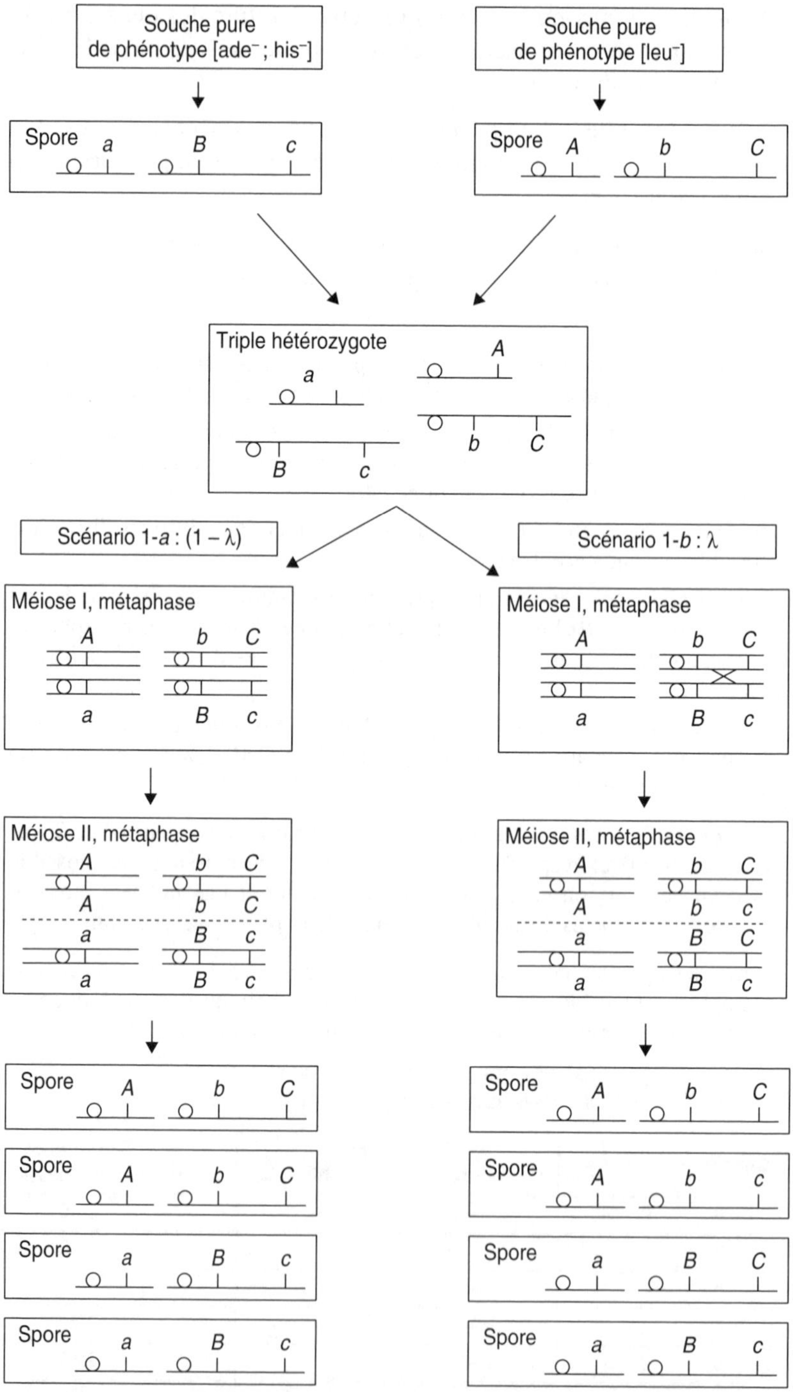

Figure 10.1 Première disposition métaphasique possible (scénario 1) de probabilité 1/2 sur l'ensemble des méioses.

λ figure la probabilité d'avoir un crossing-over entre *B* et *C*.

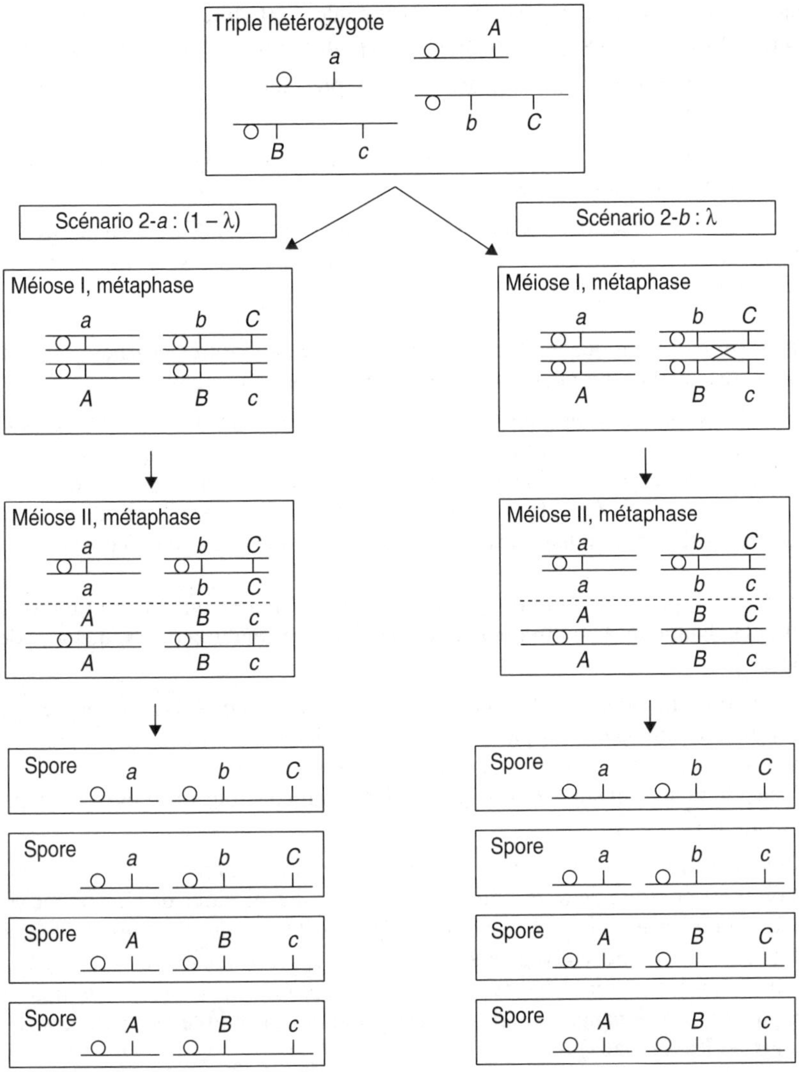

Figure 10.2 Deuxième disposition métaphasique possible (scénario 2) de probabilité 1/2 sur l'ensemble des méioses.

λ figure la probabilité d'avoir un crossing-over entre *B* et *C*.

Remarque. Une spore (gamète) comme (*a*; *B*; *C*) peut être parentale relativement à deux gènes (ici le couple de gènes *A* et *B*) et recombinée relativement à deux autres (ici le couple de gènes *A* et *C* ou le couple de gènes *B* et *C*).

3. Si on désigne par λ la probabilité d'avoir un crossing-over entre les locus des gènes *B* et *C*, alors les scénarios 1-a et 2-a ont, sur l'ensemble des méioses, une fréquence égale à (1 – λ), soit une fréquence individuelle égale à (1 – λ)/2, puisque chacun d'entre eux est équifréquent du fait de la disposition aléatoire des paires de chromatides non homologues, et la fréquence des scénarios 1-*b* ou 2-*b* est égale à λ /2.

La distance entre les locus des gènes *B* et *C* est égale à 20 unités de recombinaison, ce qui signifie que la fréquence des spores recombinées pour ces deux gènes est égale à 20 %.

Or ces spores recombinées, pour les gènes *B* et *C*, représentent la moitié des spores issues des méioses des scénarios 1-*b* et 2-*b*, ce qui signifie que $(\lambda/2 + \lambda/2)/2 = 0{,}20$, d'où $\lambda = 0{,}40$.

Chacun des scénarios 1-a et 1-b a une fréquence égale à 0,30, et chacun des scénarios 1-b et 2-*b* a une fréquence égale à 0,20.

Connaissant les fréquences des scénarios et les fréquences des différents types de spores qui en résultent, il est facile de calculer les fréquences des huit types possibles de spores (tabl. p. 269, colonne 3).

> ***Remarque.*** Le fait que les locus des gènes *A* et *B* soient très proches de leurs centromères respectifs limite le nombre de scénarios possibles de méioses.
>
> En effet, si le locus du gène *A* était situé assez loin de son centromère pour qu'un éventuel crossing over puisse survenir entre eux, on voit bien que chacun des quatre scénarios se subdiviserait de nouveau en deux cas, avec ou sans crossing-over entre *A* et son centromère. Cela ferait huit scénarios possibles, et même seize, si on admet qu'un crossing-over puisse aussi survenir entre le locus du gène *B* et son centromère.

Cela ne changerait pas le nombre de types différents de spores, qui resterait toujours égal à huit, mais cela changerait leurs fréquences respectives, en fonction des fréquences des différents scénarios.

Il convient en effet de noter que les scénarios 1-a et 2-a qui conduisaient toujours, pour les gènes *A* et *B*, à quatre gamètes parentaux, deux à deux identiques, ou à quatre gamètes recombinés, deux à deux identiques, conduiraient, dans le cas d'un éventuel crossing-over entre le locus du gène *A* et son centromère, à quatre gamètes tous différents, deux parentaux et deux recombinés.

Ce phénomène est facile à mettre en évidence chez certains organismes (champignons ascomycètes) où il est possible de faire l'analyse génétique des produits de chaque méiose isolément (analyse de tétrades, chap. 4), ce qui n'est jamais le cas dans la plupart des espèces où l'analyse génétique est une analyse de gamètes en vrac, soit directe quand il s'agit de spores qui peuvent donner des clones ou des organismes haploïdes (mousses, champignons), soit indirecte, par des croisements, quand la phase haploïde est réduite aux gamètes (la plupart des végétaux, et les animaux).

Problème 10.2

Niveau L2-prépa/pré-requis : chapitres 2, 3, 5, 8

> Dans tout le problème on considère qu'on dispose, pour les croisements, des souches adéquates, porteuses du bon signe sexuel ainsi que des marqueurs de sélection des diploïdes.
>
> On a obtenu, de manière indépendante, chez la levure *Saccharomyces cerevisiae*, 11 mutants incapables d'utiliser le galactose comme source de carbone et d'énergie, phénotype noté [gal⁻]. Ces mutants, nommés $m_1, m_2, \ldots, m_{11}$, sont par ailleurs auxotrophes pour l'histidine (incapables d'assurer la synthèse de cet acide aminé), phénotype noté [his⁻]. Ce phénotype est récessif.

On croise chacun des mutants avec une souche, nommée **S**, de phénotype [gal$^+$; trp$^-$], capable d'utiliser le galactose mais auxotrophe pour le tryptophane. Ce phénotype [trp$^-$] est récessif.

Question 1.

1. Quelle est la composition du milieu de culture des souches mutantes et de la souche S, du tube de croisement mi × S et de la boîte de sélection des diploïdes ? Justifiez vos réponses.

Question 2.

a. De quelle manière est testé le phénotype des diploïdes obtenus précédemment vis-à-vis de leur capacité à utiliser le galactose ? Justifiez votre réponse (quelques lignes suffisent).

b. Tous les diploïdes obtenus sont [gal$^+$] ; concluez (deux lignes).

Question 3.

a. Le diploïde issu du croisement $m_1 \times S$ est mis à sporuler et on teste 1 000 spores haploïdes issues de la méiose, parmi lesquelles 525 sont [gal$^+$] et 475 sont [gal$^-$]; quelle conclusion en tirez-vous ? **On demande une analyse s'appuyant sur la formulation de génotypes.**

b. Le même type de résultat est obtenu quand on étudie les spores haploïdes formées à la méiose par les diploïdes issus des croisements entre S et chaque mutant m_i, sauf m_{10}; concluez (une ligne).

Question 4.

On étudie un échantillon important de spores haploïdes issues du diploïde $m_{10} \times S$, assez important pour considérer comme significativement différentes les fréquences de spores [gal$^-$] et [gal$^+$], respectivement égales à 54 % et 46 %.

Quelle est l'hypothèse génétique la plus simple pour expliquer un tel résultat ? **On demande une analyse s'appuyant sur la formulation de génotypes.**

Question 5.

On croise les mutants entre eux et on teste le phénotype des diploïdes pour le galactose (tableau ci-dessous où « + » désigne le phénotype [gal$^+$] et « – » désigne le phénotype [gal$^-$]).

a. Interprétez, en justifiant votre réponse, les observations rapportées par ce tableau par le regroupement des mutants dans des groupes adéquats.

b. Montrez en quoi le résultat concernant le mutant m_{10} sont cohérents avec les conclusions de la question 4.

c. Quelle hypothèse vous suggère le résultat concernant le mutant m_{11} si vous considérez, en même temps, le résultat observé pour ce mutant dans la question 3-b ?

mutants	m1	m2	m3	m4	m5	m6	m7	m8	m9	m10	m11
m1	–	+	–	+	+	+	+	+	+	+	–
m2		–	+	+	+	+	+	+	+	+	–
m3			–	+	+	+	+	+	+	+	–
m4				–	+	–	+	+	+	–	+
m5					–	+	+	–	–	+	–
m6						–	+	+	+	–	+
m7							–	+	+	–	+
m8								–	–	+	–
m9									–	+	–
m10										–	+
m11											–

Question 6.

On dispose d'un autre mutant de levure, noté B, de phénotype [ade^-; met^-], auxotrophe pour l'adénine et la méthionine.

Le croisement de B avec une souche sauvage [ade^+; met^+] donne des diploïdes à partir desquels on obtient, après méiose, 1 000 spores haploïdes, dont la répartition est donnée ci-dessous. Faites l'analyse génétique complète de ces résultats (nombre de gènes, indépendance ou liaison, etc.). On demande une analyse s'appuyant sur la formulation de génotypes.

[ade^+; met^+] = 310 [ade^-; met^-] = 290
[ade^-; met^+] = 205 [ade^+; met^-] = 195

Question 7.

Le croisement de B avec le mutant m_{11} donne des diploïdes à partir desquels on obtient, après méiose, 1 000 spores haploïdes se répartissant ainsi :

[ade^+; met^+] = 360 [ade^-; met^-] = 340
[ade^-; met^+] = 140 [ade^+; met^-] = 160

Montrez que la différence entre le résultat observé dans le croisement B × m_{11} ci dessus et celui observé à la question 6 vous permet de confirmer l'une des hypothèses faites à la question 5-c. **Il est inutile de reprendre ici toute l'analyse génétique faite à la question 6, mais seulement un des points de cette analyse.**

Question 8.

Des études biochimiques ont montré que la métabolisation du galactose dépendait de cinq gènes de structure dont les fonctions permettent l'entrée du galactose puis sa transformation en Glucose6-Phosphate pour intégrer le métabolisme énergétique par la glycolyse par la voie D'Emden-Meyerhoff, selon le schéma ci-dessous :

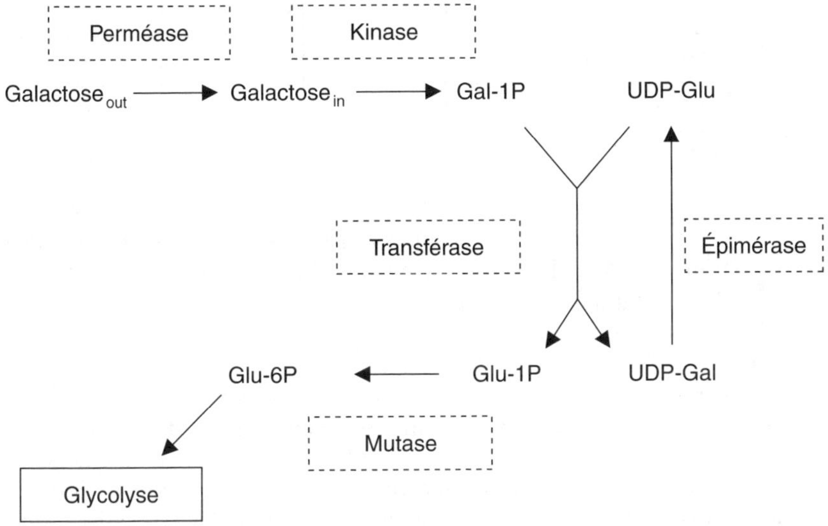

L'analyse biochimique, par dosage des activités ou tests de perméation chez les différents des mutants a permis de dégager les résultats rapportés par le tableau suivant où « + » désigne la présence de l'activité et « – » son absence.

En reprenant vos résultats des questions précédentes, on vous demande de :

a. Montrer la cohérence pour les mutants m1, m2, m3, m5, m7 et m11, entre les observations génétiques (questions 2 et/ou 5) et les observations fonctionnelles rapportées par le tableau ci-dessus, sachant qu'on a montré, par ailleurs, que les gènes de structure de la kinase, de l'épimérase et de la transférase étaient contigus.

b. Trouver une interprétation fonctionnelle au mutant m4 pour concilier les observations génétiques relatives à ce mutant (questions 2 et 5) et les observations fonctionnelles de celui-ci, rapportée dans le tableau ci-dessous, sachant, par ailleurs, qu'on a montré que le produit du gène muté chez m4 est porteur d'un domaine de liaison à l'ADN, et en considérant les résultats obtenus avec la SSR cultivée sur galactose ou glucose.

Souches	Perméase	Kinase	Transférase	Épimérase	Mutase
SSR sur galactose	+	+	+	+	+
SSR sur glucose	–	–	–	–	+
m1 ou m3	+	–	+	+	+
m2	–	+	+	+	+
m4 ou m6	–	–	–	–	+
m5			–	+	+
m7				–	+
m10	–	–	–	–	+
m11	+	–	–	–	+

c. Concilier les observations génétiques faites pour le mutant m10 (questions 4 et 5) et les observations biochimiques ou fonctionnelles rapportées dans le tableau ci-dessus.

Solution

1. Les mutants sont cultivables sur Mo + his et la souche S sur Mo + trp ou sur Mo(gal) + trp ; Le tube de croisement doit permettre le développement des deux souches parentales pour que des cellules haploïdes puissent fusionner en cellules diploïdes, donc Mo + trp + his. La boîte de sélection des diploïdes doit permettre aux seuls diploïdes de pousser par complémentation fonctionnelle pour les mutations d'auxotrophie récessives qui servent de « marqueurs de sélection des diploïdes », donc Mo.

2.a. On teste le phénotype des diploïdes obtenus sur la boîte de croisement par réplique sur une boîte de milieu Mo(gal) où peuvent pousser les [gal$^+$] mais non les [gal$^-$].

b. Tous les mutants [gal$^-$] sont récessifs.

3.a. Les résultats obtenus sont ceux qui sont attendus quand deux souches ne diffèrent que pour un seul gène, relativement au caractère étudié, ici galactose; en effet on observe alors, parmi les spores, une ségrégation 2/2 correspondant à la ségrégation du couple d'allèles pour ce gène formé chez le diploïde; soit :

Souches croisées :	$m_1 \times S$
Phénotypes parentaux :	[gal$^-$] × [gal$^+$]
Génotypes parentaux :	$(a) \times (A)$
Génotype du diploïde :	$A // a$
Génotypes des spores :	50 % (A) + 50% (a)
Phénotypes des spores :	50 % [gal$^+$] + 50% [gal$^-$]

b. Tous les mutants, sauf m_{10} apparaissent comme des mutants simples, ne différant de la souche sauvage que par une mutation dans un seul gène, un seul des gènes de la chaîne de métabolisation du galactose.

N. B : on ne peut cependant dire, à ce stade, si deux souches, mutées dans un seul gène, sont mutées dans le même gène ou dans deux gènes différents.

4. Comme les proportions ne sont pas égales à 50-50, on peut conclure qu'il n'y a pas ségrégation 2/2 et que m10 diffère de la souche sauvage par au moins deux gènes. Dans ce cas, on peut écrire :

Souches croisées :	$m_{10} \times S$					
Phénotypes parentaux :	[gal$^-$] × [gal$^+$]					
Génotypes parentaux :	$(a, b) \times (A, B)$					
Génotype du diploïde :	$(A\,//\,a$ ---- $B\,//\,b)$					
Génotypes des spores :	(A, B)	+ (a, b)	+	(A, b)	+	(a, B)
Phénotypes des spores :	[gal$^+$]	+ [gal$^-$]	+	[gal$^-$]	+	[gal$^-$]
Fréquences des spores :	$(1 - r)/2$	$(1 - r)/2$		$r/2$		$r/2$

où les pointillés indiquent notre méconnaissance d'une éventuelle liaison génétique entre les gènes A et B.

En cas d'indépendance génétique, si $r = 1/2$, on attend 25 % de [gal$^+$], mais en cas de liaison, si $r <$ ∫, on attend une fréquence supérieure à 25 %, une fréquence comprise entre 25 % (quand $r =$ ∫) et 50 % (quand $r = 0$).

Ici, on peut conclure qu'il y a liaison génétique et déduire de l'équation $(1 - r)/2 = 0{,}46$, la valeur de $r = 0{,}08$ ce qui conduit à estimer une distance entre les gènes A et B égale à 8 unités de recombinaison.

5. a. Groupes de complémentation : ils réunissent les mutants qui ne complémentent pas entre eux, car ils sont mutés dans un même gène, et qui complémentent avec les mutants des autres groupes qui sont mutés dans d'autres gènes. On peut définir cinq groupes de complémentation :

(m1, m3, m11) ; (m2, m11) ; (m4, m6, m10) ; (m5, m8, m9, m11) ; (m7, m10).

b. Le mutant m_{10} appartenant à deux groupes de complémentation est donc muté dans deux gènes, ce qui est cohérent avec le croisement avec sauvage qui conduisait à la même conclusion.

c. Le mutant m_{11} appartient à trois groupes de complémentation, il est donc muté dans trois gènes, ce qui ne semble pas cohérent avec le croisement par sauvage qui conduisait à la conclusion d'une ségrégation 2/2, donc d'un mutant dans un seul gène.

On peut faire en fait l'hypothèse que m_{11} est porteur d'un seul événement mutationel, sous la forme d'une délétion touchant trois gènes contigus, de sorte qu'il appartient bien à trois groupes de complémentation tout en donnant, à la méiose une ségrégation 2/2 pour la mutation unique dont il est porteur.

6. La souche B diffère de la souche sauvage pour un seul gène relativement au caractère adénine, car il y a ségrégation 2/2 pour ce caractère, avec 505 [ade$^+$] et 495 [ade-], de même, elle diffère pour un seul gène relativement au caractère méthionine avec 515 [met$^+$] et 485 [met$^-$]. On peut écrire ainsi les croisements et les génotypes :

Souches croisées :	B × sauvage					
Phénotypes parentaux :	[ade$^-$, met$^-$] × [ade$^+$, met$^+$]					
Génotypes parentaux :	$(a, b) \times (A, B)$					
Génotype du diploïde :	(A // a ----B // b)					
Génotypes des spores :	(A, B)	+	(a, b)	+	(A, b)	+ (a, B)
Phénotypes des spores :	[ade$^+$, met$^+$]	+	[ade$^-$, met$^-$]	+	[ade$^+$, met$^-$]	+ [ade$^-$, met$^+$]
Fréquences des spores :	$(1 - r)/2$		$(1 - r)/2$		$r/2$	$r/2$

où les pointillés indiquent notre méconnaissance d'une éventuelle liaison génétique entre les gènes A et B.

Les phénotypes recombinés, donc les spores recombinées, sont moins fréquentes que les spores parentales, on peut en conclure qu'il y a liaison génétique, donc liaison physique et estimer la distance entre les gènes *A* et *B*, soit 40 unités de recombinaison (400 spores recombinées sur un total de 1 000).

7. On rappelle que le mutant m_{11} est de phénotype [gal$^-$, his$^-$] et qu'il est donc de phénotype [ade$^+$, met$^+$], sauvage pour les gènes qui sont mutés dans B et dont on connaît la distance génétique.

Quand on croise la souche B avec le mutant m_{11}, la distance trouvée entre les gènes *A* et *B* n'est plus égale à 40 unités de recombinaison mais égale à 30 unités de recombinaison, ce qui est rendu possible si on considère que :

– les gènes *GAL* mutés chez m3 et m5 sont entre les gènes *A* et *B*,

– la souche m_{11} est délétée pour ces deux gènes (et un troisième, voir les groupes de complémentation), ce qui conduit bien alors à une réduction de la distance entre les gènes *A* et *B* chez le mutant m_{11}.

8.a. Les mutants m1, m2, m3, m5, m7 sont des mutants simples, mutés dans un seul gène, ce qui est ici vérifié par absence de l'une des cinq activités.

Le mutant m11 est muté dans trois gènes (voir TCF) ce qui est ici vérifié par absence simultanée de kinase, de transférase et d'épimérase et le fait que les trois gènes de structures spécifiant ces activités soient contigus, valide l'interprétation génétique du simple mutant par délétion unique couvrant les trois gènes de structure.

b. Le mutant m4 est un mutant simple, muté dans un seul gène, ce qui est confirmé à la fois par le test de ségrégation 2 × 2 et le TCF et l'analyse biochimique montre l'absence de toutes les activités sauf celle de la mutase. Le fait que le produit du gène muté chez m4 possède un domaine de liaison à l'ADN permet de supposer qu'il pourrait spécifier un activateur des gènes de structure, sauf celui de la mutase, et qu'une mutation de perte de fonction dans ce gène (désigné par *GAL4*) est responsable du phénotype [gal$^-$] par perte simultanée de toutes les fonctions utiles à la métabolisation du galactose.

D'ailleurs, la régulation des quatre gènes est bien illustrée par l'absence de leurs produits quand la culture de la SSR n'est pas faite sur galactose; on peut alors imaginer qu'en présence da galactose, le produit du gène *GAL4* devient actif et peut faire initier la transcription des gènes de structure.

NB : le gène de la mutase n'est pas sous la dépendance régulatrice de GAL4 car sa fonction est requise dans d'autres circonstances que la métabolisation du galactose; son expression est donc « constitutive ».

c. Le mutant m10 est un mutant double, ce qui est confirmé à la fois par le test de ségrégation 2 × 2 et le TCF, mais il apparaît dans l'analyse biochimique qu'il est dépourvu de toutes les activités sauf la mutase. Cela s'explique aisément par le fait que m10 est muté dans le même gène que m7, soit le gène de structure de l'épimérase, mais qu'il est aussi muté dans le gène *GAL4* ce qui entraîne automatiquement l'absence d'expression des quatre gènes de structure sous sa dépendance.

Problème 10.3

Niveau Licence (L3)/Pré-requis : chapitres 2, 4, 5 et 7.

Deux souches haploïdes de levure, *A* et *B*, de signe sexuel opposé, sont auxotrophes pour l'adénine.

1. Chacune de ces souches croisées par une souche C [trp$^-$] donne des diploïdes, leurs méioses fournissent des tétrades avec deux spores [ade$^+$] et deux spores [ade$^-$]. Interprétez.

2. Les souches *A* et *B* sont croisées sur une boîte de milieu minimum. Les diploïdes sont mis à sporuler et les tétrades obtenues se répartissent en deux classes de fréquences égales; les tétrades de la première classe contiennent quatre spores [ade$^+$] et celles de la seconde classe contiennent quatre spores [ade$^-$]. Interprétez ces résultats, en justifiant vos réponses sur les plans cartographique et fonctionnel.

Solution

1. Le croisement avec la souche C est un croisement par sauvage pour le phénotype adénine. La ségrégation 2/2 montre que le phénotype [ade$^-$] ne dépend, chez les souches A et B, que de la mutation d'un seul gène; pour ce phénotype les souches A et B diffèrent de C pour un seul gène (pas forcément le même !).

2. Les souches A et B ne sont pas mutées dans le même gène puisqu'il y a complémentation fonctionnelle et que les diploïdes $A \times B$ poussant sur Mo sont [ade$^+$].

Remarque. L'interprétation de ce TCF n'est pas ambiguë, même si le résultat du test de récessivité n'a pas été donné, car ce résultat impose la récessivité des mutants; c'est le résultat [ade$^-$] qui serait ininterprétable en l'absence de test de dominance. Par ailleurs, l'analyse de la méiose révèle plus d'un seul type de tétrades.

S'il y a deux gènes, on attend trois types de tétrades, des DP, des DR et des T, dont les fréquences dépendent de l'indépendance physique ou de la liaison génétique.

S'il n'y a que deux types de tétrades, seules deux solutions sont possibles :

- soit les deux gènes sont physiquement et génétiquement très liés; il n'y a donc pas de DR, mais les DP sont très fréquents et les T sont très rares. Or, les deux types de tétrades ont des fréquences égales, ce qui invalide cette hypothèse;
- soit les deux gènes sont physiquement indépendants et très proches de leurs centromères respectifs; il n'y a alors pas de T, et les DP et les DR sont équifréquents, ce qui semble valider cette hypothèse.

Cependant on attend des DP avec quatre spores [ade$^-$], et des DR équifréquents avec deux spores doubles sauvages [ade$^+$] et deux spores doubles mutantes [ade$^-$].

Il faut donc faire une hypothèse supplémentaire, fonctionnelle, pour expliquer que les DR présentent quatre spores [ade$^+$] et non deux seulement.

On peut, par exemple, faire l'hypothèse que chacune des deux mutations à un effet suppresseur sur l'autre, ce qui conduit les spores doubles mutantes à un phénotype sauvage [ade$^+$], ou que les deux gènes mutés sont très liés avec un suppresseur de la mutation de l'autre gène, ce qui conduit au même résultat, hypothèse moins simple.

Problème 10.4

Niveau Licence (L1, L2)/Pré-requis : chapitres 4 et 7.

On ne tient pas compte dans ce problème du signe sexuel des souches.

On dispose de deux souches haploïdes de levure, *A* auxotrophe pour la méthionine et l'histidine, phénotype noté [met$^-$, his$^-$] et *B* auxotrophe pour le tryptophane, phénotype noté [trp$^-$].

1. On les croise et on obtient des colonies sur une boîte de milieu minimum Mo . Interprétez ce résultat.

2. Les colonies sont transférées sur un milieu de sporulation qui permet de recueillir 50 asques, à partir desquelles, on entreprend l'analyse des tétrades (tabl. ci-dessous).

Analyse des 50 tétrades pour chaque couple d'auxotrophies.
On note « – » le phénotype auxotrophe et « + » le phénotype prototrophe.

Met trp + − + − − + − + 24	Met trp + + + + − − − − 26	Met trp + + + − − + − − 0
Met his + − + − − + − + 20	Met his + + + + − − − − 18	Met his + + + − − + − − 12
trp his + − + − − + − + 18	trp his + + + + − − − − 20	trp his + + + − − + − − 12

Estimez le nombre de gènes en jeu, leur indépendance ou leur liaison génétique et, selon les cas, les distances respectives entre les gènes et/ou entre un gène et son centromère.

3. Les souches A et B poussent indifféremment sur glucose ou galactose. Cependant, parmi les 200 spores issues des 50 tétrades étudiées, on observe que certaines d'entre elles sont incapables de pousser sur galactose. En effet, une réplique depuis la boîte mère des spores (Milieu Mo + *trp* + his + met) est faite sur une boîte de milieu Mo(gal) + *trp* + his + met afin d'observer la capacité de croissance sur galactose et on observe les résultats suivants :

– 40 tétrades contiennent 4 spores [gal$^+$] ;

– 9 tétrades contiennent 3 spores [gal$^+$] et une spore [gal$^-$] ;

– 1 tétrade contient 2 spores [gal$^+$] et 2 spores [gal$^-$].

Quelle est l'interprétation fonctionnelle et cartographique de ce résultat ?

Solution

1. Le fait d'avoir des colonies sur milieu minimum prouve que les trois phénotypes d'auxotrophie sont récessifs et que les souches A et B sont mutées dans, au moins, trois gènes différents de sorte qu'il y a complémentation fonctionnelle chez le diploïde qui est le seul à pouvoir se développer sur la boîte d'étalement et de sélection des diploïdes.

La question se pose alors de savoir si chaque phénotype d'auxotrophie ne dépend que d'un seul gène.

2. • *Nombre de gènes en jeu pour chaque phénotype* d'*auxotrophie*

La question de savoir si chaque auxotrophie ne dépend que d'un seul gène est résolue par le test de ségrégation 2/2 à la méiose du diploïde.

Dans les cinquante tétrades on décompte, pour chaque phénotype, met ou *trp* ou his, 100 spores sauvages [+] et 100 spores mutées auxotrophes [–], ce qui est le résultat attendu d'une ségrégation 2/2 d'un couple d'allèles. Chaque phénotype d'auxotrophie ne dépend que d'un seul gène, *A* est mutée dans un des gènes de la chaîne de biosynthèse de la méthionine et dans un des gènes de la chaîne de biosynthèse de l'histidine, et *B* est mutée dans un des gènes de la chaîne de biosynthèse du tryptophane.

• *Indépendance ou liaison des gènes*

L'analyse de tétrades pour les deux gènes impliqués dans les auxotrophies met et *trp* permet d'observer 24 DP et 26 DR. Ces deux gènes sont génétiquement indépendants.

La fréquence des tétratypes étant nulle, donc inférieure à 2/3, on peut conclure que ces deux gènes sont non seulement physiquement indépendants, mais également très proches de leurs centromères respectifs.

L'analyse de tétrades pour les deux gènes impliqués dans les auxotrophies met et his permet d'observer 18 DP et 20 DR. Ces deux gènes sont génétiquement indépendants.

La fréquence des tétratypes étant inférieure à 2/3, on peut conclure que ces deux gènes sont physiquement indépendants.

Comme les tétratypes, pour deux gènes physiquement indépendants, résultent de la survenue d'au moins un crossing entre un gène et son centromère, et que cet événement est impossible (ou excessivement rare) pour le gène impliqué dans l'auxotrophie met, on peut conclure que les tétratypes résultent tous d'une postréduction pour le gène impliqué dans l'auxotrophie his, ce qui permet alors d'identifier la fréquence des tétratypes à la fréquence de postréduction pour ce gène, et de calculer ainsi sa distance au centromère, soit 12 upr (la fréquence de postréduction étant égale à 12/50 = 0,24).

> ***Remarque 1.*** L'estimation de la postréduction et le calcul de la distance au centromère peuvent être réalisés directement dans l'étude de tétrades ordonnées (chap. 4). Chez la levure où les tétrades ne sont pas ordonnées, l'utilisation de marqueurs centromériques, des gènes très liés à leurs centromères, comme ici ceux impliqués dans les auxotrophies met ou *trp*, permet d'estimer indirectement la fréquence de postréduction d'un gène par l'estimation de la fréquence de tétratypes pour ce gène et le marqueur centromérique.

Remarque 2. Le nombre de tétratypes pour les deux auxotrophies *trp* et his est obligatoirement le même que pour les deux auxotrophies met et his. En effet les deux gènes « met » et « *trp* » ségrégeant avec leurs centromères respectifs, un tétratype ne peut survenir qu'à l'issue d'un crossing-over entre le gène « his » et son centromère et, dans ce cas, il s'agit aussi bien d'un tétratype relativement à his et met que relativement à his et *trp*.

3. Si 50 spores sont de phénotypes [gal^-] il ne peut pas s'agir de l'apparition d'un mutant spontané, cela signifie qu'une des deux souches A ou B était mutée dans un (ou plusieurs) gène(s) de métabolisation du galactose, mais était aussi porteuse d'une mutation ayant un effet suppresseur.

Autrement dit, l'une des deux souches est un « révertant » [gal^+], de génotype (gal^-; su^a), issu d'un mutant [gal^-], dont le génotype était (gal^-; su^i), où gal^- correspond à la mutation directe (en supposant qu'il s'agit d'un mutant simple, dans un seul gène) et su^a correspond à la mutation suppresseur actif (su^i étant la séquence sauvage).

Le croisement A × B correspond donc, pour le phénotype gal, à un croisement révertant × sauvage et permet, à la méiose du diploïde (gal^-/gal^+; su^a/su^i), de mettre en évidence l'existence du suppresseur par la recombinaison génétique qui peut le séparer de la mutation directe et faire ainsi apparaître des spores recombinantes mutées (gal^-; su^i) de phénotype [gal^-].

Les 40 tétrades avec 4 spores [gal^+] sont obligatoirement des DP; les DR ayant obligatoirement au moins deux spores recombinantes [gal^-] sont au nombre de 1, et les 9 autres sont donc des T, ce qui permet de conclure que :

– la spore de génotype (gal^-; su^a) est de phénotype [gal^+];

– la mutation gal^- est génétiquement et physiquement liée à la mutation su^a;

– la distance corrigée entre ces deux mutations est égale à 15 ur, soit $100 \times (f[T]/2 + 3f[DR])$.

Problème 10.5

Niveau Licence-Master (L3, M1)/Pré-requis : chapitres 2, 4 et 7.

On admettra, dans tout le problème qu'on dispose, pour les croisements, de spores de signe sexuel adéquat avec les marqueurs de sélection nécessaires.

On dispose de deux souches haploïdes de levure *Saccharomyces cerevisiae*, une souche SSR et une souche A, auxotrophe pour le tryptophane, de phénotype [trp^-], porteuse dans le gène *TRP*1 de la mutation opale *trp1-5*. Le locus du gène *TRP*1 est contigu au centromère.

À partir de la souche A, on obtient une collection de mutants auxotrophes pour l'arginine et de phénotype [Arg^-; Trp^-].

On s'intéresse à des mutants simples, mutés soit dans le gène *ARG*1 soit dans le gène *ARG*2, dans le but d'analyser les rapports cartographiques et fonctionnels entre certains mutants de ces deux groupes.

1. *Analyse de mutants dans ARG1 : arg1-1, arg1-2 et arg1-3*

a. Le mutant arg1-1, de phénotype [arg^-; trp^-] est croisé avec la souche SSR, puis mis à sporuler afin d'étudier les tétrades obtenues. On a :

– 12 tétrades avec deux spores [arg^-; trp^-] et deux spores [arg^+; trp^+];

– 10 tétrades avec deux spores [arg$^-$; trp$^+$] et deux spores [arg$^+$; trp$^-$];
– 13 tétrades avec une spore [arg$^-$; trp$^-$], une spore [arg$^+$; trp$^+$], une spore [arg$^-$; trp$^+$] et une spore [arg$^+$; trp$^-$].

Quelles sont toutes les conclusions que ce résultat permet d'établir ?

b. On entreprend cinq expérimentations.

• *Expérimentation 1.* Les diploïdes *arg1-1* × *arg1-2; arg1-1* × *arg1-3* et *arg1-2* × *arg1-3* sont mis à sporuler. On recueille un grand nombre de spores de chacun de ces croisements afin de tester, à chaque fois, environ 100 000 spores en les déposant sur une boîte de milieu Mo additionné de tryptophane.

Avec les spores issues du premier croisement, on obtient 75 colonies; avec celles issues du deuxième, on obtient 50 colonies; avec celles issues du troisième, on n'en obtient aucune, même en répétant l'expérience.

• *Expérimentation 2.* Des cultures de chacun des trois mutants *arg1-1*, *arg1-2* et *arg1-3*, soumises à différents types de mutagènes, sont étalées sur un milieu Mo additionné de tryptophane. Dans les deux premiers cas, on obtient quelques colonies, jamais dans le troisième.

• *Expérimentation 3.* Les colonies obtenues précédemment sur milieu Mo additionné de tryptophane, et issues de la mutagenèse de mutants *arg1-2*, sont repiquées sur Mo. La plupart d'entre elles se révèlent capables d'y pousser.

• *Expérimentation 4.* Les colonies obtenues sur milieu Mo additionné de tryptophane, et issues de la mutagenèse de mutants *arg1-1*, sont repiquées sur Mo. Elles sont toujours incapables d'y pousser.

• *Expérimentation 5.* Les colonies obtenues sur milieu Mo additionné de tryptophane, et issues de la mutagenèse de mutants *arg1-1*, avec des agents intercalants, sont repiquées sur Mo. Elles sont toujours incapables d'y pousser.

En vous appuyant sur ces cinq expérimentations et en justifiant avec rigueur vos réponses :

– vous donnerez une interprétation cartographique précise (avec schéma) de ces résultats;
– vous préciserez, autant qu'il est possible, le type de mutation (non-sens, faux-sens, décalage, délétion…) affectant chacun des mutants étudiés *arg1-1, arg1-2 et arg1-3.*

2. *Analyse* d'*un mutant dans ARG2 : arg2-1*

Le mutant *arg2-1*, de phénotype [arg$^-$; trp$^-$] est croisé avec la souche SSR, puis mis à sporuler afin d'étudier les tétrades obtenues. On observe les résultats suivants, à interpréter :

– 87 tétrades avec deux spores [arg$^-$; trp$^-$] et deux spores [arg$^+$; trp$^+$];

– 1 tétrade avec deux spores [arg⁻; trp⁺] et deux spores [arg⁺; trp⁻];

– 12 tétrades avec une spore [arg⁻; trp⁻], une spore [arg⁺; trp⁺], une spore [arg⁻; trp⁺] et une spore [arg⁺; trp⁻].

3. On extrait l'ADN du mutant *arg1-1* et on le soumet à une digestion partielle avec l'endonucléase *Sau*3A afin d'insérer les fragments obtenus dans un plasmide réplicatif multicopies, porteur de l'allèle sauvage *trp1*⁺ du gène *TRP*1.

On transforme, avec les plasmides recombinants ainsi obtenus, la souche arg1-1 et on étale sur un milieu Mo additionné d'arginine. On obtient environ 20 000 colonies qui sont repiquées sur Mo; il y pousse 5 colonies.

Deux hypothèses peuvent permettre d'expliquer ce résultat, lesquelles ?

Puis on extrait les plasmides de chacune des 5 colonies précédentes afin de retransformer la même souche arg1-1. Dans 1 cas, la souche retransformée est de phénotype [trp⁺; arg⁻], dans 4 cas, elle est de phénotype [trp⁺; arg⁺].

Précisez le but de cette expérimentation et les précisions qu'elle apporte.

4. Les 4 plasmides conférant, par transformation, le phénotype [trp⁺; arg⁺] à la souche arg1-1 sont étudiés *in vitro*; les 4 inserts présentent des cartes de restriction se recouvrant en partie (fig. 10.3).

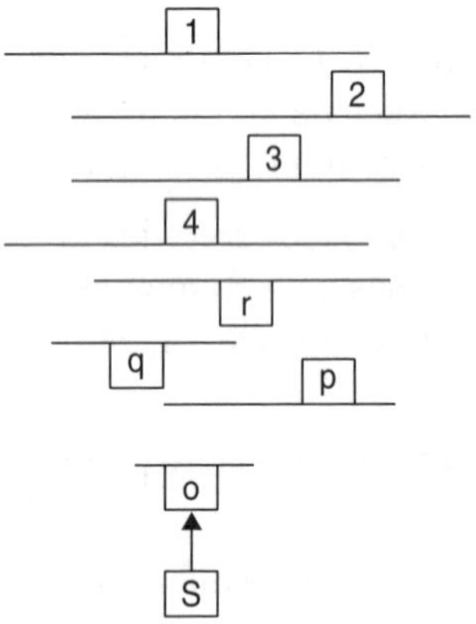

Figure 10.3

1, 2, 3 et 4 : inserts des plasmides conférant le phénotype [trp⁺, arg⁺] à *arg1-1*; o, p, q et r : sous-fragments des inserts testés pour leur capacité à restaurer le phénotype [arg⁺]; S : site *Sal*1, interne au fragment o.

a. Qu'en concluez-vous ?

b. Par digestion avec des endonucléases, on isole les sous-fragments o, p, q et r, tels qu'indiqués ci-dessus. Ces fragments sont clonés dans un plasmide réplicatif multicopie porteur de l'allèle sauvage *trp1*⁺ de *TRP*1.

On transforme, avec chacun de ces plasmides, la souche (*arg1-1* ; *trp1-5*) :

- tous les transformants de phénotype [trp⁺] sont de phénotype [arg⁻], quand le plasmide utilisé est porteur des fragments o, p ou q ;
- tous les transformants de phénotype [trp⁺] sont de phénotype [arg⁺], quand le plasmide utilisé est porteur du fragment r.

Qu'en concluez-vous ?

c. Le fragment O est cloné dans un plasmide intégratif, porteur de l'allèle sauvage *trp1⁺* de *TRP*1 ; celui-ci est alors linéarisé au site S (*Sal*1) et utilisé pour transformer la souche A :

- tous les transformants sont [trp⁺ ; arg⁻] ;
- ces transformants [trp⁺ ; arg⁻] croisés avec une SSR donnent des diploïdes [arg⁺] ;
- ces transformants, croisés avec le mutant arg2-1, donnent des diploïdes de phénotype [trp⁺ ; arg⁻].

Qu'en concluez-vous ?

d. L'un de ces transformants de phénotype [trp⁺ ; arg⁻] est croisé avec la souche SSR afin d'étudier les phénotypes des spores issues de la méiose. On observe les résultats suivants :

- spores [trp⁺, arg⁺] 45,5 % ; – spores [trp⁺, arg⁻] 50 % ;
- spores [trp⁻, arg⁺] 4,5 % ; – spores [trp⁻, arg⁻] 0 %.

En quoi ce résultat confirme-t-il la conclusion de la question précédente ?

5. Finalement, quelle hypothèse pourriez-vous faire sur la nature de la mutation *arg1-1*, le mode d'action de son suppresseur et la relation fonctionnelle entre les gènes *ARG*1 et *ARG*2, sachant qu'aucune mutation du gène *ARG*1 n'a été trouvée plus en 5′ que la mutation *arg1-1* ?

Solution

1. a Comme on observe quatre phénotypes différents, avec des phénotypes recombinés non-parentaux [arg⁻ ; trp⁺] et [arg⁺ ; trp⁻], on peut conclure que la souche mutante diffère de la SSR pour au moins deux gènes, l'un de la chaîne de biosynthèse de l'arginine, noté *ARG*1, l'autre de la chaîne de biosynthèse du tryptophane, noté *TRP*1.

Compte tenu des informations disponibles, on observe une ségrégation 2/2 pour chacun des phénotypes d'auxotrophie arg ou trp, correspondant soit à la ségrégation allélique au locus *TRP*1, soit à la ségrégation allélique au locus *ARG*1. Les souches arg1-1 et SSR ne diffèrent donc, pour ces phénotypes d'auxotrophie, que pour ces deux gènes.

L'analyse de tétrades montre qu'il y a 12 DP, 10 DR et 13 T ; il y a donc indépendance génétique, puisque f(DP) = f(DR), et physique, puisque f(T) < 2/3. Les deux gènes *ARG*1 et *TRP*1 sont portés par des chromosomes différents.

Par ailleurs, sachant que le locus du gène *TRP*1 ségrège avec son centromère, on peut en déduire que tous les tétratypes résultent d'une recombinaison entre le locus du gène *ARG*1 et son centromère, la fréquence des tétratypes est donc égale à la fréquence de postréduction pour le locus *ARG*1, soit 37,2 %, ce qui permet d'en déduire sa distance au centromère, soit 18,2 unités de postréduction.

b. • La première expérimentation est destinée à estimer la fréquence de la recombinaison intragénique entre deux sites de mutation du même gène, permettant ainsi à la méiose, chez le diploïde porteur de deux mutations différentes du même gène, de reconstituer par crossing-over entre les sites, une séquence sauvage fonctionnelle, selon le schéma ci-dessous :

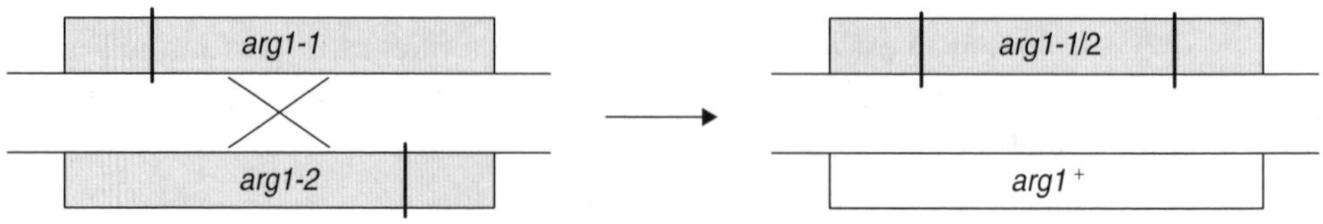

C'est possible dans les deux premiers croisements, c'est difficile, voire impossible dans le troisième. Ce résultat peut signifier que la distance entre les sites mutés *arg1-2* et *arg1-3* est très faible ou que la mutation *arg1-3* est une délétion couvrant le site *arg1-2*, ce qui exclut toute possibilité de reconstitution d'une séquence sauvage (chap. 6).

La recombinaison intragénique, dans les deux premiers croisements, génère deux gamètes recombinés, l'un de génotype sauvage, l'autre doublement muté (voir schéma ci-dessus). La fréquence des gamètes recombinés est donc égale au double de la fréquence des gamètes sauvages générés par crossing-over, ce qui donne une fréquence de 0,15 ur entre *arg1-1* et *arg1-2* et 0,10 ur entre *arg1-1* et *arg1-3*.

Si *arg1-3* était une mutation ponctuelle, sa distance avec *arg1-1* étant de 0,15 ur, sa distance avec *arg1-2* devrait être au moins de 0,05 ur (si *arg1-2* est centrale), ce qui conduirait à observer 25 colonies sauvages sur 200 000 spores testées. Le fait de n'en observer aucune (y compris quand on répète l'expérience) est favorable à l'hypothèse que *arg1-3* est une délétion.

• La seconde expérimentation permet d'obtenir des révertants [arg$^+$] à partir des mutants arg1-1 et arg1-2 mais pas à partir de arg1-3, ce qui renforce l'hypothèse de délétion pour arg1-3.

• La troisième expérimentation montre que des révertants [arg$^+$] issus de arg1-2 sont souvent aussi [trp$^+$]. Cette observation est favorable à l'hypothèse que les deux mutations *arg1-2* et *trp1-5* voient leur effet corrigé par un même suppresseur allèle spécifique d'opale, puisque la souche mutée est *trp1-5*. La mutation *arg1-2* serait une mutation opale.

• La quatrième expérimentation montre que les révertants [arg$^+$] issus du mutant arg1-1 ne sont jamais [trp$^+$], ce qui peut s'interpréter de plusieurs manières, soit la mutation *arg1-1* est une mutation non-sens autre que opale, et un suppresseur informationnel de *arg1-1* restera inactif vis-à-vis de la mutation opale *trp1-5*, soit c'est une mutation de nature différente (faux-sens, décalage, promoteur…); *arg1-1* peut aussi être une mutation opale qui exige du suppresseur l'apport d'un acide aminé compatible avec la séquence de *ARG*1 mais incompatible avec celle de *TRP*1.

• La cinquième expérimentation permet de conclure que *arg1-1* n'est pas une mutation de décalage du cadre de lecture, sinon l'action mutagène d'un agent intercalant serait susceptible de fournir des révertants.

2. Une analyse génétique semblable à celle de la question **1** permet d'affirmer que la souche arg2-1 et la SSR ne diffèrent que pour deux gènes *ARG*2 et *TRP*1.

L'analyse de tétrades permet d'établir que les deux gènes *ARG*2 et *TRP*1 sont génétiquement liés, puisque f(DP) >> f(DR). Leur distance est égale à $[f(T)/2 + 3f(DR)] \times 100 = 9$ ur.

3. En clonant des fragments de digestion partielle, on souhaite cloner des fragments susceptibles d'être porteurs de séquences fonctionnelles, pouvant restituer un phénotype sauvage dans la souche transformée.

L'allèle $trp1^+$ du plasmide est un gène de sélection positive des transformés. Ici la souche transformée est (*arg1-1*; *trp1-5*) de phénotype [Arg^-; Trp^-]. Le fait que certains transformés [trp^+], qui ont acquis le plasmide, soient aussi [arg^+], phénotype testé par la réplique sur Mo, prouve qu'une séquence originaire de la souche arg1-1 est susceptible de restituer le phénotype [arg^+] à la souche arg1-1 :

– il ne peut pas s'agir de l'allèle *arg1-1*;

– il peut s'agir de révertants spontanés, auquel cas le phénotype [trp^+] est conféré par le plasmide mais le phénotype [arg^+] est conféré par une mutation dans le génome du révertant;

– il peut s'agir de la séquence sauvage d'un gène *G* qui, malgré son existence chez *arg1-1*, n'a d'effet ici que parce qu'elle est en multicopie grâce au plasmide.

C'est pourquoi il est utile de réextraire les plasmides des 5 souches transformées afin de retransformer la souche arg1-1 :

– en cas de réversion, les plasmides extraits des transformées sont porteurs d'une séquence quelconque et seront donc incapables de restituer le phénotype [arg^+] à des cellules *arg1-1* retransformées par le plasmide; c'est le cas 1 fois sur 5;

– en cas d'apport d'un transgène suppresseur *G* par le plasmide, la retransformation de arg1-1 par ces plasmides permettra de restituer chez tous les transformants le phénotype [arg^+]; c'est le cas 4 fois sur 5.

4. a Les quatre plasmides ayant une séquence commune, il semble qu'ils soient tous porteurs d'un même transgène *G*.

4. b Le fragment r correspond à la plus petite partie commune des quatre inserts obtenus et il contient le gène *G* puisque son clonage dans un plasmide réplicatif multicopie à un effet suppresseur sur *arg1-1*.

Le fait que les fragments p et q soient incapables, après clonage et transformation d'une souche arg1-1, d'avoir un effet suppresseur, comme r, permet de conclure que le gène *G* est délété dans chacun des fragments p et q. Le gène *G* s'étend à gauche de p et à droite de q.

En conséquence, le fragment o est central, il est délété de la partie 5′ et de la partie 3′ du gène *G*, il est logique que son insertion dans un plasmide réplicatif multicopie ne permette pas à ce plasmide de restituer le phénotype [Arg^+].

4. c La souche A est simplement *trp1-5*.

La transformation avec le plasmide linéarisé est obligatoirement de type intégratif; les transformants [Trp^+] ont intégré l'ADN linéaire par recombinaison homologue au niveau des séquences terminales de cet ADN linéaire, c'est-à-dire dans le gène *G*, puisque le fragment O est interne à *G*.

Ce gène *G* est alors inactivé, puisque l'insertion du plasmide va générer deux copies incomplètes de *G*, l'une dépourvue de la partie 5′ et l'autre dépourvue de sa partie 3′.

Le fait que tous les transformés [Trp^+] soient [Arg^-] montre que l'inactivation du gène *G*, par insertion du plasmide restituant le phénotype [trp^+], conduit systématiquement au phénotype [Arg^-].

Ce protocole a permis d'avoir, de manière « ciblée », un mutant par inactivation de *G*.

Le croisement d'un transformant [trp$^+$; arg$^-$] par sauvage donnant des diploïdes [arg$^+$] prouve que la perte de fonction dans le gène *G* a un effet récessif vis-à-vis de l'effet de l'allèle sauvage; ce qui autorise à conclure dans le croisement suivant.

En effet, le croisement entre un transformant [trp$^+$; arg$^-$], muté dans le gène *G* et un mutant arg2-1, muté dans le gène *ARG*2, est un test de complémentation fonctionnelle, prouvant que le gène *G* cloné est, en fait, le gène *ARG*2.

4. *d* Cette observation confirme en effet la conclusion que le transgène *G* est *ARG*2.

En effet, le diploïde étant hétérozygote *trp1*$^+$*//trp1-5* au locus du gène *TRP*1, le phénotype [Trp$^+$] dépendra à la fois de la ségrégation à ce locus, mais aussi de la ségrégation au locus du gène *ARG*2, où l'un des allèles est sauvage et l'autre muté par inactivation, par insertion d'un plasmide apportant l'allèle *trp1*$^+$.

Sachant que les deux locus sont liés, à une distance de 9 ur, on peut écrire ainsi le génotype du diploïde :

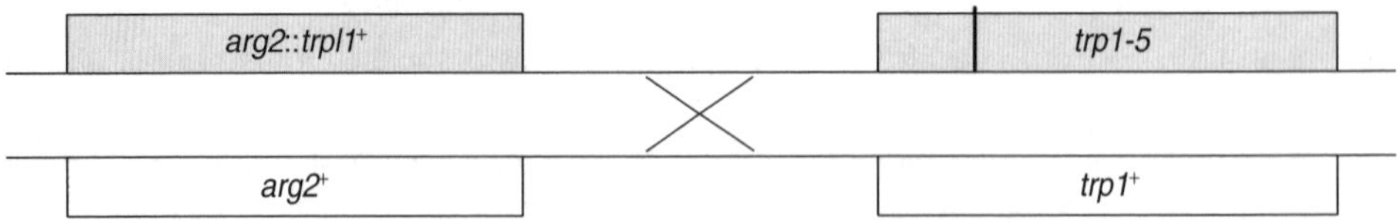

On attend et on observe bien une ségrégation 2/2 pour le phénotype arginine, avec un allèle sauvage *arg2*$^+$ et un allèle muté par insertion du plasmide porteur de *trp1*$^+$, noté *arg2::trp1*$^+$.

Pour le phénotype tryptophane, le résultat ne dépend pas que de la ségrégation 2/2 des allèles *trp1*$^+$ et *trp1-5* au locus *TRP*1, mais aussi de la ségrégation de l'allèle *trp1*$^+$ dans l'allèle de perte de fonction au locus du gène *ARG*2, situé à 9 ur, de sorte qu'un crossing-over peut former des spores recombinées avec deux allèle trp1$^+$ ou aucun.

On attend alors, si le plasmide porteur de trp1$^+$ est bien inséré dans *ARG*2 :

- 45,5 % de spores parentales (*arg2*$^+$*; trp1*$^+$) de phénotype [Trp$^+$; Arg$^+$], ce qu'on observe;
- 4,5 % de spores recombinées (*arg2*$^+$*; trp1-5*) de phénotype [Trp$^-$; Arg$^+$], ce qu'on observe;
- 4,5 % de spores recombinées (*arg2::trp1*$^+$; *trp1*$^+$) de phénotype [Trp$^+$; Arg$^-$] qui s'ajoutent aux 45,5 % de spores parentales (*arg2::trp1*$^+$; *trp1-5*) de même phénotype, ce qui conduit au total observé de 50 % de phénotypes [Trp$^+$; Arg$^-$].

On ne peut évidemment obtenir aucune spore de phénotype [Trp$^-$; Arg$^-$], puisque le phénotype [Arg$^-$] résulte de l'inactivation du gène *ARG*2 par l'insertion du plasmide qui apporte obligatoirement *trp1*$^+$ conférant le phénotype [Trp$^+$].

5. La souche arg1-1 est de phénotype [Arg$^-$] alors qu'elle possède l'allèle sauvage *arg2*$^+$ du gène *ARG*2.

Le fait de cloner, en multicopie cet allèle *arg2*$^+$ dans *arg1-1*, lui confère le phénotype [Arg$^+$], ce qui prouve que le phénotype [Arg$^+$] dépend de la quantité de produit du gène *ARG*2.

Par ailleurs, la position de la mutation *arg1-1* dans le gène *ARG*1 semble indiquer qu'elle affecte le promoteur.

On pourrait faire l'hypothèse que le gène *ARG*2 code pour un activateur de *ARG*1 et que la mutation *arg1-1*, affectant le promoteur, limiterait l'efficacité de l'activateur en deçà d'un seuil critique.

L'effet suppresseur serait alors dû à la concentration de l'activateur résultant du nombre élevé de copies du gène *ARG2*, pouvant alors forcer l'équilibre thermodynamique en faveur de la fixation de l'activateur. Cette hypothèse reste à vérifier expérimentalement !

Problème 10.6

Niveau Licence-Master (L3, M1)/Pré-requis : chapitres 2, 4, 7 et 8.

NB : problème adapté d'un TD conçu par C. Isnard, J. Deutsch, D. Cohen (université Paris VI) à partir des travaux de J. Verdière (CNRS, Gif s/Yvette).

On rappelle (voir exercices, chap. 7) que les gènes *CYC1* et *CYP3* codent respectivement l'iso1-cytochrome *c* et l'iso2-cytochrome *c*, que ces deux isoenzymes représentent respectivement 95 % et 5 % de la quantité totale de cytochrome *c* présente dans les chaînes respiratoires de la souche sauvage, et que l'absence d'iso1-cytochrome *c* ne permet plus de pousser sur lactate (lct) mais permet encore de pousser sur glycérol (gly).

On a montré que le gène *CYP3* était soumis à une régulation transcriptionnelle positive.

On dispose de deux souches haploïdes sauvage de levure *Saccharomyces cerevisiae*, S de signe *MATa* et S′ de signe *MAT*α.

On dispose de deux souches haploïdes de levure *Saccharomyces cerevisiae*, de génotype *cyc1-1* (délétion totale du gène *cyc1*), A de signe *MATa* et A′ de signe *MAT*α.

1. Après avoir soumis une culture de A à l'action d'un mutagène, on dépose environ 10^9 cellules sur une boîte de milieu Mo (lct); cinq colonies s'y développent, nommées respectivement R1 à R5. R1 à R5 se développent aussi sur glycérol. Le dosage d'iso1-cytochrome *c*, chez R1 à R5 se révèle totalement négatif et le dosage d'iso2-cytochrome *c* donne des valeurs comprises entre 40 % et 80 % de la quantité totale de cytochrome *c* observée chez S.

Quelle est l'interprétation génétique, physiologique et biochimique de ces résultats ?

2. On réalise les croisements R1 × S′ et R1 × *A*′. Les diploïdes sont tous de phénotype [gly$^+$, lct$^+$].

L'analyse de tétrades issues de la méiose des diploïdes R1 × S′ donne :

- 20 tétrades à 4 spores [gly$^+$, lct$^+$];
- 19 tétrades à 2 spores [gly$^+$, lct$^+$] et 2 spores [gly$^+$, lct$^-$];
- 21 tétrades à 3 spores [gly$^+$, lct$^+$] et 1 spore [gly$^+$, lct$^-$].

L'analyse de tétrades issues de la méiose des diploïdes R1 × *A*′ donne des tétrades qui sont toutes constituées de 2 spores [gly$^+$, lct$^+$] et 2 spores [gly$^+$, lct$^-$].

Donnez une interprétation génétique précise et complète de tous ces résultats (génotypes et phénotypes, finalité des croisements réalisés).

NB : on obtient des résultats semblables avec les souches R2 à R5.

3. On réalise les croisements R1 × C et R3 × C, où C est une souche de phénotype [gly$^-$, lct$^-$] et de génotype (*MAT*α, cyc1-1, cyp3-10), où cyp3-10 est une mutation ponctuelle du gène *CYP3* aboutissant à l'absence totale d'iso2-cytochrome c. Les diploïdes sont tous de phénotype [gly$^+$, lct$^+$].

L'analyse de 30 tétrades issues de la méiose des diploïdes R1 × *C* donne :

- 6 tétrades à 2 spores [gly$^+$, lct$^+$] et 2 spores [gly$^-$, lct$^-$];
- 17 tétrades à 1 spore [gly$^+$, lct$^+$], 2 spores [gly$^-$, lct$^-$] et 1 spore [gly$^+$, lct$^-$];
- 7 tétrades à 2 spores [gly$^+$, lct$^-$] et 2 spores [gly$^-$, lct$^-$].

L'analyse de 86 tétrades issues de la méiose des diploïdes R3 × C donne :

- 85 tétrades à 2 spores [gly$^+$, lct$^+$] et 2 spores [gly$^-$, lct$^-$];
- 1 tétrade à 1 spore [gly$^+$, lct$^+$], 2 spores [gly$^-$, lct$^-$] et 1 spore [gly$^+$, lct$^-$], tétrade notée T.

Donnez une interprétation génétique précise et complète de tous ces résultats, sans oublier les aspects cartographiques, et confrontez vos conclusions aux hypothèses formulées à la question **1**.

4. On reprend les 2 spores [gly$^-$, lct$^-$] de la tétrade nommée T (question précédente) et on les croise, selon le signe sexuel de chacune d'elle, avec une souche A ou A′. Les deux diploïdes obtenus sont de phénotype [gly$^+$, lct$^-$].

a. Quels sont les génotypes des deux spores de la tétrades T ? Justifiez le choix de cette tétrade.

b. Que prouvent les observations réalisées, par rapport à vos conclusions précédentes ?

c. Quelles auraient été les observations dans le cadre de l'hypothèse alternative ?

5. À partir de la souche R1, on obtient deux mutants indépendants de phénotype [gly$^-$, lct$^-$], notés D et E, toujours dépourvus d'iso1-cytochrome c.

E est également dépourvu d'iso2-cytochrome c, tandis que D présente un taux égal à 2 % de la quantité sauvage, ce qui ne lui permet plus de pousser sur glycérol.

Les souches D et E sont croisées avec R1′ (même génotype que R1 sauf pour le signe sexuel qui est opposé); les diploïdes sont tous de phénotype [gly$^+$, lct$^+$] et donnent à la méiose un seul type de tétrades avec deux spores [gly$^+$, lct$^+$] et deux spores [gly$^-$, lct$^-$].

Les souches D et E sont également croisées avec C; le diploïde D × C est de phénotype [gly⁺, lct⁻] et le diploïde E × C est de phénotype [gly⁻, lct⁻].

Donnez une interprétation génétique précise et complète de tous ces résultats, et confrontez vos conclusions aux hypothèses formulées à la question **3** pour expliquer le phénotype [gly⁻, lct⁻] des mutants D et E, en rapport avec les dosages réalisés chez ces mutants. Cette question est indépendante de la **4**.

Solution

1. • *Analyse génétique.* R1 à R5 sont des révertants, capables d'utiliser le lactate, et donc le glycérol. Comme le mutant de départ est délété pour le gène de l'iso1-cytochrome c, ces révertants sont obligatoirement porteurs d'un suppresseur physiologique, noté su^a, dont l'effet est de rendre inutile le produit codé par le gène muté, ici cyc-1. Ici le suppresseur physiologique a pour effet d'accroître la quantité d'iso2-cytochrome *c* de façon telle, au-dessus du 5 % sauvage, que la croissance sur lactate devient possible.

• *Interprétation fonctionnelle et biochimique.* L'accroissement de la quantité d'iso2-cytochrome *c* peut résulter de plusieurs événements moléculaires distincts :

– ce peut être une mutation affectant l'allèle sauvage $cyp3^+$, soit son promoteur qui serait plus actif, par exemple en ayant plus d'affinité pour l'activateur de *CYP3* (on sait qu'il y a une régulation positive), soit la séquence codante qui donnerait une molécule plus active (hypothèse peu vraisemblable mais pas impossible);

– ce peut être une mutation affectant le gène de l'activateur de *CYP3*, le rendant plus actif.

2. Les diploïdes obtenus ont respectivement les génotypes (on note su^a, la séquence mutée ayant un effet suppresseur actif, et su^i, la séquence sauvage inactive) :

R1 × S′ : ($cyc1\text{-}1$, $cyp3^+$, su^a)//($cyc1^+$, $cyp3^+$, su^i);
R1 × A′ : ($cyc1\text{-}1$, $cyp3^+$, su^a)//($cyc1\text{-}1$, $cyp3^+$, su^i).

Que le premier soit sauvage [gly⁺, lct⁺] est logique, puisqu'on sait que $cyc1^+$ est dominant et que su^a a un effet suppresseur sur celui de *cyc1-1*. Mais le fait que le second soit également sauvage [gly⁺, lct⁺] prouve que l'effet de su^a est dominant sur celui de su^i.

L'analyse de tétrades issues des méioses des diploïdes R1 × S′ teste la ségrégation aux locus cyc1 et su. On peut attendre quatre types de spores de génotype et de phénotype :

– parental ($cyc1\text{-}1$, su^a), donc de phénotype [gly⁺, lct⁺];
– parental ($cyc1^+$, su^i), donc de phénotype [gly⁺, lct⁺];
– recombiné ($cyc1\text{-}1$, su^i), donc de phénotype [gly⁺, lct⁻];
– recombiné ($cyc1^+$, su^a), *a priori* de phénotype [gly⁺, lct⁺], mais cela doit être démontré.

Les 20 tétrades avec 4 spores [gly⁺, lct⁺] sont des DP, et les deux autres types de tétrades sont des DR et des T. Comme les DR contiennent au moins deux spores recombinées [gly⁺, lct⁻], on peut en déduire que les deux autres spores recombinées de ces 19 DR sont de phénotype [gly⁺, lct⁺], comme attendu. Les 21 autres sont des T.

Les gènes cyc1 et su sont génétiquement indépendants, puisque les fréquences des DP et des DR sont égales, et physiquement indépendants, puisque la fréquence des T est inférieure à 2/3.

L'analyse de tétrades issues des méioses des diploïdes R1 × A′ teste la ségrégation 2/2 pour le suppresseur, on doit en effet attendre deux types de spores équifréquentes, de génotypes

su^a ou su^i et de phénotype [gly⁺, lct⁺] ou [gly⁺, lct⁻] et un seul type de tétrade, si l'effet suppresseur résulte d'une seule mutation, ce qui est confirmé par le résultat.

3. Les diploïdes obtenus ont respectivement les génotypes (on note par $su1^a$ et $su3^a$, les suppresseurs actifs de R1 et R3) :

R1 × *C* : (*cyc1-1*, *cyp3⁺*, *su1ᵃ*)//(*cyc1-1*, *cyp3-10*, *su1ⁱ*) ;
R3 × *C* : (*cyc1-1*, *cyp3⁺*, *su3ᵃ*)//(*cyc1-1*, *cyp3-10*, *su3ⁱ*).

Que ces diploïdes soient sauvages [gly⁺, lct⁺] est logique, la perte de fonction de *cyp3-10* est récessive et compensée par l'effet de *cyp3⁺*, et on sait que *su1ᵃ* ou *su3ᵃ* ont un effet suppresseur dominant vis-à-vis de l'effet ou l'absence d'effet de *su1ⁱ* ou *su3ⁱ*.

L'analyse de tétrades issues des méioses des diploïdes R1 × C teste la ségrégation aux locus *cyp3* et *su1*, afin de tester la liaison ou l'indépendance génétique. On peut attendre quatre types de spores de génotype et de phénotype :

- parental (*cyp3⁺*, *su1ᵃ*), donc de phénotype [gly⁺, lct⁺] ;
- parental (*cyp3-10*, *su1ⁱ*), donc de phénotype [gly⁻, lct⁻] ;
- recombiné (*cyp3⁺*, *su1ⁱ*), donc de phénotype [gly⁺, lct⁻] ;
- recombiné (*cyp3-10*, *su1ᵃ*), *a priori* de phénotype [gly⁻, lct⁻], puisque les deux gènes sont mutés et que l'effet de *su1ᵃ* d'accroître l'expression de la séquence *CYP3* ne doit pas être « très suppresseur », si cette séquence est mutée (*cyp3-10*), mais cela doit être démontré.

Les 6 tétrades avec 2 spores [gly⁺, lct⁺] et 2 spores [gly⁻, lct⁻] sont obligatoirement les DP, et les deux autres types de tétrades sont des DR et des T. Comme les DR contiennent au moins deux spores recombinées [gly⁺, lct⁻], on peut en déduire que les deux autres spores recombinées de ces 7 DR sont de phénotype [gly⁻, lct⁻], comme attendu. Les 17 autres sont des T.

Les gènes *CYP3* et *su1* sont génétiquement indépendants, puisque les fréquences des DP et des DR sont égales, mais on ne peut statuer sur l'indépendance physique, puisque la fréquence des T est égale à 2/3.

L'analyse de tétrades issues des méioses des diploïdes R3 × C teste la ségrégation aux locus *CYP3* et *su3*, qui n'est pas obligatoirement le même que su1, afin de tester la liaison ou l'indépendance génétique. On peut attendre quatre types de spores de génotype et de phénotype :

- parental (*cyp3⁺*, *su3ᵃ*), donc de phénotype [gly⁺, lct⁺] ;
- parental (*cyp3-10*, *su3ⁱ*), donc de phénotype [gly⁻, lct⁻] ;
- recombiné (*cyp3⁺*, *su3ⁱ*), donc de phénotype [gly⁺, lct⁻] ;
- recombiné (*cyp3-10*, *su3ᵃ*), *a priori* de phénotype [gly⁻, lct⁻], puisque les deux gènes sont mutés et que l'effet de *su3ᵃ* d'accroître l'expression de la séquence mutée *cyp3-10* ne doit pas être « très suppresseur », mais cela doit être démontré.

Les 85 tétrades avec 2 spores [gly⁺, lct⁺] et 2 spores [gly⁻, lct⁻] sont obligatoirement les DP, et l'autre tétrade ne peut être qu'un T, car il y aurait deux spores [gly⁺, lct⁻] si c'était un DR ; les deux spores [gly⁻, lct⁻] correspondent bien alors au parental et au recombiné attendu.

D'ailleurs, en cas de liaison génétique, comme on va le voir, la fréquence des DR (qui supposent au moins 2 crossing-over) est toujours inférieure à celle des T (qui n'en supposent qu'un seul).

Les gènes *CYP3* et *su3* sont génétiquement très liés, puisque la fréquence des DP est très supérieure à celle des DR et la distance entre les locus est égale à $d = [3f(\text{DR}) + f(\text{T})/2] \times 100 = 0{,}58$ ur.

Si on confronte les résultats relatifs à R1 et R3 aux hypothèses biochimiques détaillées à la question **1**, on peut admettre que R1 n'est certainement pas muté dans l'opérateur de *CYP3*$^+$ et qu'il l'est sans doute dans son activateur, et que R3 pourrait être muté dans l'opérateur de *CYP3*$^+$, compte tenu de la distance très faible entre les sites *su3*^{a} et *cyp3-10*; cependant la distance n'est pas un critère absolu, car on pourrait imaginer que *su3*^{a} est muté dans un gène contigu de *CYP3*.

4. a Il est logique de prendre la tétrade T, puisqu'on est sûr d'avoir, parmi les deux spores [gly$^-$, lct$^-$], la spore recombinée de génotype (*cyc1-1*, *cyp3*-10_ *su3*^{a}) tandis que l'autre est le parental de génotype (*cyc1-1*, *cyp3*-10_ *su3*^{i}).

NB : le signe « _ » entre les locus cyp3 et su3 indique la liaison génétique.

Les diploïdes obtenus par croisements parallèles avec A ou A′ sont de génotypes :

(*cyc1-1*, *cyp3-10_su3*^{a})//(*cyc1-1*, *cyp3+_sui3*^{i})
et (*cyc1-1*, *cyp3*-10_ *sui3*^{i})//(*cyc1-1*, *cyp3+_ sui3*^{i}).

Que le deuxième génotype soit de phénotype [gly$^+$, lct$^-$] est attendu puisqu'il n'a qu'une copie sauvage de l'allèle *cyp3*$^+$ et ne peut, au mieux, que pousser sur glycérol; mais que le premier génotype soit aussi de phénotype [gly$^+$, lct$^-$], alors que *su3*^{a} est présent, prouve que la séquence *su3*^{a} n'a pas d'effet sur *cyp3*$^+$, chez ce diploïde, alors qu'elle avait un effet sur *cyp3*$^+$ chez le révertant R3.

Cela prouve que *su3*^{a} est cis-dominant et qu'il affecte, sans doute, le promoteur de *CYP3*, hypothèse d'autant plus vraisemblable sachant la distance génétique entre les sites *su3*^{a} et *cyp3-10*.

4. b Le révertant R3 correspond bien à une des deux hypothèses biochimiques de la question **1**, et la cis-dominance est la propriété attendue du mutant de cible dont on a fait l'hypothèse à la question **3**.

4. c Si *su3*^{a} n'avait pas été cis-dominant mais trans-dominant, affectant le gène d'un activateur, par exemple, alors le premier génotype diploïde aurait été de phénotype [gly$^+$, lct$^+$].

5. D et E restent dépourvus d'iso1 parce qu'ils sont restés *cyc1-1* !

Si E est dépourvu d'iso2, on peut supposer qu'il est muté dans la séquence codante de *CYP3*, ou bien dans le gène de l'activateur de *CYP3*, c'est-à-dire dans le gène su1, si on suppose que *su1*^{a} affectait le gène de l'activateur.

En revanche, D présentant encore une activité même réduite d'iso2, ne peut être muté dans la séquence codante de *CYP3*, mais peut l'être soit dans son promoteur, soit, là encore, dans le gène de l'activateur, l'activité iso2 réduite correspondant au taux de transcription de base du gène *CYP3*$^+$ en absence d'activateur.

Mais on peut aussi imaginer que D et/ou E puissent être mutées dans un autre gène que *cyp3* ou son activateur !

Aussi les génotypes des diploïdes obtenus par croisement parallèles de D et E avec R1′ peuvent être écrits formellement ainsi :

(*cyc1-1*, *cyp3*$^+$, *d*, *su1*^{a})//(*cyc1-1*, *cyp3*$^+$, *d*$^+$, *su1*^{a})
et (*cyc1-1*, *cyp3*$^+$, *e*, *su1*^{a})//(*cyc1-1*, *cyp3*$^+$, *e*$^+$, *su1*^{a}).

où *d* et *e* sont les « notations formelles » des mutations affectant respectivement D et E, les mutations *d* ou *e* pouvant affecter le gène *CYP3* (dans ce cas une des copies est *cyp3*$^-$) ou le gène de l'activateur (dans ce cas une des copies est sui1) ou un autre gène.

Il est logique que les phénotypes soient dans les deux cas [gly+, lct+] puisque au moins un des deux sul^a est fonctionnel, mais cela montre aussi que les mutations *d* et *e* sont récessives.

L'analyse de ségrégation montre que D ou E ne diffèrent de R1 que pour un seul gène (ségrégation 2/2 des couples $d//d^+$ ou $e//e^+$) ; ce gène étant donc *CYP3* ou *sua1* (activateur de *CYP3*) ou un troisième.

Les génotypes des diploïdes obtenus par croisements parallèles de D et E avec *C* peuvent être écrits ainsi :

D × *C* : $(cyc1\text{-}1, cyp3^+, d, sul^a)//(cyc1\text{-}1, cyp3\text{-}10, d^+, sul^i)$
et E × *C* : $(cyc1\text{-}1, cyp3^+, e, sul^a)//(cyc1\text{-}1, cyp3\text{-}10, e^+, sul^i)$.

- Le premier diploïde est de phénotype [gly+, lct−], ce qui est possible si la mutation affecte le gène de l'activateur et que la séquence sul^a disparaît au profit d'une perte de fonction notée su^-, le gène *CYP3* n'étant plus régulé que par la copie sauvage sul^i, ce qui redonne le phénotype [gly+, lct−].

Chez l'haploïde D, la mutation su− abaisse le taux de transcription de $CYP3^+$ à un « niveau de base » donnant une quantité d'iso2 insuffisante pour pousser sur glycérol, mais dosable (2 % de la quantité SSR).

- Le deuxième diploïde est de phénotype [gly−, lct−], ce qui est possible si la mutation *e* touche l'allèle $cyp3^+$ qui devient une mutation de perte de fonction $cyp3^-$, il n'y a alors plus aucun cytochrome *c*, ni chez E (comme cela a été observé, dosage = 0) ni chez le diploïde.

Toutefois, sur un plan formel, rien n'exclut que les mutations *d* ou *e* touchent un troisième gène, même si on montrait que *d* coségrège avec *su1* et que *e* coségrège avec *CYP3*.

Problème 10.7

Niveau L3-Prépa-Master/pré-requis : chapitres 2, 3, 5, 7

Le schéma ci-contre présente une partie du métabolisme de l'adénine et de l'hypoxanthine (dont la formule diffère de celle de l'adénine par l'absence de fonction amine sur le carbone 6 du cycle, remplacée par une fonction cétone) chez la levure *Saccharomyces cerevisiae*.

L'inosine est le nucléoside de l'hypoxanthine comme l'adénosine est celui de l'adénine; à partir de l'IMP (inosine monophosphate) la cellule réalise la synthèse de xanthine monophosphate puis de GMP (guanosine monophosphate).

La cellule a donc besoin, pour se développer, de pouvoir assurer à la fois la synthèse d'adénine et d'hypoxanthine.

Question 1.

Le gène *ADE 10* spécifie l'enzyme qui assure la transformation de AICAR en IMP. Ce gène a été identifié chez un mutant haploïde auxotrophe *ade10* de phénotype [ade−]; Justifiez ce phénotype et le fait que le mutant *ade10* peut aussi bien pousser sur un milieu minimum (Mo) supplémenté en adénine qu'en hypoxanthine.

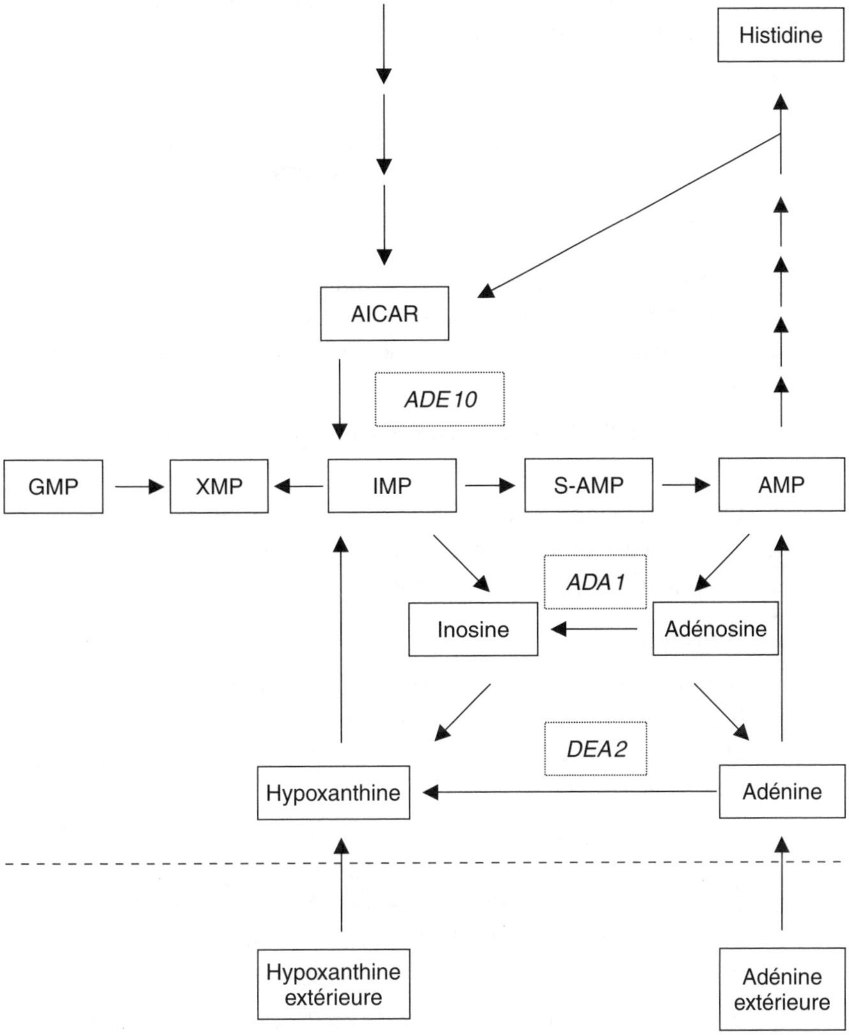

Question 2 (indépendante).

L'activité désaminase spécifiée par le gène *DEA2* est testable dans le milieu de culture par un test de coloration : en présence d'un substrat spécifique, noté S, une colonie de levure *DEA2*$^{+}$ est rouge. Des études enzymatiques ont montré que les activités désaminase spécifiées par les gènes *DEA2* et *ADA1* étaient indécelables en cas de concentration intracellulaire importante en hypoxanthine, notamment sur un milieu additionné d'hypoxanthine.

On dispose des souches (*ade10-1*, *trp1-3*, *lys2-4*) et (*met14-5*, *his2-3*), respectivement de phénotype [ade^{-}, trp^{-}, lys^{-}] et [met^{-}, his^{-}], l'une et l'autre de signe sexuel matα ou mata.

a. Quel est le phénotype de coloration du mutant (*ade10-1*, *trp1-3*, *lys2-4*) sur les milieux suivants :

Mo + lysine + tryptophane + S	Mo + lysine + tryptophane + S + adénine	Mo + lysine + tryptophane + S + hypoxanthine	Mo + lysine + tryptophane + adénine	Mo + lysine + tryptophane + hypoxanthine

a. À partir de ce tableau, pouvez vous définir, pour la souche (*ade10-1*, *trp1-3*, *lys2-4*), un crible simple de mutants *dea2- ?* Est-il possible d'obtenir de tels mutants à partir de la souche (*met14-5*, *his2-3*) ? Justifiez votre réponse.

b. De laquelle des souches précédentes partiriez-vous pour obtenir un mutant ada1- ?

On ne demande pas de décrire toute la procédure de mutagenèse et de sélection des mutants mais de justifier votre réponse en précisant le phénotype qui distinguerait un tel mutant.

Question 3.

À l'issue des études menées précédemment, on dispose d'une souche haploïde A ayant perdu les fonctions spécifiées par les gènes *ADA1* et *DEA2* et dont le génotype présumé est noté (*ade10-1*, *dea2-1*, *ada1-1*, *trp1-3*, *lys2-4*, *met14-5*).

Une culture de la souche A est soumise à l'action d'un agent mutagène avant d'être étalée sur un milieu minimum Mo, supplémenté en adénine, en tryptophane, en lysine et en méthionine. On observe 10 colonies. Ces dix colonies sont repiquées sur le même milieu additionné du substrat S, trois d'entre elles forment des colonies rouges.

a. Que peut-on dire à coup sur de ces trois colonies rouges ?

b. Ces trois colonies sont repiquées sur des milieux test adéquats, deux se révèlent [trp$^+$, lys$^+$, met$^-$], et sont notées RA1 et RA2, la troisième, notée RA3, se révèle [trp$^+$, lys$^-$, met$^-$], quelle est la conclusion la plus vraisemblable ? Comment expliquez-vous la différence de phénotype lysine entre RA3 et RA1 ou RA2 ?

c. Quelles hypothèses peut-on émettre pour les sept autres colonies ?

Question 4.

Les colonies RA1, RA2 et RA3 sont croisées chacune avec la souche (*met14-5*, *his2-3*) puis le diploïde est mis à sporuler afin de recueillir et d'analyser les tétrades pour les phénotypes d'auxotrophie au tryptophane et à la lysine (tableau ci dessous).

On sait, par des analyses antérieures, que toutes les mutations d'auxotrophie *trp1-3*, *lys2-4*, *met14-5* et *his2-3* sont physiquement indépendantes deux à deux et que le gène TRP1 est un marqueur centromérique.

a. Montrez en quoi ces résultats confirme votre interprétation fonctionnelle de la question 3-a.

b. Quelles précisions cartographiques apportent ces résultats ? Combien de gènes au minimum, quelles distances entre gènes, entre gène et centromère ? Faire un schéma de la cartographie.

	Analyse des tétrades pour le phénotype tryptophane			Analyse des tétrades pour le phénotype lysine		
	[trp+] [trp+] [trp-] [, trp-]	[trp+] [trp+] [trp+] [trp-]	[trp+] [trp+] [trp+] [trp+]	[lys+] [lys+] [lys-] [, lys-]	[lys+] [lys+] [lys+] [lys-]	[lys+] [lys+] [lys+] [lys+]
Croisement avec RA1	22	4	24	4	12	34
Croisement avec RA2	18	12	20	8	33	9
Croisement avec RA3	2	10	38	50	0	0

Question 5.

Les sept colonies demeurées blanches à l'issue du test de coloration (voir question 3), notées RA4 à RA10, sont restées mutantes pour les trois auxotrophies (tryptophane, lysine, méthionine) présentes dans la souche A.

Une analyse enzymatique *in vitro* permet d'attester la présence de l'activité désaminase codée par le gène *ADA1* et capable d'assurer la transformation d'adénosine en inosine.

Une analyse biochimique semble montrer que la chaîne peptidique correspondant à la protéine du gène *ADA1* est présente dans ces sept colonies et ne semble pas différer de la chaîne peptidique sauvage (on observe le même *finger print* dans de multiples conditions différentes).

a. En quoi ces observations rendent difficile d'envisager que la souche A ait été mutée dans le gène *ADA1*, comme on l'avait imaginé au départ sur la base d'observations phénotypiques comme celles décrites à la question **2.c** (noter que l'énoncé de la question 3 considère que le génotype de la souche A n'est que présumé) ? Quelles sont deux hypothèses **simples** qu'on pourrait imaginer pour expliquer la croissance des colonies RA4 à RA10 ?

b. On dispose d'un autre mutant, noté B, de génotype (*ade10*-1, *dea2*-1, *ada1*-2, *trp1*-3, *lys2*-4, *met14*-5) à partir duquel on obtient un révertant chez lequel la chaîne peptidique spécifiée par *ADA1* diffère de la chaîne peptidique sauvage pour plusieurs acides aminés contigus; précisez en quoi cette observation atteste que la souche B est bien mutée dans le gène *ADA1* et la nature de la mutation *ada1*-2.

c. Le mutant A, dont le génotype présumé avait été noté (*ade10*-1, *dea2*-1, *ada1*-1, *trp1*-3, *lys2*-4, *met14*-5) est croisé avec une souche (*ade10*-1, *dea2*-1, *ada1*-2, *his2*-3) sur milieu minimal Mo additionné d'hypoxanthine; deux observations sont réalisées :

- les colonies qui apparaissent se révèlent incapables de pousser par réplique sur un milieu minimal additionné d'adénine;
- les diploïdes donnent, après méiose, des tétrades dont l'analyse pour le phénotype de croissance sur adénine donne les résultats suivants : 18 tétrades avec 2 spores [ade$^-$] et 2 spores [ade$^+$], 12 tétrades avec 3 spores [ade-] et une spore [ade$^+$] et 17 tétrades avec 4 spores [ade$^-$].

En quoi ce résultat est il en faveur d'une des deux hypothèses simples formulées précédemment ?

NB : dans cette question les phénotypes [ade$^+$] et [ade$^-$] indiquent la capacité ou l'incapacité de pousser sur adénine (et non comme classiquement la capacité ou l'incapacité de la synthétiser); en effet les souches utilisées sont toutes ade10-1.

Solution

1. En l'absence du produit du gène *ADE10*, la chaîne de synthèse de l'adénine est interrompue, ce qui conduit non seulement à une carence en adénine, mais aussi à une carence en AMP, en IMP et en GMP, puisque la synthèse d'IMP apparaît comme un point central à toutes ces chaînes.

L'apport d'adénine permet la production d'AMP, d'IMP via l'hypoxanthine, soit directement par l'enzyme codée par *DEA2*, soit via l'AMP, puis l'adénosine et l'inosine, par l'enzyme codée par *ADA1*.

L'apport d'hypoxanthine permet la synthèse directe d'IMP, puis la formation d'adénine via l'AMP et l'adénosine.

2. a. Phénotype de coloration de la souche (*ade10*-1, *trp1*-3, *lys2*-4) sur les milieux suivants :

Mo + lysine + tryptophane + S	Mo + lysine + tryptophane + S + adénine	Mo + lysine + tryptophane + S + hypoxanthine	Mo + lysine + tryptophane + adénine	Mo + lysine + tryptophane + hypoxanthine
Ne pousse pas car ni adénine, ni hypoxanthine	rouge	blanc	blanc	blanc

b. Il suffit de partir de mutants *ade10-1* et d'étaler, après mutagenèse, sur milieu supplémenté en lysine + tryptophane + adénine et additionné de S pour recueillir les colonies blanches ; les mutants ainsi obtenus ne peuvent pousser sur adénine que grâce à la fonction du gène *ADA1* mais sont blancs car l'activité spécifiée par *DEA2* est absente. Le crible ainsi défini est un crible positif.

Il est possible et aussi facile d'obtenir des mutants dea2- à partir de la souche (*met14-5*, *his2-3*) qui, étant *DEA2*$^+$, donne des colonies rouges sur milieu supplémenté en méthionine et en histidine, additionné de S et dont le mutant *dea2-* sera capable de pousser sur le même milieu mais donnera des colonies blanches par déficit de l'enzyme spécifié par le gène en question... si sa quantité est suffisante chez *DEA2*$^+$ pour permettre la coloration.

c. Il faut partir de la souche (*ade10-1*, *trp1-3*, *lys2-4*) devenue (*ade10-1*, *dea2-*, *trp1-3*, *lys2-4*) à la suite du crible défini à la question précédente. Alors, par un crible négatif, on peut obtenir des mutants incapables de pousser sur adénine (car ils ne peuvent plus produire d'IMP) mais capables de continuer à pousser sur hypoxanthine (ils produisent l'IMP directement et l'adénine via l'AMP et l'adénosine).

Le phénotype de tels mutants est donc de ne « *pas pouvoir pousser sur adénine et de pouvoir pousser sur hypoxanthine, sachant qu'ils sont mutés, par perte de fonction, dans les deux gènes ADE10 et DEA2* ». En effet, sans ces deux mutations préalables, on ne dispose d'aucun critère phénotypique permettant d'identifier, donc de sélectionner, de tels mutants.

3. La souche étudiée est (*ade10-1*, *dea2-1*, *ada1-1*, *trp1-3*, *lys2-4*, *met14-5*), elle pousse sur milieu supplémenté en hypoxanthine mais ne peut pousser sur adénine car ne dispose pas des fonctions des gènes *DEA2* et *ADA1*.

Les 10 colonies obtenues, capables de pousser sur adénine, sont des révertants capables de former de l'hypoxanthine à partir d'adénine ou, en tout cas de former de l'IMP.

a. Les trois colonies rouges, en présence de S, sont obligatoirement des révertants ayant recouvrer la fonction du gène *DEA2* puisque l'activité désaminase spécifiée par ce gène est requise pour utiliser le substrat spécifique S qui donne la coloration.

b. Cette conclusion est confortée par ce résultat. En effet on peut considérer que ces révertants ayant aussi retrouver la prototrophie pour un ou même deux acides aminés, sont des révertants par suppresseur informationnel, ce qui signifie que les mutations *dea2*-1 *trp1*-3 et *lys2*-4 sont des mutations STOP de même nature, dont l'effet (d'interruption de la traduction) peut être supprimé par le même ARN-t suppresseur. Cependant, chez RA3, l'ARN-t suppresseur agit sur *dea2-1* et *trp1-3* mais pas sur *lys2-4*, alors que les mutations sont du même type, sans doute parce que l'ARN-t suppresseur apporte un acide aminé compatible au niveau des chaînes peptidiques des deux premiers gènes mais incompatible au niveau de la chaîne peptidique codée par le gène *LYS2* (qui sera inactive et/ou mal conformée et/ou instable).

c. Les sept autres colonies n'expriment pas la fonction DEA2, puisque les colonies sont blanches. Il peut alors s'agir :

- de révertants par suppresseur informationnel de *ada1*-1, si ce gène est muté par un codon stop, mais dans ce cas il s'agit d'un stop différent de celui affectant *DEA2*, sinon le suppresseur aurait un effet sur celui-ci et la colonie serait rouge ;
- de révertants par un suppresseur intragénique de *ADA1* ;
- de révertants par un suppresseur physiologique compensant la perte de fonction soit de *DEA2*, soit de *ADA1*, soit éventuellement des deux fonctions à la fois, ces fonctions étant de même nature (désaminase) ;
- de révertants par une mutation affectant un gène de régulation du gène *ADA1*, si la mutation *ada1*-1 ne touche pas en réalité le gène *ADA1* (le critère phénotypique d'incapacité de

pousser sur adénine pouvant résulter d'une mutation dans le gène de structure de *ADA1* ou dans un gène de régulation).

> ***Remarque.*** À ce stade du problème, cette dernière hypothèse n'est pas attendue parmi les réponses des étudiants, même si l'énoncé de la question précise que le génotype de A est « présumé ».

4. Dans ce croisement, seuls les phénotypes tryptophane et lysine sont analysés, ce qui concerne dans chaque croisement trois gènes, les gènes *TRP1*, *LYS2* et le gène suppresseur, nommé *su1* dans RA1, *su2* dans RA2 et *su3* dans RA3.

Dans chaque croisement le diploïde obtenu est de génotype :

$$trp1\text{-}3 \;//\; trp1+ \quad lys2\text{-}4 \;//\; lys2+ \;\text{-------}\; su_n^{a} \;//\; su_n^{i}$$

où :

- le premier allèle est celui apporté par le révertant et le second allèle est celui apporté par la souche (*met14-5*, *his2-3*) ;
- n est le numéro du suppresseur (1, 2 ou 3), dans sa version allélique active (a) ou inactive, sauvage (i) ;
- les pointillés indiquent l'ignorance relative à une liaison génétique éventuelle du locus du suppresseur avec l'un des deux locus précédents (ceux-ci étant physiquement indépendants, voir énoncé).

À partir de ce génotype, et en considérant le gène suppresseur et le gène *TRP1*, quatre types de spores sont possibles :

- spore parentale : ($trp1$-3, su_n^{a}) de phénotype [trp^+] pour n = 1, 2 ou 3,
- spore parentale : ($trp1^+$, su_n^{i}) de phénotype [trp^+] pour n = 1, 2 ou 3,
- spore recombinée : ($trp1$-3, su_n^{i}) de phénotype [trp^-] pour n = 1, 2 ou 3,
- spore recombinée : ($trp1^+$, su_n^{a}) de phénotype [$trp^?$] pour n = 1, 2 ou 3.

Si la spore recombinée ($trp1^+$, su_n^{a}) avait un phénotype [trp^-], on observait parmi les trois types de tétrades, des DR avec quatre spores [trp^-], ce qui n'est pas le cas et montre que le phénotype est [trp^+]

À partir de ce génotype, et en considérant le gène suppresseur et le gène *LYS2*, quatre types de spores sont possibles :

- spore parentale : ($lys2$-4, su_n^{a}) de phénotype [lys^+] pour n = 1, 2 mais pas pour n = 3,
- spore parentale : ($lys2^+$, su_n^{i}) de phénotype [lys^+] pour n = 1, 2 ou 3,
- spore recombinée : ($lys2$-4, su_n^{i}) de phénotype [lys^-] pour n = 1, 2 ou 3,
- spore recombinée : ($lys2^+$, su_n^{a}) de phénotype [$lys^?$] pour n = 1, 2 ou 3.

Si la spore recombinée ($lys2^+$, su_n^{a}) avait un phénotype [lys^-], on observait parmi les trois types de tétrades, des DR avec quatre spores [lys^-], ce qui n'est pas le cas et montre que le phénotype est [lys^+].

L'analyse du tableau conduit alors aux conclusions suivantes :

a. Le suppresseur su_1^{a} de RA1 est :

- génétiquement indépendant de *TRP1* (22 DR et 24 DP) et physiquement également (4 T, très inférieur à 2/3),
- génétiquement lié à *LYS2* (34 DP, 4 DR), ce qui conduit à une distance génétique corrigée égale à 100(12/2 + 3 × 4)/50 = 36 u.r.,

– à une distance calculable de son centromère, car *TRP1* étant centromérique, tous les tétratypes résultent d'une post-réduction entre le locus du suppresseur et son centromère ; cette distance est égale à 100(4/50)/2 = 4 u.p.r.

b. Le suppresseur su_2^a de RA2 est :

– génétiquement indépendant de *TRP1* (18 DR et 20 DP) et physiquement également (12 T, très inférieur à 2/3),

– génétiquement indépendant *LYS2* (9 DP, 8 DR), sans qu'on puisse statuer sur l'indépendance physique puisque la fréquence des tétratypes est égale à 2/3,

– à une distance calculable de son centromère, car *TRP1* étant centromérique, tous les tétratypes résultent d'une post-réduction entre le locus du suppresseur et son centromère ; cette distance est égale à 100(12/50)/2 = 12 u.p.r.

c. Le suppresseur su_3^a de RA3 est :

– génétiquement lié à *TRP1* (38 DP et 2 DR), ce qui conduit à une distance génétique corrigée égale à $100(10/2 + 3 \times 2)/50 = 22$ u.r., qui constitue aussi la distance du suppresseur à son centromère (voir remarque) ;

– génétiquement et physiquement indépendant *LYS2*, non par l'analyse de tétrades qui réunissent toujours deux spores [lys^+] et deux spores [lys^-], qu'elles soient DP, DR ou T, mais parce que su3 est lié à *TRP1* qui, lui, est physiquement indépendant de *LYS2* (voir énoncé).

> ***Remarque.*** Si on calculait la distance de *su3* à son centromère en considérant *TRP1* comme marqueur centromérique, elle serait égale à 100(10/50)/2 = 10 u.p.r. et serait sous estimée, car on ne prendrait en compte, dans ce calcul, que la post-recombinaison issue d'un seul crossing-over.

On peut présenter la cartographie suivante :

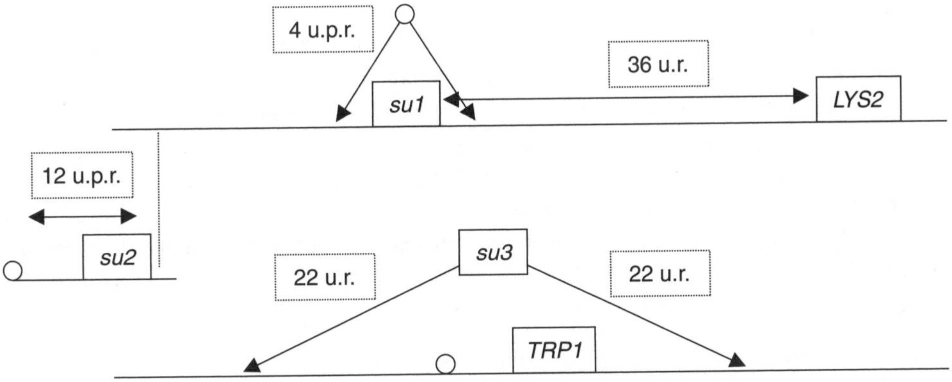

5.a. On a sept révertants où la chaîne peptidique du gène de structure *ADA1* apparaît comme sauvage ; comme il est difficile d'imaginer qu'on ait sept révertants vrais, il est logique de considérer que le mutant ada1-1 n'est pas muté dans le gène *ADA1* mais dans un gène de régulation de ce gène de structure, par exemple dans le gène d'un activateur par une mutation de perte de fonction, ou dans le gène d'un répresseur, par un gain de fonction conduisant à un répresseur super actif.

> ***Remarque*** Pour pouvoir toucher le gène *ADA1*, on est parti de mutants (*ade10-1*, *dea2-1*), capables de pousser sur hypoxanthine et adénine, pour obtenir des mutants

ayant perdu la capacité de pousser sur adénine. de tels mutants peuvent évidemment être mutés dans *ADA1* mais peuvent aussi être mutés dans un autre gène, comme c'est ici le cas, ce qui montre bien que toute relation entre un phénotype et sa causalité génétique suppose une analyse fine !...et qu'un même phénotype peut recouvrir des réalités génétiques très différentes !

5.b. Si le révertant présente une chaîne peptidique active mais différente de celle du sauvage, c'est que le mutant est bien touché dans le gène de structure concerné (s'il était touché dans un gène de régulation de ce gène de structure, la chaîne peptidique du révertant serait sauvage, comme dans le cas précédent). Ici, on peut conclure que la mutation *ada1*-2 est une mutation de décalage du cadre de lecture dans la séquence codante du gène *ADA1*, et que le révertant présente une mutation de recalage (décalage en sens inverse) légèrement en amont ou en aval du site de la mutation directe, de sorte que quelques acides aminés contigus sont modifiés dans la partie du cadre qui est demeurée décalée entre les deux sites, sans que cette modification altère la fonction de la chaîne peptidique.

5.c. Si la mutation nommée *ada1-1* touchait le gène *ADA1* et était alors allélique de la mutation *ada1-2*, le génotype du diploïde serait *ada1-1 // ada1-2*. Étant par ailleurs homozygote *ade10-1 // ade10-1* et *dea2-1 // dea2-1*, ce diploïde n'aurait pas la capacité de pousser sur adénine (pas de fonction désaminase), ce qui est le cas.

Mais, si les mutations *ada1-1* et *ada1-2* étaient alléliques, l'analyse de tétrades ne devrait alors donner que des spores [ade-] incapables de pousser sur adénine, ces spores étant toutes déficientes pour les fonctions *ADA1* (ségrégation 2-2 des allèles *ada1-1* et *ada1-2*), *DEA2* et *ADE10*. Or ce n'est pas le cas, ce qui confirme que *ada1-1* et *ada1-2* ne peuvent être alléliques.

Comme on doit considérer (voir question a) que la mutation *ada1*-1 ne touche pas le gène *ADA1* mais un autre gène, nommé R, le génotype du diploïde peut s'écrire :

$$R(ada\text{-}1\text{-}1) // R^{+} \text{ ----- } ada1^{+}//ada1\text{-}2$$

où :

– le premier allèle correspond à l'apport de la souche A et le second à l'apport de la souche B;

– l'allèle muté *R* correspond à l'allèle muté chez le mutant *ada1-1*;

– les pointillés indique l'ignorance quant à la liaison entre les locus des deux gènes.

Comme ce diploïde s'avère incapable de pousser sur adénine, on doit considérer que le phénotype [ade-] sur milieu Mo avec adénine est dominant, que l'effet de la mutation *R(ada1-1)* est dominant sur celui de l'allèle sauvage R^+.

L'analyse de tétrades fait apparaître trois types de tétrades, ce qui est une nouvelle confirmation de l'absence de ségrégation 2/2 pour *R(ada1-1)* et *ada1-2*.

La méiose peut conduire à quatre types de spores :

– spore parentale :	(R, ada^+)	de phénotype [ade⁻],
– spore parentale :	(R^+, *ada1-2*)	de phénotype [ade⁻],
– spore recombinée :	(R^+, ada^+)	de phénotype [ade⁺],
– spore recombinée :	(R, *ada1-2*)	de phénotype [ade⁻] si on considère l'effet joint des deux mutations car l'analyse de tétrades donnerait des tétrades DR à quatre spores [ade⁺] si le phénotype n'était pas [ade⁻].

On a donc 17 DP et 18 DR, ce qui permet de conclure à l'indépendance génétique de ces deux gènes, et seulement 12 tétratypes (moins de 2/3) ce qui permet de conclure à leur indépendance physique.

La mutation *ada1-1* n'affecte donc pas le gène *ADA1* mais un autre gène *R*, physiquement indépendant de *ADA1* et spécifiant vraisemblablement un répresseur de *ADA1*, de sorte que la mutation *R* (notée initialement *ada1-1*) serait un gain de fonction conduisant à la présence d'un répresseur sur-actif, dont l'effet serait dominant chez le diploïde. Il serait logique de renommer la mutation *ada1-1* en la désignant par R^{+++}.

Chez les sept révertants RA4 à RA10, le phénotype [ade$^+$] est recouvré par une mutation suppresseur de perte de fonction affectant le gène *R* et abolissant l'effet du répresseur sur-actif codé par l'allèle R^{+++}.

Problème 10.8

Niveau L3-Master/pré-requis chapitres 2, 3, 4, 5, 7, 9

- Illustration et maîtrise des cribles de mutants.
- Intérêt des révertants dans la mutagenèse de gènes régulateurs.
- Illustration et maîtrise de l'analyse génétique des mutants de régulation et de la relation entre les propriétés de dominance-récessivité et la fonction répresseur ou activateur de ces mutants.

Contexte : La cellule de levure *S. cerevisiae* a besoin d'une grande quantité de phosphate pour sa croissance et sa multiplication (synthèse de ses acides nucléiques et des phospholipides). Les sources de phosphate qu'elle utilise sont préférentiellement le phosphate inorganique libre externe (**Pi**) transporté tel quel dans la cellule par une perméase, ou le phosphate (**Pi**) libéré par clivage de composés organiques par des enzymes appelées phosphatases. Des phosphatases acides (pH3 ou 4 optimum), membranaires ou périplasmiques permettent l'utilisation de composés d'origine extérieure, la levure, comme tous les champignons, pouvant se développer en milieu très acide. Des phosphatases alcalines vacuolaires (pH8 optimum) permettent le recyclage interne du phosphate à partir de métabolites phosphorylés.

Des études biochimiques ont montré l'existence de quatre gènes de structure codant des phosphatases acides monomériques correspondant à des isozymes ayant respectivement 56, 57, 58 et 60 Kd, identifiables par leur migration différentielle en électrophorèse et des analyses antérieures permettent de suspecter une régulation transcriptionnelle de certains d'entre eux.

On peut aussi doser l'activité phosphatase acide et, sans la doser, caractériser sa présence par la coloration en rouge des colonies sur une boîte additionnée d'un réactif spécifique R.

On suppose, dans tout le problème, qu'on dispose des souches de signe sexuel, et des marqueurs de sélection des diploïdes adéquats.

Question 1.

On a réalisé parallèlement une culture de la souche sauvage S en milieu riche en Pi et en milieu carencé ou pauvre en Pi : l'isoforme de 57 Kd est mise en évidence par électrophorèse à l'issue de ces deux cultures, alors que les isoformes de 56, 58 et 60Kd ne sont mises en évidence qu'à l'issue de la culture en milieu pauvre. Que vous suggère ce résultat ?

Question 2.

La souche sauvage S cultivée en milieu riche ou pauvre en Pi additionnée du réactif R donne des colonies rouges. Cette souche S est soumise à un agent mutagène, pouvez-vous suggérer, par l'utilisation de ce réactif, un crible de mutants de perte de fonction pour l'isoforme à 57 Kd ?

Question 3.

Le mutant recherché est obtenu et nommé PHO3-, du nom du gène *PHO3* spécifiant l'isoforme constitutive ; on vérifie bien l'absence de bande de 57Kd après culture de PHO3- en milieu riche ou pauvre, les trois autres isoformes étant toujours présentes après culture en milieu pauvre.

En partant de ce mutant PHO3-, on obtient par mutagenèse des mutants donnant des colonies blanches sur milieu pauvre additionné du réactif R.

a. Que vous suggère ce résultat quant à la fonction des gènes mutés ?

b. Pourquoi ne pas être parti de la souche S pour obtenir de tels mutants ?

Question 4.

On obtient ainsi de nombreux mutants.

a. Tous ces mutants sont croisés avec le mutant PHO3- : certains, de type 1, donnent un diploïde formant des colonies rouges sur milieu pauvre avec R, d'autres, de type 2, donnent des colonies blanches, qu'en concluez-vous ?

b. Tous les diploïdes mis à sporuler donnent des tétrades avec deux spores formant des colonies rouges sur milieu pauvre avec R, et deux spores formant des colonies blanches (les quatre spores forment des colonies blanches sur milieu riche avec R), qu'en concluez-vous non seulement d'un point de vue formel mais aussi sur le type de fonction du gène muté, en rapport avec votre réponse à la question précédente 3-a ?

Question 5.

Les mutants de type 1 sont croisés entre eux et se répartissent en quatre groupes respectivement nommés *PHO2, PHO4, PHO5 et PHO81* ; les mutants de type 2 sont tous localisés en un même locus et on suspecte donc qu'ils affectent un même gène, nommé *PHO80*.

Compte tenu de votre conclusion à la question 4-b, des informations acquises sur les propriétés génétiques des mutants des gènes *PHO2, PHO4, PHO5, PHO81* et *PHO80*, et des arguments fondés sur les figures 9.5 et 9.6, vous préciserez quel pourrait être le type d'action, activateur ou répresseur, du produit de ces gènes.

Question 6.

À partir du mutant PHO3-, on obtient des révertants qui donnent des colonies rouges sur milieu riche. L'analyse génétique de ces révertants montre qu'ils sont porteurs d'une mutation à effet suppresseur y compris lorsque la mutation du gène *PHO3* est une délétion. Quelle conclusion génétique en tirez-vous d'un point de vue général mais aussi pour le système phosphatase qui est ici à l'étude ?

Question 7.

On localise les différentes mutations à effets suppresseurs et on teste leur effet de dominance ou de récessivité. D'où les résultats suivants :

- Suppresseur récessif dans un gène non encore identifié, nommé *PHO84*
- Suppresseurs dominants dans les gènes *PHO81, PHO2* et *PHO4*
- Suppresseurs récessifs dans les gènes *PHO80, PHO85*

a. Une analyse spécifique de biologie cellulaire avec de ^{32}Pi radioactif permet de démontrer que le gène PHO84 spécifie une perméase spécifique du Pi ; précisez le rôle de cette perméase dans la régulation du système et statuant sur le rôle inducteur ou inhibiteur de Pi dans l'expression des gènes de structure régulés, puis montrez en quoi une mutation de ce gène peut avoir un effet suppresseur sur l'effet d'une mutation de perte de fonction de *PHO3*.

b. Les résultats observés pour les autres gènes sont-ils cohérents avec les hypothèses formulées auparavant ?

c. Des analyses biochimiques ont démontré que seuls les produits des gènes *PHO2* et *PHO4* étaient capables de se lier à de l'ADN, qu'en concluez-vous pour le produit de ces deux gènes mais aussi pour les produits des gènes *PHO80* et *PHO81* et leur chronologie dans l'action vis-à-vis des produits de *PHO2* et *PHO4* ?

Question 8.

Des analyses ultérieures ont montré (figure 10.4) que le gène *PHO85* spécifie une kinase qui permet de rendre actif le produit du gène *PHO80*, que le gène *PHO81* spécifie un répresseur du produit de *PHO80* qui est lui-même un répresseur des produits de *PHO2* et *PHO4*, enfin que le produit du gène PHO81 peut être rendu inactif en fortes concentrations de Pi, ce qui explique le mécanisme de la régulation

a. Montrez que les phénotypes observés pour les divers mutants des gènes *PHO80* et *PHO81* sont cohérents avec les fonctions de ces gènes.

b. Les propriétés génétiques des mutations du gène *PHO81* qui code un répresseur du produit de *PHO80* sont-elles contradictoires avec la théorie énoncée dans les figures 9.5 et 9.6 ?

Solution

1. L'isoforme de 57 KD est présente quelque soit le milieu, riche ou pauvre en Pi alors que les trois autres ne sont présentes qu'en milieu pauvre. Ce résultat conduit à la conclusion que le gène de structure de l'isoforme à 57 KD est constitutif et non régulé alors que les trois autres sont régulés et ne sont transcrits qu'en milieu pauvre, c'est-à-dire quand l'activité phosphatase acide se révèle vraiment indispensable.

2. Pour obtenir un mutant de l'isoforme à 57 Kd, il suffit, après mutagenèse de faire des étalements des cellules survivantes sur un milieu riche avec le réactif R ; dans ces conditions les trois isoformes régulées sont absentes et si un mutant est dépourvu de l'isoforme constitutive par suite d'une mutation de perte de fonction dans son gène de structure, la colonie sera blanche.

3.a. Le phénotype de colonie blanche indique l'absence d'activité phosphatase ; on sait que l'activité phosphatase acide constitutive est déjà absente au départ et ce phénotype atteste donc de l'absence d'activité régulée, soit que le mutant est affecté simultanément dans les trois gènes de structure (56, 58 et 60 Kd), soit, plus probablement qu'il est affecté ans un gène régulateur qui conduit à cette absence simultanée des trois isozymes.
b. Il était nécessaire de partir du mutant PHO3- et non de S, car toute mutation dans un gène du système régulé conduisant à l'absence d'activité enzymatique ne serait pas perceptible dans une souche qui aurait gardé l'activité constitutive (celle-ci aurait un effet phénotypique épistatique masquant la perte de fonction du gène régulé en donnant des colonies rouges quel que soit le milieu)

4.a. Les mutants de type 1 sont récessifs et les mutants de type 2 sont dominants

b. La ségrégation 2-2 démontrée directement par l'analyse de tétrades indique que ces mutants diffèrent de sauvage (ici PHO3- joue le rôle de sauvage pour l'analyse des mutants du système régulé) pour un seul gène, ce qui confirme que le gène touché est un gène régulateur, ce qui entraîne l'absence simultanée des trois isozymes.

5. Il s'agit de mutants qui conduisent à un blocage de l'expression des gènes de structure (figure 9.6, flèche en pointillés sous le gène de structure GS).
– S'agissant des gènes PHO2, PHO4, PHO5, PHO81 dont la mutation a un effet récessif, on peut imaginer que le produit de ces gènes aurait un effet activateur, la perte de fonction conduisant au blocage récessif du système.
– S'agissant du gène PHO80, dont la mutation a un effet dominant, on peut imaginer que le produit de ce gène aurait un effet répresseur, le gain de fonction conduisant au blocage dominant du système.
Commentaire : cette conclusion met en cohérence les informations acquises et les éléments théoriques admis mais elle reste une hypothèse de travail comme la suite va le démontrer.

6. Les révertants sont d'un point de vue général porteurs d'un suppresseur à effet physiologique puisque capable de supprimer l'effet d'une délétion.
Dans le cas présent, il s'agit sans doute de mutants dans un gène régulateur qui débloque le système régulé et permet, même en milieu riche, d'avoir les isoformes normalement présentes en milieu pauvre et partant des colonies rouges, malgré l'absence de l'isoforme constitutive.

7.a. La perméase assure le passage du Pi de l'extérieur vers l'intérieur de la cellule : en milieu riche, la concentration de Pi interne devient élevée et conduit au blocage de l'expression des trois sisozyme, le Pi joue donc le rôle d'inhibiteur. Une mutation de perte de fonction dans le gène PHO84 bloque l'entrée de Pi dans la cellule en milieu riche et conduit, par absence ou faible concentration de l'inhibiteur qu'il est à l'expression du système et à la présence des isoformes régulées ce qui conduit au phénotype révertant.

b. Les mutations à effet suppresseur ont toutes pour conséquence de « débloquer » le système alors que la cellule est en milieu riche en Pi, et si on suit les éléments théoriques de la figure 9.6, on serait conduit à conclure que les suppresseurs à effet récessifs seraient des pertes de fonction dans un gène spécifiant un répresseur et que les suppresseurs à effet dominant seraient des gains de fonction dans un gène spécifiant un activateur. En suivant cette argumentation, on arriverait à la conclusion que PHO2, PHO4 et PHO81 spécifient un activateur et que PHO80 et PHO85 spécifient un répresseur, ce qui est cohérent avec ce qui a déjà été conclu.

c. Les gènes *PHO2* et *PHO4* semblent donc bien spécifier des activateurs de la transcription des trois gènes de structure des isozymes par leur capacité d'action au niveau de la séquence promoteur sur l'ADN ; dans ce cas les gènes *PHO80* et *PHO81* spécifient des répresseurs ou des activateurs de ces deux activateurs produits des gènes *PHO2* et *PHO4*. Bien évidemment ils agissent en amont des produits de *PHO2* et *PHO4*.

8.a. Une perte de fonction dans le gène *PHO80* constitue un suppresseur récessif de l'effet de la mutation PHO3-, conduisant chez le révertant à un phénotype rouge sur milieu riche, alors qu'un gain de fonction de ce même gène, en rendant le répresseur insensible à l'action du produit de *PHO81*, conduit à un phénotype dominant de couleur blanche sur milieu pauvre

Une perte de fonction dans le gène *PHO81* conduit à un phénotype récessif de couleur blanche sur milieu pauvre, alors qu'un gain de fonction de ce même gène, en rendant le produit de PHO81 insensible à l'action de Pi, lui permet de bloquer en permanence le produit de PHO80, et constitue un suppresseur dominant de l'effet de la mutation PHO3-, conduisant chez le révertant à un phénotype rouge sur milieu riche.

b. Selon la théorie (figures 9.5 et 9.6) une perte de fonction dans le gène d'un activateur d'un gène de structure conduit à une sous-expression récessive de celui-ci alors qu'une perte de fonction d'un gène d'un répresseur conduit à une surexpresion récessive du gène de structure régulé ; symétriquement, un gain de fonction dans le gène d'un activateur d'un gène de structure conduit à une surexpression dominante de celui-ci alors qu'un gain de fonction d'un gène d'un répresseur conduit à une sous-expression dominante du gène de structure régulé.

Les mutations du gène PHO81 ont les propriétés de celles d'un gène activateur alors que ce gène spécifie un répresseur, mais il s'agit du répresseur d'un répresseur et donc, vis-à-vis des gènes de structure d'un activateur, un activateur du point de vue du système en étant un répresseur d'un répresseur : en l'occurrence une forme moléculaire de l'adage « les ennemis de mes ennemis sont mes amis » ou du principe mathématique « moins par moins égal plus ».

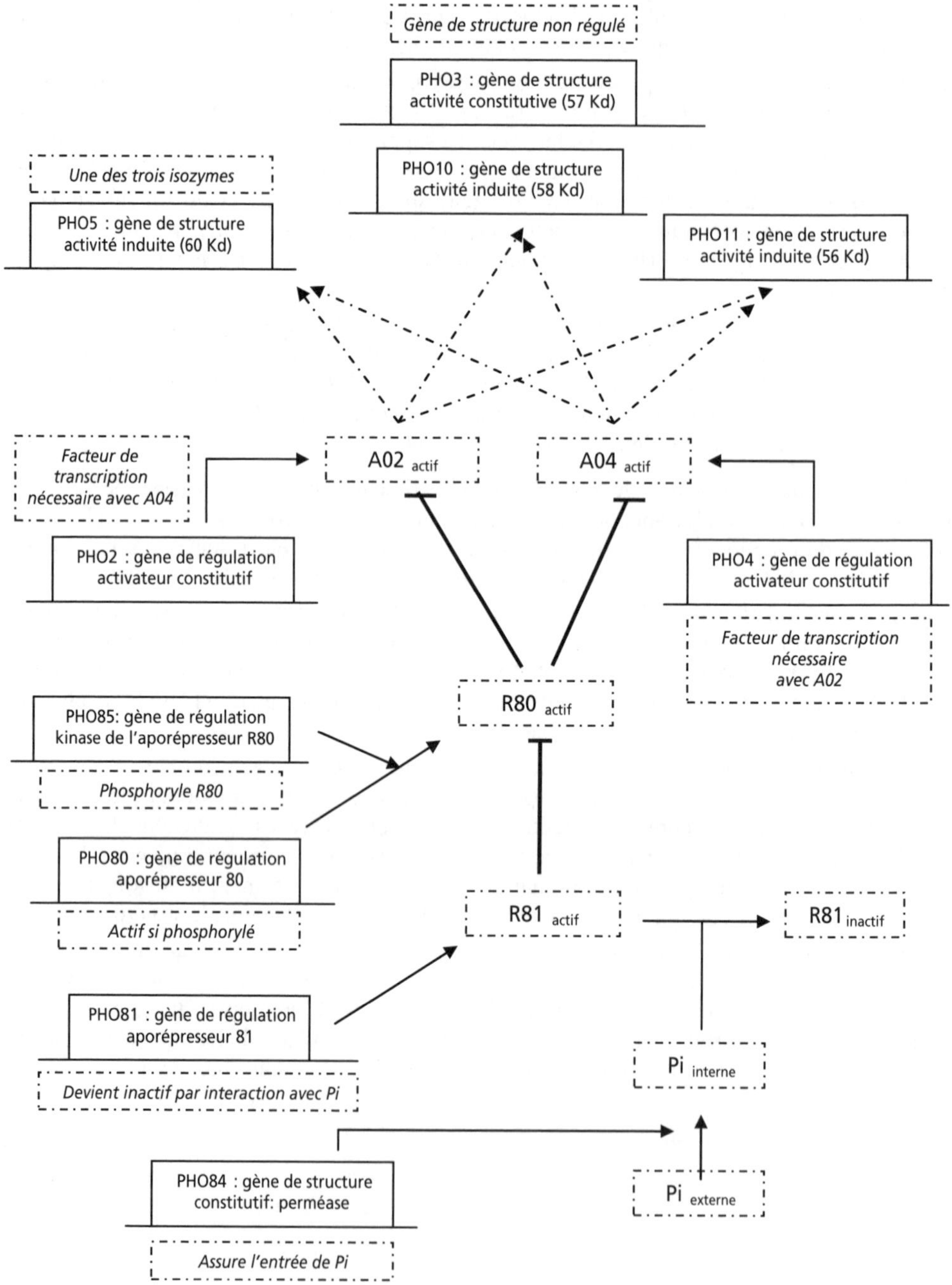

Figure 10.4 Le système phosphatase acide chez *Saccharomyces cerevisiae*

11 PROBLÈMES DE GÉNÉTIQUE CHEZ LA DROSOPHILE

La drosophile, *Drosophila melanogaster*, est un organisme diplobiontique (phase haploïde réduite aux gamètes). La fécondation des ovocytes est réalisée au cours de la ponte (jour j) à partir d'un stock de spermatozoïdes conservés dans une spermathèque à l'issue de la copulation.

Durant le premier jour, les divisions conduisent à la formation d'un blastoderme, au sein duquel la lignée germinale s'est isolée, puis les mouvements cellulaires (gastrulation) aboutissent à la formation des trois feuillets, ectoderme, endoderme et mésoderme, à la métamérisation de l'embryon (segmentation préfigurant les segments tête-thorax-abdomen de l'adulte) et à l'éclosion du premier stade larvaire (j + 1).

À l'issue de deux mues successives, le troisième stade larvaire forme une pupe (j + 5) au sein de laquelle se constitue l'imago adulte par apoptose des tissus larvaires et morphogenèse des tissus adultes à partir de massifs de cellules (disques imaginaux) demeurées dans un état prédifférencié.

L'émergence de l'adulte survient à j + 10; les femelles restent vierges pendant quelques heures avant de pouvoir s'accoupler, ce qui permet de les recueillir et de les isoler afin de réaliser les croisements expérimentaux avec les mâles choisis. La longueur du cycle vital dépend de la température, les valeurs données ici correspondent à 25 °C.

On rappelle que le génome de drosophile est réparti sur cinq chromosomes, les autosomes 2, 3 et 4, le chromosome 1 (ou X) et le Y. Le sexe est hétérogamétique, les femelles étant XX et les mâles XY, mais, en réalité, le sexe est déterminé par le dosage entre le lot d'autosomes et le lot de X. Il reste que le sexe mâle est, sauf exception, hémizygote pour les gènes de l'X. Il n'y a pas de crossing-over à la méiose chez le mâle.

PROBLÈMES

Problème 11.1

Niveau Licence/Pré-requis : chapitres 2, 6 et 8.

Un organisme transgénique est un organisme dont le génome a été transformé par l'insertion (ou l'addition) d'un vecteur moléculaire porteur d'une information génétique additionnelle.

Pour la bactérie, les vecteurs parmi les plus utilisés sont des plasmides des transposons ou des dérivés du virus λ. Chez *Drosophila melanogaster* on utilise les « éléments P », des séquences transposables d'ADN capables de s'insérer plus ou moins aléatoirement dans l'ADN génomique, selon un mécanisme différent de celui des rétrovirus. En général, on utilise un élément P déficient, capable de s'insérer mais incapable, après son insertion, de transposer (excision suivie d'une réinsertion en un autre point du génome, ou duplication suivie d'une insertion de la copie en un autre point du génome).

Le protocole de base consiste à injecter une quantité d'éléments P, porteurs d'un transgène d'intérêt, dans des œufs de drosophile, juste après la ponte, afin de récupérer à la pupaison des adultes F0. L'organisme F0 est une mosaïque cellulaire et, seule, une fraction variable des tissus somatique et germinal sera constituée de cellules transgéniques, ayant été génétiquement transformées par l'insertion d'un élément P (un seul par cellule car le phénomène est assez rare).

On croise F0 avec un parent choisi afin de récupérer, dans les quelques cas où F0 a fourni un gamète transgénique, des individus F1 porteurs de l'élément P et du transgène dans toutes ses cellules. Il est crucial, à ce stade du protocole, de pouvoir distinguer les F1 porteurs du transgène et ceux qui en sont dépourvus (voir question **1**).

Par croisement entre F1, on peut alors obtenir 1/4 d'individus F2 homozygotes pour le transgène.

Dans le problème qui suit on considérera que les drosophiles transgéniques F1 étudiées sont porteuses d'un seul élément P, inséré au hasard en un seul endroit de leur génome.

On dispose d'une souche pure A de drosophile, homozygote pour une mutation de perte de fonction (notée *adh0*) dans le gène de l'alcool-déshydrogénase (localisé sur le chromosome 2).

Cette déficience en alcool-déshydrogénase entraîne l'incapacité d'oxyder totalement les alcools (éthanol, propanol, butanol) et rend l'homozygote *adh0//adh0* sensible à la présence, dans le milieu nutritif, de penténol (celui-ci est partiellement dégradé en une cétone très toxique pour l'organisme). Ce phénotype de sensibilité au penténol est récessif comme la déficience enzymatique.

Au sein de la souche A, on obtient deux mâles F1 transgéniques m1 et m2, résistants au penténol, par insertion, dans leur génome, d'un élément Pa porteur de la séquence totale du gène de l'alcool-déshydrogénase (notée adh^+). On entreprend leur analyse génétique.

1. Quel avantage peut-on tirer de ce retour à la résistance au penténol pour améliorer l'efficacité du protocole de construction de drosophiles transgéniques, rappelé plus haut, pour un autre transgène que celui de l'alcool-déshydrogénase ?

2. Le mâle transgénique m1 est croisé avec une femelle de la souche A, on obtient des femelles, toutes résistantes au penténol, et des mâles, tous sensibles au penténol.

Le mâle transgénique m2 est croisé avec une femelle A. La moitié des femelles et des mâles sont résistants au penténol.

Ces observations permettent-elles d'assigner, chez m1 et m2, l'insertion de l'élément P et du transgène sur un chromosome précis ?

Vous ferez un schéma clair des chromosomes parentaux du mâle m1 et de la femelle A.

3. Le mâle transgénique m2 est croisé avec une femelle B de souche pure pour la mutation *adh0* et pour la mutation « cardinal » (qui sera nommée *cd*) du chromosome 3, conférant un phénotype récessif [œil pourpre].

La moitié des femelles F2 et la moitié des mâles F2 sont résistants au penténol. Un mâle F2 résistant au penténol est croisé en test-cross avec une femelle *B*; on obtient dans chaque sexe deux phénotypes équifréquents [œil pourpre, sensibles au penténol] et [œil sauvage, résistantes au penténol].

Interprétez ce résultat en décrivant par un schéma clair les génotypes (et les chromosomes) impliqués dans ces croisements.

4. Le mâle transgénique m2 est croisé avec une femelle C de souche pure pour la mutation *adh0* et pour la mutation « vestigiale » (qui sera nommée *vg*) du chromosome 2, conférant un phénotype récessif [aile vestigiale]. La moitié des femelles F2 et la moitié des mâles F2 sont résistants au penténol.

Un mâle F2 résistant au penténol est croisé en test-cross avec une femelle C; on obtient dans chaque sexe quatre phénotypes équifréquents, [aile vestigiale, sensibles au penténol], [aile vestigiale, résistantes au penténol], [aile normale, sensibles au penténol] et [aile normale, résistantes au penténol].

Interprétez ce résultat en décrivant par un schéma clair les génotypes (et les chromosomes) impliqués dans ces croisements et montrez en quoi il est cohérent avec le résultat de la question précédente.

5. Le test-cross de la question **3** est réalisé entre une femelle F1 résistante au penténol et un mâle de la souche B. On obtient dans chacun des sexes quatre phénotypes équifréquents, [œil pourpre, sensibles au penténol], [œil pourpre, résistantes au penténol], [œil sauvage, sensibles au penténol], [œil sauvage, résistantes au penténol]. Qu'en concluez-vous ?

Solution

1. Les organismes de la souche A sont *adh0//adh0* (sur leur chromosome 2) et présentent le phénotype de sensibilité au penténol qui sera noté [penS]. Les mâles transgéniques m1 et m2 sont logiquement [penR] puisqu'ils sont porteurs, par l'insertion d'un élément P, du transgène adh^+.

La résistance au penténol peut être très utile car elle peut servir à la fois de crible de sélection positive et de test d'identification phénotypique des F1 porteurs d'un élément P. Il suffit, en effet, dans le protocole rappelé plus haut, de croiser les F0 avec des drosophiles de la souche A et de les faire pondre sur un milieu additionné de penténol; seuls survivent les F1 résistants c'est-à-dire génétiquement transformés par un élément P.

Le transgène adh^+ peut ainsi servir de marqueur de sélection des transformés comme les gènes de résistance aux antibiotiques pour les plasmides bactériens ou les gènes *URA*3 ou *LYS*2 pour les plasmides de levure, le transgène d'intérêt étant alors une autre séquence clonée dans le même élément P.

2. Les drosophiles transgéniques m1 et m2 étudiées sont porteuses d'un seul élément P (ce sont des F1), inséré au hasard en un seul endroit de leur génome. La question posée est d'assigner l'insertion à un chromosome chez m1 et m2, sachant que la localisation de cette insertion est sans doute différente chez m1 et m2 (insertion au hasard).

On différenciera le transgène dans l'écriture des génotypes, en figurant son insertion de la manière suivante sur le chromosome porteur :

Deux types d'insertion sont possibles et décrits par les figures 11.1 et 11.2.

Si le transgène est inséré sur le chromosome X (fig. 11.1), celui-ci est transmis à toutes les femelles F2 qui seront toutes résistantes au penténol et à aucuns mâles qui seront tous sensibles. Ce cas correspond au mâle m1.

Si le transgène est inséré sur un autosome A (fig. 11.2), cet autosome A étant transmis à un descendant sur deux, indépendamment du sexe, la moitié des femelles, comme la moitié des mâles, seront résistants, et les deux autres moitiés sensibles. Ce cas correspond au mâle m2.

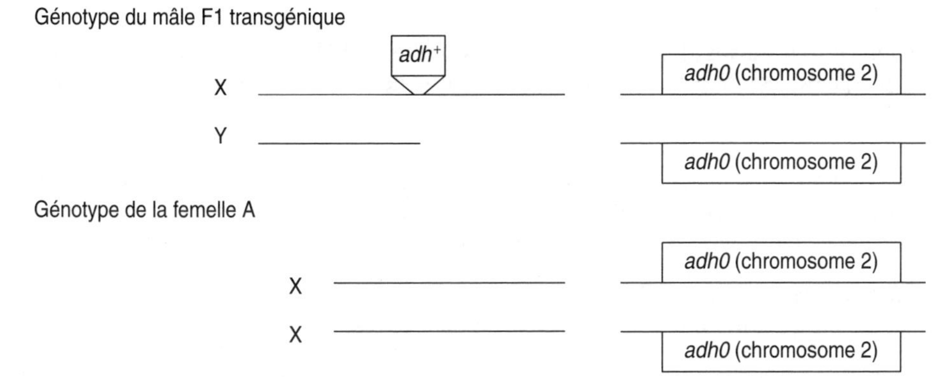

Figure 11.1 Génotype du mâle transgénique avec insertion de l'élément P sur le chromosome X et génotype de la femelle A croisée avec lui.

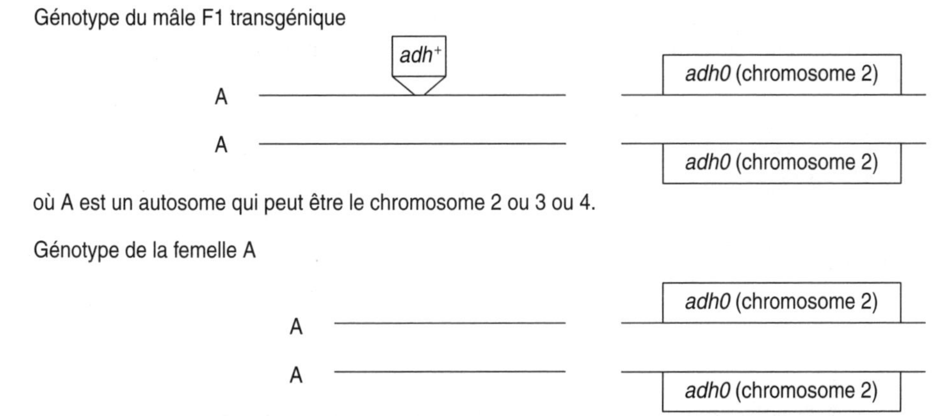

Figure 11.2 Génotype du mâle transgénique avec insertion de l'élément P sur un autosome et génotype de la femelle A croisée avec lui.

3. Le transgène du mâle m2 est porté par un autosome ; le mâle F2 résistant, issu du croisement avec B, sera lui-même porteur du transgène paternel, et aura le génotype suivant :

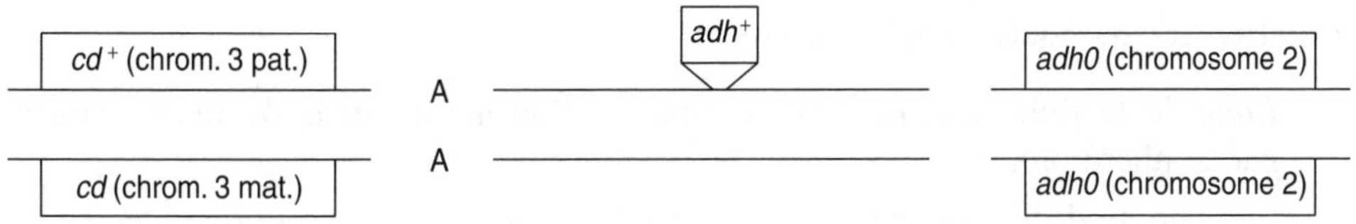

où A est un autosome qui peut être le chromosome 2 ou 3 ou 4.

Le test-cross avec une femelle B permet de montrer que le phénotype [œil sauvage] coségrège avec le phénotype [penR].

Le phénotype [œil sauvage] est dû à la transmission de l'allèle paternel cd^+, tandis que le phénotype [penR] est dû à la transmission du transgène adh^+, lui-même, sur un autosome paternel.

La cotransmission systématique de cd^+ et adh^+ conduit, sachant qu'il n'y a pas de crossing-over chez la drosophile mâle, à la conclusion que les deux séquences cd^+ et adh^+ sont physiquement liées (sinon on pourrait avoir des gamètes recombinés transmettant *cd* et adh^+) et à la conclusion que le transgène adh^+ a été inséré sur le chromosome 3 du mâle m2.

> ***Remarque.*** Peu importe la distance entre le locus de *cd* et le site d'insertion du transgène puisqu'il n'y a pas de crossing-over chez le mâle drosophile, ce qui explique la coségrégation absolue.

4. On sait que le transgène est inséré sur le chromosome 3 et qu'il est, de ce fait, physiquement indépendant du locus *vg*, situé sur le chromosome 2. Il est donc logique d'observer une ségrégation indépendante des deux caractères avec 25 % de chacun des phénotypes possibles.

5. Evidemment, dans ce cas, on teste chez la femelle résistante, la recombinaison par crossing-over à la méiose, afin de mesurer la liaison entre le site d'insertion du transgène et le locus *cd*, sur le chromosome 3 issu du mâle m2. En effet le génotype de cette femelle résistante s'écrit :

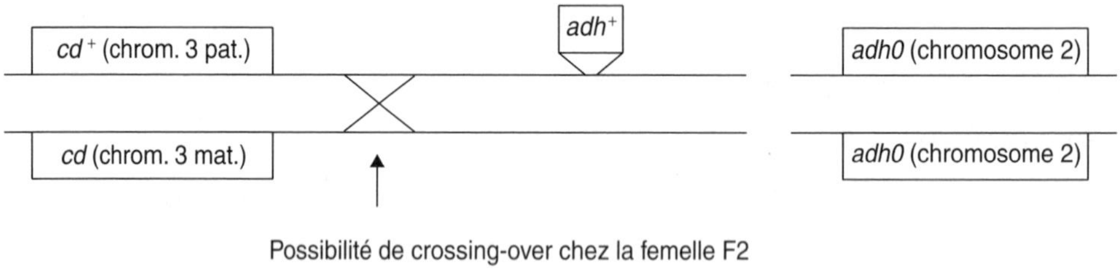

La ségrégation indépendante des caractères phénotypiques malgré la liaison physique entre leurs déterminants génétiques (le couple d'allèles *cd* et cd^+ et le transgène adh^+, sans correspondant sur l'autre autosome) montre que le locus *cd* et le site d'insertion du transgène sont génétiquement indépendants, c'est-à-dire qu'ils sont suffisamment éloignés pour que le taux de recombinaison soit égal à 50 %.

Problème 11.2

Niveau Licence/Pré-requis : chapitres 2 et 3.

> ***Rappel :*** Définition et méthode d'analyse d'un marqueur moléculaire RFLP par southern blot.
>
> Le génome d'une espèce contient, dans sa séquence nucléotidique, des sites de restriction reconnus par des endonucléases. Certains de ces sites sont invariants et toujours présents. D'autres sont facultatifs et constituent un marqueur RFLP (polymorphisme de la longueur des fragments de restriction). En effet, selon que le site est présent ou absent, l'action de l'endonucléase, à

cet endroit du génome, générera deux fragments « courts » ou bien un seul fragment « long ».

L'analyse d'un marqueur RFLP peut être réalisée si on dispose d'une sonde génomique (marquée) ayant une partie commune avec au moins un des deux fragments, ou les deux fragments.

La procédure expérimentale consiste à effectuer une digestion totale de l'ADN génomique de l'individu étudié par l'endonucléase correspondant au site facultatif du marqueur analysé, puis à séparer les fragments par électrophorèse, à transférer ces fragments, après dénaturation, sur une membrane (southern blot), à hybrider ce southern blot avec la sonde marquée afin d'identifier la présence ou l'absence du fragment « long » ou des deux fragments « courts », ce qui permet d'en déduire le génotype de l'individu pour le marqueur RFLP analysé.

Une autre procédure peut être appliquée quand on dispose d'amorces spécifiques permettant d'amplifier par PCR le fragment génomique contenant le site facultatif. Il suffit alors de faire agir l'endonucléase sur les produits de PCR et de visualiser la taille des fragments après électrophorèse sur un gel de polyacrilamide.

NB : Pour chaque marqueur RFLP, la présence du site facultatif est notée « + » et son absence « – ».

Les deux formes « alléliques » d'un marqueur mi seront donc notées mi^+ et mi^-, selon que le site facultatif relatif à ce marqueur est présent ou absent sur le fragment génomique testé.

On a réalisé, chez *coli*, une banque d'ADN génomique de *Drosophila melanogaster*, par clonage dans un plasmide, de fragments d'ADN génomique de drosophile.

Reprenant un à un quelques clones de cette banque, on a isolé trois clones, nommés S1, S2 et S3, dont les plasmides, utilisés comme sonde, se révèlent capables d'identifier trois marqueurs RFLP du génome de drosophile, notés m1, m2 et m3.

Pour étudier ces trois marqueurs, on extrait l'ADN d'individus de deux souches pures de drosophiles, A et B, et d'individus F1 issus du croisement A × B.

L'ADN extrait est réparti en trois fractions. Chaque fraction est soumise à l'action d'une enzyme, *Taq*I, ou *Hind*III, ou *Eco*RI; puis les fragments de digestion sont séparés par électrophorèse sur gel d'agarose, dénaturés et transférés sur des membranes de nylon (southern-blot) qui sont respectivement hybridées par les sondes marquées S1 (pour les fragments *Taq*I), S2 (pour les fragments *Hind*III), et S3 (pour les fragments *Eco*RI). Après lavage, les membranes sont autoradioagraphiées (si marquage radioactif) ou révélées (si marquage froid). Le pattern de fragments hybridés par les sondes est présenté à la figure 11.3.

1. Justifiez l'étape de dénaturation de l'ADN avant le transfert sur la membrane de nylon.

2. Pour chacune des souches (A, B et F1) vous définirez le génotype pour chacun des marqueurs RFLP (en utilisant la nomenclature définie au *nota bene* plus haut).

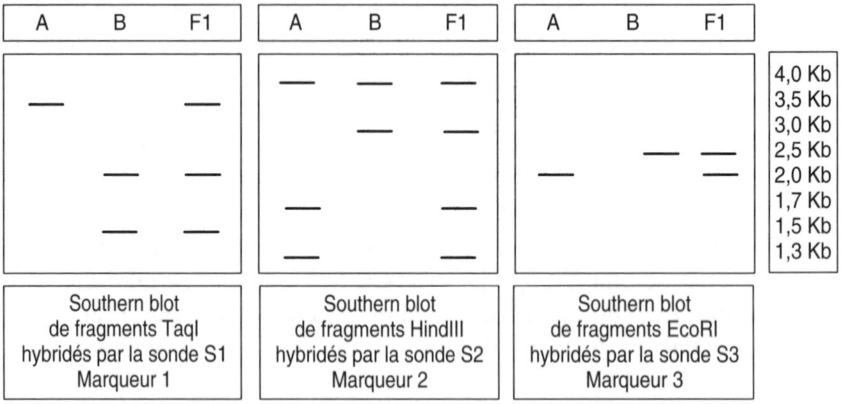

Figure 11.3 Pattern des fragments de digestion reconnus par les sondes S1 ou S2 ou S3 chez *A*, *B* et F1.

3. Pour chacune des souches (A et B) vous établirez une carte de restriction précise au locus de chacun des trois marqueurs RFLP, en mentionnant les sites invariants et le site facultatif, et en positionnant à chaque fois la sonde S par rapport aux fragments qu'elle reconnaît sur le southern.

4. L'ADN des mâles F1 présente, pour chaque marqueur, le même profil d'hybridation, que ce mâle soit issu d'un croisement mâle A × femelle B ou d'un croisement mâle B × femelle A.

Qu'en déduisez-vous ? Qu'aurait-on dû observer dans le cas contraire ? Faites un schéma explicite (le seul cas m1 suffit).

5. Les individus F1 sont croisés entre eux et on entreprend l'analyse individuelle de l'ADN de 400 individus F2 (chaque individu est écrasé dans un tube et son ADN est extrait), afin d'établir le profil d'hybridation relatif à chacun des marqueurs m1, m2 et m3.

Pour chaque marqueur, on peut identifier un profil de type A (profil parental correspondant au premier profil sur les southern présentés plus haut), ou un profil de type B, ou un profil de type F1.

L'analyse de chaque marqueur considéré isolément donne les résultats suivants (tabl. 11.1).

a. Qu'en concluez-vous ? Vous justifierez votre conclusion, pour le marqueur m3, par un test statistique.

b. Pourquoi, contrairement à des phénotypes morphologiques ou biochimiques, ce résultat était-il le seul possible ?

TABLEAU 11.1 EFFECTIFS DE CHACUN DES TYPES DE PROFILS OBSERVÉS PARMI LES 400 DESCENDANTS F2 DU CROISEMENT F1 × F1.

	Type A	Type B	Type F1	Total
Marqueur m1 (TaqI/sonde S1)	105	98	197	400
Marqueur m2 (HindIII/sonde S2)	102	103	195	400
Marqueur m3 (EcoRI/sonde S3)	96	98	206	400

6. On a montré que les marqueurs m1 et m2 étaient physiquement indépendants. Vous ferez un schéma clair et précis de la méiose, chez la F1, pour ces deux marqueurs, montrant, sur le plan génétique, les différentes issues possibles de cette méiose (noter les « allèles » tels qu'indiqués dans le NB du rappel). Les centromères doivent obligatoirement figurer sur ce schéma.

7. On analyse à présent la ségrégation simultanée des profils d'hybridation pour les deux marqueurs m2 et m3. Pour cela, on reprend les 400 individus F2, obtenus précédemment (dans le croisement F1 × F1 de la question **4**); cela permet de les classer, selon que les profils observés, pour chacun des deux marqueurs, sont de type A, B ou F1 (tabl. 11.2).

TABLEAU 11.2 PROFILS DE TYPE A OU B OU F1 (VOIR FIG. 11.3) POUR LES DEUX MARQUEURS M2 ET M3 CHEZ LES DIFFÉRENTS DESCENDANTS F2 ISSUS DU CROISEMENT F1 × F1.

Profils observés pour le marqueur m2 (*Hind*III-sonde S2)	Profils observés pour le marqueur m3 (*Eco*RI-sonde S3)	Répartition des 400 individus F2 selon les profils observés pour chacun des marqueurs
A	A	84
A	B	0
A	F1	14
B	A	0
B	B	87
B	F1	13
F1	A	14
F1	B	15
F1	F1	173
total observé		400

a. Vous donnerez une interprétation cartographique précise de ces résultats pour les marqueurs m2 et m3. Vos réponses doivent être justifiées, votre argumentation peut s'appuyer sur un schéma de la méiose. Il vous est conseillé de faire un raisonnement fondé sur le taux r de recombinaison entre ces marqueurs (r = fréquence des gamètes recombinés), puis de faire l'application numérique.

b. Deux autres situations cartographiques étaient *a priori* possibles, lesquelles ?

Précisez, dans chacune de ces deux situations cartographiques, quelles auraient été les valeurs (en fréquences ou en %) en construisant un tableau semblable au tableau 11.2.

Valeurs seuil du χ^2 :

Valeurs seuil du χ^2	
Nombre de ddl	**Valeurs du $\chi^2_{0,05}$**
1	3,84
2	5,99
3	7,8

Solution

1. La dénaturation des fragments de restriction est nécessaire pour permettre l'hybridation moléculaire, au niveau des séquences homologues entre la sonde et les fragments de restriction issus de la digestion au niveau du locus du marqueur étudié.

2.

	Génotype de la souche A	**Génotype de la souche B**	**Génotype du F1 issu du croisement A × B**
marqueur m1	$m1^-/m1^-$	$m1^+/m1^+$	$m1^-/m1^+$
marqueur m2	$m2^+/m2^+$	$m2^-/m2^-$	$m2^+/m2^-$
marqueur m3	$m3^+/m3^+$	$m3^-/m3^-$	$m3^+/m3^-$

3.

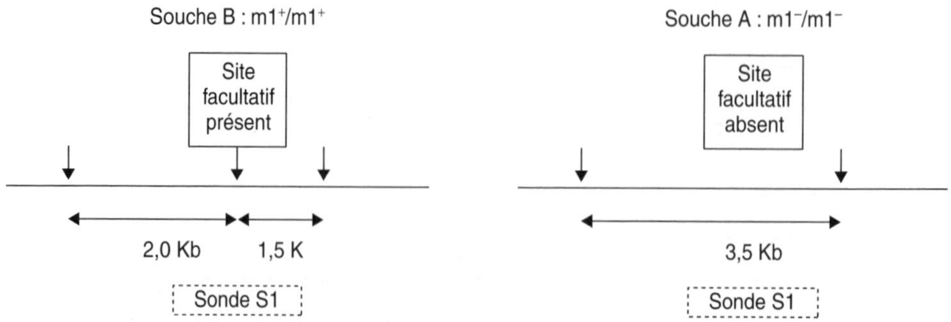

NB : La sonde S1 reconnaît les deux fragments RFLP car elle a une partie commune avec chacun d'eux.

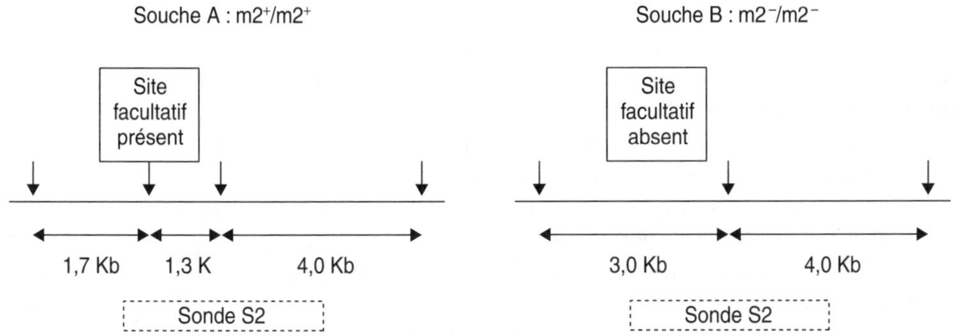

NB : Le fragment constant de 4 Kb, reconnu par S2, en plus des fragments RFLP, est soit à droite du fragment de 1,3 Kb, soit à gauche du fragment de 1,7 Kb.

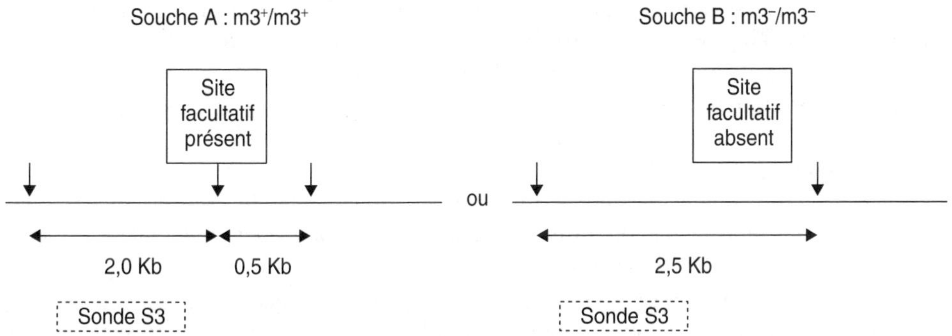

NB : La sonde S3 est homologue à une séquence interne au fragment de 2,0 Kb : elle hybride évidemment avec celui de 2,5 Kb, mais n'hybride pas avec celui de 0,5 Kb.

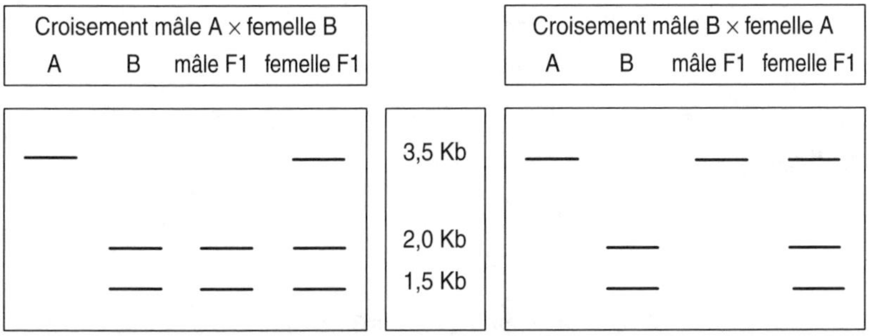

Figure 11.4 Southern-blot de fragments *Taq*I hybridés par la sonde S1, en supposant que le Marqueur 1 est sur le X.

4. Aucun des trois marqueurs n'est sur le chromosome X, sinon les deux croisements réciproques auraient donné des résultats différents, ce qui n'est pas ici le cas.

En effet, dans le cas du premier marqueur m1, si celui-ci était localisé sur le chromosome X, tous les mâles F1 du premier croisement auraient un profil de type B (chromosome X unique venant d'une femelle B), alors que les femelles auraient un profil hétérozygote, et dans le deuxième croisement, tous les mâles F1 auraient un profil de type A (chromosome X unique venant d'une femelle A), alors que les femelles auraient un profil hétérozygote (fig. 11.4).

5. a L'analyse de la méiose chez les F1 hétérozygotes pour chaque marqueur, montre une ségrégation 2/2 des « allèles » de ces marqueurs.

Pour le marqueur m3, les effectifs attendus sous l'hypothèse de ségrégation 2/2 sont respectivement égaux à 100, 100 et 200 (proportions 1/4, 1/4 de chaque homozygote et 1/2 d'hétérozygotes), ce qui, comparés aux effectifs de 96, 98 et 206, donne un χ^2 égal à 0,38, largement inférieur à 5,99, la valeur qui n'est dépassée par hasard que 5 fois sur cent. Les écarts ne sont pas significatifs, on prendrait un risque trop grand de se tromper en rejetant l'hypothèse de ségrégation 2/2; donc on l'accepte.

5. b Bien évidemment la ségrégation 2/2 est attendue pour un marqueur RFLP, puisqu'on sait *a priori* qu'il est, par nature, constitué d'un couple d'« allèles ».

Dans le cas d'un phénotype morphologique ou biochimique, les souches étudiées peuvent différer, pour ce phénotype, pour un gène ou éventuellement pour plusieurs gènes, et c'est l'observation d'une ségrégation 2/2 qui nous conduit, mais seulement *a posteriori*, à la connaissance du fait que les deux souches étudiées ne diffèrent que pour un seul gène, mettant en jeu un seul couple d'allèles dans la méiose du F1.

6. Selon la disposition des deux doubles paires de chromatides appariées à la métaphase, on aura, avec des probabilités égales, soit quatre gamètes parentaux, soit quatre gamètes recombinés (voir figure 3.1, page 47).

Mais il est aussi possible qu'un crossing-over, survenant entre le locus d'un des deux marqueurs et son centromère, conduise ce type de méiose à la formation de quatre gamètes, deux parentaux et deux recombinés (tétratypes, chap. 4).

Mais au bout du compte, sur un grand nombre de méioses, la fréquence des gamètes recombinés sera égale à celle des gamètes parentaux; l'indépendance physique conduisant à l'indépendance génétique.

7.a La souche A est :

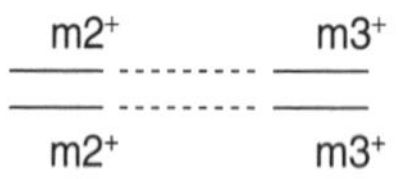

et la souche B est :

Les pointillés indiquent l'absence de connaissance quant à leur liaison génétique éventuelle.

La souche F1 est donc :

$$\frac{m2^+ \text{ - - - - - - - - } m3^+}{m2^- \text{ - - - - - - - - } m3^-}$$

Si les deux marqueurs sont physiquement indépendants, mâles et femelles doivent fournir quatre types de gamètes équifréquents, notamment des gamètes recombinés ($m2^+$; $m3^-$) ou ($m2^-$; $m3^+$) qui, selon le hasard des fécondations, pourront conduire à des génotypes F2 doubles homozygotes recombinés, soit ($m2^+/m2^+$; $m3^-/m3^-$) ou ($m2^-/m2^-$; $m3^+/m3^+$).

Le premier de ces génotypes présenterait un profil de type A pour le marqueur m2, et de type B pour le marqueur m3.

Inversement, le deuxième de ces génotypes présenterait un profil de type B pour le marqueur m2, et de type A pour le marqueur m3.

Or, ce sont deux associations de profil qui ne sont jamais observées. On doit donc en conclure que ces génotypes n'existent pas et que les gamètes qui pourraient les concevoir n'ont pas été formés, ce qui est possible chez le mâle, en cas de liaison physique, car il n'y a pas de crossing-over chez la drosophile mâle.

Bien évidemment des gamètes recombinés ($m2^+$; $m3^-$) ou ($m2^-$; $m3^+$) ont été formés chez les femelles, sinon les deux marqueurs m2 et m3 auraient coségrégé et on n'aurait eu que trois classes d'associations de profils, A-A (1/4), B-B (1/4) et F1-F1 (1/2), ce qui n'est pas le cas.

Si on appelle r, la fréquence des gamètes recombinés (par crossing-over) chez les femelles, il est alors possible de calculer la fréquence théorique des différents phénotypes du tableau, après avoir calculé la fréquence théorique de chacun des génotypes résultant des croisements F1 × F1, en fonction de $r/2$, la fréquence de chacun des types de gamètes recombinés, et $(1 - r)/2$, la fréquence de chacun des gamètes parentaux (tabl. 11.3).

TABLEAU 11.3 CONTENU ET FRÉQUENCES DES GAMÈTES MÂLES ET FEMELLES, PROFILS PHÉNOTYPIQUES RÉSULTANT DE LEURS UNIONS ET FRÉQUENCES DES PHÉNOTYPES.

Gamètes mâles → Gamètes femelles ↓	$m2^+$ $m3^+$ 1/2	Profils associés pour les marqueurs m2 et m3	$m2^-$ $m3^-$ 1/2	Profils associés pour les marqueurs m2 et m3
$m2^+$ $m3^+$ $(1 - r)/2$	$(1 - r)/4$	A-A	$(1 - r)/4$	F1-F1
$m2^-$ $m3^-$ $(1 - r)/2$	$(1 - r)/4$	F1-F1	$(1 - r)/4$	B-B
$m2^+$ $m3^-$ $r/2$	$r/4$	A-F1	$r/4$	F1-B
$m2^-$ $m3^+$ $r/2$	$r/4$	F1-A	$r/4$	B-F1

D'où le tableau d'analyse tenant compte des fréquences théoriques des phénotypes en fonction de r.

TABLEAU 11.4 OBSERVATIONS DU TABLEAU 11.2 COMPLÉTÉES PAR L'ANALYSE DU TABLEAU 11.3.

Profils observés pour le marqueur m2 (*Hind*III-sonde S2)	Profils observés pour le marqueur m3 (*Eco*RI-sonde S3)	Fréquence théorique	Répartition des 400 individus F2 selon les profils observés pour chacun des marqueurs
A	A	(1 – r)/4	84
A	B	0	0
A	F1	r/4	14
B	A	0	0
B	B	(1 – r)/4	87
B	F1	r/4	13
F1	A	r/4	14
F1	B	r/4	15
F1	F1	(1 – r)/2	173
total observé			400

ce qui permet d'estimer facilement r : r = (14 + 13 + 14 + 15)/400 = 56/400 = 0,14.

Les marqueurs m2 et m3 sont physiquement et génétiquement liés, à une distance égale à 14 unités de recombinaison.

7. b Dans le cas où les marqueurs auraient été génétiquement indépendants, deux situations cartographiques différentes auraient été possibles, les deux marqueurs pouvaient être physiquement indépendants ou physiquement liés.

Dans le cas d'indépendance physique, le mâle fournit quatre types de gamètes équifréquents, comme la femelle (tabl. 11.5).

TABLEAU 11.5 CONTENU ET FRÉQUENCES DES GAMÈTES MÂLES ET FEMELLES, POUR DEUX MARQUEURS PHYSIQUEMENT INDÉPENDANTS, PROFILS PHÉNOTYPIQUES RÉSULTANT DE LEURS UNIONS ET FRÉQUENCES DES PHÉNOTYPES.

Gamètes mâles → / Gamètes femelles ↓	$m2^+ m3^+$ 1/4	$m2^- m3^-$ 1/4	$m2^+ m3^-$ 1/4	$m2^- m3^+$ 1/4
$m2^+ m3^+$ 1/4	A-A	F1-F1	A-F1	F1-A
$m2^- m3^-$ 1/4	F1-F1	B-B	F1-B	B-F1
$m2^+ m3^-$ 1/4	A-F1	F1-B	A-B	F1-F1
$m2^- m3^+$ 1/4	F1-A	B-F1	F1-F1	B-A

Ce qui conduirait à l'observation des fréquences phénotypiques suivantes (tabl. 11.6).

TABLEAU 11.6 FRÉQUENCES PHÉNOTYPIQUES.

Profils observés pour le marqueur m2 (*Hind*III-sonde S2)	Profils observés pour le marqueur m3 (*Eco*RI-sonde S3)	Fréquence théorique
A	A	1/16
A	B	1/16
A	F1	2/16
B	A	1/16
B	B	1/16
B	F1	2/16
F1	A	2/16
F1	B	2/16
F1	F1	4/16

Dans le cas d'indépendance génétique avec liaison physique, les femelles donnent quatre types équifréquents de gamètes, mais les mâles ne fournissent que des gamètes parentaux (tabl. 11.7).

TABLEAU 11.7 CONTENU ET FRÉQUENCES DES GAMÈTES MÂLES ET FEMELLES, POUR DEUX MARQUEURS PHYSIQUEMENT LIÉS ET GÉNÉTIQUEMENT INDÉPENDANTS, PROFILS PHÉNOTYPIQUES RÉSULTANT DE LEURS UNIONS ET FRÉQUENCES DES PHÉNOTYPES.

Gamètes mâles → Gamètes femelles ↓	$m2^+ m3^+$ 1/2	Profils associés pour les marqueurs m2 et m3	$m2^- m3^-$ 1/2	Profils associés pour les marqueurs m2 et m3
$m2^+ m3^+$ 1/4	1/8	A-A	1/8	F1-F1
$m2^- m3^-$ 1/4	1/8	F1-F1	1/8	B-B
$m2^+ m3^-$ 1/4	1/8	A-F1	1/8	F1-B
$m2^- m3^+$ 1/4	1/8	F1-A	1/8	B-F1

Ce qui conduirait à l'observation des fréquences phénotypiques suivantes (tabl. 11.8).

NB : Le tableau 11.8 est l'équivalent du tableau 11.4, avec r = 1/2.

TABLEAU 11.8 FRÉQUENCES PHÉNOTYPIQUES.

Profils observés pour le marqueur m2 (*Hind*III-sonde S2)	Profils observés pour le marqueur m3 (*Eco*RI-sonde S3)	Fréquence théorique
A	A	1/8
A	B	0
A	F1	1/8
B	A	0
B	B	1/8
B	F1	1/8
F1	A	1/8
F1	B	1/8
F1	F1	2/8

Problème 11.3

Niveau Licence-Master (L3, M1)/Pré-requis : chapitres 2, 3, 6 et 8.

FM6 est un chromosome balanceur de l'X (chap. 8). Il porte la mutation Bar à effet semi-dominant, donnant un œil étroit, noté phénotype [B], chez les femelles homozygotes B/B et les mâles B/Y, et un œil encoché, noté phénotype [B/2], chez les femelles hétérozygotes B/B^+. Le phénotype sauvage œil normal est noté $[B^+]$. Les mâles FM6/Y sont fertiles et les femelles FM6/FM6 sont viables mais stériles.

Dans le but d'isoler chez *Drosophila melanogaster* de nouveaux mutants du chromosome X, on traite quelques mâles sauvages aux rayons X.

Ceux-ci sont ensuite croisés avec des femelles $FM6/X^+$ (X^+ désigne le chromosome X sauvage).

On obtient, en F1, des descendants mâles de phénotype [B] ou $[B^+]$ et des femelles de phénotype [B/2] et $[B^+]$. On croise individuellement (dans des tubes indépendants) 100 femelles F1 de phénotype [B/2] par des mâles FM6/Y. On observe les résultats suivants :

– dans 95 tubes la descendance est :

1/4 femelles [B]	1/4 femelles [B/2]
1/4 mâles [B]	1/4 mâles $[B^+]$

– dans 1 tube la descendance est :

1/4 femelles [B]	1/4 femelles [B/2]
1/4 mâles [B]	1/4 mâles $[B^+$; ailes courtes]

– dans 4 tubes la descendance est :

1/3 femelles [B]	1/3 femelles [B/2]
1/3 mâles [B]	

1. Expliquez et justifiez chaque étape du protocole de sélection des mutants, notamment le choix de mutagéniser des mâles plutôt que des femelles. On notera X*, les chromosomes X issus des mâles mutagénisés.

2. Caractérisez les mutants ainsi obtenus.

3. On se propose d'analyser en détail la (les) mutation(s) criblée(s) dans l'un des quatre tubes présentant une ségrégation 1/3-1/3-1/3.

On croise quelques femelles [B/2] par des mâles sauvages et on observe les chromosomes géants des glandes salivaires des larves obtenues. On observe les résultats suivants :

– 1/4 ont un chromosome Y et un chromosome FM6;
– 1/4 ont un chromosome Y et un chromosome X non balanceur (fig. 11.5, ligne 2);
– 1/4 ont un chromosome X^+ et un chromosome FM6;
– 1/4 ont un chromosome sauvage X^+ apparié avec le chromosome X non balanceur (fig. 11.5, ligne 1).

Concluez sur la nature de la mutation, son effet, et le stade d'expression du (des) gène(s) impliqué(s).

4. Pour préciser l'analyse, on croise d'autres femelles [B/2] du tube par des mâles porteurs d'un chromosome X sauvage et d'un chromosome Y porteur d'une insertion d'un fragment de l'X :

– mâles A : porteur sur l'Y de la région 7C9-7E5 de l'X;
– mâles B : porteur sur l'Y de la région 7C1-7D5 de l'X;
– mâles C : porteur sur l'Y de la région 7C4-7D4 de l'X.

On observe les résultats suivants :

– croisement femelles [B/2] × mâles A :

1/4 femelles [B/2]	1/4 femelles [B^+]
1/4 mâles [B]	1/4 mâles [B^+]

– croisement femelles [B/2] × mâles B :

1/4 femelles [B/2]	1/4 femelles [B^+]
1/4 mâles [B]	1/4 mâles [B^+, œil rugueux]

– croisement femelles [B/2] × mâles C :

1/3 femelles [B/2]	1/3 femelles [B^+]
1/3 mâles [B]	

Tirez toutes les conclusions cartographiques et fonctionnelles de ces observations.

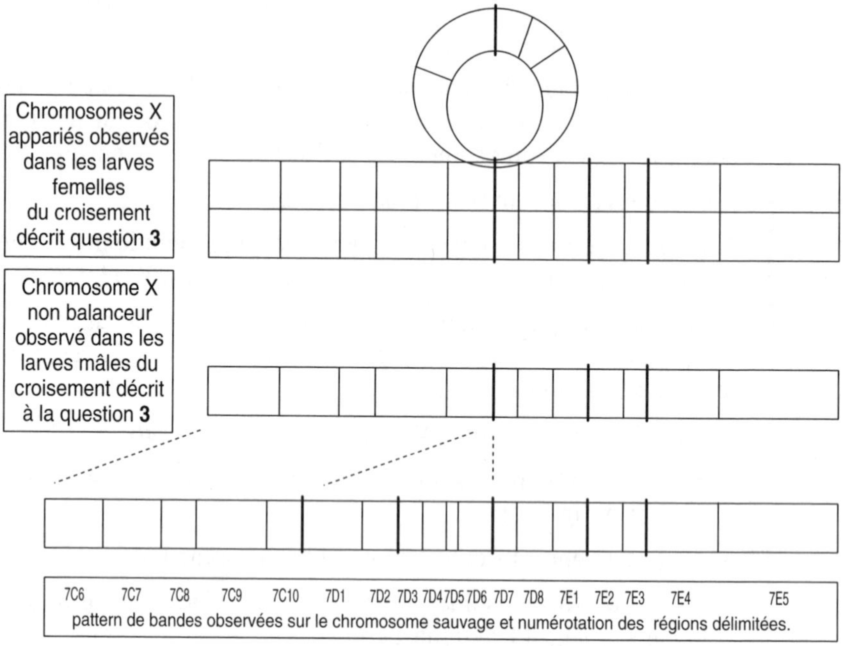

Figure 11.5 Chromosomes X appariés visibles dans le caryotype d'une larve femelle (première ligne), chromosome X observable dans le caryotype des larves mâles non porteur de *FM6* (deuxième ligne), et pattern des bandes d'un chromosome X sauvage (troisième ligne).

5. Suite de l'analyse de la mutation étudiée aux questions **3** et **4**.

a. Quelle observation peut permettre d'affirmer que cette mutation a un effet récessif vis-à-vis de celui de l'allèle sauvage ? Quel est le génotype qu'il faudrait construire pour en être vraiment sûr ?

b. On souhaite construire des femelles homozygotes pour le chromosome étudié. Expliquez pourquoi et comment ce qui est théoriquement impossible est pratiquement réalisable dans les conditions décrites par l'énoncé du problème.

c. Le croisement réalisé permet d'obtenir des femelles adultes homozygotes pour cette mutation; elles sont stériles et présentent un œil rugueux. Quelles sont vos conclusions ?

Solution

1. On se propose d'obtenir des mutants du chromosome X de drosophile.

Une mutagenèse aux rayons X augmentera le taux de mutation, en provoquant notamment des coupures simple ou double brin dans l'ADN, ce qui conduira souvent à des délétions, ou à des inversions.

Comme les mutations affectent les cellules somatiques comme les cellules germinales, les doses utilisées de X ne permettent pas une survie très grande. De ce fait, il est préférable de mutagéniser des mâles (dont la spermiogenèse est continue) afin de pouvoir recueillir assez vite leurs spermatozoïdes (récupérés et conservés dans la spermathèque d'une femelle), et non des femelles chez qui un délai plus long existera entre l'ovogenèse et la ponte d'un nombre important d'œufs.

Le croisement avec FM6, un balanceur de l'X, va permettre d'isoler et de « cloner » des chromosomes X*, issus de cette mutagenèse de mâles, puis de tester, en même temps, l'existence d'éventuelles mutations sur chacun des X*.

En effet, le croisement avec des femelles $FM6/X^+$ donnera des femelles de génotype FM6/X* et X^+/X^*, de phénotype [B/2] et $[B^+]$, si le X* n'est porteur d'aucune mutation conférant un phénotype dominant. Les mâles seront de génotype FM6/Y et X^+/Y et sont sans intérêt puisque le but du jeu est d'isoler des X*.

On reprendra donc, isolément dans un tube, un certain nombre de femelles [B/2], dont on sait, grâce à la mutation semi-dominante, qu'elles possèdent FM6, ce qui exclura tout crossing-over pouvant désunir un éventuel bloc de mutations sur le X* et aussi de pister, dans la descendance, ce bloc ou toute mutation présente sur le X* d'origine.

Dans chaque tube, la femelle isolée FM6/X* est croisée avec un mâle FM6/Y ; on aura donc :

– génotypes FM6/X* × FM6/Y ⟶ FM6/FM6 + FM6/X* + FM6/Y + X*/Y ;

– phénotypes [B/2] × [B] ⟶ [B] + [B/2] + [B] + $[B^+]$.

Chacun des génotypes présents est phénotypiquement identifiable grâce à la mutation semi-dominante « Bar ». On sait par conséquent que les femelles [B/2] sont porteuses de X*, ce chromosome est donc « pisté ».

• Si X* est porteur d'une *mutation à effet récessif*, le phénotype mutant associé apparaîtra chez la moitié des mâles; ceux-ci ayant, par ailleurs, le phénotype $[B^+]$, n'ayant pas reçu FM6 mais le X*.

• Si X* est porteur d'une *mutation létale*, cela se traduira par l'absence de mâles $[B^+]$ et des proportions de 2/3 de femelles pour 1/3 de mâles FM6/Y de phénotype [B].

2. Compte tenu de ce qui vient d'être précisé, on peut déduire que :

– dans 95 tubes, le chromosome X* isolé ne semble pas porter de mutation(s), du moins dans les conditions de culture où s'exprime le génome;

– dans 1 tube le chromosome X* isolé est porteur d'une mutation (ou plusieurs) conférant un phénotype récessif [ailes courtes];

– dans quatre tubes, chacun des X* isolés est porteur d'une (ou plusieurs) mutations létales récessives (proportions 1/3-1/3-1/3).

3. Analyse des caryotypes larvaires pour le chromosome X^l, où *l* signifie que le chromosome X étudié est porteur d'une mutation létale récessive.

On peut distinguer les deux caryotypes larvaires mâles (FM6/Y et X^l/Y) et les deux caryotypes larvaires femelles (FM6/FM6 et $FM6/X^l$) dans les proportions 1/4-1/4-1/4-1/4, ce qui signifie, qu'à ce stade de développement, le génotype mâle X^l/Y est encore viable. La (ou les) mutation(s) létale(s) touchent donc un (des) gène(s) dont la (les) fonction(s) sont requises postérieurement à ce stade de développement (par exemple pendant la pupaison).

L'analyse du pattern de bandes (fig. 11.5, lignes 2 et 3) fait clairement apparaître sur le chromosome X^l (celui qui n'est pas FM6 chez les mâles étudiés) une délétion couvrant les bandes [7D1 à 7D6]; délétion cohérente avec la boucle de délétion observable, chez les femelles, dans l'appariemment entre les chromosomes X^+ et les chromosomes X^l (fig. 11.5, ligne 1).

L'observation d'une délétion est cohérente, à la fois avec l'agent mutagène utilisé (rayons X) et avec le phénotype associé (létalité homozygote, car, sur une telle étendue délétée, la probabilité de toucher une fonction vitale du cycle cellulaire ou de la différenciation est assez élevée).

4. En croisant des femelles [B/2], de génotype $FM6/X^{l}$ avec des mâles $X^{+}/Y(x)$, où Y(x) est un chromosome Y porteur d'une insertion de quelques bandes de l'X, on va produire des mâles de génotype FM6/Y(x) de phénotype [B] et des mâles de génotype $X^{l}/Y(x)$ qui seront létaux si l'insertion de X apportée par Y(x) ne recouvre pas la partie de la délétion concernant les gènes de fonction vitale, et qui seront viables dans le cas contraire (dans ce cas, le phénotype sera $[B^{+}]$). En d'autres termes, il s'agit de voir laquelle des insertions sauve le génotype de la délétion et il s'agit d'une cartographie fonctionnelle par délétion (fig. 11.6).

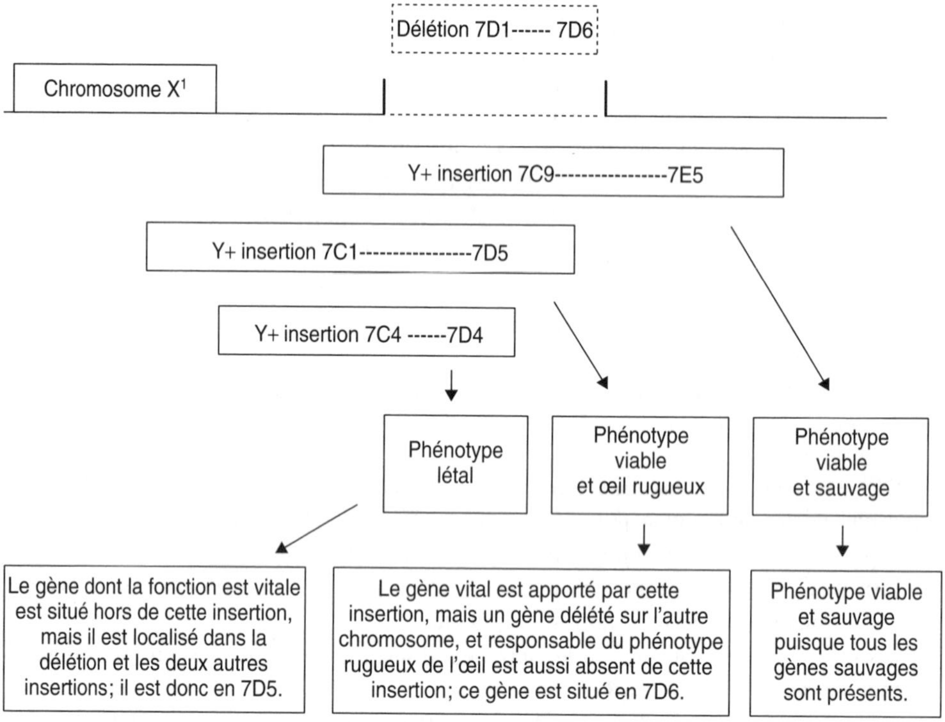

Figure 11.6 Cartographie de délétion.

Conclusions cartographiques et fonctionnelles de l'analyse du chromosome X délété, confronté à un chromosome Y, porteur d'une insertion d'un fragment du X pouvant couvrir plus ou moins partiellement la délétion.

5. a La délétion du chromosome X^{l} est considérée comme récessive parce que les femelles hétérozygotes $FM6/X^{l}$ sont viables. Le fait que les mâles soient létaux ne peut entrer en ligne de compte puisque, de toute façon, ils sont hémizygotes et que le phénotype sera mutant que l'effet de la mutation soit récessif ou non chez l'hétérozygote.

En toute rigueur, il faudrait vérifier que la femelle homozygote X^{l}/X^{l} a, elle aussi, le même phénotype mutant létal que le mâle hémizygote; ce qui semble impossible à réaliser puisque de telles femelles supposent un père X^{l}/Y qui n'existe pas, ce génotype étant létal.

Remarque. On se trouve confronté à la même question dans les maladies dominantes chez l'homme, définies ainsi parce qu'il suffit d'un exemplaire muté du gène impliqué dans la maladie pour que celle-ci survienne (absence d'effet compensateur de l'allèle sauvage). Mais très souvent le phénotype des homozygotes (ou porteurs de deux exemplaires mutés du même gène) n'a pas été observé car ces individus sont très rares, de sorte qu'on ne peut affirmer en toute rigueur que la maladie est « dominante ». En outre, dans quelques maladies dominantes où il a été possible d'observer de tels doubles porteurs, on a constaté que la pathologie était plus grave et/ou plus précoce et/ou plus rapidement évolutive, voire parfois différente, ce qui correspondrait alors à la définition d'un trait codominant puisque le phénotype de l'hétérozygote se distingue de celui des deux homozygotes.

5. b Bien sûr le croisement de femelles FM6/X^l par des mâles A ou B de la question **4** permet la conception d'homozygotes X^l/X^l puis de tester ainsi leur létalité éventuelle.

5. c Or il se trouve que ces zygotes se développent jusqu'à l'état adulte (femelles de phénotype [B^+]), ce qui signifie que le génotype X^l/X^l est viable chez les femelles, celles-ci étant stériles et ayant l'œil rugueux.

Ce dernier phénotype est une conséquence logique de la double absence du gène en 7D6.

La viabilité de ces femelles est la conséquence obligatoire du fait que le gène présent en 7D5 est absolument nécessaire à l'embryogenèse terminale mâle, et nullement nécessaire à celle de la femelle !

Que des gènes s'expriment exclusivement dans un seul des sexes ne doit pas surprendre, c'est par exemple le cas de l'hormone de maintien de la grossesse (βHCG).

Remarque 1. La stérilité peut être une conséquence de l'absence du gène en 7D5, auquel cas ce gène s'exprime aussi chez la femelle mais sa perte de fonction n'a pas tout à fait la même conséquence. La stérilité peut aussi être due à la perte d'un autre gène entre 7D1 et 7D4.

Remarque 2. Dans ce dernier cas, le gène en 7D5 pourrait n'avoir aucune fonction dans le sexe femelle, alors la discussion sur l'effet récessif de sa mutation n'aurait aucun sens puisque l'allèle sauvage lui-même n'aurait, dans le sexe femelle, aucun effet !

Problème 11.4

Niveau Licence-Master (L3, M1)/Pré-requis : chapitres 2, 3, 5, 6 et 8.

On possède chez *Drosophila melanogaster* des mutants dans le gène *STA* du chromosome X (mutation notée *sta-1*).

1. Les mâles *sta-1*/Y sont morphologiquement normaux. Croisés à des femelles sauvages, ils donnent une descendance viable et fertile.

Les femelles *sta-1*//*sta-1* sont morphologiquement normales, mais croisées à des mâles *sta-1*/Y ou sta^+/Y, elles pondent des œufs qui ne se développent pas.

Caractérisez l'effet phénotypique de la mutation *sta-1* chez le mâle et la femelle, en précisant à quel niveau du cycle vital de l'organisme s'exprime le gène *STA*, après avoir défini les différents génotypes produits par ces croisements et les conditions dans lesquelles ils sont produits.

2. Comme il n'est pas possible de maintenir en stock la mutation *sta-1* au sein d'une souche pure (les femelles sont stériles), la mutation *sta-1* est maintenue en stock face au balanceur *FM3* (chap. 8).

FM3 porte une mutation létale récessive et la mutation semi-dominante Bar, responsable d'un phénotype [œil réduit], noté [B/2], chez les femelles hétérozygotes B/B^+, ou [œil très réduit], noté [B] chez les femelles homozygotes *B*/*B* ou les mâles hémizygotes *B*/Y. Le phénotype [œil normal ou sauvage] est noté [B^+].

Vous établirez le protocole de croisement qui a permis d'aboutir à l'énoncé des résultats de la question précédente.

3. On dispose de trois souches porteuses d'une déficience (délétion) partielle du chromosome X, notée *DfC*, *DfD* ou *DfE*, repérables sur les chromosomes polyténiques des glandes salivaires (fig. 11.7). Ces trois déficiences sont conservées face au balanceur *FM3*.

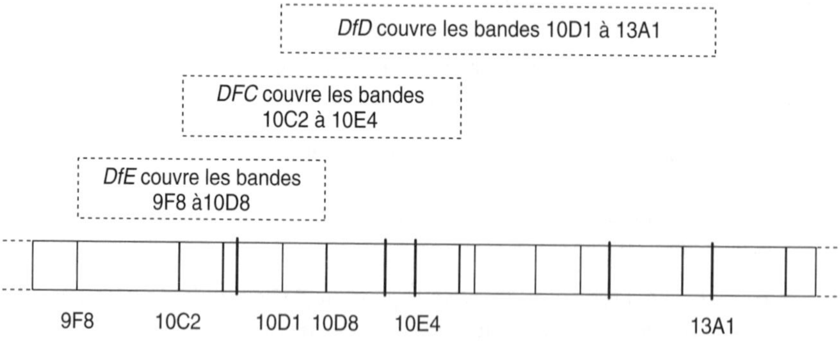

Figure 11.7 Cartographie des délétions *DfC*, *DfD* et *DfE* par rapport au pattern des bandes du X.

On croise des mâles *sta-1*/Y par des femelles *FM3*/*DfC* (croisement 1), *FM3*/*DfD* (croisement 2), ou *FM3*/*DfE* (croisement 3).

Les femelles F1 [B^+] issues des croisements 1 et 2 sont, à leur tour, croisées avec des mâles sauvages : elles pondent des œufs qui ne se développent pas.

Les femelles F1 [B^+] issues du croisement 3 sont, à leur tour, croisées avec des mâles sauvages : elles pondent des œufs qui se développent en adultes.

Quelle est la localisation chromosomique du locus du gène *STA* ?

4. On obtient par mutagenèse de la souche SSR aux rayons X, quatre nouvelles souches mutantes du chromosome X, notées H, I, J et K, dont les mutations sont également conservées face au balanceur *FM3*.

a. Chacune des femelles H, I, J ou K, croisées avec un mâle *sta-1*/Y, donne des femelles F1 de phénotype [B+] qui pondent des œufs ne se développant pas. On observe le même résultat quand on croise un mâle de chacune des quatre souches par une femelle *sta-1*//*sta-1*. Qu'en concluez-vous ?

b. Les mâles des souches I et J ont un phénotype morphologique tout à fait sauvage; en revanche les mâles de la souche H ont des ailes courtes, et les mâles de la souche K ont un abdomen déformé.

Mâles et femelles de la souche H donnent 50 % de femelles F1 de phénotype [B/2, ailes sauvages] et 50 % de femelles F1 de phénotype [B+, ailes courtes].

Mâles et femelles de la souche K donnent 50 % de femelles F1 de phénotype [B/2, abdomen normal] et 50 % de femelles F1 de phénotype [B+, abdomen déformé, ne pondant pas d'œufs].

Enoncez les diverses hypothèses qui peuvent être faites *a priori* pour rendre compte des résultats pour H et K, et discutez de la vraisemblance de ces différentes hypothèses.

5. a. Le croisement des femelles H par des mâles sauvages donne 50 % de femelles F1 de phénotype [B+] qui, croisées avec des mâles H, donnent en F2 :

- femelles avec ailes normales, pondant des œufs qui se développent en adultes : 277;
- femelles avec ailes courtes, pondant des œufs qui ne se développent pas : 252;
- mâles avec ailes normales : 269;
- mâles avec ailes courtes : 257.

Ces résultats permettent-ils de choisir entre les hypothèses formulées précédemment ?

b. On connaît l'existence d'un gène appelé *miniature*, (mutation notée *m*) et localisé en 10E2 sur le chromosome X, dont les mutations *m* (à effet récessif) entraîne un phénotype [ailes courtes].

Des femelles *m*/*m* sont croisées avec des mâles H; tous les descendants F1 ont des ailes courtes et les femelles pondent des œufs qui se développent en adulte.

Cela permet-il de choisir entre les hypothèses formulées sur la nature du mutant H ?

6. Le croisement des femelles K par des mâles sauvages donne 50 % de femelles F1 de phénotype sauvage qui, croisées avec des mâles K, donnent en F2 :

- femelles avec abdomen normal, pondant des œufs qui se développent en adultes : 277;

- femelles avec abdomen normal, pondant des œufs qui ne se développent pas : 63 ;
- femelles avec abdomen déformé, ne pondant pas d'œufs : 321 ;
- mâles avec abdomen normal : 327 ;
- mâles avec abdomen déformé : 315.

Ces résultats permettent-ils de choisir entre les hypothèses formulées sur la nature du mutant K ?

Le génotype du mutant K sera précisé ainsi que le tableau de gamètes conduisant aux résultats observés.

7. On croise des femelles *FM3/sta-1*, H, I, J et K par des mâles sauvages puis on dissèque les glandes salivaires des larves F1 afin d'observer les chromosomes polytènes.

On peut distinguer les larves femelles, ne possédant pas de chromosome Y mais deux X ; on peut aussi distinguer les femelles porteuses d'un chromosome balanceur qui entraîne un grand nombre de boucles d'inversion.

Les caryotypes des larves femelles sans balanceur ne se distinguent pas d'un caryotype sauvage pour toutes les larves F1 issues de femelles *FM3/sta-1*, H, J ou K. En revanche, le caryotype des larves femelles sans balanceur, issu des femelles I présente une boucle d'inversion entre les bandes 10E2 et 13B1.

Qu'en concluez-vous sur la localisation cytologique du gène *STA* ?

8. L'ADN génomique correspondant à la région où est localisé le gène *STA* a été cloné. On connaît la carte physique de cette région (fig. 11.8).

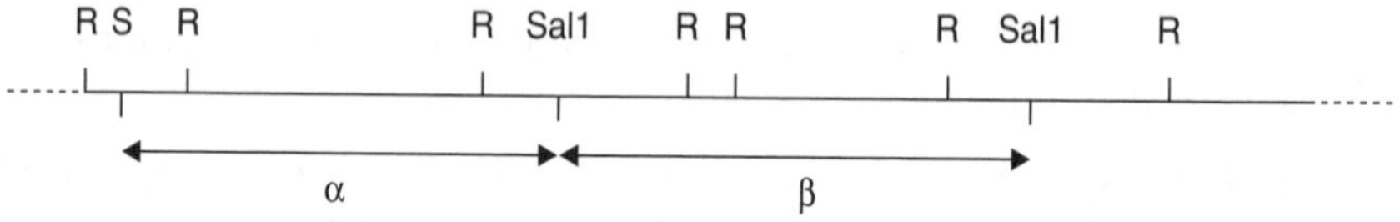

Figure 11.8 Carte physique de la région du gène *STA*.
R figure les sites *Eco*RI, les sondes α et β sont deux fragments *Sal*I clonés.

L'ADN génomique des souches sauvage, *sta-1/sta-1*, H, I, J et K est digéré totalement par *Eco*R1 ; les fragments de restriction sont séparés par électrophorèse sur gel d'agarose puis dénaturés et transférés sur une membrane de nylon (southern blot) et hybridés, soit avec la sonde α marquée, soit avec la sonde β marquée. Après rinçage, les deux southern sont autoradiographiés (fig. 11.9).

Vous préciserez la nature et l'amplitude des événements moléculaires survenus chez certains mutants. Vous préciserez la localisation minimale du gène *STA*, à l'échelle moléculaire, sur la carte physique de la région étudiée.

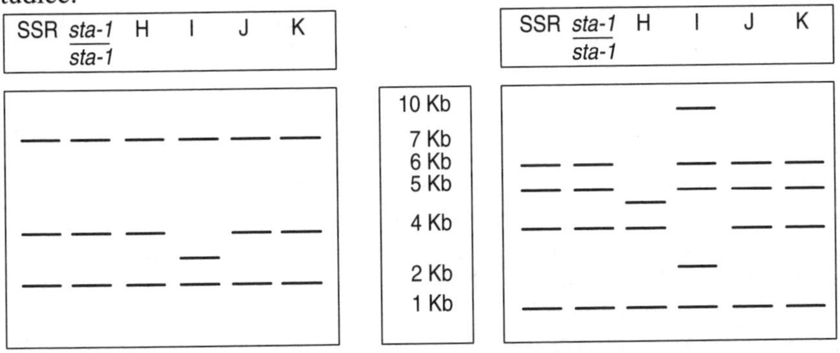

Figure 11.9 Autoradiographie des deux southern-blot des fragments *Eco*RI issus de la digestion d'ADN génomique de diverses souches après hybridation par les sondes α (à gauche) et β (à droite).

Solution

1. Le premier croisement *sta-1*//Y × *sta*$^+$//*sta*$^+$ donnent des descendants de génotypes *sta*$^+$//Y et *sta-1*//*sta*$^+$, viables et fertiles.

Les croisements *sta-1*//*sta-1* × *sta-1*//Y ou *sta-1*//*sta-1* × *sta*$^+$//Y ne donnent aucun descendant car les œufs ne se développent pas.

Or les zygotes formés par ces deux derniers croisements ont pour génotype *sta-1*//*sta-1* ou *sta-1*//Y, dans le premier, et *sta-1*//*sta*$^+$ ou *sta-1*//Y, dans le deuxième, dont on sait qu'ils sont viables puisqu'on en dispose à l'état adulte. Ces génotypes viables *sta-1*//*sta-1* ou *sta-1*/Y n'ont pu être obtenu qu'à partir d'un croisement *sta*$^+$//*sta-1* × *sta-1*/Y.

On voit qu'on peut toujours obtenir des adultes pour les génotypes *sta-1*//*sta-1*, *sta-1*//Y, ou *sta-1*//*sta*$^+$, à la seule condition que la mère ne soit pas *sta-1*//*sta-1*. Un embryon *sta-1*//*sta-1* peut se développer à partir d'un croisement *sta-1*//*sta*$^+$ × *sta-1*/Y, mais non à partir d'un croisement *sta-1*//*sta-1* × *sta-1*//Y.

Que la mutation *sta-1* soit une perte de fonction ou qu'elle exerce un effet toxique, on est amené à conclure que son effet n'est critique pour le développement de l'œuf qu'en fonction du génotype maternel et indépendamment du génotype embryonnaire; la mutation *sta-1* exerce donc un effet maternel.

Si ce n'était pas le cas, et que le développement de l'œuf dépendait de l'expression zygotique du gène *STA*, le génotype *sta-1*//*sta-1* serait létal, ce qui n'est pas le cas.

On sait qu'un certain nombre d'étapes des premiers stades de développement sont prises en charge par l'expression de gènes maternels et non de gènes zygotiques. En effet, l'ovule n'est pas une cellule isolée, elle est associée à de nombreuses cellules nourricières au sein de l'ovocyte. Par transfert de protéines ou de *m*-RNA, les cellules nourricières de l'ovule apportent non seulement des réserves nutritives nécessaires aux premiers stades de développement, mais aussi des produits de gènes nécessaires à ces premiers stades, notamment ceux qui, du fait de gradients de concentration, génèrent une préformation des axes primitifs de développement de l'embryon.

On peut donc conclure que le gène *STA* fait partie de cet ensemble de gènes à effet maternel dans l'œuf. Les œufs des mères *sta-1*//*sta-1*, quel que soit le génotype de l'embryon, sont dépourvus du produit du gène *STA* qui est censé, non pas être traduit chez l'embryon (sinon les génotypes *sta-1*//Y et *sta-1*//*sta-1* seraient létaux), mais chez la mère, durant l'ovogenèse. Au contraire, le produit du gène *STA* est présent et actif chez tous les embryons des mères *sta-1*//*sta*⁺, même les embryons *sta-1*//*sta-1*, car il est synthétisé par les cellules nourricières somatiques *sta-1*//*sta*⁺.

2. Reconstitution d'un protocole permettant l'énoncé des résultats de la question **1**.

Le stock est constitué de 1/3 mâles *sta-1* viables et fertiles, de 1/3 femelles *FM3*//*sta-1*, viables et fertiles, reconnaissables à leur phénotype [B/2] et de 1/3 femelles *sta-1*//*sta-1*, stériles (ce qu'il convient de démontrer ici), reconnaissables à leur phénotype [B⁺].

En effet, les croisements fertiles mâles *sta-1*/Y × femelles *FM3*//*sta-1* donnent 1/4 de zygotes mâles *FM3*/Y létaux, 1/4 de zygotes mâles *sta-1*/Y viables, 1/4 de femelles *FM3*//*sta-1* et 1/4 de femelles *sta-1*//*sta-1*.

La fertilité des mâles *sta-1*/Y est attestée par leur capacité de maintenir la mutation *sta-1* en stock. On peut les croiser avec des femelles *sta*⁺//*sta*⁺ et constater leur fertilité par l'existence d'une descendance F1 viable et fertile.

Pour tester la fertilité de femelles *sta-1*//*sta-1*, il faut d'abord les produire, ce qui est facile puisqu'elles sont repérables dans le stock, par le fait qu'elles sont de phénotype [B⁺].

En les croisant, individuellement dans un tube, avec un mâle sauvage *sta*⁺/Y ou un mâle du stock, *sta-1*/Y, on peut constater qu'elles pondent des œufs qui ne se développent jamais.

3. Le croisement d'une femelle *FM3*//*Df* par un mâle *sta-1*//Y permet de récupérer les femelles F1 de phénotype [B⁺], c'est-à-dire de génotype *sta-1*//*Df*. L'absence du phénotype dominant induit par le balanceur étant une indication de la présence de l'autre chromosome, c'est-à-dire le chromosome porteur de la déficience *Df*.

Si la délétion du chromosome X couvre le locus du gène *STA*, les femelles n'ont qu'un seul exemplaire muté de ce gène et seront stériles; dans le cas contraire, elles seront porteuses d'un allèle *sta*⁺ sur le chromosome *Df* et seront fertiles.

Les résultats montrent que les délétions *DfC* et *DfD* couvrent ce locus mais pas la délétion *DfE* puisque les femelles *sta-1*//*DfE* sont fertiles, ce qui permet de situer le locus du gène *STA* entre 10D8 et 10E4 (fig. 11.10)

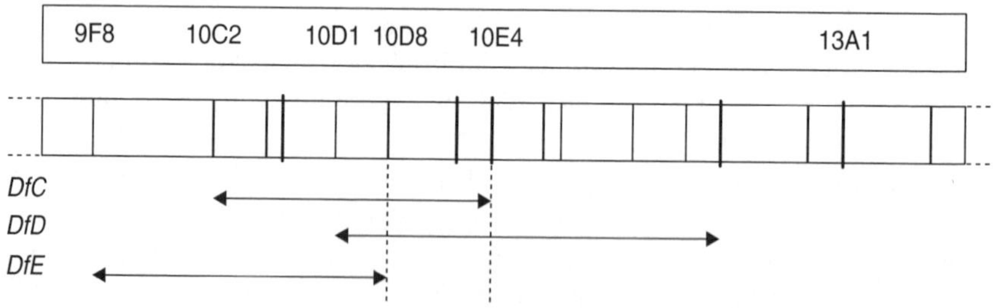

Figure 11.10 Localisation du gène *STA* par cartographie fonctionnelle par délétion.
Le gène *STA* est localisé dans la zone chromosomique figurée entre pointillés car les phénotypes des femelles *Df*//*sta*⁻ ont montré que le locus du gène *STA* est couvert par les délétions *DfC* et *DfD* et non par *DfE*.

NB : On devrait dire, en toute rigueur, que le gène est localisé au moins en partie dans cette zone, car il peut aussi s'étendre à gauche de 10E4. Cependant, on sait que chez la drosophile il semble y avoir un gène par bande, ce qui permet de dire que le gène *STA* est bien compris entre 10D8 et 10E4.

Cette question est une illustration de la méthode de cartographie des gènes par délétion (chap. 6). Cependant, au lieu de tester la possibilité ou l'impossibilité d'obtenir des gamètes sauvages par recombinaison à la méiose, chez l'hétérozygote chromosome muté//chromosome délété, on teste ici directement le phénotype du diploïde.

> ***Remarque.*** On ne savait pas *a priori* si la mutation *sta-1* était une « perte de fonction », la cartographie fonctionnelle par délétion permet de le démontrer, la délétion des gènes *STA* étant une perte de fonction.

4. a Chacune des quatre souches H, I, J et K est porteuse d'un chromosome balanceur pistable par la mutation *bar* et d'un chromosome muté qu'on peut appeler *h*, *i*, *j* ou *k*.

Les femelles de ces quatre souches ont respectivement les génotypes *FM3//i*, *FM3//j*, *FM3//h*, *FM3//k*.

Le fait que les mutations portées par les chromosomes *h*, *i*, *j* et *k* soient maintenus en stock face au balanceur, prouve qu'elles ont toutes un effet récessif vis-à-vis de leurs homologues respectifs sur *FM3*.

Le croisement de femelles H, I, J ou K avec des mâles *sta-1*/Y donne des femelles F1. Celles qui sont de phénotype [B^+] n'ont pas reçu le balanceur et sont donc de génotype *sta-1//h*, *sta-1//i*, *sta-1//j* ou *sta-1//k*. On identifie ainsi les individus dont le génotype est porteur de mutations sur les deux chromosomes X.

Si l'un de ces génotypes, *sta-1//i*, par exemple, s'avère stérile, on peut conclure que le mutant I est affecté dans le gène *STA* (pas de complémentation fonctionnelle).

Ce test de complémentation fonctionnelle permet de conclure que les quatre mutants H, I, J et K sont mutés dans le gène *STA*.

NB : En absence de test de ségrégation 2/2, on ne peut savoir si les mutants H, I, J ou K sont des mutants simples, mutés dans le seul gène *STA* (ce qui est sûr, compte tenu du TCF) ou si ce sont des mutants multiples touchés aussi dans un autre gène.

4. b Les mâles H sont *h*//Y ; les femelles H sont *FM3//h*. Leur croisement donnent deux types de femelles F1, *FM3//h* de phénotype [B/2] et *h//h* de phénotype [B^+].

Ces dernières ont toujours des ailes courtes, ce qui signifie que le phénotype [aile courte] est récessif et associé à la « mutation *h* ».

De la même manière le phénotype [abdomen déformé] est récessif et associé à la « mutation *k* ».

Cependant, il convient d'écrire « mutation *h* » ou « mutation *k* », car, comme cela a été dit, on ne sait si les mutants étudiés sont simples ou multiples. Plusieurs hypothèses différentes peuvent rendre compte de ces phénotypes et aussi de la ségrégation 2/2 observée.

- *Hypothèse 1.* Le mutant H (ou K) est simple. Dans ce cas, le seul gène muté est *STA* (TCF) et la mutation a un effet pléiotrope se traduisant à la fois par la stérilité femelle et un caractère morphologique (aile courte ou abdomen déformé). La ségrégation 2/2 est alors attendue.
- *Hypothèse 2.* Le mutant H (ou K) est double. Il est à la fois muté dans le gène *STA* et aussi, indépendamment, dans un autre gène (du chromosome X) qui conditionne la morphogenèse des ailes ou de l'abdomen. La ségrégation 2/2 est logique (pas de crossing-over chez le mâle, ni, ici, chez la femelle, en raison du chromosome balanceur).

Cette hypothèse est peu vraisemblable car la probabilité d'avoir un double mutant est égale au carré de la probabilité d'en avoir un simple. Si la probabilité d'un simple mutant spontané est de l'ordre de 10^{-6} à 10^{-7}, celle d'un double mutant devient de l'ordre de 10^{-12} à 10^{-14} mutants, c'est-à-dire impossible.

Il est vrai que l'induction de mutants augmente considérablement l'ordre de grandeur des taux, passant à 10^{-4} ou 10^{-5}, ce qui rend l'hypothèse 2 possible, bien que toujours peu probable.

– *Hypothèse 3.* Le mutant H (ou K) est simple en ce sens qu'il est porteur d'une seule mutation, mais deux gènes sont touchés simultanément, le gène *STA* et un autre impliqué dans la morphogenèse de l'aile ou de l'abdomen. Il s'agit dans ce cas d'une délétion (un seul événement mutationnel) couvrant ces deux gènes. La ségrégation 2/2 est attendue (chap. 6 et plus bas).

Cette hypothèse a l'avantage de combiner les deux précédentes en prenant la vraisemblance statistique de la première (un seul événement mutationnel) et la vraisemblance biologique de la seconde (deux fonctions touchées).

Il est alors nécessaire de définir un protocole de choix entre les hypothèses, test de ségrégation 2/2 ou autre test, éventuellement moléculaire.

5. a Des femelles *FM3//h* sont croisées par des mâles SSR, notés h^+//Y. Les femelles F1 de phénotype [B^+] sont de génotype $h//h^+$.

NB : Il est préférable de noter, dans ce croisement, les mâles sauvages par h^+//Y et non sta^+//Y, car on ne sait pas si *h* se réduit au gène *STA* ou s'il recouvre plusieurs gènes. Si on notait les mâles par sta^+//Y, les femelles issues du croisement seraient notées $h//sta^+$ ce qui tendrait à réduire *h* au seul statut d'allèle de *STA* (ce qu'il est de toute façon, mais peut-être pas uniquement).

On observe, dans ce test cross, une ségrégation 2/2 typique avec deux types de mâles équifréquents *h*//Y et h^+//Y, et deux types de femelles équifréquentes *h*//*h* et $h//h^+$.

Cette observation ne permet de choisir aucune des hypothèses :

– si l'hypothèse 1 est la bonne, on attend une ségrégation 2/2 ;
– si l'hypothèse 2 est la bonne, on peut avoir une ségrégation 2/2 si les deux gènes sont très proches, ce qui est une condition supplémentaire rendant cette hypothèse encore moins probable, mais on n'a pas démontré qu'elle était fausse ;
– si l'hypothèse 3 est la bonne, on s'attend aussi à une ségrégation 2/2, comme le montre le schéma ci-dessous.

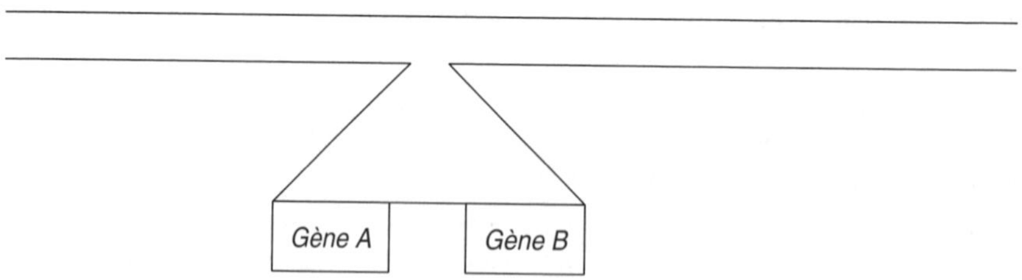

À la méiose, l'appariement de deux chromatides non-sœurs, dont l'une est délétée pour les deux gènes *A* et *B*, induira une boucle de non-appariement (appelée « boucle de délétion ») sur l'autre chromatide.

La première chromatide est A^- et B^-, la seconde est A^+ et B^+, mais aucun crossing-over ne peut générer des chromatides recombinantes A^+ et B^- ou A^- et B^+, car cela supposerait un crossing-over entre les deux gènes en un point qui existe sur la chromatide (A^+, B^+) mais qui n'existe plus sur la chromatide homologue délétée.

5. b Le gène miniature en 10E2, gouvernant par ses mutations un phénotype ailes courtes, est dans la zone 10D8-10E4 où le gène *STA* a été assigné; il est logique de penser que le mutant h pourrait être muté dans *STA* et dans *m*.

Le croisement réalisé est un TCF pour le gène *m*. Les femelles F1 obtenues ont le génotype « *h/m* » et le phénotype [ailes courtes], ce qui prouve que la souche H, mutée dans *STA*, est aussi mutée dans le gène miniature.

L'hypothèse 1 (mutant H simple et mutation pléiotrope) est donc exclue, et restent les deux autres.

6. Les femelles F1, de génotype $k//k^+$, sont croisées, en test-cross, avec des mâles *k*/Y.

Le fait qu'il y ait trois types de descendants femelles en F2 exclut la ségrégation 2/2 d'un couple d'allèles à la méiose chez les femelles F1 $k//k^+$. On doit donc conclure que les mutants K sont porteurs d'au moins deux mutations différentes sur le chromosome X, recombinables par crossing-over.

L'une des mutations affecte le gène *STA* (voir l'absence de complémentation dans les croisements femelles K × mâles *sta-1*/Y), l'autre mutation touche un gène impliqué dans la morphogenèse de l'abdomen, noté *ab*.

Sous cette hypothèse minimale de deux gènes touchés, le génotype de la femelle F1 peut s'écrire (sta^-, ab^-)//(sta^+, ab^+), ce qui conduit au tableau de croisement des gamètes (tabl. 11.9).

Tableau 11.9 Tableau de croisement des gamètes de la femelle F1 par le seul gamète paternel (STA^-, AB^-).

Gamètes des femelles F1	Fréquence	Génotype des femelles F2	Phénotype connu ou attendu
parental (sta^-; ab^-)	(1 – r)/2	sta^-; $ab^-//sta^-$; ab^-	parental : abdomen déformé, sans ponte
parental (sta^+; ab^+)	(1 – r)/2	sta^+; $ab^+//sta^-$; ab^-	parental : abdomen normal, fertile
recombiné (sta^-; ab^+)	r/2	sta^-; $ab^+//sta^-$; ab^-	recombiné : ?
recombiné (sta^+; ab^-)	r/2	sta^+; $ab^-//sta^-$; ab^-	recombiné : ?

On observe 277 et 321 individus femelles de phénotype parental et 63 individus d'un phénotype non-parental, donc recombiné [abdomen normal, pondant des œufs qui ne se développent pas]. Quel est son génotype ?

Comme on sait que le phénotype abdomen déformé est récessif, il s'agit obligatoirement du génotype recombiné $ab^-//ab^+$, donc du génotype (ab^-; sta^-)//(ab^+; sta^-), et il est logique qu'il ponde des œufs qui ne se développent pas, puisqu'il est $sta^-//sta^-$.

Le fait que l'homozygote *k*//*k*, c'est-à-dire (sta^-, ab^-)//(sta^-, ab^-) ne ponde pas d'œufs est dû au fait qu'il a l'abdomen déformé, phénotype épistatique sur celui associé au gène *STA*, si bien que les génotypes ($sta^+//ab^-$)//(sta^-; ab^-) devraient aussi avoir le phénotype [abdomen déformé, ne pondant pas d'œuf], ce qui est confirmé par l'interprétation quantitative des résultats.

En effet, on sait que les génotypes parentaux sont équifréquents entre eux, de même les génotypes recombinés. Or ici 277 et 321 sont des valeurs significativement différentes comme 63 et 0. S'il y a 63 génotypes d'un type recombiné, il doit y en avoir la même quantité de l'autre. S'il n'y a que trois phénotypes au lieu de quatre, c'est que deux génotypes ont un même phénotype. Comme on a un phénotype recombiné et deux phénotypes parentaux, c'est que l'un des génotypes recombinés a le même phénotype que le phénotype parental en excès, soit [abdomen déformé, sans ponte], ce qui confirme bien ce qu'on attend.

Cela permet, par ailleurs, de calculer la fréquence de recombinaison, soit $63 \times 2/641$, d'où une distance de 19,7 unités de recombinaison.

On voit qu'avec une mutagenèse aux rayons X on peut avoir des doubles mutants sans trop de difficultés.

7. Une inversion entraîne une double coupure de l'ADN aux deux extrémités (appelées pieds) de l'inversion.

Si le pied d'une inversion est situé dans la séquence codante d'un gène, celui-ci sera inactivé, puisque l'instruction est détruite.

NB : Une inversion touchant un gène dans son promoteur peut mettre la séquence codante en phase avec le promoteur d'un gène situé à proximité de l'autre pied et aboutir alors à une surtranscription s'il s'agit d'un promoteur fort.

Ici le mutant I, muté dans le gène *STA*, lui-même localisé entre 10D8 et 10E4, possède une inversion entre 10E2 et 13B1 ; il est dès lors très vraisemblable pour ne pas dire certain que le gène *STA* est touché par cette inversion ce qui précise sa localisation en 10E2, c'est-à-dire très proche du gène miniature (question 5).

8. La mesure de la taille des fragments de restriction sur les southern blot pour la souche SSR permet de compléter la carte de restriction (fig. 11.11). Le fragment de 4 Kb est évidemment reconnu par les sondes α et β.

L'absence de modification de la carte de restriction pour les mutants J et K plaide en faveur de mutations ponctuelles du gène *STA* dans ces souches. En revanche, les mutations affectant le gène *STA* chez les mutants I et H sont associées à une modification de la carte de restriction.

Ce résultat était attendu pour la souche I où l'analyse cytologique a montré une inversion, et confirme l'hypothèse d'une délétion pour la souche H (questions 4 et 5.a).

Chez H la sonde α reconnaît les fragments présents chez la SSR ; cette partie de la carte physique n'est pas concernée par la délétion.

La sonde β identifie les fragments de 4 Kb et 1 Kb présents chez la SSR, mais identifie un fragment de 5,5 Kb à la place de ceux de 5 et 6 Kb.

Deux solutions sont alors possibles pour situer l'ampleur de la délétion chez H :

- une délétion courte de 5,5 Kb autour de l'avant-dernier site R réduisant les deux fragments de 5Kb et 6Kb à un fragment unique de 5,5 Kb (fig. 11.11) ;
- une délétion plus longue emportant les deux derniers sites R, et donc la totalité du fragment de 6 Kb, raccordant la partie restante du fragment de 5 Kb (qui permet la reconnaissance par la sonde β) avec un site plus en aval et formant un nouveau fragment de 5,5 Kb.

L'analyse des fragments de restriction du mutant I permet de montrer que les fragments de 2, 7, 1, 5 et 6 Kb ne sont pas touchés, et que le seul fragment dont la taille est modifiée est le fragment de 4 Kb, reconnu chez la SSR par les deux sondes.

L'un des pieds de l'inversion se situe dans ce fragment de 4 Kb :

– la sonde α reconnaît la partie droite du fragment qui est restée en place et se trouve soudée avec l'autre pied de l'inversion qui apporte un site R, tel que le nouveau fragment fait 3 Kb (fig. 11.11);
– la sonde β reconnaît la partie gauche de ce fragment qui, après l'inversion se retrouve en 13B1 associée avec un site R en aval du pied de l'inversion, tel que le nouveau fragment de restriction a une taille largement supérieure à 7 Kb (fig. 11.11);
– la sonde β reconnaît aussi la partie droite de ce fragment (3 Kb sur les deux southern), ce qui prouve que le pied de l'inversion se situe à droite du site *Sal*1.

L'inversion du mutant I, qui touche le gène *STA*, prend pied dans le fragment de 4 Kb. Dans les deux hypothèses, le point de départ de la délétion du mutant H, qui touche le gène *STA*, se situe dans le fragment de 5 Kb.

On peut donc conclure que la localisation moléculaire minimale du gène *STA* est de part et d'autre du fragment *Eco*R1 de 1 Kb qui est totalement interne au gène *STA*.

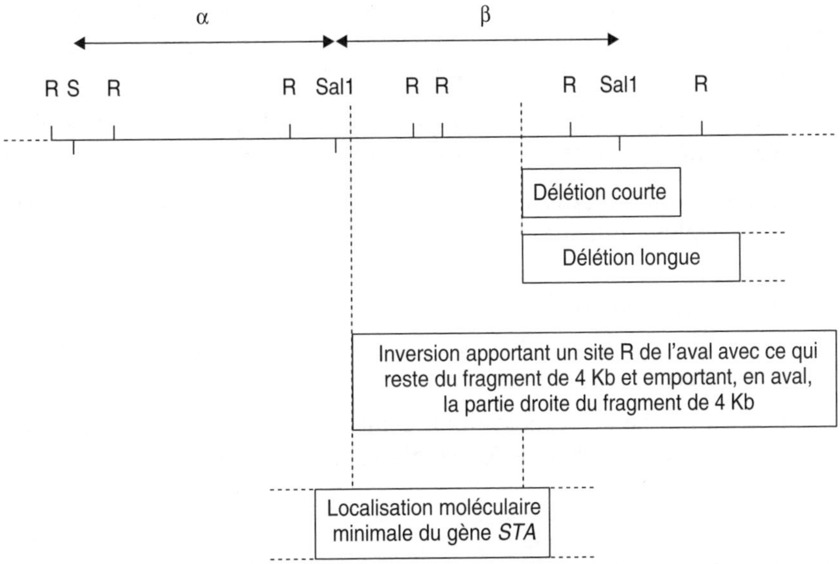

Figure 11.11 Localisation du gène *STA* et des pieds des délétions ou de l'inversion par rapport à la carte physique de la région génomique contenant le gène *STA*.

Problème 11.5

Niveau Licence-Master (L3, M1)/Pré-requis : chapitres 2, 3, 6, 7 et 8.

Chez *Drosophila melanogaster*, une mutation létale récessive, notée *l*, localisée sur le chromosome II, est maintenue en stock face au balanceur *SM1*.

Le balanceur *SM1* est porteur de la mutation curly (notée *cy*), létale récessive et responsable chez l'hétérozygote $cy//cy^{+}$ d'un phénotype dominant dit « curly » à ailes relevées, noté [cy].

La même mutation *l* est aussi maintenue en stock face à un autre balanceur *Gla*, où *Gla* est une mutation létale récessive et responsable chez l'hétérozygote *Gla*$^+$//*Gla* d'un phénotype dominant « œil réduit », noté [Gla].

Les diploïdes *SM1//Gla* sont viables, de phénotype double mutant [cy; Gla] et s'autoentretiennent.

1. On croise des mâles *SM1//l* par des femelles *Gla//l*. Quelles sont les observations attendues et leurs fréquences respectives ? Justifiez votre réponse.

2. On recommence le même croisement après avoir irradié les mâles et on observe, parmi la F1, deux mâles de phénotype sauvage ?

Quel type d'événement peut permettre d'interpréter cette observation ? Pourquoi seulement deux mâles ? Quel est leur génotype ? Discutez de la dominance et de la récessivité.

Justifiez votre réponse, sachant qu'on n'observe jamais de descendants [cy$^+$, *Gla*$^+$] ou [cy, Gla$^+$] ou [cy$^+$, Gla] dans un croisement entre des mâles *SM1//Gla* irradiés et des femelles *SM1//Gla*.

3. On croise l'un des mâles de phénotype sauvage avec une femelle *SM1//Gla*, ce qui donne 50 % de descendants [cy] et 50 % de descendants [Gla].

Puis on forme au hasard des couples mâle [cy] × femelle [cy] dans des tubes isolés, afin d'observer les descendances individuelles de chaque couple.

Quels seront les résultats observés (génotypes, phénotypes, fréquences) selon les génotypes accouplés et selon que l'événement considéré est survenu sur le chromosome 2 ou sur un autre autosome ?

4. D'où provient l'impossibilité d'interpréter certains résultats ? Peut-on imaginer des croisements susceptibles de lever cette ambiguïté ?

Solution

1. Le croisement *SM1//l* × *Gla//l* donnera, à la conception, quatre types de génotypes équifréquents (équifréquence des deux types de gamètes parentaux et fécondation croisées aléatoires) :

– *SM1//Gla*, viable de phénotype [cy; Gla];

– *SM1//l*, viable de phénotype [cy, Gla$^+$];

– *Gla//l*, viable de phénotype [cy$^+$, Gla];

– *l//l*, non viable.

On n'observera donc que les trois premiers phénotypes de fréquences égales à 1/3.

2. L'irradiation est mutagène et peut faire apparaître de nouveaux mutants, parmi lesquels d'éventuels révertants repérables s'ils ont un phénotype sauvage, soit par retour à une séquence sauvage (révertants vrais) soit par apparition d'un suppresseur actif.

Le fait de n'avoir jamais de révertant double [cy$^+$, *Gla*$^+$] ou simple [cy$^+$, Gla] ou [cy, Gla$^+$] dans les croisements entre des mâles *SM1//Gla* irradiés et des femelles *SM1//Gla* montre qu'il n'est pas possible d'obtenir de suppresseur actif des mutations responsables des deux phénotypes [cy] et [Gla]. Les deux mâles sauvages obtenus sont donc deux révertants pour la mutation *l*, soit vrais, soit par suppresseur, et ne sont porteurs d'aucun des deux balanceurs.

On n'obtient que deux mâles parce que le retour à une séquence l^+, ou l'apparition d'un suppresseur su^a, sont des mutations *de novo*, n'affectant qu'un très petit nombre des gamètes issues des cellules germinales irradiées.

Le génotype des révertants est soit $l^+//l$, si c'est un révertant vrai, soit $(l;\ su^a)//(l;\ su^i)$ si c'est un révertant par action d'un suppresseur actif. Bien évidemment, le fait que ces révertants apparaissent dès cette génération prouve qu'un éventuel suppresseur, s'il existe, a un effet dominant.

3. Le but de ces croisements est de pouvoir mettre en évidence l'existence d'un suppresseur et, en même temps, de l'assigner à un chromosome. On peut se mettre dans les différents cas possibles concernant un révertant.

• *Cas d'un révertant vrai*

On effectue alors le croisement $l^+//l \times SM1//Gla$.

On attend :	$SM1//l^+$	phénotype [cy]	fréquence 1/4 ;
	$SM1//l$	phénotype [cy]	fréquence 1/4 ;
	$Gla//l^+$	phénotype [Gla]	fréquence 1/4 ;
	$Gla//l$	phénotype [Gla]	fréquence 1/4.

Ce qui est cohérent avec les observations.

Si on croise entre eux des individus [cy], on peut faire plusieurs types de couples différents selon le génotype sous-jacent de chacun des conjoints qui peut être, avec une même probabilité $SM1//l^+$ ou $SM1//l$, ce qui nécessite d'isoler les couples dans des tubes afin de caractériser leurs descendances individuelles.

Comme on forme des couples au hasard, on aura :

– $SM1//l^+ \times SM1//l^+$ (une fois sur quatre) qui donne 2/3 de [cy] + 1/3 [+], puisque les homozygotes $SM1//SM1$ sont létaux ;
– $SM1//l^+ \times SM1//l$ (deux fois sur quatre) qui donne 2/3 de [cy] + 1/3 [+] ;
– $SM1//l \times SM1//l$ (une fois sur quatre) qui ne donne que des [cy].

• *Cas d'un suppresseur actif localisé sur le chromosome 2*

On obtient les mêmes résultats que pour un révertant vrai, car, avec un protocole utilisant des balanceurs, on n'est jamais en mesure de séparer par crossing-over la mutation *l* de son suppresseur.

• *Cas d'un suppresseur actif localisé sur un autre autosome que le chromosome 2*

On effectue alors le croisement $(l//l,\ su^a//su^i) \times (SM1//Gla,\ su^i//su^i)$.

On attend :	$(SM1//l,\ su^a//su^i)$	phénotype [cy]	fréquence 1/4 ;
	$(SM1//l,\ su^i//su^i)$	phénotype [cy]	fréquence 1/4 ;
	$(Gla//l,\ su^a//su^i)$	phénotype [Gla]	fréquence 1/4 ;
	$(Gla//l,\ su^i//su^i)$	phénotype [Gla]	fréquence 1/4.

Ce qui est cohérent avec les observations.

Si on croise entre eux des individus [cy], on peut faire plusieurs types de couples différents selon le génotype sous-jacent de chacun des conjoints qui peut être, avec une même probabilité $(SM1//l,\ su^a//su^i)$ ou $(SM1//l,\ su^i//su^i)$.

Comme on forme des couples au hasard, on aura :

– (*SM1//l*, $su^a//su^i$) × (*SM1//l*, $su^a//su^i$), une fois sur quatre, qui donne, en fonction du tableau de croisement des gamètes à 16 cases, et de la létalité des homozygotes *SM1//SM1* ou *l//l*, des [cy] avec une fréquence de 8/11 et des [+] avec une fréquence de 3/11.

Ce résultat permet donc de faire la différence d'avec un révertant vrai ou par suppresseur sur le chromosome 2.

– (*SM1//l*, $su^a//su^i$) × (*SM1//l*, $su^i//su^i$), une fois sur deux qui donne, en fonction du tableau de croisement des gamètes à 8 cases, et de la létalité des homozygotes *SM1//SM1* ou *l//l*, des [cy] avec une fréquence de 4/5 et des [+] avec une fréquence de 1/5.

Ce résultat permet aussi de faire la différence d'avec un révertant vrai ou par suppresseur sur le chromosome 2 (à condition que l'écart 4/5, 1/5 soit statistiquement significatif par rapport à l'écart 2/3, 1/3).

– (*SM1//l*, *sui//sui*) × (*SM1//l*, *sui//sui*), une fois sur quatre, qui ne donne que des [cy].

4. On peut montrer l'existence d'un suppresseur physiquement indépendant de la mutation directe mais on ne peut différencier un révertant vrai (ou avec un suppresseur très lié) d'un révertant avec un suppresseur sur le chromosome 2, peu ou pas lié, car le protocole utilise exclusivement des balanceurs.

Pour pouvoir faire la distinction entre un révertant vrai ou un révertant avec su^a sur le chromosome 2, il faut construire un génotype diploïde formé d'un chromosome 2 sauvage et d'un chromosome 2 issu du révertant.

Si le révertant est vrai, le génotype de ce diploïde sera $l^+//l^+$, et la méiose ne donnera que des gamètes l^+. S le révertant est porteur d'un su^a, le génotype construit sera (l, su^a)//(l^+, su^i), et la méiose, chez une femelle sera susceptible de former des gamètes recombinés (l, su^i) qui pourront être mis en évidence par un test cross adéquat.

Le chromosome (l^+, su^i) peut aisément être fourni par un adulte SSR, et le chromosome (l, su^a), s'il existe, peut être fourni par un individu [cy] de génotype *SM1*//(l, su^a), à condition de pouvoir le distinguer d'un individu [cy] de génotype *SM1*//(l, su^i), ce qui n'est pas directement possible dans les conditions présentes. Il faut donc isoler des *SM1*//(l, su^a).

En effet le matériel génétique à notre disposition est constitué des individus issus des premiers croisements (voir question précédente), soit :

– des adultes [cy] de génotype *SM1*//(l, su^a) ou *SM1*//(l, su^i) dans le cas où le révertant porte un suppresseur su^a sur le chromosome 2 (mais *SM1*//l^+ ou *SM1//l* dans le cas où c'était un révertant vrai);

– des adultes [cy^+] de génotype (l, su^a)//(l, su^a) ou (l, su^a)//(l, su^i) dans le cas où le révertant porte un suppresseur su^a sur le chromosome 2 (mais $l^+//l^+$ ou $l^+//l$ dans le cas où c'était un révertant vrai).

Pour isoler des *SM1*//(l, su^a), on part des individus [cy^+] obtenus précédemment, dont le génotype est (l, su^a)//(l, su^a) ou (l, su^a)//(l, su^i) si le révertant porte un suppresseur ($l^+//^+$ ou $l^+//l$ dans le cas d'un révertant vrai).

Chaque individu [cy^+] est croisé, individuellement dans un tube, avec un adulte *SM1*//(l, su^i), issu du stock, on obtient alors des diploïdes qui permettront de génotyper sans ambiguïté (tabl. 11.10) le parent [cy^+] ainsi que ces descendants, ce qui permettra d'isoler le génotype *SM1*//(l, su^a) recherché.

TABLEAU 11.10 GÉNOTYPAGE DES PARENTS [CY+] PAR ANALYSE DE LA DESCENDANCE DE LEUR CROISEMENT AVEC UN ADULTE DE LA SOUCHE *SM1//l*.

Si le parent [cy+] est (*l*, *su*^{a})//(*l*, *su*^{a}) son croisement avec *SM1*//(*l*, *su*^{i}) donnera des diploïdes	Si le parent [cy+] est (*l*, *su*^{a})//(*l*, *su*^{i}) son croisement avec *SM1*//(*l*, *su*^{i}) donnera des diploïdes	Si le parent [cy+] est *l*$^+$//*l*$^+$ son croisement avec *SM1*//(*l*, *su*^{i}) donnera des diploïdes	Si le parent [cy+] est *l*$^+$//*l* son croisement avec *SM1*//(*l*, *su*^{i}) donnera des diploïdes

SM1//(*l*, *su*^{a}) : [cy]
50 %
(*l*, *su*^{a})//(*l*, *su*^{a}) : [cy+]
50 %
	SM1//(*l*, *su*^{a}) : [cy]
	33 %
	SM1//(*l*, *su*^{i}) : [cy]
	33 %
	(*l*, *su*^{a})//(*l*, *su*^{i}) : [cy+]
	33 %
	(*l*, *su*^{i})//(*l*, *su*^{i}) : [létal]
		SM1//*l*$^+$: [cy]
		50 %
		l$^+$//*l* : [cy+]
		50 %
			SM1//*l*$^+$: [cy]
			33 %
			SM1//*l* : [cy]
			33 %
			l$^+$//*l* : [cy+]
			33 %
			l//*l* : [létal]

Il convient donc maintenant de récupérer les individus [cy] dans les tubes où leur proportion est égale à 50 %, car on sait alors que leur génotype est soit *SM1*//(*l*, *su*^{a}), en cas de suppresseur, soit *SM1*//*l*$^+$, en cas de révertant vrai.

À présent on peut, toujours individuellement dans un tube, croiser ces individus [cy] par des sauvages qui donneront 50 % de diploïdes [cy+] dont le génotype sera soit (*l*, *su*^{a})//(*l*$^+$, *su*^{i}), en cas de suppresseur, soit *l*$^+$//*l*$^+$, en cas de révertant vrai.

Le génotype (*l*, *su*^{a})//(*l*$^+$, *su*^{i}) est le génotype qu'on se proposait de construire pour pouvoir, si le suppresseur existe, en démontrer l'existence par sa séparation d'avec la mutation directe *l*, par crossing-over.

Il faut donc récupérer tous les chromosomes 2 formés par des méioses femelles afin de mettre éventuellement en évidence des gamètes recombinés (*l*, *su*^{i}).

Pour ce faire, on croise des femelles [cy+] obtenues précédemment avec des mâles *SM1*//*Gla* et on recueille alors, à la génération suivante, tous les chromosomes 2 recherchés en face d'un balanceur, *SM1*, une fois sur deux, *Gla*, une fois sur deux (tabl. 11.11).

On peut alors tester chacun de ces chromosomes 2 en croisant, individuellement dans un tube, les individus [cy] avec des *SM1*//(*l*, *su*^{i}), issu du stock, et les individus [Gla] avec des *Gla*//(*l*, *su*^{i}), issu du stock.

Les résultats de ces croisements (tabl. 11.11) permettront de statuer sur l'existence d'un éventuel suppresseur sur le chromosome 2 ou sur le fait que le révertant était un révertant vrai (ou avec un suppresseur très lié) en fonction des proportions trouvées de phénotype [cy] ou [Gla] ou [+].

S'il existe, chez le révertant, un suppresseur sur le chromosome 2, assez éloigné de la mutation directe pour en être séparé par crossing-over, alors certains tubes doivent montrer une descendance sans phénotypes sauvages (tabl. 11.11, colonne 4) ; si de telles descendances ne sont jamais observées, on doit conclure que le révertant est vrai, ou qu'un suppresseur existe mais est très lié, de sorte que la probabilité de crossing-over est trop faible pour observer des gamètes recombinés.

Tableau 11.11 Mise en évidence d'un éventuel suppresseur sur le chromosome 2 par analyse individuelle des différents gamètes formés à la méiose chez des femelles [cy⁺] de génotype $(l, su^a)//(l^+, su^i)$, ou de génotype $l^+//l^+$.

<table>
<tr><td colspan="4">s'il y a un suppresseur sur le chromosome 2, la femelle [cy⁺]
est de génotype $(l, su^a)//(l^+, su^i)$, les gamètes seront parentaux
(fréquence (1 – r)/2) ou recombinés (fréquence r/2),
et recueillis face à un balanceur *SM1* ou *Gla* et donneront des diploïdes</td><td>s'il n'y a pas
de suppresseur,
elle est $l^+//l^+$,
les gamètes
seront l^+
et les diploïdes</td></tr>
<tr><td>(1 – r)/2
$SM1//(l, su^a)$
ou $Gla//(l, su^a)$</td><td>(1 – r)/2
$SM1//(l^+, su^i)$
ou $Gla//(l^+, su^i)$</td><td>r/2
$SM1//(l^+, su^a)$
ou $Gla//(l^+, su^a)$</td><td>r/2
$SM1//(l, su^i)$
ou $Gla//(l^+, su^a)$</td><td>100 %
$SM1//l^+$
ou $Gla//l^+$</td></tr>
<tr><td colspan="5">en croisant les individus [cy] avec des $SM1//(l, su^i)$, ou $SM1//l$, du stock
ou en croisant les individus [Gla] avec des $Gla//(l, su^i)$, ou $Gla//l$, du stock on obtient</td></tr>
<tr><td>2/3 [cy ou Gla]
1/3 [+]</td><td>2/3 [cy ou Gla]
1/3 [+]</td><td>2/3 [cy ou Gla]
1/3 [+]</td><td>100 %
[cy ou Gla]</td><td>2/3 [cy ou Gla]
1/3 [+]</td></tr>
</table>

PROBLÈMES DE GÉNÉTIQUE BACTÉRIENNE

12

Problème 12.1

Niveau Licence (L3)/Pré-requis : chapitres 6 et 9.

On dispose d'une souche A de *coli* auxotrophe pour la leucine, la proline, la thréonine, les purines, la cystéine, sensible au phage Tx, incapable de pousser sur galactose et résistante à la streptomycine. On dispose de la Hfr H, résistante au phage Tx et sauvage pour le reste du génome.

NB : La mutation de résistance à la streptomycine est à la 72e minute de la carte standard.

1. On réalise un croisement par conjugaison H × A. Toutes les cinq minutes on prélève quelques ml de la coculture qu'on agite avant de les répartir par étalement sur plusieurs boîtes afin de tester, individuellement, le phénotype de la réceptrice pour chacun des marqueurs.

a. Quel sera le milieu de culture permettant de tester les recombinants [pro^{+}] ?

b. Quel sera celui permettant de tester les recombinants [gal^{+}] ?

2. Interprétez les résultats (tabl. 12.1) pour chacun des phénotypes étudiés (schéma souhaité).

TABLEAU 12.1 RÉSULTATS DES ÉTALEMENTS DE LA CONJUGAISON H × *A*. « + » indique la présence de colonies.

Temps d'étalement	[leu^{+}]	[pro^{+}]	[thr^{+}]	[pur^{+}]	[cys^{+}]	[Tx R]	[gal^{+}]
0	–	–	–	–	–	–	–
5	–	–	+	–	–	–	–

Temps d'étalement	[leu+]	[pro+]	[thr+]	[pur+]	[cys+]	[Tx R]	[gal+]
10	+	–	+	–	–	–	–
15	+	–	+	–	–	–	–
20	+	+	+	–	–	–	–
25	+	+	+	+	–	–	–
30 min	+	+	+	+	–	–	–

3. On laisse la conjugaison se poursuivre environ 70 minutes et on sélectionne les réceptrices [pur+, str^R]. Testées par répliques, 80 % d'entre elles sont [gal+], 30% sont [cys+]. Testées par répliques, 95 % des [gal+] sont [tx^R], 50 % des [cys+] sont [Tx^R].

Interprétez ces résultats, en précisant le rôle du marqueur gal. Schéma indispensable.

4. On dispose d'une souche B, incapable de métaboliser le galactose et résistante à la streptomycine.

Après croisement de B avec la Hfr H, on obtient des [gal+, Str^R] après 14 min de conjugaison.

On prépare un lysat de phage transducteur P1 à partir de la souche Hfr et on transduit les souches A et B afin d'obtenir des recombinants [gal+].

95% des recombinants [gal+], issus de la transduction de A par P1, sont [Tx^R], 100 % des recombinants [gal+], issus de la transduction de B par P1, sont [tx^S]. Discutez de la cohérence de ces résultats et concluez.

Questions **5** et **6**, voir exercice 9.2, chapitre 9.

7. La souche Do de *coli* est sensible à la streptomycine et délétée pour le fragment du génome porteur de la région gal, pyr, Tx précédemment étudiée ; elle est de phénotype [gal–, pyr–, Tx^R].

Par ailleurs, on dispose d'une souche, notée D, dont le génome correspond à celui de Do additionné d'un épisome contenant cette région à l'état sauvage. La souche D est de phénotype [gal+, pyr+, Tx^S].

On obtient par traitement aux rayons X, des mutants résistants au phage Tx.

a. Discutez du phénotype de la souche D.

La mutagenèse et la sélection des mutants ont été réalisées en milieu glucose complémenté en pyrimidine. Expliquez pourquoi.

b. Deux de ces mutants, notés D1 et D2 sont croisés avec les dérivés (str^R, recA–) des souches d1, d2, d3 et d4. On étale sur milieu M0 (glu) + pyr + streptomycine et on réplique sur milieu M0 (glu) + streptomycine ou M0 (gal) + pyr + streptomycine. On rappelle que la perte de fonction recA entraîne l'incapacité de réaliser des recombinaisons homologues.

Interprétez les résultats obtenus (tabl. 12.2). Un schéma est demandé.

TABLEAU 12.2 NOMBRE DE COLONIES OBSERVÉES SUR LES MILIEUX D'ÉTALEMENT ET DE RÉPLIQUE DANS DIFFÉRENTS CROISEMENTS.

Mutant D	Réceptrice m	Colonies sur M0 (glu) + pyr + streptomycine	Colonies sur M0 (glu) + streptomycine	Colonies sur M0 (gal) + pyr + streptomycine
D1	d1	56	56	0
D1	d2	86	86	0
D1	d3	90	90	0
D1	d4	91	91	0
D2	d1	100	0	0
D2	d2	95	0	95
D2	d3	86	0	0
D2	d4	102	0	102

c. On réalise un lysat de phages transducteurs P1 sur le mutant D2 avec lequel on transduit les mutants m1 et m3. On obtient des colonies sur milieu M0(gal) dans le premier cas, et jamais dans le second.

Concluez, en précisant la cohérence avec la carte fine des mutations gal (schéma souhaitable).

Solution

1. a. M0 (glu) complémenté en leucine, thréonine, purines et cystéine + streptomycine, celle-ci servant à contre-sélectionner les donatrices Hfr (voir page 235).

b. M0 (gal) complémenté en leucine, proline, thréonine, purines et cystéine + strepto.

2. Par un protocole de conjugaison interrompue, on a pu établir la carte suivante en temps de conjugaison, jusqu'au marqueur gal, les autres ne pénétrant qu'après 30 minutes.

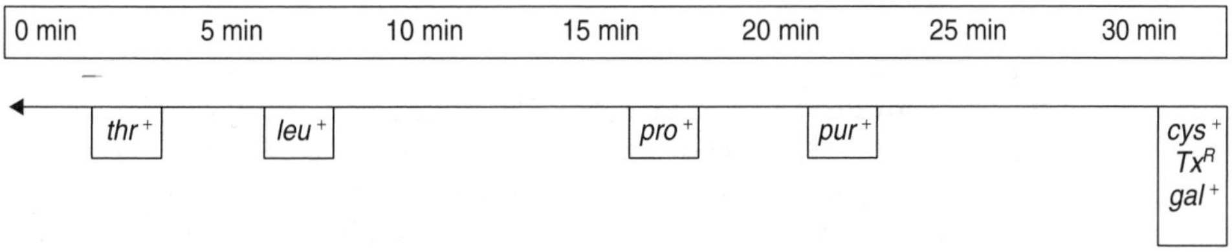

3. En laissant conjuguer 70 minutes, on est sûr que les réceptrices sont restées [str^R].

Les réceptrices étant toutes [pur^+], on juge à présent du gradient de transfert à partir de cette nouvelle origine. La fréquence des recombinants [pur^+, gal^+] étant supérieure à celle des [pur^+, cys^+], on peut en conclure que le marqueur gal est plus proche de pur que cys.

Le marqueur gal sert de référence pour juger du cotransfert/ de la corecombinaison du marqueur Tx.

Comme 95 % des recombinants [pur^+, gal^+] sont [Tx^R], on peut en déduire que les deux locus sont très proches mais il n'est pas possible de les situer par rapport à gal, car le cotransfert est un test de liaison et non un test trois points d'orientation. D'où la carte suivante.

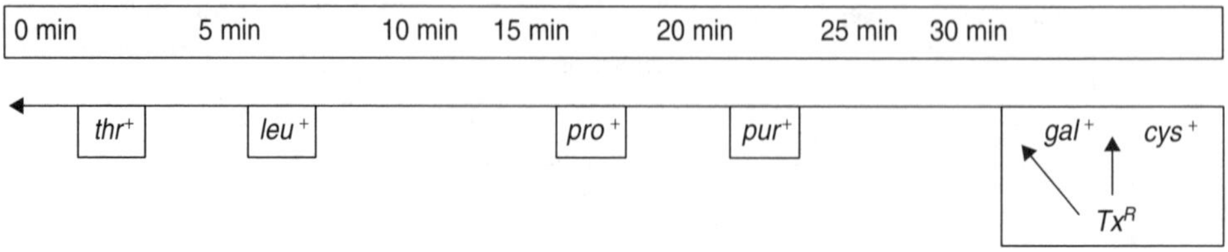

4. Si on obtient des recombinants [gal^+, Str^R] après 14 min, c'est que la souche B est mutée pour un autre gène gal que la souche A, qui seront notés respectivement *gal*B et *gal*A. Ces deux locus sont donc à plus de seize minutes, soit plus de 640 000 pb.

Logiquement, dans ces conditions, le lysat transducteur de la séquence sauvage du gène *gal*A cotransduit la séquence de résistance au phage Tx, alors que le lysat transducteur de la séquence sauvage de galB ne cotransduit jamais cette séquence de résistance.

Les gènes *gal*A et *Tx* sont distants de beaucoup moins de 100 000 pb puisque leur taux de cotransduction est très élevé.

5. et 6. Voir exercice 2, chapitre 9.

7. a La délétion chromosomique de la souche Do pour les gènes impliqués dans les phénotypes de métabolisation du galactose, de biosynthèse des pyrimidines et de sensibilité au phage *Tx*, constitue, pour ces gènes des mutations de « perte de fonction ». Cette observation montre notamment que le phénotype de résistance au phage Tx résulte d'une perte de fonction du gène Tx (par exemple, si ce gène code pour une protéine jouant le rôle de récepteur au phage, comme la perméase au maltose pour le phage λ).

Le phénotype de la souche D étant [gal^+, pyr^+, Tx^S], on peut en déduire que, pour chacun de ces gènes, les mutations de perte de fonction ont un effet récessif par rapport à celui de chacun de leurs allèles sauvages respectifs.

Les rayons X sont souvent utilisés pour générer des délétions. Si une délétion affecte le gène *Tx* de l'épisome, elle va donner un phénotype de résistance puisque l'autre copie du gène est aussi délétée, mais il est possible que certaines délétions puissent s'étendre dans les gènes *pyr* et/ou *gal* ce qui conduirait respectivement à un phénotype d'auxotrophie pour les pyrimidines et/ou d'incapacité de croissance sur galactose, ce qui justifie un milieu glucose + pyrimidines.

7. b Les croisements effectués (par transfert de l'épisome d'une souche donatrice vers une réceptrice, sexduction) permettent d'obtenir des diploïdes partiels pour la région *gal-Tx-pyr*. Le génome des réceptrices porte des mutations gal^- et pyr^-, elle est sauvage Tx^S (voir plus haut).

Le génome partiel apporté par l'épisome porte une mutation Tx^R, sans doute une délétion, mais doit être testé pour l'éventuelle extension de celle-ci d'un côté vers le (ou les) gène(s) *gal*, et de l'autre vers le (ou les) gène(s) *pyr*.

En effet, la cartographie de mutations (figure 9.5) ne permet pas de savoir si elles affectent un même gène ou pas. Les milieux de répliques sont précisément destinés à tester l'auxotrophie pour les pyrimidines et la capacité de croissance sur galactose.

On peut en conclure que l'épisome du mutant D1, étant capable, par son transfert à toutes les réceptrices d1, d2, d3 ou d4, de leur donner le phénotype [pyr+] *n'est pas muté* dans le (ou les) gènes de biosynthèse des pyrimidines. En revanche, il doit être affecté d'une délétion s'étendant du gène *Tx* vers le (ou les) gènes *gal* (fig. 12.1).

On peut en conclure que l'épisome du mutant D2, étant incapable, par son transfert à toutes les réceptrices d1, d2, d3 ou d4, de leur donner le phénotype [pyr+] est muté dans le (ou les) gènes de biosynthèse des pyrimidines et doit être affecté d'une délétion s'étendant du gène *Tx* vers le (ou les) gène(s) *pyr* (fig. 12.1).

Par ailleurs, le fait que certains diploïdes soient [gal+] alors que d'autres sont [gal–] prouve qu'il ne peut y avoir dans cette zone un seul gène *gal*. Si c'était le cas, toutes les transformées seraient [gal–].

Il y a donc au moins deux gènes *A* et *B* et les phénotypes [gal+] résultent d'une complémentation fonctionnelle (fig. 12.1) :

- Les mutations *m2* et *m4* ne touchent pas le même gène que celui touché par la mutation (délétion) affectant l'épisome (les mutations m2 et m4 pouvant d'ailleurs affecter le même gène ou deux gènes différents).
- Les mutations *m1* et *m3* affectent un même gène *A* (ou éventuellement deux gènes contigus), dont le locus est proximal au locus *Tx*, puisqu'il n'y a pas de complémentation fonctionnelle avec la mutation affectant l'épisome.

> ***Remarque.*** La délétion D1 touche les gènes *A* et *B*, mais on ne sait pas si elle couvre les sites des mutations *m2* et/ou *m4*. La délétion D2 touche le gène *A*, comme *m1* ou *m3*, d'où l'absence de complémentation fonctionnelle, mais on ne sait pas si elle couvre les sites des mutations *m1* et/ou *m3*.

7. c Par cette transduction, on permet précisément à la recombinaison moléculaire de pouvoir générer des séquences sauvages dans le cas où la délétion ne couvre pas le site de mutation sur l'autre génome. C'est le cas avec la mutation *m1*, jamais avec la mutation *m3*.

Ce résultat apporte deux informations :

– c'est, d'une part, la confirmation que le mutant D2 est bien un mutant par délétion, car s'il avait été ponctuel, des recombinants eussent été possibles ;

– d'autre par, cette délétion couvre le site m3 et non m1, ce qui est cohérent avec la carte qui a montré que m1 est distal de m3 par rapport à *Tx*.

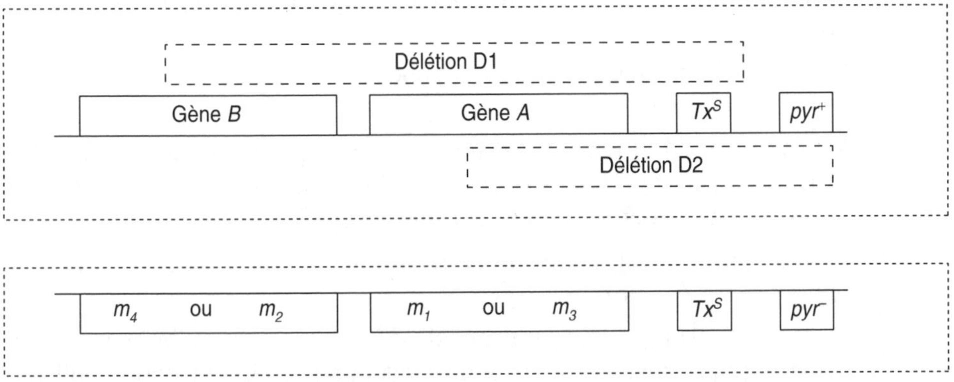

Figure 12.1 Cartographie des gènes, des sites de mutations ponctuelles et des délétions de la zone étudiée.

Problème 12.2

Niveau Licence (L3)/Pré-requis : chapitres 5, 6 et 9.

On dispose, chez *coli*, des souches A, B, C et D de génotype :

A : (*cysB*$^-$; *tyr1*$^-$; *tyr2*$^+$; *strR*); B : (*cysB*$^-$; *tyr1*$^+$; *tyr2*$^-$; *strR*);
C : (*cysB*$^+$; *tyr1*$^-$; *tyr2*$^+$; *strR*); D : (*cysB*$^+$; *tyr1*$^+$; *tyr2*$^-$; *strR*).

où *cysB*, *tyr1* et *tyr2* sont des mutations ponctuelles respectivement responsables d'une auxotrophie pour la cystéine ou pour la tyrosine. *strR* étant une mutation de résistance à la streptomycine.

1. Des expériences de conjugaisons interrompues, avec 15 secondes de précision, entre une Hfr sauvage et des réceptrices *tyr1* ou *tyr2* donnent un temps de transfert égal pour *tyr1*$^+$ et *tyr2*$^+$, à 30 secondes après *cysB*$^+$, plusieurs dizaines de minutes avant le site *str*.

a. Quelles ont été les réceptrices utilisées ?

b. Quels ont été les milieux de cocultures et d'étalement ?

c. Qu'en concluez-vous pour *tyr1* et *tyr* 2 sur le plan cartographique ? Sur le plan fonctionnel ?

Justifiez vos réponses de manière claire et concise. (Quelques lignes suffisent, à chaque fois, ne perdez pas de temps sur cette question.)

2. Par un test trois points on a montré que l'ordre était : *cysB-tyr2-tyr1*. Vous reconstituerez le protocole de ce test trois points, réalisé par transduction, sachant qu'on disposait de phage transducteur P1 et des quatre souches de *E. coli*, A, B, C et D.

a. Quels sont les croisements effectués ? Avec quels lysats à partir de quelles donatrices ? Sur quelles réceptrices ? Quels sont les recombinants sélectionnés ? Sur quels milieux ?

b. Quels sont les résultats possibles ? quel est le résultat obtenu ? Quelle est l'argumentation permettant de justifier la conclusion à partir du résultat obtenu ?

On demande des réponses claires, concises, argumentées, accompagnées des schémas utiles.

3. Les souches A et B sont transformées par un plasmide PK, porteur d'un gène de résistance à la kanamycine et d'un fragment de génome sauvage de *coli* contenant, entre autres, la séquence cysB$^+$.

Les colonies [kanR], issues de la transformation de A ou B par PK sont, [cys$^+$, tyr$^+$]. Concluez.

4. Un transposon est une séquence d'ADN capable, par elle-même, de se déplacer pour s'insérer (ou de se dupliquer pour insérer une copie) plus ou moins aléatoirement en un autre site du même réplicon ou d'un autre réplicon. L'insertion d'un transposon dans la séquence d'un gène a souvent un effet destructeur sur le message de ce gène qui ne peut plus être exprimé ; elle entraîne donc une perte de fonction du gène.

La plupart des transposons bactériens sont porteurs d'un gène conférant la résistance à un antibiotique. De nombreux plasmides, porteurs d'un gène de résistance à un antibiotique, sont porteurs du transposon où ce gène est inclus.

On soumet le plasmide PK à l'action d'un transposon porteur d'un gène de résistance à l'ampicilline, puis on sélectionne un plasmide recombinant conférant la double résistance à la kanamycine et à l'ampicilline ; ce plasmide est appelé PKA.

- Les colonies [kanR ; ampR] issues de la souche A transformée par PKA sont [cys^+, tyr^+].
- Les colonies [kanR ; ampR] issues de la souche B transformée par PKA sont [cys^+, tyr^-].

Qu'en concluez-vous pour le plasmide PKA et pour les mutations *tyr1* et *tyr2* ?

Solution

1. a Celles qui, ayant une séquence mutée, peuvent être sélectionnées comme recombinant sauvage après croisement avec la Hfr, soit, A pour *cys* et *tyr1*, et B pour *cys* et *tyr2*.

1. b Le croisement (coculture) se fait en milieu permettant la pousse des deux souches, soit Mo + cys + tyr. Le milieu d'étalement est destiné à la sélection des recombinants ; il est donc additionné de streptomycine pour bloquer la pousse des donatrices et de *tyr* pour évaluer le temps de transfert de cys^+, ou de *cys* pour évaluer le temps de transfert de $tyr1^+$ ou $tyr2^+$.

1. c Les deux mutations *tyr1* et *tyr2* sont localisées au même endroit, à la précision près de la cartographie par conjugaison interrompue, soit ici 15 secondes ou 10 000 pb.

Bien évidemment, la proximité des mutations ne signifie nullement qu'elles touchent le même gène ; c'est possible, mais elles peuvent aussi toucher deux gènes proches impliqués tous deux dans la biosynthèse de la tyrosine.

2. Il convient de faire des lysats transducteurs des souches C et D afin de transformer respectivement les souches réceptrices B et A.

Il y a deux ordres possibles pour les trois sites *cysB*, *tyr1* et *tyr2* (fig. 12.2) puisqu'on sait que *cysB* ne peut être central, étant transféré 30 secondes avant *tyr1* ou *tyr2*.

Pour chacune des deux transductions les combinaisons alléliques sont différentes (fig. 12.2) le phage apportant $tyr1^-$ et $tyr2^+$, ou $tyr1^+$ et $tyr2^-$.

On étale une quantité connue de cellules sur une boîte de milieu minimum où seules les recombinants sauvages [cys^+, tyr^+] de génotype ($cysB^+$, $tyr1^+$, $tyr2^+$) peuvent pousser.

Si l'ordre 1 est l'ordre réel on attend, dans le croisement 1, une fréquence de recombinants sauvages [cys^+, tyr^+] très inférieure à celle du croisement 2 ; car la formation de génotypes sauvages y nécessite quatre événements de recombinaison (fig. 12.2) alors que deux sont suffisants dans le croisement 2.

Si l'ordre réel est le 2, on attend le résultat contraire, c'est-à-dire celui qui a été observé, une fréquence de recombinants sauvages très inférieure dans le croisement 2. Cet ordre est validé.

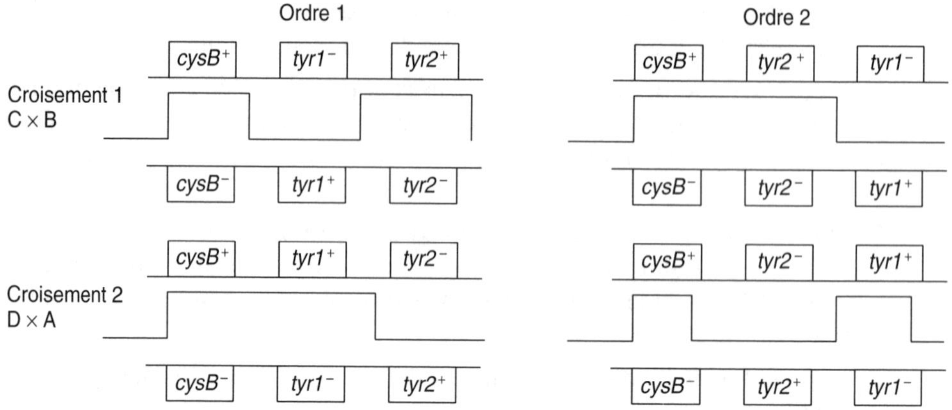

Figure 12.2 Cartes possibles des sites de mutations et événements recombinants sélectionnés par l'étalement après transduction, conduisant à un phénotype [cys^+, tyr^+].

3. Si les transformées ayant reçu le plasmide PK, puisque résistantes à la kanamycine, sont de phénotype [cys^+; tyr^+], c'est que le fragment génomique cloné dans PK est porteur des séquences sauvages $cysB^+$, $tyr1^+$ et $tyr2^+$.

Comme il s'agit, pour les trois mutations, d'un diploïde partiel, on peut conclure que les mutations d'auxotrophie ont un effet récessif par rapport à leurs allèles sauvages respectifs.

4. Il y a insertion du transposon dans PK et formation de PKA.

Le phénotype [cys^+, tyr^-] des colonies [kanR, ampR] permet de conclure que la réceptrice B comme le plasmide PKA sont mutés dans le même gène. Il s'agit de la mutation *tyr2* chez B, et de la « destruction » de la séquence de ce gène par insertion du transposon, chez PK, lors de la formation de PKA.

La « destruction » d'un gène entraîne une perte de fonction et est, sans doute, récessive.

Le phénotype [cys^+, tyr^+] des colonies [kanR, ampR] permet de conclure qu'il y a complémentation fonctionnelle et que la réceptrice A, porteuse de la mutation *tyr1*, n'est pas mutée dans le même gène que le plasmide PKA, (sinon le phénotype serait [tyr^-]) et que les mutations *tyr1* et *tyr2* sont proches et touchent des gènes voisins, voire contigus (fig. 12.3).

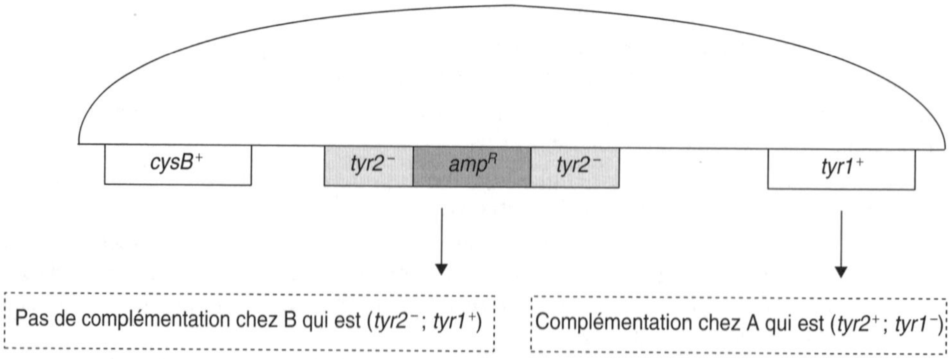

Figure 12.3 Mise en évidence et cartographie de deux gènes *tyr1* et *tyr2*.
Elle est attestée par les tests de complémentation fonctionnelle avec le plasmide PKA, chez lequel *tyr2* est inactivé par l'insertion du transposon amp^R.

Problème 12.3

Niveau Licence-Licence (L1, L2) (premières questions)/Pré-requis : chapitres 7 et 9.

Une souche F^- de *E. coli*, mutée dans les deux gènes purF et pheS est de phénotype [pur⁻; phe⁻], auxotrophe pour les purines et la phénylalanine. *À partir* de cette souche on isole deux mutants [his⁻], auxotrophes pour l'histidine et notés F1 et F2, les mutations étant respectivement notées *his1* et *his2*.

On dispose des trois souches Hfr H, A ou K, chacune délétée pour le gène argE, situé à 88 min sur la carte de *coli*. La Hfr H transfère ses gènes dans le sens des aiguilles d'une montre, les deux autres Hfr dans le sens trigonométrique.

1. On croise chacun des mutants F1 et F2 par la HfrH, A ou K.

On étale les conjugants après 50 minutes de croisements, après les avoir séparés par vortex, sur un milieu Mo + pur + phe.

On obtient des colonies dans tous les cas.

a. Quelle est votre conclusion ? Justifiez vos réponses.

b. Justifiez le phénotype des Hfr.

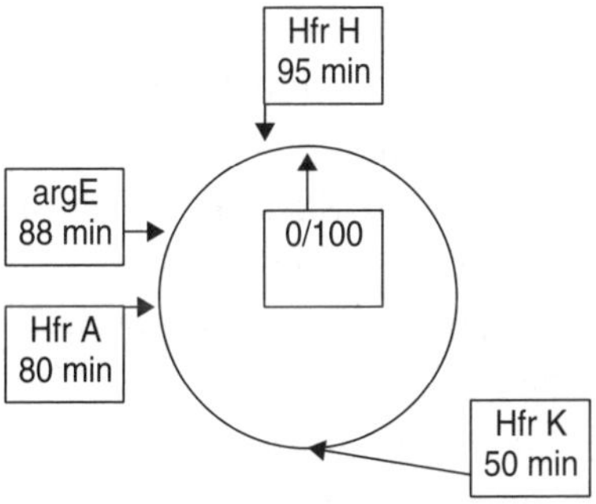

2. On recommence les croisements entre la Hfr K et les souches F1 et F2. On étale les conjugants après 30 minutes de croisement, après les avoir séparés par vortex, sur un milieu Mo + his + pur.

Les colonies obtenues sur ces boîtes mères sont testées par réplique sur des boîtes Mo + pur, 60 % y poussent, et sur des boîtes Mo + his, 40 % y poussent.

On n'obtient pas de recombinants [phe⁺] dans le croisement entre la Hfr A et les réceptrices F1 ou F2, après 50 minutes de croisement, mais on obtient des recombinants [pur⁺] ou [his⁺].

Qu'en concluez-vous ? Justifiez vos réponses.

3. La conjugaison interrompue montre que les séquences *his1*⁺ et *his2*⁺ sont localisées au même endroit de la carte, *i* minutes après l'origine de transfert de K. On sélectionne, parmi les colonies testées à la question précédente, des colonies F′1 et des colonies F′2 de phénotype [pur$^+$, his$^-$, phe$^-$] afin de les croiser avec des Hfr dérivées de K, porteuses de la même mutation d'auxotrophie aux purines que la souche F, et porteuses, soit de la mutation his1, soit de la mutation his2. Ces Hfr sont respectivement notées K1 et K2.

• Le croisement K1 avec F′2 [pur$^+$, his$^-$, phe$^-$] est réalisé, le titre de F′2 est de 10^8/ml, et on observe 225 colonies pour un étalement de 0,1 ml, sur milieu Mo.

• Le croisement K2 avec F′1 [pur$^+$, his$^-$, phe$^-$] est réalisé, le titre de F′1 est de 5×10^8/ml, et on observe 275 colonies pour un étalement de 0,1 ml, sur milieu Mo.

Qu'en concluez-vous ? Justifiez vos réponses en les accompagnant de schémas clairs et précis, et en justifiant les génotypes des souches utilisées dans les croisements.

4. Une culture de la Hfr K1 est irradiée aux UV et on étale 10^8 cellules sur une boîte de milieu Mo + pur + arg. On obtient quelques colonies, dont une, notée K1-a, que l'on étudie.

Répliquée sur un milieu Mo + arg, les cellules de la colonie K1-a se révèlent capables d'y pousser.

Donnez une interprétation fonctionnelle simple à tous ces résultats.

5. On réalise une cinétique de conjugaison interrompue toutes les 30 secondes entre la Hfr K1-a et la réceptrice F1. On obtient des recombinants [his$^+$] au temps (i – 6) minutes.

On rappelle que les mutations his1 et his 2 sont localisées à i minutes de l'origine de transfert de K.

Donnez une interprétation cartographique et fonctionnelle simple à tous ces résultats, et montrez leur cohérence avec vos conclusions de la question **4**.

6. On réalise une cinétique de conjugaison interrompue toutes les 30 secondes entre la Hfr K1-a et la réceptrice F2. On obtient des recombinants [his$^+$] au temps i minutes.

Quelles précisions apportent ces résultats ?

Solution

1. a On recueille les réceptrices recombinantes de phénotype [his$^+$]; les séquences mutées *his1* ou *his2* y sont remplacées par leurs homologues sauvages *his1*$^+$ ou *his2*$^+$. Celles-ci sont donc entrées entre 95 et 45 min avec la Hfr H (sens horaire), entre 50 et 0 min (sens trigo) avec la Hfr K, et entre 80 et 30 min (sens trigo) avec la Hfr A. Donc les séquences mutées sont dans la partie commune de ces trois transferts, soit entre 30 et 45 min de la carte de *coli*.

b. La délétion du gène argE sert de marqueur de sélection des réceptrices et de contre-sélection des donatrices ; la séquence délétée de la Hfr n'est jamais transmise dans les 50 min de croisement.

2. On sélectionne, après croisement de 30 min avec la Hfr K, des recombinants [phe$^+$] ; le fait que 60 % d'entre eux soient aussi [his$^+$] alors que 40 % d'entre eux sont aussi [pur$^+$] montre que les séquences *his1*$^+$ ou *his2*$^+$ sont plus proches du gène *pheS* (corecombinaison plus fréquente, 60 %) que du gène *purF* ; ces deux gènes *purF* et *pheS* étant localisés dans les 30 premières minutes de transfert de la HfrK.

L'ordre des marqueurs est donc *purF-(his1/his2)-pheS*, ou bien *(his1/his2)-pheS-purF*, avec une distance *his-pheS* plus petite que la distance *pheS-purF*.

Le fait de ne pas obtenir de recombinants [phe$^+$] avec la Hfr A alors qu'on en obtient avec la Hfr K indique que le gène *pheS* est à plus de 30 min de l'origine de transfert de A, et à moins de 30 min de l'origine de transfert de K ; le gène *pheS* est donc le gène le plus distal de l'origine de transfert de K ou de A.

L'ordre des marqueurs, dans le sens de l'ordre de transfert par la Hfr K est *purF-(his1/his2)-pheS*, ce qui donne sur la carte standard de *coli*, l'ordre PheS-(*his1* ou *his2*)-*purF*.

3. Les mutations *his1* et *his2* sont situées à *i* min de transfert de l'origine de K, et ne peuvent être cartographiées l'une par rapport à l'autre par une simple conjugaison interrompue.

Deux ordres sont possibles (fig. 12.4) : *purF-his1-his2-pheS* ou *purF-his2-his1-pheS* dont le choix dépendra des résultats des deux croisements réalisés en parallèles, et de l'étude de la

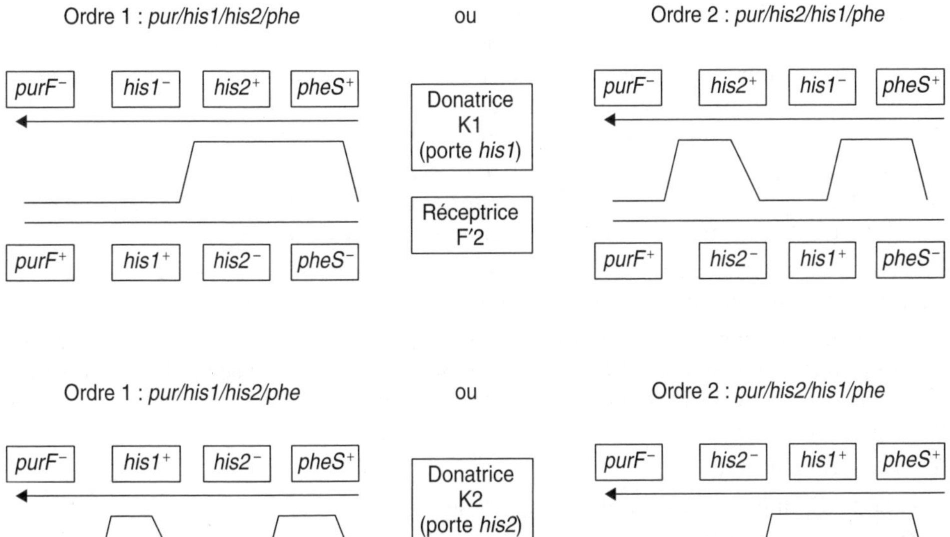

Figure 12.4 Cartes possibles des sites et événements sélectionnés par les étalements après chaque croisement.
La flèche horizontale figure l'ordre de passage des gènes lors de la conjugaison.

fréquence des recombinants [pur$^+$; his$^+$; phe$^+$] obtenus dans ces deux croisements, où *pheS* sert de marqueur distal de recombinaison.

Si l'ordre 1 est correct, on attend plus de recombinants sauvages (en fréquence) dans le premier croisement (fig. 12.4) que dans le second. Si l'ordre 2 est correct, on attend le résultat inverse.

On observe 225 recombinants dans le premier croisement, et 275 dans le second qui doivent être rapportés à des titres respectifs de 10^8/ml et de 5×10^8/ml, ce qui donne des fréquences de recombinants respectivement égales à $2{,}25 \times 10^{-5}$ et $0{,}55 \times 10^{-5}$ (dépôt de 0,1 ml contenant respectivement 10^7 et 5×10^7 bactéries).

La fréquence des recombinants étant supérieure dans le premier croisement, l'ordre 1 est validé.

4. On obtient évidemment des révertants [his$^+$], soient des révertants vrais, soit des révertants par deuxième mutation au site de la mutation directe, soit des révertants par suppresseur intragénique, ou suppresseur informationnel ou suppresseur physiologique (s'il en existe un potentiel).

Le révertant K1-a est aussi [pur$^+$], ce qui semble indiquer que le suppresseur pourrait être un suppresseur informationnel opérant à la fois sur la mutation *his1* et la mutation *pur*$^-$, qui seraient alors toutes deux des mutations stop de même nature (l'effet Wobble n'ayant pas été vu dans les rappels, il n'est pas attendu plus de précision dans la réponse).

5. On sait, par les conjugaisons interrompues entre K et F1, que la séquence *his1*$^+$ entre à *i* minutes de l'origine de transfert.

Le croisement entre F1 et le révertant Hfr K1-a permettra d'obtenir des recombinants [his$^+$] à *i* min de conjugaison si le révertant est un révertant vrai ou un révertant muté au site de la mutation directe ou un révertant avec un suppresseur très proche de celle-ci. Mais si le révertant est porteur d'un suppresseur éloigné de la mutation directe *his1*, il faudra attendre l'entrée de ce suppresseur pour avoir des recombinants [his$^+$], puisque la F1 comme la Hfr sont porteuses de la même séquence *his1* mutée.

Comme on obtient des recombinants [his$^+$] dès la minute (i – 6), on peut conclure que le révertant K1 est bien porteur d'un suppresseur localisé 6 minutes en amont de la mutation *his1* (dans le sens du transfert) et 6 minutes en aval, sur la carte de *coli*.

6. La Hfr K1-a est porteuse des séquences *his1*$^-$ et *his2*$^+$, ainsi que du suppresseur de *his1*$^-$, localisé six minutes en amont (dans le sens du transfert).

Si on n'obtient aucun recombinant avant *i* minutes, alors que le suppresseur est transféré six minutes plus tôt, on peut conclure que le suppresseur de *his1*$^-$ n'a aucun effet sur *his2*$^-$, ce qui est cohérent avec l'hypothèse d'un suppresseur informationnel, dont on sait qu'il est allèle spécifique (*his1*$^-$ et pas *his2*$^-$) et gène non spécifique (*his1*$^-$ et thr$^-$).

On peut en conclure que :

- soit la mutation *his2*$^-$ n'est pas une mutation stop ;
- soit, éventuellement, qu'elle est une mutation stop différente de *his1*$^-$ et ne pouvant pas être corrigée par le suppresseur de *his1*$^-$;
- soit qu'elle est une mutation stop identique à *his1*$^-$, mais que l'acide aminé, apporté par l'ARN-t suppresseur, ne restaure pas la fonctionnalité de la chaîne peptidique.

Il faut donc attendre *i* minutes pour que le transfert de la séquence *his2*$^+$ de la Hfr K1-a puisse permettre l'obtention de recombinants [his$^+$].

Problème 12.4

Niveau Licence (L3)/Pré-requis : chapitres 7 et 9.

Adapté d'un sujet d'examen de J.-C. Liébart (Paris VI).

On dispose, chez *E. coli*, d'une souche Hfr, porteuse d'une mutation *galU1* la rendant sensible au galactose. Ce mutant, dont le phénotype est noté [Gal^S], est tué sur milieu complet additionné de galactose parce qu'il accumule des quantités toxiques d'UDP-Gal et d'UDP-Glu. On doit donc lui fournir une autre source de carbone dont la voie de métabolisation évite une telle accumulation. Le phénotype sauvage est résistant au galactose et est noté [Gal^R].

Après culture de ce mutant Hfr *galU1*, on a fait des étalements sur un milieu complet additionné de Galactose, et on a obtenu quelques colonies à l'origine de souches R, dont se propose de faire l'analyse génétique.

1. Quel est le phénotype de telles souches ? Leur génotype ?

2. On croise les diverses souches R avec la souche S (F^-; *galU1*, str^r), où str^r est une mutation de résistance à la streptomycine et, selon un protocole de conjugaison interrompue, on effectue des prélèvements pour tester la présence de recombinants [Gal^R].

Selon la souche R utilisée, le temps minimal de croisement pour obtenir des recombinants sur une boîte d'étalement est différent, ce qui permet de définir trois types de souches :

- les souches de type R1, pour lequel ce temps est de 2 minutes;
- les souches de type R2, pour lequel il est de 25 minutes;
- les souches de type R3, pour lequel il est de 45 minutes.

La conjugaison interrompue entre une Hfr sauvage (de même origine de transfert que la Hfr *galU1*) et la souche S donne des colonies sur le milieu d'étalement à 25 minutes.

a. Quel est le milieu d'étalement permettant d'identifier les recombinants [Gal^R] ?

b. Proposez un génotype pour chacun des types de souches R1, R2 et R3.

3. On dispose de plasmides porteurs d'un gène de résistance à la kanamycine (kan^R) et d'un des gènes de l'opéron galactose gouvernant la métabolisation du galactose, dont on rappelle ci-dessous la séquence :

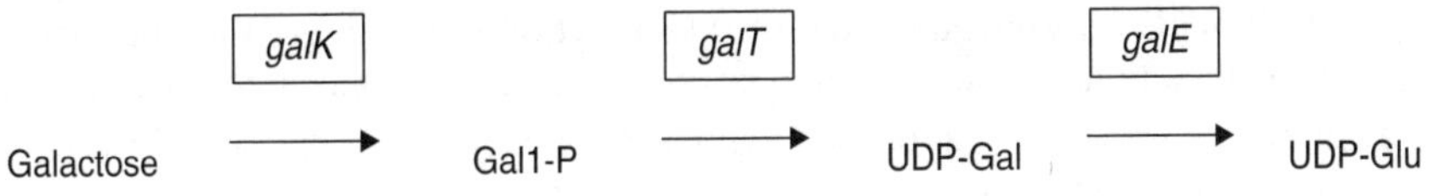

Ces plasmides sont dénommés p*galE*, p*galK* et p*galT*, selon le gène de l'opéron gal qui y est cloné (le gène cloné est fonctionnel); un quatrième plasmide, noté p*galEKT* est porteur de la totalité de l'opéron. On transforme, par ces plasmides, trois souches de type R3, nommées R3-1, R3-2 et R3-3, et on sélectionne les transformants [kan^R] que l'on teste pour leur sensibilité au galactose (tabl. 12.3).

TABLEAU 12.3 PHÉNOTYPE DE SENSIBILITÉ (S) OU DE RÉSISTANCE (R) DE CHACUNE DES TROIS SOUCHES R3-1, R3-2 OU R3-3 APRÈS TRANSFORMATION PAR UN DES QUATRE PLASMIDES P*GALE*, P*GALK*, P*GALT* OU P*GALEKT*.

Souche transformée	p*galE*	p*galK*	p*galT*	p*galEKT*
R3-1	R	R	S	S
R3-2	R	S	R	S
R3-3	R	R	R	S

a. Quelle fonction peut être affectée dans chacune des souches de type R3-1, R3-2 et R3-3 ? Justifiez votre réponse en précisant la cause du phénotype de résistance au galactose et de restauration du phénotype sensible chez les transformées.

b. La souche R3-3 est transformée avec un plasmide porteur d'un gène de résistance au chloramphénicol (Cm^R) et d'un suppresseur d'ambre, les transformants [Cm^R] sont [Gal^S].

Donnez une interprétation génétique et moléculaire cohérente des deux observations concernant cette souche R3-3, sachant, par ailleurs, que le gène galE est le premier des gènes transcris de l'opéron galactose.

4. Sachant que la métabolisation du galactose comme source de carbone est inductible par le galactose lui-même, à quels types de mutants pourraient correspondre les souches de type R1 ? Quelle est la localisation de l'opéron galactose ?

5. Quel test génétique simple (aucune « cuisine » n'est demandée) devrait permettre de choisir entre les deux hypothèses formulées précédemment ?

Solution

1. Les souches R sont de phénotype [gal^R] et sont des révertants, soit des révertants vrais, soit, plus probablement, des révertants où la mutation directe (originelle) voit son effet supprimé par celui d'une nouvelle mutation à effet suppresseur, nommée su^a (pour suppresseur actif, l'allèle sauvage étant noté su^i) ; la mutation su^a peut être intra ou extragénique par rapport à la mutation directe. Le génotype du révertant peut donc être *galU1*$^+$ ou (*galU1* ; su^a).

2. a On étale sur milieu complet additionné de galactose (sélection de recombinant résistants) + streptomycine (contre sélection des donatrices).

2. b Le croisement entre la Hfr sauvage et la réceptrice *galU1* permet de localiser la mutation *galU1* à 25 min de conjugaison.

La Hfr révertante R1, après 2 min de conjugaison, donne à la réceptrice *galU1* une séquence lui conférant le phénotype [gal^{R}]; elle possède donc à cet endroit, éloigné de *galU1* de 23 min (donc extragénique), une mutation suppresseur.

De la même façon, la révertante R3 possède un suppresseur localisé à 45 min de l'origine de transfert.

La révertante R2 confère à la réceptrice S (*galU1*) un phénotype [gal^{R}] en lui transférant une séquence localisée à 25 min, comme *galU1*. Du fait de la grossièreté de la cartographie, par conjugaison il est impossible de savoir si R2 est un révertant vrai ou un révertant par suppresseur intra ou même extragénique.

> ***Remarque.*** La mise en évidence d'un suppresseur, en génétique eucaryote, est entreprise par l'étude de la méiose chez le diploïde issu du croisement entre le révertant et la souche sauvage, afin d'isoler d'éventuels gamètes recombinants, où la mutation directe aurait été séparée de son suppresseur (chapitre 7, page 174).
>
> En génétique bactérienne, où il n'y a ni diploïde ni méiose, on croise le révertant Hfr avec une réceptrice mutée au même site de mutation directe que la Hfr, à partir de laquelle on a isolé les révertants; un éventuel suppresseur sera mis en évidence par cartographie puisque c'est la seule séquence de la Hfr révertante pouvant donner des réceptrices sauvages par conjugaison. La seule ambiguïté demeurera pour le cas où la séquence Hfr, donnant des recombinants sauvages, serait localisée très près de la mutation directe.

3. a Le plasmide p*galT* apporte un gène actif *galT* au révertant R3-1, ce qui le rend [gal^{S}], alors que l'apport de *galE* ou *galK* ne changent pas son phénotype [gal^{R}]. Il est facile de conclure que R3 est un révertant [gal^{R}] par mutation dans son gène *galT*, ce qui entraîne l'impossibilité de transformer Gal-1P en UDP-Gal, d'où le phénotype [gal^{R}]. Le phénotype [gal^{S}] mutant est restauré par l'apport plasmidique de *galT*. Bien évidemment, l'apport de tout l'opéron a le même effet que l'apport de gal uniquement.

De la même façon, on peut conclure que le révertant R3-2 est muté dans *galK*; l'apport de *galK* restaure le phénotype muté [gal^{S}] en permettant à la transformée de phosphoryler le galactose en Gal1-P.

Le révertant R3-3 est muté dans l'opéron *gal* puisque le plasmide p*galEKT* restaure la sensibilité, mais n'est pas muté dans un seul gène de cet opéron puisqu'aucun des trois gènes apporté isolément ne restaure la sensibilité; R3-3 est muté au moins dans le gène *GalT* et le gène *galK* ou *galE* de l'opéron puisque la résistance suppose l'absence d'UDP-Gal, et que la résistance n'est restaurée qu'avec l'apport de ces deux gènes.

La mutation peut être unique s'il s'agit d'une délétion chevauchant ces deux gènes.

> ***Remarque.*** On a ici un exemple typique de suppresseur physiologique. La perte de fonction d'un gène *galK* ou *galT* empêche certes toute croissance sur galactose mais a, en contre-partie, l'effet positif de sauver les mutants galU1 de la toxicité du galactose. Ces mutants peuvent pousser, pour peu qu'ils trouvent dans le milieu une autre source de carbone.
>
> Aussi il convient toujours de se méfier des jugements hâtifs qui consisteraient à considérer qu'une perte de fonction ne peut avoir qu'un effet négatif… La conséquence positive ou négative de l'effet d'une mutation ne peut se juger qu'en fonction du contexte génétique et du milieu !

3. b Les transformants [Cm^R] ont acquis le plasmide porteur du suppresseur d'ambre et retrouvent la sensibilité. Celle-ci ne peut résulter que de l'action du suppresseur d'ambre, ce qui prouve que l'opéron gal du révertant n'est pas muté par délétion mais par mutation ambre (non-sens UAG).

Comme au moins deux fonctions (*galK* et *galT* ou *galT* et *galE*) sont absentes chez le révertant R3, peut-on supposer que les deux gènes soient mutés par un stop UAG ? La probabilité d'un tel événement quadruple, deux mutations indépendantes et de même nature UAG, est trop faible pour qu'une telle hypothèse puisse être crédible.

L'indication de l'ordre des gènes permet de faire une autre hypothèse plus crédible car supposant que le révertant R3-3 serait porteur d'une seule mutation UAG, dans un seul gène, avec un effet polaire bloquant l'expression des gènes en aval.

En effet, chez la bactérie, la traduction étant couplée à la transcription, l'arrêt de la traduction sur une longueur suffisante de l'ARN-m entraîne l'arrêt de la transcription, dont la poursuite dépend de façon critique de l'occupation de l'ARN par des ribosomes.

On peut donc considérer que R3-3 peut être porteur d'une mutation ambre soit dans le gène *galE* (les gènes *galE*, *galT* et *galK* ne sont pas exprimés), soit dans le gène T (les gènes *galT* et *galK* ne sont pas exprimés).

4. L'opéron galactose touché dans les révertants de type R3 est localisé à 45 min de l'origine de transfert; les révertants de type R1 ne sont donc pas touchés dans l'opéron galactose mais pourraient être touchés dans un gène de régulation de cet opéron :

– soit par perte de fonction, s'il s'agit d'un activateur, l'absence de transcription de l'opéron gal conduisant au phénotype de résistance;
– soit par une mutation d'incapacité de lier le galactose (dont le rôle est inducteur) s'il s'agit d'un répresseur. On aurait alors un mutant surréprimé conduisant au phénotype de résistance.

Ce type de mutation correspond aux mutations I^S du gène *I* du répresseur régulant la transcription de l'opéron lactose.

5. On sait qu'une mutation de perte de fonction dans le gène d'un activateur aurait un effet « récessif » par rapport à son allèle sauvage, tandis qu'une mutation de surrépression (de type I^S) a un effet dominant sur celui de sa séquence sauvage. On peut envisager, pour départager les deux hypothèses, de réaliser un tel test de dominance en observant le phénotype d'un diploïde partiel obtenu chez R1 après transformation avec un plasmide ou un épisome (sexduction) apportant la séquence sauvage localisée autour des 2 min de conjugaison.

Problème 12.5

Niveau Licence (L3)/Pré-requis : chapitres 7 et 9.

Adapté d'un sujet d'examen de J.-C. Liébart (Paris VI).

L'opéron galactose est constitué de trois gènes galE, galT et galK, transcrits dans cet ordre, et codant respectivement pour une épimérase, une transférase et une kinase, dans la chaîne métabolique suivante :

Galactose —(*galK*)→ Galactose-1P —(*galT*)→ UDP-Galactose —(*galE*)→ UDP-Glucose

On dispose d'une souche HfrA de *coli*, mutée dans le gène *galE* de l'opéron galactose (fig. 12.5), et sauvage pour l'opéron lactose.

Étalée sur milieu complet additionné de galactose (contenant une autre source de carbone), la souche A ne peut pousser en raison de l'accumulation d'UDP-galactose toxique pour la cellule ; elle est donc sensible au galactose, phénotype noté [Gal^S].

1. La souche A, étalée sur milieu complet additionné de lactose, se révèle incapable d'y pousser. Interprétez ce résultat compte tenu de vos connaissances en génétique et en métabolisme.

2. On étale une quantité importante de bactéries A issues d'une culture fraîche sur des boîtes de milieu complet additionné de galactose (avec une autre source de carbone), quelques colonies apparaissent, notée A1, A2, etc. Interprétez ce résultat (plusieurs solutions possibles) en justifiant vos réponses. Ces colonies seraient-elles capables de pousser en présence de lactose ?

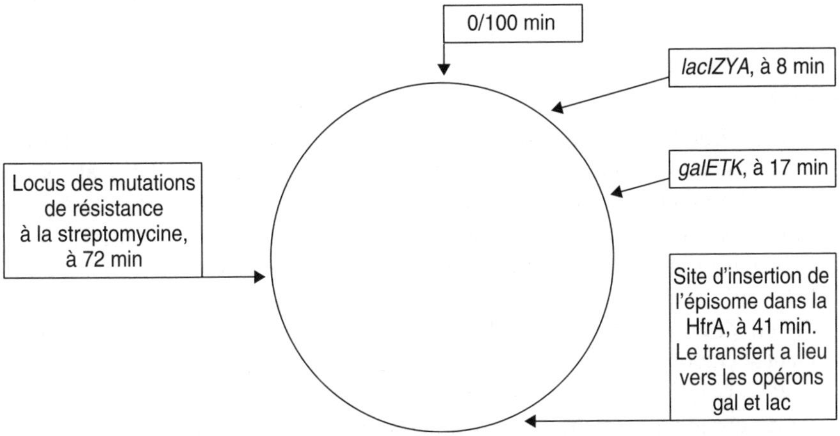

Figure 12.5 Carte de *coli.*

3. Parallèlement, on étale une quantité importante de bactéries A issues d'une culture fraîche sur des boîtes de milieu complet additionné de lactose, quelques colonies apparaissent, notées Aa, Ab, etc. Ces colonies sont en quantité significativement supérieure au nombre de colonies A1, A2, …, obtenues sur milieu complet additionné de galactose. Donnez une interprétation qualitative et quantitative précise et justifiée de ce résultat (plusieurs solutions possibles). Ces colonies seraient-elles capables de pousser en présence de galactose ?

4. On conjugue des bactéries des colonies A1, A2, et A3 avec une souche (F^- $galE^-$; str^R), porteuse de la même mutation *galE* que la HfrA, et d'une mutation de résistance à la streptomycine. Puis on effectue des étalements toutes les minutes sur un milieu complet additionné de galactose et de streptomycine, des colonies apparaissent à partir de la 24e minute. Interprétez ce résultat après avoir justifié le protocole.

5. On conjugue des bactéries des colonies Aa, Ab, et Ac avec la souche (F^- $galE^-$; str^R), porteuse de la même mutation *galE* que la HfrA et d'une mutation de résistance à la streptomycine. Puis on effectue des étalements toutes les minutes sur un milieu complet additionné de lactose et de streptomycine :

- dans la conjugaison avec la HfrAa des colonies apparaissent à partir de la 24e minute;
- dans la conjugaison avec la HfrAb des colonies apparaissent à partir de la 33e minute;
- dans la conjugaison avec la HfrAc des colonies apparaissent à partir de la 12e minute.

Interprétez ce résultat et montrez sa cohérence avec l'interprétation de ceux de la question **3**.

Solution

1. Le gène *Z* de l'opéron lactose code pour la β-galactosidase capable de cliver le lactose en glucose et galactose; de ce fait la souche A va accumuler de l'UDP-Gal formé à partir du galactose issu du lactose, ce qui conduira à la létalité.

Les mutants galE⁻ sont donc de double phénotype [Gal^S, Lac^S], les mutations *galE*⁻ ont un effet pléiotrope du fait de l'interconnexion entre le métabolisme du galactose et celui du lactose.

2. Ce sont des révertants, insensibles au galactose [Gal^R], ce qui ne signifie nullement qu'ils peuvent métaboliser ce sucre. Ils peuvent, par exemple, être [Gal^-] par mutation dans le gène *galT*, ce qui les rend insensibles au galactose puisqu'ils ne peuvent former d'UDP-Gal.

Comme pour tout révertant, plusieurs interprétations fonctionnelles sont possibles : révertant vrai, suppresseur extragénique (par exemple, de non-sens), suppresseur intragénique (par exemple, de décalage du cadre), deuxième mutation au site de la première, ou suppresseur physiologique dont l'effet métabolique abolit l'effet de la mutation originelle; c'est le cas de mutants galT ou galK où la formation d'UDP-Gal est bloquée.

Ces colonies A1, A2, sont *a priori* capables de pousser en présence de lactose puisqu'elles sont devenues insensibles au galactose; le phénotype de sensibilité au lactose étant une conséquence secondaire de la sensibilité au galactose.

3. Ce sont des révertants [Lac^R], insensibles au lactose. Il y a parmi eux tous les révertants [Gal^R] qui, de ce fait, deviennent aussi [Lac^R], mais il y a également des mutants [Lac^-], par mutation dans *Z*, qui deviennent insensibles au lactose puisqu'ils ne peuvent le métaboliser et faire apparaître le galactose permettant l'accumulation d'UDP-Gal.

Non seulement, sur milieu lactose, le nombre de cibles mutables pour avoir des révertants [Gal^R] est plus grand, mais certaines cibles sont aussi plus « faciles » à muter car correspondant à des pertes de fonction, comme Z^-; c'est pourquoi on obtient plus de colonies révertantes sur ce milieu. Evidemment les colonies Aa, Ab qui sont [lac^-] ne peuvent pas pousser sur galactose car elles ne sont [gal^R] qu'en raison de l'incapacité de le former à partir de lactose, mais demeurent [gal^S] en milieu avec galactose ; le crible de sélection ayant ici isolé des révertants sur l'effet second et non sur l'effet primaire de la mutation *galE*⁻.

4. A1, A2, A3 sont des révertants porteurs d'une séquence donnant la résistance au galactose à 24 min de conjugaison, soit dans la région de l'opéron *galE*TK (41 – 17 = 24 min !), ce sont donc soit des révertants vrais, soit des révertants par suppresseur intragénique dans *galE*, soit des mutants $galT^-$ ou $galK^-$, suppresseurs physiologiques de *galE*⁻ (voir problème 12.4).

5. Ce résultat illustre bien ce qui a été vu dans la question **3**. On a des révertants dans la région gal, résistants au galactose et au lactose, et des révertants du type Hfrb, mutés dans la région de l'opéron *lacIZYA*, sans doute *Z*⁻, de phénotype [lac^-] et, de ce fait, [Gal^R].

Quant aux révertants de type Hfrc, ils sont porteurs d'un suppresseur de *galE*⁻ à 41 – 12 = 29 min, donc hors de l'opéron *galE*TK, ce qui laisse supposer que la mutation *galE*⁻ est d'un type admettant un autre suppresseur que les deux suppresseurs physiologiques possibles, *galT*⁻ et *galK*⁻, un troisième suppresseur, physiologique ou informationnel.

Problème 12.6

Niveau Licence (L3)/Pré-requis : chapitres 7 et 9.

Adapté d'un sujet d'examen de J.-C. Liébart (Paris VI).

Chez *E. coli*, la biosynthèse de la lysine passe par l'acide diaminopimélique (DAP), acide aminé indispensable à la constitution de la paroi bactérienne ; les mutants DAP^- sont létaux et ne peuvent pousser que sur un milieu additionné de DAP.

1. Proposez un protocole de sélection de mutants DAP^-.

2. Un chercheur a obtenu de nombreux mutants DAP^-, mais aucun n'a été obtenu dans la dernière étape de sa biosynthèse, une transformation entre l'isomère LL-Dap et l'isomère meso-DAP.

Pouvez-vous proposer quatre possibilités d'explication *a priori* de cette absence de mutants ?

3. Les collègues biochimistes de ce chercheur lui révèlent l'existence de l'activité DAP-isomérase catalysant cette réaction et le moyen de la doser dans des extraits acellulaires. Le chercheur se procure une banque plasmidique sauvage de *E. coli*, constituée de boîtes de colonies bactériennes transformées par un plasmide pUN121 recombinant, porteur d'un fragment d'ADN, issu d'une digestion partielle du génome sauvage de *coli*.

Il met 300 clones en culture liquide, puis dose l'isomérase dans les 300 extraits acellulaires. Trois colonies présentent une activité spécifique trois fois supérieure à celle des autres colonies ou de la souche sauvage. Détaillez les diverses interprétations génétiques possibles de ce résultat.

4. Le chercheur établit la carte de restriction des trois plasmides extraits de ces trois colonies et nommés pDF1, pDF2 et pDF3 (fig. 12.6).

Qu'en conclut-il, d'un point de vue fonctionnel et cartographique ?

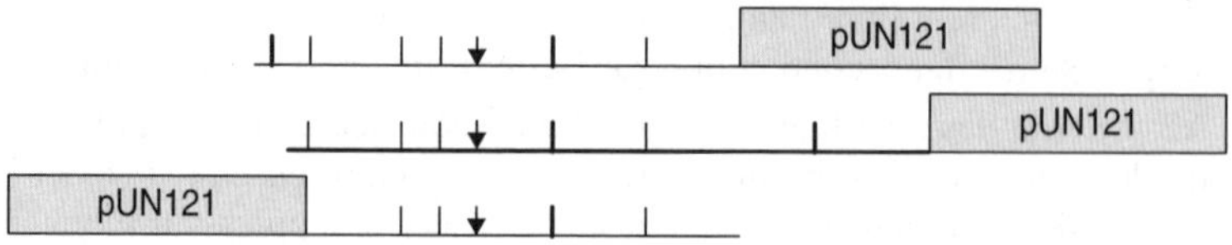

Figure 12.6 Carte de restriction des plasmides pDF1, pDF2, pDF3 (de bas en haut).
Les sites sont figurés ainsi : BamH 1 (trait fin), Hind III (trait épais) et Sal 1 (flèche), pUN121 correspond à la séquence du plasmide d'origine.

5. Un transposon contenant le gène de résistance au chloramphénicol (Cm^R) est inséré entre le site *Sal* 1 et le site *Hind* III du troisième plasmide, noté alors pDF3/*Cm*.

Après transformation de bactéries sauvages, les bactéries résistantes au chloramphénicol présentent une activité spécifique en isomérase égale à celle d'une souche sauvage. Qu'en conclut notre chercheur ?

6. Il linéarise le plasmide pDF3/*Cm* au site *Sal* 1 et transforme une souche de *coli*, acceptant la transformation par de l'ADN linéaire. Sur quel milieu se prépare-t-il à récupérer des transformants [Cm^R] ?

7. Notre chercheur finit par mettre en évidence ce qu'il cherchait; les transformants [Cm^R] poussent sur une réplique sur Mo + chloramphénicol ! Qu'en conclut-t-il ?

8. Puis il prépare sur ces transformants [Cm^R] un stock de phages P1 afin de transduire quatre Hfr (H, B7, KL14 et PK19, fig. 12.7) en sélectionnant pour la résistance au chloramphénicol.

Ces quatre Hfr sont mises à conjuguer avec une souche F^- résistante à la streptomycine, pendant 20 minutes avant interruption de la conjugaison et étalement sur milieu complet + chloramphénicol + streptomycine. Seule la conjugaison avec la Hfr KL14 donne des colonies sur la boîte d'étalement. Quelle est sa conclusion ?

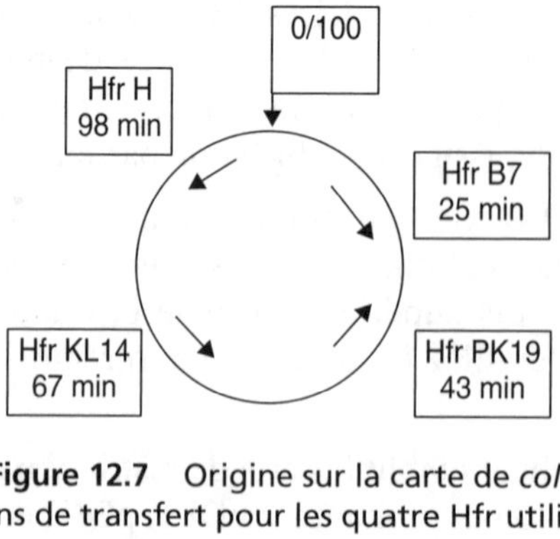

Figure 12.7 Origine sur la carte de *coli* et sens de transfert pour les quatre Hfr utilisées.
(0/100 : origine de la carte standard, sens horaire).

9. Profitant de l'abondance de son stock de phage transducteurs P1, le chercheur transduit trois souches mutées respectivement dans le gène *ilvA* (auxotrophe pour la valine et l'isoleucine), le gène *rha* (incapacité d'utiliser le rhaminose) et le gène *argE* (auxotrophe pour l'arginine).

Que cherche-t-il ? Sur quels milieux va-t-il déposer ses cultures ?

10. Il teste les transductants obtenus pour leur résistance au chloramphénicol et trouve que 30 % des transductants issus de la souche *ilvA* sont résistants et qu'aucuns ne le sont pas parmi les transductants [arg^+] ou [rha^+]. Que conclut-il ?

11. Le chercheur a-t-il fini par choisir parmi les quatre possibilités qu'il s'était donné au départ. Pouvait-il espérer obtenir des mutants par le crible proposé à la question **1** ? Pourquoi ? Ne vient-il pas de vous proposer un crible adapté à ce type de mutants ?

12. Comment feriez-vous pour obtenir les autres mutants DAP^-, sachant que le temps vous est compté ?

Solution

1. On doit considérer un protocole en trois étapes :

– mutagenèse d'une culture en milieu supplémenté en DAP afin de permettre la multiplication de mutants éventuels;

– enrichissement en milieu complet (mais sans DAP) avec pénicilline, afin de tuer les DAP^+ et de préserver les DAP^- qui restent en phase stationnaire et voient leur fréquence relative augmenter, ce qui diminue le nombre de boîtes nécessaires à l'étape suivante;

– crible négatif en deux temps des mutants DAP, par étalement sur milieu supplémenté en DAP et réplique des colonies sur milieu non supplémenté et identification sur la boîte mère des mutants DAP n'ayant pas poussé sur la réplique.

2. Les quatre explications sont :

– *hypothèse 1.* Equilibre chimique ne nécessitant pas d'isomérase (cas connu, αD et βD glucose);

– *hypothèse 2.* Isomérase nécessaire mais plusieurs isozymes existent, codée chacune par un gène différent; la probabilité de toucher simultanément tous ces gènes est nulle;

– *hypothèse 3.* Isomérase nécessaire et unique mais indispensable dans une autre voie, la mutation est alors létale car l'apport de DAP ne permet pas à cette autre voie de fonctionner;

– *hypothèse 4.* Mutagenèse et nombre de mutants criblés insuffisants (ce qu'on ne peut jamais exclure *a priori*).

3. L'activité isomérase existe et est dosable, ce qui exclut l'hypothèse 1.

La banque plasmidique renfermant des fragments de digestion partielle est susceptible de contenir une copie fonctionnelle de tous les gènes, y compris ceux renfermant un ou plusieurs sites de restriction pour l'enzyme utilisée.

Les plasmides étant en général présents en plusieurs copies dans la cellule, les trois clones identifiés par la surproduction d'isomérase sont susceptibles de renfermer la séquence du (ou d'un) gène DAP.

Mais on pourrait aussi imaginer que le gène cloné est celui d'un activateur du (d'un) gène DAP et que la surproduction de cet activateur permet la surproduction de l'enzyme.

4. L'alignement des cartes de restriction indique que les trois plasmides clonés semblent porter une même séquence dans leur partie commune BBSHB, contenant au moins un gène DAP. Mais cela ne permet pas de savoir s'il existe un seul ou plusieurs gènes DAP, aussi bien dans le génome que dans la séquence clonée, et si ce gène DAP est un gène de structure de l'enzyme ou un gène régulateur.

5. Les bactéries résistantes ont acquis le plasmide recombinant pDF3/*Cm*.

L'activité isomérase résiduelle étant celle d'un sauvage non transformé, on peut conclure qu'elle résulte de l'expression du chromosome et non de celle du plasmide, car il y aurait alors surexpression. L'absence de surproduction d'isomérase prouve que le plasmide pDF3 n'était porteur que d'un seul transgène et que celui-ci a été inactivé par l'insertion du transposon (apportant la résistance).

> ***Remarque.*** Le transposon est employé comme agent mutagène, et le gène de résistance dont il est porteur est utilisé comme marqueur de sélection des transformants.
>
> Mais ce résultat ne permet pas de statuer sur la fonction du transgène cloné dans pDF3, gène DAP de structure ou gène régulateur.

6. La linéarisation du plasmide lui fait perdre le statut de réplicon et les bactéries qui, après transformation, sont de phénotype [Cm^R] ont obligatoirement intégré le transposon et ses séquences adjacentes dans son ADN chromosomique.

On sait que l'intégration d'une molécule d'ADN linéaire est ciblée par recombinaison homologue avec les séquences homologues d'une de ses extrémités. La linéarisation au site *Sal*1 cible l'insertion de l'ADN plasmidique dans le gène DAP cloné dans pDF3 (ou le gène de l'activateur !) qui sera alors inactivé (fig. 12.3 ou 12.14).

Comme l'une des hypothèses à l'absence de mutants DAP est que l'inactivation de ce gène pourrait être létale, le milieu de sélection des transformants doit contenir du DAP et du chloramphénicol (pour la sélection des recombinants d'insertion).

7. Si le recombinant pousse sans apport de DAP, c'est qu'il est capable d'en produire, malgré l'inactivation du gène cloné dans pDF3. Cette perte de fonction n'est donc pas létale, ce qui exclut à présent l'hypothèse 3. Plusieurs gènes redondants ayant même fonction isomérase, l'hypothèse 2 semble la plus cohérente (à moins qu'il y ait plusieurs activateurs différents mais isoactifs, cas peu vraisemblable).

De ce fait, l'hypothèse 4 est exclue, il était impossible, avec le crible utilisé, d'obtenir un mutant DAP, car il aurait fallu simultanément et indépendamment toucher plusieurs gènes, événement de probabilité nulle.

8. On sélectionne des recombinants [Cm^R] sachant que la séquence de résistance est insérée dans un gène DAP. En localisant la séquence de résistance dans les 20 minutes après l'origine de transfert de KL14, soit entre 67 et 87 min, on localise en même temps ce gène DAP.

> ***Remarque.*** Le gène de sélection du plasmide et des mutants d'inactivation sert aussi de marqueur de cartographie.

9. Les marqueurs d'auxotrophie choisis sont évidemment dans la zone 67-87 min et on cherche à localiser plus finement le gène DAP en mettant en évidence une éventuelle cotransduction entre DAP, c'est-à-dire le phénotype [Cm^R], et l'une des séquences sauvages *ilv*$^+$, *rha*$^+$ ou *arg*$^+$.

Les milieux d'étalement contiendront, selon les cas, de la valine, de l'isoleucine (recombinants *arg*$^+$), de l'arginine (recombinants *ilv*$^+$) ou de la valine, de l'isoleucine, de l'arginine et du rhamnose (recombinants *rha*$^+$).

La résistance pour le chloramphénicol, c'est-à-dire la cotransduction du gène DAP, sera testée par réplique sur un même milieu additionné de l'antibiotique.

> ***Remarque.*** On aurait pu imaginer tester directement la croissance sur ces trois milieux en présence de chloramphénicol, mais l'absence de colonies aurait pu être alors interprétée soit comme l'absence de cotransduction, soit comme une erreur de l'expérimentateur dans la réalisation du protocole de transduction. L'étalement sur une première boîte, en fournissant des colonies, prouve que l'expérimentateur a convenablement travaillé et exclut toute ambiguïté dans l'interprétation d'un résultat négatif sur la réplique.

10. Le gène DAP est cotransduit (30 %) avec le gène *ilvA*, ce qui permet, connaissant la carte de *coli*, une localisation assez fine.

11. Si une fonction biologique est assurée par des gènes redondants (comme DAP ici), il est impossible d'avoir des mutants dont le phénotype diffère de sauvage par l'absence de cette fonction car on ne peut obtenir, par une seule mutagenèse, des mutants de tous ces gènes à la fois, mutants qui seraient par ailleurs létaux; quant aux mutants simples, ils gardent un phénotype sauvage !

L'astuce réside ici dans le détour qui consiste à cloner l'un de ces gènes dans un vecteur d'expression, en sélectionnant un clone surproducteur de l'activité, puis en inactivant le gène cloné et en ciblant l'intégration du vecteur de clonage dans le gène chromosomique, le recombinant étant identifiable par un gène de sélection positive (ici la résistance au chloramphénicol). On obtient alors un mutant du gène, ce qui était impossible par mutagenèse directe.

12. Ce protocole est assez long, notamment le dosage de la banque génomique, or on peut imaginer que les autres gènes DAP ont une assez bonne homologie avec celui cloné dans pDF3.

On peut alors envisager d'utiliser la séquence de ce gène DAP comme sonde pour trier une banque d'ADN génomique. Les clones ainsi identifiés peuvent être séquencés (opération facile et rapide aujourd'hui) afin de comparer les séquences avec DAP.

La localisation génomique des séquences identifiées peut suivre le même protocole.

Problème 12.7

Niveau Licence (L3)/Pré-requis : chapitre 9.

Adapté d'un sujet d'examen de J.-C. Liébart (Paris VI).

> On connaît chez *coli* deux activités superoxydes dismutases (sodA et sodB) dont la fonction est de réduire les radicaux peroxydiques très pathogènes pour l'intégrité cellulaire, voire létaux. L'activité sodA fonctionne en présence de Mn^{++} et l'activité sodB, en présence de Fe^{++}.
>
> Le dosage simultané des deux activités peut être réalisé *in situ* sur un gel d'agarose, après électrophorèse d'un extrait protéique acellulaire (fig. 12.8, première piste).

1. Il a été impossible d'obtenir des mutants déficients dans l'une ou l'autre de ces deux activités.

Avez-vous une explication simple ? Dites pourquoi il est, dès lors, impossible de localiser les gènes codant ces deux activités.

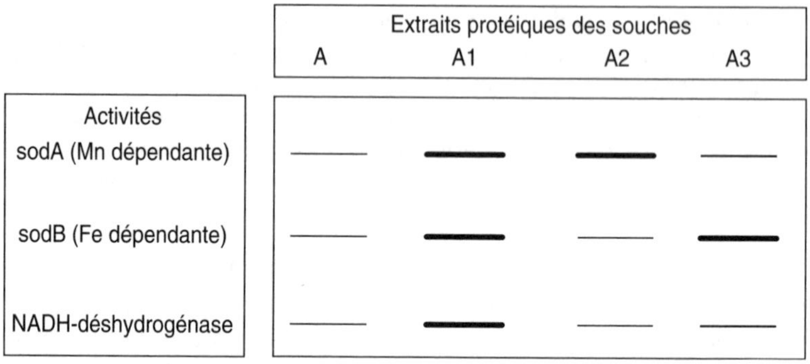

Figure 12.8 Dosage *in situ* de l'activité superoxyde dismutase *A* & *B*, l'activité NADH-déhydrogénase est constitutive.

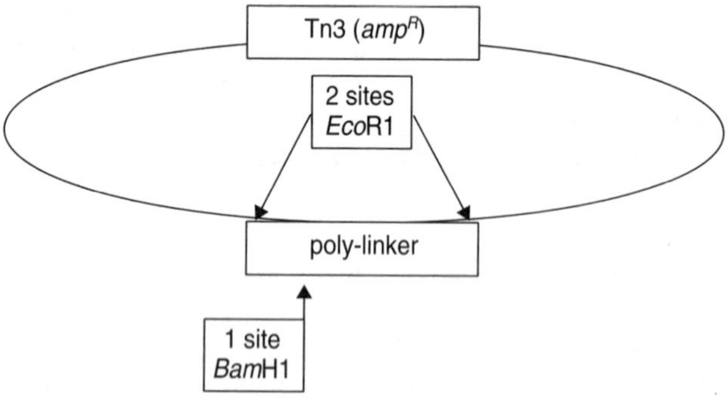

Figure 12.9 Le plasmide pCOS contient un site unique *Bam*HI encadré de deux sites *Eco*RI, et un gène de résistance à l'ampicilline.

2. On digère partiellement l'ADN d'une souche sauvage de *coli* par l'enzyme *Bam*H1 et on récupère, après électroélution sur un gel d'électrophorèse, les fragments compris entre 33 et 49 Kb, afin de construire des cosmides recombinants avec le cosmide pCOS (fig. 12.9). Ces cosmides, empaquetés *in vitro*, permettent de transformer une souche réceptrice A de phénotype [F^-; leu^-; str^R, $recA^-$], étalée sur milieu complet avec ampicilline.

NB : Un cosmide est un plasmide porteur des séquences terminales « COS » du génome du phage λ. On peut y intégrer des fragments d'ADN assez longs et procéder à un encapsidage *in vitro* permettant alors la pénétration du cosmide dans une bactérie *via* la capside. Une fois entré le cosmide se recircularise grâce aux séquences COS et se comporte comme un plasmide, avec, en général plusieurs copies par cellules.

Les colonies isolées sont reprises une à une et mises en minicultures; puis, après lyse et extraction protéique, on procède à une électrophorèse suivie d'une révélation *in situ* de l'activité superoxyde dismutase, dont les résultats sont rapportés pour trois transformants amp^R, nommés A1, A2 et A3 (fig. 12.8, pistes 2, 3 et 4). Par ailleurs, le transformant A3 présente aussi un phénotype [leu$^+$].

a. Quel est le but de ce protocole ? Justifiez son choix, ainsi que le phénotype *recA*$^-$ de la réceptrice.

b. Interprétez les observations électrophorétiques. Le transformant A1 est-il intéressant ?

3. La carte de restriction du fragment cloné dans pCOS3 (cosmide de A3) ne se superpose à aucune sous-partie de la carte de restriction de la région sauvage contenue dans l'épisome *F'*1 (fig. 12.11).

De plus, la transduction d'une souche A′ de phénotype [F$^-$; leu$^-$; str^R, recA$^+$], par un lysat de P1 transducteur, préparé à partir de A3, se révèle incapable de produire des recombinants [leu$^+$].

Que peut-on en conclure, sur le plan cartographique et fonctionnel, pour la région clonée dans pCOS3, compte tenu du phénotype du transformant A3 ? Justifiez vos réponses, en expliquant clairement l'échec de la transduction.

4. Le fragment cloné dans le plasmide pCOS2 (cosmide de A2) est découpé par *Eco*R1 en petits sous-fragments. L'un d'eux, noté cos2, cloné dans un plasmide multicopies, confère un accroissement considérable de l'activité sodA aux bactéries transformées par ce plasmide.

a. On établit alors le protocole suivant :

– Le petit fragment cos2 est isolé et cloné dans un phage λts (fig. 12.10) pour obtenir le phage recombinant nommé λts/cos2.

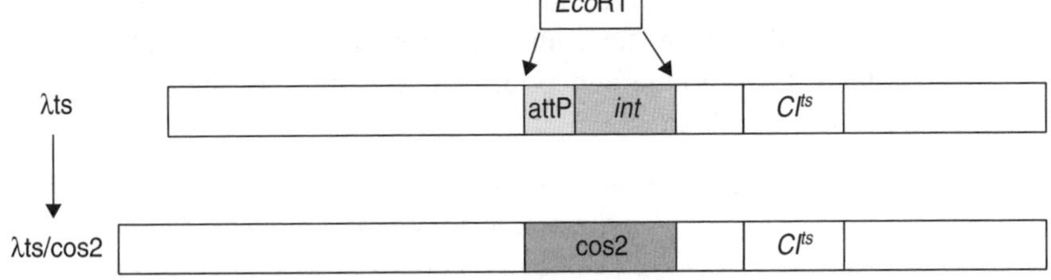

Figure 12.10 Le phage λts recombinant, nommé λts/cos2, est obtenu par intégration du fragment cos2 à la place du fragment *Eco*R1 de λts contenant attP, le site d'intégration spécifique entre *gal* et *bio*, et le gène *int* de l'intégrase.

NB : Le phage λts est porteur d'une mutation CI^{ts}, mutation thermosensible du gène CI entraînant l'induction lytique chez les bactéries lysogènes, dès qu'elles sont cultivées à 42 °C.

CI, le répresseur de λ, permet le maintien de la lysogénie, il est clivé par le produit du gène *recA* dont la synthèse est induite par les UV ; de ce fait, le maintien de la lysogénie n'est plus possible et la bactérie lysogène passe en cycle lytique.
Le passage de 37 °C à 42 °C a le même effet, dans des bactéries lysogénisées par λts, porteur de la mutation CI^{ts}, que l'induction lytique des UV chez une bactérie lysogénisée par un λ sauvage.

– Après empaquetage *in vitro* du phage λts/cos2, on infecte, avec une multiplicité d'infection égale à 0,01, des bactéries d'une souche B, de phénotype [F^-; ilv^-; pro^-; trp^-; str^R, $recA^+$], dont les mutations sont localisées sur la carte de *coli* (fig. 12.11).

On observe alors les résultats suivants :

b. Les bactéries infectées sont diluées et étalées sur boîtes (M0 + ile + val + trp + pro), on observe quelques plages troubles.

c. Les bactéries présentes dans ces plages troubles sont réisolées en clones indépendants. Plusieurs de ces clones, nommés B1, sont mis en culture à 37 °C, puis passés à 42 °C, on observe une induction lytique avec production de particules phagiques.

d. On effectue un dosage de sodA dans un extrait protéique de B1, la dose est double de celle présente chez la SSR (le dosage précis réalisé chez le transformant A2 avait donné une valeur quatre fois supérieure).

Interprétez ces trois résultats (b, c, d) en montrant leur cohérence avec le protocole suivi (**a**) dont vous justifierez, brièvement, les étapes et concluez.

5. Quatre conjugaisons, interrompues après 40 min, sont réalisées en parallèle entre des bactéries d'une colonie B1 et une des quatre Hfr de phénotype sauvage (fig. 12.11). On étale les conjugants sur un milieu M0 additionné de certains acides aminés et de *str* (tabl. 12.4, colonne 2).

Les colonies ainsi obtenues sont repiquées sur un même milieu, à 37 °C et à 42 °C afin de tester leur capacité de pousser à cette température; le tableau 12.4 donne les pourcentages des colonies repiquées poussant à 37 °C et à 42 °C.

TABLEAU 12.4 POURCENTAGES DES COLONIES RÉCUPÉRÉES SUR LE MILIEU M0 SUPPLÉMENTÉ CAPABLES DE POUSSER À 37 °C OU 42 °C.

Croisement	M0 additionné de *str* et de	Croissance à 37 °C	Croissance à 42 °C
B1 × Hfr1	pro + ile + val	100 %	0 %
B1 × Hfr2	trp + ile + val	100 %	50 %
B1 × Hfr3	trp + ile + val	100 %	0 %
B1 × Hfr4	pro + trp	100 %	90 %

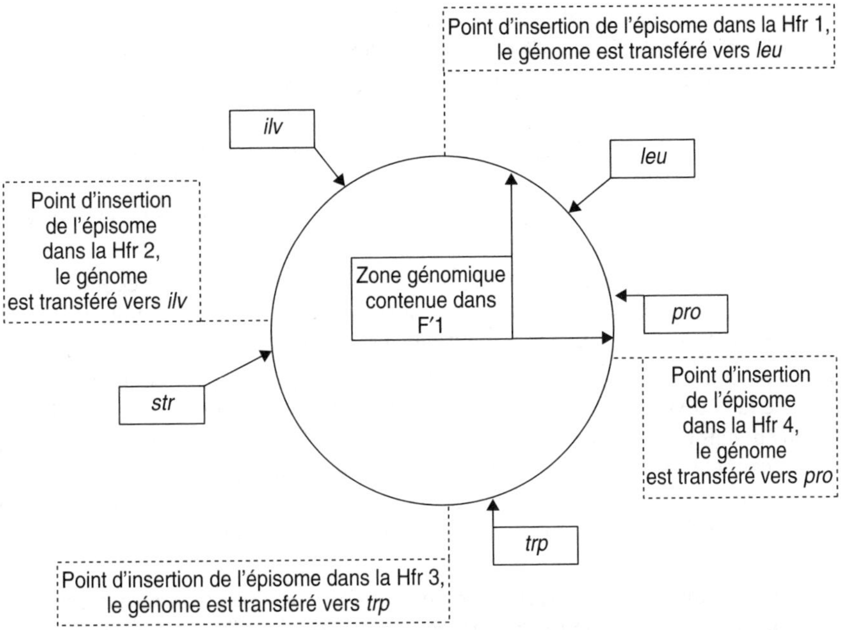

Figure 12.11 Carte de Coli.

ilv : locus d'un gène dont les mutations entrainent une auxotrophie pour l'isoleucine (ile) et la valine (val). *pro* : locus d'un gène dont les mutations entrainent une auxotrophie pour la proline (pro). *leu* : locus du gène muté chez *A* ou *A'*, entraînant une auxotrophie pour la leucine (leu). *trp* : locus d'un gène dont les mutations entrainent une auxotrophie pour le tryptophane (trp). *str* : locus du gène dont certaines mutations entrainent unerésistance à la streptomycine.

Donnez une interprétation cartographique précise et justifiée de ces résultats, en discutant, notamment, du mécanisme conduisant au phénotype capable de pousser à 42 °C, et des différences quantitatives observées (des schémas clairs et précis sont demandés).

6. La même étude que celle faite pour A2, a été réalisée en parallèle pour la souche A3; elle donne des résultats comparables à toutes les étapes sauf la dernière; aucune des colonies recombinantes issues de la conjugaison avec l'une des Hfr ne se révèle capable de pousser à 42° C.

Interprétez ce résultat, en montrant sa cohérence avec vos conclusions de la question **3**.

Solution

1. Les mutants sont létaux et ne peuvent être obtenus par un crible direct (problème 12.6).

Un gène est le plus souvent identifié par ses mutations et le(s) phénotype(s) mutant(s) qui en résulte(nt). Les croisements entre mutants et SSR sont un moyen de cartographier les mutations et, partant, les gènes qui les portent.

En l'absence de mutants, il est donc impossible de cartographier des gènes dont on connaît pourtant l'existence par la mise en évidence des activités enzymatiques qu'ils gouvernent.

2. a Ne pouvant pas isoler de mutants des gènes *sodA* ou *sodB*, on se propose de les cloner dans un plasmide (ou, ici, un cosmide) et d'identifier les cellules transformées par un plasmide recombinant porteur du gène *sodA* ou *sodB* par le fait que ces transformées devraient présenter une activité superoxydes dismutase nettement accrue (problème 12.6).

NB : Ce protocole n'est donc possible que parce qu'on connaît la fonction des gènes et qu'on sait doser leur produit.

Il est préférable de prendre une réceptrice (*recA*⁻) afin d'éviter les recombinaisons homologues au locus sod, ce qui entraînerait la possibilité d'avoir des recombinants sauvages sans surexpression; le gène sauvage n'étant plus plasmidique.

2. b Dans la figure 12.8 l'activité NADH déhydrogénase est un témoin interne permettant de juger de la surexpression de l'activité sod dans l'extrait protéique. La transformée A1 n'est pas une transformée intéressante car il n'y a pas de surexpression de l'activité sod par rapport à l'activité NADH déhydrogénase; en revanche, les transformées A2 et A3 présentent respectivement une surexpression de l'activité *sodA* ou *sodB* par rapport à l'activité témoin NADH déhydrogénase, et semblent *a priori* avoir acquis un cosmide porteur du gène *sodA* ou du gène *sodB*.

3. Le transformant A3 surexprime le gène *sodB* et est [leu$^+$]. Une interprétation possible serait de considérer que le gène *sodB* est proche du gène *leu*, et que le cosmide contient la séquence sauvage de ces deux gènes, mais ce n'est pas le cas :

- en effet, si c'était le cas, la séquence clonée dans pCOS3 aurait une carte de restriction identique à la partie de la séquence sauvage de cette région contenue dans *F′*1 (fig. 12.11);
- par ailleurs, le lysat de A3 contiendrait des phages transducteurs porteurs de la séquence sauvage *leu*$^+$ (supposée être clonée avec *sodB*) et serait capable de transduire cette séquence à la réceptrice A′ afin d'obtenir des transduites [leu$^+$], ce qui n'est pas, non plus, le cas.

Le gène *sodB* n'est donc pas localisé à proximité du gène *leu* et la séquence clonée dans pCOS3 contient sans doute, outre le gène *sodB*, une séquence sauvage dont la surexpression a un effet suppresseur sur l'effet de la mutation *leu*$^-$ de la souche A.

Le mutant A (leu$^-$) possède pourtant cette séquence « suppresseur » qui a été coclonée avec *sodB* dans pCOS3. Mais chez A3, le « suppresseur » est cloné dans un vecteur multicopie et il est surexprimé, il peut avoir alors l'effet suppresseur qu'il ne pouvait avoir en simple copie chez A.

4. Le fragment cloné dans pCOS2 a une taille comprise entre 33 et 49 Kb, il ne peut donc pas être cloné dans un phage λ. Il est découpé et sous-cloné afin d'isoler le gène *sodA* dans un petit fragment cos2, susceptible d'être cloné dans λts.

Le clonage de *sodA*, à la place des séquences d'attachement et de l'intégrase, fait perdre au phage sa capacité de lysogénie, à moins que le phage ne soit intégré au génome bactérien par recombinaison homologue au locus du gène *sodA* (fig. 12.12), ce qui est le but recherché.

En effet, les plages troubles contiennent des bactéries lysogènes, dont on montre, après les avoir purifiées par réisolement, qu'elles présentent l'induction lytique à 42 °C, caractéristique du phage mutant λts utilisé. Ce phage est donc intégré au locus du gène *sodA*.

Il est désormais possible de cartographier le gène *sodA* en cartographiant le locus d'insertion du phage λts/cos2 dans la souche B1, c'est-à-dire en cartographiant la thermosensibilité.

L'intégration du phage λts/cos2 au locus du gène *sodA* conduit à la duplication de ce gène (fig. 12.12) ce qui explique le doublement de l'activité dans le dosage, alors que la souche A2 contenait en moyenne trois copies du cosmide, donnant une activité quatre fois supérieure.

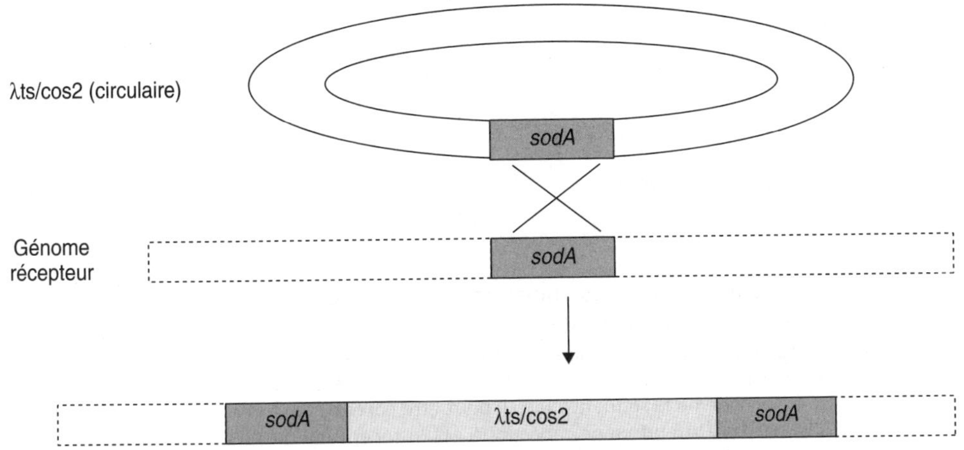

Figure 12.12 Intégration du phage λts/cos2 par recombinaison homologue au locus du gène *sodA*.

5. On sélectionne respectivement, à 40 minutes, dans chacun des croisements, les recombinants [trp$^+$], [pro$^+$], [pro$^+$] et [ilv$^+$]. Chez chacun de ces recombinants, la séquence résidente *trp*$^-$, ou *pro*$^-$, ou *ilv*$^-$ a été remplacée par la séquence sauvage *trp*$^+$, ou *pro*$^+$, ou *ilv*$^+$, transférée par la Hfr.

Par ailleurs, le gène *sodA* de la Hfr peut être transféré à la réceptrice et y remplacer la copie endogène. Cela ne change rien pour l'information génétique contenue dans les copies exogène (Hfr) et endogène (réceptrice) de *sodA* qui sont toutes deux sauvages, mais, dans cette recombinaison, le gène *sodA* endogène peut quitter le génome récepteur avec le phage λts qui lui est adjacent et qui ne présente pas de séquence homologue sur le fragment de génome venant de la Hfr (fig. 12.13).

Dans ce cas le recombinant, au locus du gène *sodA*, ne sera plus lysogène, ce qui se traduira par la perte de l'inductibilité lytique à 42 °C et la capacité de croissance à cette température.

Si, de plus, le gène *sodA* est proche d'un des locus testés pour la prototrophie (*pro*, *ilv* ou *trp*), la séquence du gène *sodA* peut être cotransférée et corecombinée ; dans ce cas, le recombinant sauvage prototrophe aura de fortes chances d'être, en même temps, devenu thermorésistant (fig. 12.13).

À l'inverse, si le gène *sodA* est loin de la séquence recombinante testée (*pro*, *ilv* ou *trp*), le phage λts/cos2 a très bien pu, même si le gène *sodA* a été transféré, ne pas avoir été concerné par la recombinaison moléculaire. Bien évidemment, si le gène sodA n'est jamais transféré, tous les recombinants prototrophes testés auront gardé le phage λts/cos2 et seront restés thermoinductibles et ne pourront croître à 42 °C.

Ainsi, en testant la perte de l'inductibilité lytique (thermosensibilité) chez des recombinants prototrophes, en fonction de l'origine de transfert de la Hfr, on peut localiser le phage λts/cos2 et donc le gène *sodA*.

Les résultats avec les Hfr1 ou 3 montrent que le gène *sodA* n'est jamais cotransmis (100 % des recombinants restent thermoinductibles et ne peuvent croître à 42 °C), ce qui implique

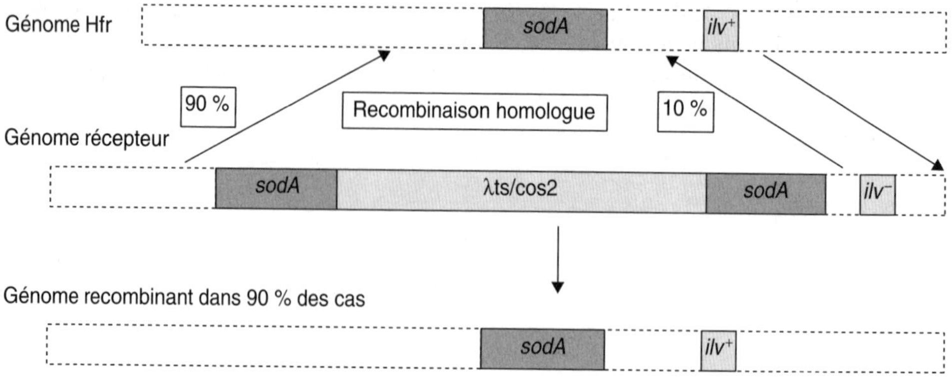

Figure 12.13 Recombinaison homologue du gène *sodA*.

La séquence ilv^+ exogène de la Hfr remplace la séquence ilv^- endogène et restaure la prototrophie chez la recombinante, par un crossing-over à sa droite et un crossing-over à sa gauche, soit entre ilv^- et *sodA*, soit à la gauche de *sodA*. Si le gène *sodA* exogène est proche de la séquence ilv^+, il peut être corecombiné avec ilv^+ et remplacer la séquence *sodA* endogène, libérant alors la réceptrice du phage λts et de la thermoinductibilité associée.

que le gène *sodA* ne réside pas entre les sites d'insertion de l'épisome de ces deux Hfr (fragment contenant *leu*, *pro*, *trp*).

Les résultats avec les Hfr2 ou 4 montrent que le gène *sodA* est transmis (des recombinants ne sont plus thermoinductibles et peuvent croître à 42 °C), ce qui implique que le gène *sodA* réside entre le site d'insertion de l'épisome de la Hfr2 et celui de la Hfr1 (fragment contenant *ilv*).

Le pourcentage supérieur de recombinants thermorésistants avec la Hfr4, où on teste les recombinants [ilv^+], implique que le gène *sodA* est très proche de *ilv* et qu'il est corecombiné dans 90 % des cas (voir fig. 12.13 les deux modalités de recombinaison moléculaire conduisant soit à 10 % de thermoinductibles soit à 90 % de thermorésistant parmi les [ilv^+]).

Avec la Hfr2, le gène *sodA* est toujours transféré, mais on teste les recombinants [pro^+] qui peuvent très bien ne pas avoir recombiné pour la séquence porteuse du gène *sodA*, ce qui explique la diminution de la fréquence de thermorésistants parmi les [pro^+].

6. Ce résultat implique que le gène *sodB* est compris entre les sites d'insertion de l'épisome des Hfr2 et 3 (fragment contenant le locus *str*). On comprend, dès lors, que la carte de restriction de la séquence pCOS3 n'ait aucun rapport avec celle du fragment de l'épisome *F'*1.

Problème 12.8

Niveau L3-Master/prérequis chapitre 9

Étude génétique de l'opéron tryptophane (première partie)

On dispose :

– d'une souche HfrH de *coli*, porteuse, à 23 mn de son origine de transfert, d'une mutation, notée pur^-, responsable d'un phénotype d'auxotrophie pour les purines et d'une mutation, notée *TR*, conférant une résistance à un phage T,

– d'une souche F^- porteuse d'une mutation, notée *tyr*⁻, responsable d'un phénotype d'auxotrophie pour la tyrosine, et d'une mutation, notée *strR*, conférant la résistance à la streptomycine.

Question 1.

Les souches H et F sont croisées et on réalise un étalement toutes les minutes de deux échantillons, après séparation des conjugants, le premier sur une boîte de milieu Mo + pur + tyr + phage T + str, le deuxième sur une boîte de milieu Mo + pur + str.

a. des colonies apparaissent sur le premier milieu à la 25e minute et sur le deuxième milieu à la 27e, interprétez et concluez.

b. 40 % des colonies obtenues sur le premier milieu d'étalement sont capables de pousser sur Mo + tyr + T + str, et 60 % des colonies obtenues sur le deuxième milieu sont capables de pousser sur Mo + pur + T + str, interprétez et concluez.

Question 2.

On obtient, à partir de la souche F, six mutants indépendants, auxotrophes pour le tryptophane et notés f1 à f6.

Toutes ces souches, croisées avec la Hfr, donnent des colonies sur un milieu Mo + pur + tyr + str à partir de la 25e minute.

On transduit alors la souche H par un lysat transducteur préparé sur la souche f1 et on recueille les recombinants [pur^+] ; ceux-ci sont testés par réplique, ce qui permet de dénombrer 410 [TR, trp^+], 120 [TS, trp^-], 50 [TS, trp^+] et 5 [TR, trp^-].

Des résultats semblables sont obtenus à partir des lysats des autres souches f2 à f6.

Interprétez ces expérimentations et concluez.

Question 3.

On récupère à partir des boîtes d'étalement des transductants (question précédente) les Hfr [TR, trp^-] ; elles sont respectivement notées h1 à h6 selon qu'elles sont issues d'un lysat transducteur préparé sur f1, f2, f3, f4, f5 ou f6.

a. Quel est leur phénotype pour la tyrosine ? Justifiez votre réponse.

b. On croise la souche h2 par f1 pendant 30 minutes et on étale sur un milieu Mo + tyr + str; parmi les colonies obtenues, 8 % sont capables de pousser après avoir été répliquées sur un milieu identique additionné de phages T.

Interprétez ce résultat et montrez sa cohérence quantitative avec celui de la question précédente. Justifiez l'apport de tyrosine.

c. On croise la souche h2 par f3 pendant 30 minutes et on étale sur un milieu Mo + tyr + str; parmi les colonies obtenues, 92 % sont capables de pousser après avoir été répliquées sur un milieu identique additionné de phages T.

Interprétez ce résultat.

Question 4.

On dispose d'une souche A, délétée tous les gènes allant de *pur* compris à *tyr* compris, mais porteuse d'un épisome *F'* contenant la séquence sauvage de ces mêmes gènes.

a. On isole, à partir du premier milieu d'étalement des conjugants H × F (voir question 1), une colonie de phénotype [pur^-, tyr^-]; cette colonie est croisée avec A; les étalements sur un milieu Mo + str donnent des colonies incapables de pousser après réplique sur un milieu identique additionné de phage T; concluez.

b. On traite la souche A aux rayons X et on étale sur un milieu Mo + tyr + trp; parmi les colonies qui poussent, on isole par réplique, trois mutants de phénotype [tyr^-, trp^-, TS], notés a1, a2 et a3.

On croise chacun de ces trois mutants avec des dérivées [tyr^+, pur^+, trp^-, TR] de f1 à f6, obtenues par conjugaison avec une HfrH.

On effectue les étalements sur un milieu Mo + T + str; le tableau suivant indique les croisements à l'issue desquels on peut observer des colonies (signe +) et ceux à l'issue desquels on n'en observe pas (signe –). Interprétez ce résultat.

	Dérivée de f1	Dérivée de f2	Dérivée de f3	Dérivée de f4	Dérivée de f5	Dérivée de f6
a1	+	+	+	+	+	–
a2	–	+	+	+	–	–
a 3	–	+	+	–	–	–

c. On cultive la souche A en présence d'un agent mutagène favorisant les substitutions de bases et on isole cinq mutants [trp^-], notés Aa, Ab, Ac, Ad et Ae. On croise ces mutants avec les souches f1 à f6 et F; on étale sur milieu Mo + trp + str, puis on réplique sur Mo + str; le tableau suivant indique la présence (+) ou l'absence (-) de colonies sur les boîtes de réplique; concluez.

Ces résultats doivent vous permettre de compléter la cartographie des mutations, d'établir celle des gènes de l'opéron tryptophane. Justifiez vos réponses.

	f1	f2	f3	f4	f5	f6	F
Aa	+	+	+	+	+	–	+
Ab	+	+	+	+	–	+	+
Ac	–	+	+	-	+	+	+
Ad	+	–	+	+	+	+	+
Ae	+	+	–	+	+	+	+

Question 5.

Justifiez l'utilisation du phage dans le milieu d'étalement, dans la question précédente 4-b afin de pouvoir procéder à l'interprétation des résultats.

Solution

1.a. Les gènes sont dans l'ordre *pur* (23 mn)- *TR* (25 mn)-*tyr* (27 mn).

b. Les 40 % de colonies poussant sur la réplique sont [pur⁺, TR], ce qui indique qu'il y a eu 60 % de co-recombinaison [pur⁻, TR], ce qui, compte tenu des distances (2 mn entre *pur* et *TR*, et 2 mn entre *TR* et *tyr*) est équivalent à la corecombinaison [tyr⁺, TR].

2. les mutations sont toutes à 25 mn de l'origine de transfert, c'est-à-dire entre *pur* et *tyr*, au voisinage du site de mutation de la résistance au phage, avec deux ordres possibles (figure).

Les recombinants minoritaires attendus dans chaque ordre, exigeant quatre recombinaisons, sont respectivement [pur⁺, TR, trp⁻] et [pur⁺, TS, trp⁺].

L'observation du recombinant minoritaire [pur⁺, TR, trp⁻] permet de valider l'ordre 1 et de rejeter l'ordre 2.

Les recombinants entre les sites *pur* et *T* sont les plus nombreux, ce qui indique que le domaine 2 est le plus grand, suivi du domaine 4, puis du domaine 3 dans lequel on recombine 55 fois sur 645 (environ 8 %).

Les cinq autres mutations, chez f2 à f5, sont situées du même côté du site *TS*.

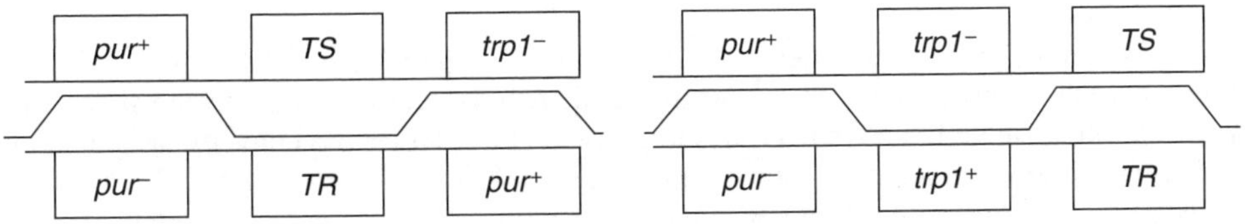

3.a. Elles sont [tyr⁺] car la mutation *tyr⁻* ne peut être cotransduite avec la séquence *pur⁺* qui est à 4 mn, soit à 160 000 pb, alors que le phage transducteur ne peut encapsider que 100 000 pb.

b. La streptomycine contre-sélectionne les donatrices Hfr ainsi que l'absence de purine et sélectionne les réceptrices recombinantes [pur⁺, trp⁺], la réplique sur un milieu additionné de phages permet de tester l'importance de la co-recombinaison de *TR*, importante si le site muté de la Hfr est distal par rapport au site muté de la réceptrice (figure de gauche), et très rare s'il est proximal (figure de droite).

Le croisement peut être figuré ainsi en fonction des deux ordres possibles des sites de mutation trp :

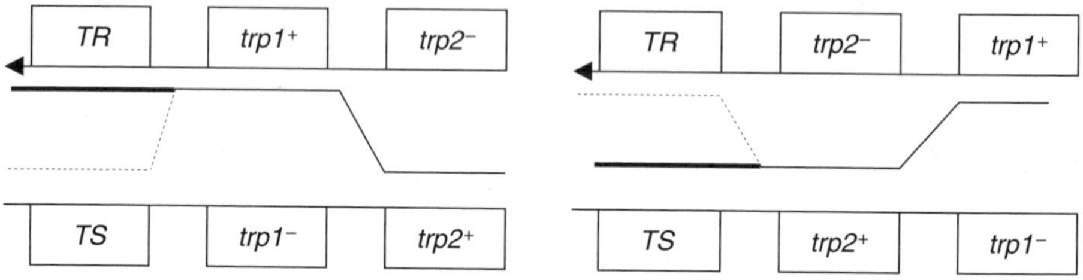

8 % des recombinants [trp⁺] sont [TR] ce qui indique que 92 % sont [TS], ce qui valide l'ordre 2 où le site muté de la Hfr est proximal par rapport à celui de la F.

Ce résultat est quantitativement cohérent avec celui de la question précédente où on peut estimer qu'il y a 8 % de recombinants entre les sites *T* et *trp1*.

On ajoute de la tyrosine au milieu afin de s'affranchir de la recombinaison ou non de *tyr*⁺; ici les sites trp jouent à la fois le rôle de marqueur distal de sélection et de marqueurs étudiés.

c. Ce croisement permet de montrer que le site muté sur la Hfr est distal par rapport au site muté sur la réceptrice, ce qui donne l'ordre suivant pour les trois sites : *trp3-trp2-trp1*.

4.a. Ce croisement permet le passage de l'épisome dans les F⁻; le milieu d'étalement permet de récupérer des colonies de phénotype [pur⁺, tyr⁺] qui ne peuvent être de doubles révertants mais des réceptrices ayant acquis un épisome qui leur confère ce phénotype, ce qui atteste que les allèles mutés d'auxotrophie pour les purines et la tyrosine ont un effet récessif compensable par celui des allèles sauvages.

La réplique permet de tester la dominance ou la récessivité de la mutation de résistance au phage; celle ci est récessive par rapport à l'allèle de sensibilité.

b. On sait que les rayons X induisent des délétions et on récupère des souches mutées à la fois dans un (ou plusieurs) gène(s) gouvernant la synthèse du tryptophane et un gène gouvernant celle de la tyrosine, dont on sait par ailleurs qu'ils sont contigus; il s'agit donc très vraisemblablement de mutants par délétion affectant une partie de l'épisome dans les régions *trp* et *tyr*.

Les croisements réalisés permettent d'effectuer une cartographie par délétion des sites de mutation, sachant qu'il est possible (voir figure) de reconstituer un gène sauvage si et seulement si le site de mutation ponctuel (dans le génome f1 à f6) n'est pas couvert par la délétion (a1 à a3) apportée par un autre génome ou fragment de génome (épisome).

À partir de ce schéma appliqué aux résultats des croisements, on peut cartographier les sites et l'ampleur des délétions :

L'ordre des mutations 1, 2 et 3 a été déterminé par conjugaison et est ici confirmé, les mutations 4 et 6 sont cartographiées mais l'ordre des mutations 1 et 5 reste indéterminé.

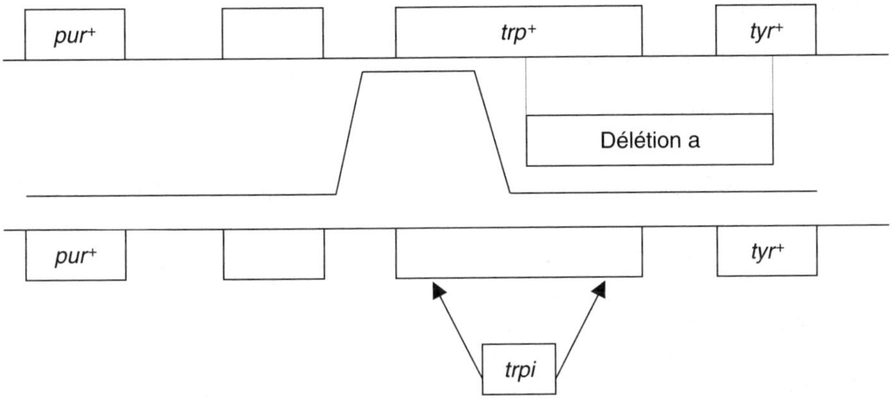

Figure Cartographie par délétion.

- Génome de l'épisome (en haut), génome de la réceptrice (en bas).
- La délétion a (zone en pointillés) touche les régions trp et tyr sur l'épisome; si le site de la mutation trpi de la réceptrice fi n'est pas couvert par la délétion, des recombinants [trp+] peuvent être obtenus, ce qui impossible si le site est couvert.

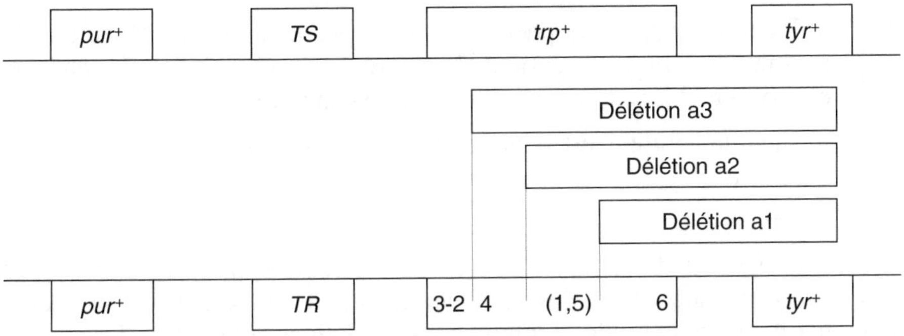

c. Les mutants obtenus sont des mutants ponctuels dans la région trp de l'épisome et le croisement avec les souches f1 à f6 permet de récupérer des réceptrices [tyr+] ayant acquis l'épisome et de tester la complémentation fonctionnelle après s'être assuré, par la formation du diploïde (F + épisome muté) que les mutations trp− de l'épisome avaient un effet récessif compensable par celui de l'allèle sauvage du génome de F.

On peut alors définir cinq groupes de complémentation, ce qui permet de considérer que l'opéron tryptophane contient au moins cinq gènes, (Ae, 3), (Ad, 2), (Ac, 1,4), (Ab, 5) et (Aa, 6). les mutations 1 et 4 touchant le même gène et sachant que les mutations 1 et 5 sont couvertes par une même délétion, on peut en déduire l'ordre : *trp4-trp1-trp5*, et l'ordre final : 3-2-4-1-5-6.

5. L'utilisation du phage dans le milieu d'étalement permet d'être assuré que les colonies obtenues ont bien recombiné, en délaissant le gène *TS* de l'épisome et en reconstruisant une région trp sauvage, démontrant alors que la délétion ne couvre pas le site ponctuel.

En effet, en l'absence de phages, des diploïdes pourraient éventuellement pousser en cas de complémentation fonctionnelle, si la délétion ne touche pas le ou les même(s) gène(s) que la mutation trpi, ou bien d'éventuels révertants pour la mutation ponctuelle trp.

Problème 12.9

Niveau L3-Master/pré-requis chapitre 9

Étude génétique de l'opéron tryptophane (deuxième partie)

À la suite des mutagenèses et des diverses expérimentations de recombinaison réalisées dans le début de l'étude (exercice précédent), on dispose de six souches F, notées f1, f2, f3, f4, f5 et f6 de phénotype [pur⁻; TR; trp⁻; tyr⁻; strpR] porteuses d'une mutation ponctuelle dans un gène de l'opéron, dont la position et l'ordre ont été définis précédemment. On rappelle que ces six mutations ont un effet récessif par rapport à leurs homologues sauvages respectifs.

On dispose également d'une souche A [strpS], contenant un épisome porteur de la séquence sauvage des gènes *PUR*, *T*, *TRP* et *TYR*, à partir de laquelle on a obtenu des mutants A1, A2 et A3, également caractérisés par rapport aux mutants f et à l'opéron tryptophane.

Question 1.

Par un croisement approprié entre f3 et A1, on récupère un diploïde partiel pour l'opéron tryptophane.

a. Précisez quel est le phénotype tryptophane attendu en fonction de la position du promoteur et/ou de la nature de la mutation *m3*. Le phénotype observé étant [trp⁺], que pouvez vous en conclure ?

b. Sur quel milieu est-il préférable de récupérer les diploïdes après la conjugaison ? justifiez votre réponse.

Question 2.

On construit d'autres diploïdes dont on teste le phénotype tryptophane (tableau); interprétez les résultats obtenus en précisant, quand cela est nécessaire et possible, l'amplitude des délétions et la nature des mutations ponctuelles ainsi testées.

Diploïde issu du croisement	Phénotype tryptophane
f2 × A2	[trp⁺]
f2 × A3	[trp⁻]
f4 × A1	[trp⁻]

Question 3.

Les chaînes peptidiques codées par les gènes *D* et *E* s'unissent pour former un complexe enzymatique, noté D/E, assurant la première étape de la chaîne de biosynthèse du tryptophane, la chaîne peptidique codée par le gène *C* assure la deuxième étape tandis que les chaînes peptidiques codées par les gènes *A* et *B* s'unissent pour former la tryptophane-synthétase, un hétérotétramère (deux chaînes A et deux chaînes B) assurant la troisième et dernière étape.

On réalise deux cultures d'une souche sauvage en milieu Mo ou Mo + trp, puis après extraction des protéines on réalise un dosage spécifique de D/E et de tryptophane-synthétase, en présence ou en absence de trp.

Le tableau suivant rapporte les valeurs de l'activité spécifique mesurée dans chacun des cas.

	Culture en milieu Mo		**Culture en milieu Mo + trp**	
	activité spécifique mesurée *in vitro* en l'absence de trp	activité spécifique mesurée *in vitro* en présence de trp	activité spécifique mesurée *in vitro* en l'absence de trp	activité spécifique mesurée *in vitro* en présence de trp
Complexe D/E	100	20	2	non détectable
Tryptophane-synthétase	100	100	2	2

a. En justifiant vos conclusions, vous montrerez que le tryptophane agit à deux niveaux pour réguler sa propre synthèse.

b. Vous proposerez deux schémas différents de la régulation transcriptionnelle de l'opéron tryptophane.

Question 4.

À partir d'une souche B [ser⁻, TR, trp⁺, his⁻, gly⁻, strR] on a obtenu un mutant constitutif, noté Bc, capable de produire des quantités importantes

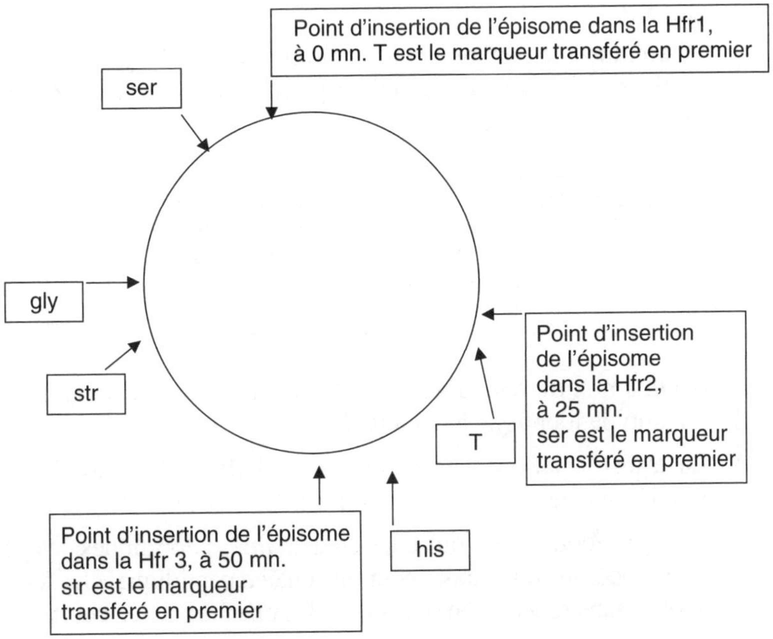

de complexe D/E ou de tryptophane-synthétase même en culture sur Mo + trp (les locus des mutations ponctuelles d'auxotrophies sont placées sur la carte jointe).

a. On réalise, pendant 50 minutes, trois conjugaisons parallèles entre la souche Bc et chacune des trois Hfr de génotype sauvage, Hfr1, Hfr2 ou Hfr3 (voir sur la carte, la localisation et le sens de l'origine de transfert).

1 %0% des colonies [his$^+$, strR] issues du croisement Bc × Hfr1 sont constitutives et donnent une activité spécifique élevée de tryptophane synthétase après culture en milieu Mo + trp.

%0% des colonies [gly$^+$, strR] issues du croisement Bc × Hfr2 sont constitutives et 5 % des colonies [ser$^+$, TR] issues du croisement Bc × Hfr3 sont constitutives.

Interprétez ces résultats sur le plan cartographique et fonctionnel en précisant si cela vous permet de choisir entre les deux modèles de régulation de l'opéron tryptophane.

b. La séquence sauvage de la région porteuse du gène, précédemment identifié, a été clonée dans un plasmide conférant la résistance à la kanamycine.

On transforme la souche Bc par ce plasmide; les transformées [kanR] cultivées sur Mo + sérine + tryptophane + glycine + histidine fournissent des quantités à peine dosables de tryptophane-synthétase après extraction protéique.

En faveur de quel modèle de régulation ce résultat plaide-t-il ? justifiez votre réponse.

Question 5.

Une étude moléculaire fine du promoteur de l'opéron tryptophane a été réalisée et permet d'y définir plusieurs séquences ou zones de fonction différentes :

Zone de fixation de l'ARN polymérase	Zone 1 contenant le premier nucléotide transcrit	Zone 2 codant pour un peptide de 14 acides aminés	Zone 3	Premier des 5 gènes de structure de l'opéron

a. On a montré que la délétion de la zone 1 (voir schéma) conduisait à un phénotype identique à celui de Bc.

La transformation avec le plasmide défini à la question précédente ne modifie pas le phénotype constitutif. Concluez.

b. On a découvert qu'outre les cinq chaînes peptidiques des gènes de structure, l'opéron codait aussi pour une chaîne peptidique « leader » de 14 acides aminés sans fonction enzymatique (la zone 3 est assez courte pour que l'arrêt de la traduction au codon STOP de la séquence leader ne bloque pas la transcription en aval).

En voulant étudier finement la régulation transcriptionnelle par la mesure de la longueur des messagers, on a fait les observations suivantes :

- le mutant Bc cultivé en milieu Mo + ser + his + gly produit une quantité de messager constituée presque exclusivement de messagers de 7 000 nucléotides correspondant à l'expression de tous les gènes de l'opéron;
- le mutant Bc cultivé sur même milieu additionné de trp, produit une quantité égale de messagers mais constitués pour 10 % de messagers de 7 000 et pour 90 % de messagers de 130 nucléotides correspondant environ aux zones 1 & 2;
- la délétion de la zone 3 redonne au mutant Bc la capacité de produire, en milieu Mo + trp, 100 % de messagers longs.

Montrez que ces résultats sont compatibles avec l'hypothèse d'une séquence terminatrice de la transcription localisée dans la zone 3 et active en présence de tryptophane.

La solution vous étant donnée, il vous est simplement demandé de présenter une argumentation convenablement construite, justifiant notamment le génotype de la souche utilisée dans cette expérimentation.

c. Quelle autre hypothèse aurait pu, au moins formellement, expliquer la conséquence de la délétion de la zone 3 ?

En quoi le fait qu'aucune autre mutation du génome en dehors de la délétion de la zone 3 ne puisse avoir le même effet que cette délétion prouve que cette hypothèse ne peut pas être conservée ?

En quoi les deux autres observations ne sont-elles pas non plus très compatibles avec cette hypothèse ?

Solution

1.a. Le diploïde formé est muté ponctuellement dans le gène *E* du chromosome et délété pour le gène *A* (éventuellement *B*, sans toucher le site m5) sur l'épisome.

Ce diploïde est donc pourvu de toutes les séquences codantes de l'opéron mais il n'y aura complémentation fonctionnelle que si tous ces gènes sont exprimés. Ce ne serait pas le cas dans deux situations :

- soit parce que la délétion toucherait le promoteur, si celui-ci est situé du côté de *TYR*, ce qui bloquerait l'expression de *E* sur l'épisome; *E* étant muté sur le chromosome, on serait en situation de non complémentation;
- soit parce que *E* serait une mutation polaire et bloquerait alors l'expression des gènes en aval, si le promoteur est du côté de *PUR*, notamment le gène *A* qui est délété sur l'épisome, ce qui conduirait à une situation de non complémentation pour ce gène.

Le phénotype observé [trp$^+$] n'étant possible qu'en raison de la complémentation fonctionnelle, on peut en déduire que les gènes *E* de l'épisome, et *A* du chromosome, sont actifs et qu'en conséquence, le promoteur est obligatoirement du côté de *PUR* et que la mutation *m3* n'est pas polaire.

b. On étale les conjugants sur un milieu Mo additionné de streptomycine pour contre-sélectionner les donatrices, avec tyr mais sans pur, pour sélectionner les réceptrices de l'épisome qui leur confère le phénotype [pur$^+$; tyr$^-$]. On ajoute également du tryptophane puisqu'il n'est pas certain qu'il y ait complémentation fonctionnelle, et on teste le phénotype trp par réplique sur un milieu dépourvu de trp; donc milieu Mo + tyr + trp + str.

2. Réponse troisième colonne du tableau.

Diploïde issu du croisement	Phénotype tryptophane	Conclusions
f2 × A2	[trp$^+$]	La délétion a2 ne touche pas le gène *D* puisqu'elle ne couvre pas le site m4 lui même dans le gène *C*; la complémentation fonctionnelle prouve que *m2* n'a pas d'effet polaire.
f2 × A3	[trp$^-$]	L'absence de complémentation fonctionnelle ne peut être due à un effet polaire de *m2*, voir ci-dessus. Donc la délétion a3 touche le gène *D* (pas complémentation fonctionnelle) mais partiellement puisqu'elle ne couvre pas le site *m2*.
f4 × A1	[trp$^-$]	La délétion a1 ne touche pas le gène *C* puisqu'elle ne couvre pas le site m5 lui même dans le gène *B*; l'absence de complémentation fonctionnelle prouve que *m4* est une mutation non-sens, à effet polaire, conduisant à l'absence d'expression pour *C*, *B*, *A*, et à une non complémentation au moins pour *A*.

3.a. L'activité spécifique du complexe D/E passe de 100 à 20 quand on ajoute du trp dans le milieu réactif, ce qui prouve que le trp est un inhibiteur de l'activité enzymatique D/E.

En présence de trp, l'ensemble de la chaîne de biosynthèse est ralenti par inhibition rétroactive du produit terminal, ici le trp, sur le premier « maillon » de cette chaîne.

Le tryptophane joue aussi le rôle d'inhibiteur dans la régulation transcriptionnelle de l'opéron puisqu'en culture en présence de trp, les quantités de protéines produites sont divisées par 50 (on passe de 100 à 2).

b. Soit le tryptophane joue son rôle d'inhibiteur transcriptionnel en se fixant à un activateur de l'opéron pour le rendre inactif; soit le tryptophane joue son rôle d'inhibiteur transcriptionnel en se fixant à un répresseur de l'opéron pour le rendre actif.

4.a. Le mutant constitutif peut être muté dans le gène de structure de l'activateur ou du répresseur, mais peut aussi être un mutant de cible sur l'opéron trp.

Si c'est un mutant dans le gène régulateur et que ce gène est localisé dans une autre partie du génome que l'opéron trp, le croisement entre une Hfr sauvage et la souche constitutive réceptrice pourrait permettre à celle ci de retrouver sa capacité de régulation, c'est-à-dire de perdre sa constitutivité, par remplacement de son gène muté par la séquence sauvage exogène apportée par la Hfr.

Les trois Hfr utilisées permettent en 50 minutes de parcourir une moitié ou une autre du génome et de tester la présence du gène régulateur sauvage par la capacité de retrouver des non constitutifs parmi les réceptrices recombinantes pour un marqueur distal de recombinaison.

Le croisement avec la Hfr1 montre que la constitutivité demeure et que le gène régulateur n'est pas situé entre l'origine et le marqueur his.

La capacité de perdre la constitutivité dans les deux autres croisements montre que le gène régulateur est dans la partie commune des gènes transférés par Hfr2 et Hfr3, à l'exclusion de ceux transmis par Hfr1, soit la zone génomique comprise entre 75 et 100 mn, et sans doute très près du marqueur sérine puisque seuls 5 % des recombinants ont acquis la séquence ser^+ sans co-acquérir le gène régulateur sauvage.

La souche Bc est constitutive par mutation dans un gène régulateur de l'opéron tryptophane, mais la localisation d'un tel gène ne peut permettre de statuer sur sa fonction ; il peut spécifier un activateur ou un répresseur…

b. Le plasmide permet de constituer un diploïde partiel pour le gène régulateur, sélectionnable sur Mo en présence de kanamycine, additionné des trois acides aminés correspondant aux phénotypes d'auxotrophie et de tryptophane pour tester le maintien de la constitutivité ou sa perte par le retour à la régulation qui conduiraient respectivement au maintien d'une activité spécifique élevée pour la typtophane synthétase ou à une chute de celle-ci.

L'observation d'une telle chute prouve que la séquence mutée a un effet récessif par rapport à la séquence sauvage, ce qui plaide en faveur d'une régulation négative de l'opéron trp.

Dans un tel cas, la mutation constitutive peut être une perte de fonction dans le gène d'un répresseur, compensable par l'allèle sauvage chez le diploïde.

Si le gène régulateur spécifiait un activateur, la constitutivité serait due, non pas à une perte de fonction mais à une perte d'affinité pour le trp, bloquant ainsi son action inhibitrice ; on s'attendrait alors à un effet dominant de l'allèle muté sur son homologue sauvage (ou au moins partiellement dominant), ce qui ne correspond pas aux observations.

5.a. La zone 1 est le site de fixation du répresseur. L'effet phénotypique d'une délétion est donc identique à celui d'une perte de fonction dans le gène de ce répresseur : l'opéron est transcrit de manière constitutive par absence d'action du répresseur que celui-ci soit absent ou qu'il ne puisse de fixer et agir. L'apport du répresseur par le plasmide ne peut avoir aucun effet en absence de son site de fixation.

b. La souche Bc est constitutive, elle transcrit et traduit son opéron en absence ou en présence de trp qui ne peut plus exercer son rôle d'inhibiteur transcriptionnel via sa liaison au répresseur.

L'absence de ce rôle est attestée par l'égale efficacité d'initiation de la transcription puisqu'en présence ou en absence de trp, les quantités de messagers initiés sont égales.

Cependant en absence de trp tous les messagers initiés sont complètement terminés et traduits alors qu'en présence de trp 100 % des transcriptions progressent jusqu'à la zone 3 et seules 10 % d'entre elles continuent et permettent d'exprimer la totalité de l'opéron.

La présence ou l'absence de tryptophane affecte la transcription de l'opéron après que le messager ait commencé à être traduit puisque dans tous les cas on a une quantité égale de messager transcrit et traduit pour le peptide leader.

Le phénomène mis en évidence concerne la progression de la transcription et non son initiation et peut donc être expliqué par la présence d'une séquence terminatrice de la transcription active uniquement en présence de trp.

Et la délétion de cette séquence terminatrice rétablit la capacité de progression de la transcription en présence de trp.

Pour pouvoir mettre en évidence l'effet du trp sur la progression de la transcription, il est nécessaire de s'affranchir de son effet sur l'initiation, ce qui justifie l'étude chez un mutant constitutif par absence de répresseur.

c. On pourrait formellement imaginer que la séquence de la zone 3 soit le site de fixation d'un activateur ou d'un autre répresseur. Dans ce cas on devrait pouvoir obtenir des mutants du gène de structure de cet activateur hypothétique, ce qui n'est pas le cas. Par ailleurs les observations antérieures montrent que le phénomène observé affecte la progression de la transcription et non son initiation, ce qui n'est pas non plus compatible avec l'action d'un activateur qui agit sur l'initiation de la transcription.

Ce phénomène qui affecte non l'initiation de la transcription, mais sa progression et son arrêt (dans une majorité de cas) en raison de l'interaction avec le messager, en présence de tryptophane a reçu le nom d'atténuation.

BIBLIOGRAPHIE

ROSSIGNOL J. L. & COLL. – *Génétique fondamentale*, Dunod, Paris, 2000. La référence actuelle en français par sa clarté pédagogique et son exhaustivité ; il est complémentaire de cet ouvrage qui y renvoie, si nécessaire.

GRIFFITHS A. J. F. ET COLL. – *Introduction à l'analyse génétique*, De Boeck Université, Paris, 1997, (6e édition).

WHITEHOUSE H.L.K. – *Towards an understanding of the mechanism of heredity*, Edward Arnold, London, 1973 (3e édition). Contient une mine d'expérimentations historiques et de détails souvent délaissés.

PREVOST G. ET PETIT C. – *Génétique et Évolution*, Hermann, Paris, 1967 ; épuisé mais peut encore être trouvé d'occasion. Le meilleur ouvrage didactique de base jamais écrit en français, mais évidemment incomplet.

HARTL D. L. et JONES E. W. – *Génétique, les grands principes,* Dunod, Paris, 2003.

http://www.dunod.com

http://www.orpha.net : base de données sur les maladies rares et les médicaments orphelins (e-learning : module Orpha School)

SERRE J.-L. – *Génétique des populations*, Dunod, Paris, 2006.

INDEX

U

V

W

X

57428 - (I) - (1,5) - OSB 80° - TYP - JME

Imprimerie Nouvelle - JOUVE
45800 Saint-Jean de Braye
N° d'Imprimeur : 809999E
Dépôt légal : janvier 2012
Dépôt légal de la 1re édition : juillet 2001

Imprimé en France